U0673703

清官式建筑营造设计法则

设计法则

设计篇

李建民 著

中国建筑工业出版社

图书在版编目（CIP）数据

清官式建筑营造设计法则. 3，设计篇 / 李建民著.

北京：中国建筑工业出版社，2025.2. --ISBN 978-7
-112-30733-3

Ⅰ. TU-092.49

中国国家版本馆CIP数据核字第2025GU4562号

本书编委会

审稿专家：王　军

顾问专家：王　军　王贵祥　刘　畅　刘大可　刘小平　李永革　李先逵
　　　　　郑晓阳　单德启　贾华勇（按姓氏笔画排序）

编委主任：李建民

编委副主任：权　娟　李云龙　李　卓　李顺龙　桂瑜璠

编　　委：权　娟　朱战祥　安苗苗　李　阳　李　卓　李一豪　李云龙
　　　　　李顺龙　杨亚琪　何月洁　岳　蒙　桂瑜璠　校　楠
　　　　　（按姓氏笔画排序）

《清官式建筑营造设计法则　设计篇》编委

权　娟　朱战祥　安苗苗　李一豪　李云龙　李　阳　李　卓　李顺龙
杨亚琪　何月洁　岳　蒙　桂瑜璠　校　楠

《清官式建筑营造设计法则　设计篇》编委分工

1.1~1.3	杨亚琪	第4章~第8章	权　娟　李　卓
1.4.1~1.4.2	桂瑜璠	第9章	杨亚琪
1.4.3~1.4.9	岳　蒙	附录A	李云龙
1.4.10	校　楠	附录B	朱战祥
1.4.11	李一豪	附录C、附录D	李顺龙
2.1	杨亚琪	附录E	李云龙
2.2.1~2.2.2	岳　蒙	附录F、附录G	李一豪　何月洁
2.2.3	校　楠	附录H	朱战祥
2.3.1	桂瑜璠	附录J	李　阳
2.3.2	李一豪	附录K	安苗苗
第3章	杨亚琪	附录L	李　阳

6　清官式建筑施工图设计要求

7　施工图校审、会签及出图

8　新材料在传统建筑设计中的应用及施工图设计要求

9 传统建筑彩画设计

附录A 灰浆、砖料、石料的选择与应用

附录B 木材的选择与设计

传统建筑是一种将建筑造型与结构融合的建筑，有大量的构件既是装饰构件又是承重构件。当构件涉及建筑的结构安全时，展示在图纸中的内容就必须严谨，任何一个构件的缺失都可能对建筑安全造成影响。

因此将构件全面展示、将构件之间的搭交关系表达清晰是传统建筑绘图的关键点。解决这一关键点的方法是设计符合传统建筑特性的绘图流程，通过合理的绘图流程，逐步完成一套内容清晰、表达全面的施工图图纸，再辅以必要的文字说明及建筑材料用料做法表等内容，达到指导施工的目的。

为解决上述问题，本章先从拆分空间关系着手，诠释如何剖切传统建筑；再讲述如何通过视角的转换，将剖开的三维传统建筑体块转化为二维的施工图图纸；然后将多张二维施工图图纸进行排序，总结成一套完整的绘图流程；最后阐述每一张施工图图纸的绘制方法。

1.1 传统建筑剖切诠释

中国传统建筑构件繁多，空间关系复杂，为了将图纸中各个构件表达清楚，本书采用多种剖切的方式将三维传统建筑拆分，转化为二维平面进行绘制。常见的水平剖切、垂直剖切无法满足传统建筑的展示需求，因此本书还用到了折线剖切、曲线剖切、局部剖切的概念。

1.1.1 剖切概念诠释

水平剖切、折线剖切、曲线剖切将传统建筑剖切为不同标高的平面投影。为避免多个水平高度的平面叠加，本书设定了上剖切线、下剖切线的概念。在俯视图中，上剖切线生成的面为绘图展示面，下剖切线生成的面为绘图截止面，下剖切线所处面之外的内容不再重复表达。在仰视图中，下剖切线生成的面为绘图展示面，上剖切线生成的面为绘图截止面，上剖切线所处面之外的内容不再重复表达。将水平剖切、折线剖切、曲线剖切的绘图展示面设定为视角点，视角向上为仰视平面、视角向下为俯视平面。垂直剖切目的是展示传统建筑竖向空间关系。局部剖切是为表达清楚局部细节而进行的剖切，常用在大样图中。剖切概念的具体诠释如下：

水平剖切：以一条与地面平行的水平线，向线的两侧延伸为同一标高的水平面，以此平面将传统建筑剖切成两段。

折线剖切：以一条不同标高的折线，向线的两侧延伸为一个不同标高的折面，以此折面将传统建筑剖切成两段。

曲线剖切：以一条不同标高的曲线，向线的两侧延伸为一个不同标高的曲面，以此曲面将传统建筑剖切成两段。

垂直剖切：以一个与地面垂直的垂直面，将传统建筑沿垂直方向分为两段。展示传统建筑内部构件的竖向关系。

局部剖切：传统建筑的局部细节做法精致，在建筑的平面图、立面图、剖面图无法展示清楚局部细节的情况下，将传统建筑局部内容提取为大样。将大样再次剖切，用来展示细节的做法，称为局部剖切。

1.1.2 剖切位置诠释

为理解剖切线的应用，以清官式七檩歇山周围廊建筑为例。运用水平剖切、折线剖切、曲线剖切的剖切方式，采用8条剖切线对传统建筑进行剖切（图1-1-1），对应绘制8张传统建筑平面图（图1-1-2），分别为基坑开挖平面图、基础平面图、台基平面图、柱头平面图、平板枋平面图、斗栱仰视平面图、步架平面图、屋顶平面图。运用垂直剖切的方式，绘制2张剖面图，分别为横剖面图、纵剖面图。为了明确各平面图的剖切位置及高度区间，在横剖面图上示意水平剖切线、折线剖切线、曲线剖切线的具体位置；在台基平面图上示意垂直剖切的具体位置。大样的局部剖切方式多为水平剖切或垂直剖切的应用延伸，根据大样具体情况进行剖切。局部剖切示例详见"3 建筑施工详图诠释"。

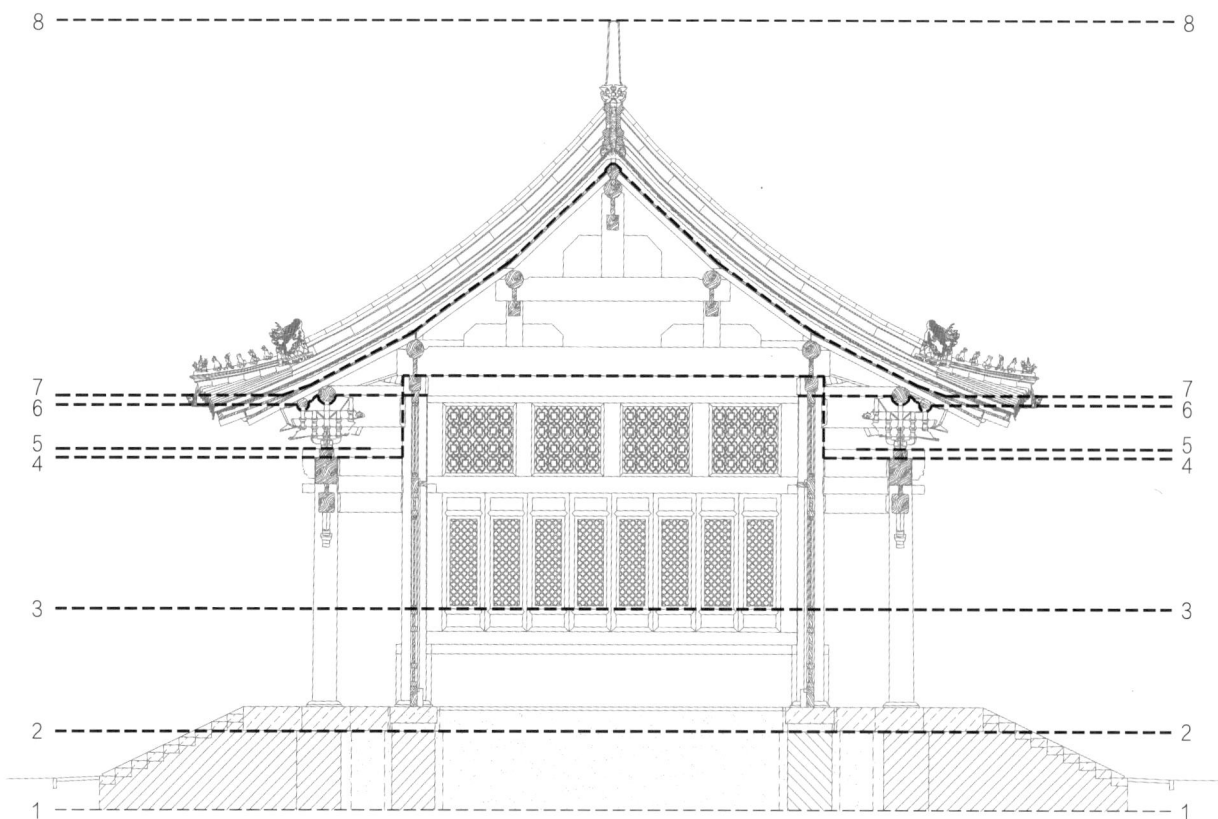

图1-1-1 水平、折线、曲线剖切位置示意图

1.1.2.1 水平剖切、折线剖切、曲线剖切的剖切位置诠释

1-1水平剖切线：位于磉墩、拦土下皮。目的是展示基础之下基坑开挖的平面布局。1-1剖切位置图（以1-1为上剖切线）为基坑开挖平面图。

2-2水平剖切线：位于柱顶石下皮。目的是展示位于柱顶石之下磉墩和拦土的位置、尺寸及与轴线的关系。2-2剖切位置图（以2-2为上剖切线，1-1为下剖切线）为基础平面图。

（a）1-1剖切位置图
（基坑开挖平面图）

（b）2-2剖切位置图
（基础平面图）

（c）3-3剖切位置图
（台基平面图）

（d）4-4剖切位置图
（柱头平面图）

（e）5-5剖切位置图
（平板枋平面图）

（f）6-6剖切位置图
（斗栱仰视平面图）

（g）7-7剖切位置图
（步架平面图）

（h）8-8剖切位置图
（屋顶平面图）

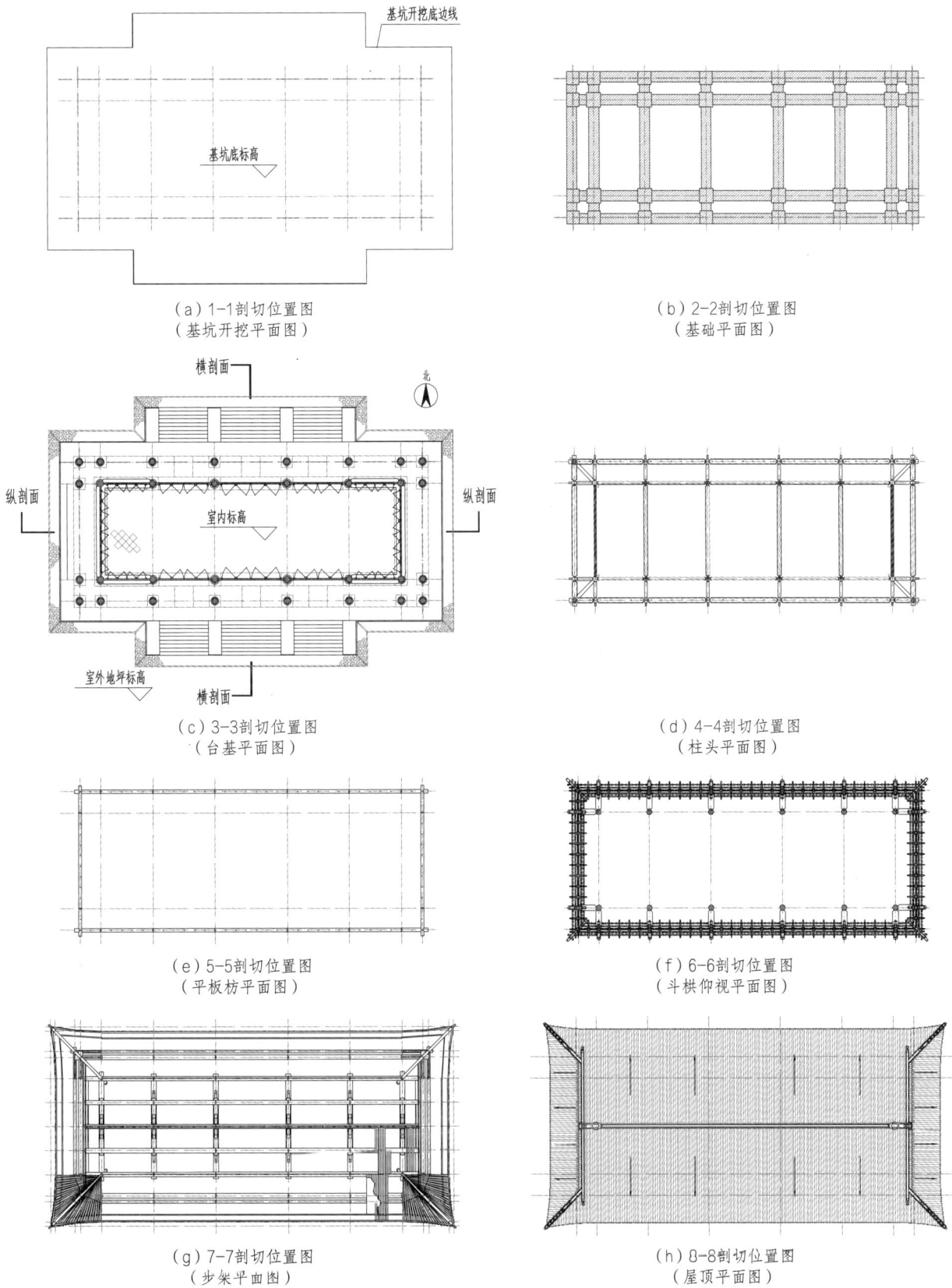

图1-1-2 水平、折线、曲线剖切线对应平面示意图

3-3水平剖切线：位于隔扇窗二抹上皮。目的是将柱子定位、门窗尺寸位置、台明部位石作、周边散水等构件间的关系展示全面。3-3剖切位置图（以3-3为上剖切线，2-2为下剖切线）为台基平面图。

4-4折线剖切线：位于檐柱、金柱顶端。因檐柱柱头、金柱柱头不在同一高度，所以为折线剖切。目的是展示檐柱柱头、金柱柱头、连接柱头的大额枋、穿插枋、老檐枋、随梁枋等构件的位置、尺寸。4-4剖切位置图（以4-4为上剖切线，3-3为下剖切线）为柱头平面图。

5-5水平剖切线：位于平板枋上皮。目的是展示平板枋之间的搭交关系、平板枋与斗栱之间的榫卯连接位置。5-5剖切位置图（以5-5为上剖切线，4-4为下剖切线）为平板枋平面图。

6-6曲线剖切线：为一条连接挑檐桁、正心桁下皮和桃尖梁、桁椀上皮直至金柱处的曲线。目的是为斗栱仰视平面的表达设置范围，在斗栱仰视平面中不绘制挑檐桁、正心桁、梁架部分。5-5剖切位置为斗栱仰视平面图的仰视位置，6-6的剖切位置为斗栱仰视平面图的截止位置。6-6剖切位置图（以6-6为上剖切线，5-5为下剖切线）为斗栱仰视平面图。

7-7折线剖切线：位于仔角梁、飞椽、檐椽、花架椽、脑椽、扶脊木上皮处。目的是最大限度地将上部梁架的关系表达完整。7-7剖切位置图（以7-7为上剖切线，6-6为下剖切线）为步架平面图。

8-8水平剖切线：位于正吻上皮处。目的是展示完整的屋面瓦件。8-8剖切位置图（以8-8为上剖切线，7-7为下剖切线）为屋顶平面图。

1.1.2.2 垂直剖切位置诠释

垂直剖切的位置及视角方向在台基平面上用剖切符号表示，剖切符号中长线表示剖切平面所在的位置，短线指向的方向为视角方向（图1-1-3）。

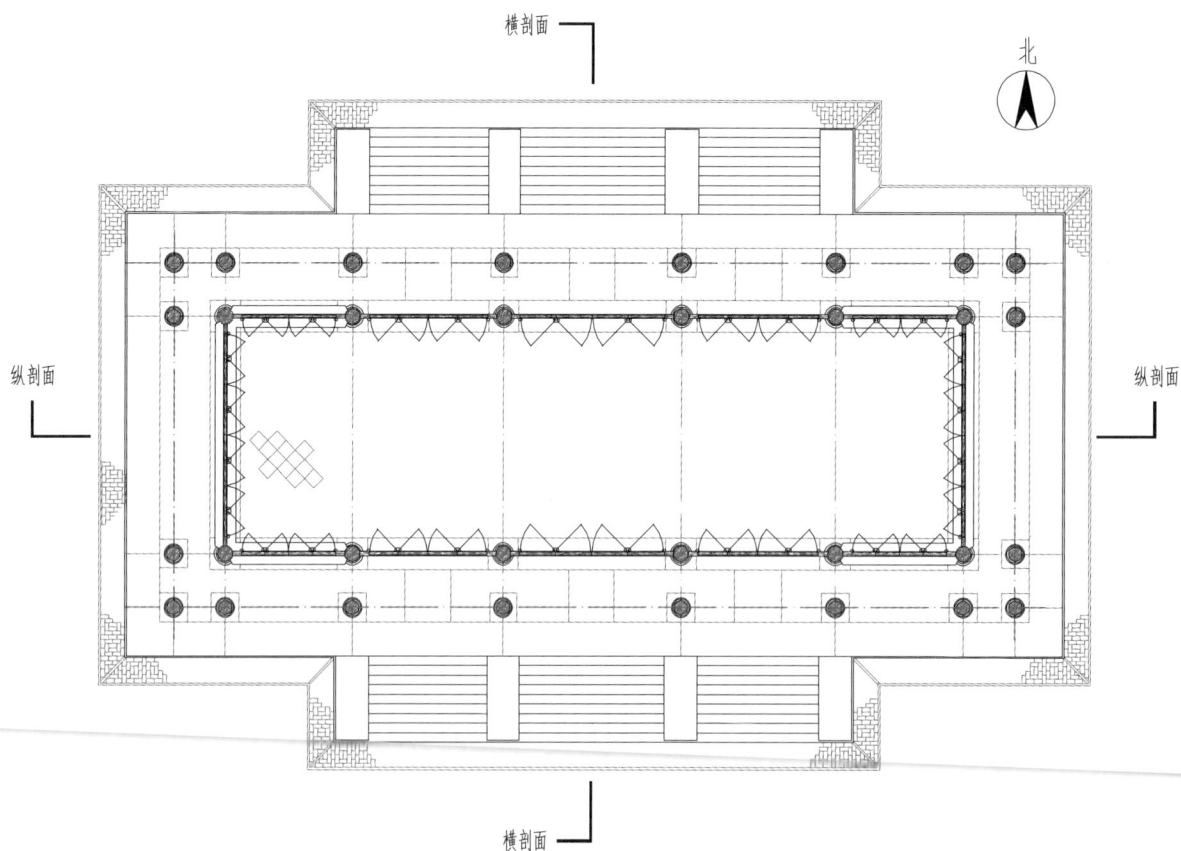

图1-1-3 垂直剖切位置示意图

横剖面剖切线：横剖面剖切线位于明间的中心线，视角向西。目的是展示西面进深方向的建筑构件的关系。横剖面图展示构件高度、竖向搭交关系、建筑举折等内容（图1-1-4）。

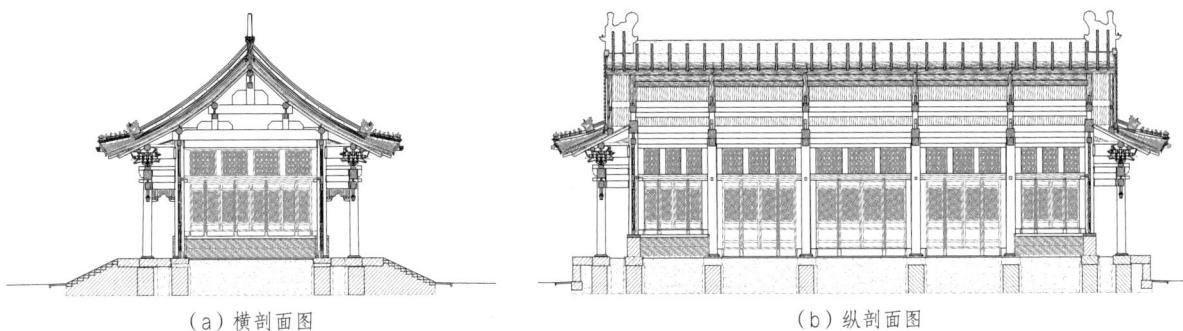

（a）横剖面图　　　　　　　　　　　　　　　　（b）纵剖面图

图1-1-4　垂直剖切线对应剖面示意图

纵剖面剖切线：纵剖面剖切线位于间进深的中心线，视角向北。目的是展示北面面阔方向的建筑构件的关系。纵剖面图展示构件竖向搭交、山面构件的相互关系、歇山建筑的收山距离等内容。

1.2　视角与遮挡的应用

视角方向的应用涉及单个构件自身遮挡关系的变化以及构件与构件之间上下、前后遮挡关系的转换。因为视角方向能够明确构件的遮挡次序，所以视角方向是影响图纸呈现结果的重要因素。

1.2.1　单个构件视角与遮挡的空间关系

单个构件因视角方向不同在图纸中的呈现结果不同。绘制图纸时注意视角方向与构件自身非直角的情况，即构件与视角呈锐角或钝角时，在图纸中需要绘制具有立体效果的轴测图。以清官式七檩歇山周围廊建筑翼角部位的仔角梁、老角梁为例，仔角梁、老角梁与视角方向非直角而是向上翘起，因此绘制仔角梁、老角梁的遮挡关系涉及顶面、底面、左面（西侧面）、右面（东侧面）、前面（南面）、后面（北面）6个面的前后次序。通过视角方向一、视角方向二分别阐述构件在图纸中自身遮挡关系的呈现结果（图1-2-1）。

平面图中的视角一为横剖面图的视角，仔角梁、老角梁与视角一的夹角呈45°。从视角一方向绘制仔角梁、老角梁，需绘制老角梁的右面、后面，仔角梁右面、底面、后面，其余面被角梁本身遮挡。

平面图中的视角二为侧立面图的视角，仔角梁、老角梁与视角二的夹角呈135°。从视角二方向绘制仔角梁、老角梁，需绘制老角梁顶面、左面、前面，仔角梁顶面、左面、前面，其余面被角梁本身遮挡。

仔角梁、老角梁涉及套兽的定位，在立面图、剖面图的呈现至关重要，应在立面图、剖面图中将角梁与翼角部位的关系绘制准确。

1.2.2　构件之间视角与遮挡的空间关系

1.2.2.1　俯视视角构件之间遮挡关系的空间应用

平面图的绘制多为俯视视角，构件之间的遮挡关系为位置高的构件遮挡位置低的构件。步架平面的构件遮挡关系较为复杂，故以清官式七檩歇山周围廊建筑的步架平面为例，阐述俯视视角图纸中的遮挡关系（图1-2-2，表1-2-1）。

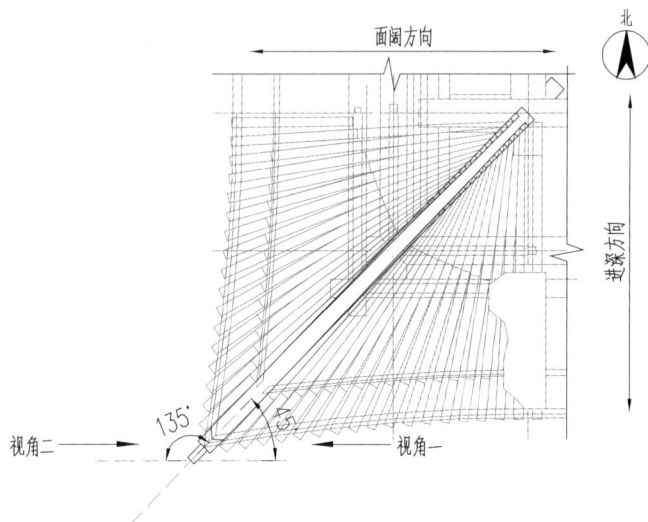

（a）视角方向平面示意图

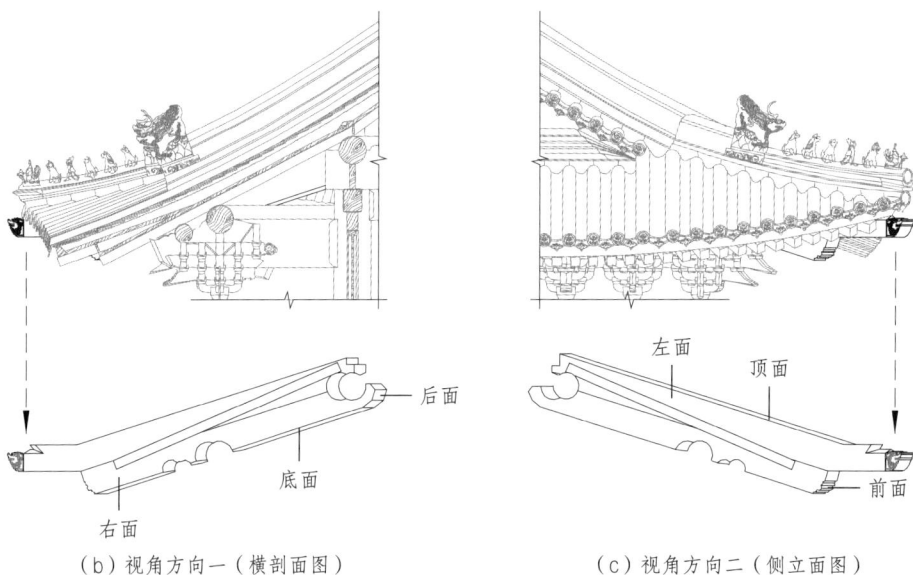

（b）视角方向一（横剖面图）　　　　　　　（c）视角方向二（侧立面图）

图1-2-1　构件自身的遮挡关系示意图

（1）面阔方向的构件在步架平面中，位于垂直空间最高处的为椿桩、扶脊木，会遮挡下方的脊桁，因脊桁的构件尺寸大于扶脊木，故在步架平面图中可看到未完全遮挡的脊桁，需要绘制脊桁的轮廓线。脊桁下方的脊垫板、脊枋则被脊桁完全遮挡。平面图中不绘制被完全遮挡的构件。

（2）面阔方向其余的桁、垫板、枋，在垂直空间中从高至低依次为金桁、金垫板、金枋、老檐桁、老檐垫板、老檐枋、正心桁、挑檐桁。因脊桁、金桁、老檐桁、正心桁、挑檐桁之间不存在垂直空间上的相互遮挡关系，故图中按步架距离依次绘制桁的构件长度、宽度及榫卯口。位于桁之下的垫板、枋与脊桁的情况相同，被完全遮挡，不在平面图中绘制。

（3）进深方向的梁架位于面阔方向的桁类构件之下，所以绘制梁架构件时，只需要绘制两桁之间的梁架构件。脊瓜柱位于脊桁之下，因脊瓜柱的长、厚尺寸均大于脊桁径，绘制平面图时，需绘制尺寸大于脊桁径的脊瓜柱轮廓线。脊瓜柱做榫卯卡在脊角背之上，榫卯部位被遮挡，需绘制长度尺寸大于脊瓜柱的脊角背轮廓线。角背之下为三架梁，三架梁的长度、厚度尺寸均大于角背，需绘制三架梁的轮廓线。需注意由于脊桁、金桁空间位置高于三架梁，因此被桁遮挡部分的三架梁不需要绘制。金瓜柱、金角背位于三架梁之下，

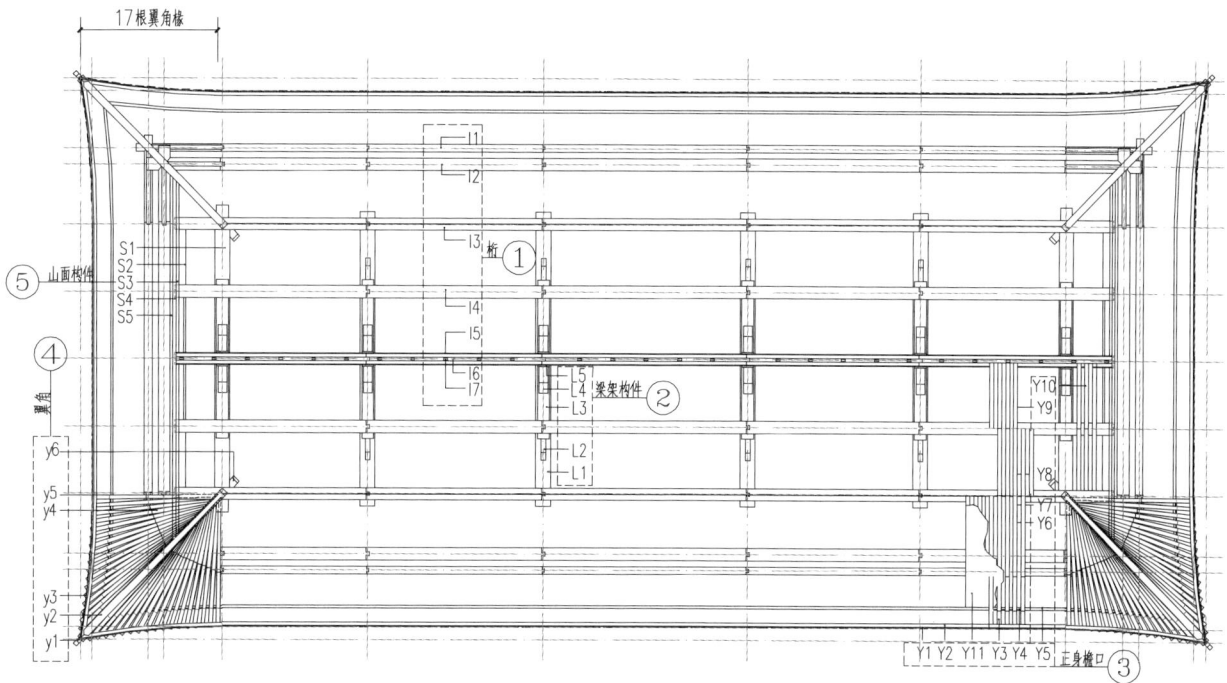

图1-2-2　俯视视角遮挡关系示意图

表1-2-1

分类	图 1-2-2 中的序号	构件	分类	图 1-2-2 中的序号	构件
①桁	l1	挑檐桁	③正身檐口	Y6	檐椽
	l2	正心桁		Y7	椽中板
	l3	老檐桁		Y8	花架椽
	l4	金桁		Y9	脑椽
	l5	脊桁		Y10	哑叭椽
	l6	扶脊木		Y11	望板
	l7	椿桩	④翼角	y1	套兽榫
②梁架构件	L1	五架梁		y2	仔角梁
	L2	金角背		y3	翘飞椽
	L3	三架梁		y4	翼角檐椽
	L4	脊角背		y5	衬头木
	L5	脊瓜柱		y6	老角梁
③正身檐口	Y1	瓦口木	⑤山面构件	S1	踩步金
	Y2	大连檐		S2	踏脚木
	Y3	飞椽		S3	穿
	Y4	闸挡板		S4	山花板
	Y5	小连檐		S5	博缝板

金瓜柱被三架梁完全遮挡，只需要绘制在三架梁梁头之外的金角背。金角背之下为五架梁，五架梁的厚度、长度尺寸均大于上层的金角背、三架梁、脊角背等构件，故绘制五架梁轮廓线。与三架梁情况相同，被桁遮挡的部分不需要绘制。

（4）正身檐口构件在垂直空间上瓦口木置于最上端，向下为大连檐，大连檐厚度大于瓦口木，需绘制大连檐轮廓线。大连檐会遮挡下方的飞椽椽头。闸挡板位于飞椽之间，椽当之上无遮挡构件。闸挡板之下为小连檐，需绘制小连檐宽于闸挡板厚的部分。小连檐之下为檐椽，檐椽头部被飞椽遮挡，绘制后尾长度大于飞椽的轮廓线。椽中板位置高于老檐桁，需绘制在老檐桁之上。飞椽、檐椽、花架椽、脑椽、哑叭椽均在桁类构件之上，遮挡桁类构件。示意椽子时，仅绘制椽当部分的桁类构件。因望板和椽子在步架平面中会遮挡大部分木构件，影响构件的表达，所以步架平面仅绘制部分椽子与望板的位置、尺寸示意。

（5）翼角部分除仔角梁、老角梁、衬头木外，其余檐口构件关系同正身檐口。仔角梁自身不被遮挡，老角梁位于仔角梁之下被仔角梁遮挡，因此老角梁仅绘制不被仔角梁、踩步金头遮挡的后尾。衬头木在挑檐桁、正心桁之上，被翼角椽遮挡，应绘制未被遮挡的轮廓线。

（6）山面踩步金与五架梁位置类似，尺寸大于三架梁、脊角背等构件，除被脊桁、金桁、老檐桁遮挡的部分外，还被仔角梁遮挡，应绘制其余不被遮挡的踩步金轮廓线。山面构件中博缝板位于最外侧，与山面其余构件无遮挡关系。山花板、草架柱和穿位于踏脚木之上，遮挡踏脚木，踏脚木的厚度大于山花板、穿的部分需绘制，草架柱被上方的脊桁、金桁完全遮挡，因此不在步架平面图中表示。

1.2.2.2　仰视视角构件之间遮挡关系的空间应用

仰视平面图采用仰视视角绘制图纸。与俯视视角构件之间的遮挡关系相反，因视角方向是从下往上，此时构件之间的遮挡关系为垂直空间中低的构件遮挡高的构件。

斗栱作为官式建筑中具有特点的木构件，上层分件大于下层分件，整体造型呈倒梯形，需通过仰视视角进行绘制。斗栱仰视平面是以仰视视角的多攒斗栱按一定秩序排列组成的平面，其中平身科位于两柱之间，柱头科位于柱头之上，角科位于建筑转角的位置。以清官式七檩歇山周围廊建筑的斗栱仰视平面图中单攒平身科斗栱的仰视平面图为例，阐述仰视视角图纸的遮挡关系（图1-2-3）。柱头科与角科的构件遮挡关系与平身科相同。

（1）五踩斗栱平身科仰视平面的遮挡关系总体为下层构件遮挡上层构件。五踩斗栱平身科的构件分为六层，除第一层（最下层）外，每层由面阔方向的构件和进深方向的构件组成。第一层的构件为大斗。大斗既遮挡位于第二层面阔方向的构件正心瓜栱，又遮挡进深方向的构件单翘，绘制正心瓜栱、单翘伸出大斗部分的轮廓线。单翘端头上方放置十八斗，十八斗被下方的单翘遮挡，绘制十八斗伸出单翘的轮廓线。正心瓜栱端头放置槽升子，槽升子被下方正心瓜栱遮挡，绘制槽升子露出正心瓜栱的轮廓线。

（2）第三层面阔方向的构件正心万栱以大斗中心线为中，单材瓜栱位于两侧；进深方向的构件为单昂后带菊花头。面阔方向的构件正心万栱被第二层的正心瓜栱遮挡，两侧的单材瓜栱被十八斗遮挡，因此绘制正心万栱、单材瓜栱长度大于正心瓜栱和十八斗的轮廓线。进深方向单昂后带菊花头被单翘和槽升子遮挡，绘制长度大于单翘和槽升子的部分。

（3）第四层面阔方向的构件正心枋以大斗中心线为中，单材万栱位于正心枋两侧，厢栱位于单材万栱外侧；进深方向的构件为蚂蚱头后带六分头。面阔方向的构件正心枋被第三层的正心万栱遮挡，两侧的单材万栱被单材瓜栱和单材瓜栱之上的三才升遮挡，外侧的厢栱被单昂后带菊花头和十八斗遮挡，因此绘制正心枋、单材万栱、厢栱长度分别大于三层构件的轮廓线。进深方向蚂蚱头后带六分头被单昂后带菊花头和十八斗遮挡，绘制长度大于单昂后带菊花头和十八斗的轮廓线。

（4）第五层面阔方向的构件正心枋以大斗中心线为中，拽枋位于正心枋两侧，挑檐枋位于拽枋外侧，厢栱位于拽枋里侧；进深方向的构件为撑头木后带麻叶头。面阔方向的构件正心枋被下层的正心枋完全遮挡，两侧的拽枋被单材万栱和三才升遮挡，外侧的井口枋被厢栱和三才升遮挡，里侧的厢栱被蚂蚱头后带六分头和十八斗遮挡，因此绘制拽枋、井口枋、厢栱长度分别大于四层构件的轮廓线。进深方向撑头木后带麻叶头被蚂蚱头后带六分头和十八斗遮挡，绘制长度大于蚂蚱头后带六分头和十八斗轮廓线。

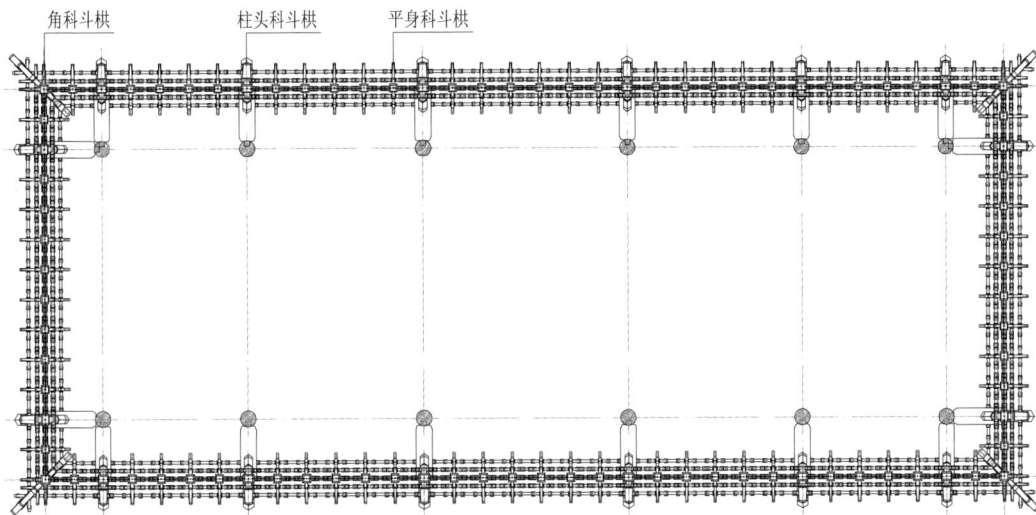

（a）斗栱仰视平面图

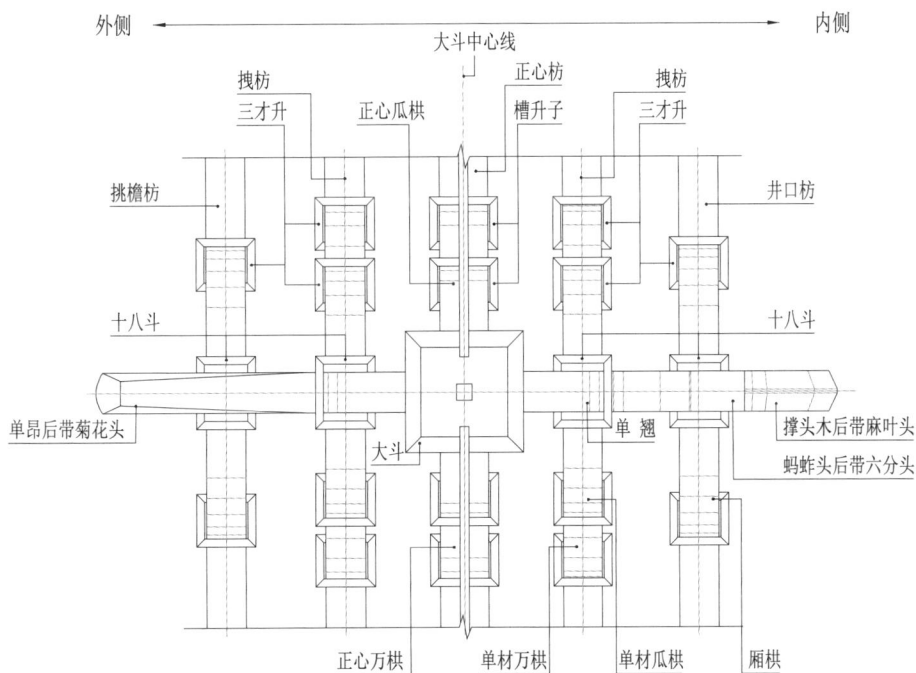

（b）单攒平身科斗栱仰视平面图

图1-2-3　仰视视角遮挡关系示意图

（5）第六层面阔方向的构件正心枋以大斗中心线为中，井口枋位于正心枋内侧，进深方向的构件为桁椀。面阔方向的构件正心枋被下层的正心枋完全遮挡，内侧的井口枋被厢栱和三才升遮挡，因此绘制井口枋长度大于厢栱和三才升的轮廓线，进深方向桁椀被撑头木后带麻叶头完全遮挡。

1.2.2.3　垂直剖切视角构件之间遮挡关系的空间应用

垂直剖切视角多应用在剖面图中，此时构件之间的遮挡关系为距离视角近的构件遮挡离视角远的构件。以清官式七檩歇山周围廊建筑的横剖面图为例，横剖面图的视角位于明间中心线，视角向西。横剖面图是根据垂直剖切面的剖切视角，绘制垂直剖切的构件以及在垂直剖切轮廓线之外的看线。通过横剖面图纸表达垂直剖切视角的遮挡关系（图1-2-4，表1-2-2）。

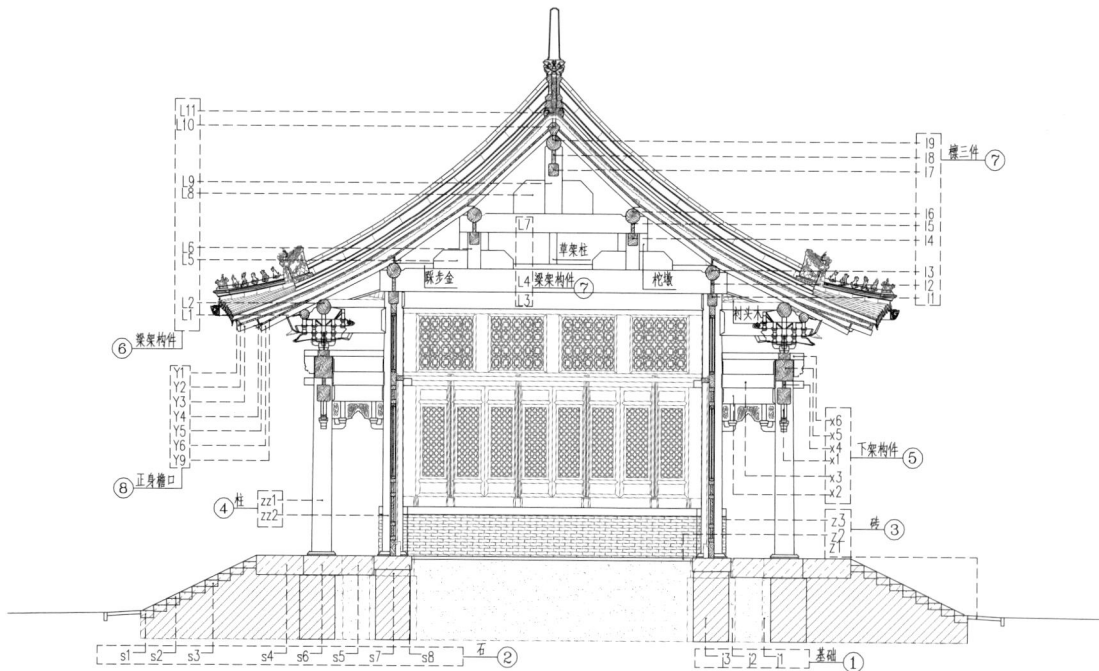

图1-2-4 剖切视角遮挡关系示意图

表1-2-2

分类	图 1-2-4 中的序号	构件	分类	图 1-2-4 中的序号	构件	分类	图 1-2-4 中的序号	构件
①基础	j1	檐磉墩	⑤下架构件	x2	小额枋	⑦檩三件	l2	老檐垫板
	j2	金磉墩		x3	穿插枋		l3	老檐桁
	j3	拦土		x4	由额垫板		l4	金枋
②石	s1	砚窝石		x5	大额枋		l5	金垫板
	s2	垂带石		x6	平板枋		l6	金桁
	s3	踏跺石	⑥梁架构件	L1	挑檐桁		17	脊枋
	s4	阶条石		L2	正心桁		18	脊垫板
	s5	分心石		L3	随梁枋		19	脊桁
	s6	檐柱顶石		L4	五架梁	⑧正身檐口	Y1	瓦口木
	s7	金柱顶石		L5	金角背		Y2	大连檐
	s8	槛垫石		L6	金瓜柱		Y3	飞椽
③砖	z1	散水		L7	三架梁		Y4	闸挡板
	z2	方砖墁地		L8	脊角背		Y5	小连檐
	z3	槛墙		L9	脊瓜柱		Y6	檐椽
④柱	zz1	檐柱		L10	扶脊木		Y7	花架椽
	zz2	金柱		L11	椿桩		Y8	脑椽
⑤下架构件	x1	雀替	⑦檩三件	l1	老檐枋		Y9	望板

（1）基础部分被垂直剖切到的构件为拦土，檐磉墩、金磉墩宽度尺寸大于拦土，在横剖面图上绘制磉墩看线。因基础较为特殊，磉墩、拦土中间被灰土填充，故磉墩用虚线表示位置。

（2）台明部位垂直剖切到的石作构件从外到内依次为砚窝石、踏跺石、阶条石、分心石、槛垫石，均绘制剖切轮廓线。垂带石被踏跺石遮挡，只绘制上皮线。砖作构件中位于最外侧的散水和位于室内的方砖墁地绘制剖切轮廓线。

（3）与檐柱、金柱连接构件之间的遮挡关系分为：①垂直剖到的构件会遮挡檐柱、金柱；②与明间檐柱、金柱连接的木构件遮挡连接处的明间柱子；③其余构件被檐柱、金柱遮挡。大额枋、由额垫板、小额枋、老檐枋、隔扇门均为垂直剖到的构件，绘制剖切轮廓线。穿插枋、桃尖梁、随梁枋与檐柱、金柱连接处做抱肩，穿插枋的回肩遮挡相交部分檐柱的轮廓线，穿插枋、桃尖梁、随梁枋的回肩遮挡相交部分金柱的轮廓线，绘制穿插枋及穿插枋头、桃尖梁、随梁枋的轮廓线。雀替距离视角起点比明间檐柱近，遮挡檐柱。因檐柱、金柱直径尺寸较大，除前面提及被遮挡部位外绘制明间檐柱、明间金柱及其檐柱顶石、金柱顶石的轮廓线。其余的构件如槛墙被金柱遮挡绘制宽于明间金柱的槛墙轮廓线，进深方向绘制未被遮挡的大额枋和霸王拳、小额枋、雀替的轮廓线。

（4）斗拱部分需绘制平身科斗拱的垂直剖切面，柱头科被平身科斗拱的垂直剖切面遮挡，绘制柱头科尺寸大于平身科的构件轮廓线，桃尖梁、单昂后带雀替、井口枋、盖斗板等；角科被平身科、柱头科遮挡，仅绘制斜翘、斜昂后带菊花头、由昂后带六分头伸出平身科、柱头科的轮廓线。

（5）正身檐口的构件瓦口木、飞椽、大连檐、望板、檐椽、闸挡板、小连檐等构件均会遮挡翼角部分的仔角梁、老角梁，仅绘制伸出正身檐口的仔角梁头和高度大于檐椽的老角梁轮廓线。进深方向的衬头木被老角梁遮挡，绘制空间高度低于老角梁的衬头木轮廓线。翼角部分的檐口构件被瓦作遮挡，套兽榫被套兽遮挡，只绘制翼角瓦作和套兽。

（6）明间的梁架构件距离视点近，会遮挡山面的构件。五架梁完全遮挡山面的踏脚木以及踩步金，只绘制踩步金高于五架梁的上皮线。山面构件穿被三架梁完全遮挡。金瓜柱遮挡柁墩，绘制尺寸宽于金瓜柱的柁墩轮廓线。脊瓜柱遮挡草架柱，绘制位于脊瓜柱之下、金瓜柱之间的草架柱轮廓线。

1.3 清官式建筑施工图绘图流程排序

清官式建筑的施工图绘图流程排序总体按照先平面、后剖面、再立面的顺序。根据建筑的形制、复杂程度的不同，需要绘制的平面图不同。例如硬山、悬山等小式建筑，因其无斗拱，在梳理绘图流程时则无须考虑斗拱仰视平面、平板枋平面。大式建筑在绘图流程排序时，一般均需增加平板枋平面及斗拱仰视平面。更为复杂的重檐建筑，则需将一层平面和二层平面逐层拆分，展示各层平面的构件。平面图绘图排序的宗旨是将不同高度的构件通过剖切面剖开，逐层展示，达到几乎所有构件均能在平面图中展示的目的。越复杂的建筑，需要拆分的平面图越多，甚至需要一个构件绘制一层平面，目的是通过平面图的叠加梳理建筑的竖向空间关系。既保证绘图人绘制图纸的准确性，又方便看图人理解图纸。立面图和剖面图也均以展示完整建筑为原则，若横剖面图、纵剖面图无法展示建筑竖向空间关系，则需增加若干剖面图。建筑立面图目的是展示建筑每个面的外观形态，若两侧立面对称，可只绘制一侧立面。必要的大样图、文字说明和建筑材料用料做法表是施工图绘图流程排序中不可或缺的内容。本章根据清官式建筑的基本形制，以平面图较为复杂的七檩歇山周围廊建筑为例，介绍绘图流程的排序方式，排序如下：

①一般在施工图绘制前需根据项目建设用地的周边情况绘制总平面图，将建筑与周边环境的关系在总平

面中表达清晰。总平面图的绘制方法及深度、文字说明、建筑材料用料做法表详见本册6.1施工图设计依据文件、6.2施工图设计成果深度及要求。

②依据设计计算书进行施工图平面绘制。所有平面图以轴线为定位，各构件尺寸以设计计算书尺寸为依据进行图纸绘制。和大木不离中的原理相同，绘图时应遵循绘图不离中的原则，构件以轴线为中心线进行绘制。平面顺序依次为轴网定位图、基坑开挖平面图、基础平面图、台基平面图、柱头平面图、平板枋平面图、斗栱仰视平面图、步架平面图、屋顶平面图。在绘制台基平面前需要单独绘制完整的门窗平面，绘制斗栱仰视平面时要单独绘制平身科、柱头科、角科的斗栱仰视平面，绘制步架平面时要单独绘制翼角平面，绘制屋顶平面时要单独绘制吻兽大样。

③确保各层平面图无误后，根据平面图绘制建筑横剖面图和纵剖面图。绘制横剖面图和纵剖面图前需完成门窗大样和翼角大样。

④通过已完成的平面图、剖面图绘制立面图。

⑤详图（台基、檐口等）在完成平面图、剖面图、立面图后，从图中进行提取。大样是将在平面图、立面图、剖面图中表达不清晰的内容，通过放大一定比例将建筑细部构件或空间关系表达清晰。大样分为在平、立、剖面图中提取的大样（台基、檐口等），以及绘制平、立、剖面图前需要单独绘制的大样（门窗、翼角等）。在平、立、剖面图中提取大样的方法详见"3 建筑施工详图诠释"。

注：本章绘图方法诠释中仅详细阐述平面图的绘图方法，剖面图、立面图的绘图方法详见第二章"关系对应法"。

施工图绘制过程需要明确的排列排序，具体见绘图流程排序示意图（图1-3-1）。

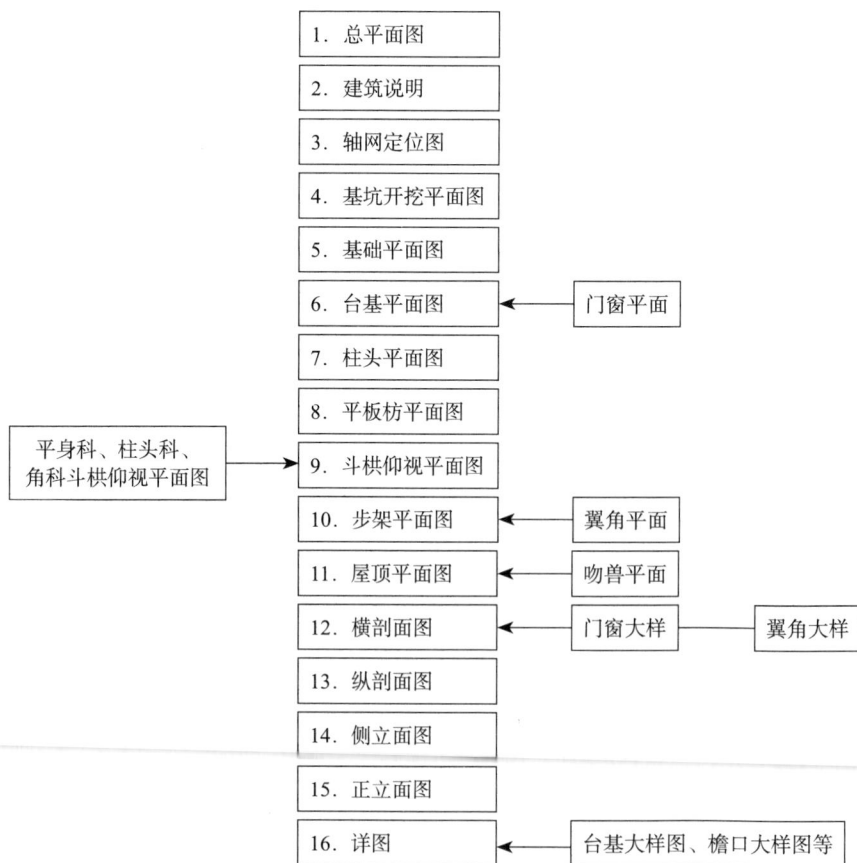

图1-3-1 绘图流程排序示意图

1.4 绘图方法诠释

本节以七檩歇山周围廊建筑（斗口采用八等材，斗栱选用五踩斗栱）为例，按照总平面图、建筑说明、轴网定位图、基坑开挖平面图、基础平面图、台基平面图、柱头平面图、平板枋平面图、斗栱仰视平面图、步架平面图和屋顶平面图的顺序对施工图绘图方法进行诠释。每层平面图详细诠释了剖切位置、绘图方法、绘图依据和绘图要点，对于空间结构复杂的部位，进一步拆分绘图步骤进行诠释。绘图过程中关于榫卯绘制方法的内容不再赘述，详见《清官式建筑营造设计法则 榫卯篇》。

1.4.1 总平面图

总平面图制图应遵循《总图制图标准》GB/T 50103—2010，根据场地的实际情况进行设计。内容包括：线型、图名、比例、尺寸、标注、图例、风玫瑰图、说明、竖向设计、三线、经济技术指标。

总平面图绘制基本要素（图1-4-1）如下：

线型：绘制建筑外轮廓线采用实线加粗线型，清官式建筑中带外廊的建筑，因外廊木柱属于建筑的围合结构构件，所以将外廊木柱外边线作为建筑的外轮廓线。传统建筑的屋檐通常会向外伸出一段距离，为了避免与周围建筑产生冲突，总图需表示屋檐滴水线，即传统建筑屋檐滴水的外边线。

图名、比例尺：图名一般标写在图形下方，比例尺标写在图名之后，总平面图的比例尺一般为1∶150、1∶200、1∶300、1∶500等，应根据绘图范围和图幅大小进行选择。

坐标定位：坐标定位应选取建筑外侧（本案例为建筑外廊）轴线交点。

标注：总平面图的尺寸标注通常包括该建筑物总尺寸，标注有建筑层数、相对标高（含±0）、绝对标高、结构类型、出入口标志、建筑功能，以及周边建筑环境的间距尺寸、道路名称及宽度尺寸。绘制时应注意各标注位置合理以免影响图面清晰度。

图例：图例是对总平面图中各种线型和符号的解读，对照图例可了解场地中建筑及其周边的环境关系。

风玫瑰图：风玫瑰图表达的是场地所属区域风向、风速的发生频率，能够表明建筑和地物的朝向情况，若不采用风玫瑰图，则应在总平面图中设置指北针，风玫瑰图和指北针一般放置在总平面图的右上角位置。

说明：总平面图中的"注"是总平面图识图的文字说明。内容一般包括图中数据单位、绝对标高的说明，以及对场地特殊规范和要求的补充说明。

竖向设计：竖向设计指水平面垂直方向上的设计。标注建筑的台基高度、室内外标高，以及场地标高。场地标高应与周边地块标高、道路坡度及排水方向合理衔接。

"三线"：为道路红线、建筑红线和用地红线。道路红线指规划的城市道路用地的边界线；建筑红线指用地的边界线，红线之外不允许建任何建筑物，建筑外立面装饰不可超过红线；用地红线是各类建筑工程项目用地的使用权属范围边界线。

经济技术指标：是反映整个设计方案经济技术情况的指标，一般包括总用地面积、基底面积、总建筑面积、绿地率、容积率、建筑高度、停车数量等，不同的项目设计需要根据实际情况表达相应的经济技术指标。

1.4.2 建筑说明

建筑说明的内容要素包括：工程概况、设计依据、设计范围、文件编排及标注、消防设计、节能设计、无障碍设计、墙体工程、楼地面工程、屋面工程、门窗工程、石作工程、木作工程、地仗工程、油漆工程，内容详见6.2.2施工图设计图纸及深度要求。因为传统建筑设计属于特殊建筑设计，如消防、节能、无障碍设

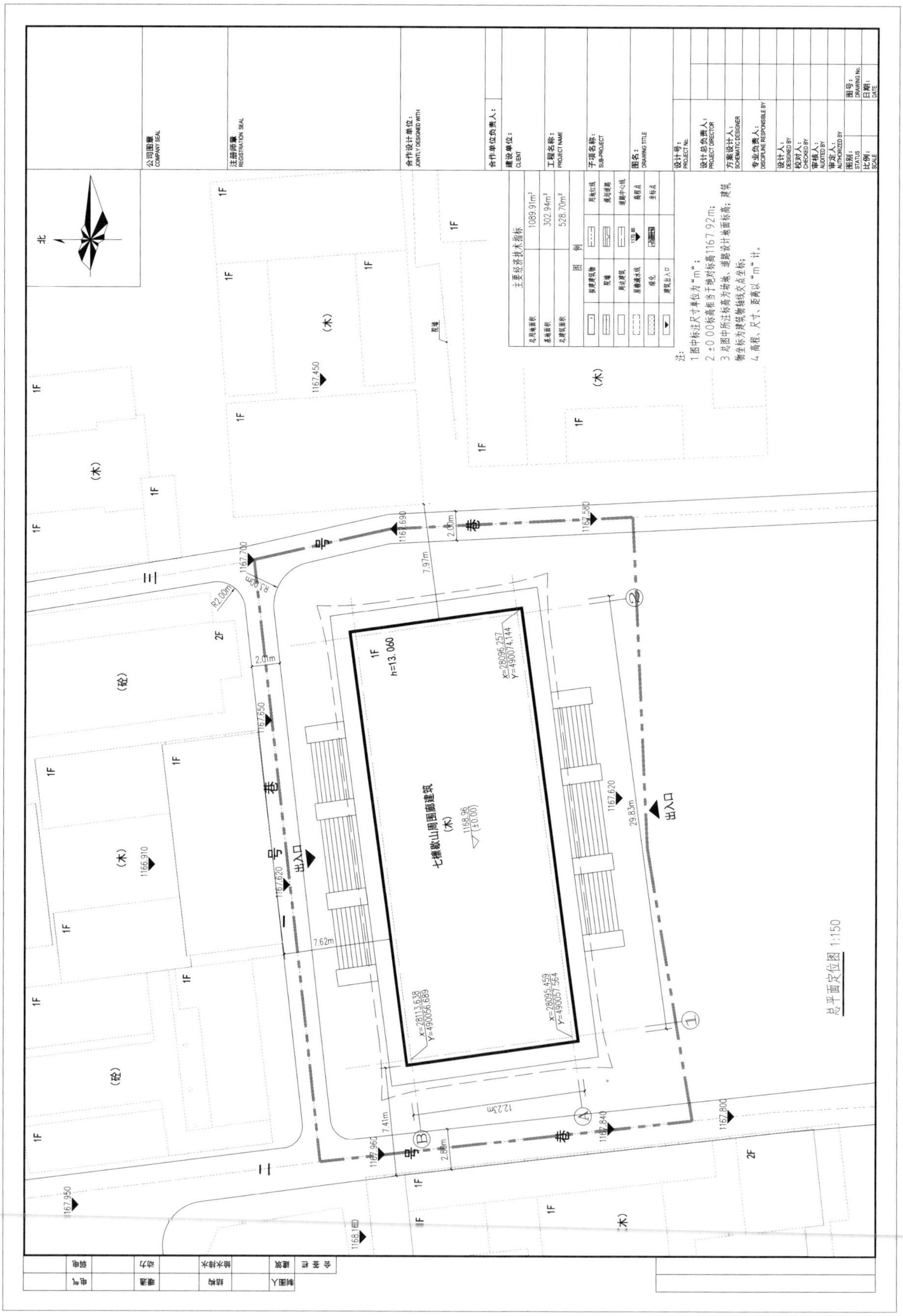

图1-4-1 总平面图

计等均需特殊设计，具体如下：

1.4.2.1 消防设计

消防设计是传统建筑的设计难点，对于纯木结构建筑的消防设计，木构件必须经过技术处理，例如药物浸泡或刷防火涂料的方式增加木结构构件的耐火极限，以达到规范要求；与周边建筑的防火距离不满足时，应采取符合《建筑设计防火规范》GB 50016—2014（2018年版）的措施，如增设防火墙的方式满足防火要求。

1.4.2.2 节能设计

传统建筑节能计算常常无法满足，但是通过工艺工法的设计可满足节能要求。

1.4.2.3 无障碍设计

为协调无障碍设施和传统建筑外观风貌，可参考两种方法：一是利用传统材料设计无障碍设施，如将木望柱围栏进行雕刻、刷漆美化；二是将无障碍设施作为可拆卸构件进行设计，在不需要使用时收纳存放。

1.4.2.4 墙体工程、楼地面工程、屋面工程、门窗工程

传统建筑的墙体、楼地面、屋面和门窗工程采用传统材料装饰，用材用料、规格、工艺工法和构造方式参考传统做法根据实际情况选定。设计选材详见本书附录A、G。

1.4.2.5 石作工程、木作工程、地仗工程、油漆工程

石作工程、木作工程、地仗工程和油漆工程是传统建筑设计中特有的建筑说明内容，因为传统建筑对这类选材和工艺工法的要求较多，所以需要特别说明。设计选材详见本书附录A～D。

1.4.2.6 传统建筑绘图的特殊图例

传统建筑设计构件采用大量木材，不同的剖切位置，在图纸中的剖切面纹路表达也不尽相同，为了图纸能够准确传达设计者的选材、用料意图，木材的摆放方向和尺寸大小，在表达平面、剖面时各类构件的木材表达方式应根据实际绘制填充。避免因为笼统表达为一样的填充造成的图纸表达不准确、现场施工无法理解图纸、材料浪费的情况（图1-4-2）。

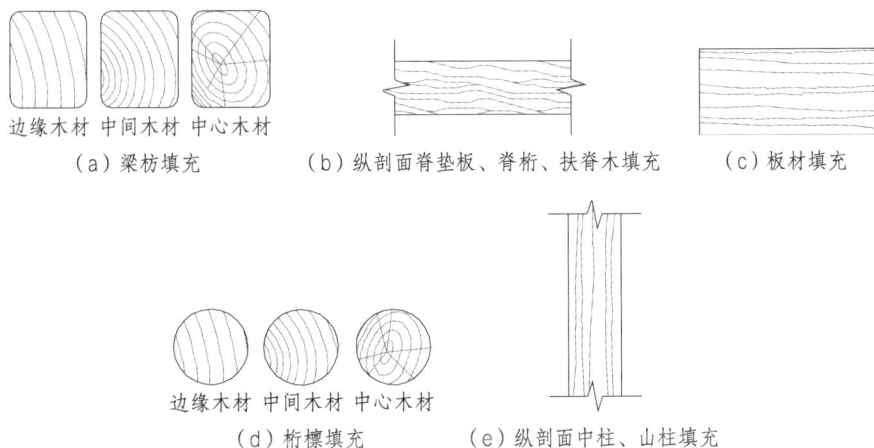

（a）梁枋填充　　（b）纵剖面脊垫板、脊桁、扶脊木填充　　（c）板材填充

（d）桁檩填充　　（e）纵剖面中柱、山柱填充

图1-4-2　木材填充图例

（1）梁、枋、桁檩等长条形的构件顺应树木生长的方向制作，应绘制出年轮，根据木材的大小填充可分为三种。第一种位于树木边缘，年轮的半径较大；第二种更加靠近树木中心，年轮半径变小；第三种位于树木中心，需表达年轮中心。

（2）纵剖面的中柱、山柱、脊垫板、脊桁、扶脊木应绘制出木材顺纹，以表达木材的摆放方向。

（3）板材应绘制出与之相对应的木材纹理。木材的纹理表达了取材切割方向和构件摆放方向。

1.4.3 轴网定位图

传统建筑最外一圈柱子的柱根通常要向外侧移出一定的尺寸，使外檐柱子的柱头略向内侧倾斜，这种做法称为侧脚。故轴网定位图需分为柱头中心轴网、柱根中心轴网。

1.4.3.1 柱头中心轴网

柱头中心轴网（图1-4-3）是确定清官式建筑面阔、进深的依据，柱头以上（含柱头）的木构件的中线位置，用于柱头平面图、平板枋平面图、斗栱仰视平面图、步架平面图和屋顶平面图。

柱头中心轴网绘图方法：先面阔、后进深。

绘图顺序：1廊步距离—2梢间面阔—3次间面阔—4明间面阔—5间进深。

轴网定位计算列表一　　　　　　　　　表1-4-1

位置	图1-4-3中的序号	构件	长
面阔、进深	1	廊步距离	22斗口
	2	梢间面阔	55斗口
	3	次间面阔	66斗口
	4	明间面阔	77斗口
	5	间进深	99斗口

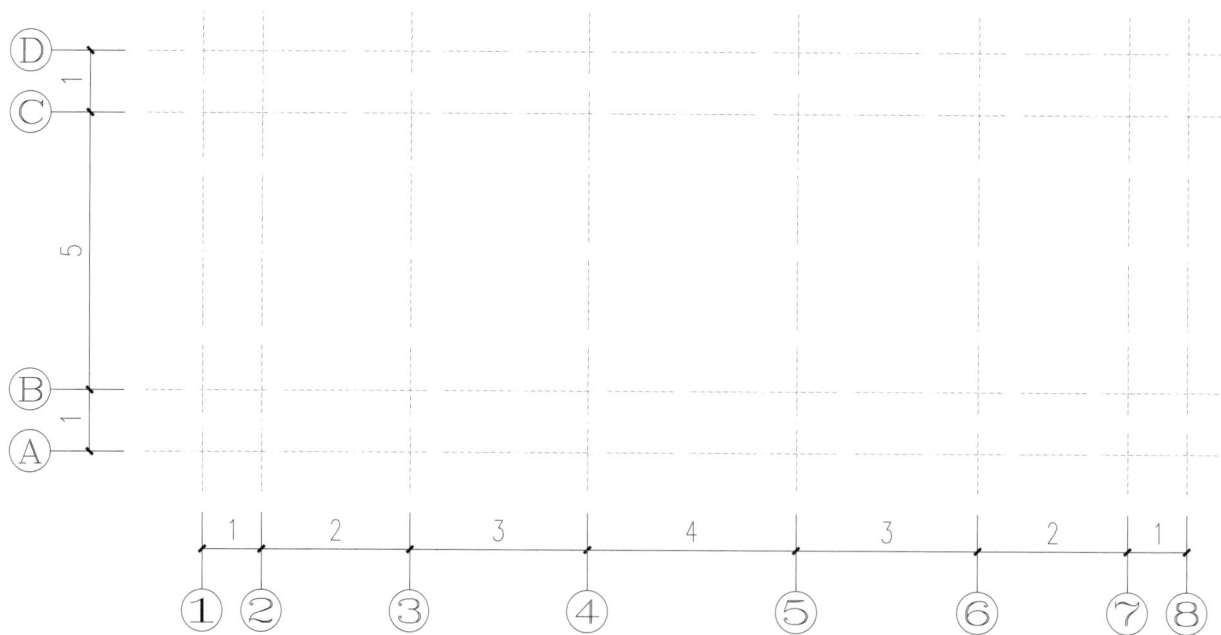

图1-4-3　柱头中心轴网

绘图要点：

（1）依据表1-4-1轴网定位计算列表一数值进行图纸绘制。

（2）面阔方向从左到右用数字由小到大排列轴号，进深方向由下至上用大写字母排列轴号。

1.4.3.2 柱根中心轴网

柱根中心轴网表示柱根中心的位置，用于对应基坑开挖平面图、基础平面图和台基平面图。

柱根中心轴网绘图方法：以柱头中心轴线为依据，绘制柱根中心轴线。

绘制方法及定位：先推算侧脚尺寸，大式建筑侧脚尺寸为柱高的7/1000（小式建筑侧脚尺寸为柱高的1/100），将外圈柱头中心轴线向外平移侧脚距离，分别得到轴1/01、1/8、1/0A、1/D（图1-4-4），其余轴线与柱头中心轴线相同，由此绘制柱根中心轴网（图1-4-5）。

绘图顺序：1廊步距离、2梢间面阔、3次间面阔、4明间面阔、5间进深、6侧脚。

轴网定位计算列表二　　　　表1-4-2

位置	图1-4-5中的序号	构件	长
面阔、进深	1	廊步距离	22斗口
	2	梢间面阔	55斗口
	3	次间面阔	66斗口
	4	明间面阔	77斗口
	5	间进深	99斗口
	6	侧脚	0.42斗口

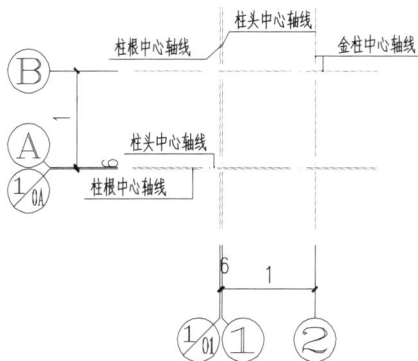

图1-4-4　侧脚示意图

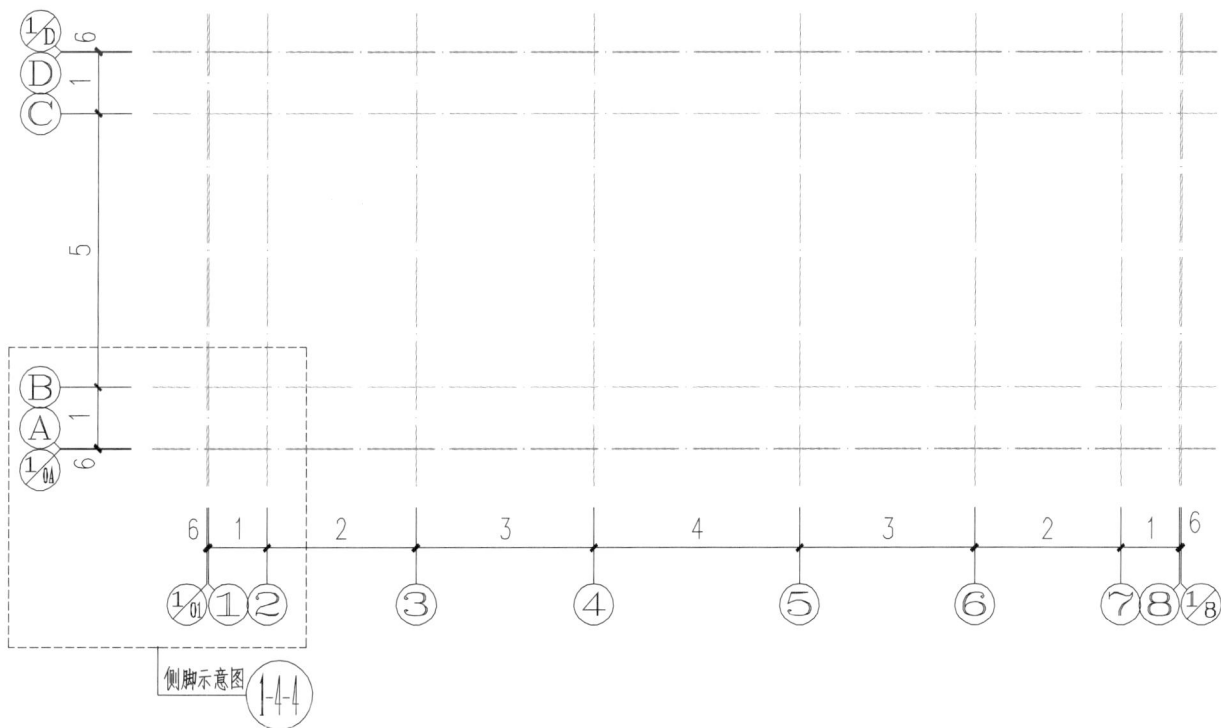

图1-4-5　柱根中心轴网

绘图要点：

（1）依据表1-4-2轴网定位计算列表二数值进行图纸绘制。

（2）清官式建筑中仅外圈柱子有侧脚，里圈的金柱、中柱等没有侧脚。

1.4.4 基坑开挖平面图

基坑开挖平面图应在磉墩、拦土下皮处进行水平剖切。图内应包括台明边线、土衬石（金边）与砚窝石踏跺边线、基坑开挖底边线（散水边线）（图1-4-6）。

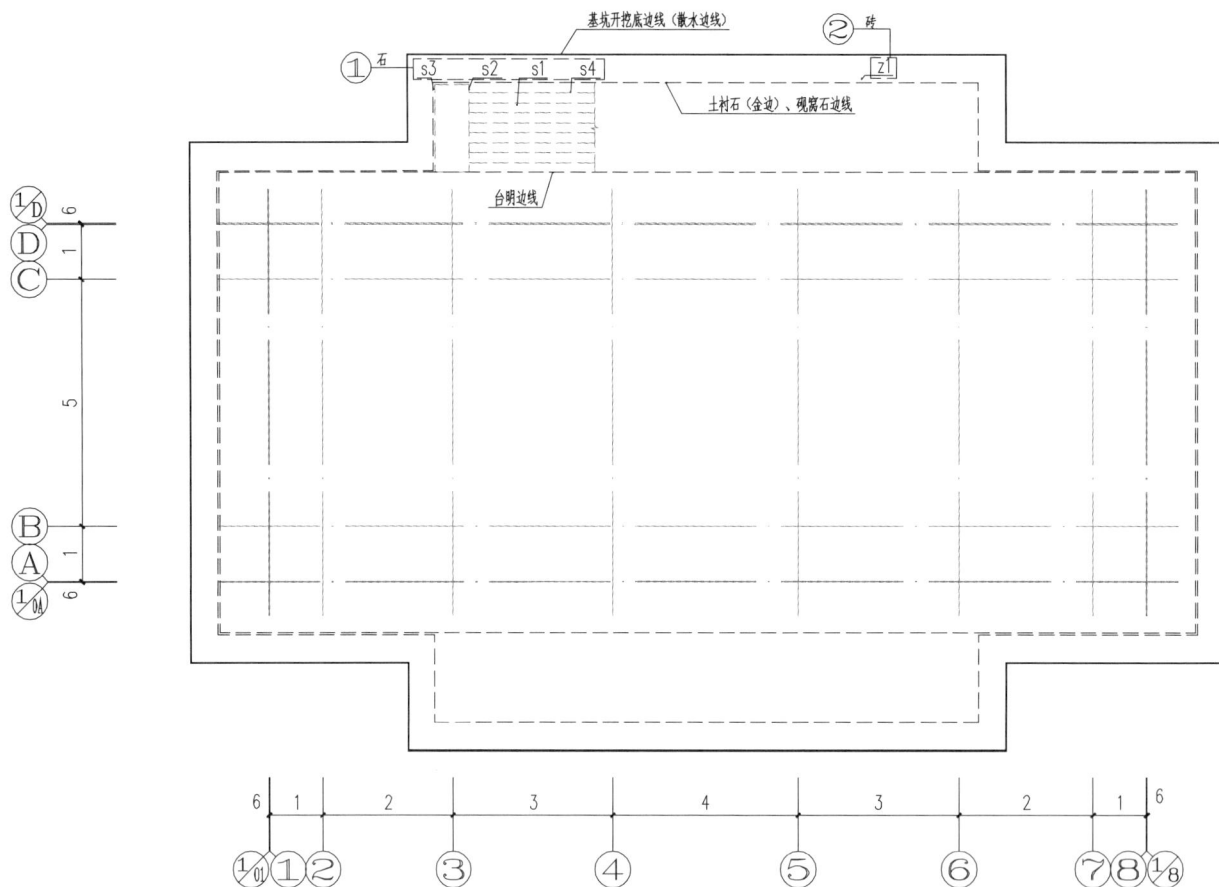

图1-4-6 基坑开挖平面

绘图要点：

依据表1-4-3、表1-4-4基坑开挖平面计算列表中数值进行图纸绘制。

基坑开挖平面图绘图方法：

1.4.4.1 根据柱根中心轴网及台明出尺寸定位台明边线的位置，绘制台明边线。

基坑开挖平面计算列表一   表1-4-3

位置	图1-4-6中的序号	构件	长
面阔、进深	1	台明出	20.25斗口

1.4.4.2 依据台明边线及石作、砖作的构件尺寸，沿台明边线向外绘制连三踏跺，确定土衬石（金边）与砚窝石边线；再依据散水尺寸确定散水边线，散水边线即基坑开挖底边线。

绘图顺序：台明边线、土衬石或砚窝石边线、基坑开挖边线。

位置	图 1-4-6 中的序号	构件	宽
①石	s1	踏跺石	320mm
	s2	垂带石	14.25 斗口
	s3	平头土衬 / 土衬石（金边）	128mm+ 陡板厚
	s4	砚窝石	320mm
②砖	z1	散水	900mm

注：基坑开挖上边线由其底边线外扩得到，外扩尺寸依据"地质勘察报告"确定。

1.4.5 基础平面图

基础平面图在柱顶石下皮处进行水平剖切。图内应绘制剖切面及俯视视角的构件，包括檐磉墩、金磉墩、拦土。

基础平面图绘图方法（图1-4-7、图1-4-8）：

1.4.5.1 绘制磉墩：根据柱根中心轴网定位，外圈柱根中心轴线相交处为檐磉墩中心点，里圈柱根中心轴线相交处为金磉墩中心点。

基础平面计算列表一   表1-4-5

位置	图 1-4-8 中的序号	构件	宽
①基础	J1	檐磉墩	12 斗口 +128mm（见方）
	J2	金磉墩	13.2 斗口 +128mm（见方）

1.4.5.2 绘制拦土：檐磉墩之间拦土，外边线与檐磉墩外边线齐平；金磉墩与檐磉墩之间拦土、金磉墩之间拦土是以柱根中心轴线为拦土中线，绘制拦土。

绘图顺序：J1檐磉墩、J2金磉墩、J3拦土。

基础平面计算列表二   表1-4-6

位置	图 1-4-8 中的序号	构件	宽
①基础	J3	拦土	1/2（磉墩长＋柱径）+96mm

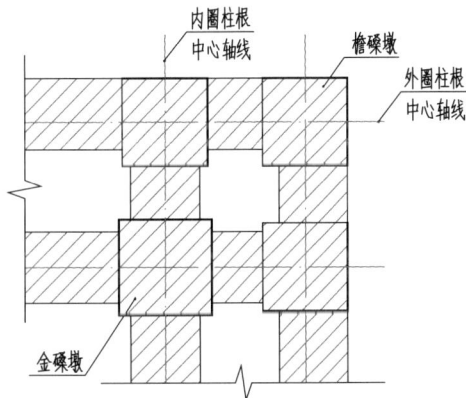

图1-4-7 基础平面局部放大图

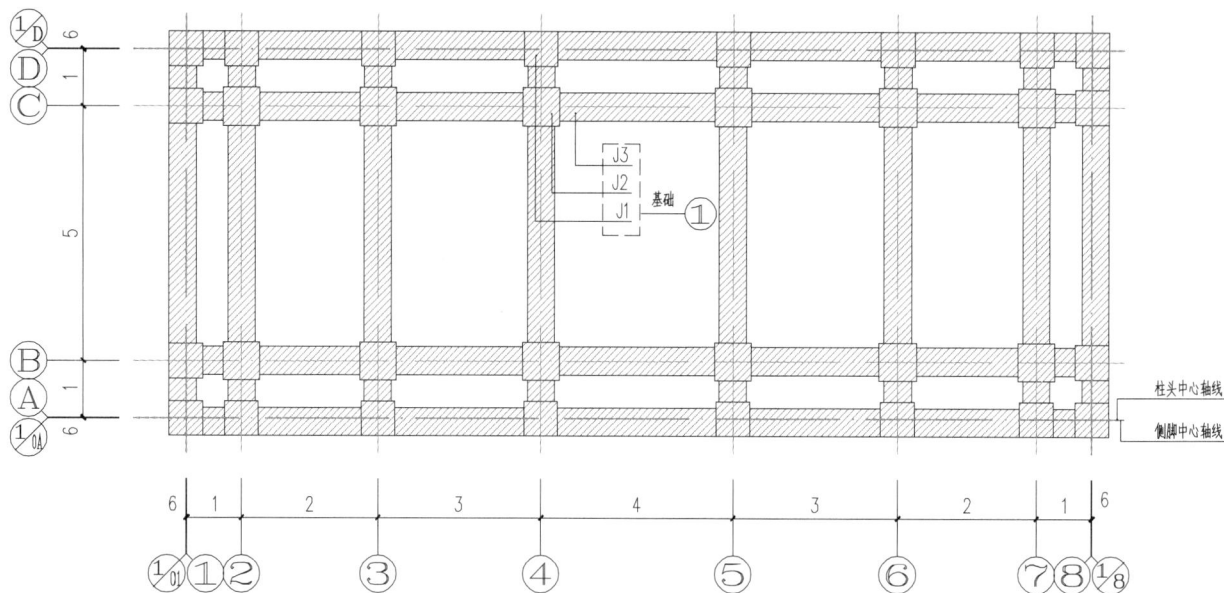

图1-4-8 基础平面图

绘图要点：

依据表1-4-5、表1-4-6基础平面计算列表中构件尺寸进行图纸绘制。

1.4.6 台基平面图

台基平面图在隔扇窗二抹以上进行水平剖切。图内应绘制剖切面及俯视视角的构件，包括柱、门窗、石作、砖作。

台基平面图绘图方法：

1.4.6.1 以柱根中心轴网定位，面阔方向与进深方向轴线的交点为柱中心点，在外圈交点布置檐柱、里圈交点布置金柱。

绘图顺序：zz1檐柱、zz2檐角柱、zz3金柱、zz4金角柱。

台基平面计算列表一   表1-4-7

位置	图 1-4-12 中的序号	构件	径
①柱	zz1	檐柱	6斗口
	zz2	檐角柱	6斗口
	zz3	金柱	6.6斗口
	zz4	金角柱	6.6斗口

1.4.6.2 从内圈柱根中心轴线起，由内向外绘制石作。

绘图顺序：s1金柱顶石、s2槛垫石、s3分心石、s4檐柱顶石、s5阶条石、s6踏跺石、s7砚窝石、s8垂带石、s9平头土衬或土衬石（金边）。

台基平面计算列表二　　　　　　　　　　　　　　　　　　表1-4-8

材料	图1-4-12中的序号	构件	宽	材料	图1-4-6.4中的序号	构件	宽
②石	s1	金柱顶石	13.2斗口	②石	s6	踏踩石	320mm
	s2	槛垫石	13.2斗口		s7	砚窝石	320mm
	s3	分心石	19.8斗口		s8	垂带石	14.25斗口
	s4	檐柱顶石	12斗口		s9	平头土衬或土衬石（金边）	128mm+陡板厚
	s5	阶条石	14.25斗口				

1.4.6.3　由内向外绘制砖作。

绘图顺序：z1方砖墁地、z2散水。

台基平面计算列表三　　　　　　　　　　　　　　　　　　表1-4-9

材料	图1-4-12中的序号	构件	宽
③砖	z1	方砖墁地	448mm（见方）
	z2	散水	900mm

1.4.6.4　根据实际情况计算隔扇门与隔扇窗数量及尺寸；先绘制抱框，再根据两个抱框间的距离均分隔扇门与隔扇窗的扇数（图1-4-9、图1-4-10）。

绘图顺序：m1下槛、m2抱框、m3连二楹、m4抹头、c1木榻板、c2风槛、c3抱框、c4连二楹、c5抹头。

台基平面计算列表四　　　　　　　　　　　　　　　　　　表1-4-10

位置	图1-4-12中的序号	构件	宽	厚（长）
④隔扇门	m1	下槛	4.8斗口	1.8斗口
	m2	抱框	4斗口	1.8斗口
	m3	连二楹	120mm	长：210mm
	m4	抹头	1.2斗口	1.8斗口
⑤隔扇窗	c1	木榻板	9斗口	2.25斗口
	c2	风槛	3斗口	1.8斗口
	c3	抱框	4斗口	1.8斗口
	c4	连二楹	120mm	长：210mm
	c5	抹头	1.2斗口	1.8斗口

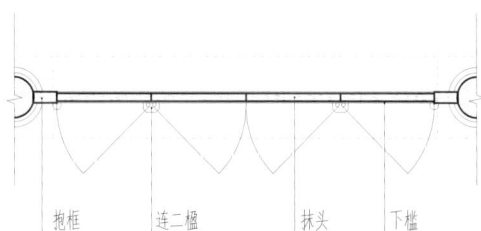

图1-4-9　台基平面隔扇门大样　　　　图1-4-10　台基平面隔扇窗大样

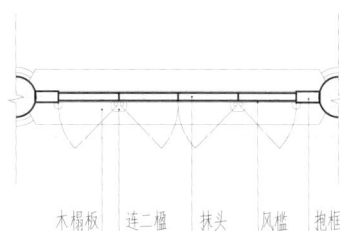

1.4.6.5 根据建筑平面布局确定剖切位置，绘制剖切符号。

1.4.6.6 根据具体场地方位，绘制指北针。

1.4.6.7 绘制填充图例（图1-4-11）。

图1-4-11 台基平面填充图例

绘图要点：

（1）依据表1-4-7～表1-4-10台基平面计算列表中构件尺寸进行图纸绘制。

（2）台基平面需绘制门窗的开启方向。

（3）剖切到的构件线型采用实线加粗线型，装饰构件线型采用实线淡显线型，轴线采用点划线淡显线型；其余线型采用实线（图1-4-12）。

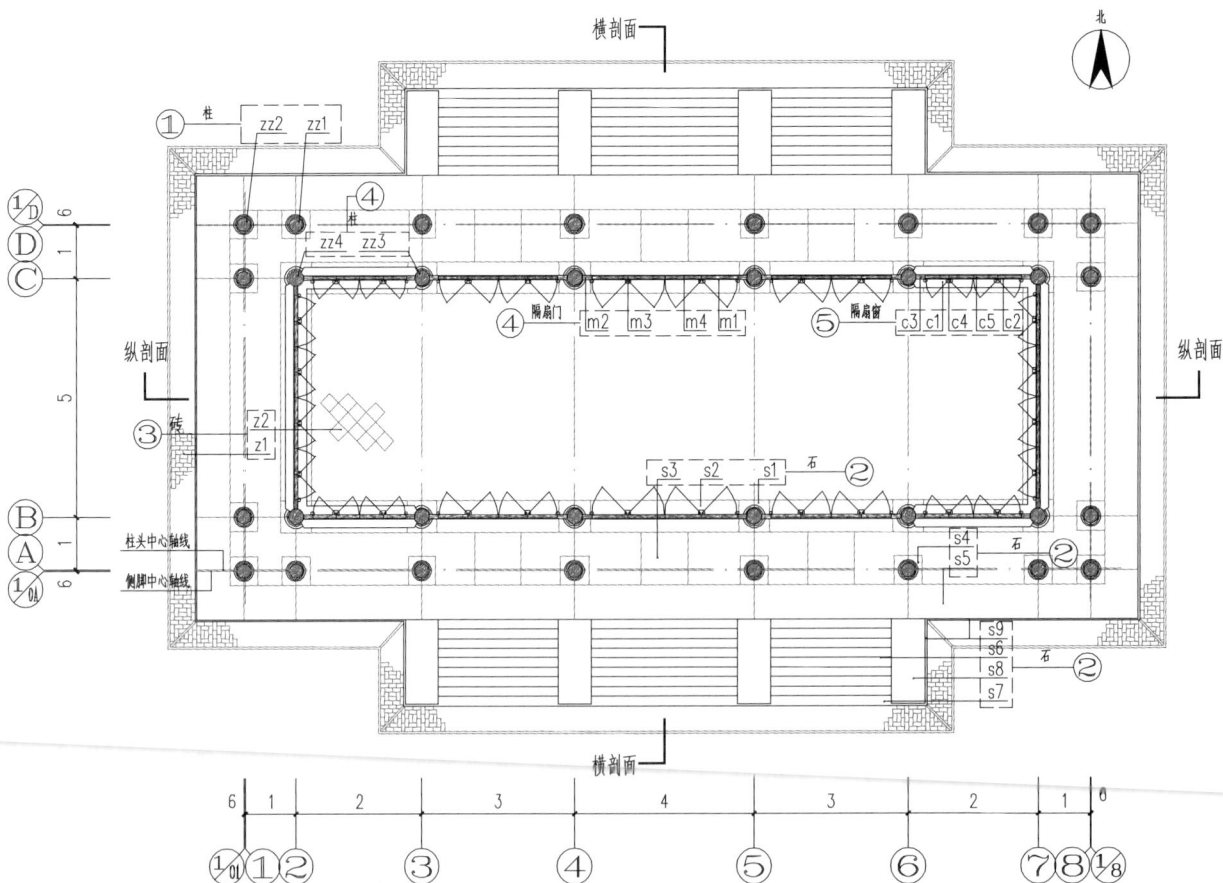

图1-4-12 台基平面图

1.4.7 柱头平面图

柱头平面图应在檐柱柱头和金柱柱头处呈折线剖切。图内应绘制俯视视角的构件，包括檐柱柱头、金柱柱头、大额枋、穿插枋、老檐枋、随梁枋等构件。

柱头平面图绘图方法：

1.4.7.1 根据柱头中心轴网定位，先以外圈柱头中心轴线交点为檐柱柱头中心点，绘制檐柱柱头；再以内圈柱头中心轴线交点为金柱柱头中心点，绘制金柱柱头。清官式建筑柱子上下两端的直径不相等，柱根略粗、柱头略细，这种做法称为"收分"。大式建筑收分尺寸为柱高的7/1000（小式建筑收分尺寸为柱高的1/100）。

绘图顺序：zz1檐柱、zz2金柱。

柱头平面计算列表一   表1-4-11

位置	图 1-4-16 中的序号	构件	柱径
①柱头	zz1	檐柱	6 斗口 –7/1000 × 檐柱柱高
	zz2	金柱	6.6 斗口 –7/1000 × 金柱柱高

1.4.7.2 以柱头中心轴网为定位，以内圈柱头中心轴线为中心线绘制老檐枋（图1-4-13）、老檐垫板。

绘图顺序：m1老檐枋、m2老檐垫板。

柱头平面计算列表二   表1-4-12

位置	图1-4-16中的序号	构件	宽（厚）
②内圈轴线	m1	老檐枋	3斗口
	m2	老檐垫板	1斗口

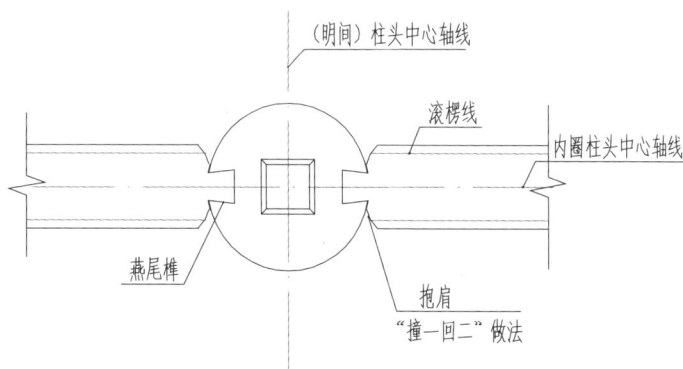

图1-4-13 金柱柱头平面局部放大图（面阔方向）

绘图要点：

（1）枋类构件与柱子相接处采用"撞一回二"的做法做"抱肩"，需绘制枋的"撞肩"与"回肩"线。

（2）柱头上绘制燕尾榫、馒头榫。

（3）枋类构件四周做滚楞，在图中需要绘制滚楞线。

1.4.7.3 以外圈柱头中心轴网为定位，中心线绘制大额枋、箍头枋（图1-4-14）。

绘图顺序：m3大额枋、m4箍头枋。

柱头平面计算列表三

表1-4-13

位置	图1-4-16中的序号	构件	宽（厚）
③外圈轴线	m3	大额枋	5.4斗口
	m4	箍头枋	5.4斗口

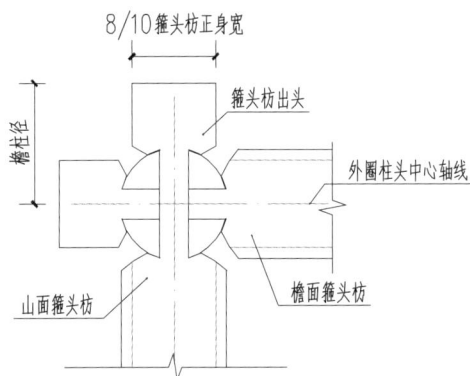

图1-4-14　檐柱柱头平面局部放大图（檐角柱）

绘图要点：

（1）箍头枋出头：从柱头中心轴线向外延伸一檐柱径的距离为出头长，宽度为箍头枋正身部分的4/5。

（2）箍头枋位于檐角柱柱头之上，搭交遵循"山面压檐面"的原则。

（3）箍头枋、大额枋之上绘制暗销的卯口，暗销为箍头枋、大额枋与平板枋之间的连接构件，以最外侧檐柱柱头中心轴线为起点，以5.5斗口为距离绘制第一个暗销卯口，之后以11斗口为律布置暗销。

1.4.7.4　绘制金柱柱头、金柱与檐柱柱头之间的穿插枋、斜穿插枋，金柱与金柱柱头之间的随梁枋等连接构件（图1-4-15）。

绘图顺序：m5随梁枋、m6穿插枋、m7斜穿插枋。

柱头平面计算列表四

表1-4-14

位置	图1-4-16中的序号	构件	宽（厚）
④柱头之间	m5	随梁枋	3.5斗口+1%长
	m6	穿插枋	3.2斗口
	m7	斜穿插枋	3.2斗口

绘图要点：

（1）依据表1-4-11、表1-4-12、表1-4-13、表1-4-14柱头平面计算列表中构件尺寸进行图纸绘制。

（2）在建筑的四个转角处，以45°方向绘制斜穿插枋。

（3）穿插枋、斜穿插枋的出头：从柱头中心轴线向外延伸一檐柱径的距离为出头长，宽度为1/2穿插枋宽。

（4）绘制时应注意处于不同高度的构件之间的遮挡关系（图1-4-16）。

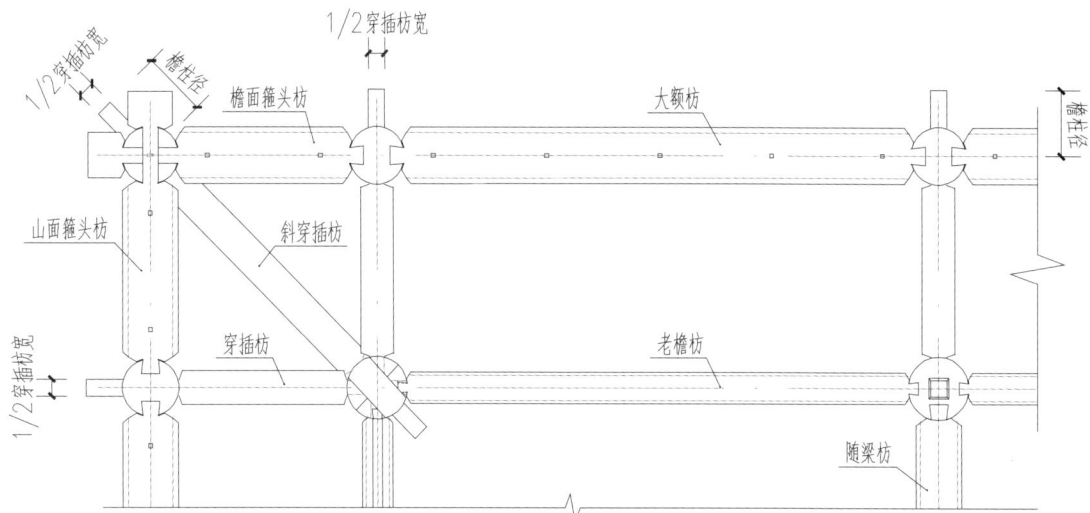

图1-4-15 檐柱、金柱柱头平面局部放大图

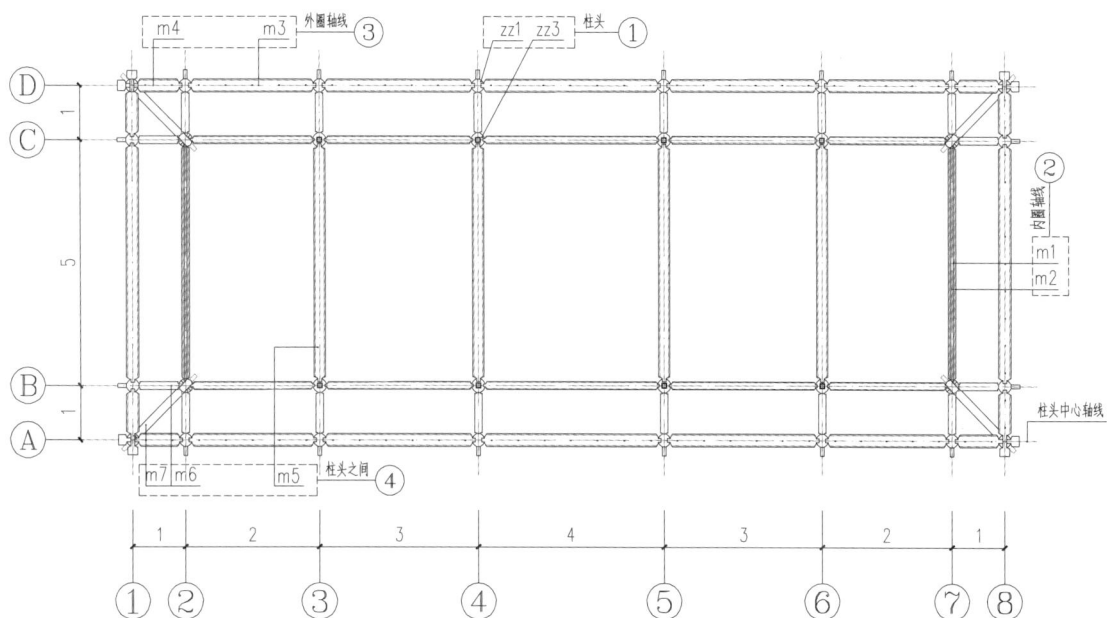

图1-4-16 柱头平面图

1.4.8 平板枋平面图

平板枋平面图在平板枋上皮进行水平剖切。图内应绘制俯视视角的构件，包括平板枋、暗销（图1-4-17、图1-4-18）。

平板枋平面图绘图方法：

1.4.8.1 以柱头中心轴网中的外圈柱头中心轴线为中心线绘制平板枋。

1.4.8.2 平板枋出头：从外圈柱头中心轴线向外延伸一檐柱径的距离为出头长，宽度为平板枋宽。搭交处采用"十字刻半榫"。

绘图要点：

平板枋搭交处注意"山面压檐面"，即进深方向的平板枋搭交于面阔方向的平板枋之上。

平板枋平面计算列表一 表1-4-15

位置	图1-4-18中的序号	构件	宽
①平板枋	p1	平板枋	3.5斗口

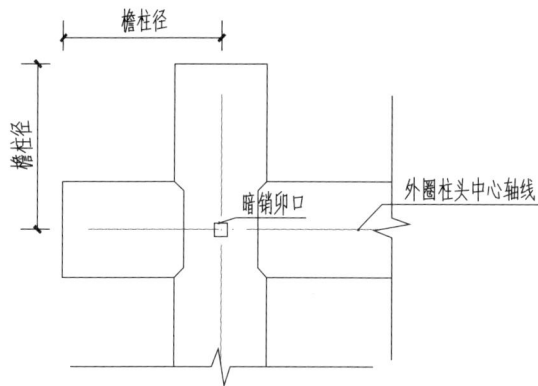

图1-4-17 平板枋平面局部放大图（檐角柱）

1.4.8.3 绘制平板枋的燕尾榫。

绘图要点：绘制燕尾榫时，应东头做榫，西头做卯，或南头做榫，北头做卯，称为"晒公不晒母"。

1.4.8.4 在平板枋之上绘制暗销：

暗销为平板枋与斗栱大斗之间的连接构件，以11斗口为律布置暗销。

平板枋平面计算列表二 表1-4-16

位置	图1-4-18中的序号	构件	宽
①平板枋	p2	暗销	0.4斗口（见方）

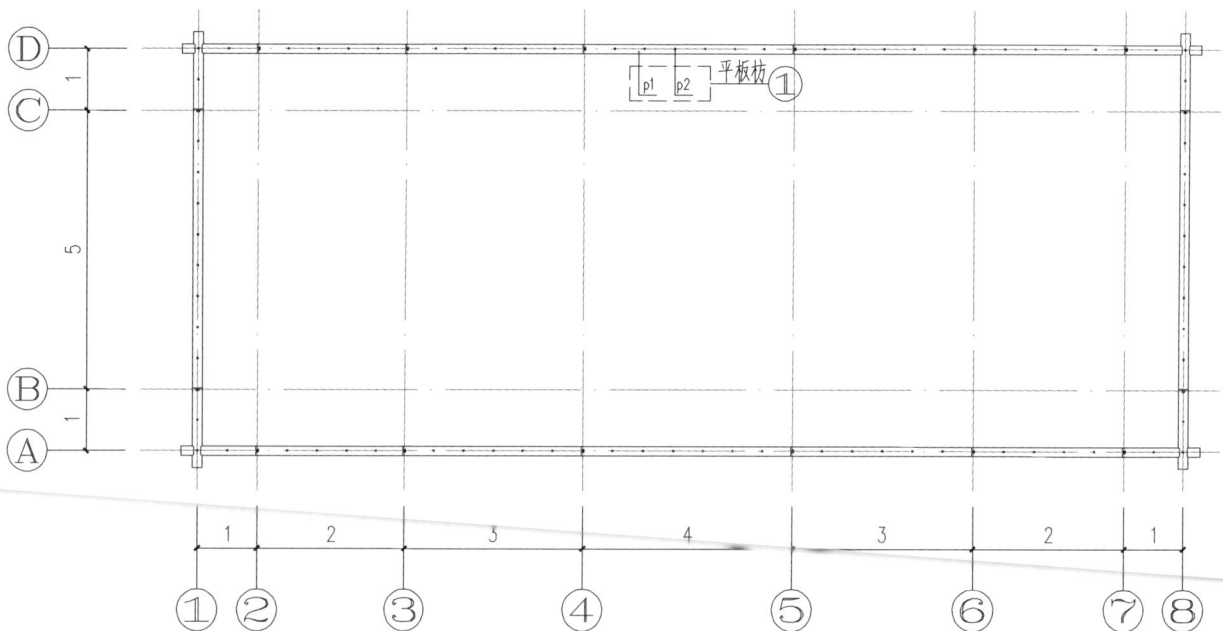

图1-4-18 平板枋平面图

绘图要点：

依据表1-4-15、表1-4-16平板枋平面计算列表中构件尺寸进行图纸绘制。

1.4.9 斗栱仰视平面图

斗栱仰视平面图在平板枋上皮（下剖切，水平剖切线）剖切，包括平板枋上皮至挑檐桁、正心桁、桁椀（上剖切，曲线剖切线）之间所见的构件。平身科斗栱、柱头科斗栱、角科斗栱分件细部画法详见《清官式建筑营造设计法则 榫卯篇》7斗栱专篇。

斗栱仰视平面图绘图方法：

1.4.9.1 绘制柱头科斗栱仰视平面图（图1-4-19）。

五踩斗栱柱头科计算列表 表1-4-17

单位：斗口

斗栱类别	构件分类	构件	长	高	宽	件数
柱头科	①斗	大斗	4.0	2.0	3.0	1
		槽升子	1.3	1.0	1.74	4
		单翘桶子十八斗	3.8	1.0	1.5	2
		单昂桶子十八斗	4.8	1.0	1.5	1
		三才升	1.3	1.0	1.5	12
	②面阔方向	正心瓜栱	6.2	2.0	1.24	1
		正心万栱	9.2	2.0	1.24	1
		瓜栱	6.2	1.4	1.0	2
		里万栱	9.2	1.4	1.0	1
		外万栱	9.2	1.4	1.0	1
		外厢栱	7.2	1.4	1.0	1
		里厢栱	1.9	1.4	1.0	2
	③进深方向	单翘	7.1	2.0	2.0	1
		单昂后带雀替	18.3	3.0	3.0	1
		桃尖梁	按实际	8.7	前宽4.0后宽6.0	1

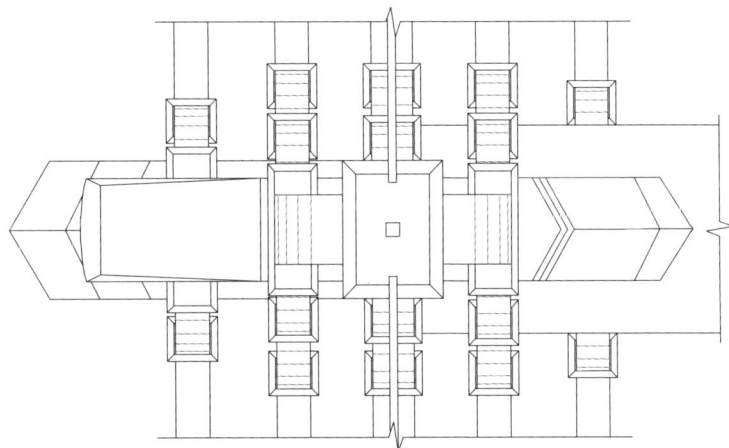

图1-4-19 柱头科斗栱仰视平面图

1.4.9.2 绘制平身科斗栱仰视平面图（图1-4-20）。

五踩斗栱平身科计算列表

表1-4-18

单位：斗口

斗栱类别	构件分类	构件	长	高	宽	件数
平身科	①斗	大斗	3.0	2.0	3.0	1
		十八斗	1.8	1.0	1.5	4
		槽升子	1.3	1.0	1.74	4
		三才升	1.3	1.0	1.5	12
	②面阔方向	正心瓜栱	6.2	2.0	1.24	1
		正心万栱	9.2	2.0	1.24	1
		单材瓜栱	6.2	1.4	1.0	2
		单材万栱	9.2	1.4	1.0	2
		厢栱	7.2	1.4	1.0	2
	③进深方向	单翘	7.1	2.0	1.0	1
		单昂后带菊花头	15.3	3.0	1.0	1
		蚂蚱头后带六分头	16.15	2.0	1.0	1
		撑头木后带麻叶头	15.54	2.0	1.0	1
		桁椀	11.5	3.5	1.0	1

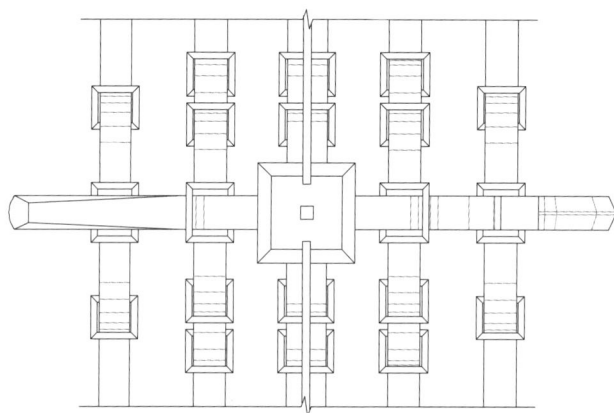

图1-4-20 平身科斗栱仰视平面图

1.4.9.3 绘制角科斗栱仰视平面图（图1-4-21）。

五踩斗栱角科计算列表一

表1-4-19

单位：斗口

斗栱类别	构件分类	构件	长	高	宽	件数	备注
角科	①斗	角大斗	3.4	2.0	3.4	1	
		十八斗	1.8	1.0	1.5	6	构件尺寸详见五踩斗栱平身科
		槽升子	1.3	1.0	1.74	4	构件尺寸详见五踩斗栱柱头科
		三才升	1.3	1.0	1.5	14	构件尺寸详见五踩斗栱柱头科

斗栱类别	构件分类	构件	长	高	宽	件数	备注	
角科	②第二层	搭角正翘后带正心瓜栱一	6.65	2.0	1.24	1	面阔方向	
		搭角正翘后带正心瓜栱二	6.65	2.0	1.24	1	进深方向	
		斜翘	10.464	2.0	1.5	1		
		斜翘贴升耳	1.98	0.6	0.24	4		
	③第三层	搭角正昂后带正心万栱一	13.9	3.0	1.24	1	面阔方向	
		搭角闹昂后带单材瓜栱一	12.4	3.0	1.0	1		
		里连头合角单材瓜栱一	3.2	1.4	1.0	1		
		搭角正昂后带正心万栱二	13.9	3.0	1.24	1	进深方向	
		搭角闹昂后带单材瓜栱二	12.4	3.0	1.0	1		
		里连头合角单材瓜栱二	3.2	1.4	1.0	1		
		斜昂后带菊花头	21.638	3.0	1.93	1		
		斜昂贴升耳	2.41	0.6	0.24	2		
	④第四层	搭角正蚂蚱头后带正心枋一	前长9.0	2.0	1.24	1	后长至平身科或柱头科	面阔方向
		搭角闹蚂蚱头后带单材万栱一	13.6	2.0	1.0	1		
		搭角把臂厢栱一	14.4	1.4	1.0	1		
		里连头合角单材万栱一	4.4	1.4	1.0	1	或与平身科单材万栱连做	
		搭角正蚂蚱头后带正心枋二	前长9.0	2.0	1.24	1	后长至平身科或柱头科	进深方向
		搭角闹蚂蚱头后带单材万栱二	13.6	2.0	1.0	1		
		搭角把臂厢栱二	14.4	1.4	1.0	1		
		里连头合角单材万栱二	4.4	1.4	1.0	1	或与平身科单材万栱连做	
		由昂后带六分头	27.7	3.0	2.36	1		
		由昂贴升耳	2.84	0.6	0.24	4		
	⑤第五层	搭角正撑头木后带正心枋一	前长6.0	2.0	1.24	1	后长至平身科或柱头科	面阔方向
		搭角闹撑头木后带拽枋一	前长6.0	2.0	1.0	1	后长至平身科或柱头科	
		搭角挑檐枋一	前长11.6	2.0	1.0	1	后长至平身科或柱头科	
		里连头合角厢栱一	3.4	1.4	1.0	1	或与平身科厢栱连做	
		搭角正撑头木后带正心枋二	前长6.0	2.0	1.24	1	后长至平身科或柱头科	进深方向
		搭角闹撑头木后带拽枋二	前长6.0	2.0	1.0	1	后长至平身科或柱头科	
		搭角挑檐枋二	前长11.6	2.0	1.0	1	后长至平身科或柱头科	
		里连头合角厢栱二	3.4	1.4	1.0	1	或与平身科厢栱连做	
		斜撑头木后带麻叶头	21.261	2.0	2.36	1		

斗栱类别	构件分类	构件	长	高	宽	件数	备注	
角科	⑥第六层	搭角正桁椀后带正心枋一	前长5.5	2.2	1.24	1	后长至平身科或柱头科	面阔方向
		搭角井口枋一	前长2.17	3.0	1.0	1	后长至平身科或柱头科	
		搭角正桁椀后带正心枋二	前长5.5	2.2	1.24	1	后长至平身科或柱头科	进深方向
		搭角井口枋二	前长2.17	3.0	1.0	1	后长至平身科或柱头科	
		斜桁椀	15.556	3.5	2.36	1		

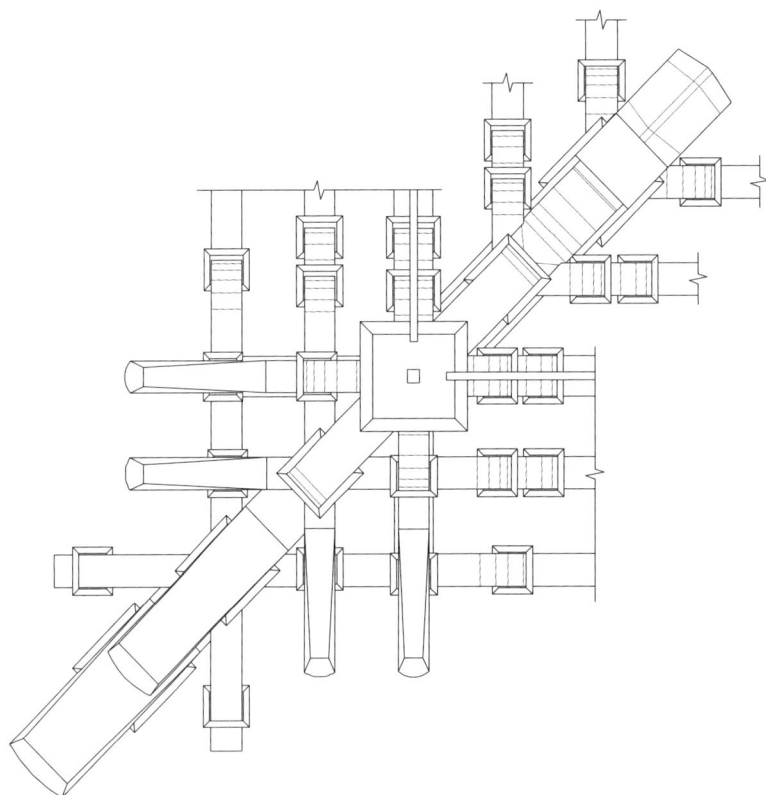

图1-4-21　角科斗栱仰视平面图

绘图要点：

（1）柱头科斗栱（表1-4-17）、平身科斗栱（表1-4-18）、角科斗栱（表1-4-19）根据计算列表构件尺寸进行绘制。绘制时，先绘制斗栱单个构件仰视平面图，再组合每层斗栱，各层斗栱组合时应注意遮挡关系为下层平面遮挡上层平面。

（2）平身科、柱头科斗栱纵横构件相交时，应遵循山面压檐面（即进深方向构件压面阔方向构件）的原则。角科斗栱三个方向的构件相交时，应遵循山面压檐面，斜构件压正构件的原则。

1.4.9.4　平身科、柱头科、角科斗栱仰视平面图绘制完成后，依据里围柱头中心轴线定位金柱中心点，绘制金柱，柱头科斗栱桃尖梁与金柱连接处用半榫。

1.4.9.5　定位平身科、柱头科、角科斗栱仰视平面图，完成斗栱仰视平面图（图1-4-22）。

定位方法：

（1）平身科斗栱位于两柱之间，依据两柱之间平板枋暗销（以11斗口为律）定位，排布平身科斗栱。

排布原则：①必须保证明间斗栱为偶数（即空当坐中）；②次间、梢间可依次递减一攒或为明间宽的4/5；③斗栱攒当大小应以11斗口为律，如果攒当略大于或者略小于11斗口时，可以将横栱的长度适当加长或缩短以进行调整。

（2）柱头斗栱位于平板枋上皮，檐柱中心点为柱头斗栱中心点。

（3）角科斗栱位于平板枋上皮，檐角柱中心点为角科斗栱中心点。

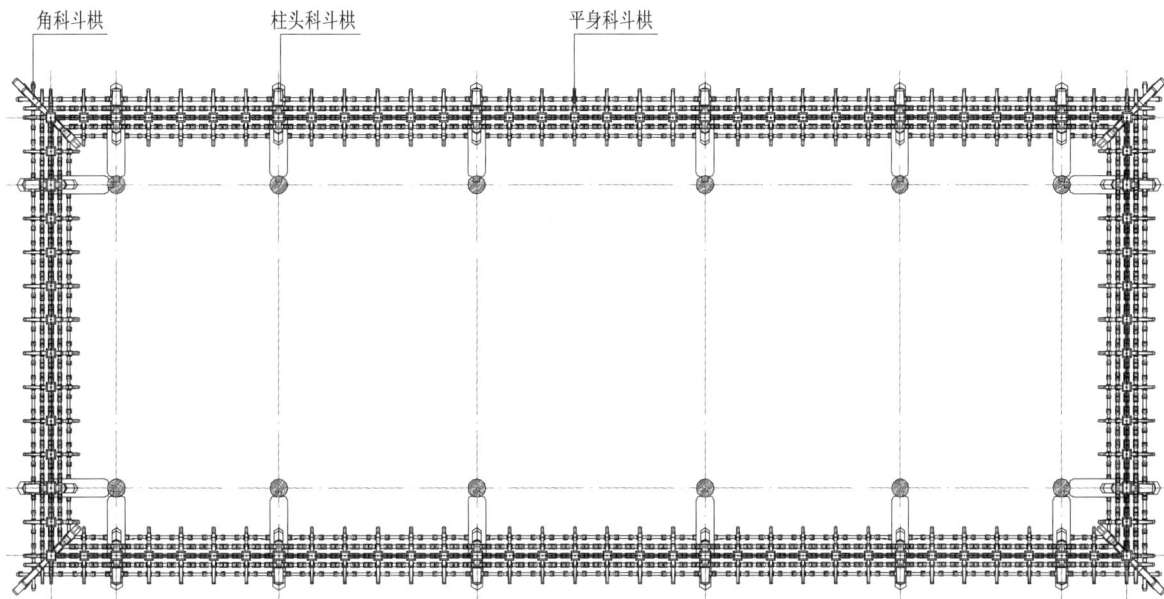

图1-4-22　斗栱仰视平面图

1.4.10　步架平面图

步架平面图应在仔角梁、飞椽、檐椽、花架椽、脑椽、扶脊木上皮处呈折线剖切。包括剖切面及俯视投影方向可见的桁类构件、梁架构件、正身檐口构件等以及必要的尺寸。

绘制步架平面图前需定位构件中心线、边线的位置，先绘制桁、梁架、正身檐口等部位的构件，再从步架平面图中提取翼角椽部位的桁、梁架构件，绘制翼角椽，绘制完成后选取相同的（如搭交老檐桁）轴线交点将翼角椽平面图组合进步架平面图。本图构件数目繁多，绘制过程中应注意构件间的遮挡关系，详见1.2.2。

步架平面图绘图方法：

1.4.10.1　在柱头中心轴网的基础上，定位步架、斗栱中心线与正身檐椽平出、翼角冲出距离边线（图1-4-23）。

（1）定位步架中心线：除轴网定位图已计算的廊步外，其余每步的金步、脊步步架距离均为间进深除以步架数。本例间进深之间的步架数为4步。

（2）定位斗栱出踩中心线：即正心桁中心线至挑檐桁中心线在面阔、进深方向的水平距离。本例为五踩斗栱，挑出距离为6斗口。

（3）定位正身檐椽平出边线：即挑檐桁中心线至飞椽椽头边线在面阔、进深方向的水平距离，通常规定为21斗口。

（4）定位翼角冲出距离边线：即"冲三"，指仔角梁梁头（不包括套兽榫）的平面投影位置，要在正身檐椽平出边线的基础上，再加出三椽径的水平长度。

绘图顺序：7步架距离、8斗栱出踩、9正身檐椽平出、10翼角冲出距离。

步架平面图计算列表一   表1-4-20

位置	图 1-4-23 中的序号	构件	长
面阔、进深	1	廊步距离	22斗口
	2	梢间面阔	55斗口
	3	次间面阔	66斗口
	4	明间面阔	77斗口
	5	间进深	99斗口
	7	步架距离	24.75斗口
	8	斗栱出踩	6斗口
	9	正身檐椽平出	21斗口
	10	翼角冲出距离	4.5斗口

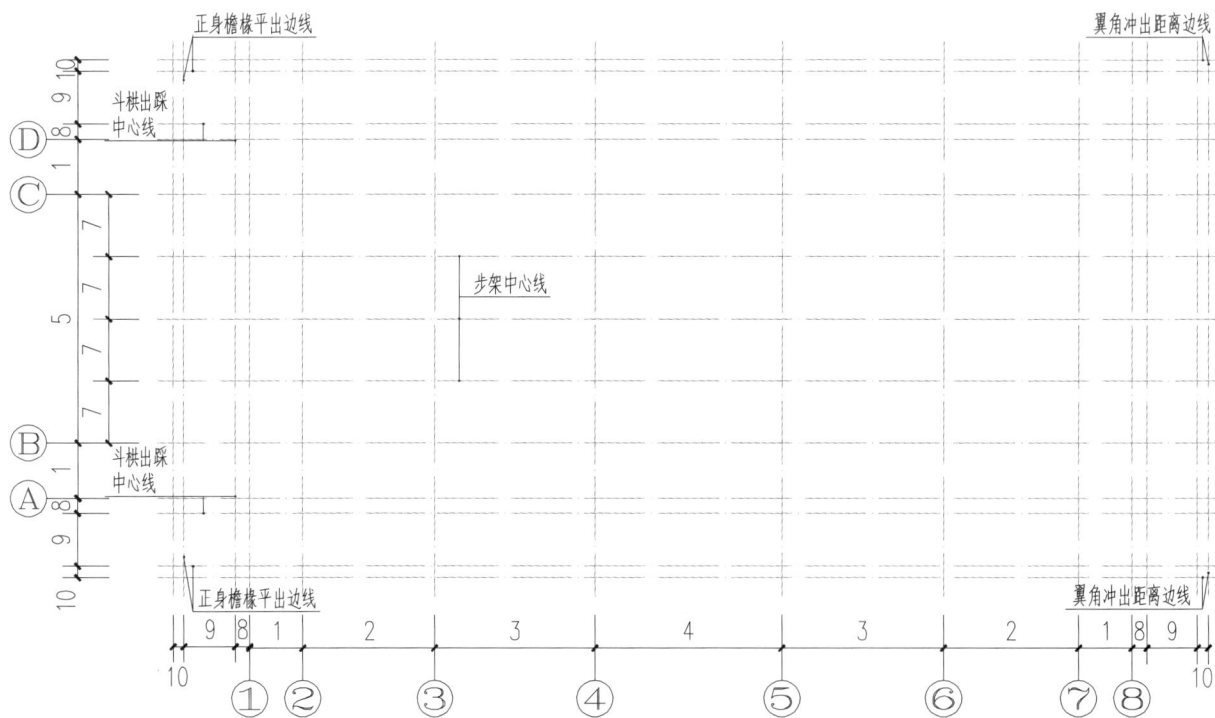

图1-4-23　步架平面构件定位图

绘图要点：

（1）依据表1-4-20数值进行图纸绘制。

（2）定位构件中心线、边线的目的是便于后续图纸绘制，其线条在图中淡显。

1.4.10.2　绘制桁类构件平面图（图1-4-24）。

斗栱出踩中心线为挑檐桁中心线，柱头平面图中大额枋、面阔方向老檐枋中心线分别为正心桁、老檐桁中心线，金、脊步步架距离中心线分别为金桁、脊桁（扶脊木、椿桩）中心线。

绘图顺序：11挑檐桁、12正心桁、13老檐桁、14金桁、15脊桁、16扶脊木、17椿桩。

位置	图1-4-24中的序号	构件	宽	厚	径
②桁	11	挑檐桁	/	/	3斗口
	12	正心桁	/	/	4.5斗口
	13	老檐桁	/	/	4.5斗口
	14	金桁	/	/	4.5斗口
	15	脊桁	/	/	4.5斗口
	16	扶脊木	/	/	4斗口
	17	椿桩	1.5斗口	1斗口	/

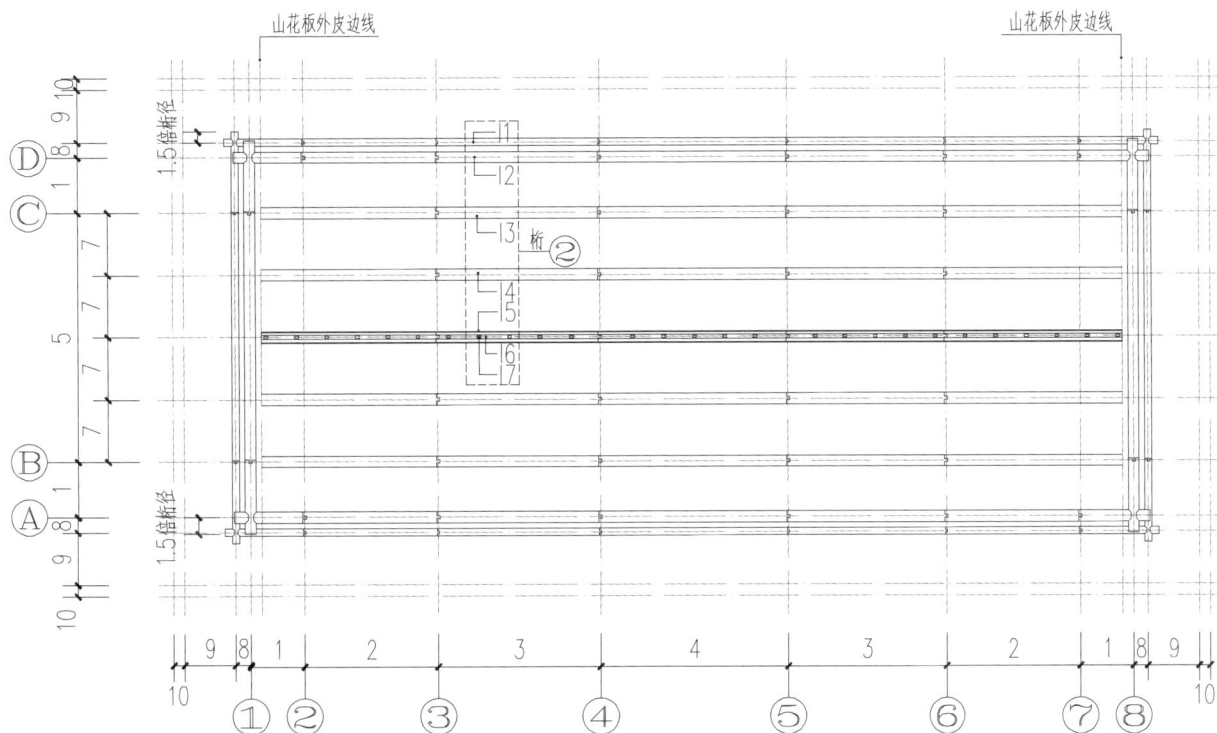

图1-4-24　桁类构件平面图

绘图要点：

（1）依据表1-4-21构件尺寸进行图纸绘制。

（2）搭交挑檐桁、正心桁出头从桁中心线向外水平偏移1.5倍桁径，在相交处做十字卡腰榫，绘制时注意"山面压檐面"。

（3）挑檐桁、正心桁、老檐桁、金桁、脊桁、扶脊木之间做燕尾榫连接，绘制燕尾榫时应注意"晒公不晒母"。

（4）老檐桁、金桁、脊桁、扶脊木伸入博缝板的尺寸为0.5斗口，此处可先绘制至山花板外皮（博缝板内皮）边线，在山面构件绘制后完善桁、扶脊木与博缝板的关系（按照歇山收山法：由山面正心桁中心线向内侧收一桁径为山花板外皮边线）。

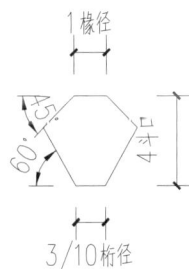

图1-4-25　扶脊木侧立面大样图

（5）绘制扶脊木平面图时，需先绘制出扶脊木侧立面大样图（图1-4-25），再依据其绘制平面图。

（6）椿桩位于扶脊木之上，每通脊一件用一根。

1.4.10.3 绘制梁架构件平面图（图1-4-26）。

按照由下至上、由内向外的构件组合顺序，绘制面阔方向轴线上的五架梁、金角背等梁架构件。

绘图顺序：L1五架梁、L2金角背、L3三架梁、L4脊角背、L5脊瓜柱、L6踩步金。

步架平面图计算列表三　　　　　　　　　　　　表1-4-22

位置	图1-4-26 中的序号	构件	长	厚
③梁架构件	L1	五架梁	/	5.6 斗口
	L2	金角背	一步架	1/3 自身高
	L3	三架梁	/	4.5 斗口
	L4	脊角背	一步架	1/3 自身高
	L5	脊瓜柱	宽 5.5 斗口	4.5 斗口
	L6	踩步金	/	6 斗口

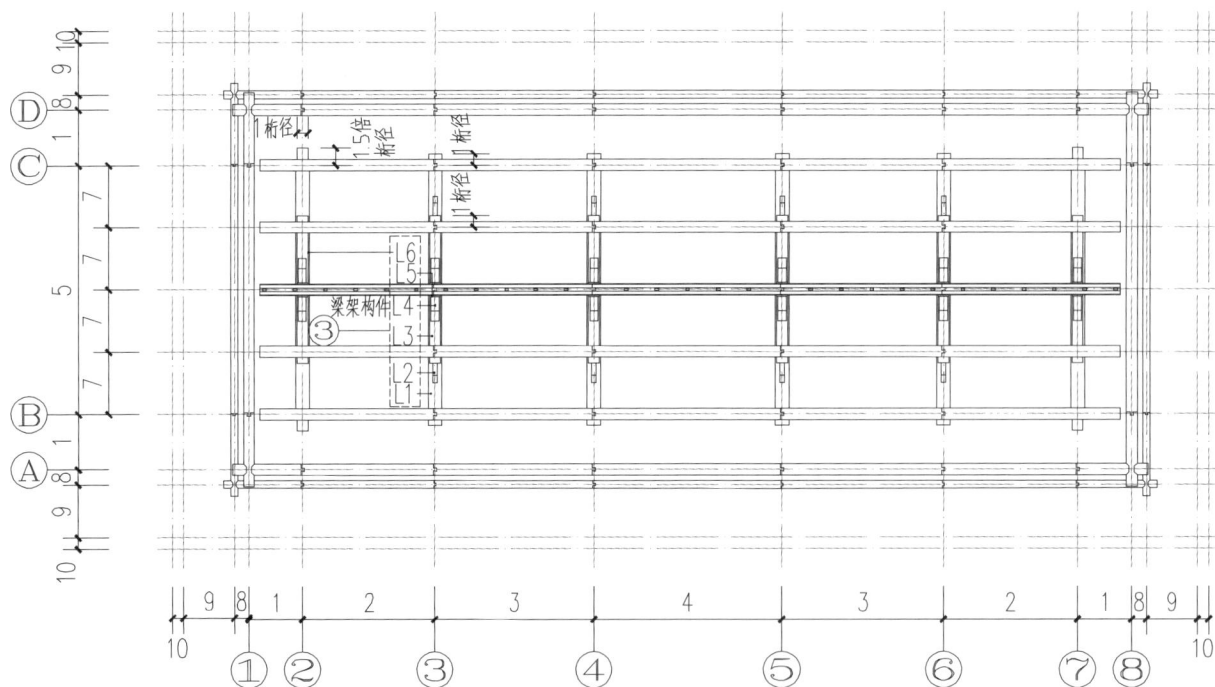

图1-4-26　梁架构件平面图

绘图要点：

（1）依据表1-4-22构件尺寸进行图纸绘制。

（2）踩步金是一个正身似梁、两端似檩的构件，位于2、7轴线处，其出头从老檐桁中心线向外水平偏移1.5倍桁径，出头部分宽度为1桁径。

（3）五架梁、三架梁出头分别从老檐桁、金桁中心线向外水平偏移1桁径。

1.4.10.4 绘制正身檐口构件平面图（图1-4-27）。

依据第一步骤定出的飞椽椽头边线绘制正身檐口构件。檐椽长度占檐椽平出的2/3，飞椽长度占檐椽平出的1/3。

绘图顺序：Y1飞椽、Y2大连檐、Y3瓦口木、Y4望板、Y5檐椽、Y6小连檐、Y7闸挡板、Y8椽中板、Y9花架椽、Y10脑椽。

步架平面图计算列表四　　　　　　表1-4-23

位置	图1-4-27中的序号	构件	厚	径	位置	图1-4-27中的序号	构件	厚	径
④正身檐口	Y1	飞椽	1.5斗口	/	④正身檐口	Y6	小连檐	/	宽1斗口
	Y2	大连檐	1.5斗口	/		Y7	闸挡板	0.375斗口	长1.8斗口
	Y3	瓦口木	0.6斗口	/		Y8	椽中板	0.3斗口	/
	Y4	望板	/	/		Y9	花架椽	/	1.5斗口
	Y5	檐椽	/	1.5斗口		Y10	脑椽	/	1.5斗口

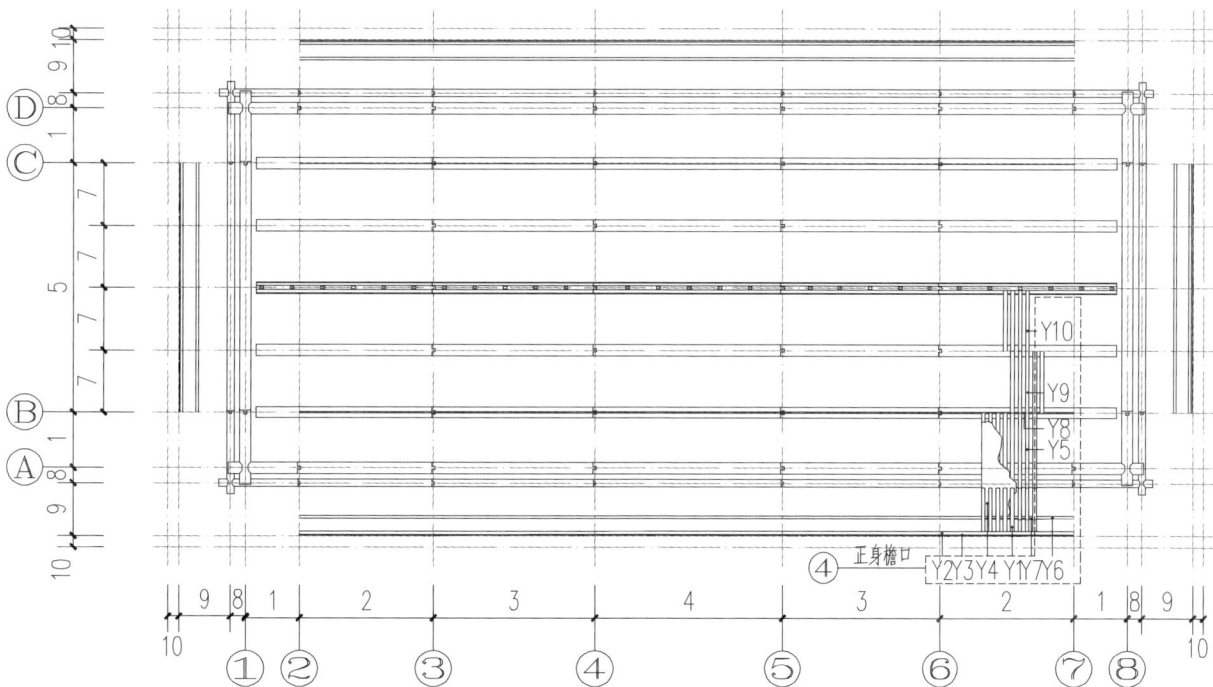

图1-4-27　正身檐口构件平面图

绘图要点：

（1）依据表1-4-23构件尺寸进行图纸绘制。

（2）正身部位大、小连檐截止于2、7轴线处，大、小连檐向外需留出雀台（通常约为1/5椽径），雀台外边线为飞椽、檐椽外边线，飞椽、檐椽相邻椽中至中距离为2椽径。

（3）绘制椽中板：老檐桁中心线为椽中板中心线，到角梁处截止，此图可先绘制于2、7轴线之间，椽中板与望板同厚。

（4）绘制飞椽、大连檐、瓦口木、檐椽、小连檐、闸挡板之前，需先按照檐椽五举、飞椽三五举的举折绘制出正身檐口部位剖面图（图1-4-28），再依据其绘制平面图。飞椽雀台内皮为大连檐底部外皮，瓦口木外皮为大连檐顶部外皮；檐椽雀台内皮为小连檐底部外皮，闸挡板外皮为小连檐顶部外皮。

（5）为清晰表达雀台与椽头的关系，大连檐、瓦口木、小连檐、闸挡板在平面图上绘制其底边线，大、小连檐底边线均用实线表示。

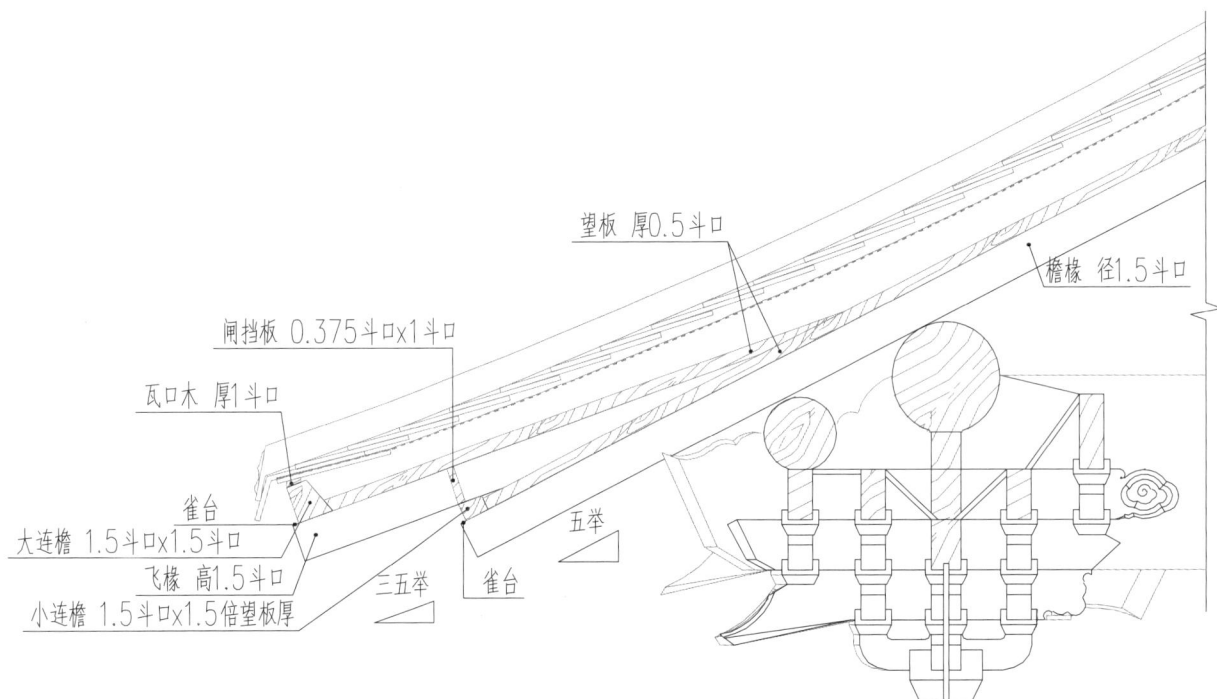

图1-4-28 正身檐口部位剖面图

1.4.10.5 绘制翼角部位除翼角椽之外的构件（图1-4-29）。

绘制仔角梁、套兽榫、老角梁：以檐角柱和金角柱的中心点做连接线，以此线为中心线，向两侧分别水平偏移出仔角梁、套兽榫和老角梁的构件尺寸，仔角梁头部（套兽榫内侧、翼角大连檐）中点定位即1.4.10.1步骤确定的翼角冲出距离在面阔、进深方向的交点，仔角梁内侧截止于老檐桁与踩步金轴线相交处，老角梁后尾斜向伸入老檐桁、踩步金中心线交点的距离为1.5倍桁径（仔角梁梁头托舌、仔角梁后尾阶梯榫、老角梁后尾三岔头的具体平面图位置，需在绘制角梁立面后进行添补）。

绘制衬头木：挑檐桁，正心桁中心线即衬头木中心线，衬头木分别位于②轴、⑦轴、B轴、C轴与角梁之间，高度位置在搭交挑檐桁、正心桁之上。

绘制翼角部位大连檐、瓦口木与小连檐：老角梁头部（翼角小连檐）中点冲出尺寸为仔角梁冲出尺寸的2/3（相对正身檐椽平出边线加出2椽径的水平长度）。从正身部位大、小连檐截止点分别向外与仔角梁、老角梁头部中点做弧线，弧线的弧度要求自然缓和，大、小连檐的弧度一致即可。

绘图顺序：y1仔角梁、y2套兽榫、y3老角梁、y4衬头木、y5大连檐、y6瓦口木、y7小连檐。

位置	图1-4-29中的序号	构件	厚	径
⑤翼角部位	y1	仔角梁	2.8斗口	/
	y2	套兽榫	1.5斗口	长3斗口
	y3	老角梁	2.8斗口	/
	y4	衬头木	1.5斗口	/
	y5	大连檐	1.5斗口	/
	y6	瓦口木	0.6斗口	/
	y7	小连檐	1斗口	/

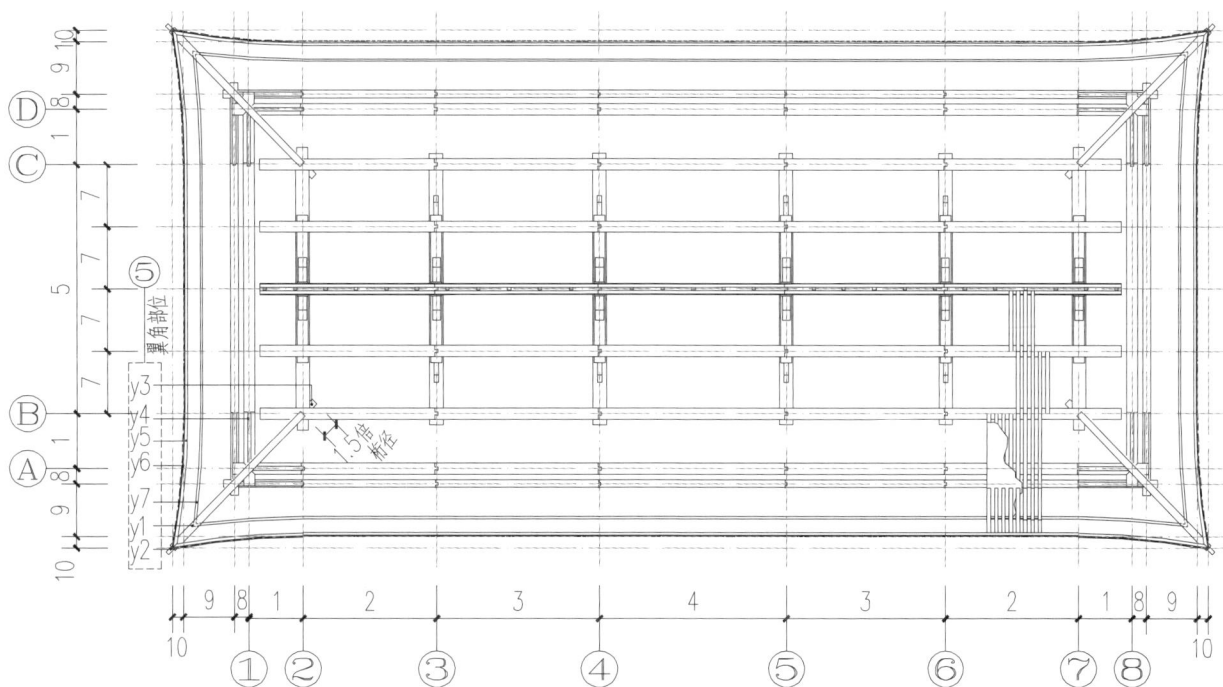

图1-4-29　翼角部位除翼角椽之外的构件平面图

绘图要点：

（1）依据表1-4-24构件尺寸进行图纸绘制。

（2）翼角檐口部位大、小连檐和瓦口木的位置关系与正身檐口部位相同。

1.4.10.6　绘制山面构件（图1-4-30）。

在山花板、博缝板定位的基础上，依次绘制山面构件。穿位于山花板内侧，紧邻山花板放置；踏脚木位于山花板之下，外皮与山花板齐平。

绘制完成后，再绘制位于山面的哑叭椽，哑叭椽面阔方向位于踏脚木以内、踩步金以外，进深方向位于脊桁至角梁之间。

绘图顺序：S1山花板、S2博缝板、S3穿、S4踏脚木、Y11哑叭椽。

位置	图1-4-30中的序号	构件	厚
④正身檐口	Y11	哑叭椽	1.5斗口
⑥山面构件	S1	山花板	1斗口
	S2	博缝板	1.2斗口
	S3	穿	1.8斗口
	S4	踏脚木	3.6斗口

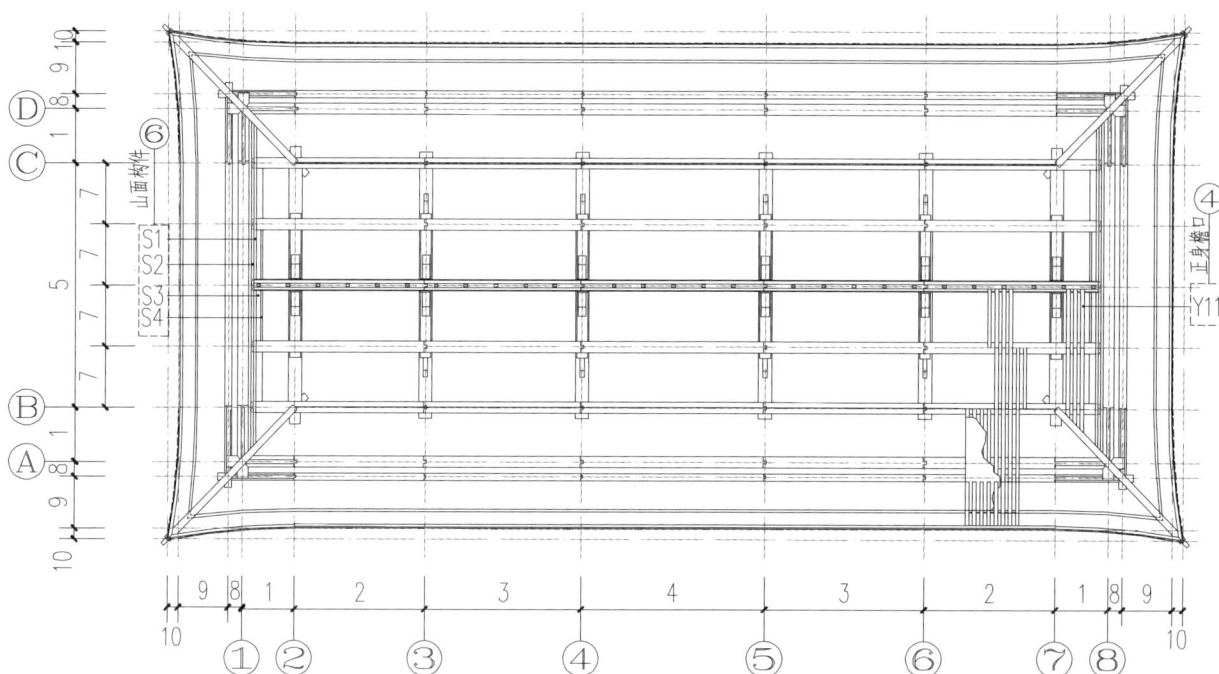

图1-4-30 山面构件平面图

绘图要点：

（1）依据表1-4-25构件尺寸进行图纸绘制。

（2）穿两端与草架柱搭交，草架柱位于金桁之下，被金桁遮挡，故此处截止于金桁。

（3）踏脚木两端与老檐桁搭交。

1.4.10.7 绘制翼角椽平面图。

a. 绘制翼角椽平面图的准备工作

在绘制翼角椽平面图之前，根据1.4.10.6完成的步架平面图中找到翼角椽所处的位置提取出来（图1-4-31），再计算翼角椽根数和翼角椽尾部椽花的分隔距离。

a.1翼角椽根数的计算：（廊步距离+斗栱山踩数+檐椽平出）÷椽距，所得取整数。该数如为奇数，即是；如为偶数，需加1，所得即为翼角椽根数。本例计算可得翼角椽为17根。

a.2翼角椽尾部椽花的分隔距离：歇山建筑尾部椽花分隔距离为0.8椽径。

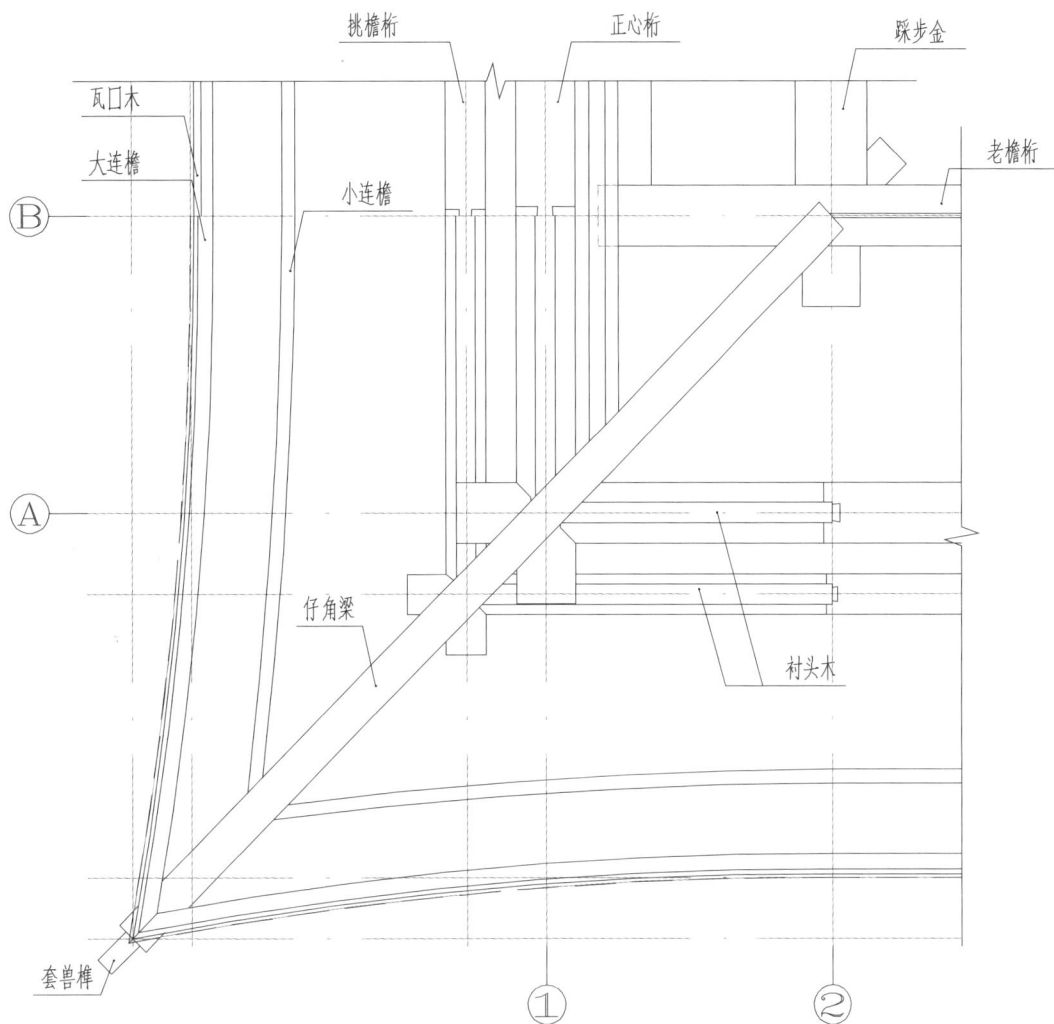

图1-4-31 步架平面图提取的翼角椽平面图

b. 绘制翼角椽平面图（图1-4-32）。

在已有角梁平面图的基础上，定出每根翼角椽椽头、椽尾椽花的中点，绘制翼角飞椽、檐椽平面图。

b.1翼角椽椽头椽花定位：随大连檐最外侧弧线量出紧邻最末一根翼角椽的正身椽椽中（2轴向内水平偏移1椽径）至角梁梁头侧面边线这一部分连檐的长度。用这个长度除以翼角椽根数加1，所得即为相邻椽中至中距离a，再以a为线段从角梁侧面沿连檐依次分点，即得到每根翼角椽的椽头椽花中点位置。

b.2翼角椽椽尾椽花定位：老檐桁、踩步金中心线分别与角梁边线相交于点A，即尾部椽花分位的起始点，由点A顺着角梁梁头方向按宽0.8椽径、深0.5椽径刻槽，点出对应翼角椽根数的椽槽并排序，1，2，3，…，17。翼角椽椽槽头部定位点在角梁边线上，距离老角梁头6椽径，连接头部定位点与尾部椽槽点，确保第一根翼角椽的完整性。椽槽内侧中点，即为翼角椽椽尾椽花中点位置。

b.3绘制翼角飞椽、檐椽：将翼角椽椽头与椽尾椽花中点一一对应连接，即为每根椽的中心线。以中心线为定位，两侧各偏移半椽径，沿大、小连檐弧线分别绘制翼角飞椽、翼角檐椽，椽头短边顶点与大、小连檐外边线之间均需留出雀台（通常约为1/5椽径），再连接相邻两根翼角檐椽椽身交点，将其与椽尾椽花内部边点一一对应连接。

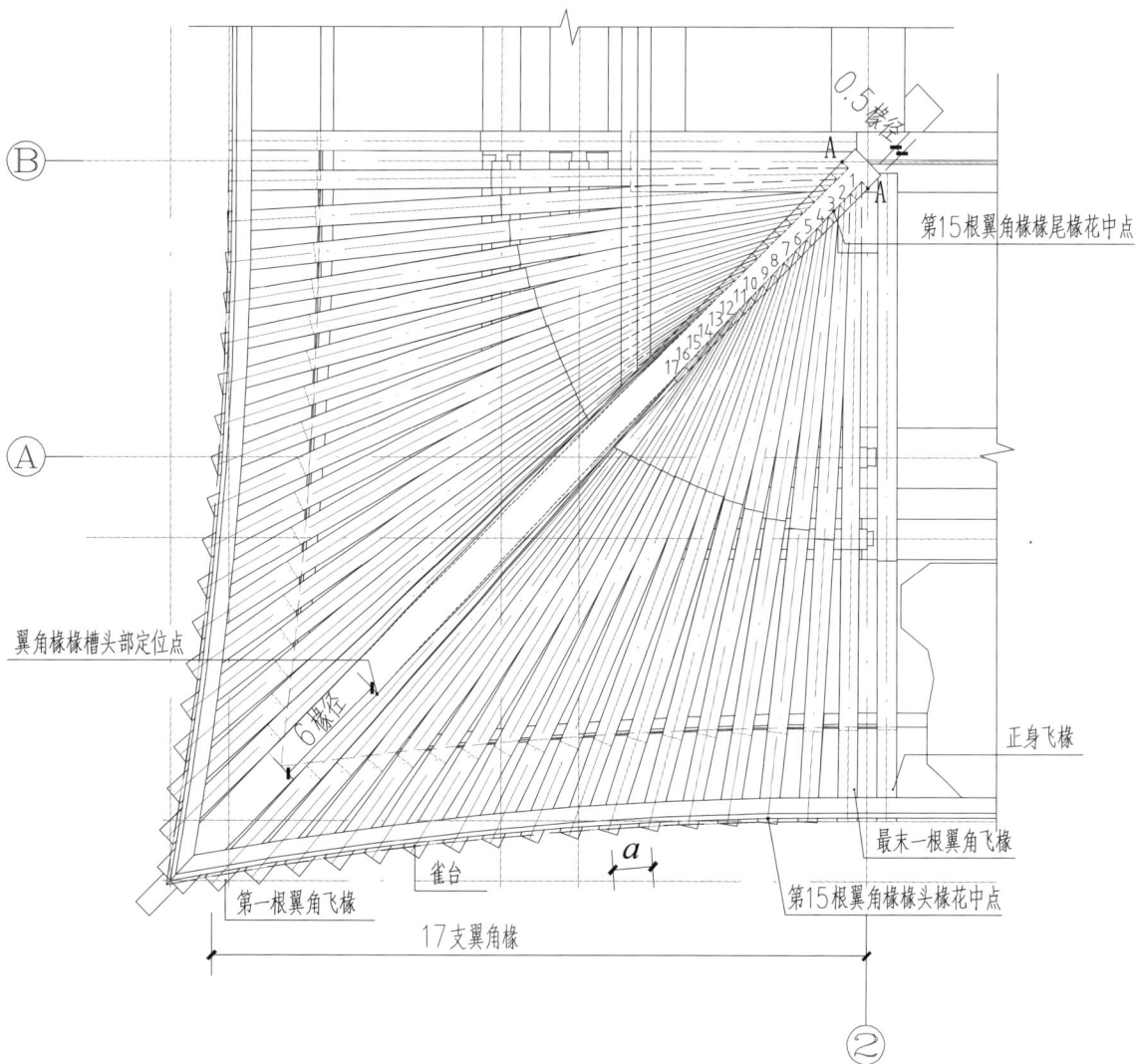

图1-4-32　绘制翼角椽平面图

绘图要点：

确定翼角飞椽平面长度的方法：由正身檐口部位剖面分别量出正身飞椽立面底部拐点分别至飞椽椽头距离b、椽尾的水平距离c，用c除以b可得椽尾与椽头的倍数d。再计算出每根翼角飞椽椽头撇度平面图差值e（"冲三"的水平距离除以椽根数）、每根翼角飞椽翘飞母扭度平面图差值f（0.8椽径除以椽根数），（$e+f$）$\times d$可得每根翼角飞椽翘飞尾的差值g。假定正身飞椽长度为x_0，靠近正身飞椽的最末一根翼角飞椽长度为x_1，倒数第二根翼角飞椽长度为x_2……靠近角梁的第一根翼角飞椽长度为x_{17}，那么，$x_n=x_{(n-1)}+n（e+f+g）$（翼角飞椽与正身飞椽翘度及扭、撇变化比较可参见马炳坚先生《中国古建筑木作营造技术》215页）。

翼角椽平面图绘制后，选取同一轴线交点将其置入初步步架平面图（图1-4-33），在角梁立面完成后，在此基础上细化三岔头、托舌、套兽榫、阶梯榫平面图。

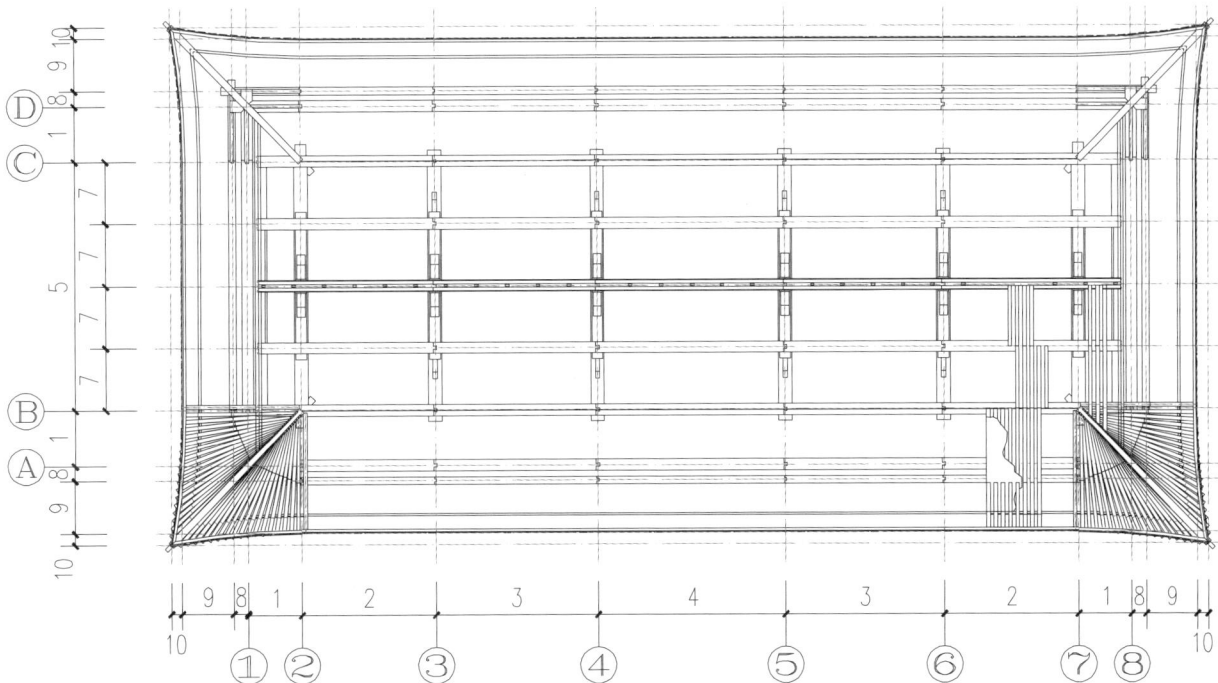

图1-4-33　初步步架平面图

1.4.10.8　绘制角梁的加斜视角立面（本例为扣金做法）。

先定位挑檐桁、正心桁、老檐桁，绘制桁椀，依据其确定角梁立面，再细化霸王拳、三岔头、托舌、套兽榫和阶梯榫。

a. 定位挑檐桁、正心桁、老檐桁，绘制桁椀立面（图1-4-34）。

a.1将翼角椽平面图旋转45°对应角梁加斜视角放置，由平面图做辅助线（对应线）定位搭交桁里由中（搭交桁正身中心线与角梁边线的交点）、老中（搭交桁中心线与角梁中心线的交点）、外由中（搭交桁头部中心线与角梁边线的交点），结合檐椽、飞椽的举折，定位挑檐桁、正心桁、老檐桁的相对标高。

a.2以各桁外由中、老中、里由中与其标高的交点为圆心，绘制三个相同半径的椭圆，这些椭圆在角梁上挖出的椀口叫桁椀。

a.2.1绘制挑檐桁桁椀：在平面图上确定搭交挑檐桁头部边线与角梁边线的交点，以此交点到挑檐桁外由中的水平距离为椭圆X轴半径，以挑檐桁半径为Y轴半径，用确定的圆心，绘制三个椭圆。

a.2.2绘制正心桁桁椀：在平面图上确定搭交正心桁头部边线与角梁边线的交点，以此交点到正心桁外由中的水平距离为椭圆X轴半径，以正心桁半径为Y轴半径，用确定的圆心，绘制三个椭圆。

a.2.3绘制老檐桁、踩步金桁椀：在平面图上确定老檐桁、踩步金头部边线与角梁边线的交点，以此交点到老檐桁、踩步金外由中的水平距离为椭圆X轴半径，以老檐桁半径为Y轴半径，用确定的圆心，绘制三个椭圆。

椭圆与角梁相交处即各桁的桁椀，用实线表示，未相交的线条用淡显虚线表示（此处角梁未绘制，均用实线表示，淡显虚线在角梁立面绘制完成后细化）。

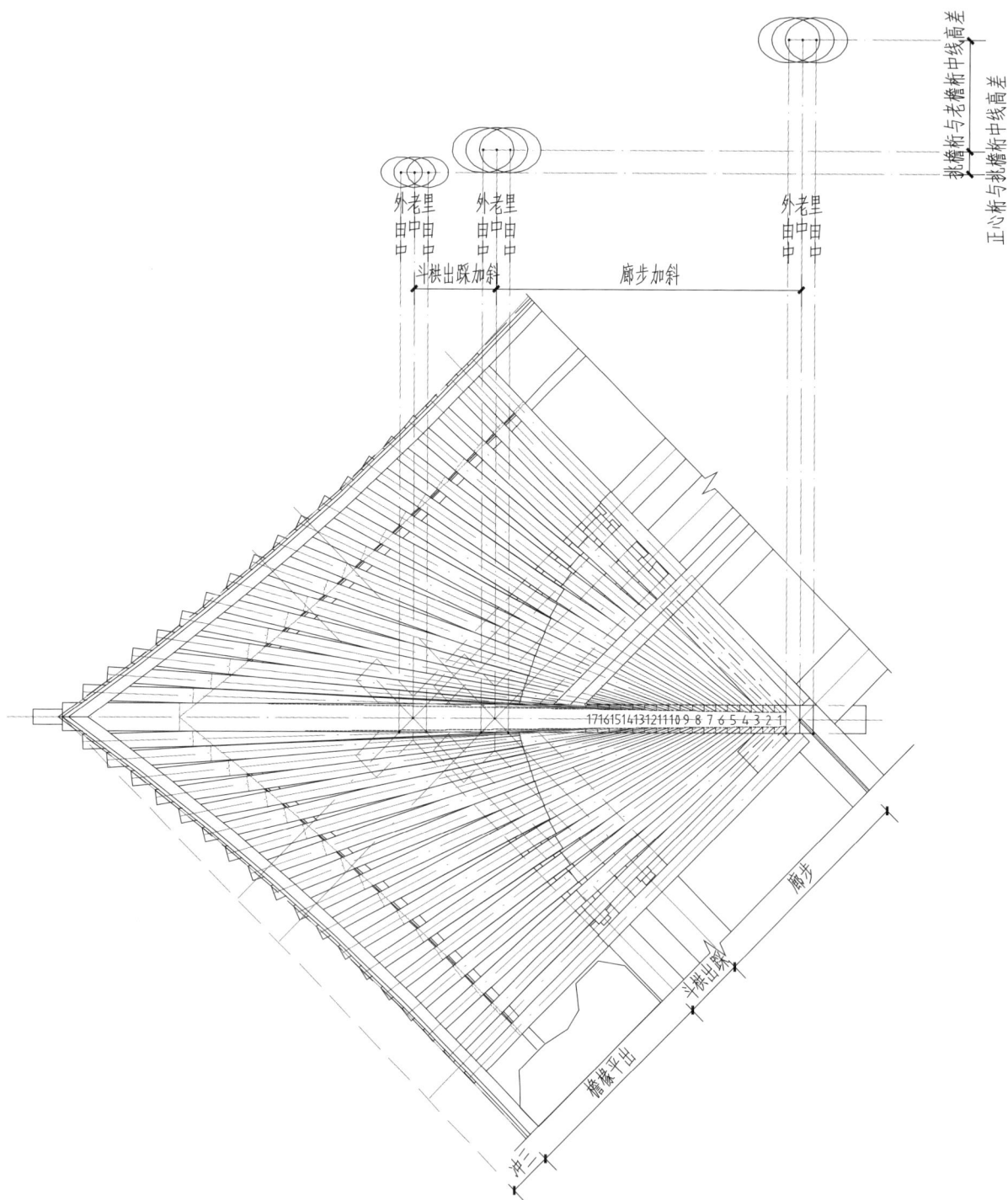

挑檐桁与老檐桁中线高差

挑檐桁与挑檐椽中线高差

正心桁与挑檐桁中线高差

外 老 里
由 中 由
中 　 中

外 老 里
由 中 由
中 　 中

外 老 里
由 中 由
中 　 中

斗栱出踩加斜　　　　廊步加斜

17 16 15 14 13 12 11 10 9 8 7 6 5 4 3 2 1

椽豪平出

斗栱出踩

廊步

冲三

图1-4-34　桁椀立面图

b. 绘制老角梁立面（图1-4-35）。

b.1 定位老角梁下皮线，绘制老角梁：搭交老檐桁老中与其标高中心线的交点为老角梁上皮定位点；搭交挑檐桁外由中与其标高中心线的交点为老角梁下皮定位点，以上皮定位点为圆心，角梁高为半径，向下做圆弧，过下皮定位点做圆弧的切线，可得老角梁下皮线，再向上平行偏移老角梁的高度，可得老角梁上皮线，在平面图上做翼角小连檐外侧弧线与角梁中心线交点的辅助线至立面上，即为老角梁迎头点。

b.2绘制老角梁梁头霸王拳：从老角梁迎头点沿直角方向1椽径（1.5斗口）或1斗口，得点B，用角梁高减去这段高度，得BC，设角梁下皮端点为点D，使CD=1/2BC，连接BD，将其均分为6等份，按图中所示方法画圆弧相接。

b.3绘制老角梁后尾三岔头：过E点（E点距老檐桁老中的水平距离为1.5倍老檐桁径）作辅助线，与老角梁下皮延长线交于F点，将EF均分3份，使每份为a，再以点F为准，分别向前后各点出1份，按图中所示方法连接各交点，依照三岔头的后尾点完善角梁平面图。

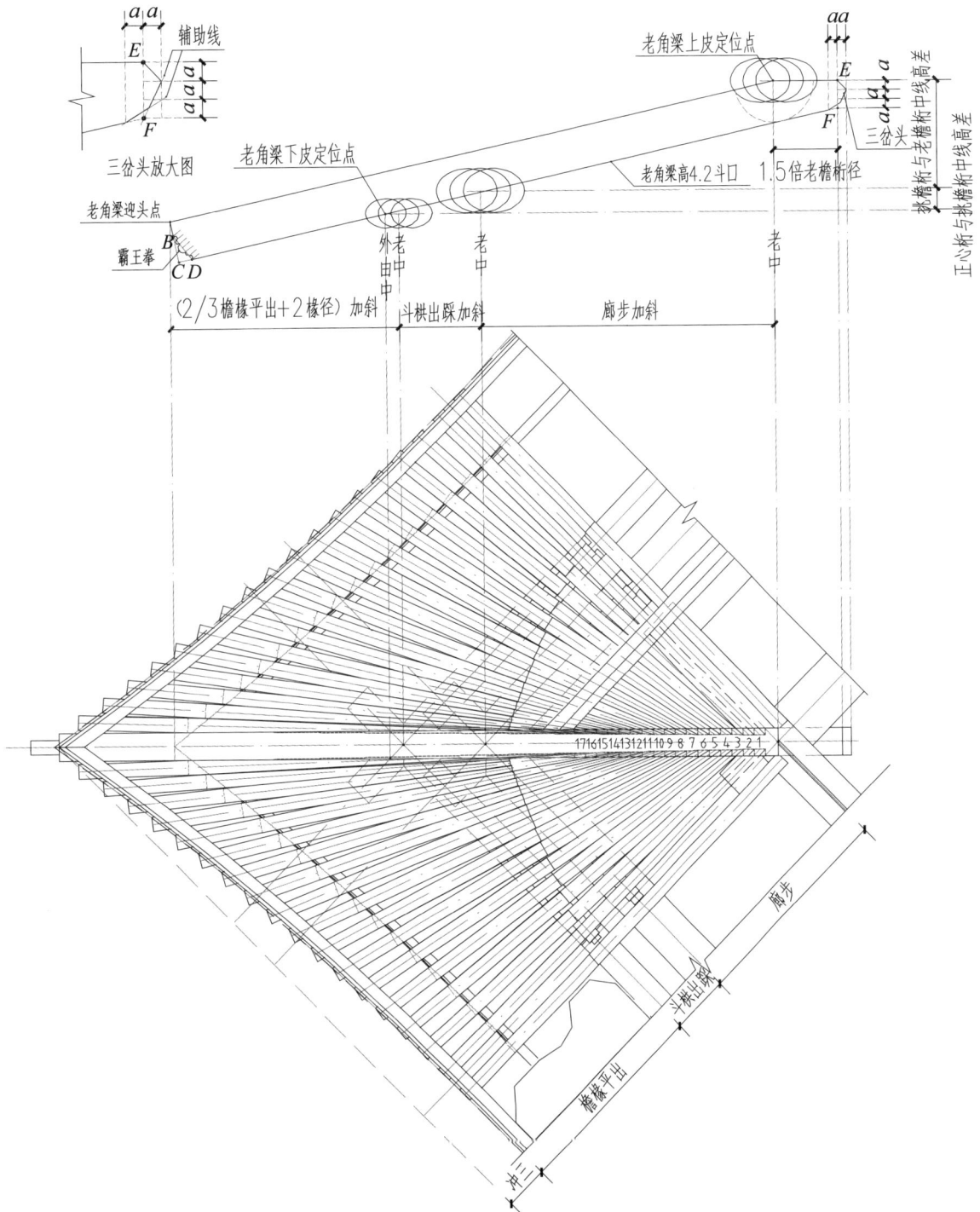

图1-4-35　老角梁立面图

绘图要点：

绘制霸王拳有两种方法，本例采用方法一，在此将方法二作如下介绍：使CD=BC，在BD线6等分的中间一点向外增出一份，得点I，连接BI、ID，将这两段分别均分成3等份，依图中所示方法作圆弧（图1-4-36）。

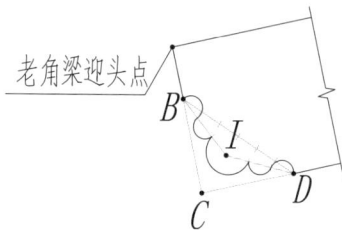

图1-4-36　霸王拳画法二

c. 绘制仔角梁立面（图1-4-37）。

c.1 定位仔角梁迎头点，绘制仔角梁：在翼角平面图中作大连檐底边线与角梁中心线交点的辅助线，可确定仔角梁迎头点的水平位置，再结合"翘四"确定高度，即可定出仔角梁迎头点的具体位置。由仔角梁迎头点向下垂直偏移角梁高度的2/3（本例为2.8斗口），将所得的点与老角梁迎头点相连，可得仔角梁梁头下皮线。再将仔角梁梁头下皮线、老角梁上皮线向上平行偏移角梁高度，可得仔角梁上皮线。

c.2 绘制仔角梁梁头托舌：将仔角梁梁头高均分3等份，连檐口子占1份，余占2份，再将连檐口子的高度均分2等份。平面图上大连檐内侧弧线交角梁中心线于点G，交角梁侧面边线于点H，在立面画出对应点。按图中所示方法连接线条，再将托舌顶部点对应到角梁平面图上。

c.3 绘制仔角梁梁头套兽榫：由仔角梁梁头下皮线向上水平偏移角梁高度的1/6（本例为0.7斗口），确定套兽榫下皮线，再向上水平偏移角梁高度的1/3（本例为1.4斗口），确定套兽榫上皮线，从套兽榫平面图做辅助线确定其水平方向的具体位置，按图中所示方法做弧线，再将弧线上皮内侧点做辅助线绘制至套兽榫平面图。

c.4 绘制仔角梁后尾阶梯榫：阶梯榫长度为老檐桁老中至里由中的水平距离，高度为仔角梁尾部上皮线与老檐桁老中的交点至老檐桁顶部的垂直高度除以二，再将阶梯榫线条做辅助线绘制至仔角梁后尾平面图。

c.5 角梁立面完成后，完善桁椀虚、实线的表达。

绘图要点：

（1）"翘四"即正身飞椽椽头高度（在正身檐口部位剖面图中量取挑檐桁中心线与飞椽椽头上皮线的垂直高度），向上翘起四椽径。

（2）仔角梁头部可为水平线或略向上翘起。

1.4.10.9　绘制翼角椽槽、第一根翼角檐椽、第一根翼角飞椽立面（图1-4-38）。

a. 定位翼角椽槽：以老檐桁外中上皮点做半径为1椽径的圆，过第一根翼角檐椽上皮点与圆作切线，切线即第一根翼角檐椽上皮线，同时也是椽槽上皮线，上皮线向下平移1椽径得到下皮线，连接各点得到第一根翼角檐椽。依据小连檐尺寸与对应平面位置绘制小连檐。以外由中金盘线边点和翼角椽椽槽头部定位点为依据，确定椽槽两端线段。

b. 定位第一根翼角飞椽在角梁侧面的位置：由平面图做辅助线确定翼角飞椽椽头的透视面上皮顶点与侧立面下皮顶点，椽头透视面上皮顶点位于"翘四"高度线上，将椽头侧立面下皮顶点与小连檐上皮外侧点相连，即为翼角飞椽椽头侧立面下皮线，由小连檐上皮外侧点向上垂直移动一椽径，确定0.8椽径的扭度位置内侧点，将此点向外平移0.8椽径，即扭度位置外侧点，分别连接内侧点与椽头侧立面上皮点、外侧点与椽头透视面上皮点，可得翼角飞椽椽头侧立面上皮线、透视面上皮线，结合椽径即可绘制出第一根翼角飞椽的椽头立面，再用平面图做辅助线确定翼角飞椽后尾点，与翼角檐椽上边线交于一点，将此点分别与扭度位置的内、外侧点相连，完成翼角飞椽立面绘制。

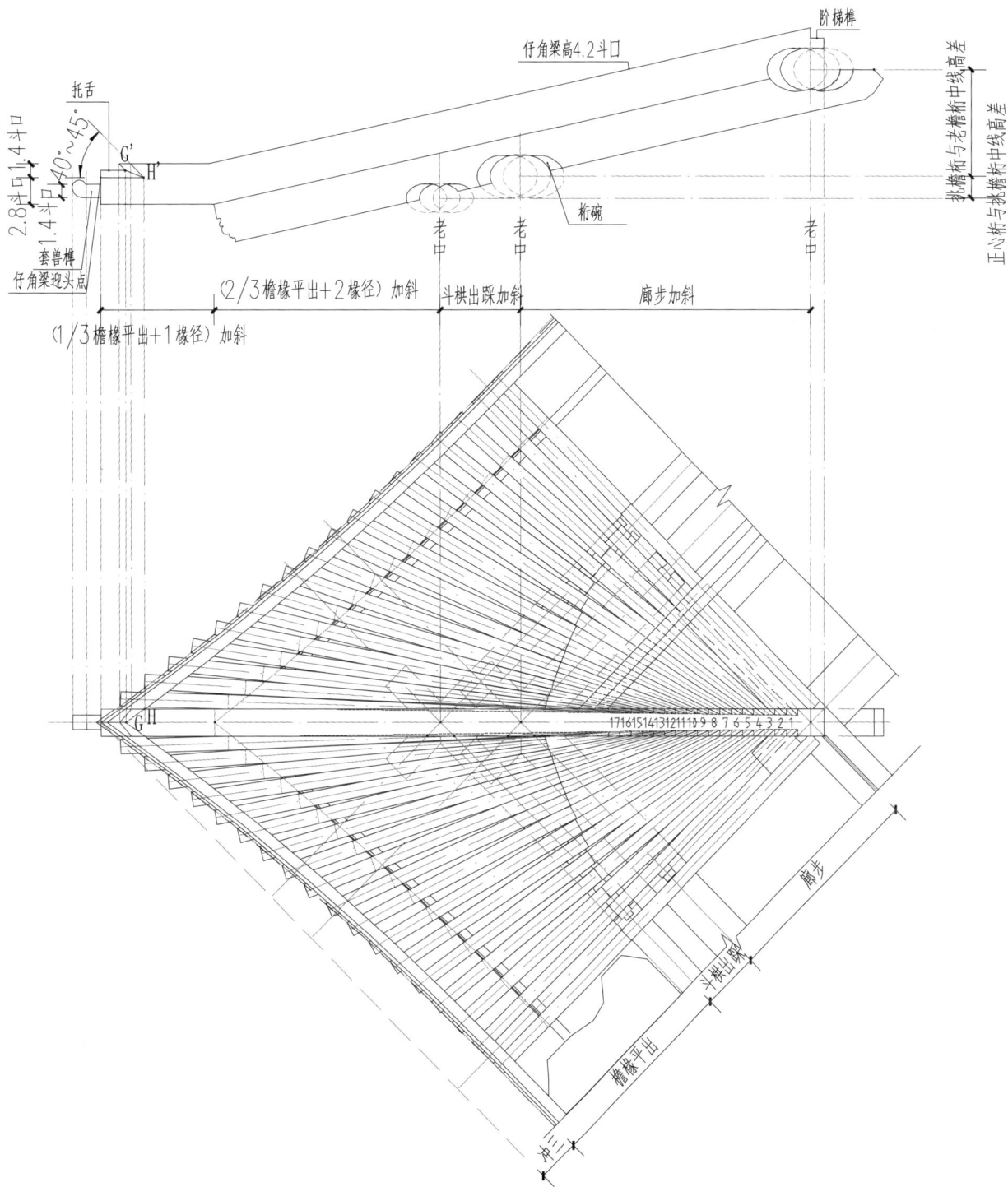

图1-4-37 仔角梁立面图

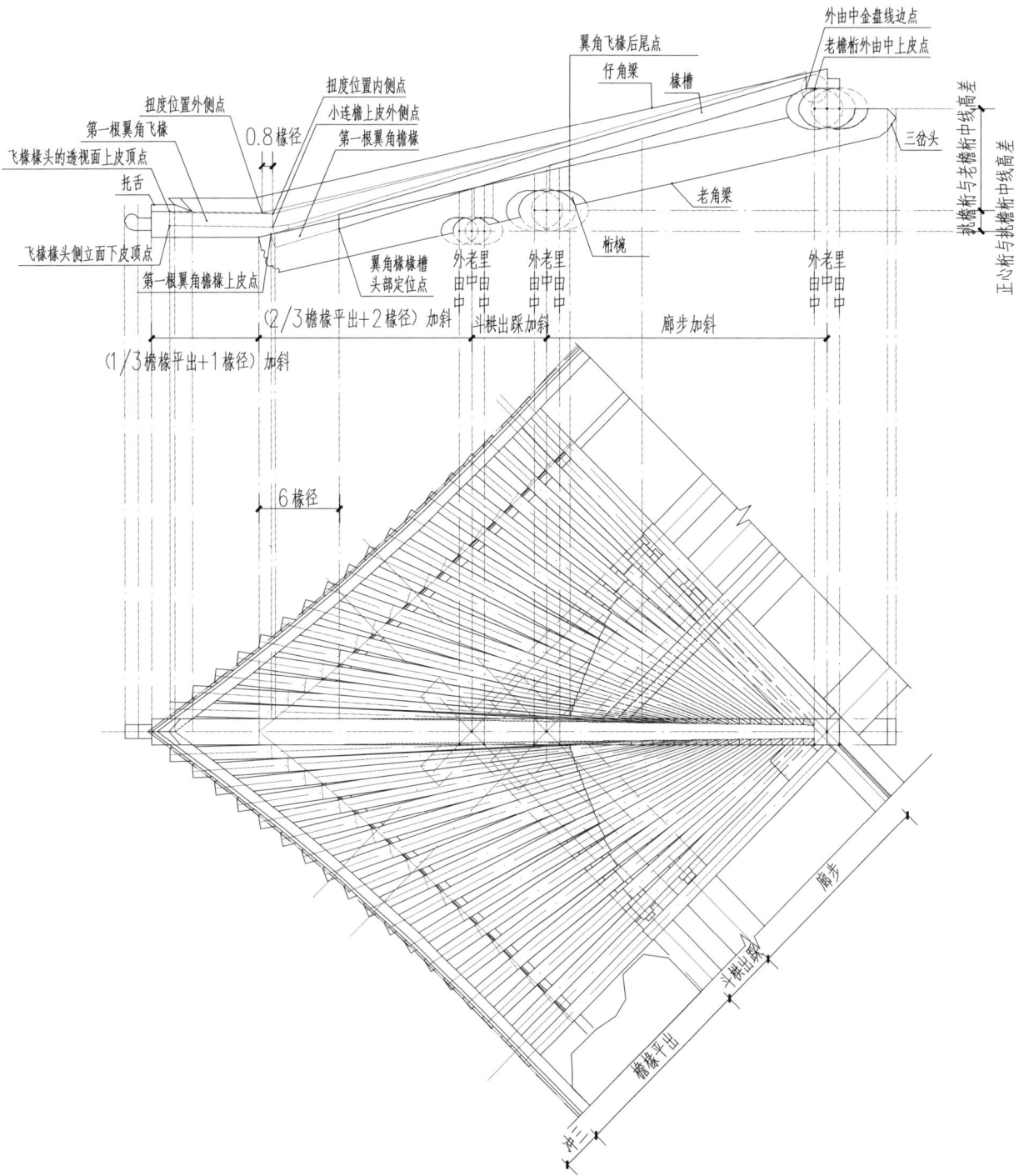

图1-4-38 翼角椽槽、翼角椽立面图

c. 定位衬头木在角梁侧面的位置：宽1.5斗口，位于挑檐桁、正心桁上皮与其老中的交点至椽槽中心线之间。

注：衬头木与老角梁、仔角梁无榫卯连接，此处仅示意位置。

三岔头、托舌、套兽榫、阶梯榫的平面图细化完成后，步架平面图绘制完成（图1-4-39）。与其相对应的构件编号见表1-4-26、表1-4-27。

<table>
<tr><th colspan="3">构件编号对应表一　表1-4-26</th></tr>
<tr><th>类别</th><th>图1-4-39中的序号</th><th>构件</th></tr>
<tr><td rowspan="9">面阔、进深、出檐尺寸</td><td>1</td><td>廊步距离</td></tr>
<tr><td>2</td><td>梢间面阔</td></tr>
<tr><td>3</td><td>次间面阔</td></tr>
<tr><td>4</td><td>明间面阔</td></tr>
<tr><td>5</td><td>间进深</td></tr>
<tr><td>7</td><td>步架距离</td></tr>
<tr><td>8</td><td>斗栱出踩</td></tr>
<tr><td>9</td><td>檐椽平出</td></tr>
<tr><td>10</td><td>翼角冲出距离</td></tr>
<tr><td rowspan="7">②桁</td><td>11</td><td>挑檐桁</td></tr>
<tr><td>12</td><td>正心桁</td></tr>
<tr><td>13</td><td>老檐桁</td></tr>
<tr><td>14</td><td>金桁</td></tr>
<tr><td>15</td><td>脊桁</td></tr>
<tr><td>16</td><td>扶脊木</td></tr>
<tr><td>17</td><td>脊桩</td></tr>
<tr><td rowspan="6">③梁架构件</td><td>L1</td><td>五架梁</td></tr>
<tr><td>L2</td><td>金角背</td></tr>
<tr><td>L3</td><td>三架梁</td></tr>
<tr><td>L4</td><td>脊角背</td></tr>
<tr><td>L5</td><td>脊瓜柱</td></tr>
<tr><td>L6</td><td>踩步金</td></tr>
</table>

<table>
<tr><th colspan="3">构件编号对应表二　表1-4-27</th></tr>
<tr><th>类别</th><th>图1-4-39中的序号</th><th>构件</th></tr>
<tr><td rowspan="11">④正身檐口</td><td>Y1</td><td>飞椽</td></tr>
<tr><td>Y2</td><td>大连檐</td></tr>
<tr><td>Y3</td><td>瓦口木</td></tr>
<tr><td>Y4</td><td>望板</td></tr>
<tr><td>Y5</td><td>檐椽</td></tr>
<tr><td>Y6</td><td>小连檐</td></tr>
<tr><td>Y7</td><td>闸挡板</td></tr>
<tr><td>Y8</td><td>椽中板</td></tr>
<tr><td>Y9</td><td>花架椽</td></tr>
<tr><td>Y10</td><td>脑椽</td></tr>
<tr><td>Y11</td><td>哑叭椽</td></tr>
<tr><td rowspan="7">⑤翼角部位</td><td>y1</td><td>仔角梁</td></tr>
<tr><td>y2</td><td>套兽榫</td></tr>
<tr><td>y3</td><td>老角梁</td></tr>
<tr><td>y4</td><td>衬头木</td></tr>
<tr><td>y5</td><td>大连檐</td></tr>
<tr><td>y6</td><td>瓦口木</td></tr>
<tr><td>y7</td><td>小连檐</td></tr>
<tr><td rowspan="4">⑥山面构件</td><td>S1</td><td>山花板</td></tr>
<tr><td>S2</td><td>博缝板</td></tr>
<tr><td>S3</td><td>穿</td></tr>
<tr><td>S4</td><td>踏脚木</td></tr>
</table>

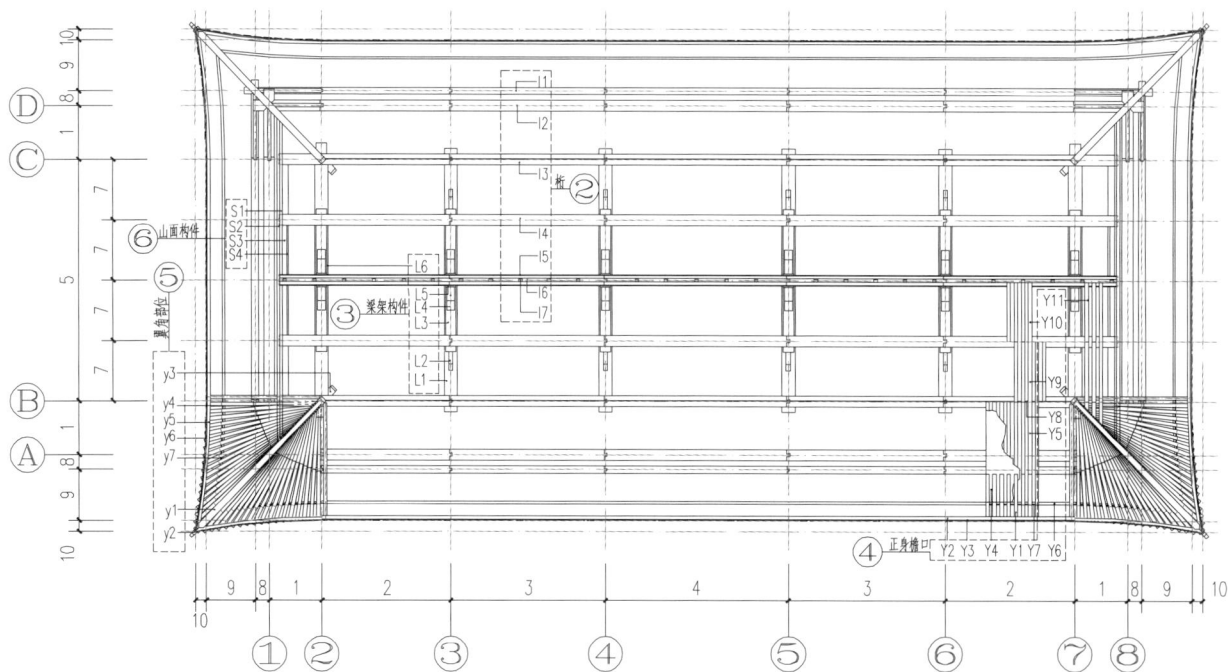

图1-4-39 步架平面图

1.4.11 屋顶平面图

屋顶平面图应绘制出投影方向可见的建筑构造，以及必要的尺寸等，主要包括屋面瓦的排布、正脊、垂脊、小兽、吻兽等构件的平面尺寸及定位，屋面排水方向等。

屋顶平面图绘图方法：

绘制屋顶平面图前应先确定屋面做法及瓦样数（本案例采用四样琉璃瓦屋面）。依据瓦样数确定大样尺寸，完成大样绘制，再根据定位排布大样。最后按"分中号垄"的方法布瓦并绘制排水方向。

1.4.11.1 本案例为清官式建筑，屋面做法采用琉璃瓦屋面。

1.4.11.2 确定瓦样数为四样瓦。依据：按椽径尺寸选择与之相近的筒瓦宽，宜大不宜小。

1.4.11.3 依据瓦样数，确定各构件细部尺寸，依次绘制所需大样（图1-4-40）。

绘图顺序：z1正脊、z2吻座、z3正吻、s1垂脊、s2垂兽座、s3垂兽、s6博脊、y1兽前戗脊、y2兽后戗脊、y3套兽、y4戗兽座、y5戗兽、y6仙人、y7小兽。

绘图要点：

（1）依据屋顶平面图计算列表构件尺寸进行图纸绘制。

（2）标注各构件尺寸，注释各构件细部名称，依据瓦样数确定构件细部尺寸大小，构件细部尺寸选取详见附录A4.1琉璃瓦屋面。

（3）弧线无法标注具体尺寸时，引用网格定位，构件花纹造型较为复杂的定位网格尺寸一般采用50mm×50mm；构件花纹造型相对简单的定位网格尺寸一般采用100mm×100mm。

（4）屋顶平面图的绘制选取大样平面图。

（a）z1正脊大样

（b）z2吻座、z3正吻大样

（c）s1垂脊大样

（d）s2垂兽座、s3垂兽大样

（f）y1兽前戗脊大样

（g）y2兽后戗脊大样

（e）s6博脊大样

（i）y4戗兽座、y5戗兽大样

（h）y3套兽大样

（j）y6仙人、y7小兽大样

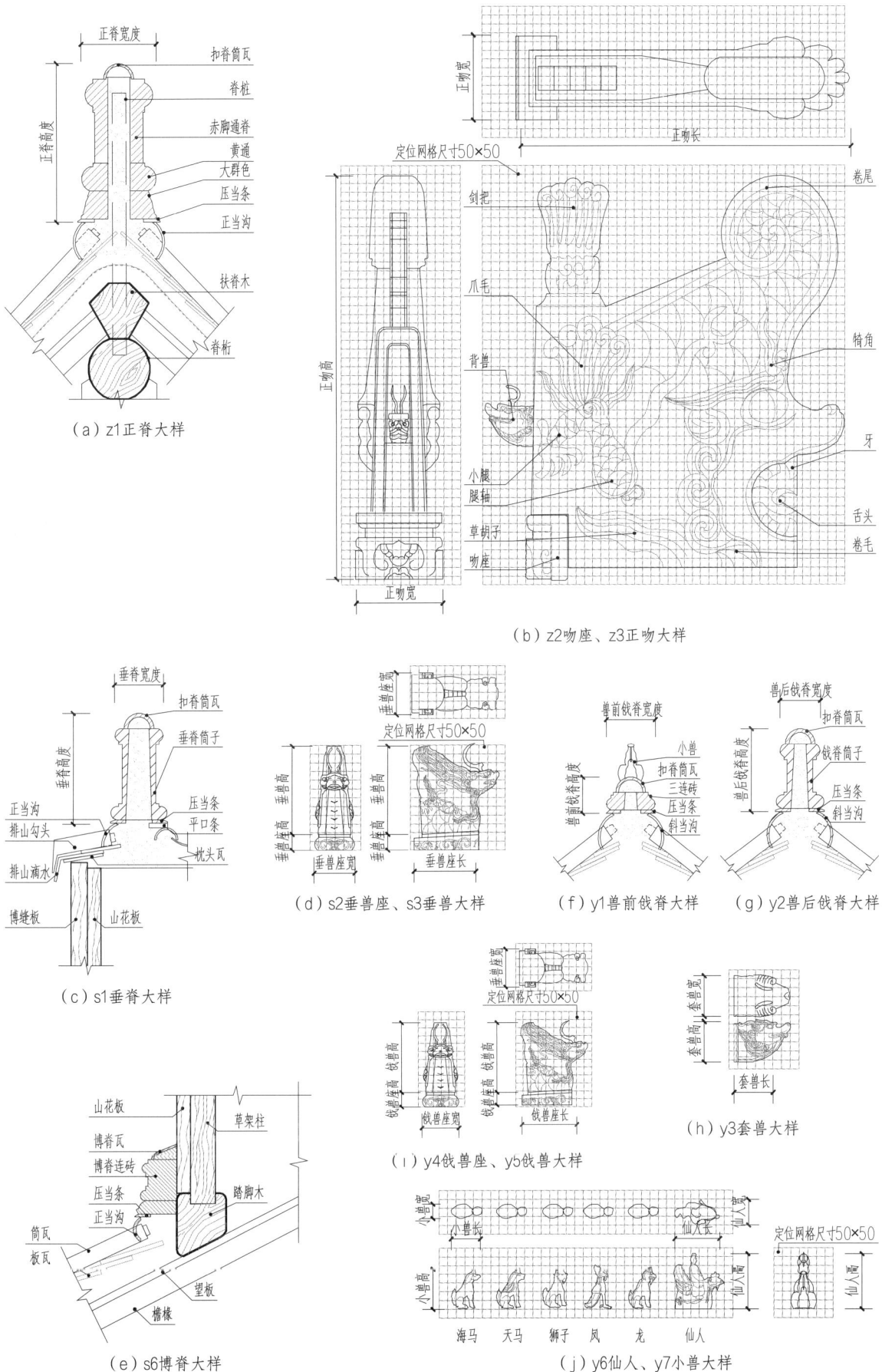

图1-4-40　屋顶平面大样图

1.4.11.4 定位正脊、吻座、正吻、垂脊、垂兽座、垂兽、排山滴水、排山勾头、博脊、兽前戗脊、兽后戗脊、套兽、戗兽座、戗兽（图1-4-41）。

（1）定位正脊、吻座、正吻的中心线、外边线。

依据步架平面图中间进深中心线定位屋面正脊、吻座、正吻中心线位置，扶脊木山面边线为吻座外边线，正吻置于吻座之上。

（2）定位垂脊、垂兽座、垂兽的中心线、中心点。

依据步架平面图中踏脚木中心线定位垂脊中心线；以挑檐桁中心线与踏脚木中心线交点定位垂兽座、垂兽中心点位置。

（3）定位排山滴水、排山勾头、博脊的外边线、中心线。

依据步架平面图中博缝板外边线外移1/3滴水水平投影长度，确定排山滴水外边线，绘制时排山勾头紧贴排山滴水；以博缝板外边线定位博脊中心线，注意排山勾头、排山滴水遮挡博脊。

（4）定位兽前戗脊、兽后戗脊、套兽、戗兽座、戗兽的中心线、中点、中心点。

依据步架平面图中角梁中心线的位置定位戗脊中心线；根据步架平面图中仔角梁套兽榫内皮中点定位套兽内皮中点；以步架平面图瓦口木边线外移1/3滴水水平投影长度，定位屋面平面图滴水外轮廓线，戗脊前端勾头内侧中点为滴水外轮廓线交点，戗脊处勾头与角梁平行布置；以挑檐桁中心线交点定位戗兽座、戗兽中心点位置。

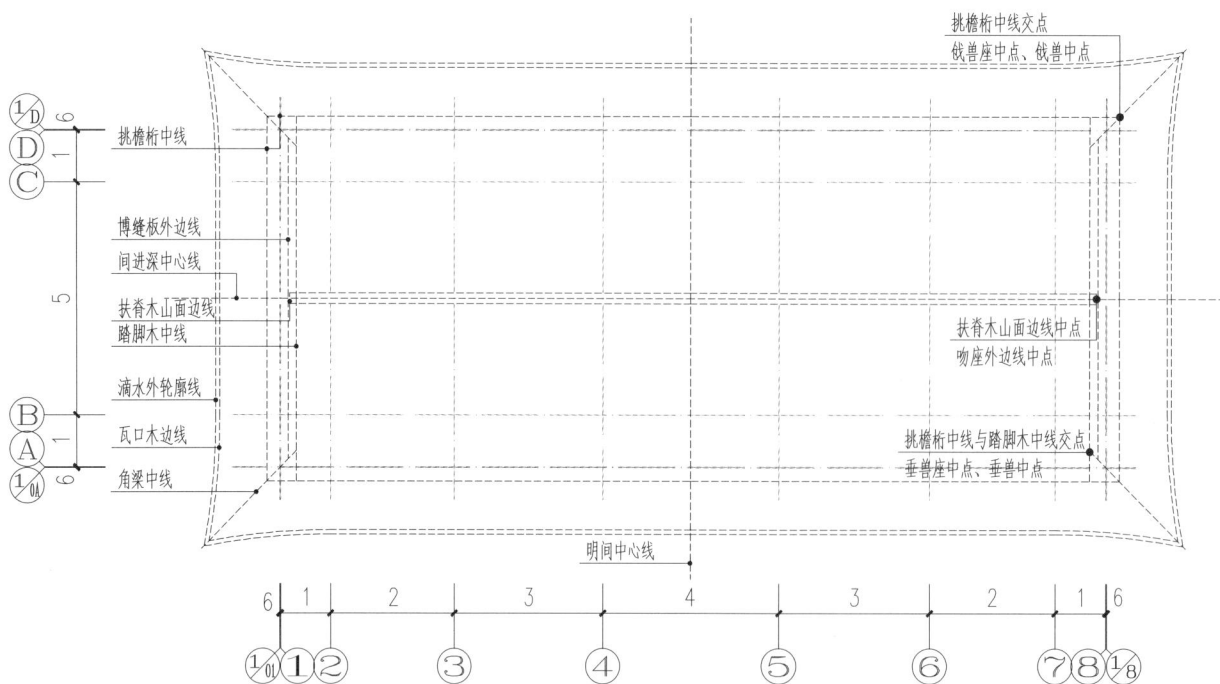

图1-4-41 屋顶平面构件定位

1.4.11.5 依据屋顶平面图构件定位，结合构件列表（表1-4-28）绘制大样平面（图1-4-42）。

绘图顺序：z1正脊、z2吻座、z3正吻、s1垂脊、s2垂兽座、s3垂兽、s4排山勾头、s5排山滴水、s6博脊、y1兽前戗脊、y2兽后戗脊、y3套兽、y4戗兽座、y5戗兽。

位置	图1-4-42中的序号	名称	长	宽	位置	图1-4-42中的序号	名称	长	宽
①正身瓦件	z1	正脊	/	厚约300mm	②山面瓦件	s5	排山滴水	/	304mm
	z2	吻座	330mm	256mm		s6	博脊	/	272mm
	z3	正吻	1570mm	330mm	③翼角瓦件	y1	兽前戗脊	/	270mm
②山面瓦件	s1	垂脊	/	285mm		y2	兽后戗脊	/	270mm
	s2	垂兽座	512mm	285mm		y3	套兽	236mm	236mm
	s3	垂兽	504mm	285mm		y4	戗兽座	440mm	270mm
	s4	排山勾头	/	176mm		y5	戗兽	440mm	270mm

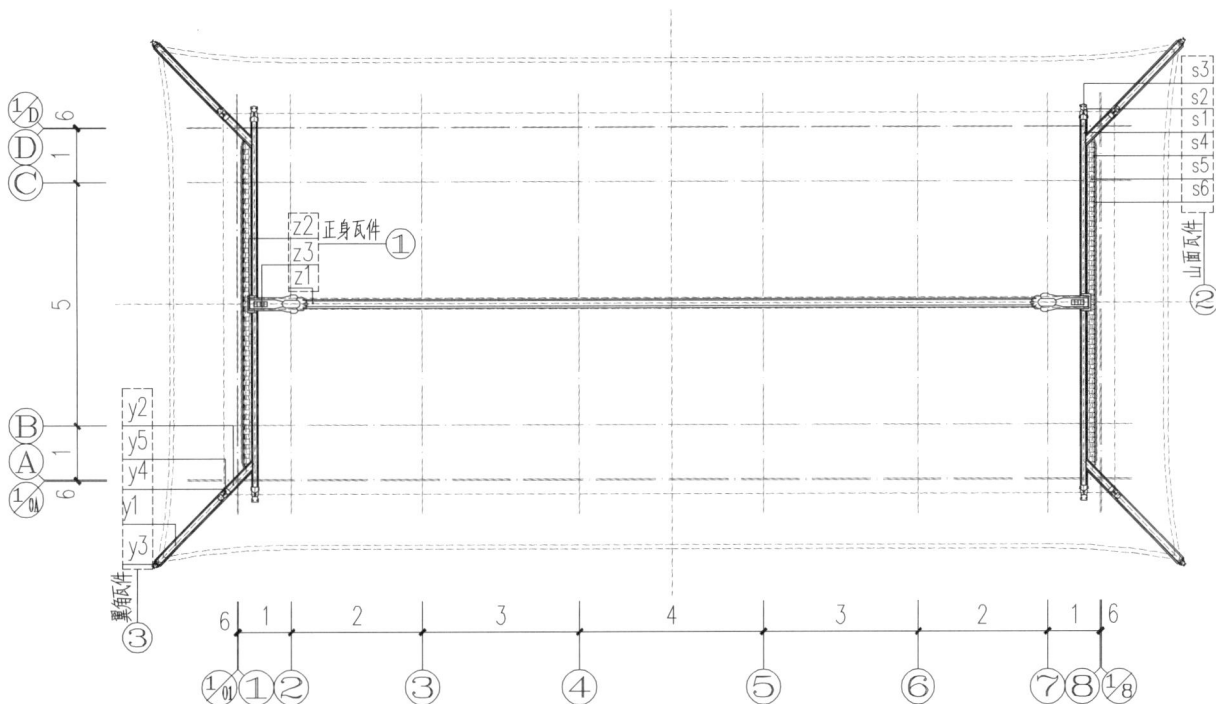

图1-4-42　屋顶大样平面

1.4.11.6　绘制仙人、小兽。

绘制方法及定位：仙人位于兽前戗脊勾头中心位置，小兽位于其后各垄筒瓦中心，结合构件尺寸（表1-4-29）。依次排列，最后一个小兽位于戗兽前一筒瓦位置。

绘图顺序：y6仙人、y7小兽。

屋顶平面图计算列表二　　　　表1-4-29

位置	图1-4-45中的序号	名称	长	宽
③翼角瓦件	y6	仙人	336mm	59mm
	y7	小兽	182.4mm	91.2mm

1.4.11.7　按照"分中号垄"的方法排布滴水、勾头、板瓦、筒瓦。

绘制方法及定位：根据滴水外轮廓线，以明间中心线（滴水、板瓦中）为面阔方向起点，间进深中心线（滴水、板瓦中）为进深方向起点，角梁中线水平偏移1.5~2cm（滴水边）为终点，按蚰蜒当的距离，沿滴水外轮廓线依次排布滴水、勾头（勾头紧贴滴水放置）、板瓦、筒瓦（图1-4-43）。

绘图顺序：z4滴水、z5勾头、z6板瓦、z7筒瓦。

绘图要点：

（1）依据表1-4-30屋顶平面图计算列表三构件尺寸进行图纸绘制。

（2）蚰蜒当指两垄板瓦之间的距离，尺寸为3~4cm，相邻滴水之间布置蚰蜒瓦（图1-1-44）。

（3）垂脊中心线为两垄筒瓦中心线。

1.4.11.8 依据屋面坡向，绘制屋面排水方向，屋顶平面图绘制完成（图1-4-45）。

屋顶平面图计算列表三　　　　　　　　　　表1-4-30

位置	图1-4-45中的序号	名称	长	宽
①正身瓦件	z4	滴水	400mm	304mm
	z5	勾头	368mm	176mm
	z6	板瓦	384mm	304mm
	z7	筒瓦	352mm	176mm

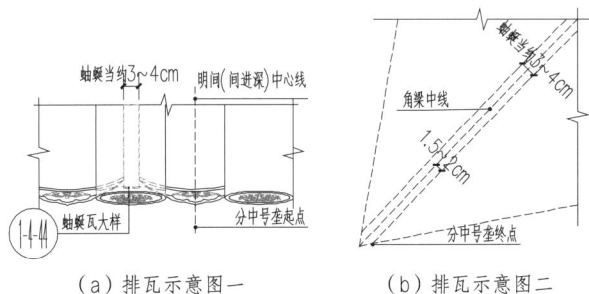

（a）排瓦示意图一　　（b）排瓦示意图二

图1-4-43　排瓦示意图　　　　　图1-4-44　蚰蜒瓦大样

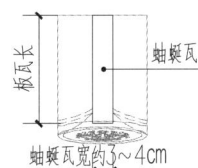

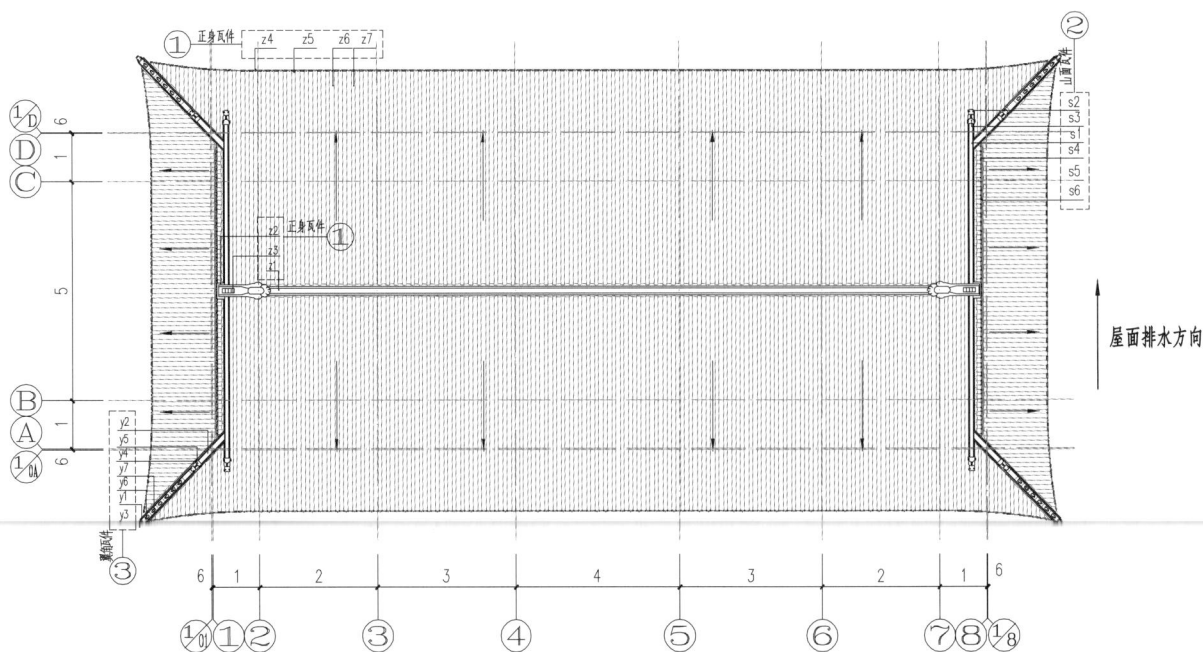

图1-4-45　屋顶平面图

关系对应法 2

2.1 概述

传统建筑的绘图难度大，木作、瓦作、石作、砖作等构件数量多、构件造型各异，构件空间搭交关系复杂。在图纸绘制时容易出现构件造型、构件搭交关系、建筑外观风貌等绘制错误的情况。为解决绘图出错的问题，通过清工部《工程做法则例》和梁思成先生《清式营造则例》《清工部〈工程做法则例〉图解》的启发，结合团队数十载理论研究与实践论证后，本书总结了一套适合传统建筑的绘图方法，命名为"关系对应法"。关系对应法强调同一套图纸与图纸之间所有内容高度统一且互为论证，可通过关系对应法绘制与平面图相互辅助的剖面图、立面图。关系对应法既是绘图方法，也是绘图过程。关系对应法的应用是按照一定顺序梳理建筑空间关系。

2.1.1 关系对应法简介

关系对应法是在清官式建筑的图纸绘制过程中，以轴线为定位依据，建立水平投影竖向叠加与竖向高度相互对应的逻辑关系，使施工图绘制规律化、区块化，有序分解并整合的一种绘图方法。利用这种绘图方法，可以提高绘图速度和准确性。

绘制剖面图、立面图时，关系对应法是按照从低到高的顺序排布各层平面图，依次对应各层平面图中的构件位置逐层绘制剖面图、立面图构件（图2-1-1）。关系对应法的应用分为：①大框架的定位。关系对应法需要通过对应辅助线完成。对应辅助线一端连接平面具体构件，一端定位剖面图、立面图中构件边线的位置，再结合设计计算书绘制构件高度，完成剖面图大框架的绘制。②细节的把控。剖面图、立面图中柱子与梁、枋连接处做抱肩。抱肩的绘制只有通过关系对应法才能准确定位，撞肩遮挡柱子的位置、回肩看线的位置、与滚楞的连接都需要关系对应法绘制。不是直接绘制构件尺寸的情况，涉及构件之间的连接、多构件组合等情况都属于关系对应法的细节的把控。细节的把控需要思考对应辅助线的选取点，例如这个点定位的是什么线、需要选取几个点。理论上结合平面图和竖向高度通过关系对应法可以绘制所有的传统建筑，不受视角、形状、空间等因素的影响，所以理解关系对应法，熟练掌握关系对应法对于传统建筑的绘制至关重要。

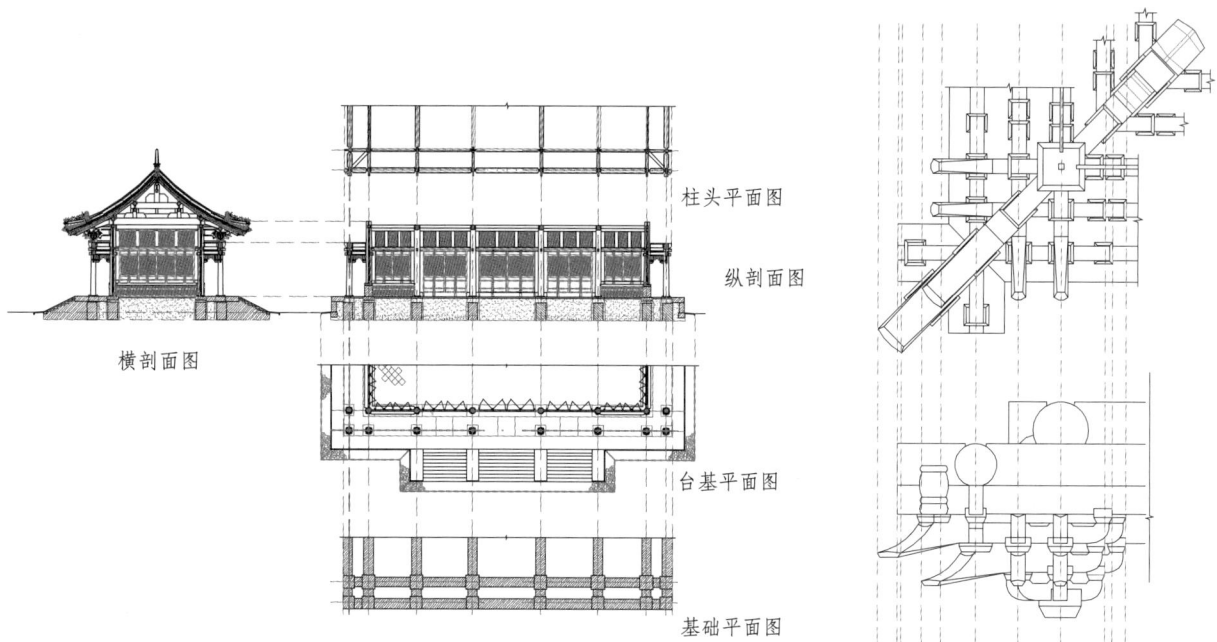

（a）剖面图对应示意图

横剖面图

柱头平面图

纵剖面图

台基平面图

基础平面图

（b）斗栱对应示意图

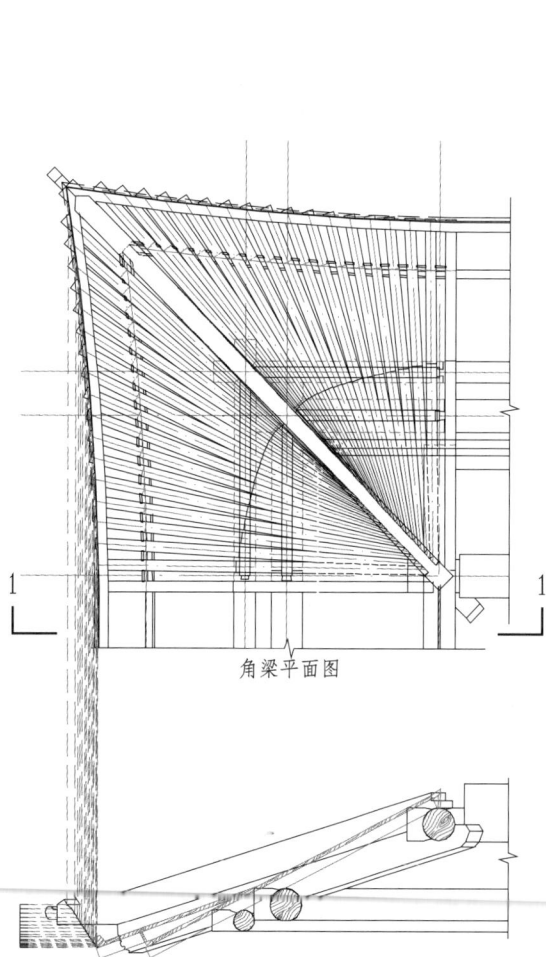

（c）1-1视角角梁立面图

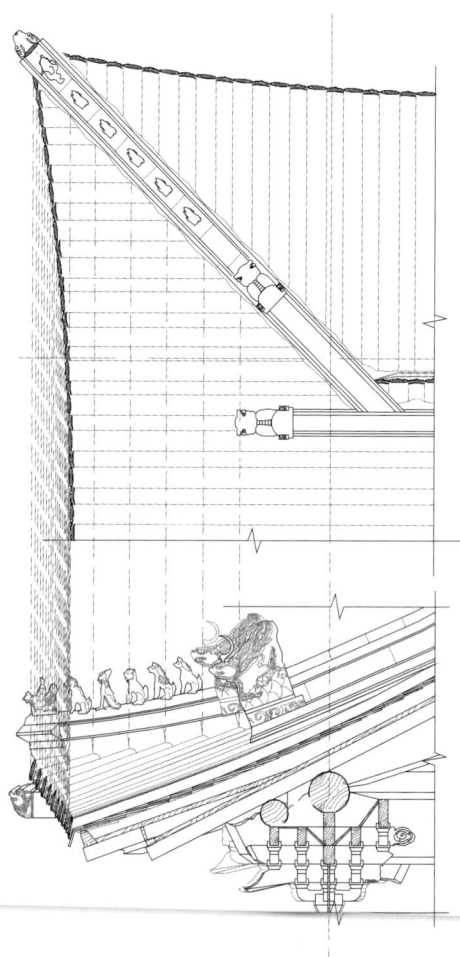

角梁平面图

（d）翼角对应示意图

图2-1-1　关系对应法应用示意图

2.1.2　关系对应法的意义

2.1.2.1　关系对应法能最大程度保证图纸的质量。在绘制图纸时，增加图纸的准确性，减少"错漏碰"问题的出现。

2.1.2.2　关系对应法有利于空间关系不明确时，梳理空间关系。

2.1.2.3　关系对应法有助于提高自校和校对时检查图纸的效率。

关系对应法的原理：关系对应法原理就是按照物体三视图正投影法的理论制图。先设置三个互相垂直的投影面（即正面、侧面、水平面），称为三投影体系。把建筑或构件（整体或剖切以后的部分）放在三投影体系中，正面就是把形体主要表面或对称面置于平行投影面的位置。建筑（构件）的位置确定好之后，其长、宽、高及上下、左右、前后方位即确定，然后将形体的各几何要素分别向三投影面进行投影，即得建筑（构件）的三面正投影图（图2-1-2）。

三个投影图分别位于三个投影面上，实际绘图时，这三个投影图要绘制在同一平面上，为此要将投影面展开，展开后的排列方式是关系对应法的最基本的图纸对应位置。

三面正投影图表达的是同一形体，而且是形体在同一位置分别向三个投影面所做的投影，所以三面正投影图间每对相邻投影图同一方向的尺寸相等：

H面投影（水平投影）和V面投影（正面投影）中相应投影对正且长度相等，即"长对正"；

V面投影（正面投影）和W面投影（侧面投影）中的相应投影对齐且高度相等，即"高平齐"；

H面投影（水平投影）和W面投影（侧面投影）中的相应投影宽度相等，即"宽相等"。

"长对正、高平齐、宽相等"是形体的三面投影图之间最基本的投影关系。

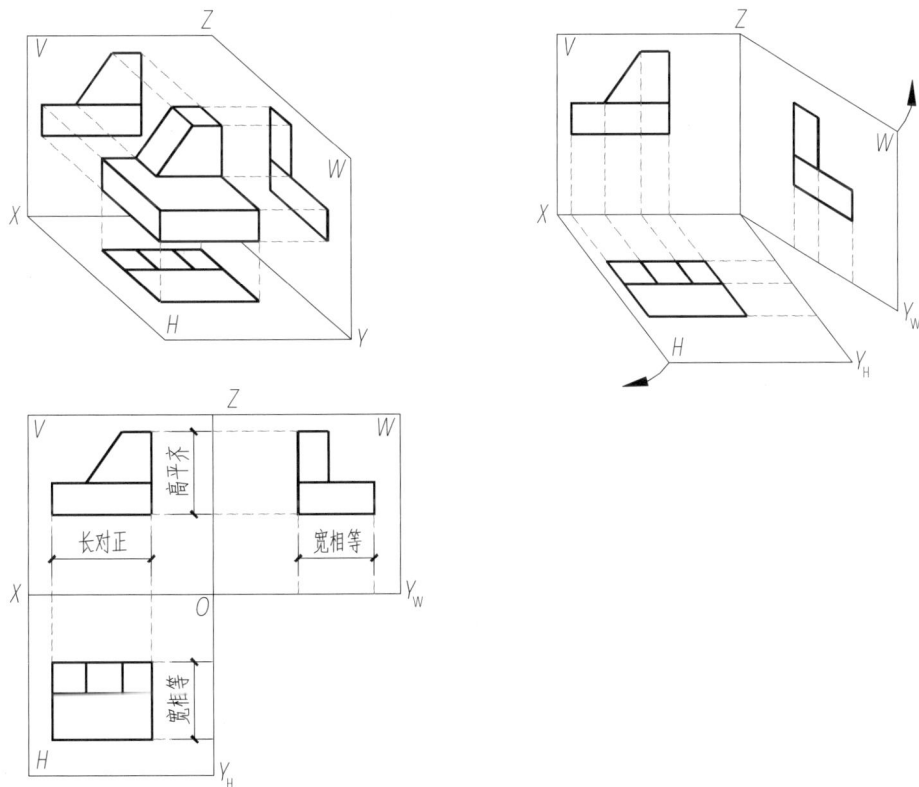

图2-1-2　三面正投影图

关系对应法是在投影法的基础上，结合传统建筑的自身特点，以传统建筑的多个平面分段对应立面、剖面的局部构件，绘制局部正投影图，通过多个局部拼接组成建筑整体的剖面图、立面图。

2.2 剖面图绘制

2.2.1 横、纵剖面图绘制意义与前提

绘制剖面图的意义：规定各个构件搭交连接方式，直观地表达了步架的内部结构，定位构件距离、明确构件尺寸和构件用料。

在绘制剖面图前应明确剖面图中被剖切到的构件和看到的构件。将其按照从下到上的顺序分别计算各构件的尺寸，在设计计算书中表示出各构件长、宽、高、厚、径。例如：基础构件，檐礤墩、金礤墩等；梁架构件，五架梁、三架梁等。

设计计算书编制完成后，在台基平面图中选取合适的位置进行剖切（图2-2-1），以达到全面展示建筑构造的目的。传统建筑一般需绘制横、纵剖面图，均为垂直剖切。

横剖面图剖切位置：位于明间中心线，视角向西。主要展示建筑举折、各构件位置及其高度等内容，明确进深方向建筑构件之间的关系。

纵剖面图剖切位置：位于间进深中心线，视角向北。除横剖面图需展示的内容外，还需表示山面构件的相互关系，明确面阔方向建筑构件之间的关系。

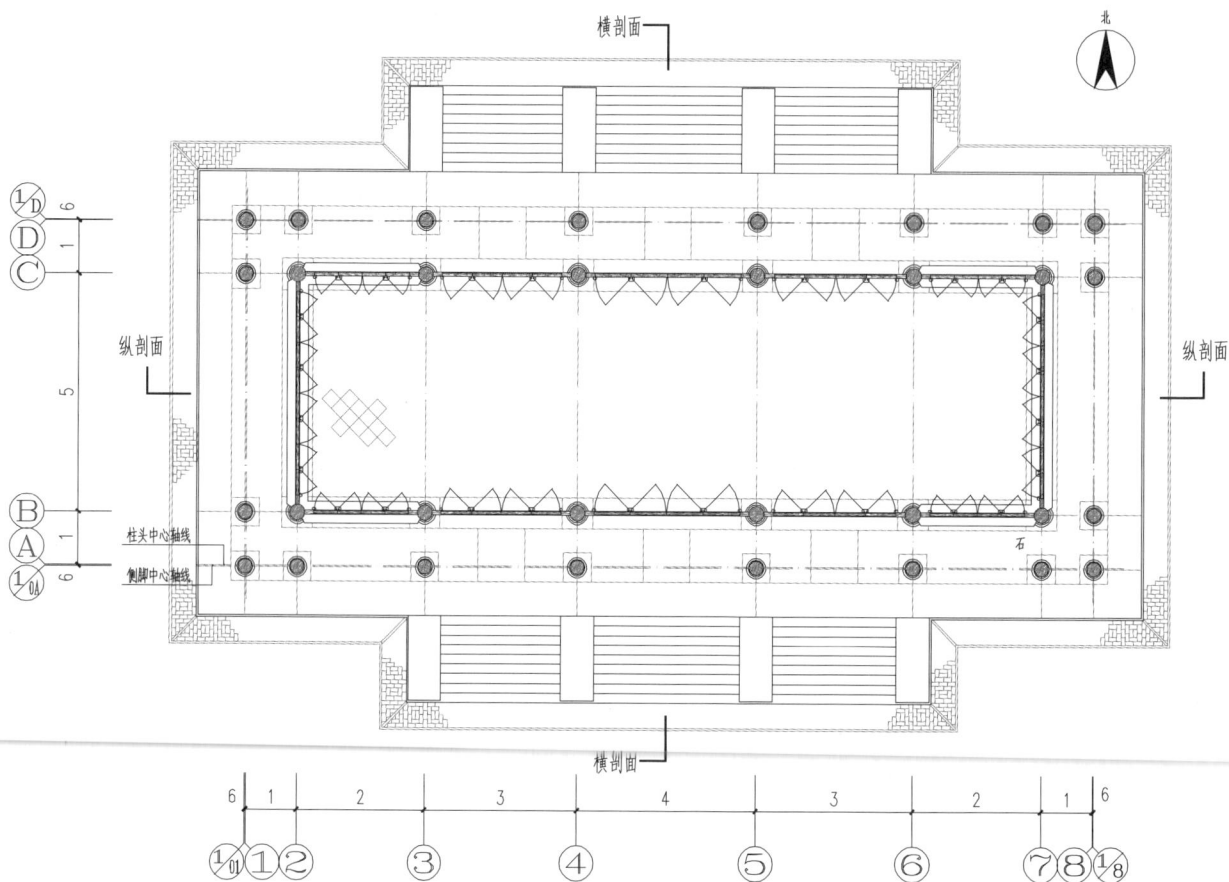

图2-2-1 台基平面图剖切位置示意图

确定剖切位置后，依据设计计算书各构件尺寸，结合基础平面图、台基平面图、柱头平面图、平板枋平面图、斗栱仰视平面图、步架平面图、屋顶平面图，应用"关系对应法"绘制横、纵剖面图。各构件的画法详见《清官式建筑营造设计法则 榫卯篇》，绘制时视角近的构件遮挡视角远的构件。

2.2.2 横剖面图的关系对应

横剖面图应在建筑明间中心线处剖切，依据设计计算书中的构件尺寸结合各平面图进行绘制。应绘制剖切方向可见的建筑构造，以及必要的尺寸等，主要包括剖到的构件，如拦土、踏跺石、隔扇门、桁、垫板等；看到的构件，如垂带石、檐柱、金柱、五架梁、三架梁、吻兽等。

横剖面图对应分三个步骤完成：

2.2.2.1 以基础平面图、台基平面图的柱根中心轴线、柱头平面图的柱头中心轴线和构件边线为横剖面图的平面定位依据；以设计计算书中各构件的尺寸为横剖面图的高度定位依据。

（1）以进深方向摆放基础平面图、台基平面图的柱根中心轴线对应横剖面图的柱根中心轴线，以进深方向摆放柱头平面图的柱头中心轴线对应横剖面图的柱头中心轴线。

（2）对应基础平面图中檐磉墩、金磉墩、拦土的位置，结合设计计算书中各构件的高度，绘制横剖面图。

基础平面图中拦土为剖到的构件，檐磉墩、金磉墩为看到的构件，为表达磉墩与拦土的关系，将磉墩外轮廓线用虚线淡显表示。檐磉墩之间为灰土，其下皮为拦土下皮线。檐磉墩之外、踏跺石之下为砖，其外皮为砚窝石（定位详见台基平面图）外皮线，下皮与灰土下皮同。

绘图顺序：檐磉墩、金磉墩、拦土。

横剖面图构件计算列表一　　　　　　　　　　　表2-2-1

位置	构件	高
基础	檐磉墩	19.2 斗口
	金磉墩	19.2 斗口
	拦土	19.2 斗口

（3）对应台基平面图中柱类、石类、砖类构件及隔扇门窗的位置，结合设计计算书中各构件的尺寸，绘制各构件及隔扇门剖面、隔扇窗立面大样图。

依据台基平面中踏跺石数量，均分台明高，得到每块踏跺石之间高度差，绘制踏跺石。垂带石起始点为阶条石上皮外点，截止点为台基平面图垂带石末端对应点，起始点与截止点之间沿踏跺石上皮外点连接成线，在截止点处沿此线呈90°绘制线条，与砚窝石相交。沿砚窝石上皮外点绘制散水，散水坡度一般为1% ~ 1.5%。

绘图顺序：

石：金柱顶石（古镜石）、槛垫石、分心石、檐柱顶石（古镜石）、阶条石、踏跺石、砚窝石、垂带石（图2-2-2）；

柱：檐柱、金柱；

砖：方砖墁地、槛墙、散水；

隔扇门窗：1木榻板、2连二楹、3抱框、4风槛、5抹头、6绦环板、7边梃、8仔边、9中槛、10棂条、11短抱框、12横陂间框、13上槛、14转轴、15下槛、16裙板、17连楹（图2-2-3）。

横剖面图构件计算列表二

表2-2-2

材料	构件	宽	高
石	金柱顶石（古镜石）	13.2 斗口	7.2 斗口（古镜高 1.2 斗口）
	槛垫石	13.2 斗口	4 斗口
	分心石	19.8 斗口	5.7 斗口
	檐柱顶石（古镜石）	12 斗口	7.2 斗口（古镜高 1.2 斗口）
	阶条石	14.25 斗口	5.7 斗口
	踏跺石	320mm	160mm
	砚窝石	320mm	160mm
	垂带石	14.25 斗口	斜高 5.7 斗口
砖	方砖墁地	448mm	64mm
	槛墙	9 斗口	按实际
	散水	900mm	70mm
位置	构件名称	径	高
柱	檐柱	6 斗口	60 斗口
	金柱	6.6 斗口	按实际

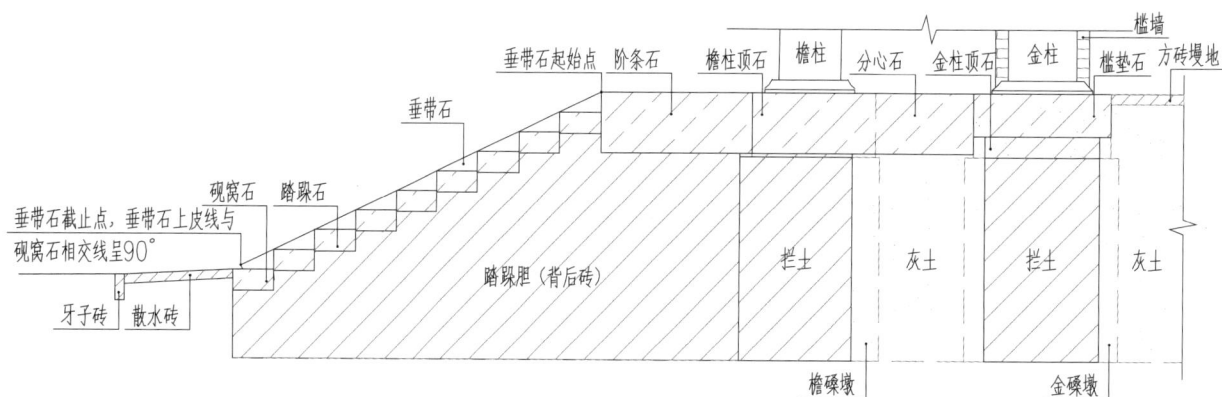

图2-2-2 柱、石、砖构件位置示意图

横剖面图构件计算列表三

表2-2-3

位置	图 2-2-3 中的序号	构件	宽	厚	高
隔扇门窗	1	木榻板	9 斗口	2.25 斗口	/
	2	连二槛	120mm	长：210mm	4.32 斗口
	3	抱框	4 斗口	1.8 斗口	/
	4	风槛	3 斗口	1.8 斗口	/
	5	抹头	1.2 斗口	1.8 斗口	/
	6	绦环板	/	0.05 隔扇宽	0.2 隔扇宽
	7	边梃	1.2 斗口	1.8 斗口	/
	8	仔边	2/3 边梃宽	7/10 边梃厚	/
	9	中槛	4 斗口	1.8 斗口	/

位置	图2-2-3中的序号	构件	宽	厚	高
隔扇门窗	10	棂条	19mm	25mm	/
	11	短抱框	4斗口	1.8斗口	/
	12	横陂间框	4斗口	1.8斗口	/
	13	上槛	3斗口	1.8斗口	/
	14	转轴	径50mm	/	/
	15	下槛	4.8斗口	1.8斗口	/
	16	裙板	高0.8隔扇宽	0.05隔扇宽	/
	17	连楹	2.4斗口	1.2斗口	/

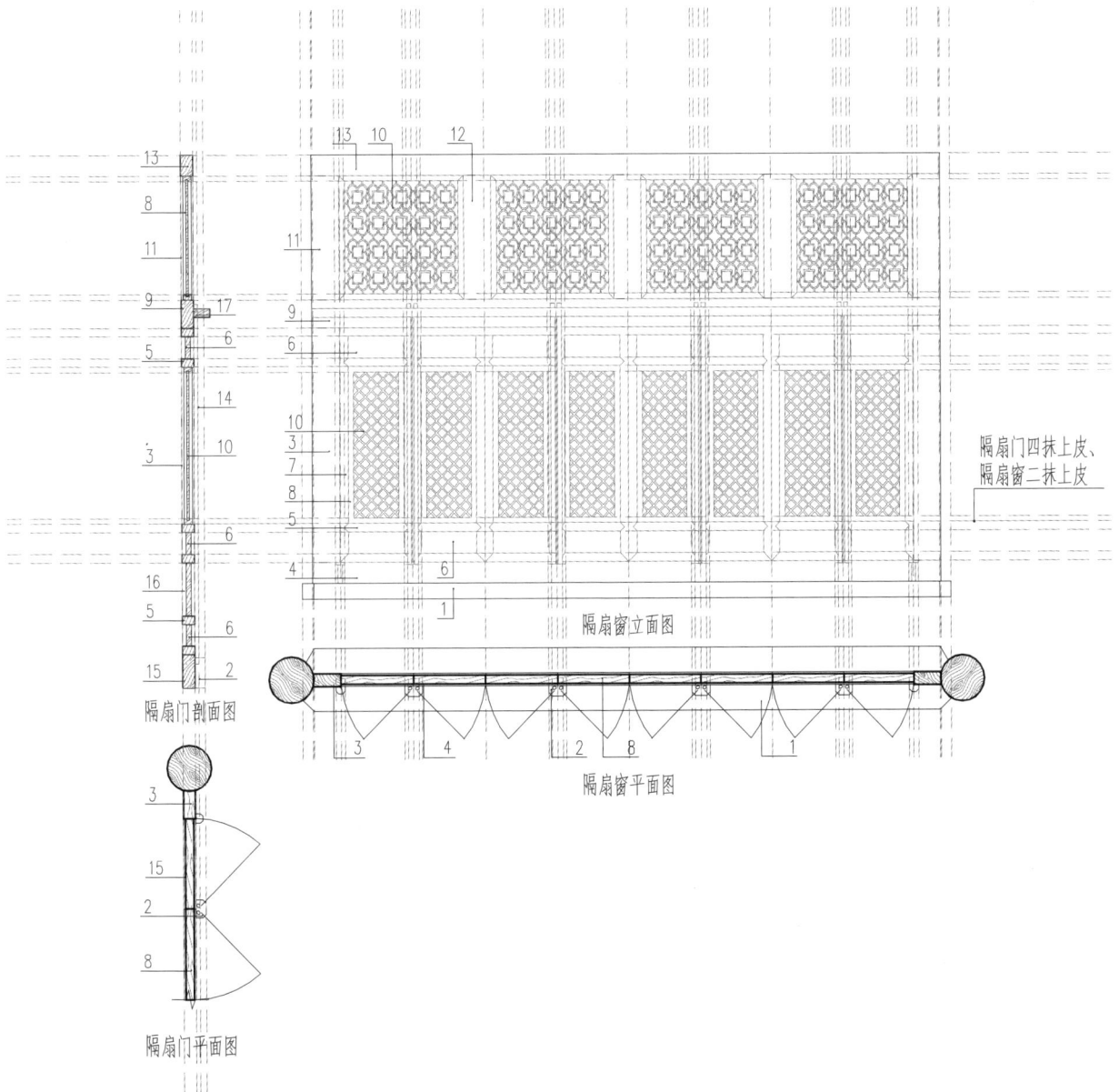

图2-2-3 隔扇门剖面、隔扇窗立面对应图

绘图要点：

①以台基平面图绘制的隔扇门窗平面图为依据，将隔扇门平面图如图所示摆放，对应绘制其剖面图；将隔扇窗平面图如图所示放置，对应绘制其立面图。

②隔扇门与隔扇窗的上槛、中槛处于同一高度，其上槛上皮为老檐枋下皮；隔扇门四抹上皮与隔扇窗二抹上皮处于同一高度，结合各构件自身高度尺寸，绘制隔扇门剖面图、隔扇窗立面图。

（4）对应柱头平面图中檐柱与金柱柱头、大额枋、箍头枋、老檐枋、随梁枋、（斜）穿插枋边线的平面位置，结合设计计算书中各构件的尺寸绘制相应构件。

除此之外，还需以檐柱柱头中心轴线为定位，从上至下绘制由额垫板及小额枋剖面图、雀替侧立面图，在檐柱与金柱之间绘制骑马雀替正立面图。

小额枋、老檐枋、大额枋、箍头枋、随梁枋、（斜）穿插枋与柱连接处均做抱肩（撞一回二），除箍头枋枋头需做霸王拳造型（详见1.4.10），不做滚楞外，其余构件自身均做滚楞（抱肩、滚楞画法以穿插枋为例，见图2-2-4）。

横剖面图构件计算列表四　　　　　　　　　　　　表2-2-4

位置	构件	厚	高
下架构件	雀替	1.8 斗口	7.5 斗口
	骑马雀替	/	7.5 斗口
	小额枋	4 斗口	4.8 斗口
	斜穿插枋	/	出头部位 2 斗口
	穿插枋	/	4 斗口
	由额垫板	1 斗口	2 斗口
	大额枋	5.4 斗口	6.6 斗口
	箍头枋	/	正身部位 6.6 斗口，出头部位 5.28 斗口
梁架构件	随梁枋	/	4 斗口 +1% 长
桁三件	老檐枋	3 斗口	3.6 斗口

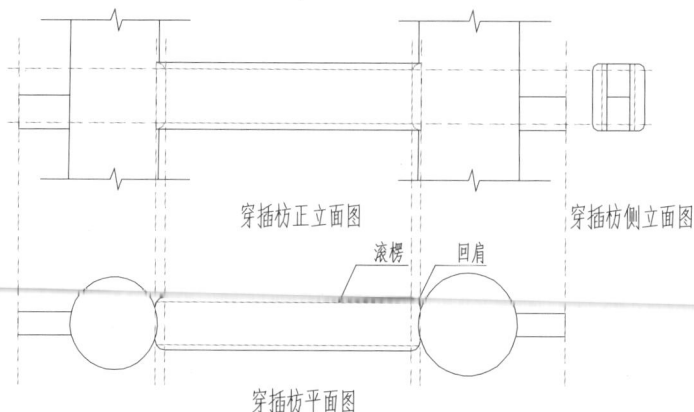

穿插枋正立面图　　　　　　　　穿插枋侧立面图

滚楞　回肩

穿插枋平面图

图2-2-4　抱肩、滚楞画法示意图

依据视角所见各构件的先后顺序，明确构件的遮挡关系，即穿插枋遮挡部分箍头枋；斜穿插枋遮挡部分小额枋；檐柱与金柱遮挡小额枋与箍头枋的部分回肩、斜穿插枋的部分抱肩；穿插枋的回肩遮挡部分檐柱与金柱；随梁枋的回肩遮挡部分金柱（图2-2-5）。

绘图顺序：

下架构件：雀替、骑马雀替、小额枋、穿插枋、斜穿插枋、由额垫板、大额枋、箍头枋。

梁架构件：随梁枋、老檐枋。

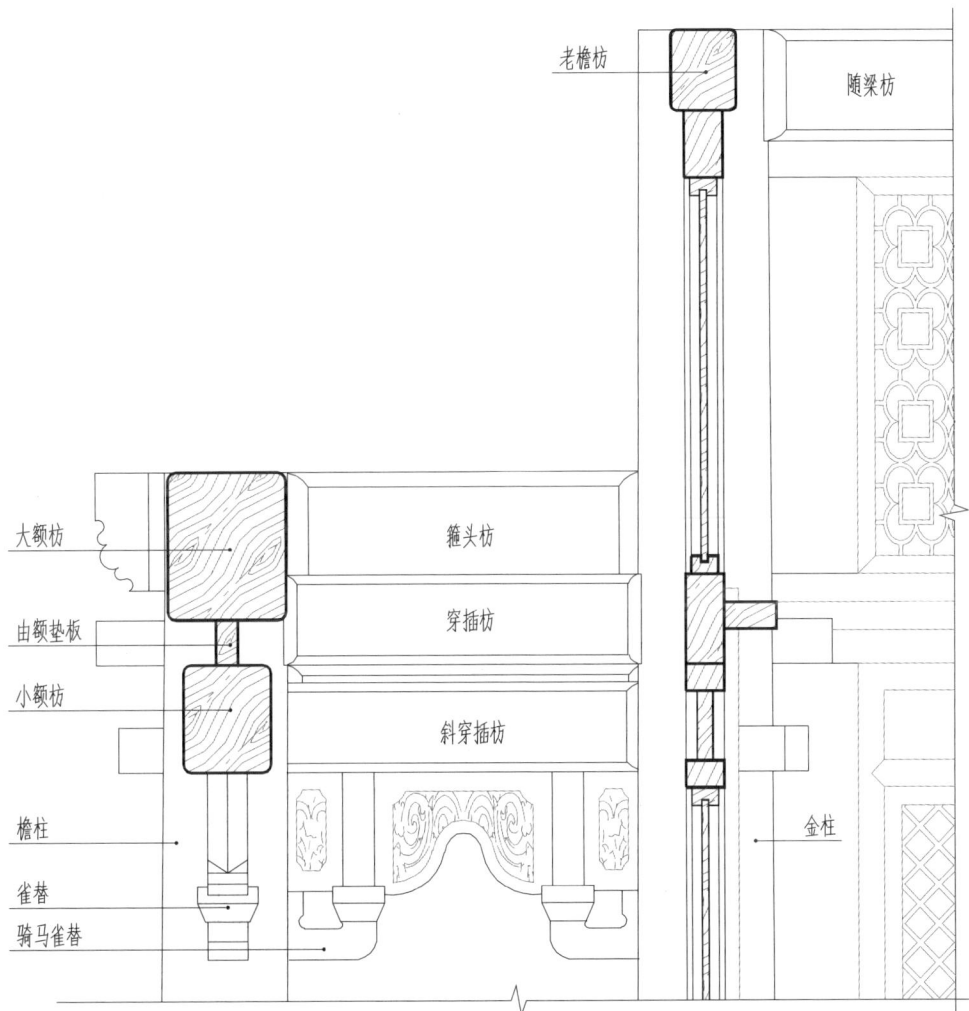

图2-2-5　廊步构件、随梁枋与柱的遮挡关系

绘图要点：

①绘制构件抱肩时，因柱子带有收分，构件所处的高度位置不同，与其相接的檐柱、金柱径也不同，故需以构件所在位置的截面直径结合其宽度绘制抱肩，正立面图滚楞尺寸为构件自身高的1/10，平面图滚楞尺寸为构件自身厚的1/10。

②步骤2.2.2.1完成的横剖面图由基础平面图、台基平面图、柱头平面图对应完成（图2-2-6）。

③依据表2-2-1～表2-2-4构件计算列表中构件尺寸进行图纸绘制。

④从剖切位置处作截断线，删除另一半对称的平面图。其余平面图与剖面图、立面图的对应方式与此相同。

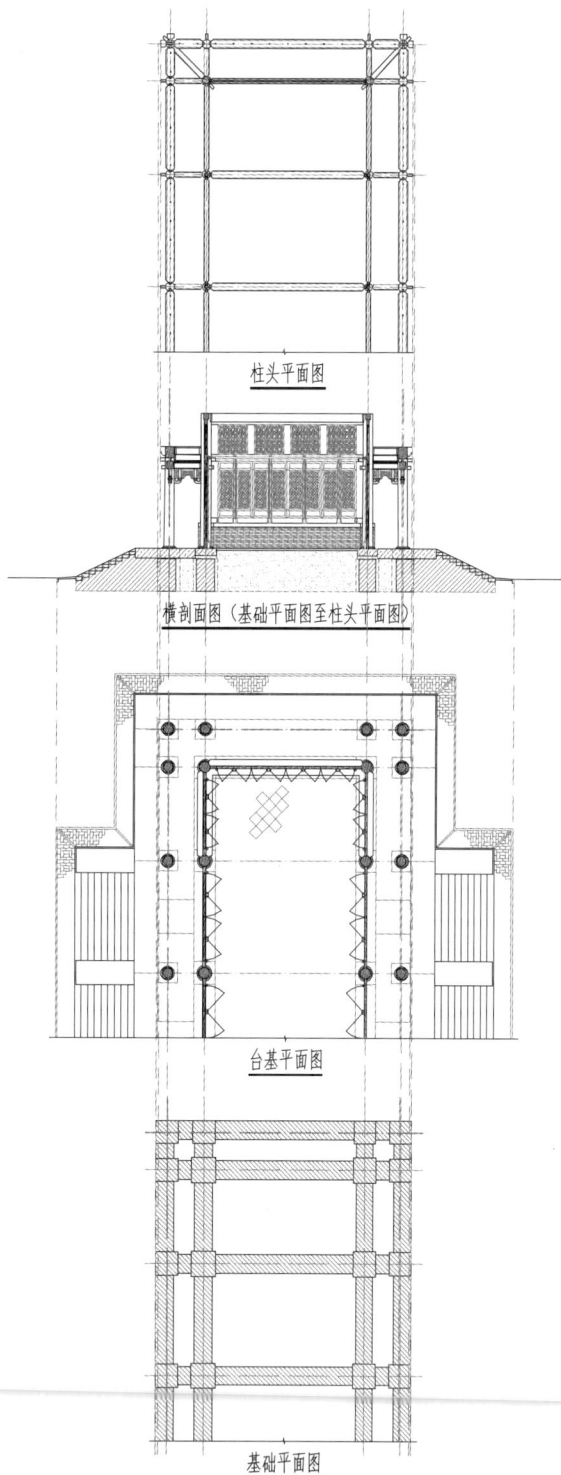

柱头平面图

横剖面图（基础平面图至柱头平面图）

台基平面图

基础平面图

图例	
符号	含义
——— · —— · ——	轴线采用点划线淡显
———————	辅助线采用虚线淡显
	砖
	木（板材）
	木（圆木）
	石
	灰土

图2-2-6　横剖面图与基础平面图、台基平面图、柱头平面图的关系对应图

2.2.2.2 以平板枋平面图、斗栱仰视平面图、步架平面图的柱头中心轴线和构件边线为横剖面图的平面定位依据；以设计计算书中各构件的尺寸为横剖面图的高度定位依据。

（1）以进深方向摆放平板枋平面图、斗栱仰视平面图、步架平面图的柱头中心轴线对应横剖面图的柱头中心轴线。

（2）对应平板枋平面图中平板枋枋头边线的平面位置，结合平板枋的高度绘制面阔方向的平板枋剖切轮廓线，及看到的进深方向的平板枋看线。

绘图顺序：平板枋。

横剖面图构件计算列表五　　　　　　　　　　表2-2-5

位置	构件	宽	高
下架构件	平板枋	3.5斗口	2斗口

（3）对应斗栱仰视平面图中斗栱的位置，结合斗栱构件计算列表的尺寸，绘制平身科、柱头科及角科斗栱剖面大样图。

注：平身科斗栱、柱头科斗栱、角科斗栱分件细部画法详见《清官式建筑营造设计法则　榫卯篇》斗栱专篇。

①以平身科斗栱仰视平面图为依据，结合设计计算书中各构件的高度，绘制平身科斗栱剖面大样图。

②以柱头科斗栱仰视平面图为依据，结合斗栱构件计算列表的尺寸，绘制柱头科斗栱剖面大样图（图2-2-7）。

横剖面图平身科斗栱构件计算列表六　　　　　　　　　　表2-2-6

单位：斗口

斗栱类别	构件分类	构件	长	高	宽
单翘单昂五踩斗栱平身科	斗	大斗	/	2.0	3.0
		十八斗	/	1.0	1.5
		槽升子	/	1.0	1.74
		三才升	/	1.0	1.5
	面阔方向	正心瓜栱	/	2.0	1.24
		正心万栱	/	2.0	1.24
		单材瓜栱	/	1.4	1.0
		单材万栱	/	1.4	1.0
		厢栱	/	1.4	1.0
	进深方向	单翘	7.1	2.0	/
		单昂后带菊花头	15.3	3.0	/
		蚂蚱头后带六分头	16.15	2.0	/
		撑头木后带麻叶头	15.54	2.0	/
		桁椀	11.5	3.5	/

横剖面图柱头科斗栱构件计算列表七

表2-2-7

单位：斗口

斗栱类别	构件分类	构件	长	高	宽
单翘单昂 五踩斗栱 柱头科	斗	大斗	/	2.0	3.0
		槽升子	/	1.0	1.74
		单翘桶子十八斗	/	1.0	1.5
		单昂桶子十八斗	/	1.0	1.5
		三才升	/	1.0	1.5
	面阔方向	正心瓜栱	/	2.0	1.24
		正心万栱	/	2.0	1.24
		瓜栱	/	1.4	1.0
		里万栱	/	1.4	1.0
		外万栱	/	1.4	1.0
		外厢栱	/	1.4	1.0
		里厢栱	/	1.4	1.0
	进深方向	单翘	7.1	2.0	/
		单昂后带雀替	18.3	3.0	/
		桃尖梁	按实际	8.7	/

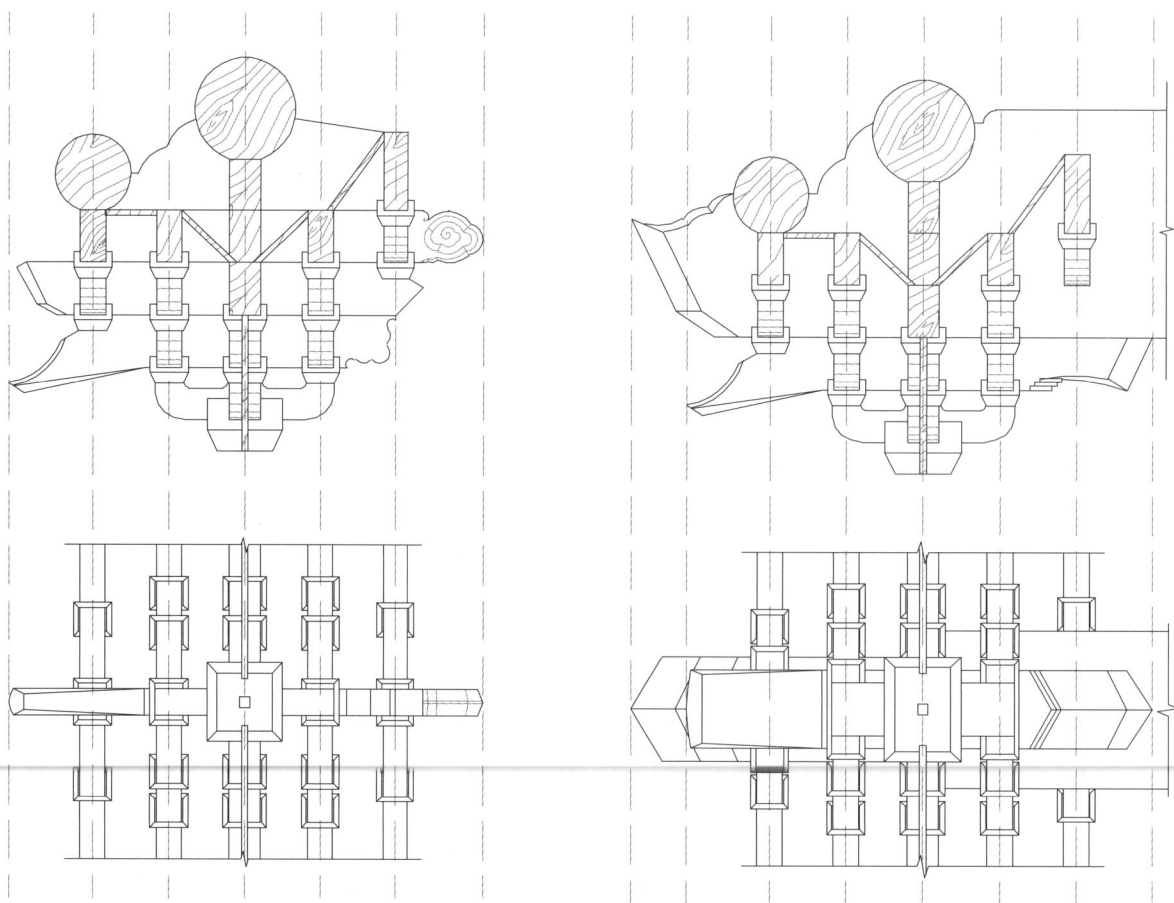

图2-2-7　平身科、柱头科斗栱关系对应图

③以角科斗栱仰视平面图为依据，结合斗栱构件计算列表的尺寸，绘制角科斗栱剖面大样图（图2-2-8）。绘制完成后依据视角关系排列斗栱次序：剖切处先剖到平身科斗栱，其次看到柱头科斗栱，最后看到角科斗栱（图2-2-9）；柱头科斗栱桃尖梁与金柱连接处做抱肩，回肩遮挡部分金柱。

横剖面图斗栱构件计算列表八
表2-2-8

单位：斗口

斗栱类别	构件分类	构件	长	高	宽	备注	
单翘单昂五踩斗栱角科	斗	角大斗	/	2.0	3.4		
		十八斗	1.8	1.0	1.5		
		槽升子	/	1.0	1.74		
		三才升	1.3	1.0	1.5		
	第二层	搭角正翘后带正心瓜栱一	/	2.0	1.24	面阔方向	
		搭角正翘后带正心瓜栱二	6.65	2.0	/	进深方向	
		斜翘	10.464	2.0	1.5		
		斜翘贴升耳	1.98	0.6	0.24		
	第三层	搭角正昂后带正心万栱一	/	3.0	1.24	面阔方向	
		搭角闹昂后带单材瓜栱一	/	3.0	1.0		
		里连头合角单材瓜栱一	/	1.4	1.0		
		搭角正昂后带正心万栱二	13.9	3.0	/	进深方向	
		搭角闹昂后带单材瓜栱二	12.4	3.0	/		
		里连头合角单材瓜栱二	3.2	1.4	/		
		斜昂后带菊花头	21.638	3.0	1.93		
		斜昂贴升耳	2.41	0.6	0.24		
	第四层	搭角正蚂蚱头后带正心枋一	/	2.0	1.24	后长至平身科或柱头科	面阔方向
		搭角闹蚂蚱头后带单材万栱一	/	2.0	1.0		
		搭角把臂厢栱一	/	1.4	1.0		
		里连头合角单材万栱一	/	1.4	1.0	或与平身科单材万栱连做	
		搭角正蚂蚱头后带正心枋二	前长9.0	2.0	/	后长至平身科或柱头科	进深方向
		搭角闹蚂蚱头后带单材万栱二	13.6	2.0	/		
		搭角把臂厢栱二	14.4	1.4	/		
		里连头合角单材万栱二	4.4	1.4	/	或与平身科单材万栱连做	
		由昂后带六分头	27.7	3.0	2.36		
		由昂贴升耳	2.84	0.6	0.24		
	第五层	搭角正撑头木后带正心枋一	/	2.0	1.24	后长至平身科或柱头科	面阔方向
		搭角闹撑头木后带拽枋一	/	2.0	1.0	后长至平身科或柱头科	
		搭角挑檐枋一	/	2.0	1.0	后长至平身科或柱头科	
		里连头合角厢栱一	/	1.4	1.0	或与平身科厢栱连做	
		搭角正撑头木后带正心枋二	前长6.0	2.0	/	后长至平身科或柱头科	进深方向
		搭角闹撑头木后带拽枋二	前长6.0	2.0	/	后长至平身科或柱头科	
		搭角挑檐枋二	前长11.6	2.0	/	后长至平身科或柱头科	
		里连头合角厢栱二	3.4	1.4	/	或与平身科厢栱连做	
		斜撑头木后带麻叶头	21.261	2.0	2.36		
	第六层	搭角正桁椀后带正心枋一	/	2.2	1.24	后长至平身科或柱头科	面阔方向
		搭角井口枋一	/	3.0	1.0	后长至平身科或柱头科	
		搭角正桁椀后带正心枋二	前长5.5	2.2	/	后长至平身科或柱头科	进深方向
		搭角井口枋二	前长2.17	3.0	/	后长至平身科或柱头科	
		斜桁椀	15.556	3.5	2.36		

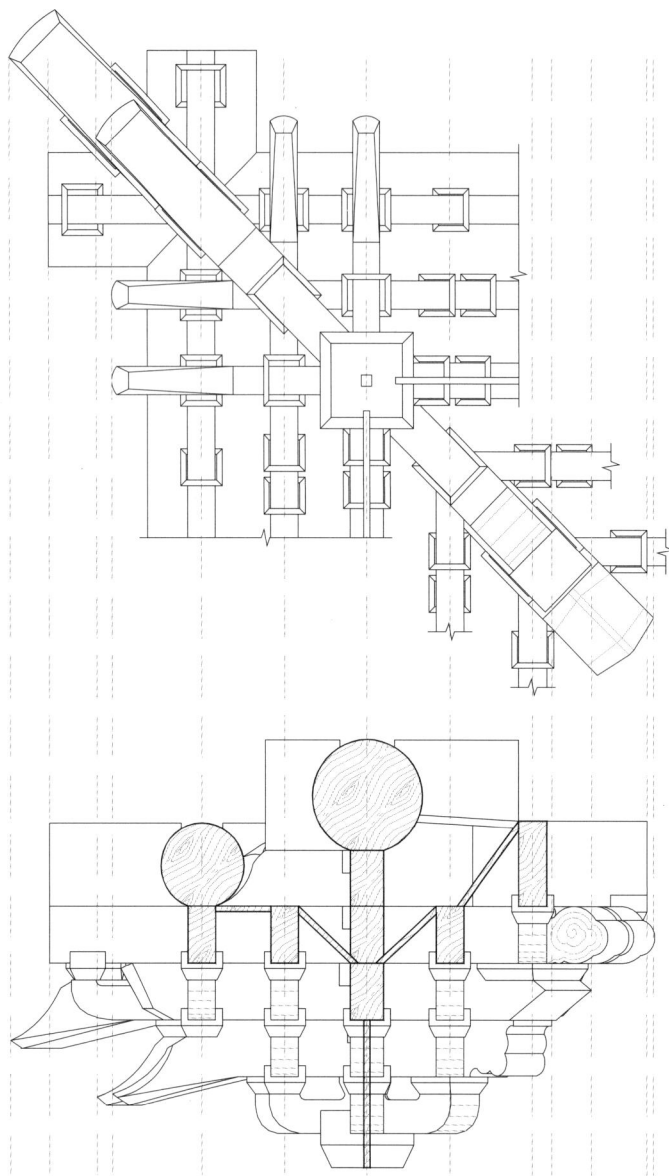

图2-2-8　角科斗栱关系对应图

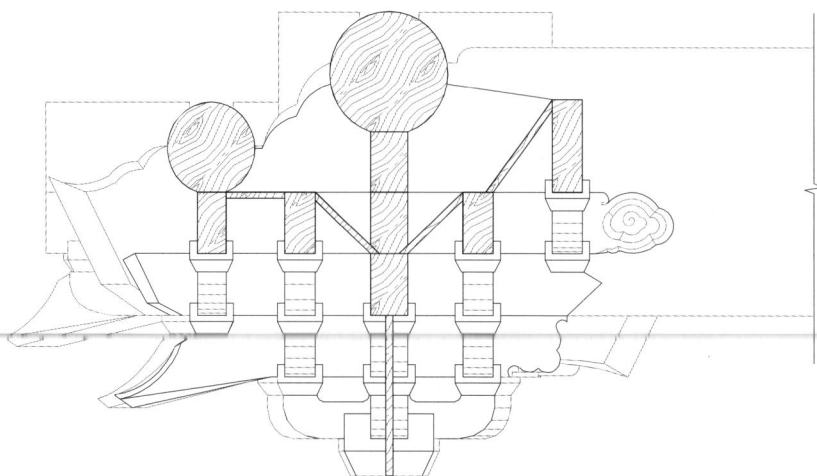

图2-2-9　平身科、柱头科、角科斗栱剖面遮挡关系示意图

（4）结合设计计算书中各构件的高度，从步架平面图中对应绘制桁、扶脊木、椿桩，以各桁中心轴线为定位，绘制位于各桁之下的垫板、枋，再绘制梁架构件及正身檐口构件，最后结合角梁大样图绘制角梁1-1剖面图，将其置入横剖面图。

①结合设计计算书中各构件的高度，以廊步五举、金步七举、脊步九举的举折，对应步架平面图中桁类构件边线的平面位置，绘制其剖面图。

绘图顺序：

梁架构件：挑檐桁、正心桁、老檐桁、金桁、脊桁、扶脊木、椿桩。

横剖面图构件计算列表九 表2-2-9

位置	构件	高	厚	径
梁架构件	挑檐桁	/	/	3斗口
	正心桁	/	/	4.5斗口
	老檐桁	/	/	4.5斗口
	金桁	/	/	4.5斗口
	脊桁	/	/	4.5斗口
	扶脊木	/	/	4斗口
	椿桩	16.92斗口	1斗口	/

②按照从下到上、从外至内的顺序，绘制老檐垫板、金垫板、金枋、脊垫板、脊枋。

以老檐桁中心轴线为定位，绘制老檐垫板；以金桁中心轴线为定位，绘制金垫板、金枋；以脊桁中心轴线为定位，绘制脊垫板、脊枋。

绘图顺序：老檐垫板、金垫板、金枋、脊垫板、脊枋。

横剖面图构件计算列表十 表2-2-10

位置	构件	高	厚
桁三件	老檐垫板	按实际	1斗口
	金垫板	4斗口	1斗口
	金枋	3.6斗口	3斗口
	脊垫板	4斗口	1斗口
	脊枋	3.6斗口	3斗口

③按照由下至上的顺序，绘制两金柱之间看到的构件，先绘制五架梁、金角背等梁架构件，再绘制三架梁与五架梁之间可见的山面构件，即草架柱、踩步金、柁墩（挑檐桁、正心桁及踩步金出头立面看线在绘制角梁1-1剖面图时进行完善）。

绘图顺序：

梁架构件：五架梁、金角背、金瓜柱、三架梁、脊角背、脊瓜柱。

山面构件：草架柱、踩步金、柁墩。

横剖面图构件计算列表十一

表2-2-11

位置	构件	长	宽	高
梁架构件	五架梁	/	/	7斗口
	金角背	一步架	/	1/2 金瓜柱高
	金瓜柱	/	自身厚 +32mm	按实际
	三架梁	/	/	/
	脊角背	一步架	/	/
	脊瓜柱	/	5.5斗口	5.83斗口
山面构件	草架柱	1.8斗口	按实际	/
	踩步金	/	/	7斗口 +1% 长
	柁墩	/	9斗口	按实际

④绘制正身檐口构件，花架椽与脑椽连接处做压掌榫（图2-2-10）。

绘图顺序：檐椽、花架椽、脑椽、椽中板、小连檐、飞椽、闸挡板、大连檐、望板、瓦口木。

横剖面图构件计算列表十二

表2-2-12

位置	构件	高	厚	径
正身檐口	檐椽	/	/	1.5斗口
	花架椽	/	/	1.5斗口
	脑椽	/	/	1.5斗口
	椽中板	按实际	0.3斗口	/
	小连檐	宽1斗口	1.5倍望板厚	/
	飞椽	1.5斗口	/	/
	闸挡板	1.5斗口	0.375斗口	/
	大连檐	1.5斗口	1.5斗口	/
	望板	/	0.5斗口	/
	瓦口木	1斗口	0.6斗口	/

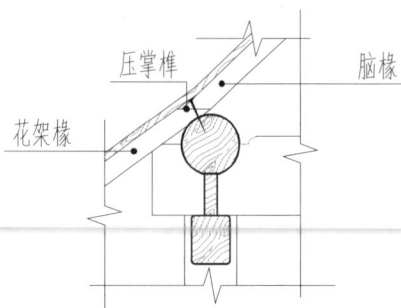

图2-2-10 压掌榫做法大样图

绘图要点：

a. 步骤2.2.2.2完成的横剖面图由平板枋平面图、斗栱仰视平面图、步架平面图对应完成（图2-2-11）。

b. 依据表2-2-5～表2-2-12构件计算列表中构件尺寸进行图纸绘制。

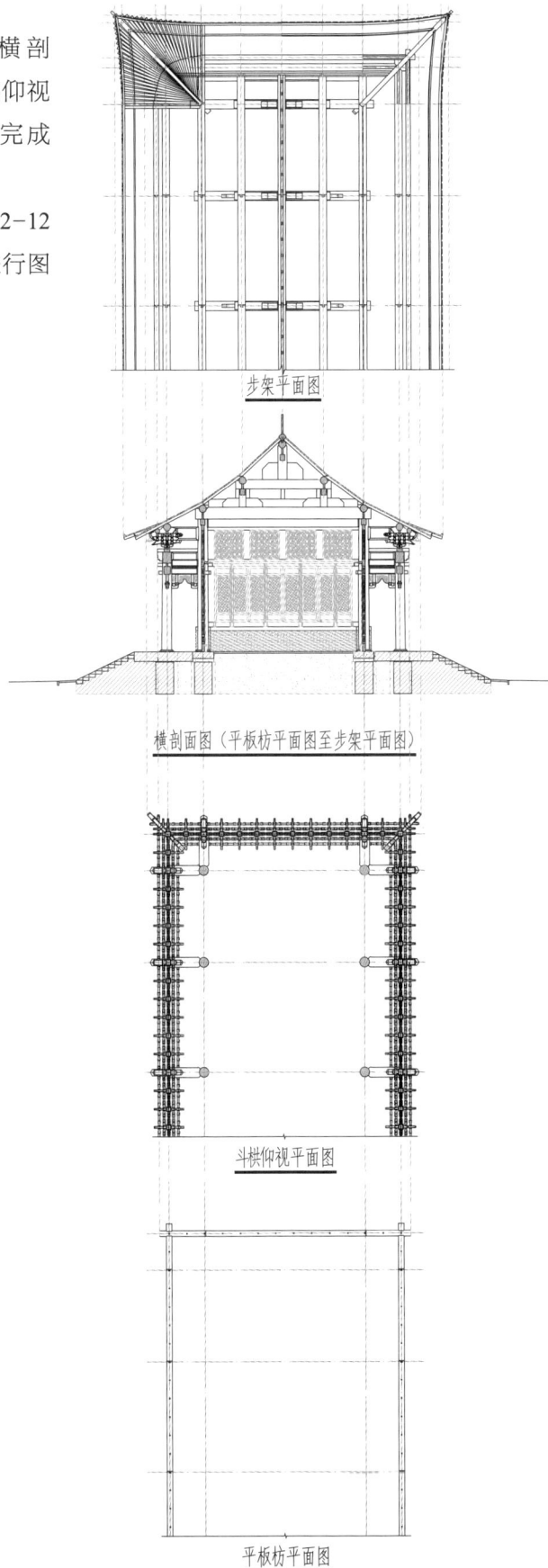

步架平面图

横剖面图（平板枋平面图至步架平面图）

斗栱仰视平面图

平板枋平面图

图2-2-11 横剖面图与平板枋平面图、斗栱平面图、步架平面图的对应关系图

⑤绘制角梁1-1剖面图。

其意义为确定剖面图翼角部位屋面起翘弧线及立面图仔角梁梁头套兽的准确位置。

a. 绘制1-1剖面图的准备工作（图2-2-12）。

在绘制1-1剖面图之前，先从2.2.2.2-（4）-④步骤完成的剖面图中将挑檐桁、正心桁、老檐桁构件提取出来，将除桁之外的构件用淡显实线表示，以桁中心点的标高为定位，将角梁加斜视角立面图（详见1.4.10）与提取图对应放置在同一高度上。再将角梁大样图按视角方向一位置摆放。以桁中心轴线为定位，将提取图与平面图对应放置，依据其确定角梁立面，细化霸王拳、三岔头、托舌、套兽榫和阶梯榫。

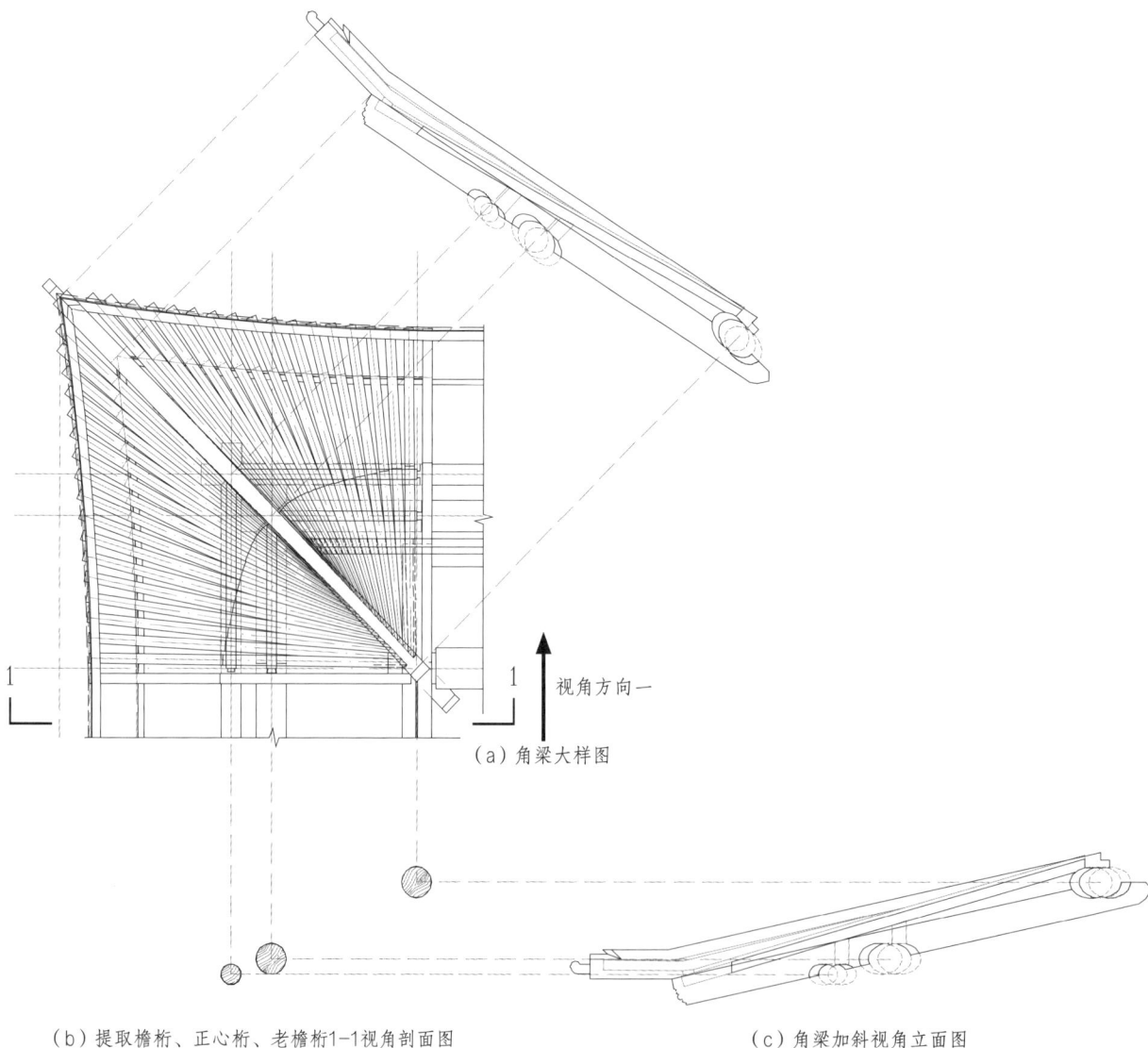

图2-2-12 绘制1-1剖切图前的对应关系

绘图要点：

角梁大样图由角梁平面图与角梁加斜视角立面图构成，两者是相互对应绘制完成的，角梁平面图中无法直接绘制的辅助线，需从角梁加斜视角立面图先做辅助线对应角梁平面图，再由角梁平面图做辅助线对应1-1剖面图。

b. 绘制老角梁立面图（图2-2-13）。

b.1定位老角梁下皮线，绘制老角梁：从角梁加斜视角立面图与角梁大样图分别做老角梁梁头霸王拳、老角梁后尾三岔头下皮外端点的辅助线，其交点为老角梁梁头、老角梁后尾下皮外端点，连接两点可得老角梁下皮线，将其向上平行偏移老角梁的高度，再从角梁加斜视角立面图与角梁大样图分别做老角梁迎头点的辅助线，其交点即为老角梁立面迎头点。

b.2绘制老角梁梁头霸王拳正立面图：霸王拳造型画法同角梁加斜视角立面图，以老角梁迎头点与霸王拳下皮外端点为定位，将其放置于两点之间。

b.3绘制老角梁后尾三岔头正立面图：从角梁加斜视角立面图与角梁平面图分别做三岔头各拐点的辅助线，连接各辅助线的交点可得三岔头正立面。

b.4绘制老角梁透视立面图：从角梁加斜视角立面图与角梁平面图分别做霸王拳、三岔头透视面内端点的辅助线，将两交点连接，可得老角梁透视面（与桁椀相交线未体现）下皮线，再将霸王拳、三岔头位于同一高度的内、外端点一一连接，可得霸王拳、三岔头透视面。

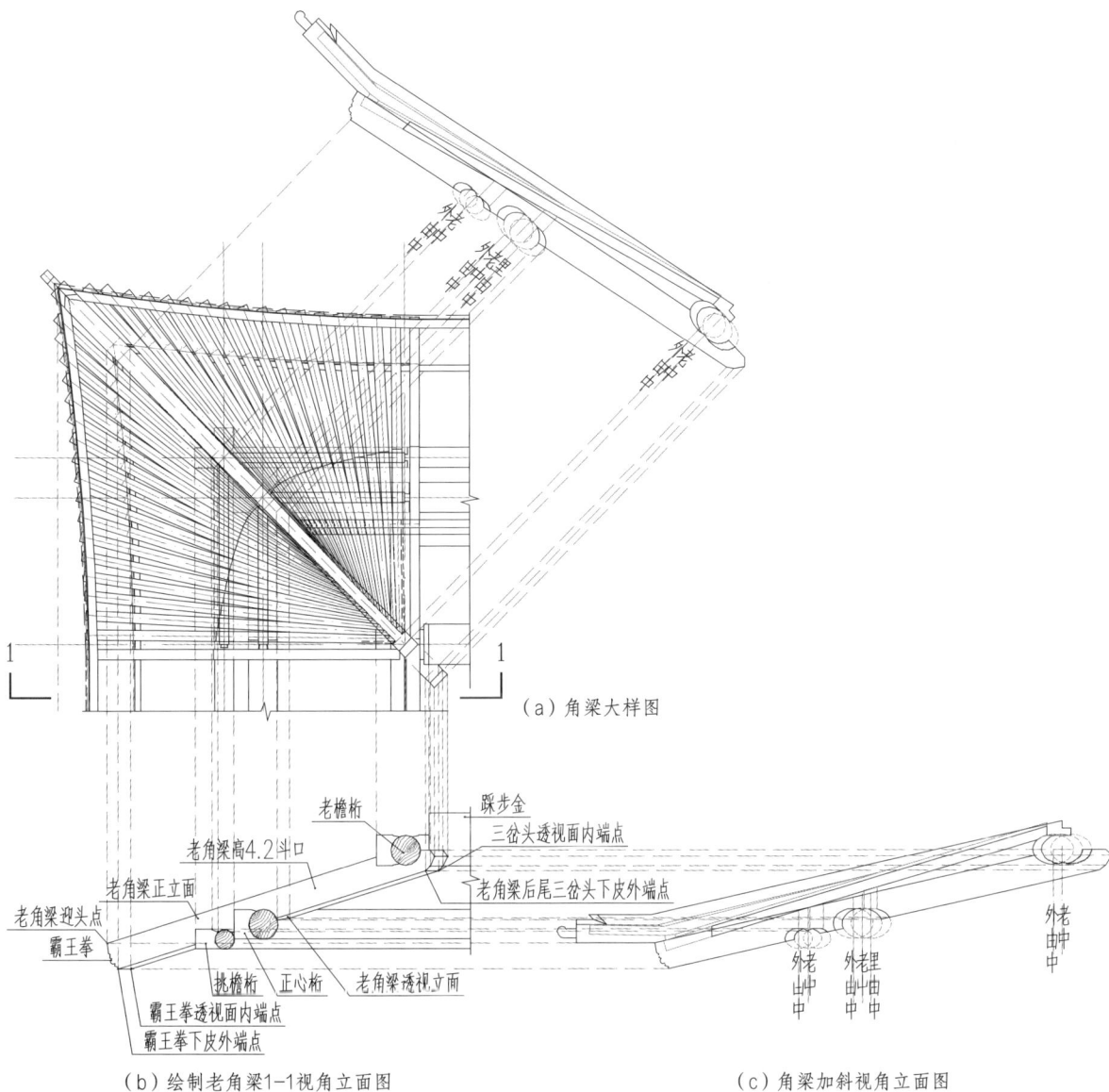

（a）角梁大样图

（b）绘制老角梁1-1视角立面图

（c）角梁加斜视角立面图

图2-2-13 绘制老角梁立面图

b.5绘制挑檐桁、正心桁、踩步金立面图：从角梁平面图分别做挑檐桁、正心桁、踩步金出头边线的辅助线，绘制各桁出头边线及可见上、下皮线。挑檐桁、正心桁、踩步金的出头部位遮挡部分老角梁，其正身部位被老角梁部分遮挡。

绘图要点：

①挑檐桁、正心桁出头部分立面图与老角梁相交，在老角梁上挖出椀口，即桁椀。此图应绘制出桁椀未被挑檐桁、正心桁出头部位遮挡的立面图，以挑檐桁为例讲述画法：从角梁加斜视角立面图与角梁大样图分别做挑檐桁上皮与外由中交点、挑檐桁老中与桁椀交点的辅助线，其交点分别为可见桁椀的上、下端点，连接两点按如图所示方法做弧线，可得未被挑檐桁、正心桁出头部位遮挡的桁椀（图2-2-14）。踩步金与角梁相交处可见的桁椀也应绘制出来，画法可参见挑檐桁。

②除正心桁内侧处，其余老角梁与桁椀相交位置的透视面均被挑檐桁、正心桁遮挡，未被遮挡部位的画法为：先找到正心桁以老中、里由中与其标高中心线交点为圆心绘制的椭圆内侧边点与老角梁透视面下皮线的交点，从角梁加斜视角立面图与角梁大样图分别做两交点的辅助线，将辅助线所得的交点用线段连接（图2-2-15）。

③踩步金下皮与老檐桁下皮齐平，出头部分高度为1桁径，正身部分高度为7斗口+1%长。

c. 绘制仔角梁立面图（图2-2-16）。

c.1定位仔角梁迎头点，绘制仔角梁：从角梁加斜视角立面图分别做仔角梁梁头处A点、托舌上皮处B

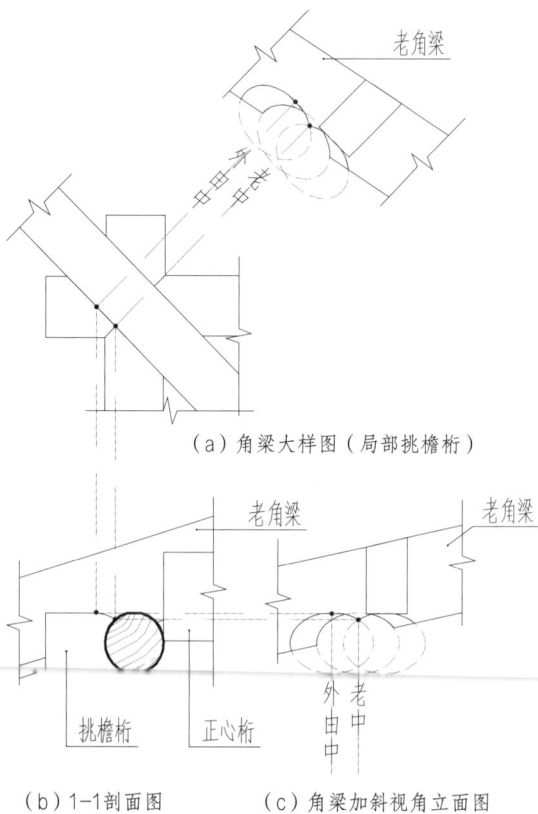

（a）角梁大样图（局部挑檐桁）

（b）1-1剖面图　　（c）角梁加斜视角立面图

图2-2-14　挑檐桁桁椀立面图画法

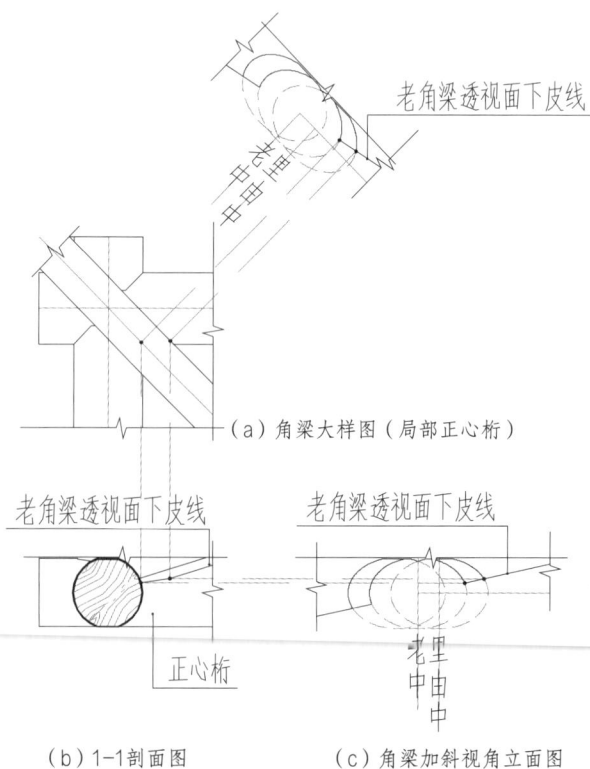

（a）角梁大样图（局部正心桁）

（b）1-1剖面图　　（c）角梁加斜视角立面图

图2-2-15　正心桁内侧与老角梁相交处画法

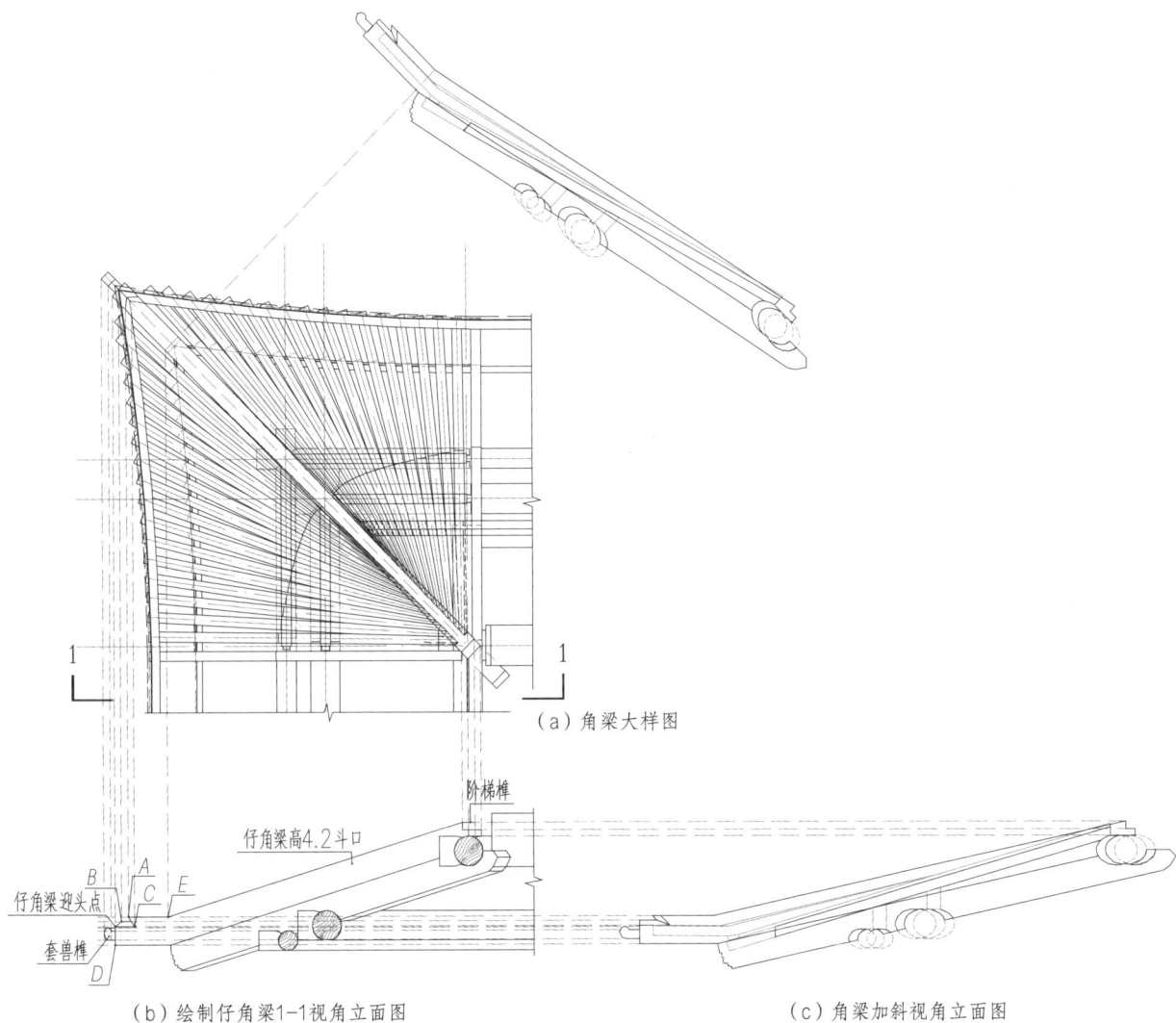

（a）角梁大样图

（b）绘制仔角梁1-1视角立面图

（c）角梁加斜视角立面图

图2-2-16 绘制仔角梁立面图

点、"翘四"C点、仔角梁梁头处D点的辅助线，可得仔角梁梁头各高度定位线。从角梁平面图做仔角梁梁头上皮拐点的辅助线，交仔角梁梁头于点E，将老角梁上皮线平移至点E，可得仔角梁后尾上皮线，再从角梁平面图做仔角梁迎头点、即可绘制仔角梁上、下皮线。

c.2绘制仔角梁梁头托舌立面图：从角梁平面图分别做仔角梁梁头中心点、大连檐口子与角梁边线交点的辅助线，按图中所示方法连接线条。

c.3绘制仔角梁梁头套兽榫立面图：从角梁平面图和角梁加斜视角立面图分别做套兽榫的上、下、外侧边线辅助线，如图所示，以边线作内切椭圆，绘制出套兽榫透视面。

c.4绘制仔角梁后尾阶梯榫立面图：从角梁平面图和角梁加斜视角立面图分别做阶梯榫正立面与透视面边点的辅助线，按图中所示方法连接线条。

c.5完成后提取横剖面图中檐椽、飞椽等檐口构件，以挑檐桁中心点为定位点放入1-1剖面图，即可得1-1剖面图（图2-2-17），选取相同的（如挑檐桁）构件中心点将其置入横剖面图，保留不被遮挡的构件（图2-2-18）。

2.2.2.3 以屋顶平面图柱头中心轴线和构件边线为横剖面图的平面定位依据，以设计计算书中各构件尺寸为横剖面图的高度定位依据。

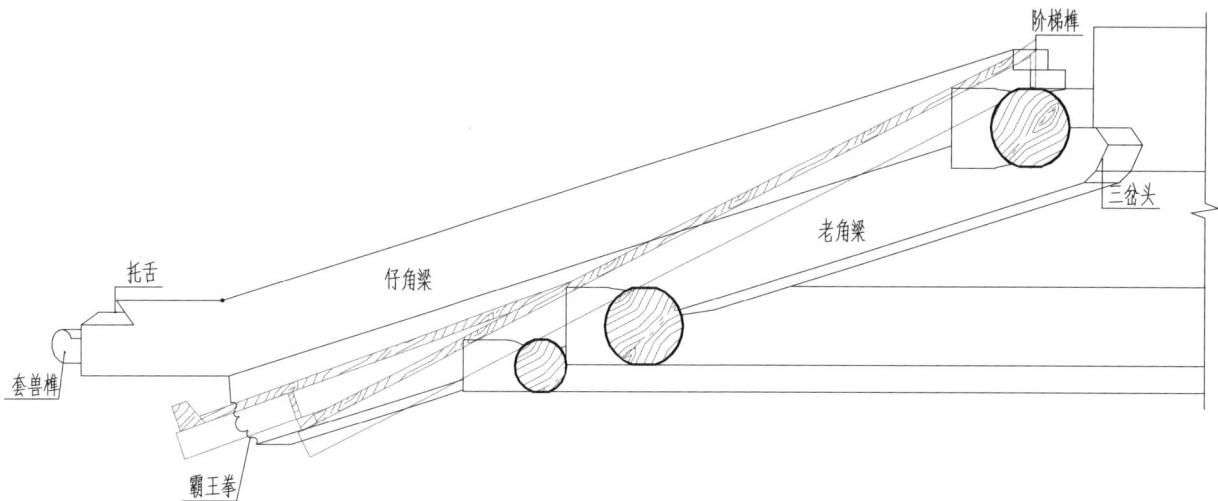

图2-2-17 1-1剖面图

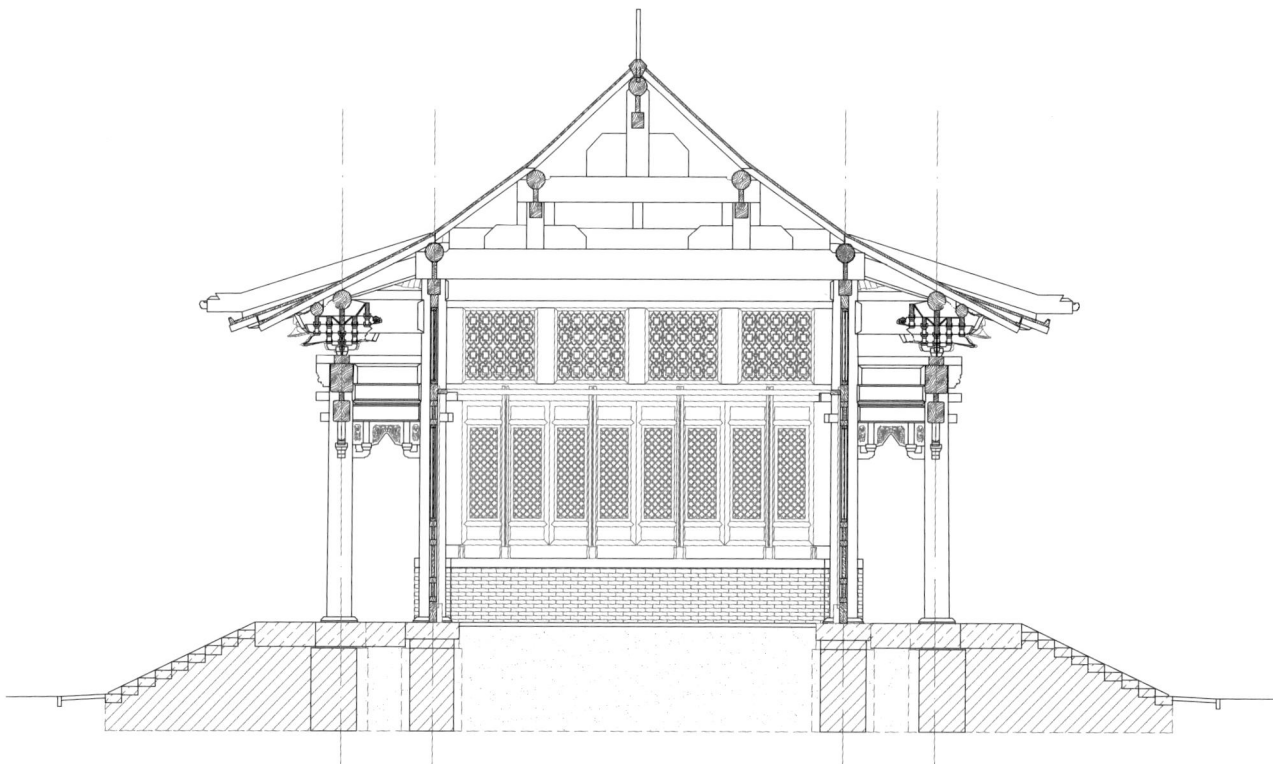

图2-2-18 置入1-1剖面图后的横剖面图

（1）以进深方向摆放屋顶平面图的柱头中心轴线对应横剖面图的柱头中心轴线。

（2）绘制正身瓦垄：根据设计计算书滴水尺寸绘制正身滴水，滴水斜度随飞椽举折，位于瓦口木向外1/3处，在滴水与瓦口木之间绘制衬瓦，正身勾头紧贴滴水绘制。正身板瓦底皮辅助弧线起点为滴水下皮，终点为望板向上平移苫背和宽瓦泥厚度，沿望板绘制弧线。以板瓦底皮辅助弧线为基线，按照压六露四的原则依次排布板瓦。沿正身板瓦上皮绘制正身筒瓦下皮线，向上水平偏移筒瓦高度，绘制筒瓦上皮看线。

绘图顺序：滴水、勾头、板瓦、筒瓦。

横剖面图构件计算列表十三　　　　　　　　表2-2-13

位置	构件	长	高
正身瓦件	滴水	400mm	144mm
	勾头	368mm	88mm
	板瓦	384mm	60.8mm
	筒瓦	352mm	88mm

（3）翼角处屋面的画法：

①绘制屋面起翘弧线（图2-2-19）。屋面的起翘弧线与大连檐起翘弧线相同。大连檐的起翘弧线是通过正身飞椽和每一根翘飞的大连檐高度位置点连接成弧线，以第2翘飞的大连檐高度定位点为例阐述屋面起翘弧线。

a. 确定翘飞的大连檐水平高度：以每根翘飞椽头高点的大连檐为大连檐高度定位点，即翘飞较高边线的雀台点，每根翘飞的大连檐高度差为等差数列，根据等差数列求和公式$Sn=(a_n+a_1)\,n/2$可计算出每根翘飞和正身飞椽的大连檐高度差，翘飞的大连檐高度定位的详细计算方法详见正立面图2.3.1.2-（3）-③-b。以正身飞椽椽头的大连檐水平高度为起点依次绘制每根翘飞的大连檐水平高度辅助线。

b. 确定每一根翘飞椽头的大连檐定位点：对应角梁平面图分别做每根翘飞椽头的大连檐定位点平面位置的辅助线，结合每根翘飞的大连檐水平高度位置，可绘制每根翘飞的大连檐定位点。

注：因第一翘飞与仔角梁之间有一定距离，故最高位置辅助线为翘四处的大连檐水平高度辅助线，第一翘飞的大连檐高度定位点根据大连檐起翘弧线确定。

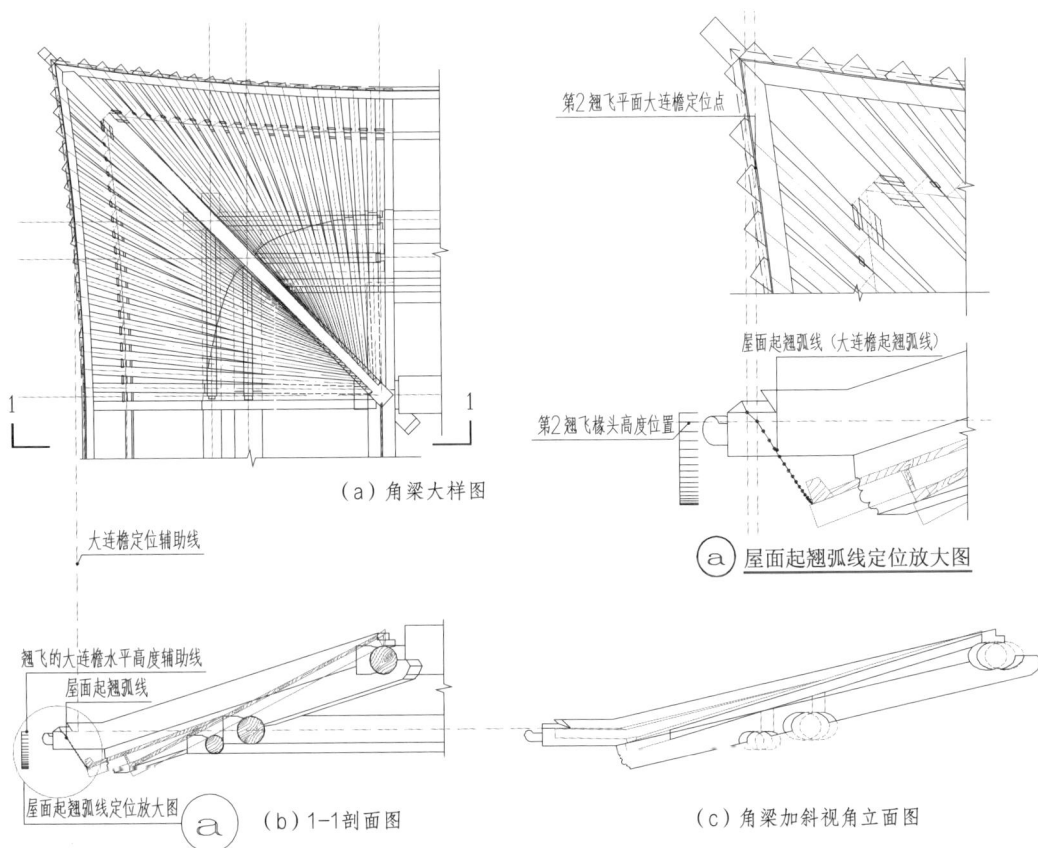

（a）角梁大样图

ⓐ 屋面起翘弧线定位放大图

（b）1-1剖面图

（c）角梁加斜视角立面图

图2-2-19　屋面起翘弧线示意图

c. 绘制大连檐起翘弧线：连接每根翘飞的大连檐定位点，可得到大连檐起翘弧线，将弧线平移至勾头位置即为屋面起翘弧线。

②根据屋顶平面图确定屋面翼角处共14垄瓦，依据平面图对应绘制每一垄瓦的滴水勾头。

选取平面图一垄瓦的滴水、勾头为例，对剖面翼角部位瓦的对应关系进行阐述。将大连檐起翘弧线平移至正身勾头顶点、勾头下皮外点，起翘弧线与辅助线*a*、辅助线*b*的交点为点*A*、点*B*，点*A*、*B*定位勾头的高度*AB*；以正身勾头底皮的斜度过*AB*中点做辅助线*e*，辅助线*c*、辅助线*d*、辅助线*e*的交点为点*C*、*D*，点*C*、*D*定位勾头的宽度*CD*。绘制勾头正迎面椭圆，向内偏移勾头厚度确定勾头内侧椭圆，在内侧椭圆中线位置绘制勾头后尾线，后尾线斜度与正身勾头后尾斜度相同。

将大连檐起翘弧线平移至滴水下皮外点，从平面图做滴水外点辅助线*f*，起翘弧线与辅助线*f*的交点为点*F*，为翼角处滴水外点。滴水紧贴勾头内侧放置，在勾头绘制完成后，确定相邻勾头内侧两点，用这三点定位翼角处滴水的正迎面，向内水平偏移滴水厚度，滴水绘制完成。在翼角勾头、滴水外轮廓线内，绘制勾头装饰花纹（图2-2-20）。

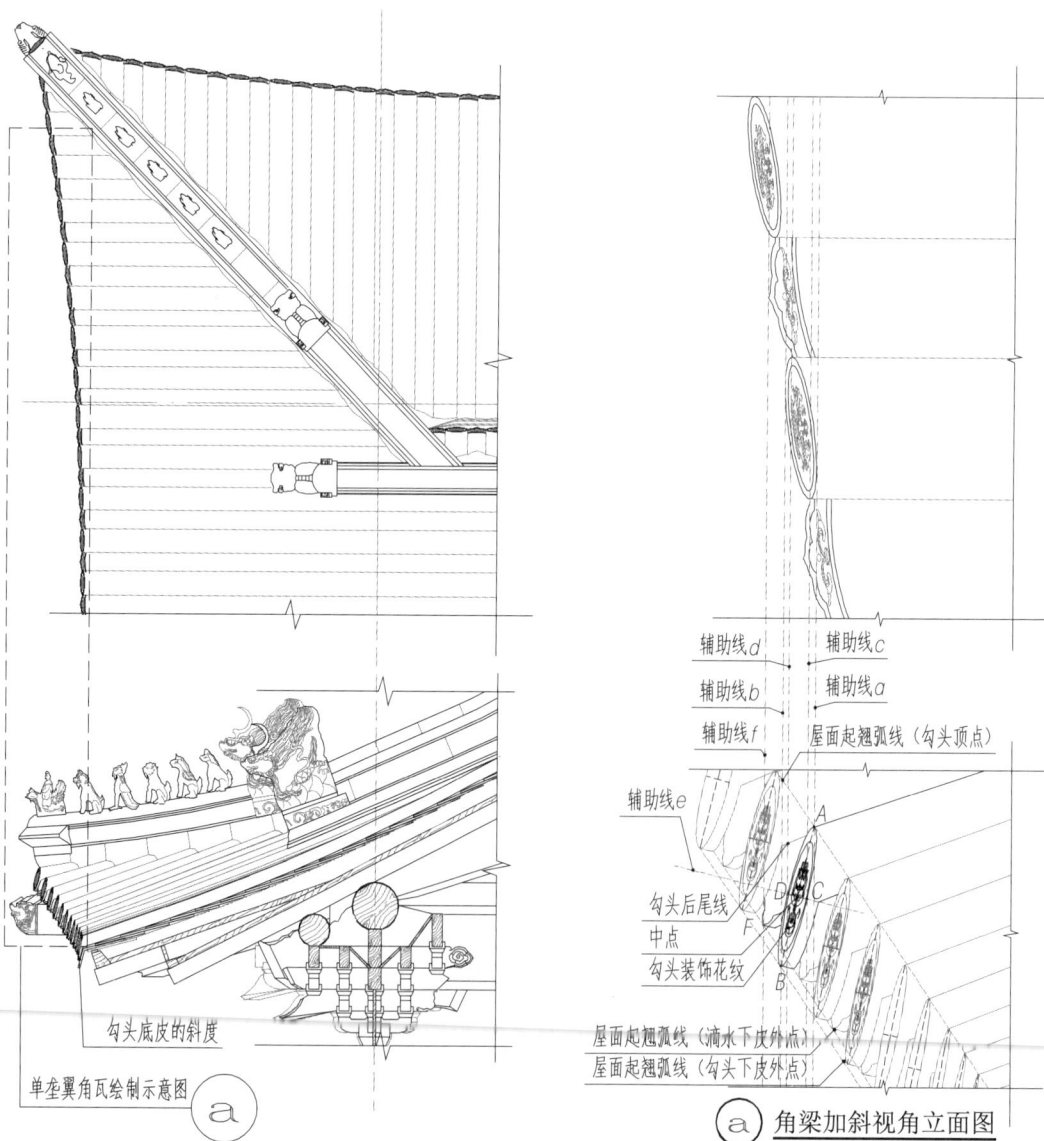

图2-2-20 翼角滴水、勾头绘制示意图

③绘制兽前戗脊（图2-2-21），沿仔角梁上皮线做弧线，移动至最末一垄筒瓦上皮点A（最末垄筒瓦紧贴板瓦放置，板瓦高度根据翼角瓦口木起翘高度位置确定），向上偏移3/5斜当沟高度（本案例为四样琉璃瓦，四样斜当沟宽210mm），确定兽前戗脊下端弧线。依据兽前戗脊细部构件尺寸，绘制兽前戗脊。屋顶平面图兽前戗脊最外侧筒瓦中心点做辅助线确定剖面图兽前戗脊前端筒瓦中心点B，绘制兽前戗脊前端。依据屋顶平面图做辅助线定位仙人、小兽、戗兽（戗兽眉高约为戗脊高度的5/3）。

④绘制翼角瓦垄。用兽前戗脊下端弧线向下偏移1/2斜当沟高，确定筒瓦与斜当沟的交线。对应屋顶平面图定位斜当沟位置，根据正身筒瓦弧度，连接勾头与斜当沟，绘制翼角筒瓦上皮线。根据斜当沟平面位置与筒瓦上皮线及斜当沟的交线绘制斜当沟。垂脊位置的翼角筒瓦高于正身筒瓦，需绘制翼角筒瓦看线（图2-2-22）。

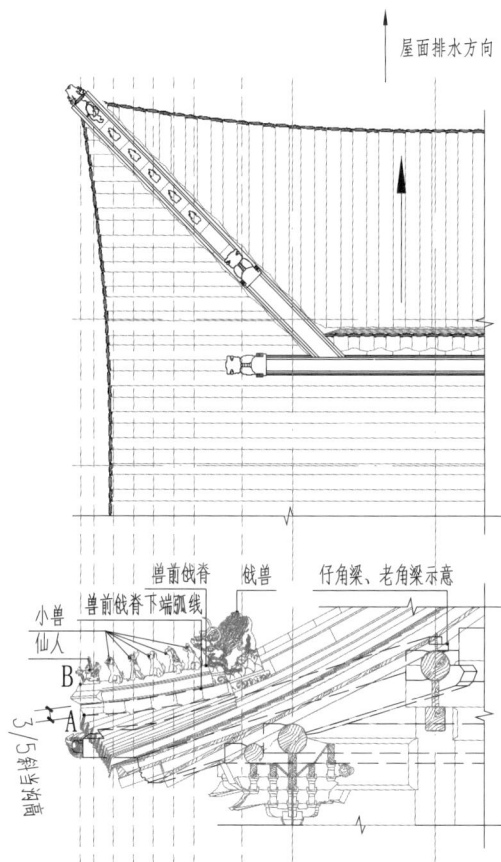

图2-2-21 兽前戗脊绘制示意图

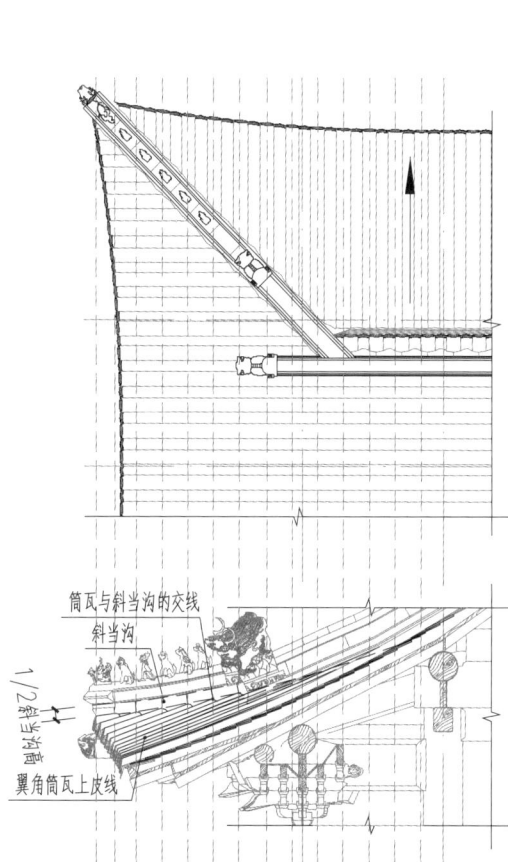

图2-2-22 翼角瓦垄绘制示意图

⑤绘制套兽，依据屋顶平面图套兽外皮做辅助线定位横剖面图套兽外皮，依据仔角梁梁头高度定位套兽高度。

（4）绘制垂脊、垂兽。

绘制垂脊，上端（与正脊相接）垂脊以正身筒瓦上皮线为基线，依据垂脊各细部构件尺寸向上偏移垂脊高度。下端（与垂兽连接）垂脊位于翼角筒瓦之上，以该垄翼角筒瓦上皮线为基线，依据垂脊各细部构件尺寸向上偏移垂脊高度。

注：上端与下端垂脊相交处不应出现明显折点。垂脊高度略小于正脊。

定位并绘制垂兽：垂兽位于垂脊压当条上方，以挑檐桁定位垂兽位置。

在横剖面图中垂脊遮挡戗兽及兽后戗脊，被遮挡部位不表示。

（5）绘制正脊、正吻。

正脊、正吻大样以柱头中心轴线为中心线，位于扶脊木之上（椿桩被正脊遮挡，以虚线表示），正脊的正当沟盖在正身筒瓦后尾。正吻的吞口在扣脊筒瓦之上（图2-2-23）。

绘图顺序：兽前戗脊、仙人、小兽、戗兽、套兽、垂脊、垂兽、垂兽座、正脊、正吻。

横剖面图构件计算列表十四

表2-2-14

位置	构件	长	宽	高
瓦件	兽前戗脊	/	/	417.2mm
	仙人	336mm	/	336mm
	小兽	/	182.4mm	304mm
	戗兽	/	440mm	440mm
	套兽	236mm	/	236mm
	垂脊			630mm
	垂兽	504mm	/	504mm
	垂兽座	512mm	/	57.6mm
	正脊	/	厚约330mm	1120mm
	正吻	/	厚约330mm	2240mm

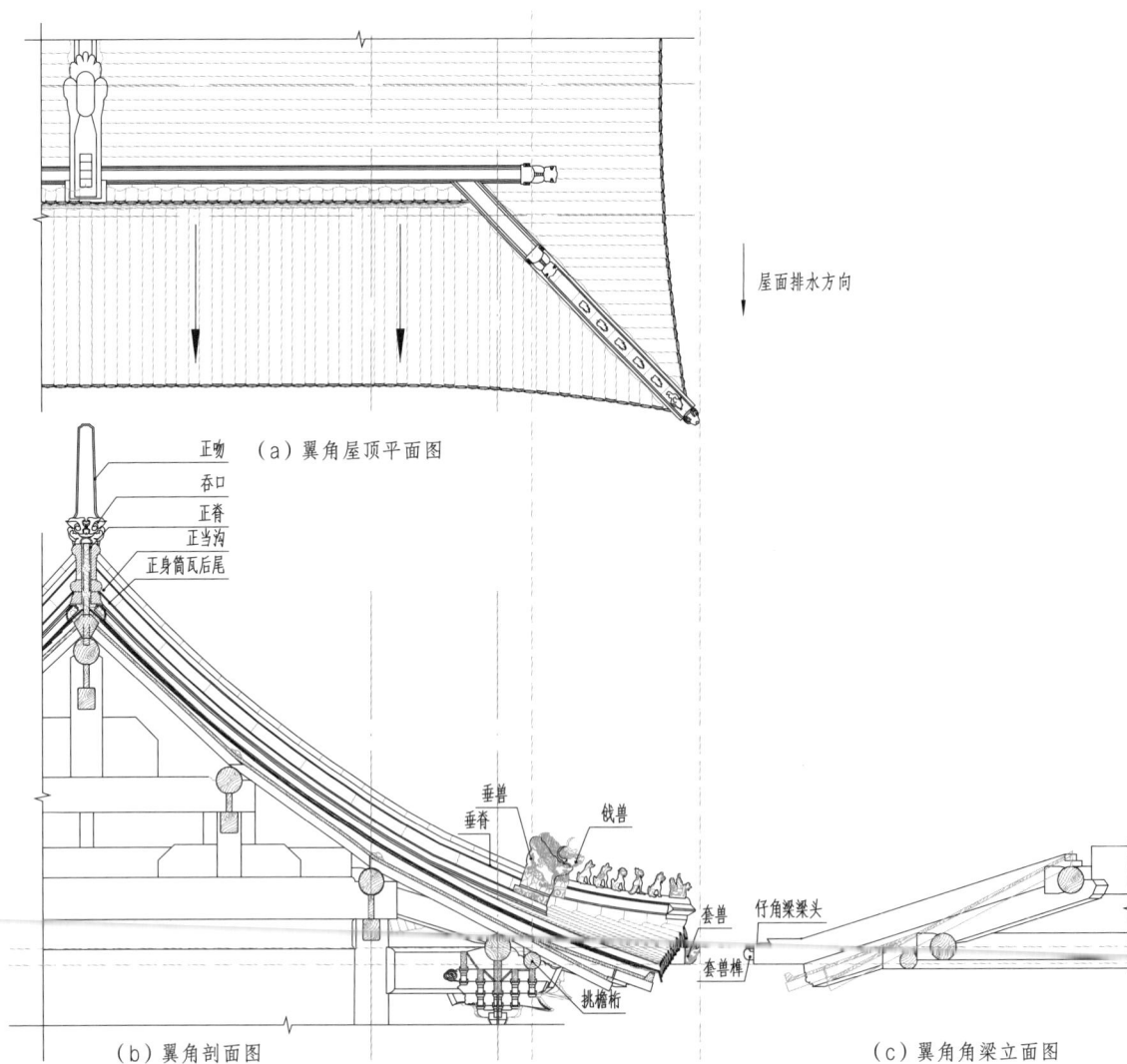

图2-2-23　垂脊、垂兽、正脊、正吻绘制示意图

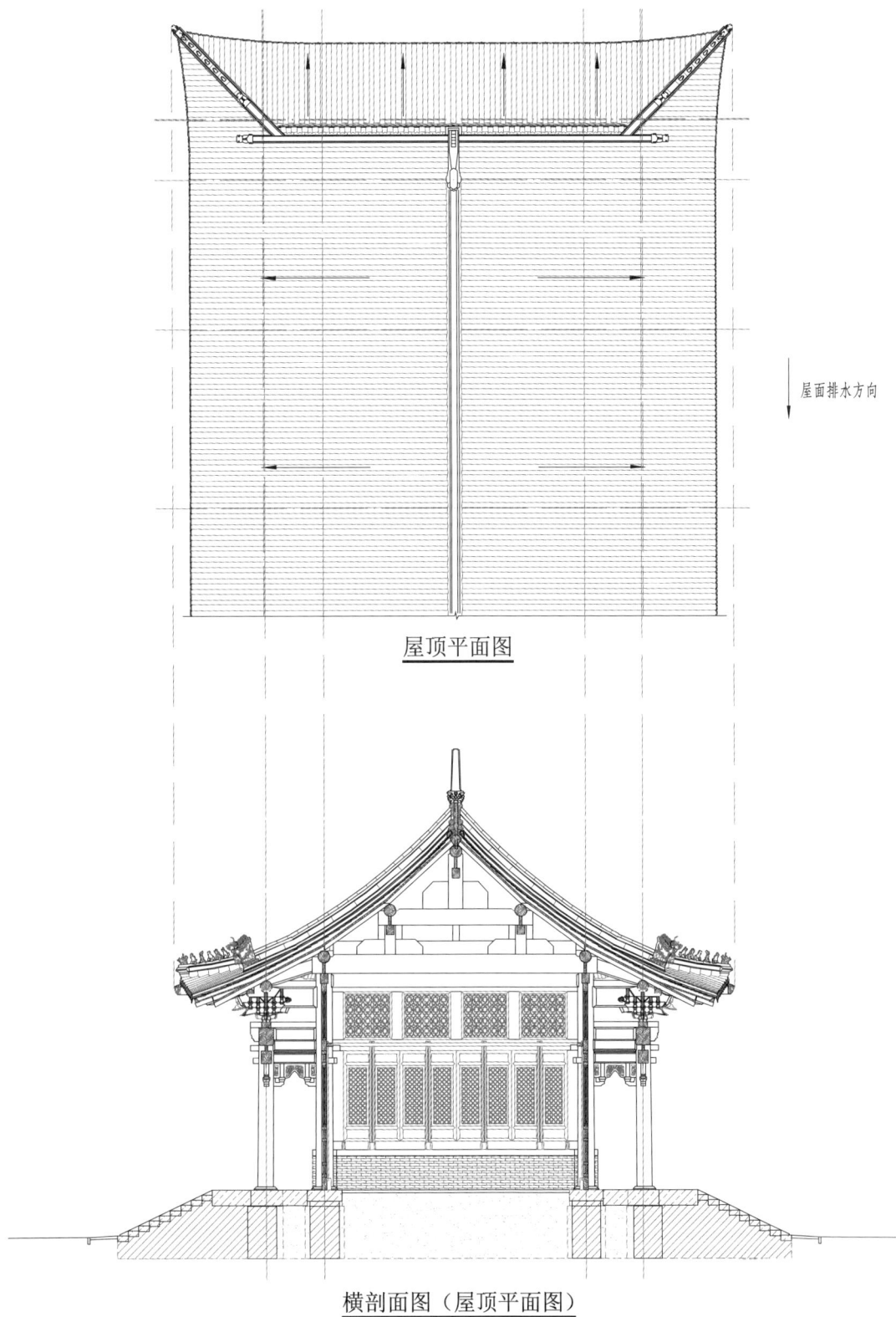

屋面排水方向

屋顶平面图

横剖面图（屋顶平面图）

图2-2-24　横剖面图与屋顶平面图的对应关系图

绘图要点：

①步骤2.2.2.3完成的横剖面图由屋顶平面图对应完成（图2-2-24）。

②依据表2-2-13、表2-2-14构件计算列表中构件尺寸进行图纸绘制。

2.2.2.4

结合2.2.2.1～2.2.2.3完成横剖面图（图2-2-25）。

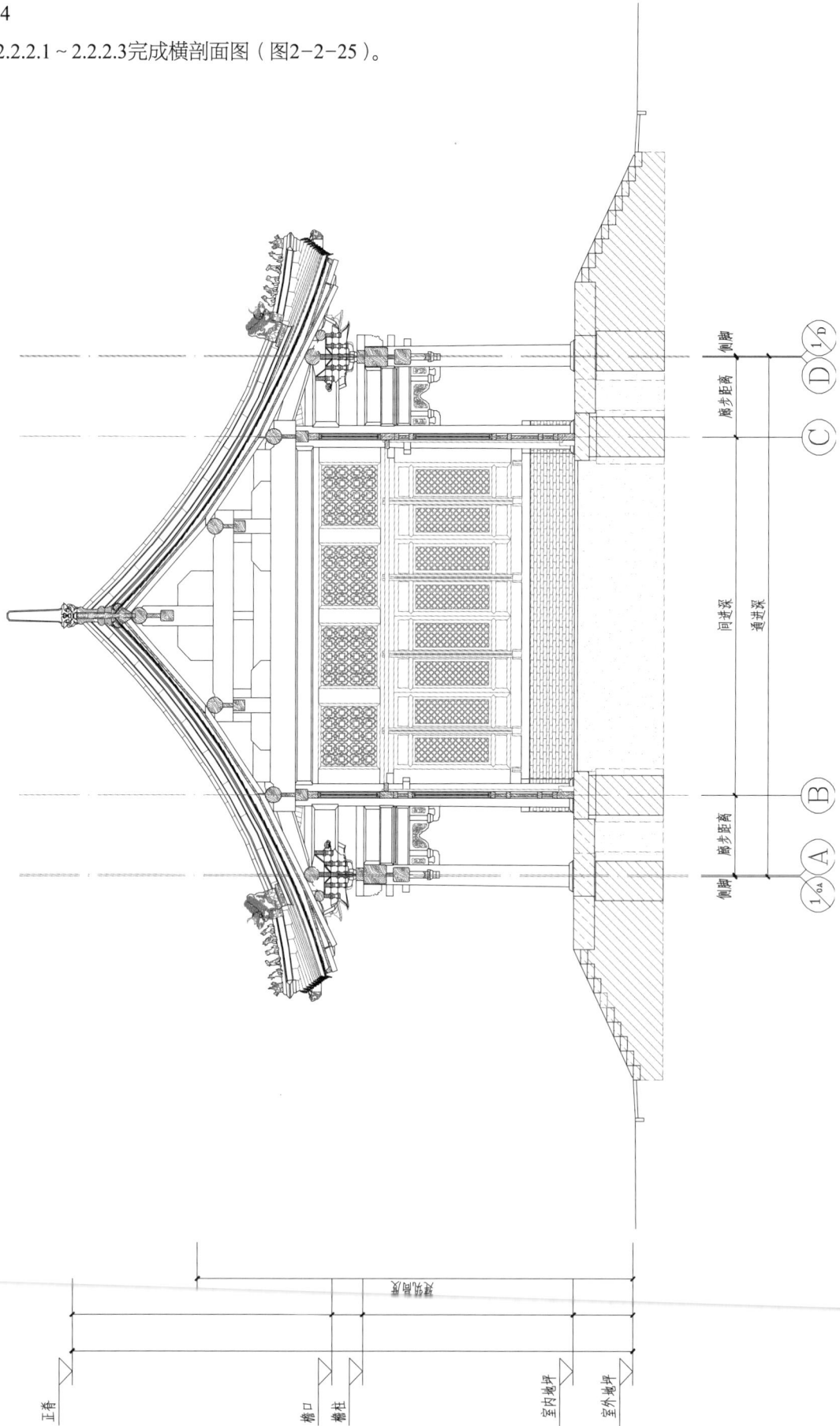

图2-2-25 横剖面图

2.2.3 纵剖面图的关系对应

纵剖面图应在建筑间进深中心线进行剖切，依据设计计算书中的构件尺寸结合各平面图进行绘制。纵剖面图应绘制面阔方向的建筑内部构造，主要包括剖到的构件，如栏土、阶条石、隔扇窗、随梁枋、五架梁、三架梁等和看到的构件，如檐柱、金柱、桁、垫板、枋、小兽等。

纵剖面图对应分三个步骤完成：

2.2.3.1 以基础平面图、台基平面图的柱根中心轴线、柱头平面图的柱头中心轴线和构件边线为纵剖面图的平面定位依据，以横剖面图的构件高度为纵剖面图的高度定位依据：

（1）以面阔方向摆放基础平面图、台基平面图的柱根中心轴线对应纵剖面图柱根中心轴线，柱头平面图的柱头中心轴线对应纵剖面图柱头中心轴线。

（2）基础平面图檐磉墩、金磉墩、拦土的绘制方法详见横剖面图2.2.2.1-（2）。

（3）对应台基平面图中石类、砖类、柱类构件及隔扇门窗边线的平面位置，结合横剖面图各构件的高度，对应绘制纵剖面图各构件。

檐柱、金柱（金角柱高度定位为踩步金下皮）、金柱顶石、檐柱顶石、阶条石、方砖墁地、槛墙、散水等构件绘制方法详见横剖面图2.2.2.1-（3）。陡板石位于阶条石之下，外皮与阶条石外皮平。陡板石中心线为土衬石中心线（图2-2-26）。槛墙位于木榻板之下，槛墙与古镜石相交处为古镜石遮挡部分槛墙（图2-2-27）。结合平面门窗定位和门窗各构件尺寸，绘制纵剖面图门窗大样（图2-2-28）。纵剖面图门窗大样的绘图要点与横剖面图相同。山面隔扇窗根据老檐枋下皮定位上槛上皮。

绘图顺序：石：陡板石、平头土衬/土衬石（金边）。

隔扇门窗：1木榻板、2连二槛、3抱框、4风槛、5抹头、6绦环板、7边梃、8仔边、9中槛、10棂条、11短抱框、12横陂间框、13上槛、14转轴、15下槛、16裙板、17连槛。

纵剖面图构件计算列表一　　　　　　　　　　　　　　表2-2-15

材料	构件	宽	高
石	陡板石	厚 5.7 斗口	11.1 斗口
	平头土衬或土衬石（金边）	128mm+ 陡板厚	5.7 斗口

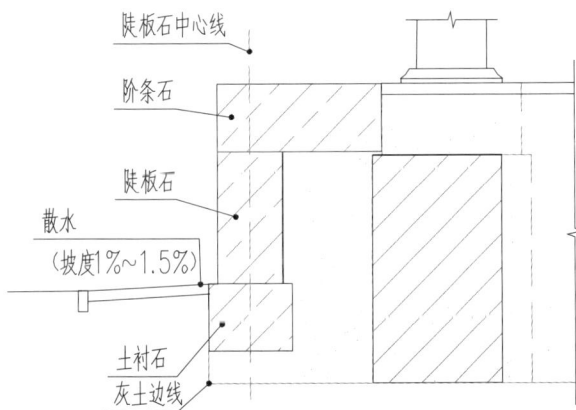

图2-2-26　纵剖面图台明大样

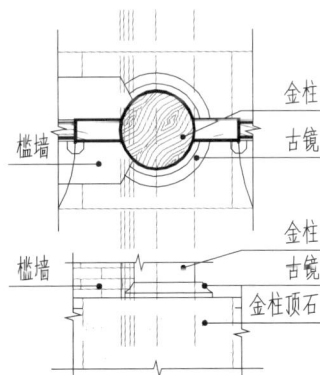

图2-2-27　槛墙与古镜相交处大样

（4）檐柱柱头、金柱柱头、穿插枋、大额枋、箍头枋、随梁枋、老檐枋、老檐垫板（山面老檐垫板与横剖面图中位于金柱柱头上的老檐垫板高度尺寸相同）等构件的绘制方法详见横剖面图2.2.2.1-（4）。

纵剖面图构件计算列表二 表2-2-16

位置	图2-2-28中的序号	构件	宽	厚	高	位置	图2-2-28中的序号	构件	宽	厚	高
隔扇门窗	1	木槛板	9斗口	2.25斗口	/	隔扇门窗	10	榥条	19mm	25mm	/
	2	连二槛	120mm	长：210mm	4.32斗口		11	短抱框	4斗口	1.8斗口	/
	3	抱框	4斗口	1.8斗口	/		12	横陂间框	4斗口	1.8斗口	/
	4	风槛	3斗口	1.8斗口	/		13	上槛	3斗口	1.8斗口	/
	5	抹头	1.2斗口	1.8斗口	/		14	转轴	径50mm	/	/
	6	绦环板	/	0.05隔扇宽	0.2隔扇宽		15	下槛	4.8斗口	1.8斗口	/
	7	边梃	1.2斗口	1.8斗口	/		16	裙板	/	0.05隔扇宽	0.8隔扇宽
	8	仔边	2/3边梃宽	7/10边梃厚	/		17	连槛	2.4斗口	1.2斗口	/
	9	中槛	4斗口	1.8斗口	/						

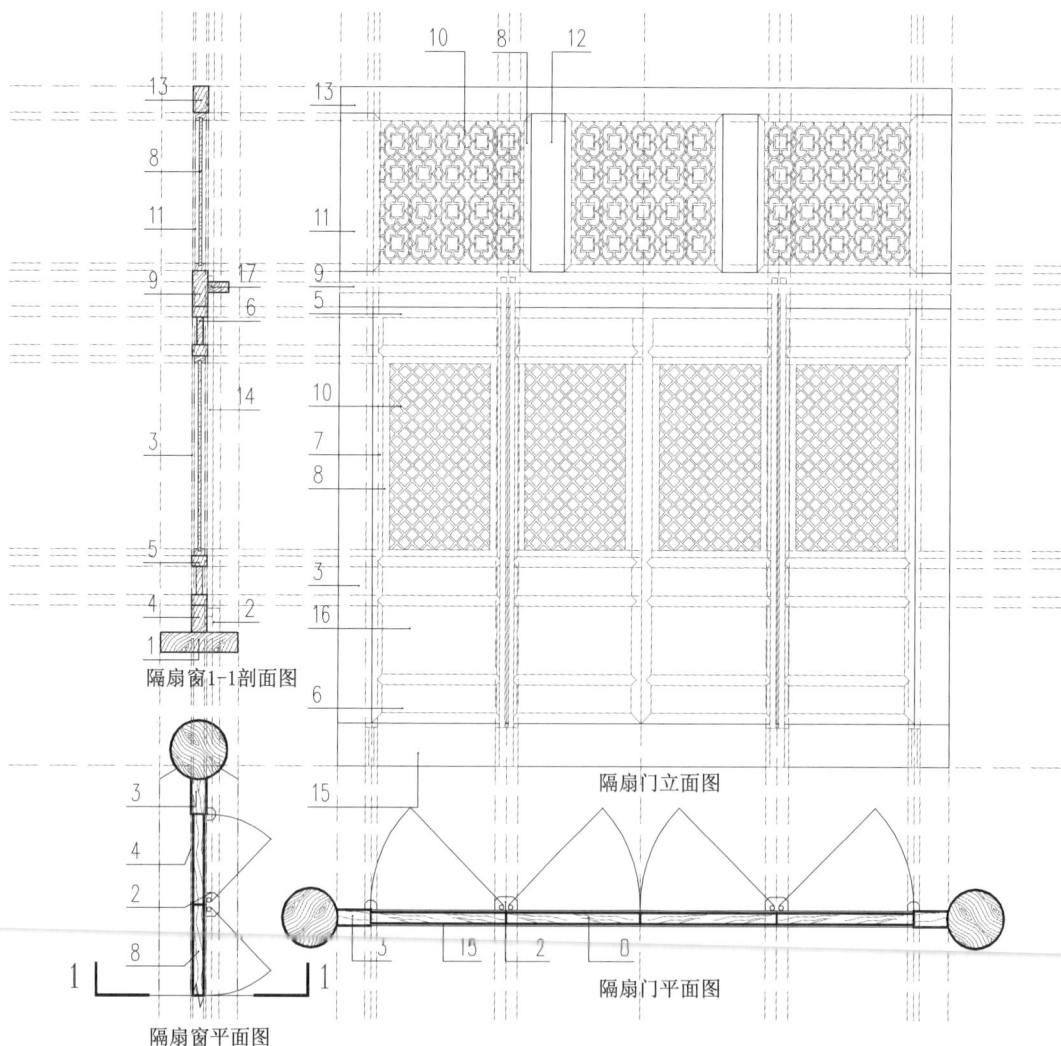

图2-2-28 隔扇门窗对应图

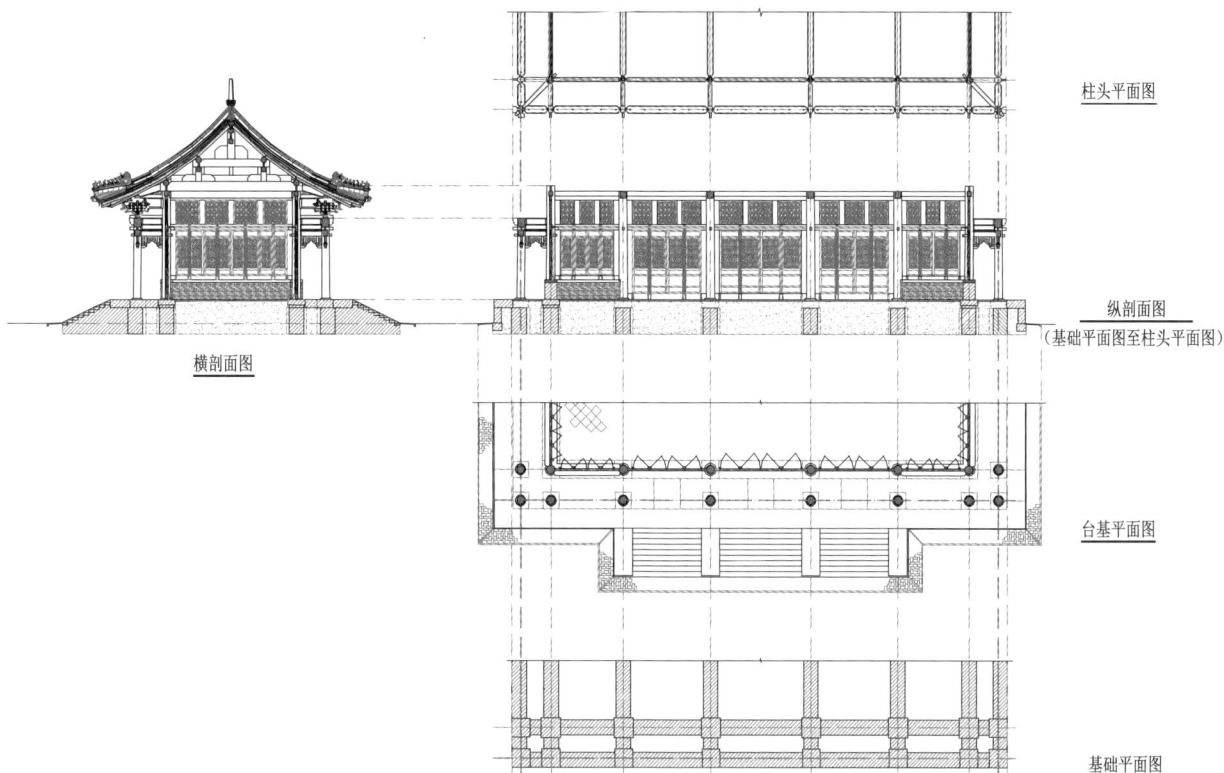

图2-2-29　纵剖面图与基础平面图、台基平面图、柱头平面图、横剖面图的关系对应

绘图要点：

①步骤2.2.3.1完成的纵剖面图由基础平面图、台基平面图、柱头平面图对应完成（图2-2-29）。

②依据表2-2-15、表2-2-16纵剖面图构件计算列表中构件尺寸进行图纸绘制。

2.2.3.2　以平板枋平面图、斗栱仰视平面图、步架平面图的柱头中心轴线和构件边线为纵剖面图的平面定位依据，以横剖面图的构件高度为纵剖面图的高度定位依据。

（1）以面阔方向摆放平板枋平面图、斗栱仰视平面图、步架平面图的柱头中心轴线对应纵剖面图柱头中心轴线；

（2）对应平板枋平面图中平板枋边线的平面位置，结合横剖面图平板枋的高度，绘制纵剖面图的平板枋。需分别对应进深方向剖到的平板枋和面阔方向看到的平板枋。

（3）根据纵剖面图剖切位置依次看到平身科斗栱、柱头科斗栱、角科斗栱，与横剖面图的斗栱部位相同，斗栱的具体绘制方法详见横剖面图2.2.2.2-（3）。

（4）对应步架平面图中檐椽、踩步金、踏脚木、草架柱、穿、博缝板、山花板、桁、垫板、枋、扶脊木、五架梁等各构件边线的平面位置，结合横剖面图各构件的高度，对纵剖面图各构件对应绘制。

①对应步架平面图定位挑檐桁、正心桁、踩步金、老檐桁、金桁、脊桁、扶脊木、椿桩边线的平面位置，对应横剖面图定位挑檐桁、正心桁、踩步金、老檐桁、金桁、脊桁、扶脊木、椿桩的高度。

椿桩伸入脊桁的1/4处。吻兽处椿桩为吻高的4/5。老檐垫板、老檐枋、金垫板、金枋、脊垫板、脊枋分别位于老檐桁、金桁、脊桁之下（垫板、枋在踩步金的中心轴线位置截止）。

纵剖面图椽头标高与横剖面图椽头标高同，飞椽做三五举，檐椽做五举，在檐椽、飞椽上皮绘制望板。檐椽后尾与踩步金相交处做半榫。檐椽、飞椽留出雀台位置，绘制小连檐、闸挡板、大连檐、瓦口木（图2-2-30）。

位置	构件	厚	高
梁架构件	踏脚木	3.6斗口	4.5斗口
	草架柱	1.8斗口	按实际
	山花板	6斗口	/
	穿	1.8斗口	2.3斗口
	博缝板	1.2斗口	8斗口

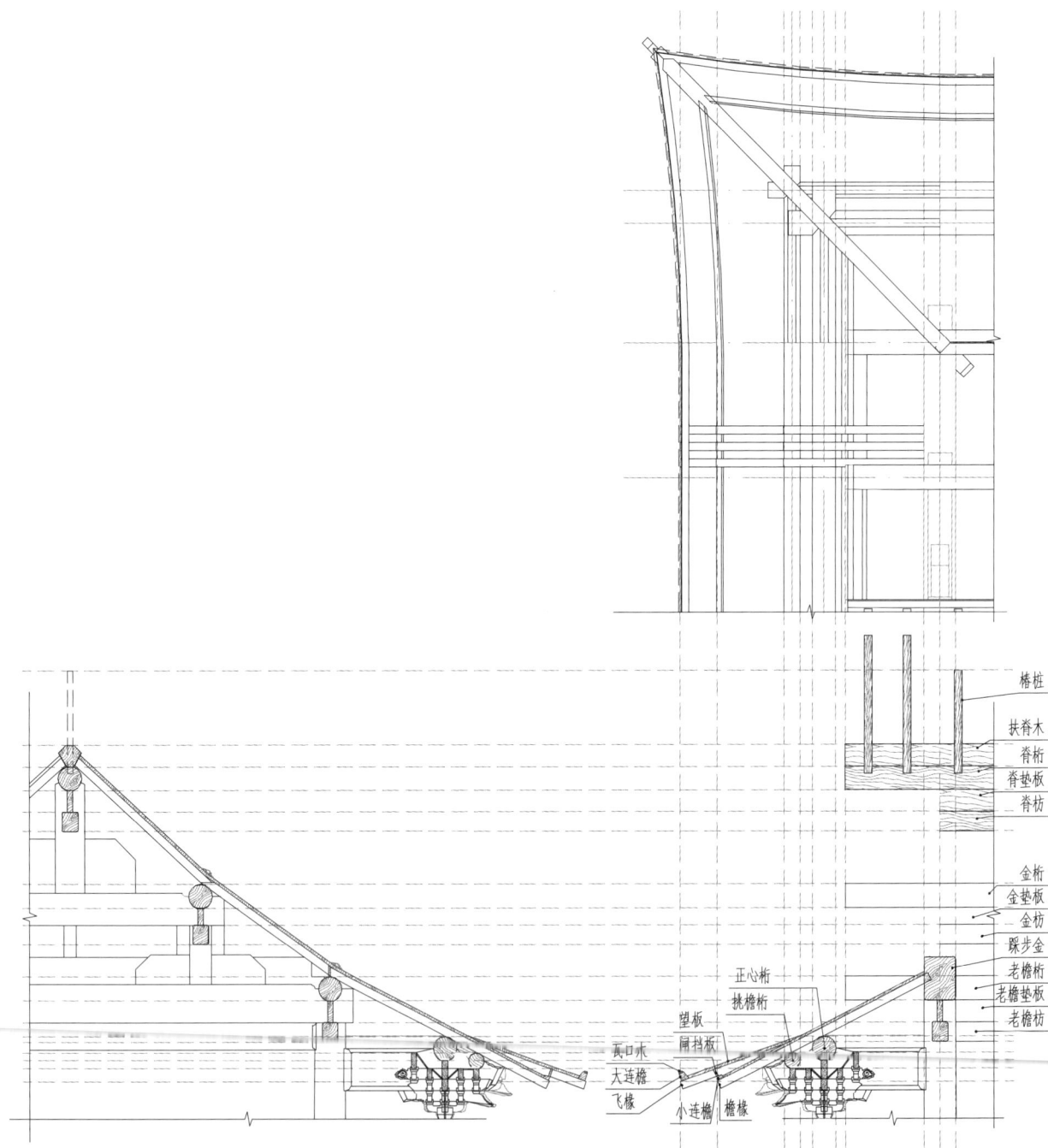

图2-2-30　桁、垫板、枋、踩步金、檐口对应图

②对应步架平面图中（歇山收山位置）踏脚木、草架柱、山花板、穿、博缝板边线的平面位置（图2-2-31）。踏脚木下皮线根据望板上皮线定位（下皮斜度同望板）。草架柱、山花板位于踏脚木之上，脊桁之下。草架柱与踏脚木、脊桁（金桁处草架柱榫卯同）相交处做半榫，草架柱与穿相交处做十字刻半榫，穿上皮根据草架柱上皮定位（草架柱上皮位于金桁金盘处）。博缝板顶部位于扶脊木之上（扶脊木与博缝板平行处，博缝板高于扶脊木20mm）（图2-2-32），瓦口木位于博缝板之上。

绘制顺序：踏脚木、草架柱、山花板、穿、博缝板、瓦口木。

③对应步架平面图中五架梁、金角背、三架梁、脊瓜柱边线的平面位置，对应横剖面图定位五架梁、金角背、三架梁、脊瓜柱的高度。

绘制金瓜柱用五架梁中心线定位金瓜柱中心线，对应横剖面图定位金瓜柱高度。纵剖面图中脊角背、脊瓜柱为剖切到的构件，绘制脊角背剖切到榫卯厚度为脊角背厚度减去两侧包掩的厚度；脊瓜柱与三架梁相交处绘制管脚榫、与脊角背下端相交处做透榫、与脊枋相交处做半榫、与脊垫板相交处做燕尾榫、与脊桁相交处做鼻子。踩步金中心线为柁墩中心线，柁墩底皮根据踩步金上皮定位（图2-2-33）。

绘制顺序：金瓜柱、脊角背、脊瓜柱、柁墩。

④绘制未被遮挡的花架椽、脑椽、哑叭椽。

⑤翼角处角梁的绘制方法详见2.2.2.2-（4）-⑤。

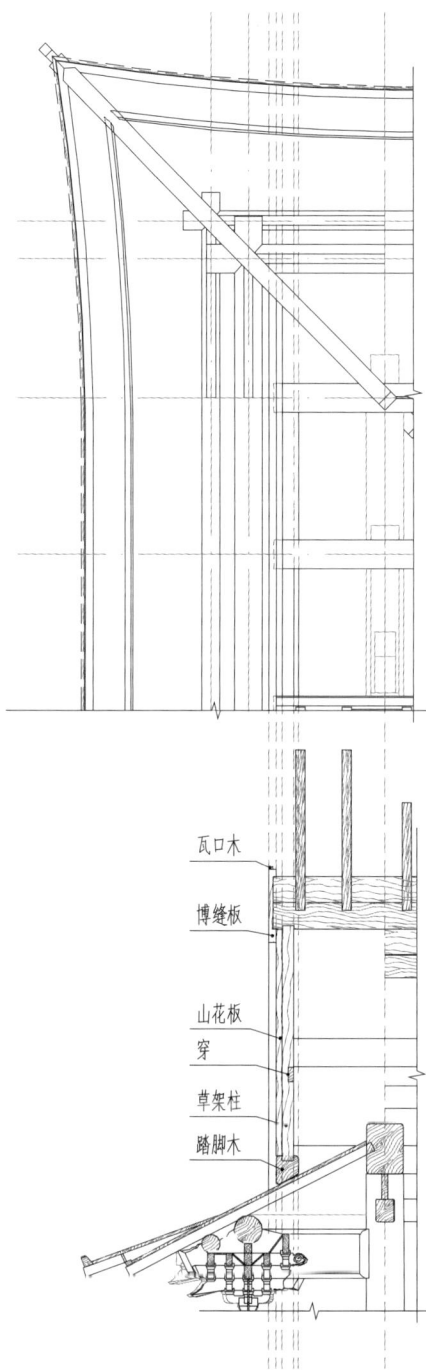

图2-2-31　山面构件对应图

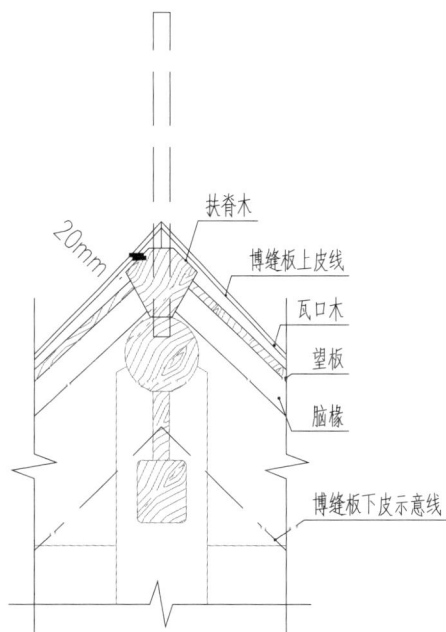

图2-2-32　博缝板定位图

位置	构件	高	厚
梁架	金瓜柱	按实际	4.5 斗口 -64mm
	脊角背	1/2 脊瓜柱高	1/3 自身高
	脊瓜柱	按实际	4.5 斗口
	柁墩	按实际	4.5 斗口 -64mm

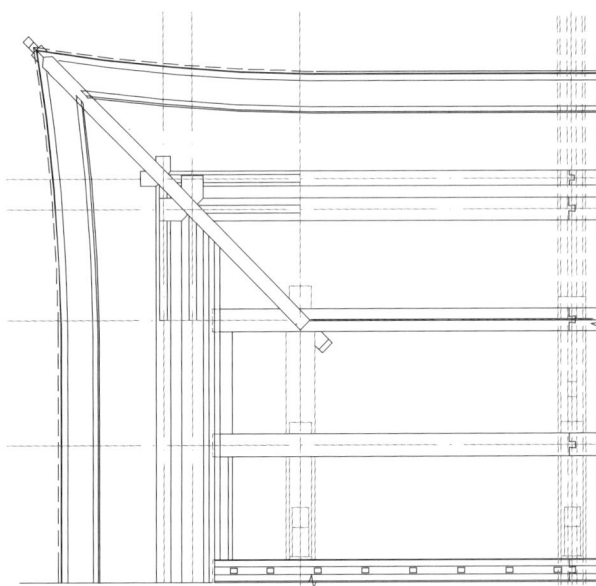

（a）梁架平面图

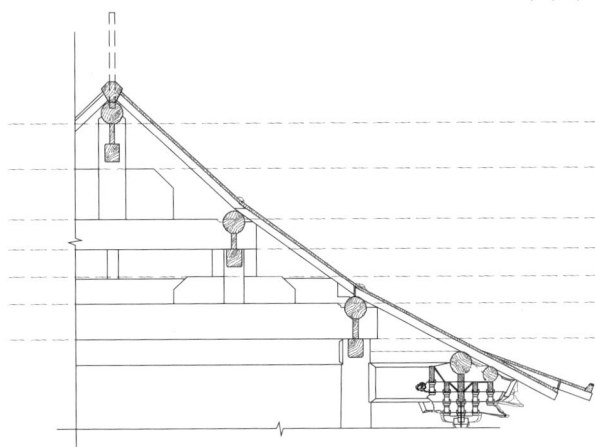

（b）梁架横剖面图

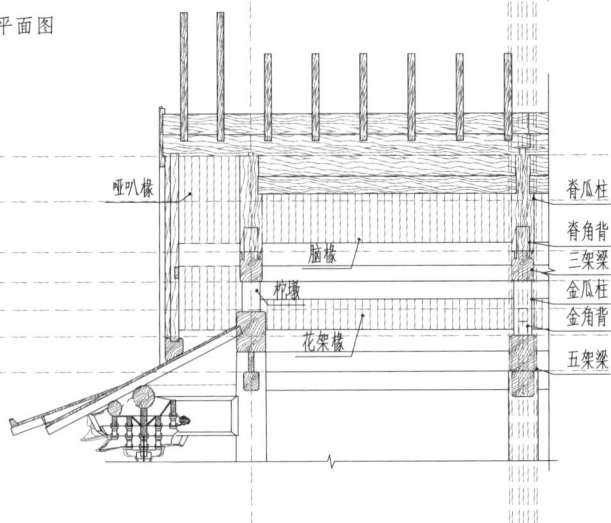

（c）梁架纵剖面图

图2-2-33　梁架对应图

绘图要点：

①步骤2.2.3.2完成的纵剖面图由平板枋平面图、斗栱仰视平面图、步架平面图对应完成（图2-2-34）。

②依据表2-2-17、表2-2-18纵剖面图构件计算列表构件尺寸进行图纸绘制。

2.2.3.3 以屋顶平面图的柱头中心轴线和构件边线为纵剖面图的平面定位依据，以横剖面图的构件高度为纵剖面图的高度定位依据。

（1）以面阔方向摆放屋顶平面图的柱头中心轴线对应纵剖面图柱头中心轴线。

（2）正身部位滴水、勾头、板瓦、筒瓦和屋面翼角部位瓦件的绘制方法详见横剖面图2.2.2.3-（2）、（3）。

（3）对应屋顶平面图定位正脊、正吻、吻座、博脊、排山滴水、排山勾头边线的平面位置。对应横剖面图定位正脊、正吻的高度，吻座置于正吻之下。博脊紧贴山花板、踏脚木外边线绘制，博脊高度中心线定位约为老檐桁的中心线。正身勾头后尾上皮点定位为博脊处正当沟中点。排山滴水、排山勾头最低点位于博脊挂尖处，最高点位于吻座下皮位置，顶点的排山勾头根据博缝板之上瓦口木定位（瓦口木下皮根据博缝板上皮定位，瓦口木上皮为排山滴水底皮）（图2-2-35）。

绘图顺序：正脊、正吻、吻座、博脊、排山滴水、排山勾头。

绘图要点：

①步骤2.2.3.3完成的纵剖面图由屋顶平面图对应完成（图2-2-36）。

②依据表2-2-19纵剖面图构件计算列表构件尺寸进行图纸绘制。

2.2.3.4 结合2.2.3.1～2.2.3.3完成纵剖面图（图2-2-37）。

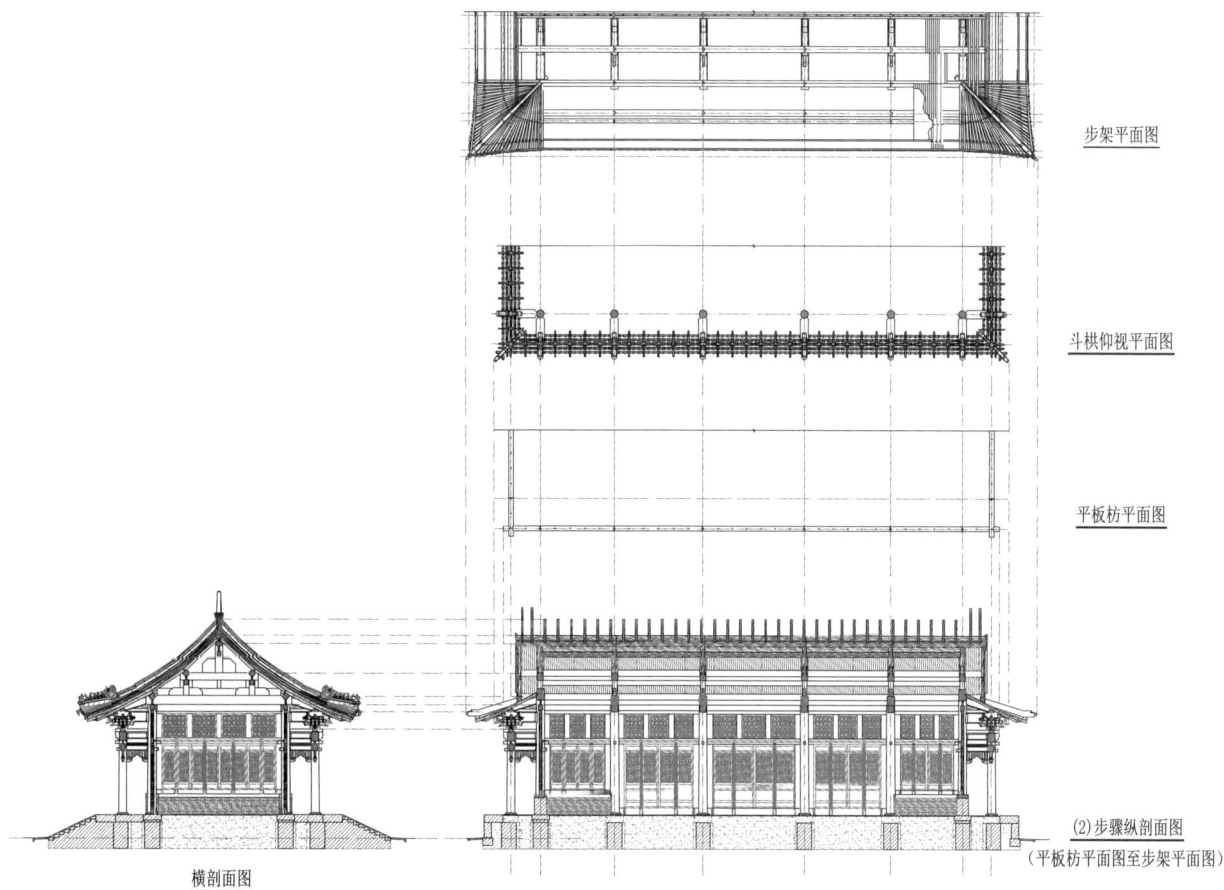

步架平面图

斗栱仰视平面图

平板枋平面图

（2）步骤纵剖面图
（平板枋平面图至步架平面图）

横剖面图

图2-2-34 纵剖面图与平板枋平面图、斗栱平面图、步架平面图、横剖面图的对应关系

位置	构件	长	宽	高
瓦件	正脊	按实际	/	1120mm
	正吻	1570mm	/	2240mm
	吻座	/	256mm	294.4mm
	博脊	/	272mm	528mm
	排山滴水	400mm	/	144mm
	排山勾头	360mm	/	88mm

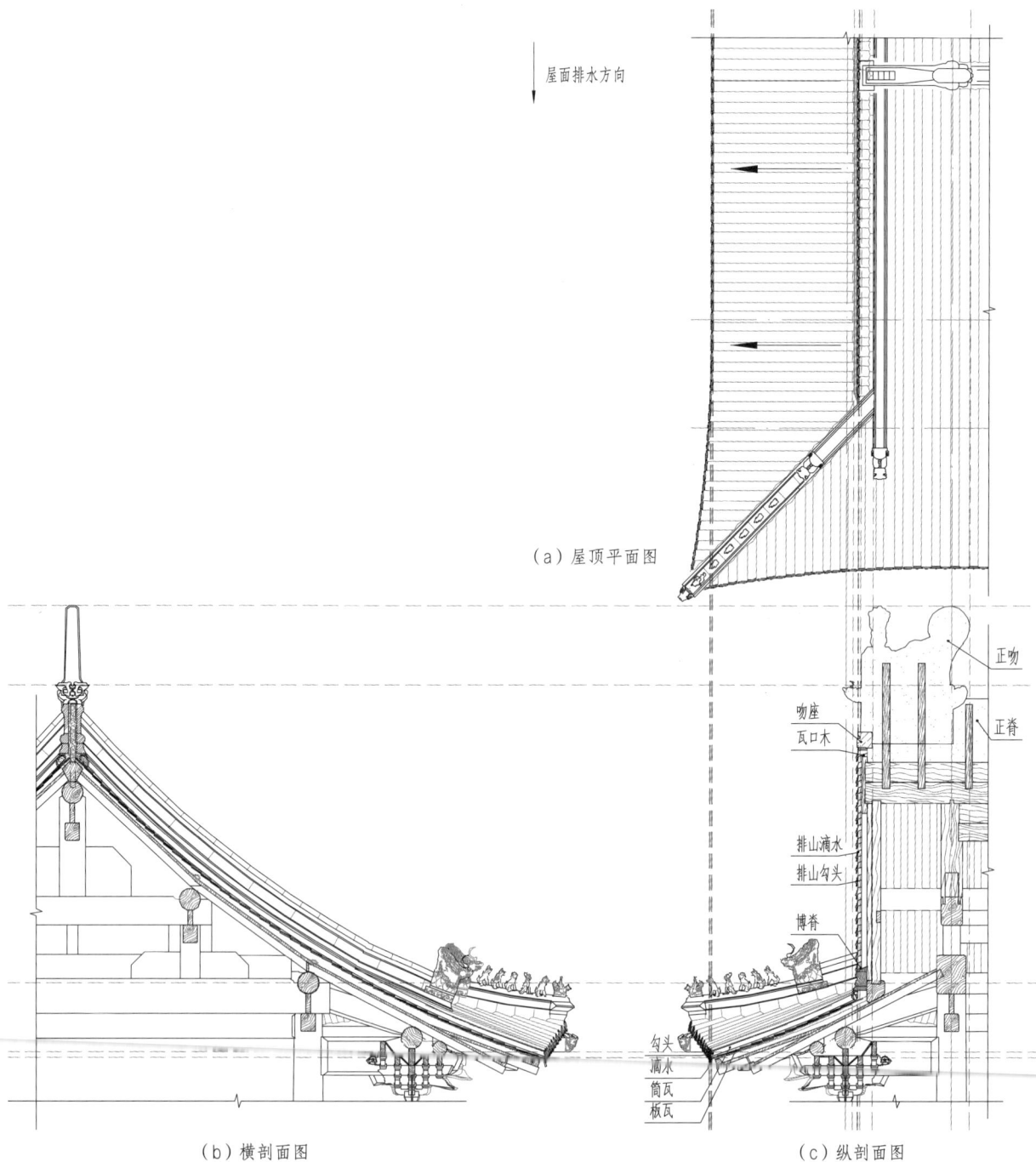

（a）屋顶平面图

（b）横剖面图

（c）纵剖面图

图2-2-35　山面瓦件对应图

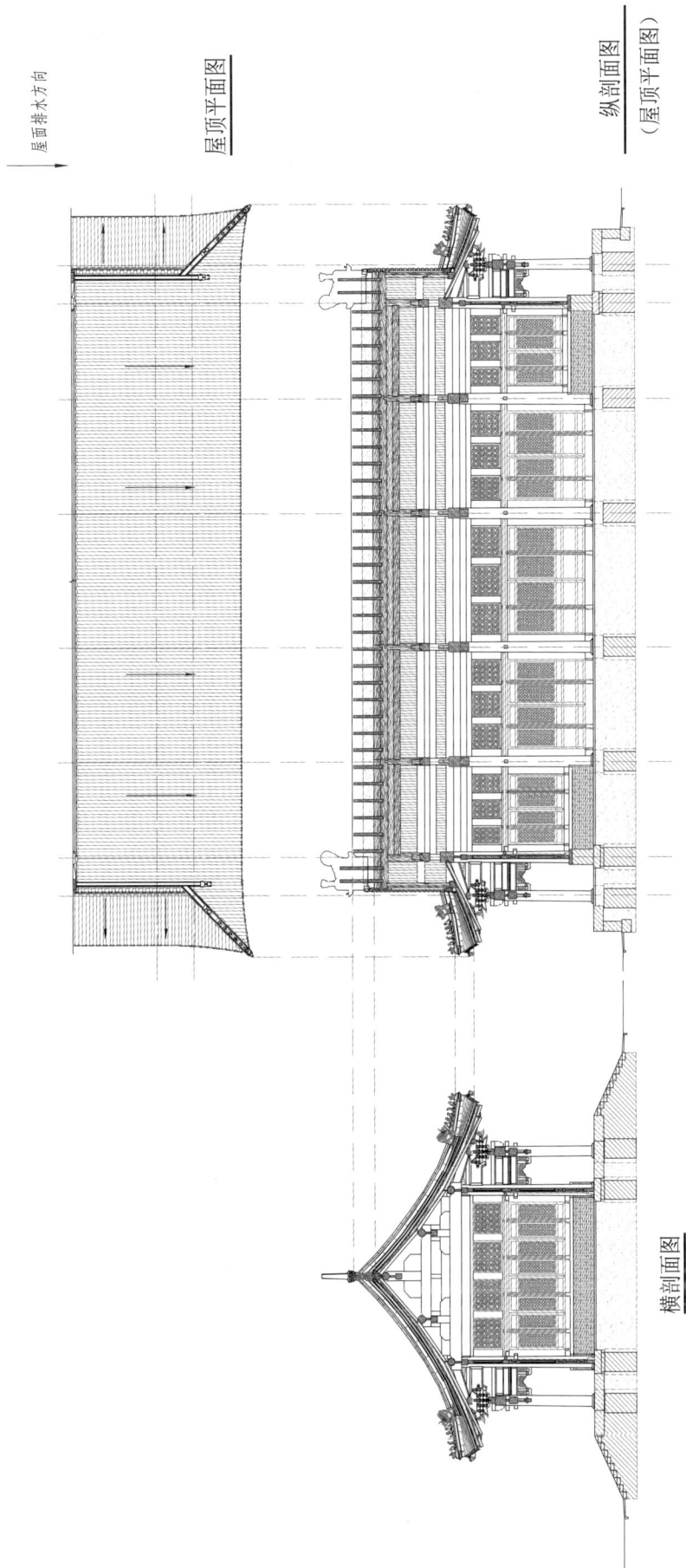

屋顶排水方向

屋顶平面图

纵剖面图
（屋顶平面图）

图2-2-36　纵剖面图与屋顶平面图、横剖面图的对应关系

横剖面图

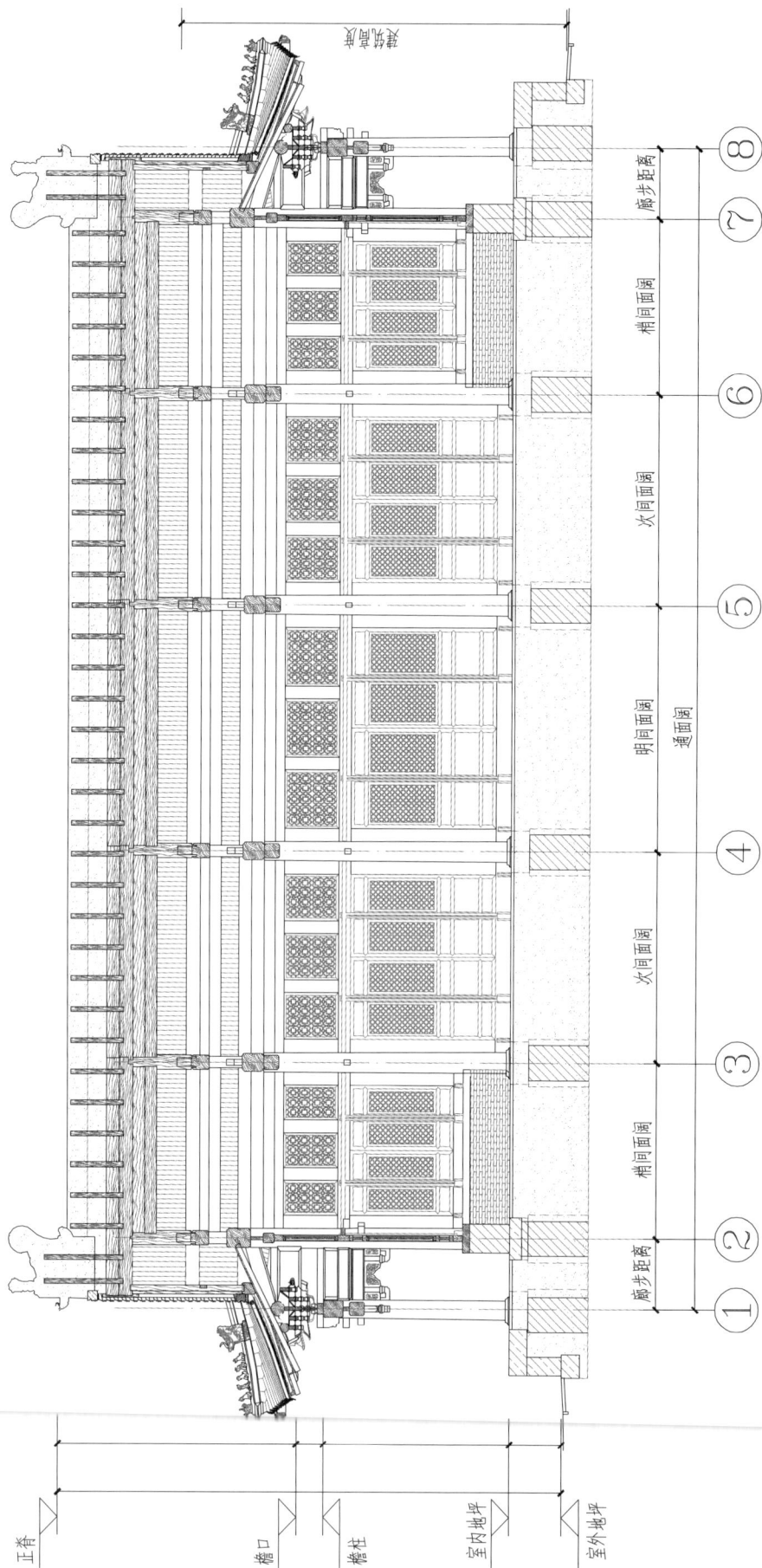

图2-2-37 纵剖面图

2.3 立面图绘制

立面图表达了建筑从立面看到的建筑外观、风貌形态。展示了外墙设计，包括散水、台基、开间、门窗、屋顶形式、装饰细节和檐口等元素。是建筑体型、外貌、比例和布局的体现。反映立面构件的形状和相互关系。帮助理解建筑物的立体形态和设计意图。

绘制立面图需要以平面图和剖面图为依据，将台基平面图、柱头平面图、平板枋平面图、斗栱仰视平面图和屋顶平面图依次进行水平对应，横剖面图、纵剖面图中各个构件进行竖向高度对应，按照从下至上、由里到外的顺序绘制。本节遵循关系对应法，详细诠释正立面图和侧立面图的绘图步骤。

2.3.1 正立面图的对应关系

正立面图是从面阔方向看到的建筑物投影图，上至吻兽下至散水，左右两侧延伸至散水以外。

正立面图对应分两个步骤完成：

2.3.1.1 以台基平面图的柱根中心轴线和柱头平面图、平板枋平面图的柱头中心轴线、构件边线为正立面图的平面定位依据；以横剖面图的构件高度为正立面图的高度定位依据。

（1）以面阔方向摆放台基平面图的柱根中心轴线对应正立面图的柱根中心轴线，以面阔方向摆放柱头平面图、平板枋平面图的柱头中心轴线对应正立面图的柱头中心轴线。

（2）对应台基平面图中柱类、石类、砖类构件边线的平面位置。对应台基平面图隔扇门窗边线和横剖面图隔扇门窗高度，绘制隔扇门窗立面大样图，按照平面图的位置对应放置，沿土衬石上皮外点绘制散水、斗板石分隔长度根据实际情况绘制。

依据视角所见构件的先后顺序，明确构件遮挡关系，即檐柱遮挡部分金柱；檐柱古镜石遮挡部分金柱古镜石、槛墙；雀替、小额枋、由额垫板、大额枋遮挡部分隔扇门窗。

绘图顺序：

石：踏跺石、垂带石、陡板石、土衬石（金边）、阶条石、古镜石；

柱：檐柱、金柱；

砖：槛墙、散水（图2-3-1）；

隔扇门窗：1木榻板、2抱框、3风槛、4抹头、5绦环板、6边梃、7仔边、8棂条、9下槛、10裙板（图2-3-2）。

（3）对应柱头平面图檐柱柱头、金柱柱头（补齐柱头平面图中檐柱和金柱柱头边线）、穿插枋头（斜穿插枋头）、大额枋、箍头枋构件边线的平面位置，结合横剖面图各构件的高度，对应正立面图各构件高度并绘制；小额枋、大额枋、箍头枋与柱连接处均做抱肩（撞一回二），具体绘制方法详见横剖面2.2.2.1-（4）。小额枋、大额枋、箍头枋的回肩和

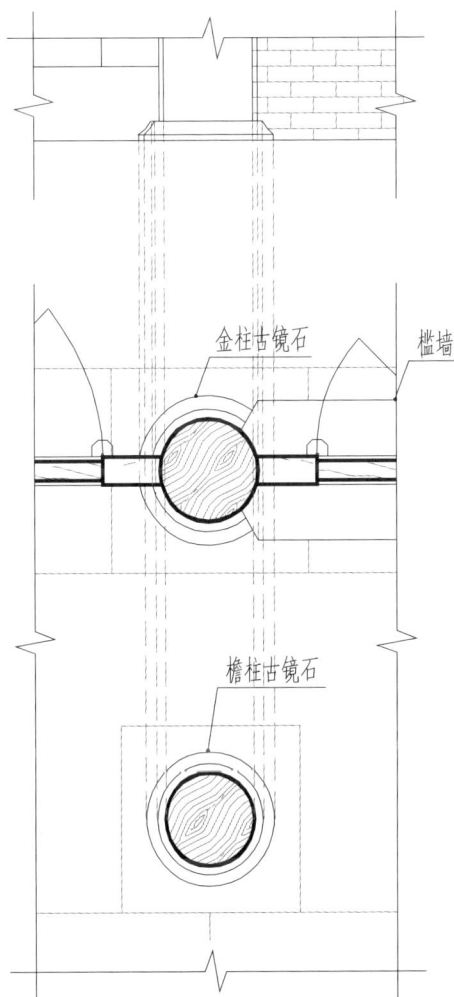

图2-3-1 檐柱、金柱、古镜石、槛墙
关系对应图

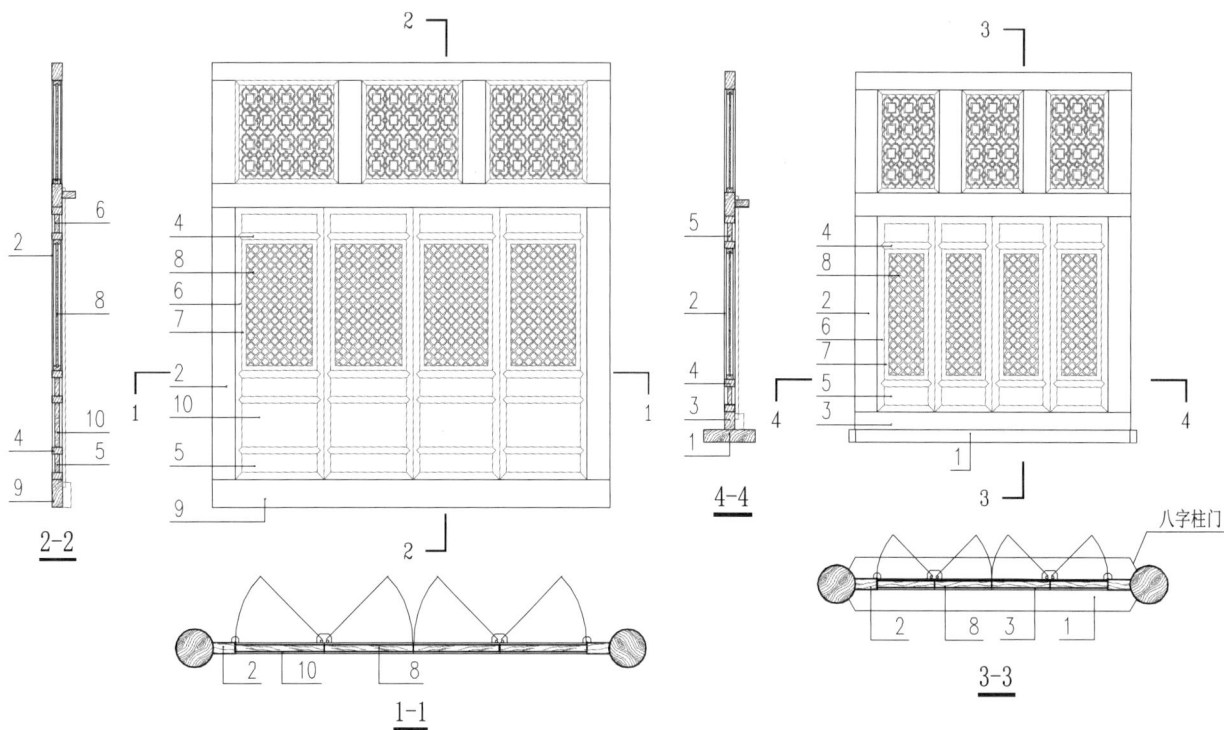

图2-3-2 隔扇门、窗立面大样图

（斜）穿插枋头遮挡部分檐柱。

　　绘图顺序：雀替、骑马雀替、小额枋、由额垫板、大额枋、霸王拳（图2-3-3）、穿插枋头、斜穿插枋头（图2-3-4）。

　　（4）对应平板枋平面图中平板枋出头边线的平面位置；绘制面阔方向看到的平板枋，及进深方向的平板枋头。绘制平板枋时应对应平板枋平面燕尾榫在正立面图中的看线。

　　绘图顺序：平板枋。

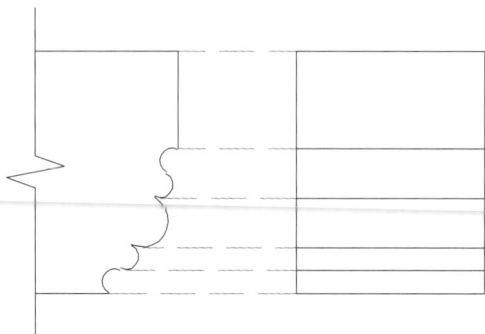

图2-3-3　霸王拳关系对应图

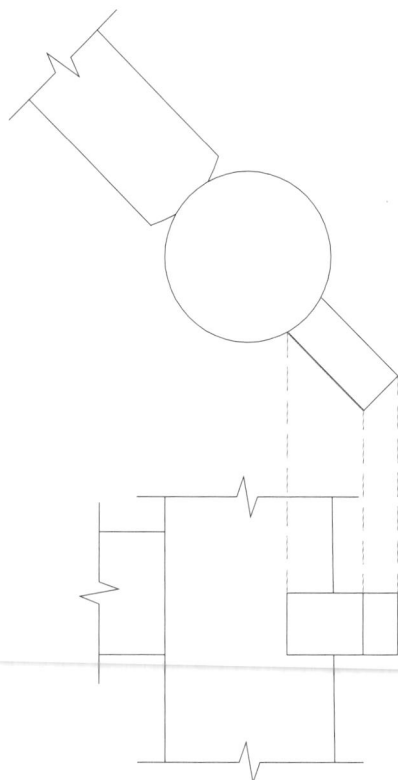

图2-3-4　斜穿插枋关系对应图（透视）

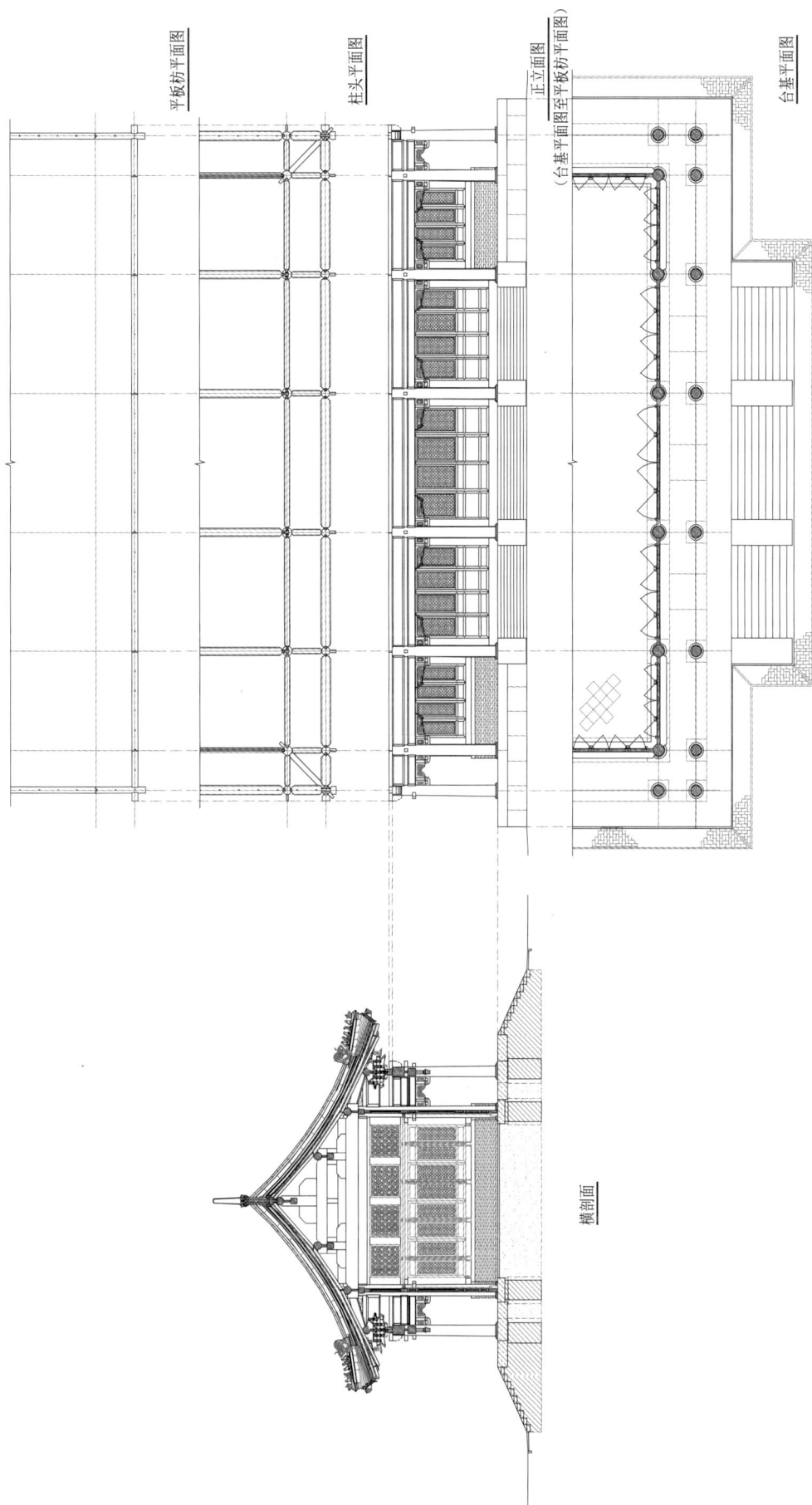

图2-3-5 正立面图与台基平面图、柱头平面图、平板枋平面图、横剖面图图关系对应图

平板枋平面图

柱头平面图

正立面图
（台基平面图至平板枋平面图）

台基平面图

横剖面

绘图要点：

①步骤2.3.1.1完成的正立面图由台基平面图、柱头平面图、平板枋平面图对应完成（图2-3-5）。

②绘制阶条石注意对应剖面，避免遗漏转折处看线。

③檐柱、金柱应绘制柱子收分，檐角柱绘制侧脚。

2.3.1.2 以斗栱仰视平面图、步架平面图、屋顶平面图的柱头中心轴线和构件边线为平面定位依据；以横剖面图的构件高度为正立面图的高度定位依据：

（1）以面阔方向摆放斗栱仰视平面图、步架平面图、屋顶平面图的柱头中心轴线对应正立面图的柱头中心轴线。

（2）对应斗栱仰视平面图中的斗栱位置并绘制平身科、柱头科、角科正立面大样图，绘制完成后以斗栱仰视平面柱头中心轴线为定位，将斗栱置于正立面图平板枋之上。

平身科斗栱、柱头科斗栱、角科斗栱分件细部画法见《清官式建筑营造设计法则 榫卯篇》斗栱专篇。

①以平身科斗栱仰视平面图为依据，结合斗栱构件计算列表（表2-3-1，表2-3-2）中的尺寸，绘制平身科斗栱立面大样图（图2-3-6）。

正立面图平身科斗栱构件计算列表　　　　　　　　　　表2-3-1

单位：斗口

斗栱类别	构件分类	构件	长	高	宽
单翘单昂五踩斗栱平身科	斗	大斗	3.0	2.0	/
		十八斗	1.8	1.0	/
		槽升子	1.3	1.0	/
		三才升	1.3	1.0	/
	面阔方向	正心瓜栱	6.2	2.0	/
		正心万栱	9.2	2.0	/
		单材瓜栱	6.2	1.4	/
		单材万栱	9.2	1.4	/
		厢栱	7.2	1.4	/
	进深方向	单翘	/	2.0	1.0
		单昂后带菊花头	/	3.0	1.0
		蚂蚱头后带六分头	/	2.0	1.0
		撑头木后带麻叶头	/	2.0	1.0
		桁椀	/	3.5	1.0

②以柱头科斗栱仰视平面图为依据，结合斗栱构件计算列表的尺寸，绘制柱头科斗栱立面大样图（图2-3-7）。

正立面图柱头科斗栱构件计算列表　　　　　　　　　　表2-3-2

单位：斗口

斗栱类别	构件分类	构件	长	高	宽
单翘单昂五踩斗栱柱头科	斗	大斗	4.0	2.0	/
		槽升子	1.3	1.0	/
		单翘桶子十八斗	3.8	1.0	/
		单昂桶子十八斗	4.8	1.0	/
		三才升	1.3	1.0	/

斗栱类别	构件分类	构件	长	高	宽
单翘单昂五踩斗栱柱头科	面阔方向	正心瓜栱	6.2	2.0	/
		正心万栱	9.2	2.0	/
		瓜栱	6.2	1.4	/
		里万栱	9.2	1.4	/
		外万栱	9.2	1.4	/
		外厢栱	7.2	1.4	/
		里厢栱	1.9	1.4	/
	进深方向	单翘	/	2.0	2.0
		单昂后带雀替	/	3.0	3.0
		桃尖梁	/	8.7	前宽 4.0 后宽 6.0

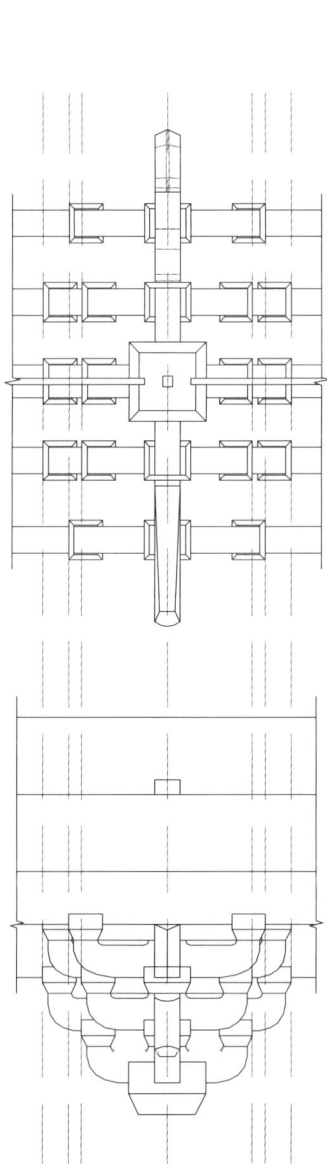

图2-3-6　平身科斗栱对应关系图　　　　图2-3-7　柱头科斗栱对应关系图

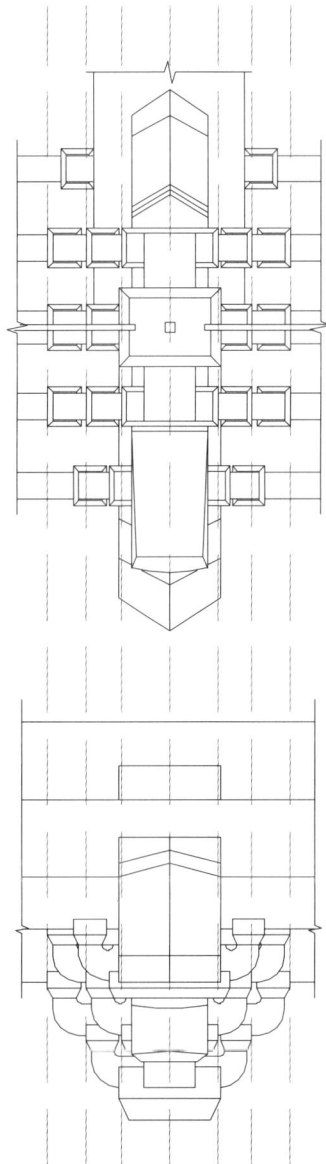

③以角科斗栱仰视平面图为依据，结合斗栱构件计算列表（表2-3-3）中的尺寸，绘制角科斗栱立面大样图（图2-3-8）。

正立面图角科斗栱构件计算列表

表2-3-3

单位：斗口

斗栱类别	构件分类	构件	长	高	宽	备注
单翘单昂五踩斗栱角科	斗	角大斗	/	2.0	3.5	
		十八斗	1.8	1.0	1.5	
		三才升	1.3	1.0	1.5	
	第二层	搭角正翘后带正心瓜栱一	6.65	2.0	/	面阔方向
		搭角正翘后带正心瓜栱二	/	2.0	1.24	进深方向
		斜翘	10.464	2.0	1.5	
		斜翘贴升耳	1.98	0.6	0.24	
	第三层	搭角正昂后带正心万栱一	13.9	3.0	/	面阔方向
		搭角闹昂后带单材瓜栱一	12.4	3.0	/	
		搭角正昂后带正心万栱二	/	3.0	1.24	进深方向
		搭角闹昂后带单材瓜栱二	/	3.0	1.0	
		斜昂后带菊花头	21.638	3.0	1.93	
		斜昂贴升耳	2.41	0.6	0.24	
	第四层	搭角正蚂蚱头后带正心枋一	前长9.0	2.0	/	面阔方向
		搭角闹蚂蚱头后带单材万栱一	13.6	2.0	/	
		搭角把臂厢栱一	14.4	1.4	/	
		搭角正蚂蚱头后带正心枋二	/	2.0	1.24	进深方向
		搭角闹蚂蚱头后带单材万栱二	/	2.0	1.0	
		搭角把臂厢栱二	/	1.4	1.0	
		由昂后带六分头	27.7	3.0	2.36	
		由昂贴升耳	2.84	0.6	0.24	
	第五层	搭角正撑头木后带正心枋一	前长6.0	2.0	/	面阔方向
		搭角闹撑头木后带拽枋一	前长6.0	2.0	/	
		搭角挑檐枋一	前长11.6	2.0	/	
		搭角正撑头木后带正心枋二	/	2.0	1.24	进深方向
		搭角闹撑头木后带拽枋二	/	2.0	1.0	
		搭角挑檐枋二	/	2.0	1.0	
		斜撑头木后带麻叶头	21.261	2.0	2.36	
	第六层	搭角正桁椀后带正心枋一	前长5.5	2.2	/	面阔方向
		搭角井口枋一	前长2.17	3.0	/	
		搭角正桁椀后带正心枋二	/	2.2	1.24	进深方向
		搭角井口枋二	/	3.0	1.0	
		斜桁椀	15.556	3.5	2.36	

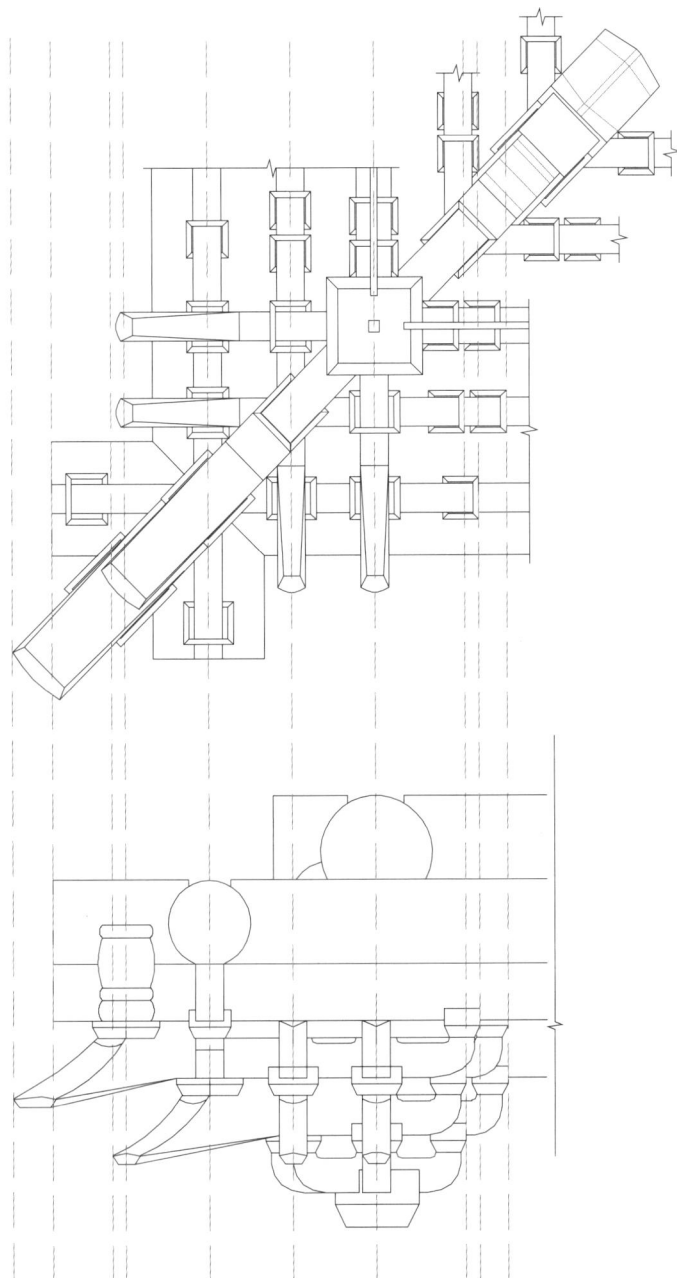

图2-3-8　角科斗栱对应关系图

（3）绘制步架平面图中老角梁、仔角梁、套兽、大连檐、飞椽。角梁的对应是为了确定翼角部位在正立面图中的位置形态。

①绘制老角梁立面图（图2-3-9）。

角梁大样平面图按如图所示位置摆放（视角二）。对应挑檐桁、正心桁、踩步金中心轴线作平面定位辅助线，以角梁加斜视角立面图（详见1.4.10）中的正心桁、挑檐桁、踩步金中心点为高度定位作辅助线，平面定位辅助线与高度定位辅助线相交分别得到挑檐桁中心点A、正心桁中心点B和踩步金中心点C，以上述三点为圆心依据挑檐桁、正心桁和踩步金的尺寸，绘制视角二方向看到的挑檐桁、正心桁和踩步金立面（桁端头），注意挑檐桁遮挡部分正心桁。对应踩步金的构件高度绘制老檐桁看线。

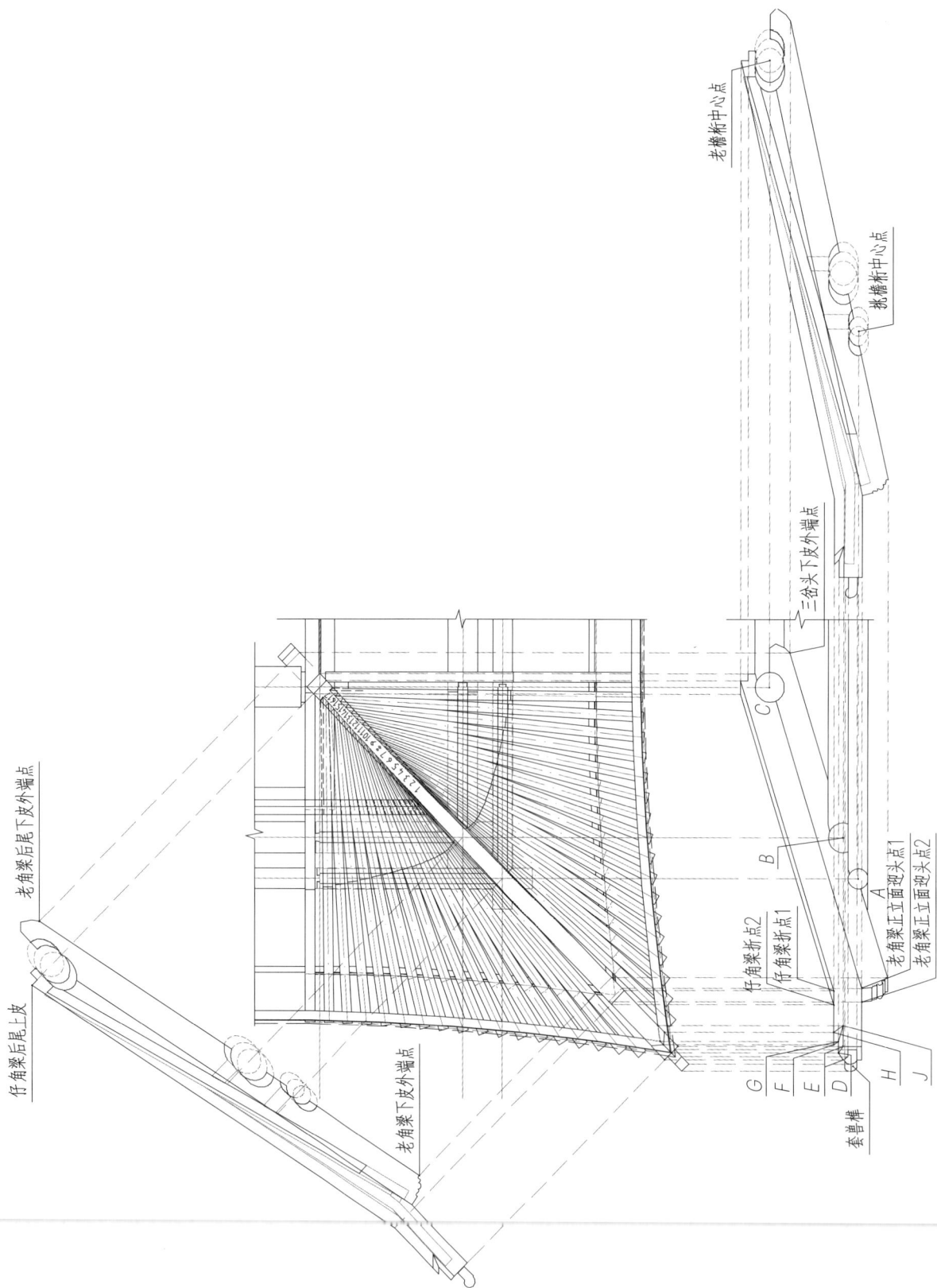

图2-3-9 老角梁、仔角梁对应关系图（此图用于定位正立面翼角位置置形态）

仔角梁后尾上皮

仔角梁后尾下皮外端点

老角梁后尾下皮外端点

套兽榫

老角梁下皮外端点

仔角梁折点2

仔角梁折点1

老角梁正立面迎头点1

老角梁正立面迎头点2

G
F
E
D

H
J

A

B

C

三岔头下皮外端点

挑檐桁中心点

老檐桁中心点

a. 定位老角梁下皮线，绘制老角梁：从角梁加斜视角立面图与角梁大样图分别做老角梁梁头霸王拳、老角梁后尾三岔头下皮外端点的辅助线，其交点为老角梁梁头、老角梁后尾下皮外端点，连接两点可得老角梁下皮线，再从角梁加斜视角立面图与角梁大样图分别做老角梁正立面迎头点的辅助线，其交点即为老角梁正立面迎头点。将老角梁下皮线平移至老角梁正立面迎头点1，绘制老角梁上皮线。

b. 绘制老角梁梁头霸王拳正立面：霸王拳造型画法同角梁加斜视角立面图，以老角梁迎头点1与霸王拳下皮外端点为定位，将其放置于两点之间。

c. 绘制老角梁透视立面：老角梁平面图做两条霸王拳正立面迎头点的辅助线，将霸王拳造型线平移至另一迎头点2，再将霸王拳位于同一高度的内、外端点一一连接，可得霸王拳透视面。

②绘制仔角梁立面图

a. 定位仔角梁正立面迎头点，绘制仔角梁：从仔角梁加斜视角立面图分别做仔角梁梁头上皮线点H、托舌上皮点F、"翘四"点E、仔角梁梁头下皮线的辅助线，可得仔角梁梁头各高度定位线。将老角梁上皮线向上水平偏移至仔角梁转折点1，可得仔角梁后尾上皮线，再从角梁平面图做仔角梁正立面迎头点、仔角梁上皮线转折点2的辅助线，即可绘制仔角梁上皮线、下皮线。作仔角梁尾上皮、阶梯榫的平面定位辅助线、高度定位辅助线，按图中所示连接各点绘制仔角梁梁尾。

b. 绘制仔角梁梁头托舌：从角梁平面图分别作图中点D~点J的辅助线，按图中所示方法连接线条，可绘制出托舌位置透视图。

c. 绘制仔角梁透视面：仔角梁平面作两条仔角梁折点的辅助线，将仔角梁上皮线平移至另一折点，再将仔角梁尾同一高度的点一一连接，可得仔角梁透视面。

d. 绘制仔角梁梁头套兽榫（图2-3-10）：从角梁平面图和角梁加斜视角立面图分别做套兽榫外边点平面位置及其高度的辅助线，以图中点K、点L、套兽榫上皮线、下皮线作椭圆曲线，再以点L为参照将椭圆曲线平移至套兽榫外边点，按图中所示连接各点，绘制出套兽榫透视面。

③绘制大连檐及飞椽

a. 绘制正身部位大连檐：对应横剖面图中大连檐上皮、下皮的高度位置做两条辅助线（大连檐上皮线被滴水勾头遮挡可不绘制），再根据步架平面图对应出大连檐正身与翼角部位交界点C（正身大连檐下皮点）。

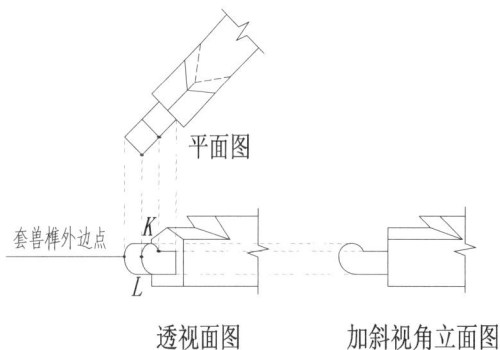

图2-3-10 套兽榫对应关系图

b. 绘制翼角部位大连檐（图2-3-11）：

提取横剖面图中挑檐桁、正心桁、踩步金、檐椽、飞椽、望板、大连檐、小连檐、闸挡板、瓦口木，以正心桁中点为高度定位，对应放置于角梁正立面大样图中。

大连檐的定位点为翘飞较高边线与大连檐下皮的交点（即翘飞较高边线的雀台点），依据公式可以计算出每根翘飞对应的大连檐定位点。每根翘飞对应的大连檐定位点高度差为等差数列，应列出前n项和S_n、公差d、首项a_1、末项a_n：$d=(a_n-a_1)/(n-1)$；$S_n=(a_n+a_1)n/2$。

以第8根翘飞对应的大连檐定位点为例进行计算，已知本案例中S_n为正身大连檐底皮至点B垂直高度，n为17，a_1数值为第17根翘飞的撇度（a_1大连檐定位点差值和第17翘飞椽撇度数值相等），可得d和a_n的数值。第8翘飞对应的大连檐定位点为等差数列顺序的第10项，依据等差数列公式$a_{10}=a_1+9d$，大连檐定位点高度$S_{10}=(a_{10}+a_1)10/2$。从正身大连檐下皮作辅助线向上平移S_{10}的高度，绘制第8根翘飞对应的大连檐定位点A。

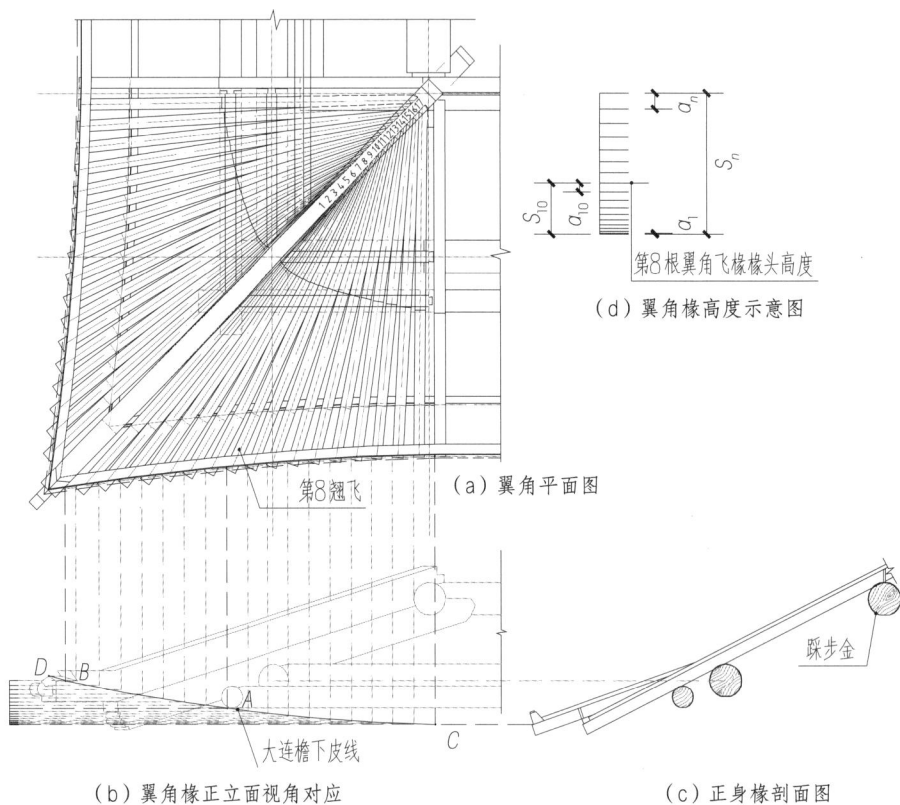

（d）翼角椽高度示意图

（a）翼角平面图

第8翘飞

大连檐下皮线

踩步金

（b）翼角椽正立面视角对应

（c）正身椽剖面图

图2-3-11 翼角大连檐的对应关系图

依照上述方法绘制其余大连檐定位点，连接各个定位点得到大连檐下皮线。为了大连檐弧度更加自然，对大连檐下皮线进行矫正：作大连檐下皮线与仔角梁"翘四高度"交点B，以及第一根正身飞椽平面对应位置与高度辅助线的交点C。以点B和点C为线段的端点，点A为曲线的弧度定位点，绘制大连檐下皮线，再沿着曲线弧度将线段BC延伸至D点，完成翼角部位大连檐下皮绘制。

c. 绘制正身飞椽：对应步架平面图中飞椽两侧外皮作辅助线，依据横剖面图飞椽上皮线、下皮线对应高度作辅助线，按照辅助线位置在正立面图中绘制正身飞椽，飞椽上皮外端与大连檐下皮之间为雀台。

d. 绘制翘飞椽（图2-3-12）：在正立面图中，每根翘飞的角度和撇度都不相同，但画法步骤一致，以第8翘飞为例诠释画法，其余翘飞不再赘述。

d.1绘制翘飞椽椽头：对应正身部位雀台线与椽头的高度差为x，将大连檐下皮线向下偏移x得到翘飞椽头高度定位线（以翘飞椽头高点为定位点），依据第8翘飞椽头作辅助线确定水平位置，与翘飞椽头高度定位线交于点E。按照翘飞撇度计算方式，本案例翼角飞椽一共17根，将半椽径分为17份，第8根翘飞撇度为0.5椽径÷17×10。绘制椽头以E点辅助线向下偏移第8翘飞的撇度，与椽头另一侧辅助线相交作点F，连接点E和点F为椽头上皮线，上皮线向下平移一椽径，得到椽子的底皮线。

d.2绘制翘飞椽椽身（椽身为示意线）：对应角梁平面图、角梁加斜视角立面图中椽尾椽花分位上皮两端点作辅助线，辅助线相交分别做点G和点H，连接两点为线段GH。作第8翘飞水平位置辅助线交椽尾椽花分位上皮线段GH于点J、点K。连接点E与点J、点F与点K，得到第8根翘飞的椽身斜度。将线段FK向下平移一椽径，完成第8根翘飞椽的绘制。其余翘飞椽依照上述方法绘制完成后，隐藏被遮挡的构件。

（4）绘制进深方向椽子看线（图2-3-13）：对应步架平面图和横剖面图，作正身飞椽外皮辅助线交点M、正身檐椽外皮辅助线交点N，依据点M、点N作椽身示意线。

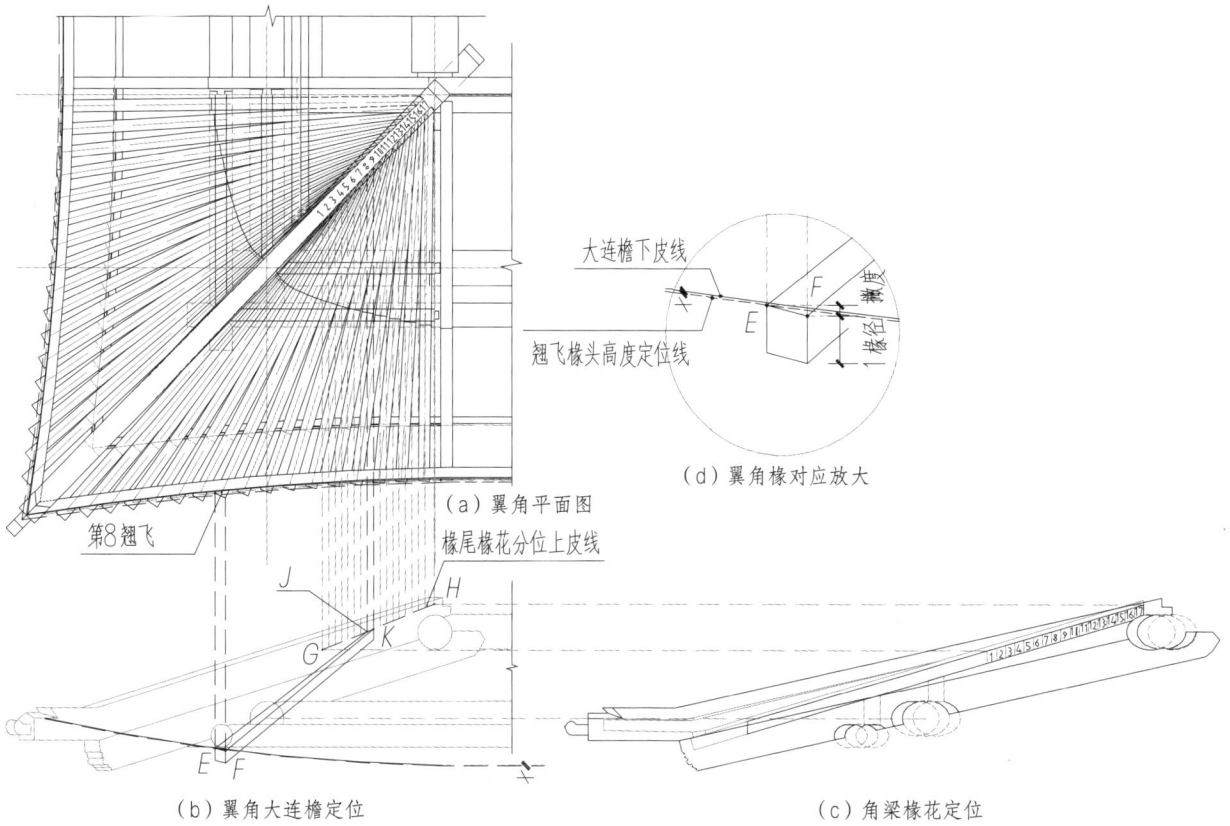

大连檐下皮线

翘飞椽头高度定位线

（d）翼角椽对应放大

（a）翼角平面图

第8翘飞

椽尾椽花分位上皮线

J

H

G K

E F

（b）翼角大连檐定位

（c）角梁椽花定位

图2-3-12　翘飞椽的对应关系图

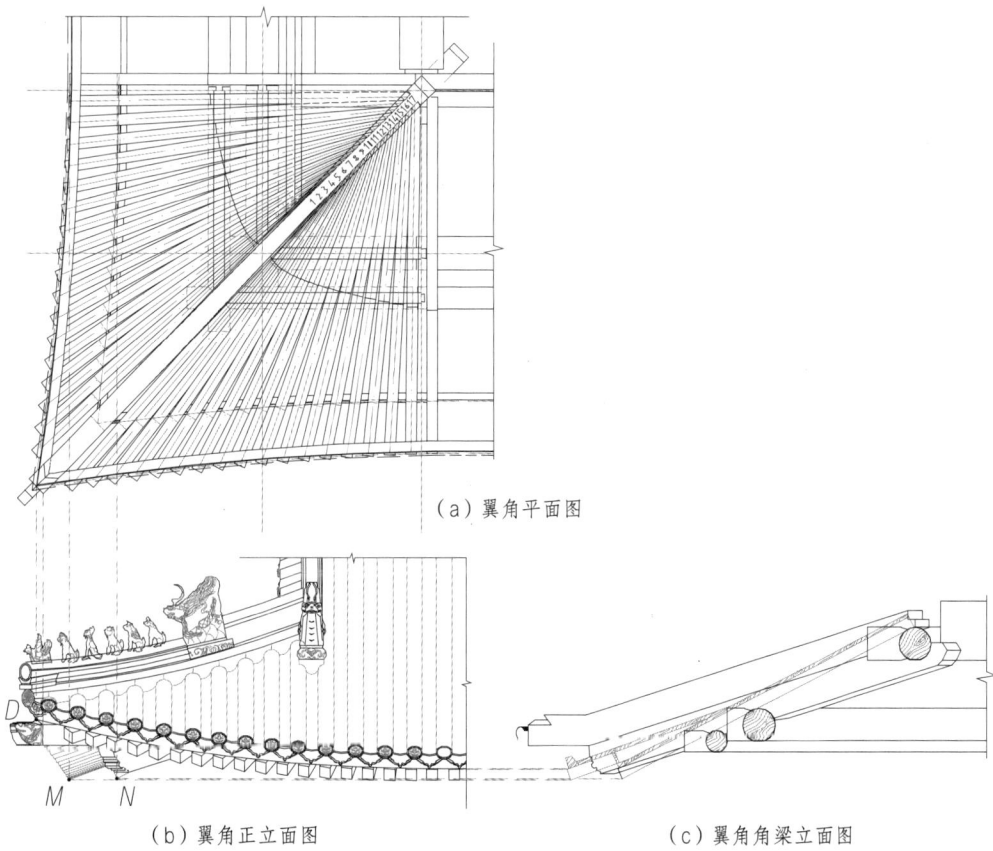

（a）翼角平面图

D

M　N

（b）翼角正立面图

（c）翼角角梁立面图

图2-3-13　进深方向椽子的对应关系图

（5）对应屋顶平面图定位正身部位滴水勾头、翼角部位滴水勾头、正脊、吻座、正吻、垂脊、垂兽、垂兽座、戗脊、戗兽、戗兽座、山面部位滴水勾头的平面位置；对应横剖面图定位正身部位滴水勾头、翼角部位滴水勾头、正身筒瓦（与正当沟连接处高度）、翼角筒瓦（与斜当沟连接处高度）、正脊、吻座、正吻、垂脊、垂兽、垂兽座、戗脊的高度，对应纵剖面图定位戗兽、戗兽座、山面部位滴水勾头的高度。垂兽座中心线对应垂脊中心线，位于两垄筒瓦之间（即板瓦中心线上），垂兽座下方为压当条和托泥当沟（黑活屋面名称不同）。

绘图顺序：正身部位滴水勾头、翼角部位滴水勾头、正身筒瓦、翼角筒瓦、正脊、吻座、正吻、垂脊、垂兽、垂兽座、戗脊、戗兽、戗兽座、山面部位滴水勾头。

①对应翼角滴水、勾头：根据屋顶平面确定屋面翼角处共14垄瓦。

选取屋顶平面图第5垄为例，对应平面图中第5筒瓦中心线及边线作辅助线确定正立面中的水平位置，再以横剖面图中的第5垄筒瓦勾头上皮点作辅助线，确定勾头在正立面中的高度位置，两条辅助线相交的点为第5垄筒瓦勾头在正立面中的上皮线。翼角部位滴水与勾头的位置关系同正身部位，勾头需压在滴水之上，预留出勾头、滴水的厚度绘制（图2-3-14）。

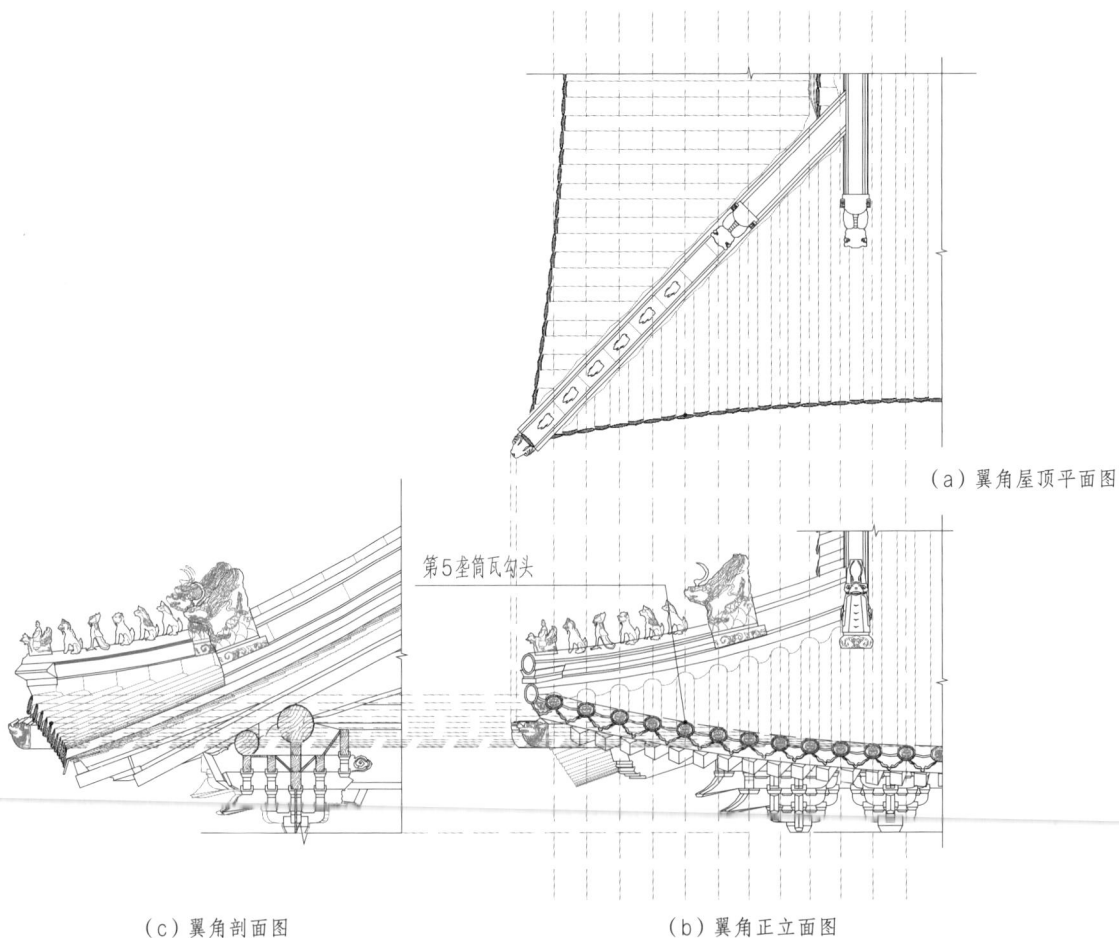

（a）翼角屋顶平面图

第5垄筒瓦勾头

（c）翼角剖面图

（b）翼角正立面图

图2-3-14　翼角瓦件的对应关系图

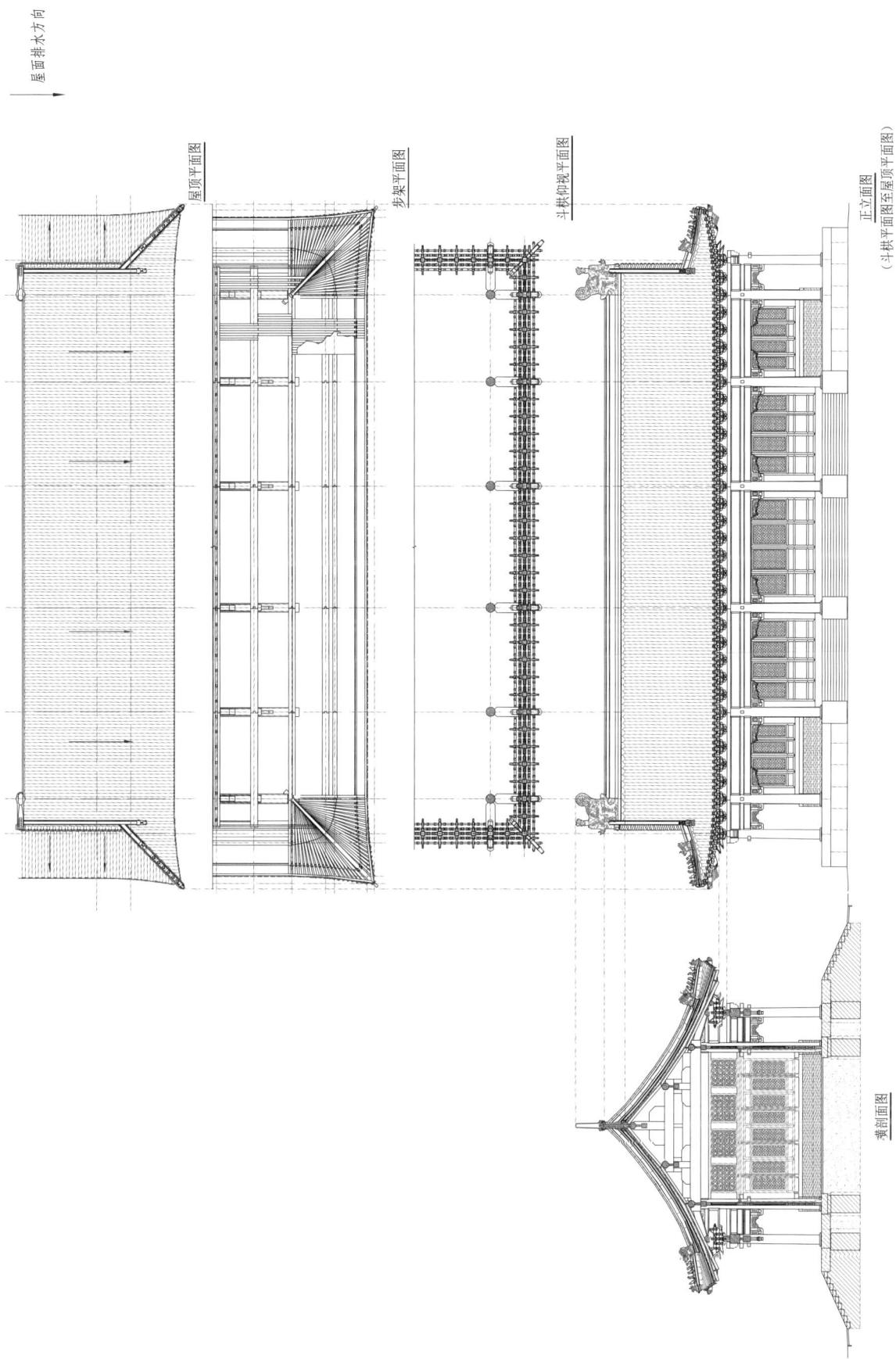

图2-3-15 正立面图与斗栱平面图、步架平面图、屋顶平面图、横剖面图的关系对应图

屋面排水方向

屋顶平面图

步架平面图

斗栱仰视平面图

正立面图
（斗栱平面图至屋顶平面图）

横剖面图

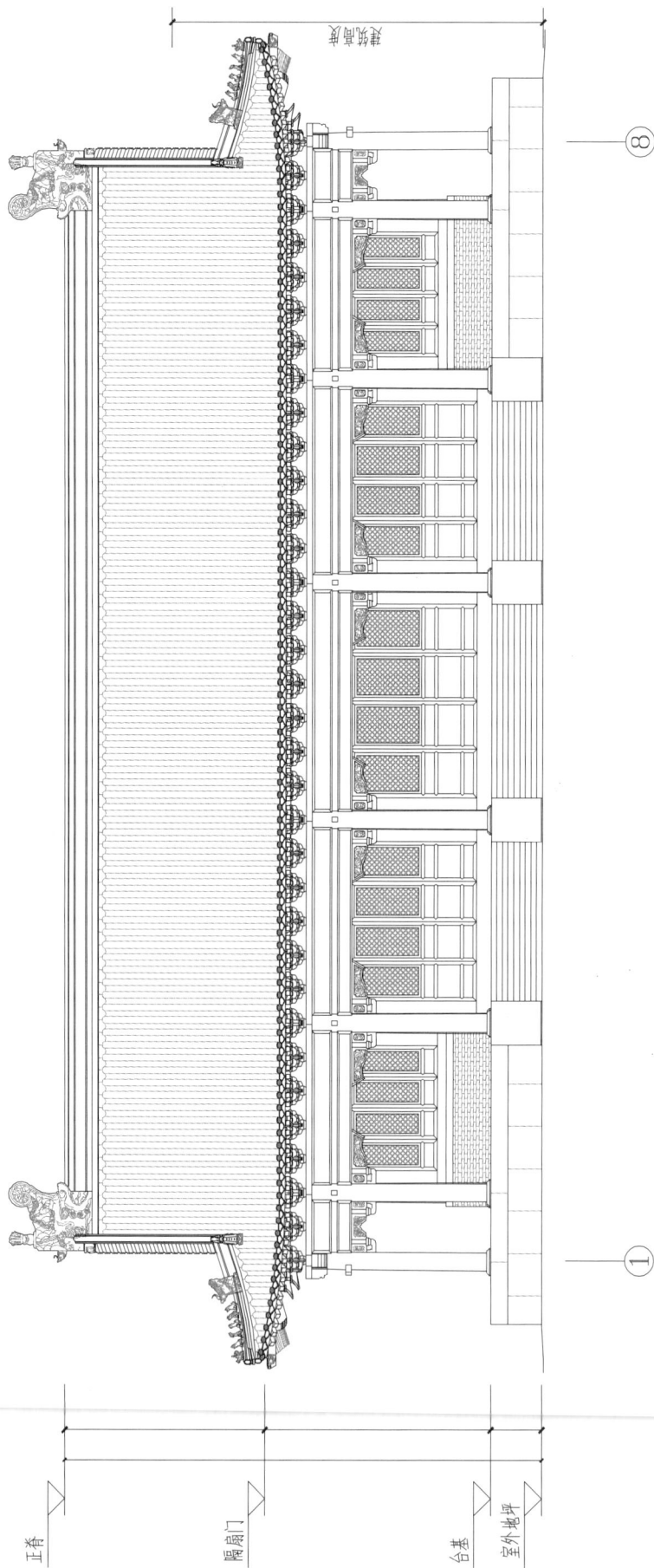

图2-3-16 正立面图

②绘制正脊、吻座、正吻、垂脊、垂兽、垂兽座：对应屋顶平面图中正吻、吻座边线作辅助线，对应垂脊、垂兽中心线，可确定正吻、吻座、垂脊、垂兽边线的平面位置，正脊位于两侧正吻之间，垂兽座位于垂兽之下共用中心线。对应横剖面图中正吻、正脊、垂脊、垂兽上皮和垂兽座下皮作辅助线，根据辅助线定位放置正脊、吻座、正吻、垂脊、垂兽、垂兽座大样。

③翼角戗脊、戗兽、小兽绘制方法详见横剖面图2.2.2.3-（3）。注意戗脊的后尾与垂脊相接并低于垂脊，所以戗脊线应在垂脊边线处截止。

④绘制山面滴水勾头：对应屋顶平面图中山面滴水勾头的内皮线、外皮边线作辅助线，可得山面滴水勾头在平面中的位置；对应纵剖面图中山面滴水勾头的高度作辅助线，可得山面滴水勾头在正立面图中的高度位置。依据水平、垂直辅助线交点定位绘制山面滴水勾头。

绘图要点：

①步骤2.3.1.2完成的正立面图由斗栱仰视平面图、步架平面图、屋顶平面图对应完成（图2-3-15）。

②戗脊勾头应搭接在第一个勾头瓦件之上，构件之间应绘制正确的遮挡关系。

③翼角构件对应时应注意翼角平面的摆放方向与视角方向一致。

2.3.1.3

结合2.3.1.1～2.3.1.2完成正立面图（图2-3-16）。

2.3.2 侧立面图的对应关系

侧立面图对应分两个步骤完成：

2.3.2.1 以台基平面图的柱根中心轴线，柱头平面图和平板枋平面图的柱头中心轴线、构件边线为侧立面图的平面定位依据；以设计计算书中构件的尺寸、纵剖面图的构件高度为侧立面图的高度定位依据。

（1）以进深方向摆放台基平面图的柱根中心轴线对应侧立面图柱根中心轴线；以进深方向摆放柱头平面图、平板枋平面图的柱头中心轴线对应侧立面图柱头中心轴线。

（2）对应台基平面图中陡板石、阶条石、垂带石、散水边线的平面位置；以纵剖面图对应侧立面图各构件高度位置。

绘图顺序：陡板石、阶条石、垂带石、象眼石、散水。

（3）对应台基平面图中古镜、檐柱、金柱、槛墙、木榻板及隔扇窗边线的平面位置；以纵剖面图对应各构件高度位置。构件之间的遮挡关系及隔扇窗造型详见正立面图2.3.1.1-（2）。

（4）对应柱头平面图、平板枋平面图中檐柱柱头、斜穿插枋头、大额枋、箍头枋（包含霸王拳）、由额垫板、小额枋、雀替、平板枋等构件边线的平面位置；以纵剖面图对应各构件高度位置。绘制方式详见横剖面图2.2.2.1-（4）。

侧立面图计算列表一　　　　　　　　　　　　　　　　表2-3-4

位置	构件	宽	高（厚）
台基	垂带石	/	斜高 5.7 斗口

绘图要点：

①步骤2.3.2.1完成的正立面图由台基平面图、柱头平面图、平板枋平面图对应完成（图2-3-17）。

②依据2-3-2纵剖面图构件计算列表（表2-3-4）中构件尺寸进行图纸绘制。

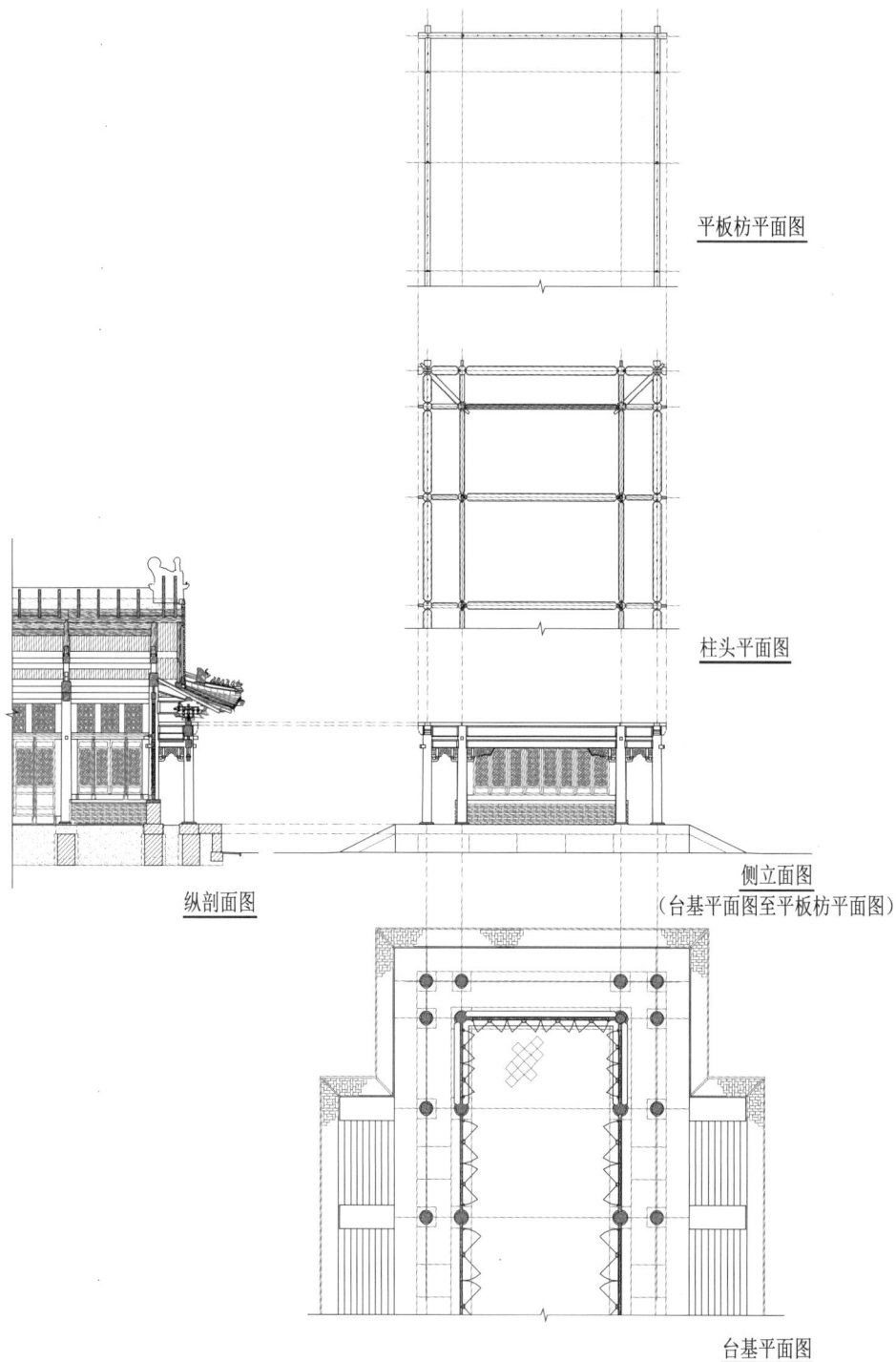

图2-3-17 侧立面图与台基平面图、柱头平面图、平板枋平面图、纵剖面图的关系对应

2.3.2.2 以斗栱仰视平面图、步架平面图、屋顶平面图的柱头中心轴线为侧立面图的平面定位依据；以纵剖面图、横剖面图的构件高度为侧立面图的高度定位依据。

（1）以进深方向摆放斗栱仰视平面图、步架平面图、屋顶平面图的柱头中心轴线对应侧立面图柱头中心轴线。

（2）斗栱、老角梁、仔角梁、飞椽、大连檐绘制方式详见正立面图2.3.1.2-（2）、（3）、（4）。

（3）绘制博缝板、山花板、瓦口木（图2-3-18）。

①对应步架平面图脊桁中心线，定位博缝板平面位置；对应纵剖面图，定位博缝板上皮点与下皮点高度

位置；以上皮点与下皮点为起点，根据横剖面图垂脊弧线辅助线，绘制博缝板。

②博缝板之上绘制瓦口木辅助线。在侧立面图中，博缝板上皮辅助线与瓦口木辅助线被排山勾头、排山滴水遮挡，仅作为绘制排山勾头与排山滴水的定位辅助线。

③博缝板之下，博脊之上为山花板。山花板内填充常见纹饰，图中所示为"山花结带纹饰图"部分示意。

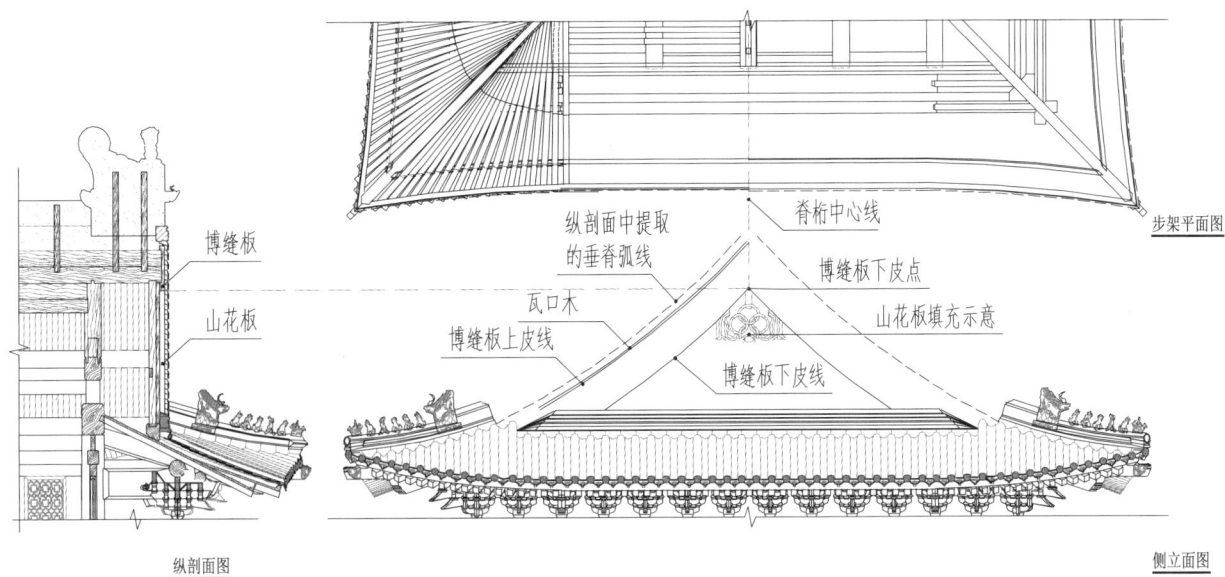

图2-3-18　博缝板、山花板画法大样图

④绘制钉花：对应步架平面图中金桁、脊桁中心线作辅助线定位钉花平面位置；对应横剖面图中各桁高度位置，定位钉花高度位置（图2-3-19）。

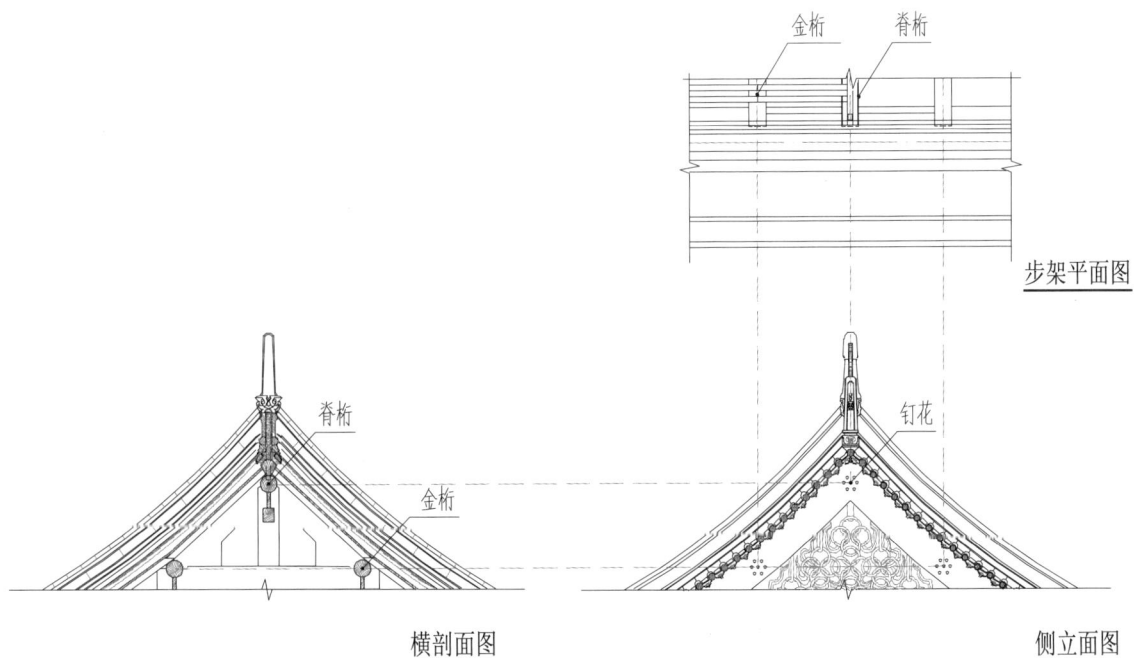

图2-3-19　钉花画法大样图

⑤绘制戗脊：戗脊的绘制详见2.3.1.2-（5）。对应屋顶平面图中戗脊与垂脊交点作辅助线，确定戗脊与垂脊连接处平面定位；结合正立面图戗脊高度，绘制戗脊。

⑥绘制博脊、挂尖：对应屋顶平面图中博脊边线的平面位置；对应纵剖面中博脊高度位置。两端挂尖收口位于排山勾头与排山滴水之下（图2-3-20）。

⑦滴水、勾头、板瓦、筒瓦、小兽、戗兽、戗兽座、正吻、吻兽座的绘制方式详见2.3.1.2-（5）；正身筒瓦顶端收口对应纵剖面图绘制。

⑧绘制排山滴水、排山勾头：对应屋顶平面图，定位第一垄排山勾头（位于顶部，吻座之下）的平面位置；对应纵剖面图定位第一垄排山勾头的高度位置。排山勾头与排山滴水沿瓦口木，依次排布至博脊上皮，最后一垄以排山勾头收尾（图2-3-21）。

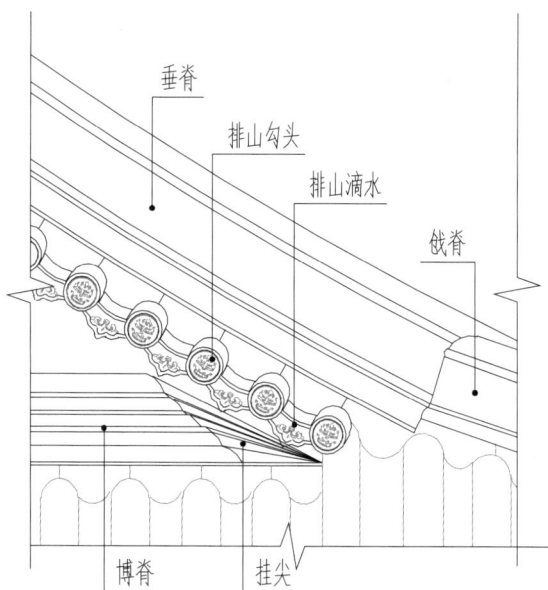

图2-3-20 博脊、挂尖、垂脊、戗脊大样图

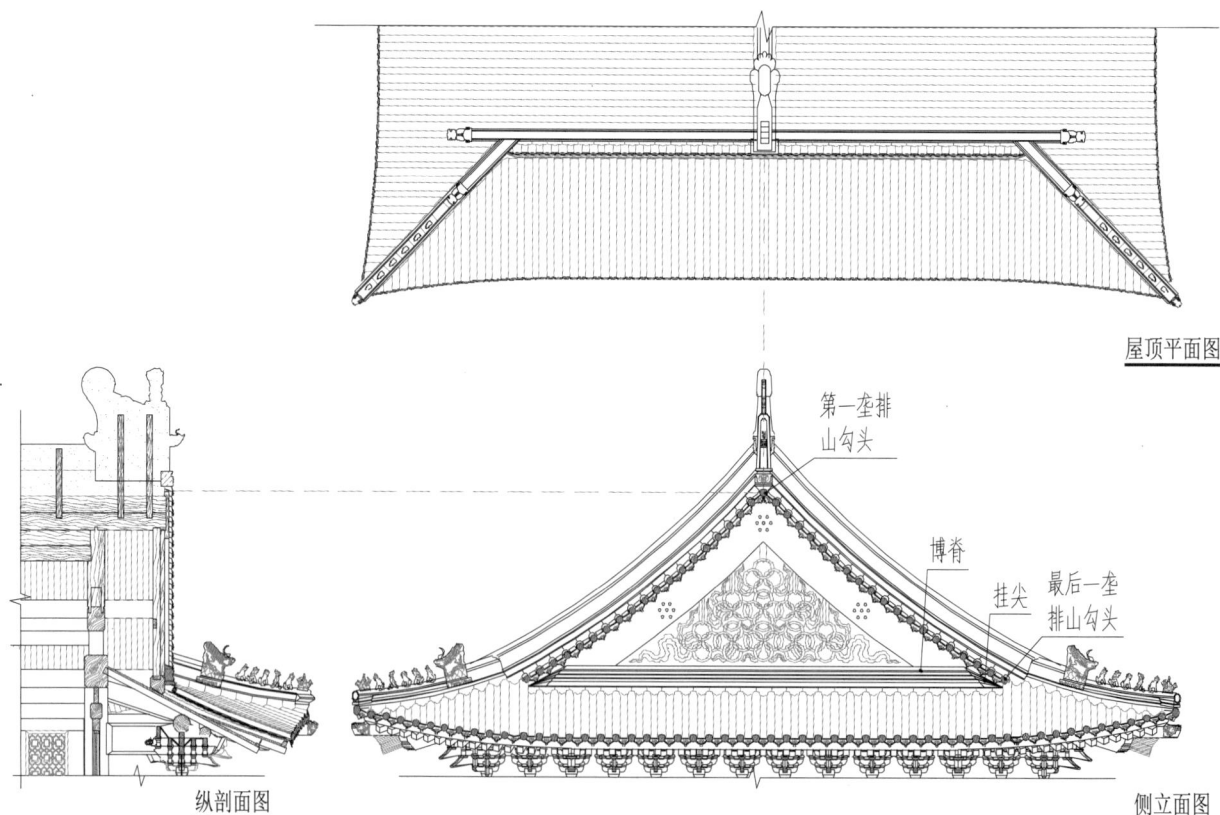

图2-3-21 排山勾头与排山滴水画法大样图

绘图要点：

步骤2.3.2.2完成的正立面图由斗栱仰视平面图、步架平面图、屋顶平面图对应完成（图2-3-22）。

2.3.2.3 结合2.3.2.1～2.3.2.2完成侧立面图（图2-3-23）。

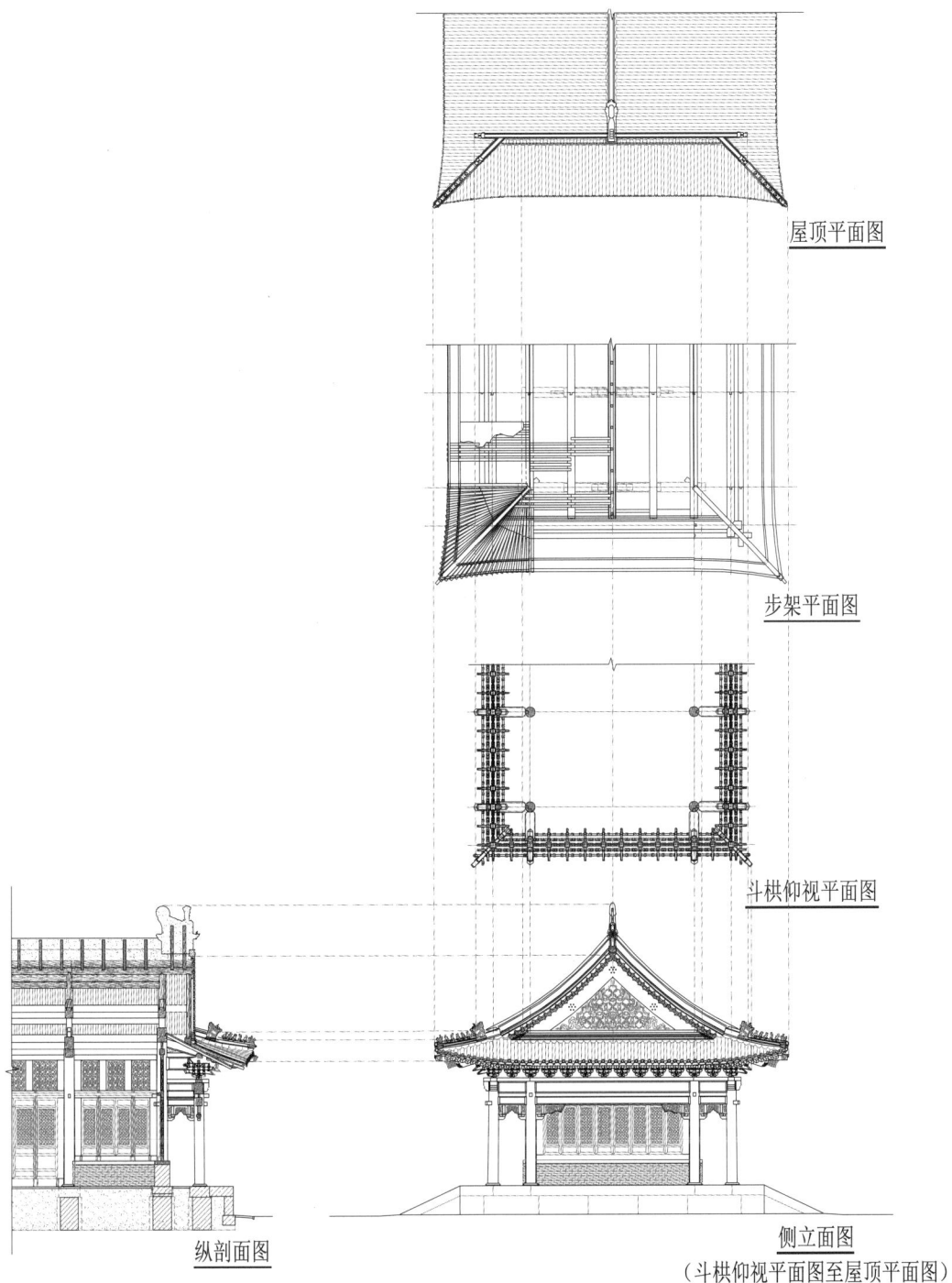

屋顶平面图

步架平面图

斗栱仰视平面图

纵剖面图

侧立面图
（斗栱仰视平面图至屋顶平面图）

图2-3-22 侧立面图与斗栱平面图、步架平面图、屋顶平面图、纵剖面图的关系对应

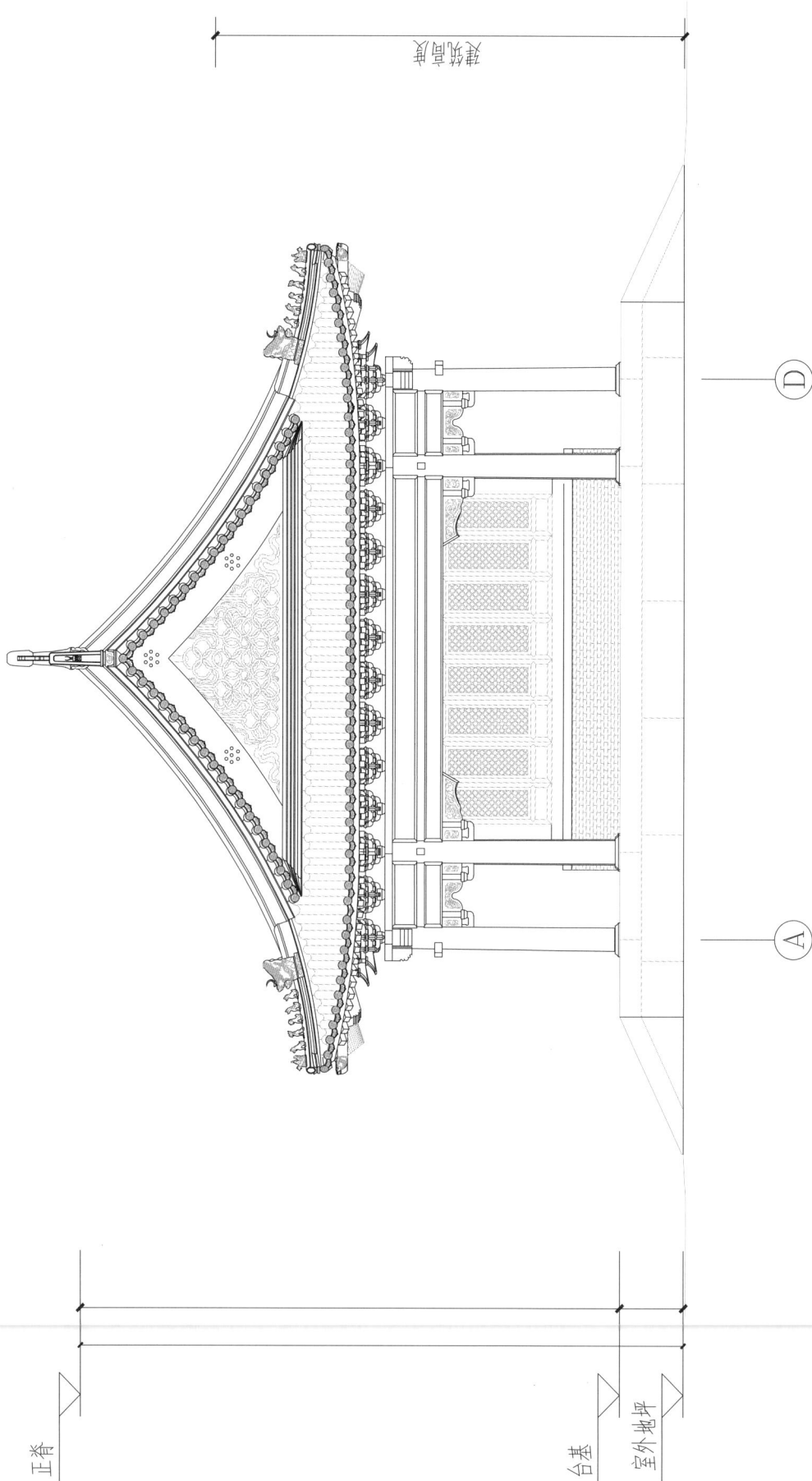

图2-3-23 侧立面图

正脊

台基

室外地坪

建筑总高

建筑细部构件用较大的比例将其形状、大小、材料和做法，按正投影图的画法，详细地表示出来的图样，称为建筑详图，简称详图。

建筑施工详图是建筑细部的施工图，是建筑平面图、立面图、剖面图的补充。因建筑平面图、立面图、剖面图的比例尺较小，建筑细部构造表达不清晰，需通过施工详图补充建筑细部做法。建筑施工详图采用较大的比例尺绘制，建筑施工详图应表示各个部位的用料、做法、形式、尺寸、细部构造等内容，建筑施工详图的范围广泛，凡在图纸或文字说明中交代不清的内容都可通过建筑施工详图表达（如有特殊需要，可绘制轴测图）。施工详图是设计者设计意图的更完整表达，便于指导施工。

注：部分建筑施工详图还应与结构、设备等专业配合，避免各专业之间出现图纸矛盾。

本章以清官式七檩歇山周围廊建筑的平面施工图、立面施工图、剖面施工图为例，诠释建筑施工详图。

3.1 建筑施工详图的要求与内容

3.1.1 建筑施工详图要求

3.1.1.1 建筑施工详图表述平面图、立面图、剖面图不能清楚表达的局部结构特点、构造形式、节点、复杂纹样和工程技术措施等。凡在工程中需详尽表述的内容，均应首选用建筑施工详图形式予以表述。

3.1.1.2 建筑施工详图尺寸必须细致、准确。对于难以表明的尺寸，允许用规定各部比例关系的方式补充尺寸标注。表明在建筑中的相对位置和构造关系。建筑施工详图编号应与平面图、立面图、剖面图对应。

3.1.2 建筑施工详图内容

确定各图中要提取的建筑施工详图位置，以及框选出需要展示细节的建筑施工详图范围。

注：选框仅为提取位置示意，具体建筑施工详图标注及表达方式见本册3.2、3.3。

（1）在台基平面图中需展示构造细节的建筑施工详图有：踏步平面详图、台明平面详图、柱顶石平面详图、隔扇门平面详图、隔扇窗平面详图（图3-1-1）。

（2）在柱头平面图中需展示构造细节的建筑施工详图有：箍头枋榫卯详图（图3-1-2）。

（3）在平板枋平面图中需展示构造细节的建筑施工详图有：平板枋榫卯详图（图3-1-3）。

（4）在斗栱平面图中需展示构造细节的建筑施工详图有：平身科斗栱平面详图、柱头科斗栱平面详图、角科斗栱平面详图（图3-1-4）。

（5）在步架平面图中需展示构造细节的建筑施工详图有：翼角平面详图、山面收山平面详图（图3-1-5）。

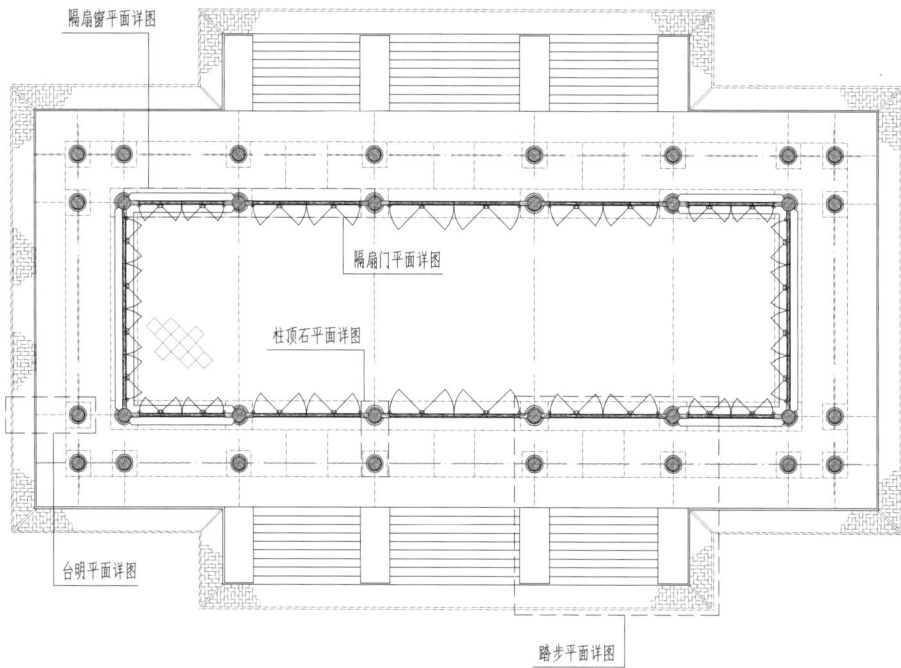

隔扇窗平面详图

隔扇门平面详图

柱顶石平面详图

台明平面详图

踏步平面详图

（a）台基平面图

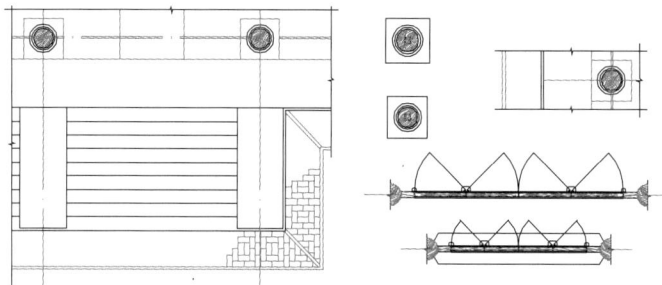

（b）台基平面图的提取成果图

图3-1-1　台基平面图详图位置及提取成果

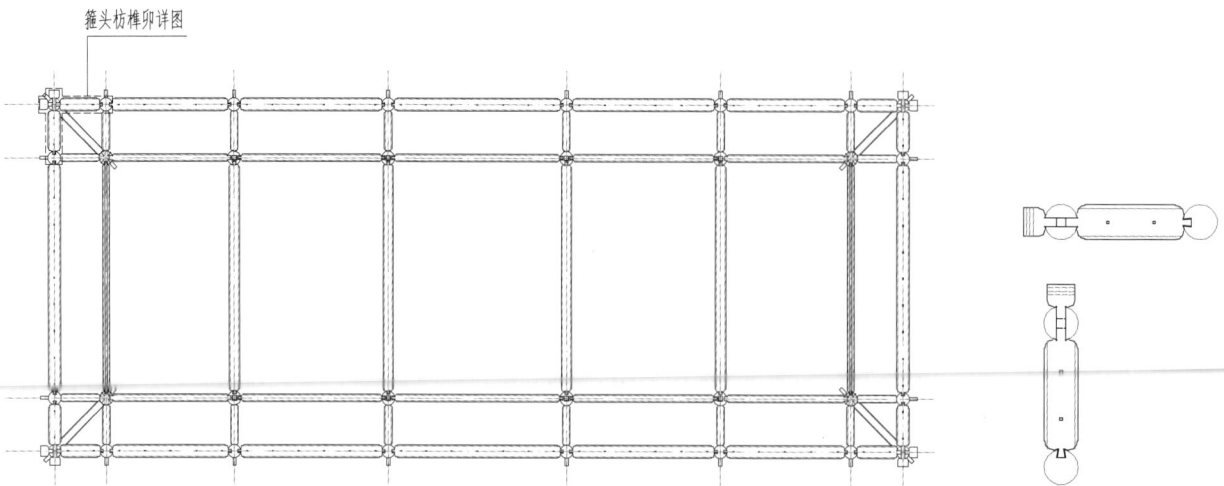

箍头枋榫卯详图

（a）柱头平面图　　　　　　　　　　　（b）柱头平面图的提取成果图

图3-1-2　柱头平面图详图位置及提取成果

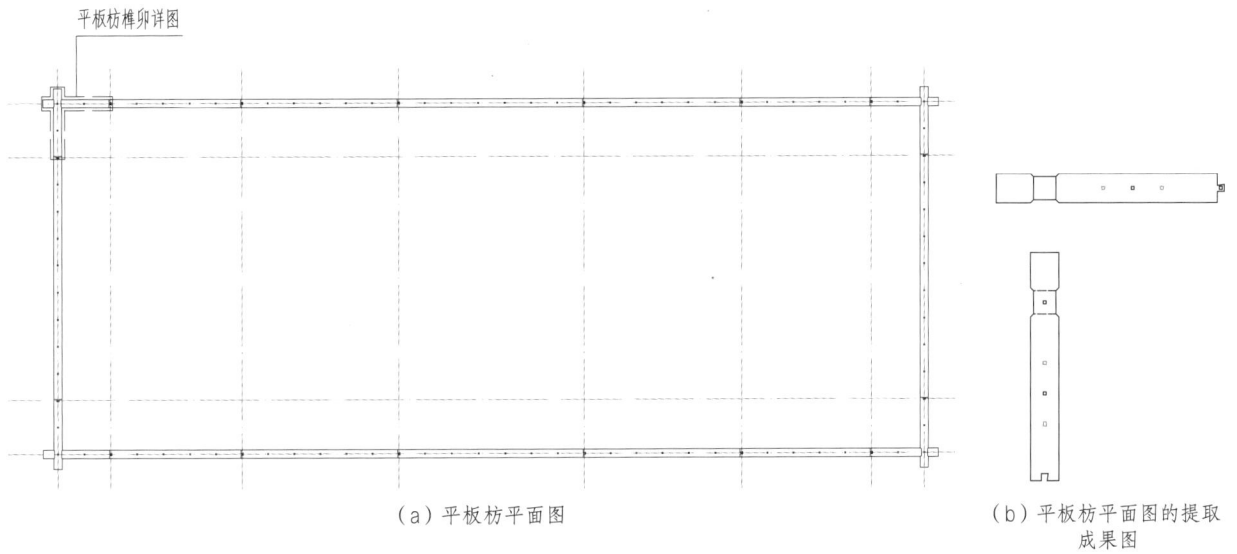

（a）平板枋平面图

（b）平板枋平面图的提取
成果图

图3-1-3　平板枋平面图详图位置及提取成果

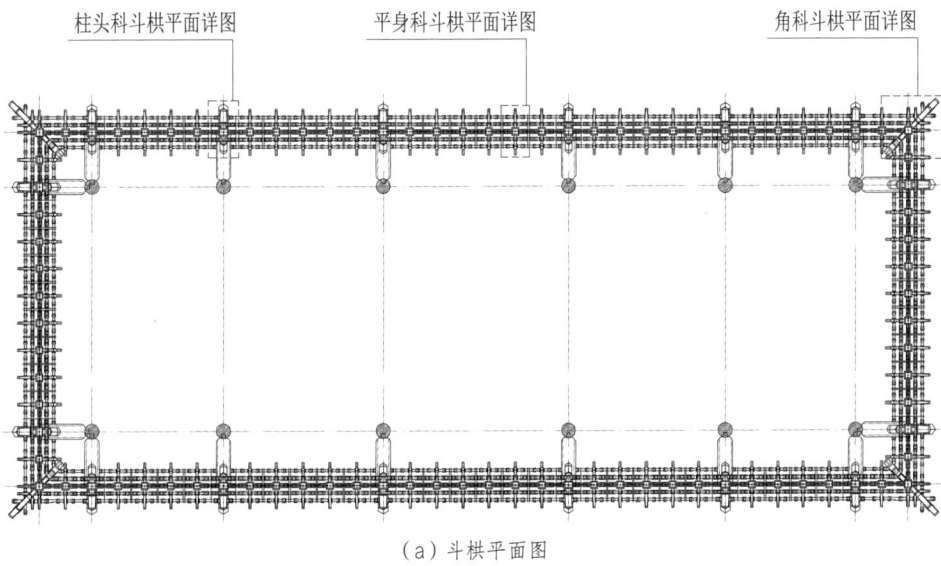

（a）斗栱平面图

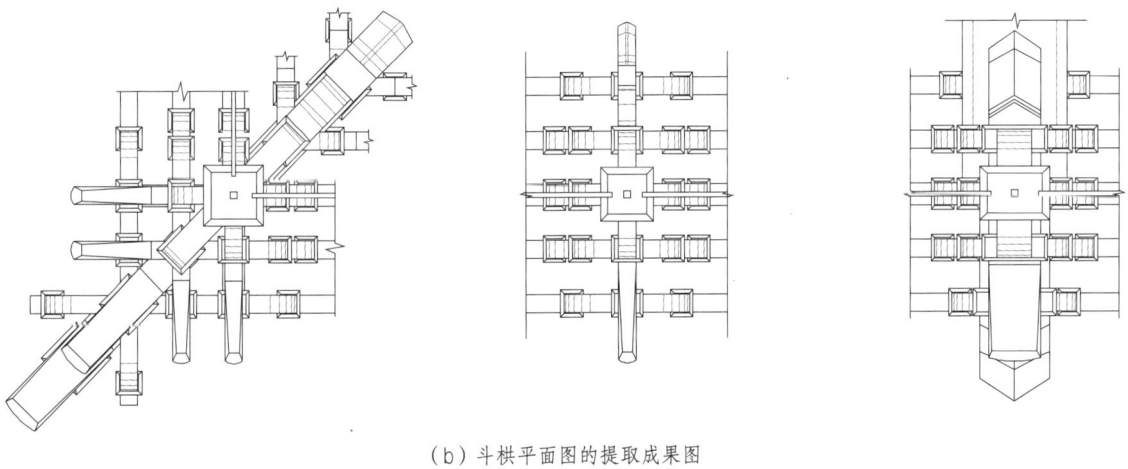

（b）斗栱平面图的提取成果图

图3-1-4　斗栱平面图详图位置及提取成果

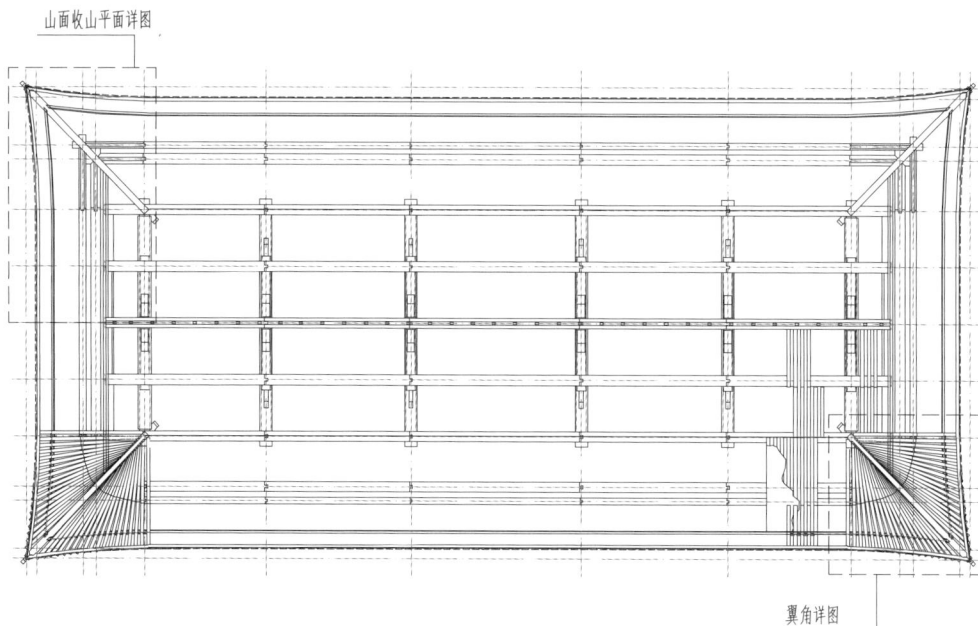

（a）步架平面图

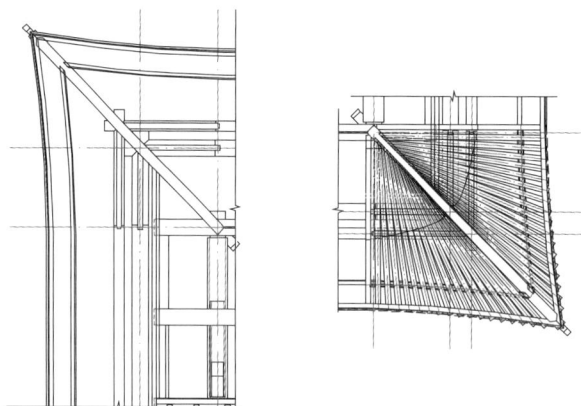

（b）步架平面图的提取成果图

图3-1-5　步架平面图详图位置及提取成果

　　（6）在屋顶平面图中需展示构造细节的建筑施工详图有：正吻平面详图、正脊平面详图、垂脊平面详图、垂兽平面详图、戗脊平面详图、戗兽平面详图、小兽平面详图、套兽平面详图（图3-1-6）。

　　（7）在横剖面图中需展示构造细节的建筑施工详图有：踏步剖面详图、隔扇门剖面详图、檐口剖面详图、正脊剖面详图（图3-1-7）。

　　（8）在纵剖面图中需展示构造细节的建筑施工详图有：台明剖面详图、隔扇窗剖面详图、围脊剖面详图、山面收山剖面详图（图3-1-8）。

　　（9）在正立面图中需展示构造细节的建筑施工详图有：踏步立面详图、台明立面详图、隔扇门立面详图、隔扇窗立面详图、瓦件立面详图（图3-1-9）。

　　（10）在侧立面图中需展示构造细节的建筑施工详图有：斗栱立面详图、正吻侧立面详图（图3-1-10）。

（a）屋顶平面图

（b）屋顶平面图的提取成果图

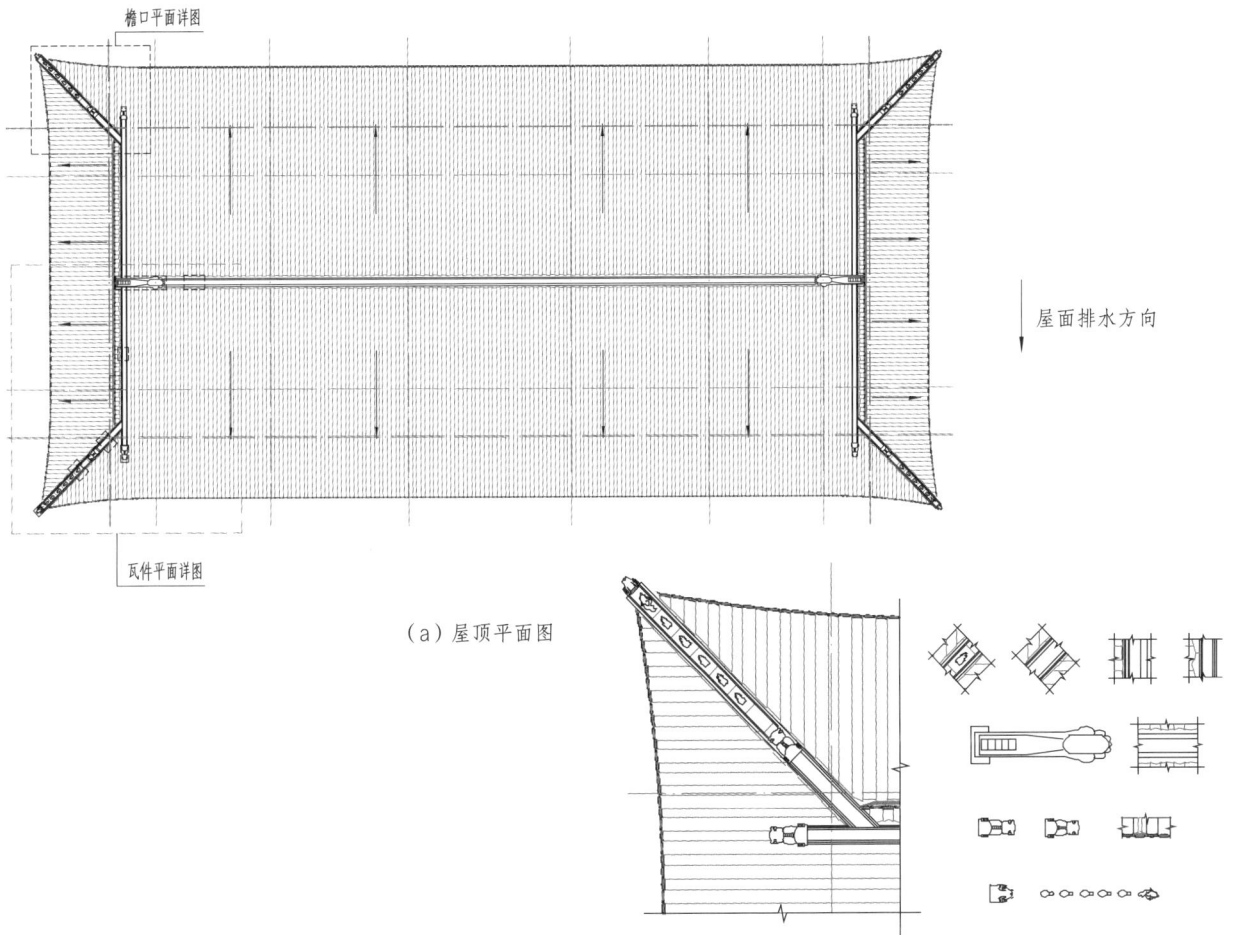

图3-1-6 屋顶平面图详图位置及提取成果

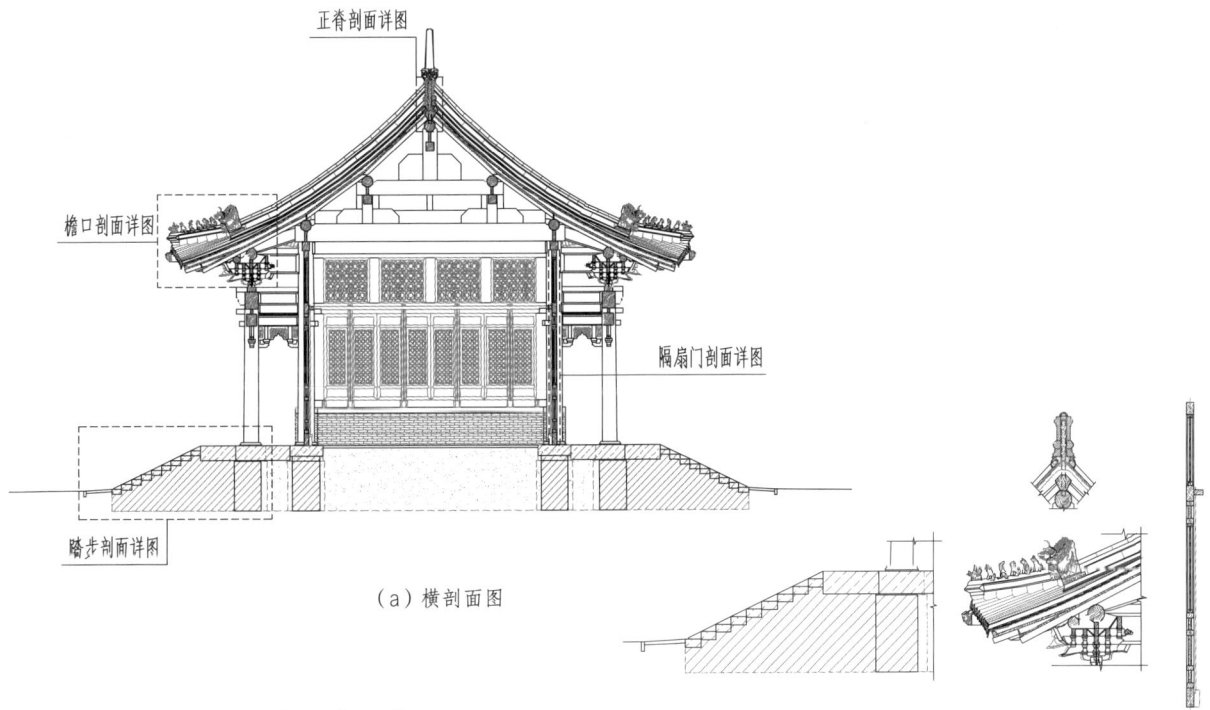

（a）横剖面图

（b）横剖面图的提取成果图

图3-1-7 横剖面图详图位置及提取成果

山面收山剖面详图

围脊剖面详图

台明剖面详图

隔扇窗剖面详图

（a）纵剖面图

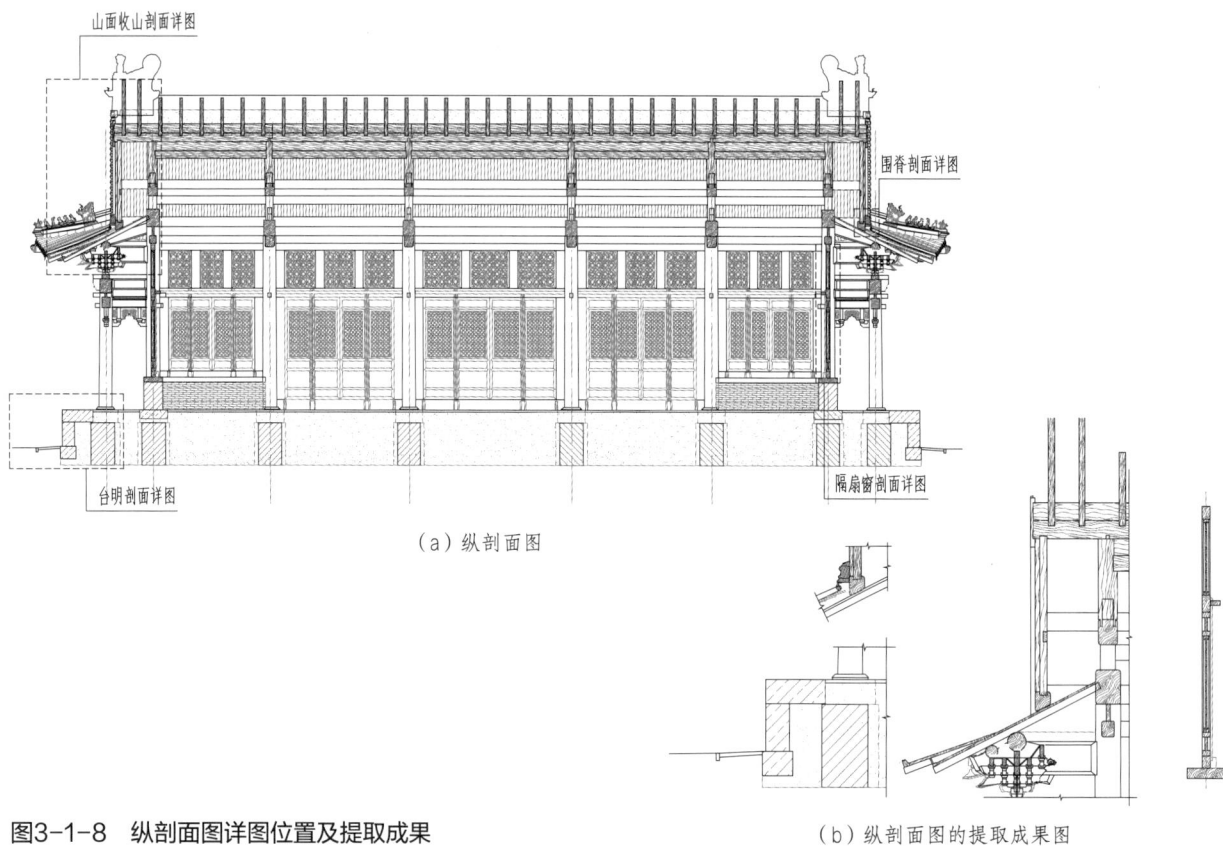

图3-1-8　纵剖面图详图位置及提取成果

（b）纵剖面图的提取成果图

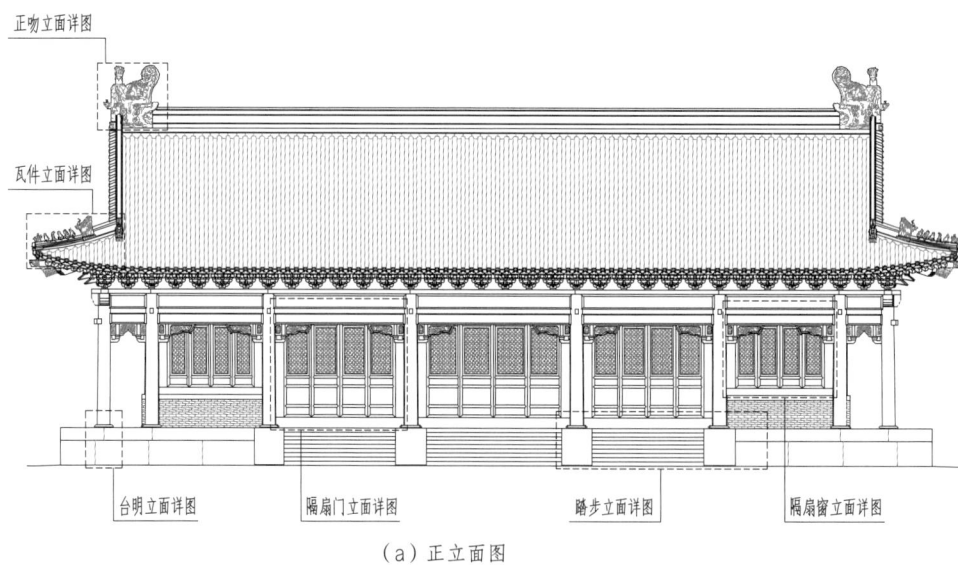

正吻立面详图

瓦件立面详图

台明立面详图　　　　隔扇门立面详图　　　　踏步立面详图　　　　隔扇窗立面详图

（a）正立面图

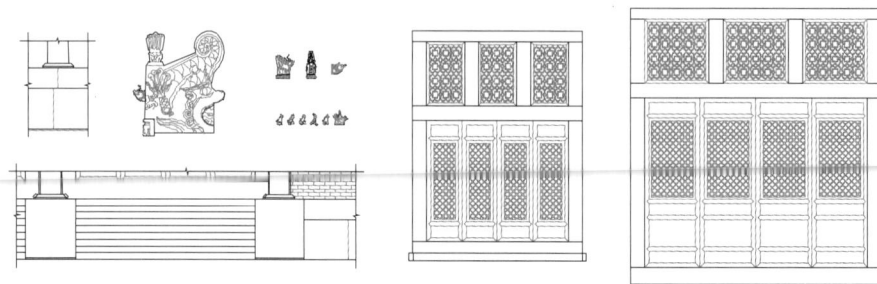

（b）正立面图的提取成果图

图3-1-9　正立面图详图位置及提取成果

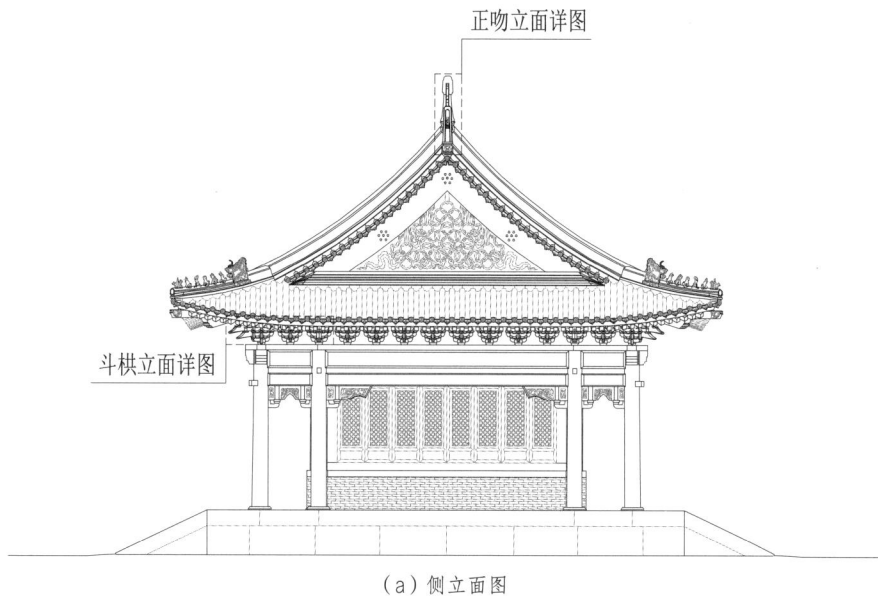

（a）侧立面图

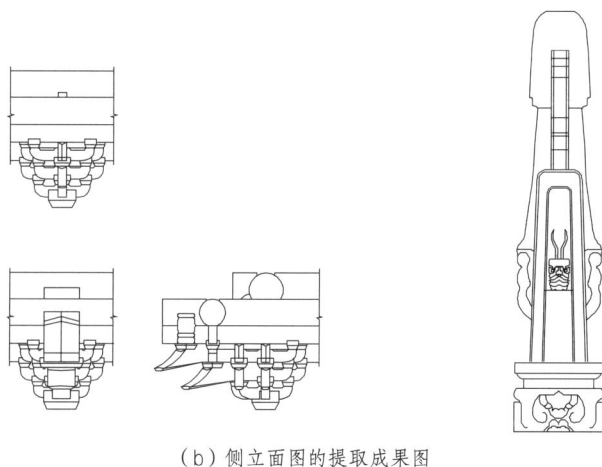

（b）侧立面图的提取成果图

图3-1-10　侧立面图详图位置及提取成果

3.2　建筑施工详图绘制方法

　　建筑施工详图分为两类，一类是在平面图、立面图、剖面图前先绘制的施工详图，第二类是在绘制完平面图、立面图、剖面图之后，从图中提取不同视角或剖切位置建筑局部的施工详图。两类建筑施工详图绘制或提取的区别在于能否直接依据设计计算书绘制图纸，根据设计计算书尺寸直接绘制为提取类施工详图，不能根据设计计算书直接绘制则为绘制类施工详图。

　　在本册1.4、2.2、2.3中已详细描述建筑平面图、剖面图、立面图的绘制方法，其中有需要先绘制部分构件或建筑局部图纸的步骤，此步骤绘制的图纸为绘制类施工详图。这部分图纸在平面图、立面图、剖面图中会因为视角方向或遮挡关系未能完整呈现，以施工详图的形式作为平面图、立面图、剖面图的图纸补充，将建筑局部构造清晰地展示。提取类的施工详图在平面图、剖面图、立面图已经表达，但因图纸比例的原因展示不清晰，须通过施工详图放大标注比例进行展示。放大标注比例，能够将绘制或提取的建筑局部、构件详图尺寸、材料材质、构件相互关系展示全面。

3.2.1 建筑施工详图的绘制与提取

建筑施工详图按平面图的绘制顺序依次介绍。建筑施工详图为展示清晰构件或建筑部位，按照局部平面视角、立面视角、剖面视角进行表达，摆放准则遵循"长对正、高平齐、宽相等"的摆放需求，需将平面详图、立面详图、剖面详图的轴线和边线对齐，此摆放方式更方便理解建筑局部关系。

3.2.1.1 台基平面图需表达的建筑施工详图：提取踏步详图、台明详图、柱顶石详图、隔扇门详图、隔扇窗详图。

（1）踏步详图准确地表达垂带石与平头土衬、砚窝石的位置关系（图3-2-1）。

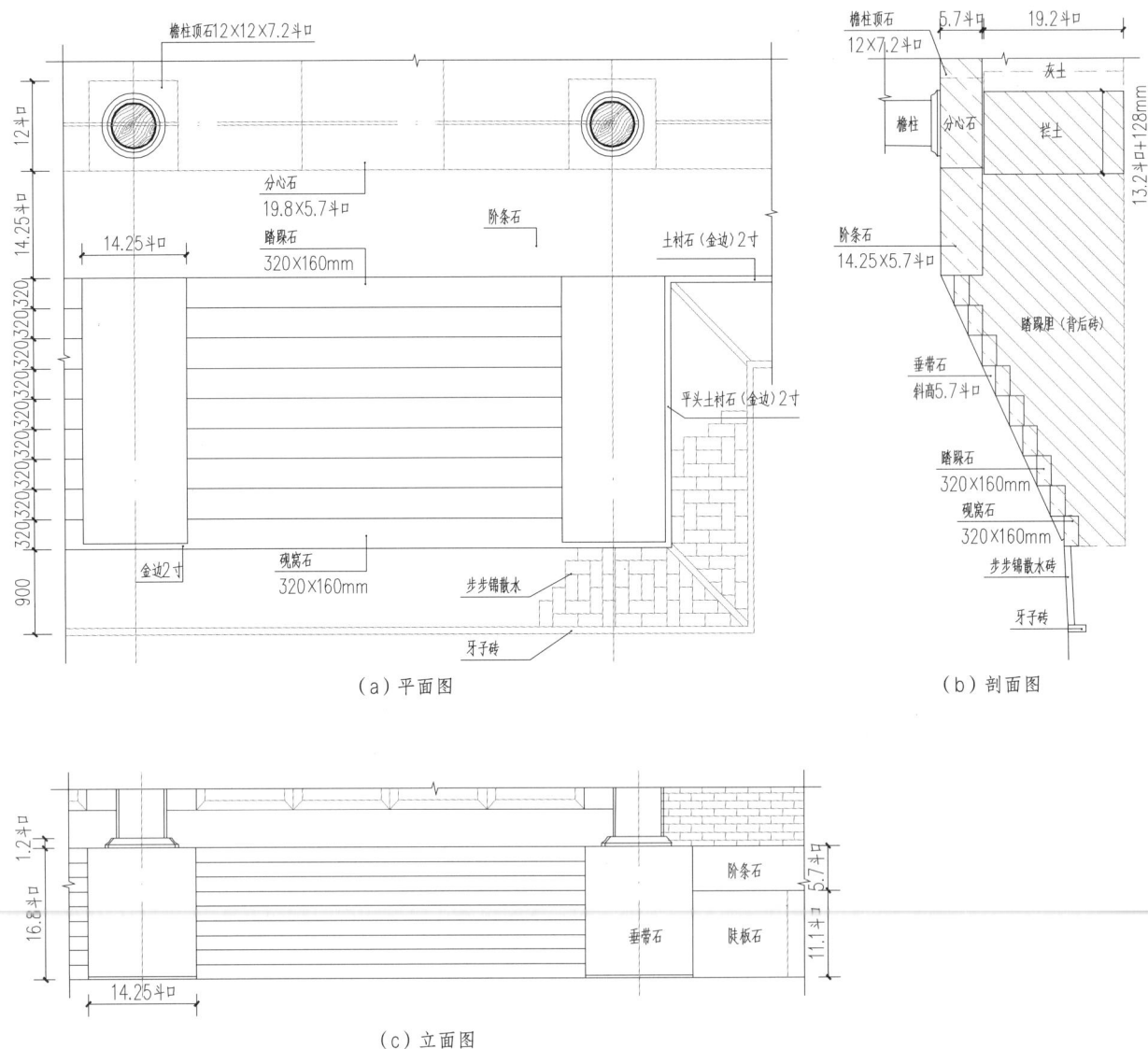

（a）平面图

（b）剖面图

（c）立面图

图3-2-1 踏步详图

（2）台明详图准确表达土衬石、陡板石、阶条石、拦土、磉墩的位置关系（图3-2-2）。

（3）柱顶石详图标明了檐柱顶石、金柱顶石的尺寸和材质；准确表达柱顶石与柱子的位置关系（图3-2-3）。

（a）平面图

（b）立面图

（c）剖面图

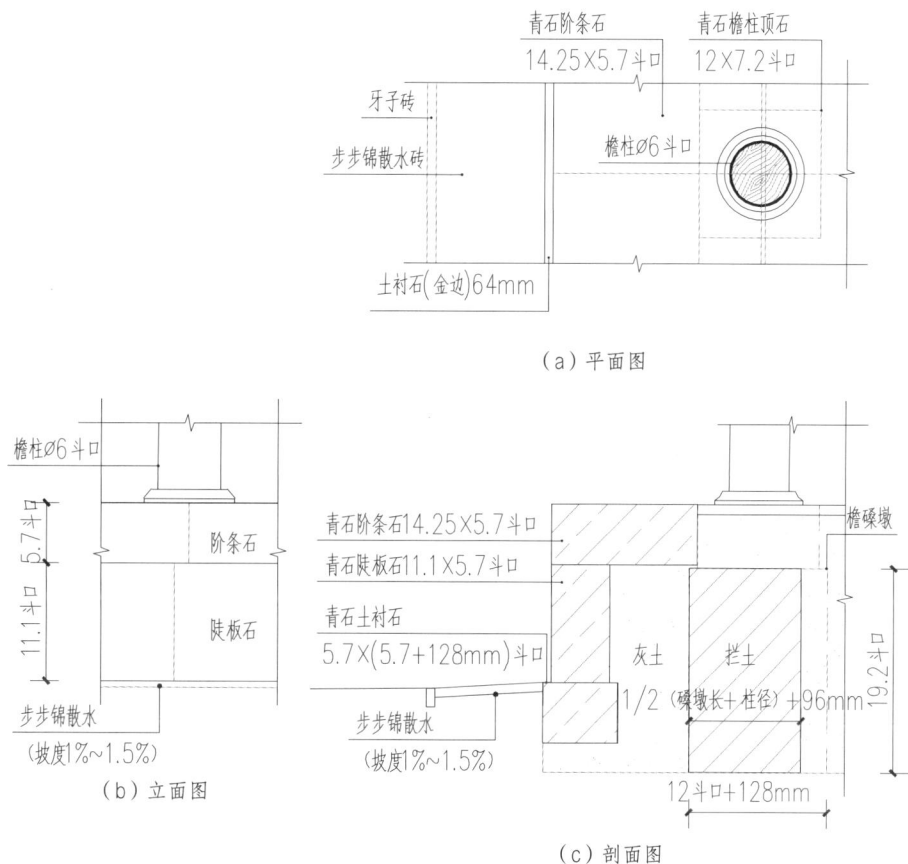

图3-2-2　台明详图

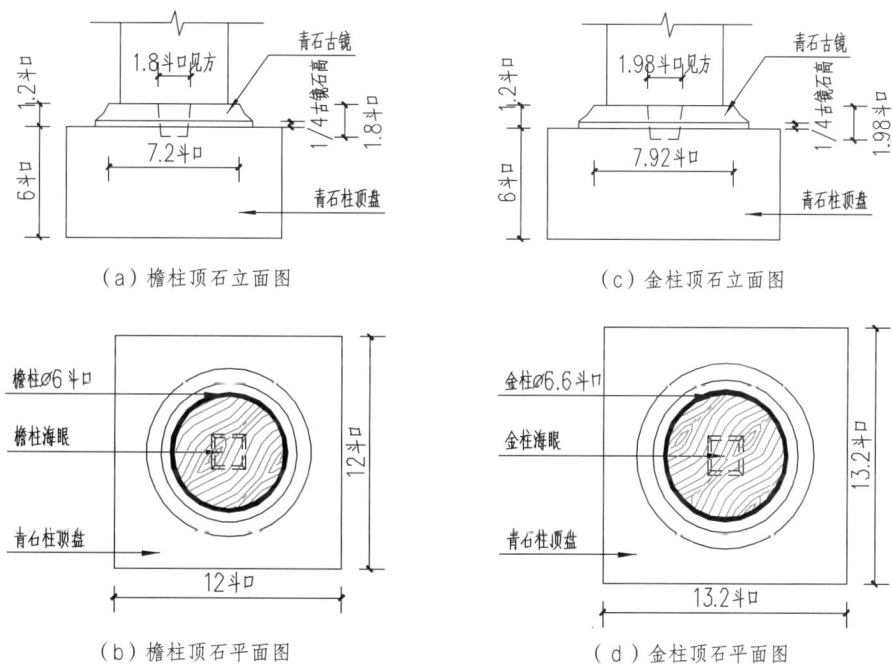

（a）檐柱顶石立面图

（c）金柱顶石立面图

（b）檐柱顶石平面图

（d）金柱顶石平面图

图3-2-3　柱顶石详图

（4）隔扇门详图完整的表达抱框与柱子的连接关系，下槛、连二楹、栓斗、抹头等构件的尺寸（图3-2-4）。

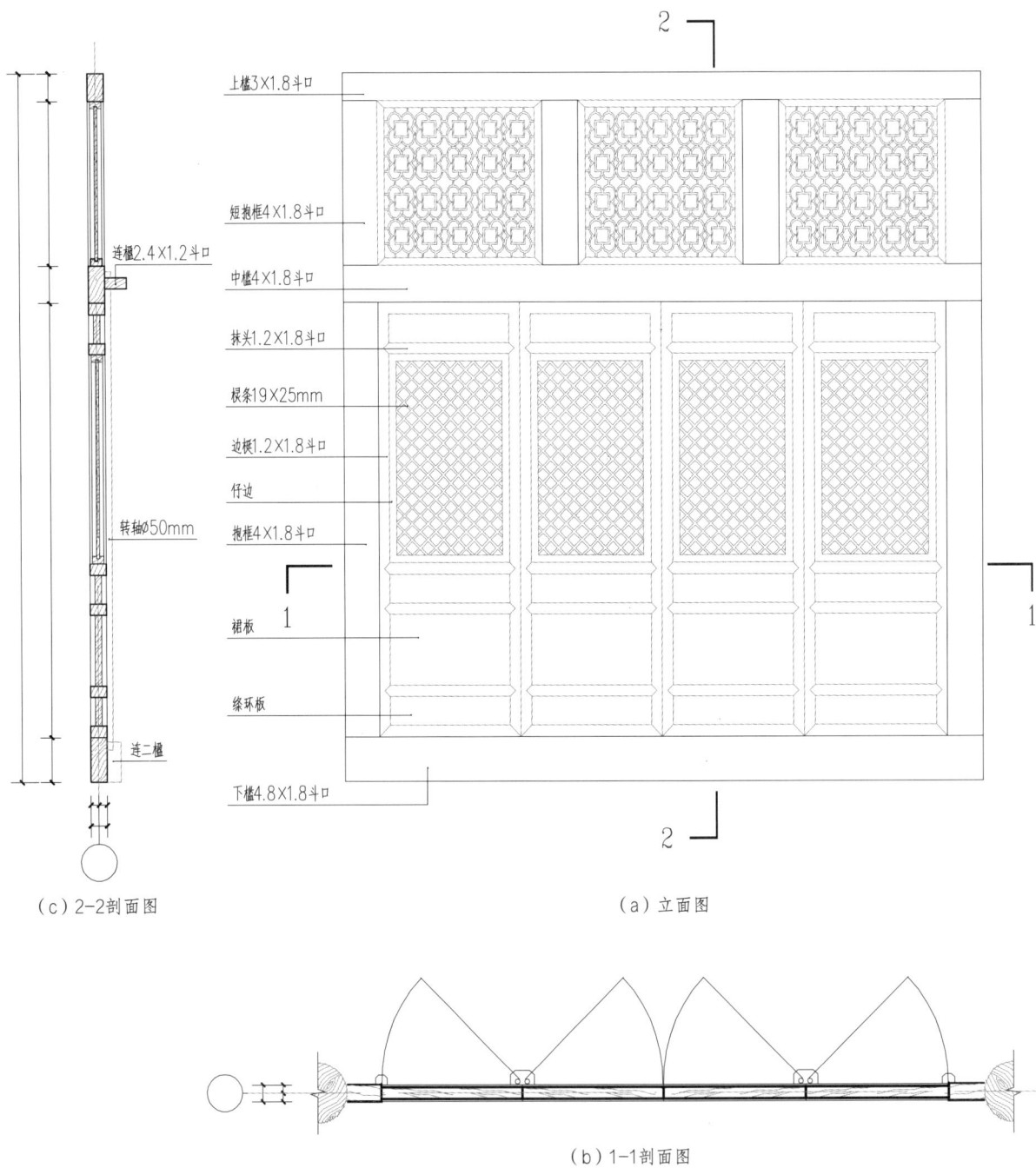

图3-2-4　隔扇门详图

（5）隔扇窗详图完整的表达抱框与柱子、木踏板与槛墙八字柱门的关系，连二槛、栓斗、风槛等构件的尺寸（图3-2-5）。

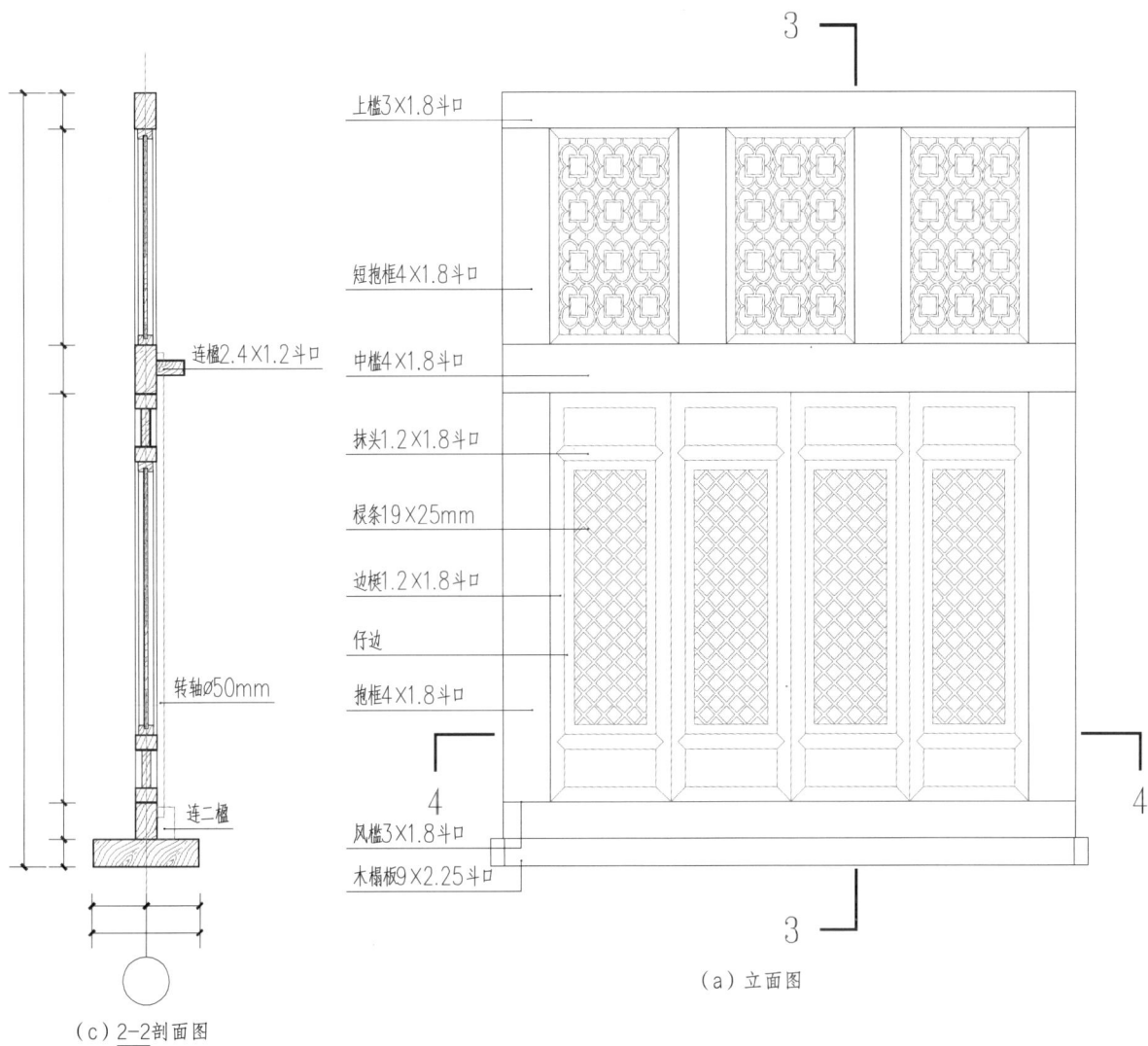

上槛3×1.8斗口

短抱框4×1.8斗口

中槛4×1.8斗口

抹头1.2×1.8斗口

棂条19×25mm

边梃1.2×1.8斗口

仔边

抱框4×1.8斗口

连槛2.4×1.2斗口

转轴∅50mm

连二槛

风槛3×1.8斗口

木榻板9×2.25斗口

（c）2-2剖面图

（a）立面图

八字柱门

（b）1-1剖面图

图3-2-5 隔扇窗详图

3.2.1.2 柱头平面图、平板枋平面图需表达的建筑施工详图：绘制榫卯详图。

柱头平面图、平板枋平面图中涉及构件的榫卯，在绘制柱头平面图、平板枋平面图前，需要绘制榫卯详图。通过榫卯详图能准确绘制柱头平面图中枋与柱头、柱头与梁架的连接方式和平板枋平面图中平板枋之间的榫卯连接方式、平板枋连接斗栱的暗销位置。传统建筑的施工图应包含大木构件的榫卯详图，木构件榫卯详图能详细表达木构件细部尺寸，作为构件制作和指导施工的依据。各类形制榫卯详图的具体绘制方法参见《清官式建筑营造设计法则 榫卯篇》2～6章榫卯图纸（图3-2-6、图3-2-7）。

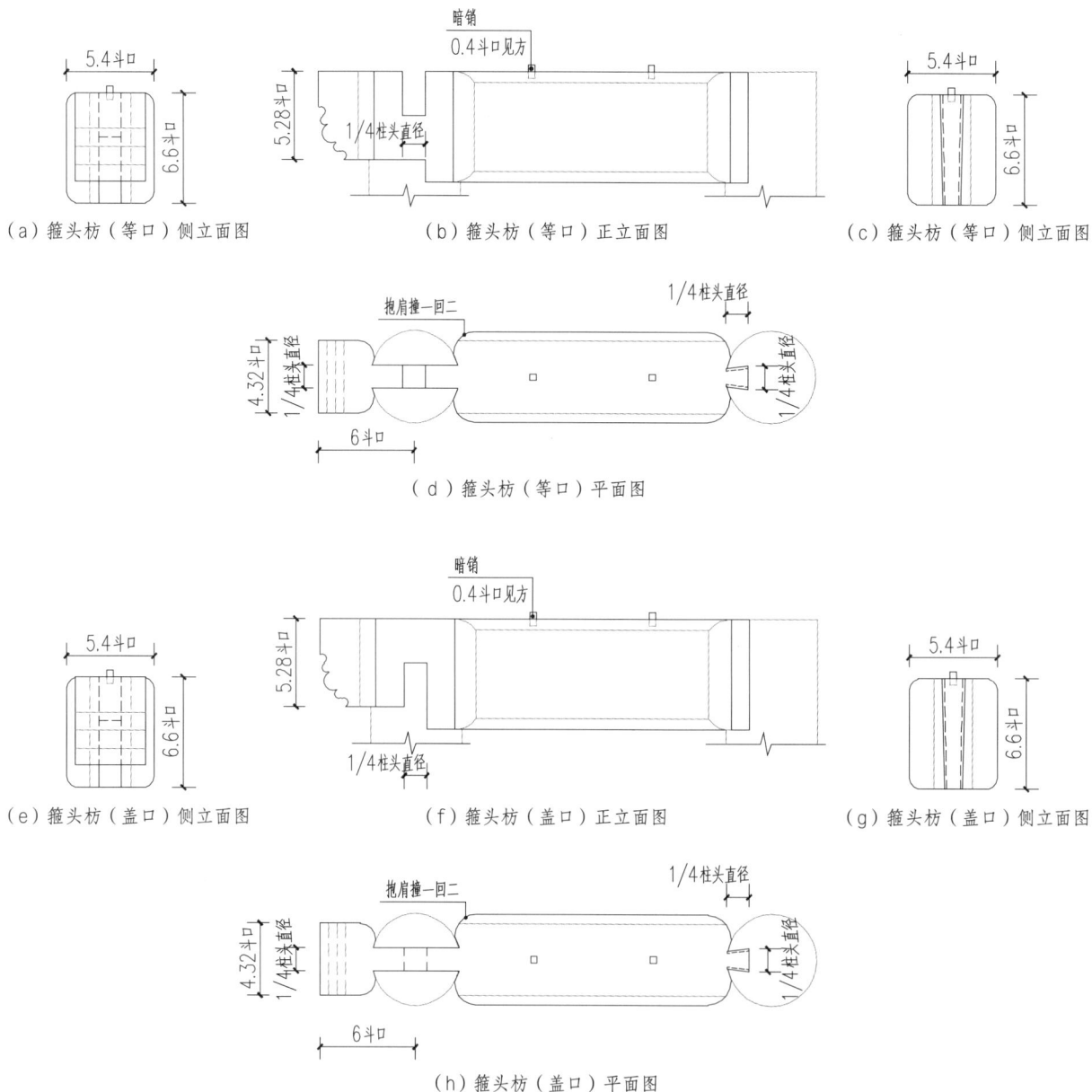

（a）箍头枋（等口）侧立面图　　（b）箍头枋（等口）正立面图　　（c）箍头枋（等口）侧立面图

（d）箍头枋（等口）平面图

（e）箍头枋（盖口）侧立面图　　（f）箍头枋（盖口）正立面图　　（g）箍头枋（盖口）侧立面图

（h）箍头枋（盖口）平面图

图3-2-6 榫卯详图

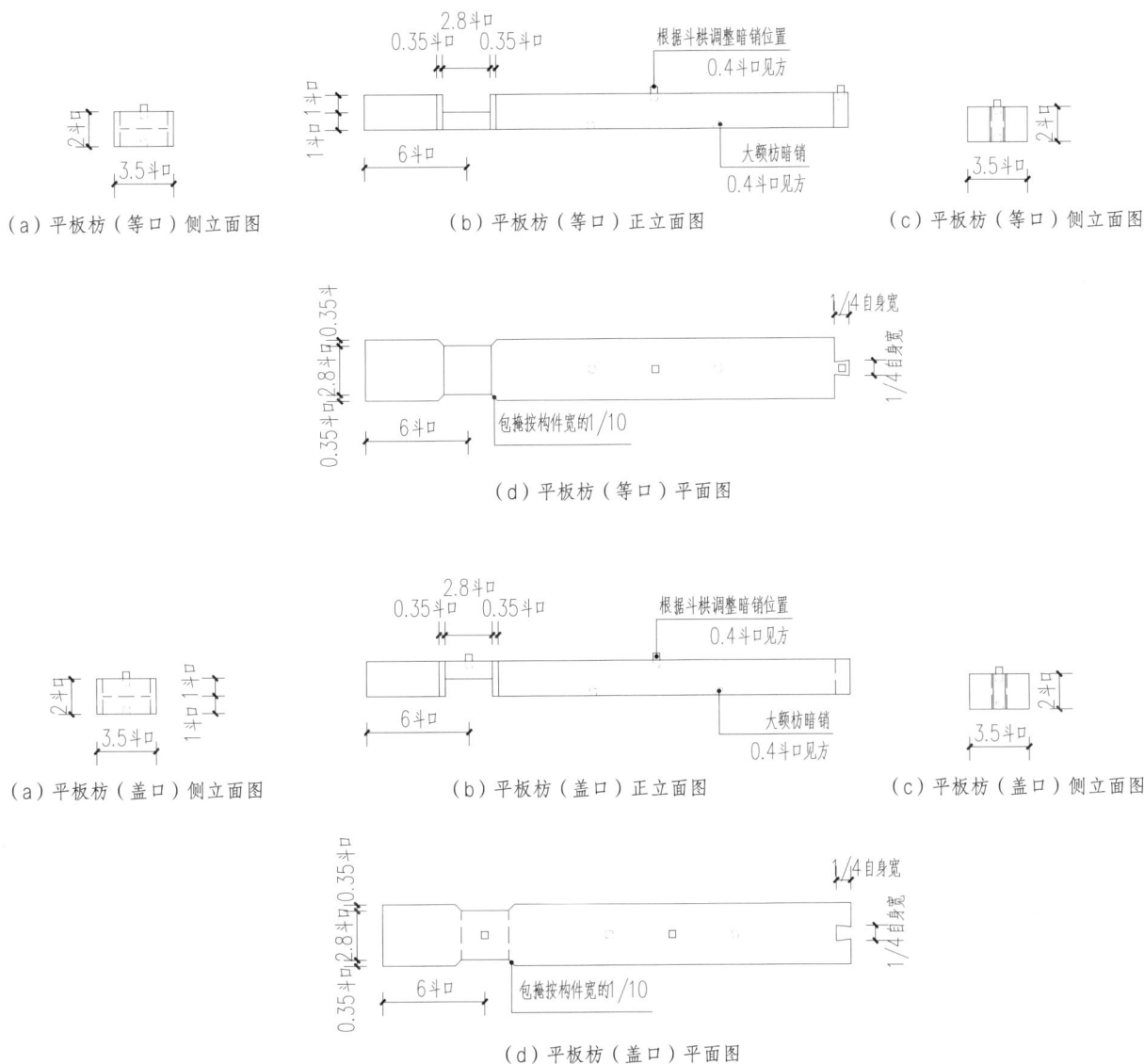

（a）平板枋（等口）侧立面图　　（b）平板枋（等口）正立面图　　（c）平板枋（等口）侧立面图

0.35斗口　2.8斗口　0.35斗口

根据斗栱调整暗销位置
0.4斗口见方

大额枋暗销
0.4斗口见方

6斗口

1/4自身宽
1/4自身宽

包掩按构件宽的1/10

（d）平板枋（等口）平面图

（a）平板枋（盖口）侧立面图　　（b）平板枋（盖口）正立面图　　（c）平板枋（盖口）侧立面图

0.35斗口　2.8斗口　0.35斗口

根据斗栱调整暗销位置
0.4斗口见方

大额枋暗销
0.4斗口见方

6斗口

1/4自身宽
1/4自身宽

包掩按构件宽的1/10

（d）平板枋（盖口）平面图

图3-2-7　榫卯详图

3.2.1.3　斗栱仰视平面图需表达的建筑施工详图：绘制斗栱详图。

斗栱仰视平面图需要先绘制单攒平身科、柱头科、角科斗栱的仰视平面图。斗栱的仰视平面图为斗栱详图的组成部分。斗栱详图由单攒平身科、柱头科的平面图、立面图、剖面图，单攒角科的平面图、立面图组成。斗栱详图还包含斗栱分件详图，绘制斗栱详图的平面图前，需要绘制每个分件的详图，根据分件榫卯口的搭交方式绘制单攒斗栱的仰视平面图。斗栱详图的斗栱仰视平面图和斗栱分件的具体绘制方法详见《清官式建筑营造设计法则　榫卯篇》第7章的斗栱专篇（图3-2-8～图3-2-11）。

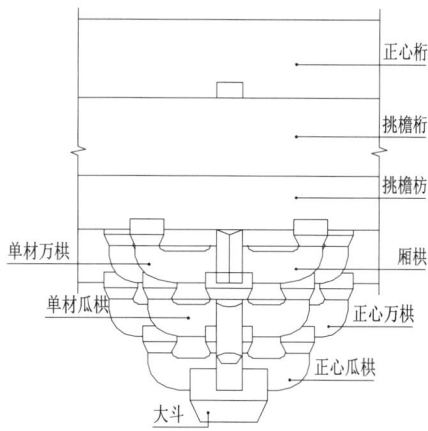

（a）平身科斗栱正立面图

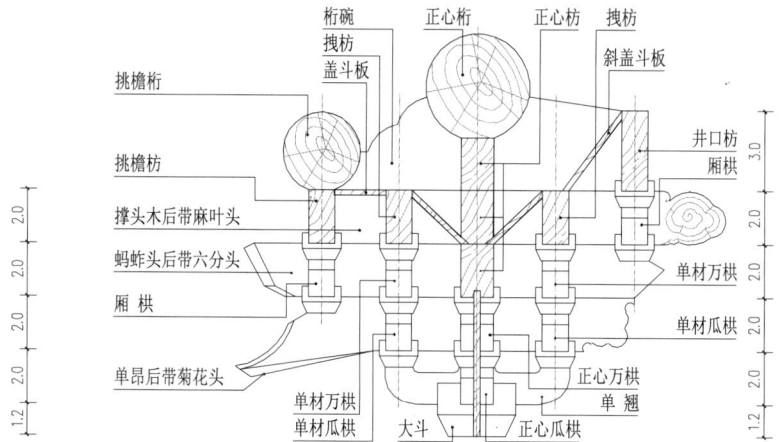

正心桁
挑檐桁
挑檐枋
单材万栱
厢栱
单材瓜栱
正心万栱
正心瓜栱
大斗
2.0 2.0 2.0 2.0 1.2

（b）平身科斗栱侧立面图

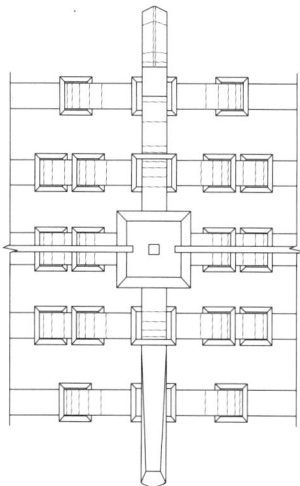

挑檐桁
挑檐枋
撑头木后带麻叶头
蚂蚱头后带六分头
厢　栱
单昂后带菊花头
单材万栱
单材瓜栱
大斗
桁碗
拽枋
盖斗板
正心桁
正心枋
拽枋
斜盖斗板
井口枋
厢栱
单材万栱
单材瓜栱
正心万栱
单翘
正心瓜栱
3.0 2.0 2.0 2.0 1.2

（c）平身科斗栱仰视图

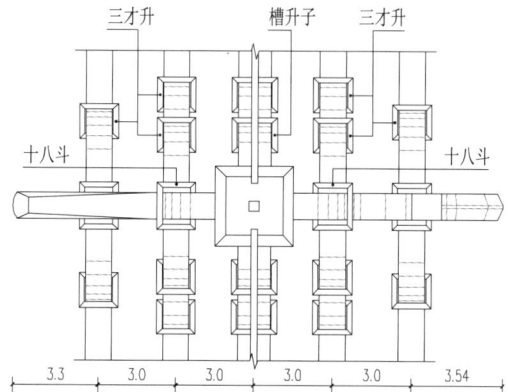

（d）平身科斗栱仰视图

三才升
槽升子
三才升
十八斗
十八斗
3.3 3.0 3.0 3.0 3.0 3.54

图3-2-8　平身科斗栱详图

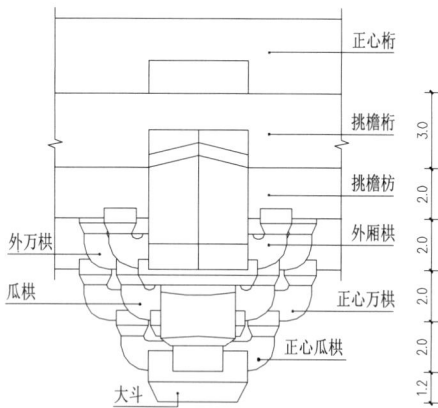

（a）柱头科斗栱正立面图

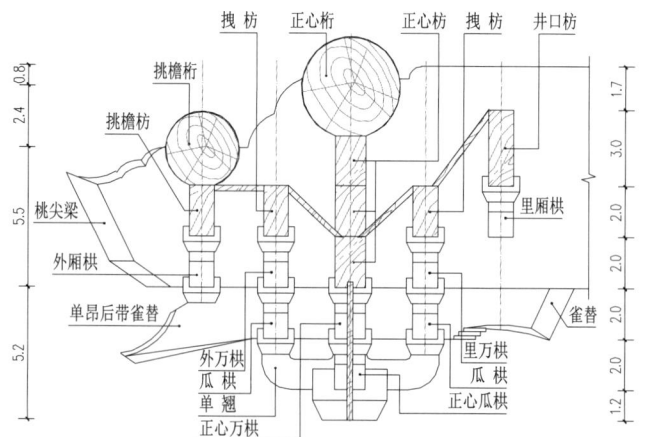

正心桁
挑檐桁
挑檐枋
外万栱
外厢栱
瓜栱
正心万栱
正心瓜栱
大斗
3.0 2.0 2.0 2.0 2.0 1.2

（b）柱头科斗栱侧立面图

拽枋
正心桁
正心枋
拽枋
井口枋
挑檐桁
挑檐枋
桃尖梁
外厢栱
单昂后带雀替
外万栱
瓜　栱
单翘
正心万栱
里厢栱
里万栱
瓜栱
雀替
正心瓜栱
0.8 2.4 5.5 5.2
1.7 3.0 2.0 2.0 1.2

图3-2-9　平身科斗栱详图

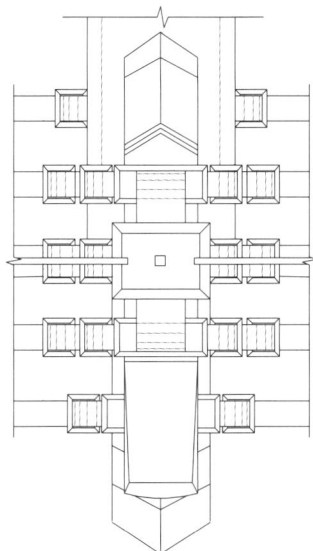

（c）柱头科斗栱仰视图

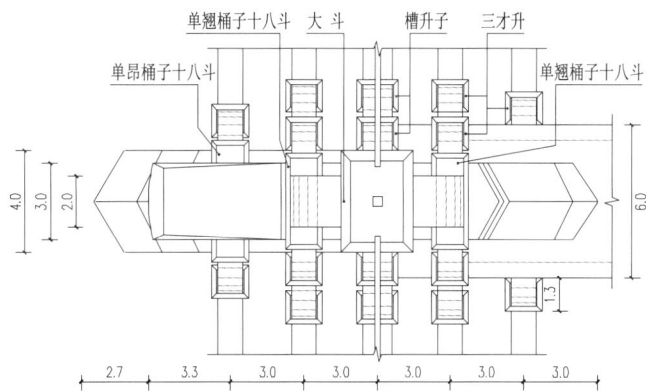

（d）柱头科斗栱仰视图

图3-2-9　平身科斗栱详图（续）

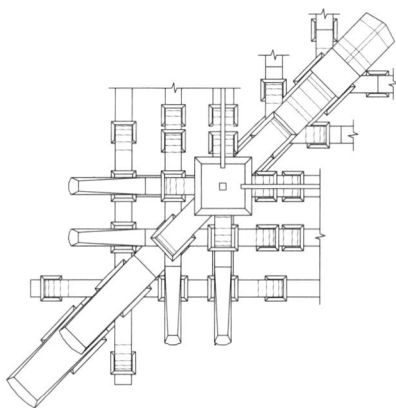

（a）角科斗栱仰视图

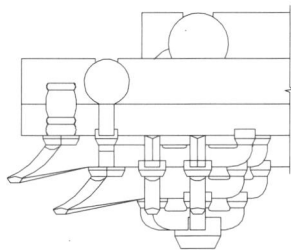

（b）角科斗栱立面图

图3-2-10　角科斗栱详图

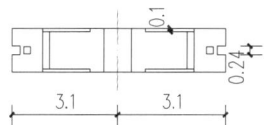

（a）平面图

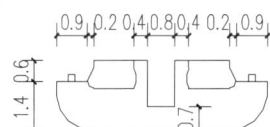

（b）立面图

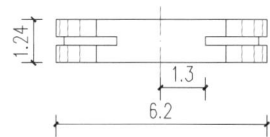

（c）仰视图

图3-2-11　斗栱分件正心瓜栱详图示例

3.2.1.4　步架平面图需表达的建筑施工详图：绘制翼角详图，提取山面收山详图。

步架平面图绘制前需要绘制正身檐口部位和翼角部位的详图。步架平面图需绘制出正身檐口剖面详图，根据设计计算书瓦口木、大连檐、飞椽、闸挡板、小连檐、檐椽等构件尺寸和构件间遮挡关系，需先绘制正身檐口的剖面详图（正身檐口剖面详图需表达翼角屋面瓦件，故檐口详图在屋顶平面图位置表达），通过关系对应法对应出平面正身檐口的遮挡关系，完成檐口部位的步架平面图。在檐口部位步架平面图的基础上绘制翼角详图，翼角详图需表达的具体内容如下（图3-2-12）：

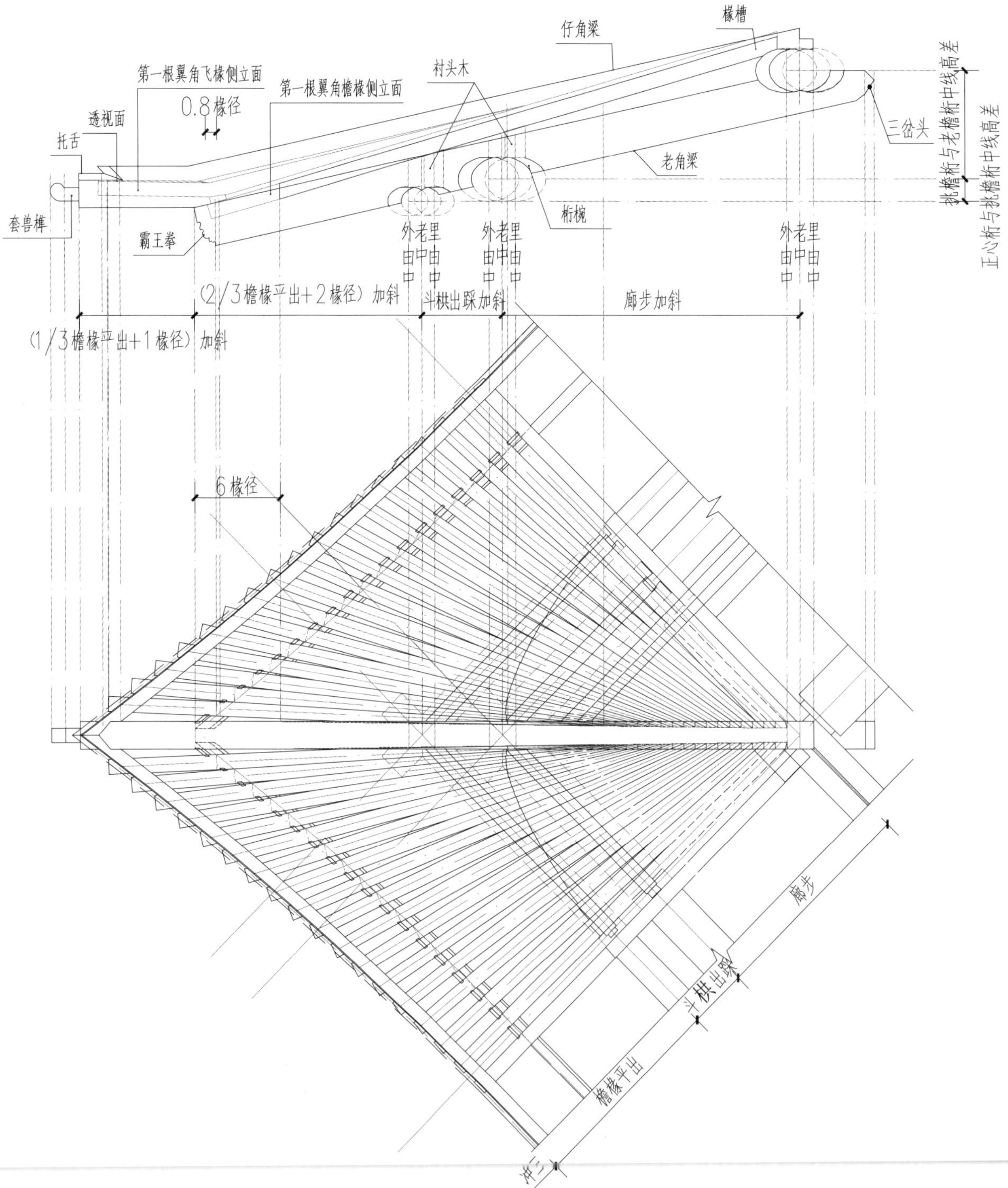

图3-2-12 翼角详图

第一根翼角飞椽侧立面

0.8椽径

第一根翼角檐椽侧立面

透视面

托舌

套兽榫

霸王拳

衬头木

仔角梁

椽槽

老角梁

三岔头

桁椀

外老里
由中由
中　中

外老里
由中由
中　中

外老里
由中由
中　中

(2/3檐椽平出＋2椽径) 加斜

(1/3檐椽平出＋1椽径) 加斜

斗栱出踩加斜

廊步加斜

挑檐桁与老檐桁中线高差

正心桁与老檐桁中线高差

挑檐桁与挑檐桁中线高差

6椽径

廊步

斗栱出踩

檐椽平出

飞三

（1）表达檐口部位出檐尺寸和构件遮挡关系。飞椽椽头边点为上檐出的尺寸定位，根据瓦口木、大连檐、飞椽的遮挡关系，大连檐遮挡飞椽椽头。翼角详图为清晰表达飞椽椽头与大连檐底皮的关系，绘制大连檐底皮边线和飞椽椽头边线。准确表达出正身飞椽椽头与大连檐雀台位置。

（2）表达翼角飞椽根数与位置。翼角详图需绘制翼角飞椽，展示翘飞的数量和与仔角梁、老角梁的位置关系。

（3）翼角详图的平面图需通过角梁加斜视角立面图对应绘制，故翼角详图需绘制翼角部位平面图和翼角部位角梁加斜视角立面图。

翼角详图的具体绘图步骤详见1.4.10.7，1.4.10.8。

注：绘制剖面图时角梁以视角一方向绘制角梁，绘制立面图时角梁以视角二方向绘制角梁。

提取山面收山详图，山面收山详图能够清晰表达山面构件和收山距离，表达博缝板及瓦口木、山花板、穿、草架柱、踏脚木的位置尺寸（图3-2-13）。

3.2.1.5　屋顶平面图需表达的建筑施工详图：绘制瓦件详图，提取檐口详图。

屋顶平面图绘制前需要绘制瓦件详图。瓦件详图主要包括脊类构件的详图和吻兽的详图，脊是由多个形状不规则的瓦条分件组成，吻兽为不规则形状且带有纹样，根据设计计算书的尺寸不能直接绘制各类屋脊和吻兽，需要先绘制各类屋脊的平面图、剖面图详图和吻兽的平面图、立面图详图。此外屋顶平面图还涉及筒瓦、板瓦的排布以及滴水勾头部位蚰蜒瓦，因蚰蜒瓦被筒瓦遮挡，故需要绘制蚰蜒瓦详图，用以展示滴水勾头部位的建筑构造细节（图3-2-14）。

提取横剖面图中檐口部位为檐口详图，檐口详图能够清晰表达翼角部位瓦件和正身梁架的关系（图3-2-15）。

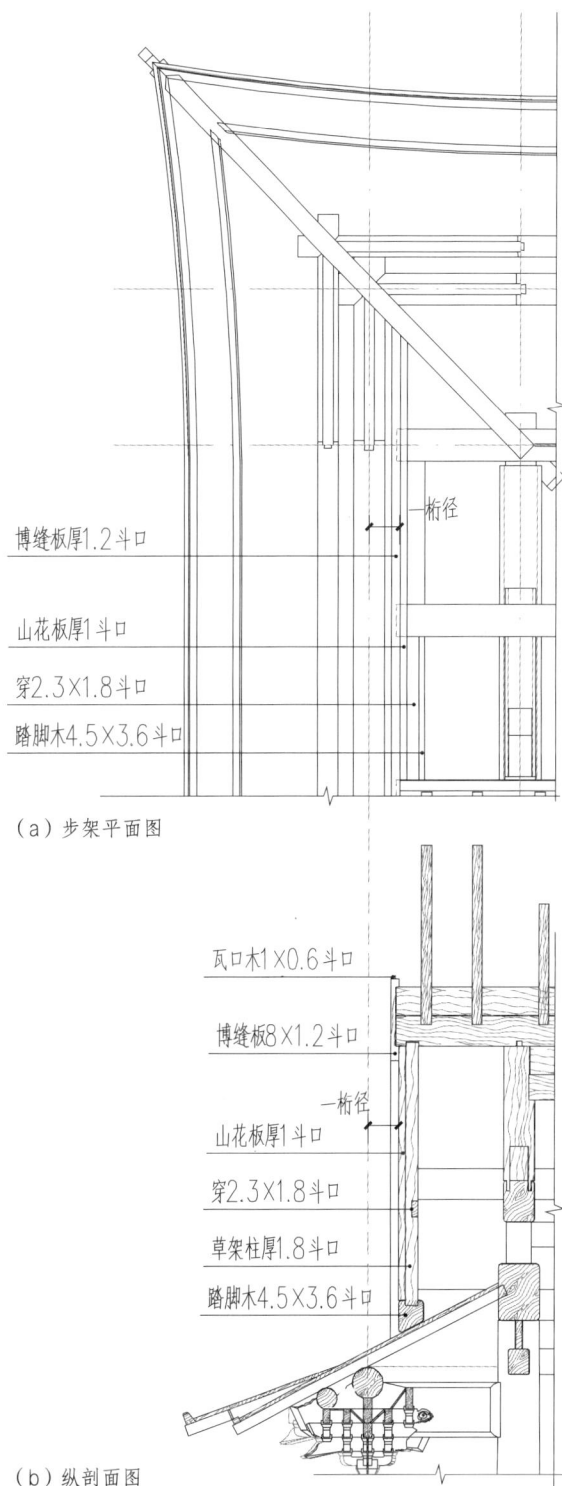

（a）步架平面图

（b）纵剖面图

图3-2-13　山面收山详图

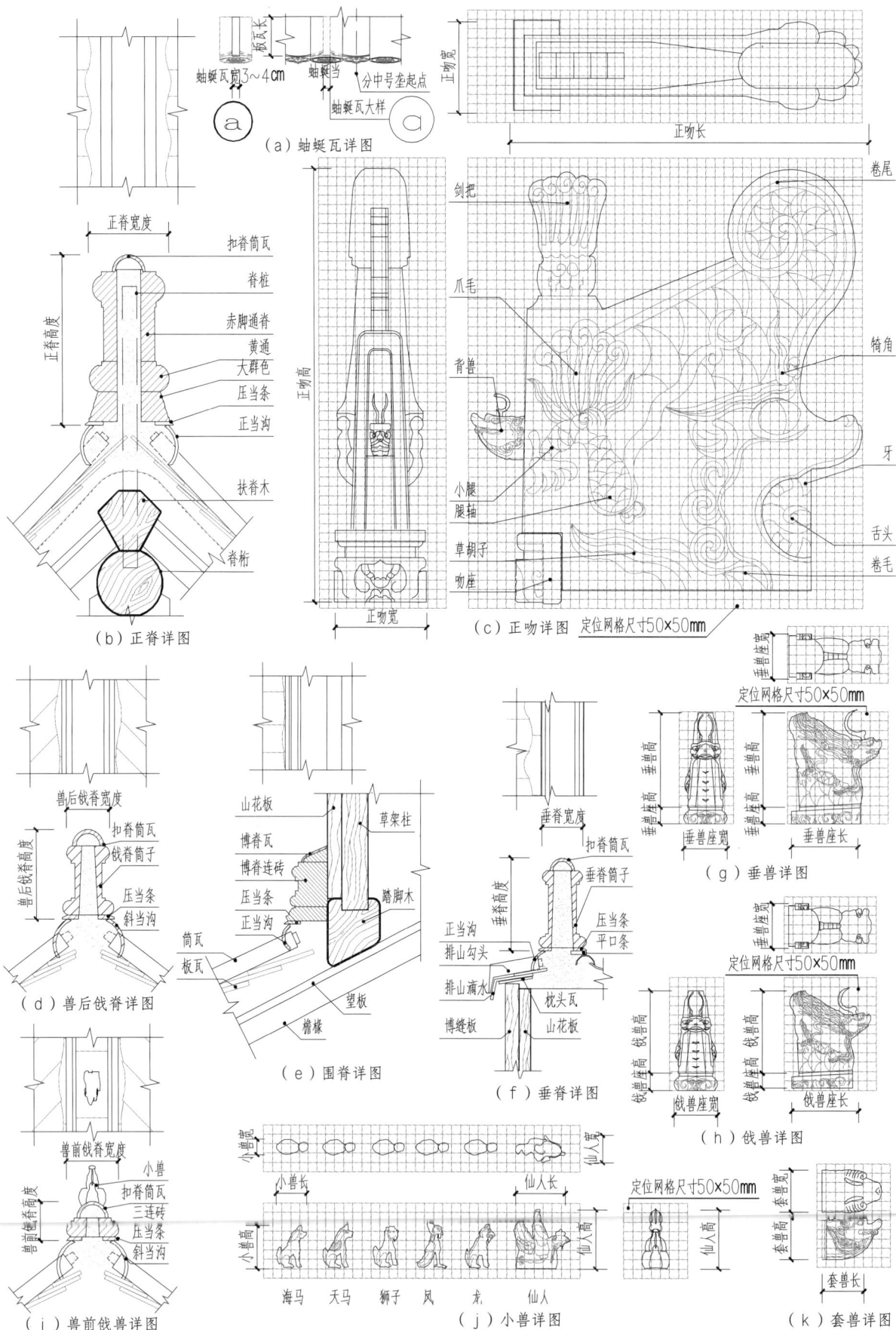

（a）蚰蜒瓦详图

（b）正脊详图

（c）正吻详图　定位网格尺寸50×50mm

（d）兽后戗脊详图

（e）围脊详图

（f）垂脊详图

（g）垂兽详图

（h）戗兽详图

（i）兽前戗兽详图

海马　天马　狮子　凤　龙　仙人

（j）小兽详图

（k）套兽详图

图3-2-14　瓦件详图

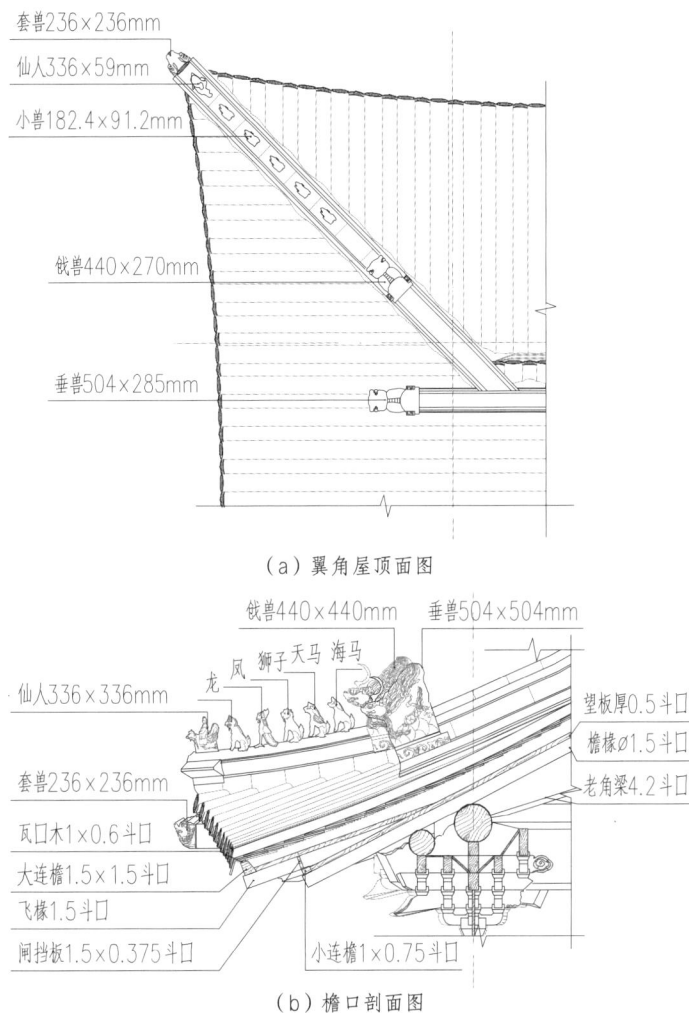

套兽236×236mm

仙人336×59mm

小兽182.4×91.2mm

戗兽440×270mm

垂兽504×285mm

（a）翼角屋顶面图

戗兽440×440mm　　垂兽504×504mm

仙人336×336mm

龙　凤　狮子　天马　海马

套兽236×236mm

望板厚0.5斗口

檐椽Ø1.5斗口

老角梁4.2斗口

瓦口木1×0.6斗口

大连檐1.5×1.5斗口

飞椽1.5斗口

闸挡板1.5×0.375斗口

小连檐1×0.75斗口

（b）檐口剖面图

图3-2-15　檐口详图

3.2.2　建筑施工详图表达方式

建筑施工详图是为补充平面图、立面图、剖面图的图纸未能表达清晰的内容，因此要求建筑施工详图图纸的表达方式清晰全面。

（1）传统建筑施工详图需要标注构件具体名称以及构件尺寸，构件尺寸一般按长、宽、高标注，石类构件表明材质。还需要标注建筑局部的总尺寸。标注比例一般为1∶25、1∶20、1∶10、1∶5等（图3-2-16）。

（2）传统建筑施工详图线型和填充纹样，轴线为点划线淡显线型，剖切到的构件为细实线加粗线型，看到的构件为细实线线型，被遮挡构件用辅助线示意位置为虚线淡显线型，装饰纹样为细实线淡显线型。填充纹样根据材料材质、取材方式填充纹样不同，木材根据取材方式分为板材填充、整木填充等，石材、砖材、灰土因材料材质不同填充纹样不同（图3-2-17）。

（a）平面图

（b）剖面图

（c）立面图

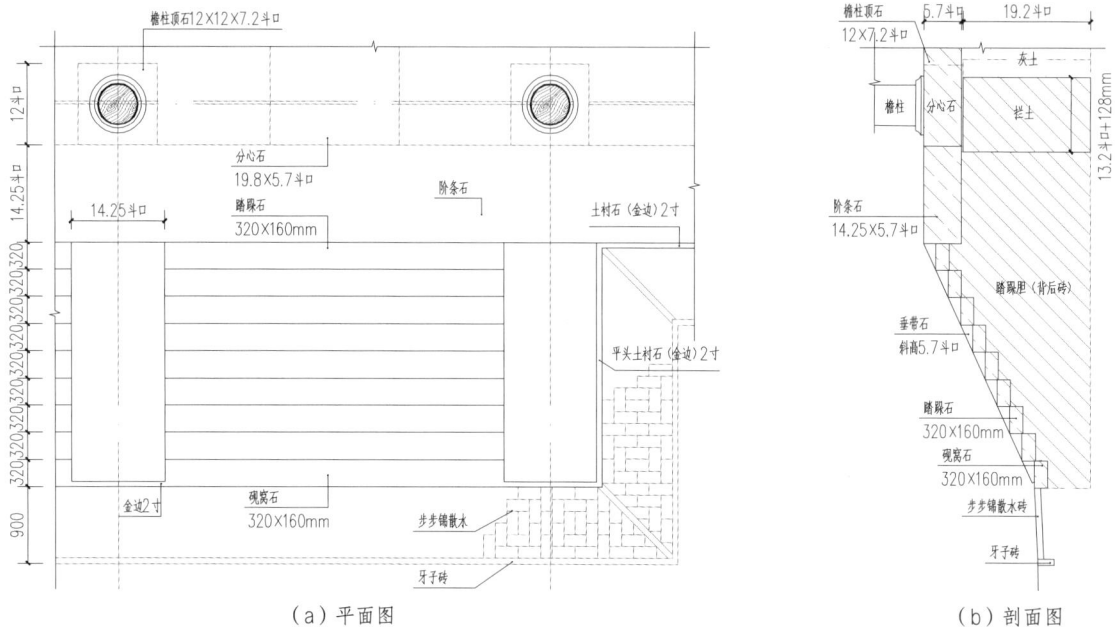

图3-2-16　标注详图示例

图例	
符号	图例释义
	轴线采用点划线淡显线型
	剖切线采用细实线加粗线型
	看线采用细实线线型
	辅助线采用虚线淡显线型
	装饰线采用细实线淡显线型
	砖
	木（板材）
	木（圆木）
	石
	灰土

图3-2-17　线性、填充详图示例

设计是建立在依据的基础上，以图文并茂的表现方式，以正确的工艺工法指导施工。设计是一门系统性学科，也是一种技术手段，是将设计意图通过合理化的计划、多层次的表现方式进行诠释的过程。在项目建设过程中，设计起到承上启下的重要作用，承上是对设计构想进行深化落实，启下是通过设计成果指导现场施工。建筑工程设计作为一门综合性学科，设计阶段一般分为方案设计、初步设计和施工图设计三个阶段，方案设计文件应满足方案审批或报批要求，初步设计文件应满足编制施工图设计文件要求，施工图设计文件应满足设备材料采购、非标准设备制作和施工要求。

清宫式建筑设计应了解项目基本情况，包括项目所处区域位置、交通区位优势、历史文化底蕴、风土人情、项目功能需求、业态定位、建筑风貌要求、景观绿化要求，以及项目土地手续，按照获取的项目信息进行现场初勘、设计依据收集工作，直观了解场地现状、边界、环境要素及竖向关系，结合项目设计依据进行方案设计。

4.1　现场初勘

现场初勘是设计人员对项目基本情况和建设需求初步了解，对项目现场进行实地踏勘的过程，其核心目的是直观认知项目地块内及周边各类环境要素组成及分布，辅助设计人员建立各类要素的空间概念，并做好项目地关联信息的采集工作，为方案设计的落地性提供必要的依据支撑。现场踏勘信息收集一般包括：

①踏勘现状建筑留存情况。

②踏勘现状道路的位置走向及宽度。

③踏勘场地内及周边的地形高差。

④踏勘周边基础设施配套。

⑤踏勘场地内或周边是否有文物建筑、古树名木、古井、河流水系。

⑥踏勘文物建筑的风貌特征、保护等级、保护范围及建设控制地带。

⑦踏勘古树名木、古井、河流水系的退让距离、形态特征、利用价值。

根据现场踏勘的所有环境要素进行文字记录、图纸标记以及现场拍照，整理收集地形地貌的全部信息，进行系统全面的分析。

4.2 设计依据

设计依据主要由规划设计依据、设计任务书组成。

4.2.1 规划设计依据

规划设计依据是城市规划行政主管部门对拟建项目提出的规划建设要求，是指导和审定修建性详细规划的重要依据，主要包括以下几种要素：

4.2.1.1 了解项目基本信息，拟建项目用地的现状地形图。

设计前需掌握项目的概况、基本信息、项目背景，根据现状地形图结合业主诉求进行设计。现状地形图是方案设计的基本设计依据，是进行方案布置和绘制的基础资料，对现状地形图的理解和应用需注意以下几个方面：

（1）地形图文件必须为CAD文件，文件名后缀为".dwg"格式，图形比例一般为1：2000~1：500。

（2）地形图的基本图面要素，一般包括用地红线、建筑控制线、图名、指北针（或风玫瑰）、图形比例、坐标点、图例、高程点，地形图的基本要素缺一不可，对于设计而言，确保地形图的参数准确，便可展开方案设计。可满足设计需求的地形图文件如图4-2-1所示。

（3）地形图文件使用前须进行坐标验证，设计底图信息精准才能保证设计准确定位。若地形图中用地红线标注坐标数值，至少选择其中三个坐标点进行验证，操作步骤为：在天正建筑制图软件中打开当前地形图文件，在软件工具栏中选择命令"符号标注"—"坐标检查"，若三个坐标点均显示坐标正确，则表示该地形图文件可作为设计底图使用；若地形图中用地红线未注明坐标数值，则需进行坐标验证，操作步骤为：

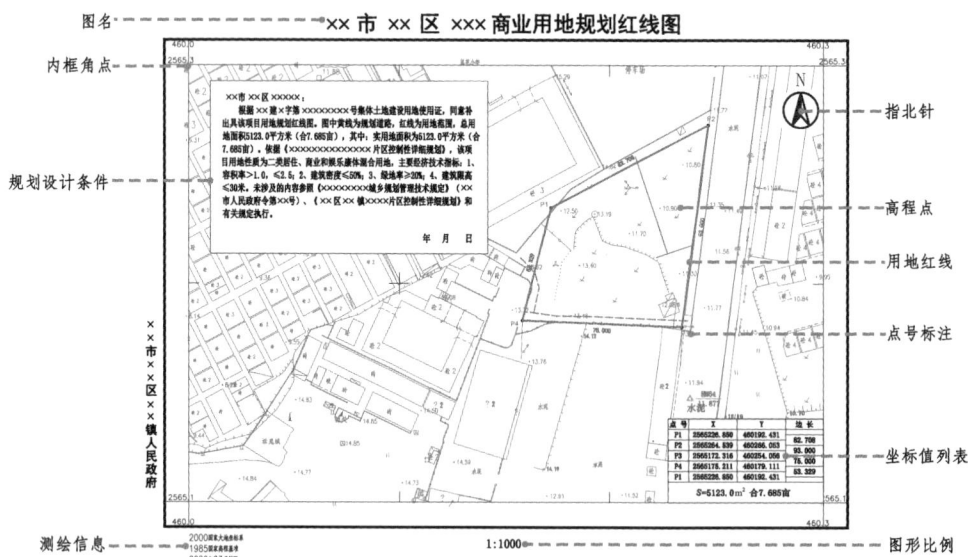

图4-2-1 设计使用的地形图

①在天正建筑制图软件中打开当前地形图文件，图形中四个内图框坐标参数均已显示（水平X和垂直Y的数值），见图4-2-2"内框角点"坐标数值。

②在软件工具栏中选择命令"符号标注"—"坐标标注"，点击内图框四个角点坐标，标注坐标。标注的数值若与显示的数值完全吻合，则表示该地形图位置准确，地形图中的定位坐标可通过软件命令直接获取，若数值不吻合，则点击"坐标标注"后，在下方的命令窗口输入内图框角点坐标数值，先输入Y值，再输入X值，确定后鼠标定位该坐标点（图4-2-3），至少需输入三组数值才能保证图形信息的准确定位，地形图准确后进行方案设计。

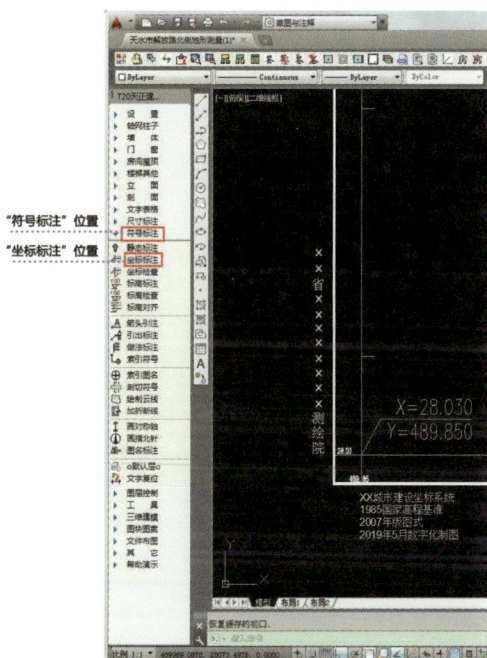

图4-2-2　坐标验证示意图

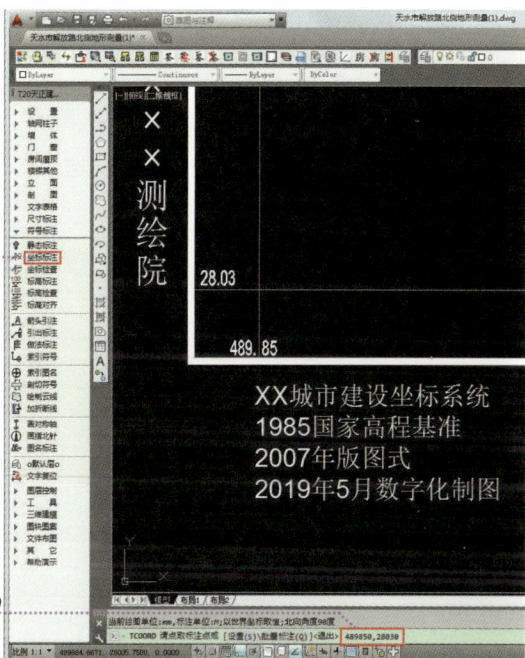

图4-2-3　坐标输入查找坐标点

（4）地形图中的高程点指绝对标高，绝对标高是指建筑标高相对于国家黄海标高的高度。设计应结合项目场地周边的绝对标高确定项目的设计绝对标高，即确定建筑的首层室内标高，一般将此标高设定为正负零，建筑的其余设计标高均为相对正负零的标高，称之为相对标高，如建筑首层室内标高设定为正负零，檐口标高及其他建筑竖向标高均为相对于正负零而确定的标高。绝对标高一般用于总平面图、设计说明（图4-2-4），相对标高用于建筑平面图、剖面图、立面图。

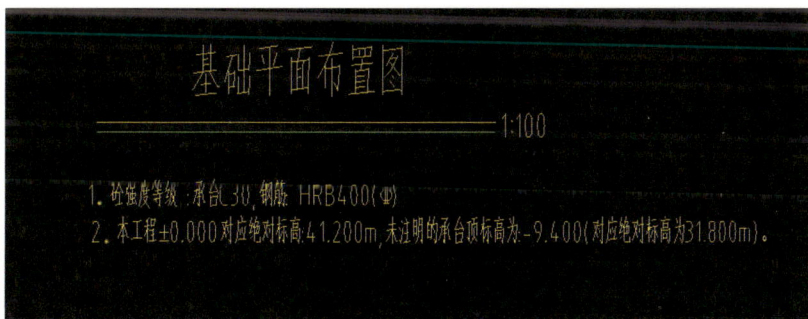

图4-2-4　绝对标高和相对标高

地形图资料提供后，设计需对地形进行复核。一方面，如上所述，需复核地形图是否满足地形图深度要求，各个要素标注是否完整；另一方面，依托地形图，对现场地形地貌进行实地复核，包括地形图与现状建筑的关系是否准确，场地道路位置是否相符，场地与周边地块高差关系是否相符。对与现场实际环境有出入的地形图，应及时与建设单位对接，提供新的场地地形图，保证设计依据准确到位。

（5）地形图的特殊图面要素，主要指与拟建项目相关的建（构）筑物及特殊地物，其对实现拟建地块的设计构想有一定的影响作用。建（构）筑物一般包括建筑投影位置、建筑层数、建筑主要结构类型，特殊地物一般包括电力高压走廊、道路、桥梁水系、地下管道、文物、古树，项目设计应考虑特殊地物的设施级别或类型、利用价值、安全退让距离［电力高压走廊退让要求详见《1000kV架空输电线路设计规范》（GB 50665—2011）、《110kV～750kV架空输电线路设计规范》（GB 50545—2010）等］。

例如：1000kV架空输电线路不应跨越居住建筑以及屋顶为燃烧材料危及线路安全的建筑物。导线与建筑物之间的距离应符合下列规定：

①在最大计算弧垂情况下，导线与建筑物之间的最小垂直距离应符合表4-2-1规定的数值（图4-2-5）。

导线与建筑物之间的最小垂直距离 表4-2-1

标称电压（kV）	1000
垂直距离（m）	15.5

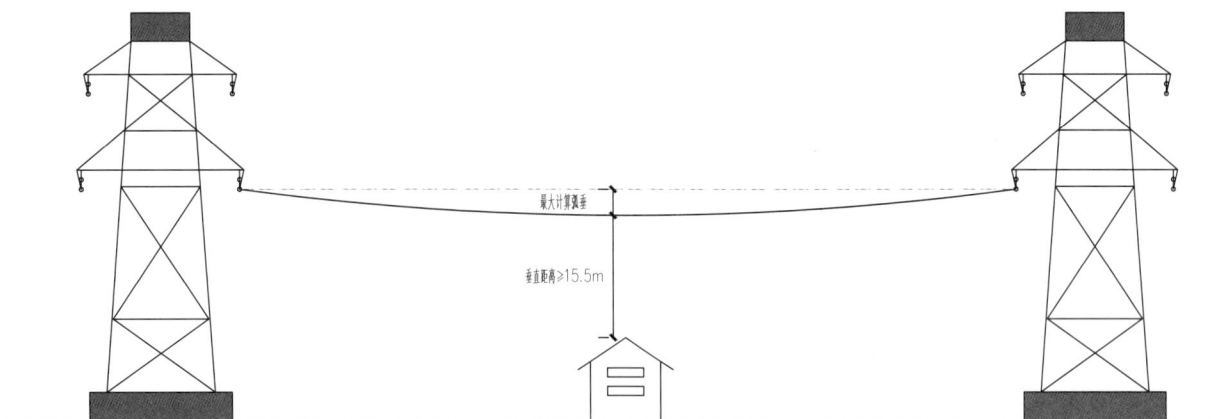

图4-2-5　导线与建筑物之间的最小垂直距离示意图

②在最大计算风偏情况下，1000kV架空输电线路边导线与建筑物之间的最小净空距离应符合表4-2-2规定的数值（图4-2-6）。

边导线与建筑物之间的最小净空距离 表4-2-2

标称电压（kV）	1000
垂直距离（m）	13

输电线路不应跨越屋顶为可燃材料的建筑物。对耐火屋顶的建筑物，如需跨越时应与有关方面协商同意，500kV及以上输电线路不应跨越长期住人的建筑物。导线与建筑物之间的距离应符合以下规定：

①在最大计算弧垂情况下，导线与建筑物之间的最小垂直距离，应符合表4-2-3规定的数值。

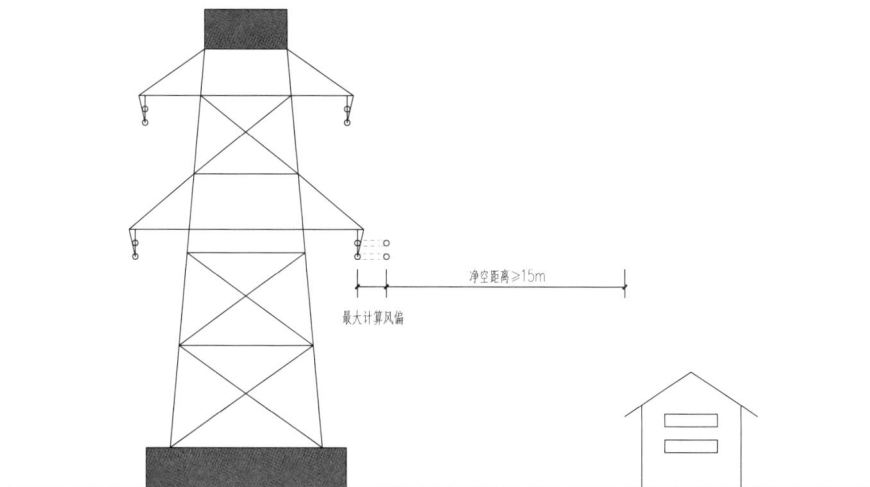

图4-2-6 导线与建筑物之间的最小净空距离示意图

导线与建筑物之间的最小垂直距离   表4-2-3

标称电压（kV）	110	220	330	500	750
垂直距离（m）	5.0	6.0	7.0	9.0	11.5

②在最大计算风偏情况下，边导线与建筑物之间的最小净空距离，应符合表4-2-4规定的数值。

边导线与建筑物之间的最小净空距离   表4-2-4

标称电压（kV）	110	220	330	500	750
距离（m）	4.0	5.0	6.0	8.5	11.0

（6）对于场地环境较为复杂的情况，如山地地形场地，其地势高低起伏，需在坡坎顶和坡坎底分别注记高程，在山顶、山脊、山谷、坑底特征地方也要注记高程，便于进行微地形整理，满足建筑场地的人流动线、竖向动线、景观绿化等设计要求。

（7）改造项目特殊地貌，以某古城项目特殊地貌为例：

①古城项目地形地貌局限性。

古城历史建筑多为土木结构，年久失修且后期加建严重，卫生条件较差，导致古城居住环境差、建筑质量差，急需对古城历史建造进行保护。但因建筑之间排布密实，相互之间无序穿插且遮挡严重（图4-2-7），建造条件复杂，干扰因素较多，导致设计依据难以准确提取。

②古城项目地形地貌设计应对方法。

对于古城保护提升项目应做到项目前期基础资料的准确化。

a. 进行现场踏勘，对历史建筑现状环境进行初步评估，并对建筑质量和受影响程度进行查验，以此判断加建建筑的拆除做法是否可行，拆除后会对历史建筑产生哪些影响。

b. 根据评估结果，配合现场人员逐步拆除加建建筑及环境，并对周边历史建筑外墙及出檐情况进行勘查，包括相邻建筑距离、基础形式、基础范围以及出檐距离。

c. 根据现场勘查现状，由专业团队提供二次复勘的地形图。

（a）古城现状建筑排布密实

（b）古城现状航拍图

（c）古城现状建筑环境

用地红线

（d）古城现状地形图

图4-2-7　××古城现状地形及航拍图

d. 以地形图、现场实测数据作为设计依据确定实际的设计范围和设计边界，绘制平面布局后再将平面定位尺寸反提给现场，进行放线核验（图4-2-8）。

4.2.1.2 拟建项目用地的用地范围（用地红线图），详见图4-2-9。

4.2.1.3 城市规划确定的道路红线位置、路幅及其规划要求。

4.2.1.4 规划设计要点，包括规定性条件和指导性条件。

（a）古城改造完工航拍古城　　　　（b）古城街区改造实景　　　　（c）历史院落改造实景

图4-2-8　××古城改造完工实景

规定性条件属于控制项，是必须按要求执行的条件，包括建筑密度、容积率、建筑层数、建筑控制高度、红线退让要求、绿地率及景观绿化要求、地下管线控制要求、交通出入口方位、停车泊位及其他需要配置的公共设施及控制项。

指导性条件是根据建设项目的具体情况确定的原则性、方向性的指导要求，包括建筑形式、建筑体量、建筑风格要求、建筑色彩要求、历史文化保护和环境保护要求，以及项目用地外部限制条件（山水地形、周边建设情况及空间环境要求）。

规定性条件包括：

（1）建筑密度：指建筑物的覆盖率，项目用地范围内所有建筑的基底总面积与规划建设用地面积之比（％），即建筑基底总面积/规划

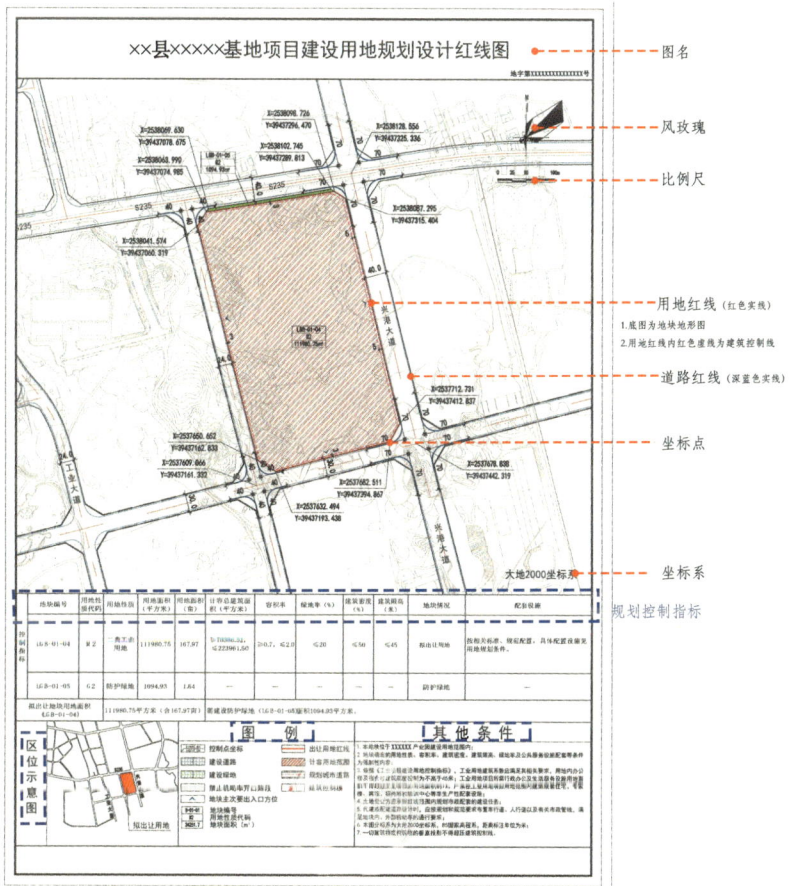

图4-2-9　用地红线图案例

建设用地面积，该指标是反映一定用地范围内空地率和建筑密集程度的指标。

（2）容积率：指规划建设用地范围内，地面以上各类建筑的建筑面积总和与规划建设用地面积的比值，即地上建筑总面积÷规划建设用地面积，一般不含地下车库和设备层建筑面积，该指标是衡量建设用地使用强度的一项重要指标。

（3）建筑控制高度：清官式建筑室外地坪到其檐口与屋脊的平均高度。

（4）绿地率：指项目用地范围内绿化用地占规划建设用地面积的比例（％）。

4.2.2 方案设计任务书

方案设计任务书是建设单位对项目方案设计提出的要求，是将获得批准的可行性研究报告中的相关要求进行细化，最终能够完整体现建设单位开发需求的技术文件，是方案设计的主要依据。方案设计任务书一般包括项目概述、项目定位、设计内容、设计总体要求、设计成果要求及附件依据，一般应涵盖内容详见表4-2-5方案设计任务书：

方案设计任务书　　　　　　　　　　　　表4-2-5

项目概述			项目定位			设计内容			设计总体要求				设计成果要求				
												方案设计阶段			施工图设计阶段		
项目名称	建设单位	项目概况	市场定位	业态分布及占比	功能分区	设计范围	设计要求	经济技术指标	建筑风貌要求	建筑功能要求	景观设计要求	设计深度要求	设计说明	设计图纸	投资估算	各专业设计说明	各专业设计图纸

附件依据包括：

拟建项目的规划选址意见书；立项批文（建设单位提交可行性研究报告后获取）；现状地形图（同规划设计条件中拟建项目用地的现状地形图）；上位规划（区域总体规划、控制性详细规划等）；拟建项目用地的工程地质、水文资料；市政设施及相关设备设施基础资料。

对于拟建项目地块相对较小的情况，地块用地属性较为单一，周边环境较为简单，往往通过项目的规划设计条件能够确定设计的控制内容；对于项目规模比较大的地块，地块用地红线内往往包含一些城市用地或设施，如城市道路、城市广场、保护设施，除了项目自身的规划设计条件外，尤其要结合控制性详细规划（体现区域内所有城市用地的规划控制要求），对控规中该地块内多个用地属性的规划控制要求进一步明确（限高、风貌、色彩、退让等），保证设计方案最终落地实现。

方案设计是在熟悉设计任务书、明确设计要求的前提下，结合场地边界、场地环境要素、场地竖向分析，综合考虑技术经济指标和建筑艺术的要求（包含建筑功能、人流动线、建筑空间、建筑视线、建筑风貌、建筑历史文化、建筑堪舆文化），对建筑总体布置、空间组合进行多种可能与合理的安排，经过设计方案的比对筛选，最终达到方案设计的预想结果。

5.1 场地现状分析

场地现状分析是对现状地块内部和地块外部各种要素的分析，设计人结合项目使用功能，对拟建项目地块价值最大化、构思合理化进行全面论证的过程。通过现场踏勘对地块内的各类信息进行分析对比，包括场地边界分析、场地环境要素分析、场地竖向分析，整合全部有利和不利因素，为方案构思提供真实有效的依据条件。

5.1.1 场地边界分析

5.1.1.1 场地边界客观因素

建设项目地块开发边界以规划部门出具的用地红线图为准，一般会明确用地红线、建筑控制线边界位置，但对于用地红线范围内留存已有建（构）筑物或景观环境的项目而言，地形图并未明确建筑竖向关系，新建建筑设计不能对其产生影响，因此需重新确定新建建筑设计的场地边界，从而发挥地块的利用价值。

5.1.1.2 场地边界考虑因素

（1）已有建筑的结构形式、基础形式、基础做法及基础范围。

（2）已有建筑若为坡屋面造型，须明确建筑形制、出檐方向和出檐距离。

（3）周边已有建筑的水电暖设施管线位置和走向。

（4）周边古树名木、古井位置和保护距离。

5.1.1.3 场地边界分析案例

新建设计应保证相邻环境的完整性和完好性，通过对上述要素的分析确定新建设计可实施的边界范围（图5-1-1）。

（1）已知地块要素：图中1号、2号、4号、5号建筑均为单坡硬山建筑，屋面坡向朝院内，且相邻新建设计地块一侧均为后檐墙；3号为双坡硬山，屋面坡向为东西向，表达后檐墙与出檐关系。

（2）分析地块要素：新建设计地块周边1段、3段、5段、6段为后檐墙，边界更侧重考虑相邻建筑后檐墙的基础形式和基础退让距离；2段、7段已考虑道路边线及下方敷设管线位置，确定地块边界；4段边界退让

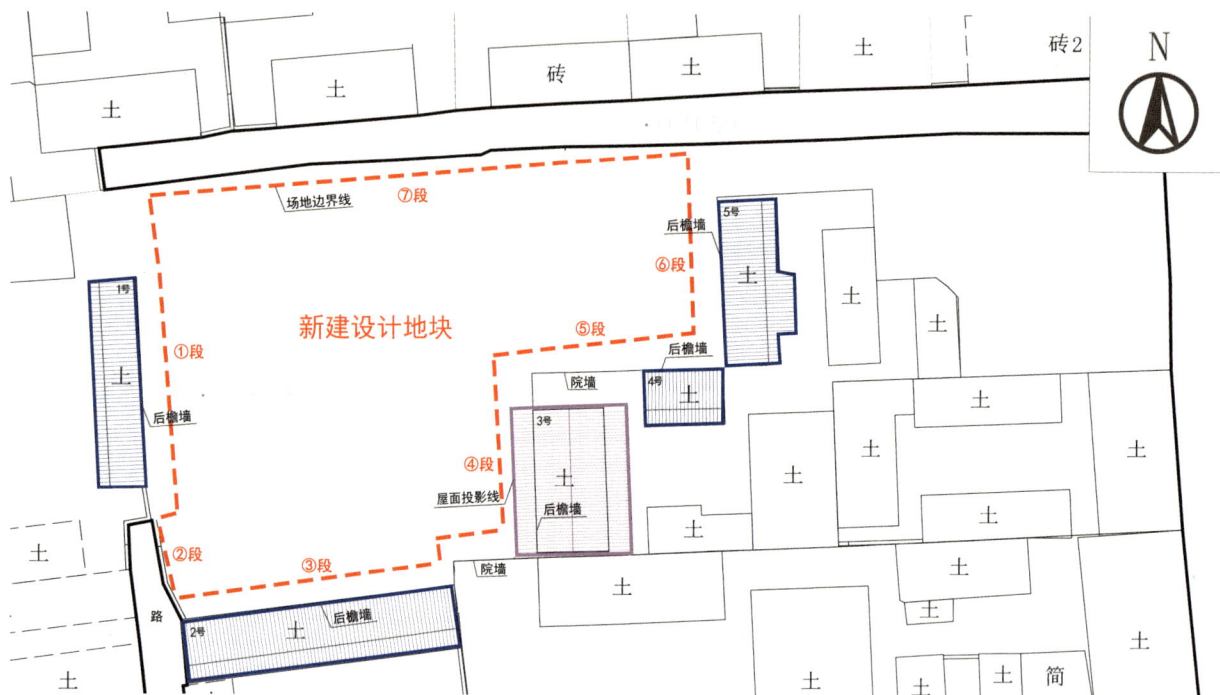

图5-1-1 地块边界的确定

需考虑相邻地块后檐墙位置、后檐出檐距离，评估相邻建筑屋面自由落水对新建建筑的影响，由此确定新建建筑设计地块的场地边界。

5.1.2 场地环境要素分析

5.1.2.1 场地环境要素构成

场地环境要素包括场地内部及周边现有设施和场地条件。

现有设施指场地相邻的道路交通、市政设施状况，为场地出入口位置、设施管网的排布和衔接提供依据；其次是场地内原有建筑的状况，包括风貌特征、使用功能、建筑结构、空间布局等，会对新建建筑产生哪些有利或不利的影响等；场地内古树名木或特殊植物种类的分布状况，有助于设计及时采取相应的保护措施。

场地条件包括自然层面的因素和人文层面的因素，包括场地地形地貌特点、气候朝向、水文地质条件以及场地周边建筑（如场地相邻文物建筑），以此考虑建筑的通风采光、结构形式、景观塑造等。

5.1.2.2 场地环境要素分析案例

（1）古城墙遗址环境现状

场地环境要素分析案例。梳理案例中的场地环境要素构成，场地内北侧为留存的古城墙遗址，遗址一侧局部保留敌台夯土遗址，遗址上层原有亭廊构筑物的柱础仍然可见，因后期无序加建导致遗址破坏严重，现需对原有遗址进行保护与利用设计（图5-1-2）。

（2）古城墙遗址环境要素综合分析

根据场地现状分析场地环境要素，城墙、敌楼遗址的修复，各个遗址修复需在保证遗址本体环境安全稳定的基础上进行，原有城墙及敌楼遗址为黄土夯筑而成，因年代久远墙体失修，土层剥落严重，城墙本体安全存在一定风险（图5-1-3），因此，对于城墙遗址需先进行地质灾害和安全评估，根据评估结果对其进行加固处理，确保墙体安全稳定后，遵循最小干预原则进行复原设计的落点定位。

图5-1-2　城墙遗址场地现状航拍

敌楼遗址位置

场地范围线

城墙遗址走向

图5-1-3　城墙遗址场地现状

5.1.2.3　古城墙遗址环境要素设计整合

依托修复后的城墙、敌楼，扩建城墙遗址公园，增加亭、廊、榭等园林建筑（加建未影响原有遗址基础），既与敌楼巧妙衔接，又与周边景观相融，整体通透舒适。公园与城墙上部亭廊通过楼梯连通上下层空间，所有建筑外观均与城墙遗址及景观环境协调统一，最大化地还原城墙环境原有的肌理效果（图5-1-4）。

（a）完工照片

图5-1-4　城墙敌楼环境设计方案及环境设计完工效果

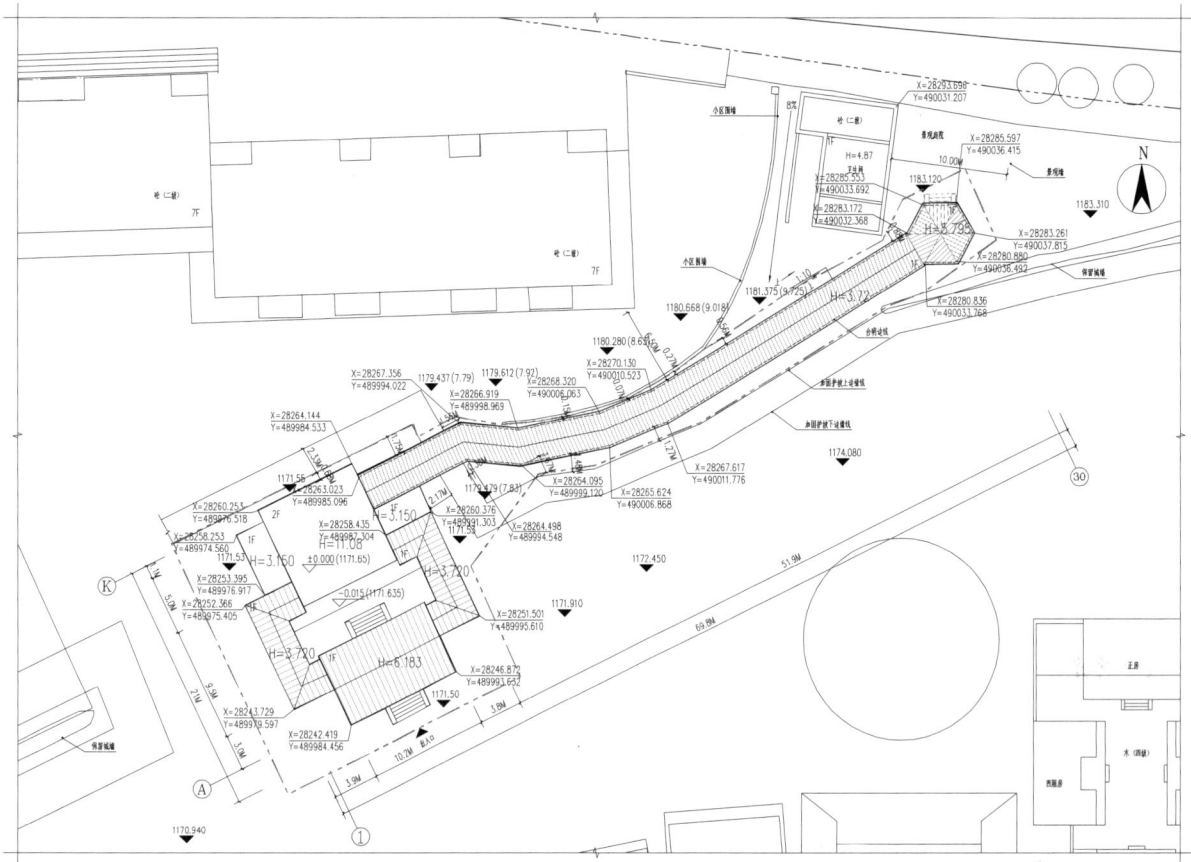

（b）总平面图

屋顶平面图 1:100

①—⑥立面图 1:100

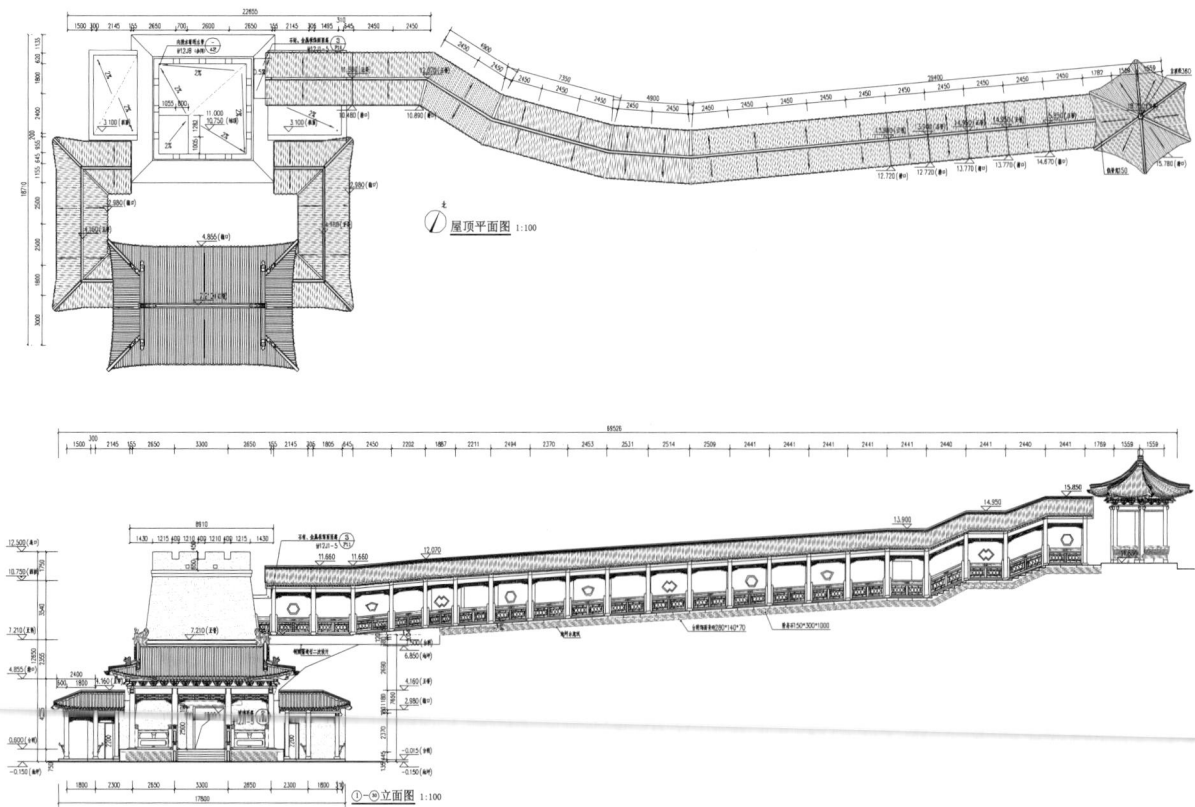

（c）平面图及立面图

图5-1-4　城墙敌楼环境设计方案及环境设计完工效果（续）

5.1.3 场地竖向分析

5.1.3.1 场地竖向分析要素

通过项目基础资料的高程数据分析，结合现场踏勘场地地势的直观认知，分析场地及其周边环境的竖向标高关系，包括道路广场标高、相邻建筑的室内外标高及檐口标高、相邻院落标高，同时梳理场地周边道路及市政管网的定位标高是否能有效衔接，为场地地坪及设备管道的标高设计提供依据。

5.1.3.2 场地高差微地形整理

对于地势高差起伏较大的地块，应根据场地的高差关系进行微地形整理，以便整理后的地形满足建筑面积需求，以及人流动线（水平动线和垂直动线）需求，而且有助于引导建筑竖向排布时形成错层或高低错落的建筑空间效果及景观的合理排布。

（1）微地形处理场地现状

案例为一场地地势高程落差较大地块，设计范围内场地南北高差约为25m，整体呈现出南高北低的态势（图5-1-5）。

（a）场地地势高差透视

（b）场地西侧航拍

（c）场地南侧航拍

图5-1-5 场地微地形整理现状

（2）微地形处理设计分析

结合场地地形特点、项目功能及动线需求，设计对该地形的处理依据高程的变化调整形成5个平台，考虑到土方填挖平衡，将图中现状高程点324、317、313、307、304进行微地形整理，形成设计高程为325、321、314.5、310、305的5个平台，呈现出高低错落的阶梯式空间，有利于打造丰富的建筑竖向空间和特色景观空间（图5-1-6）。

（a）场地现状地形图

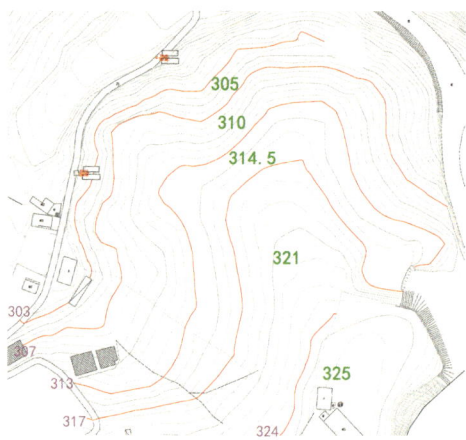

（b）微地形整理地形图

（c）微地形整理平面图

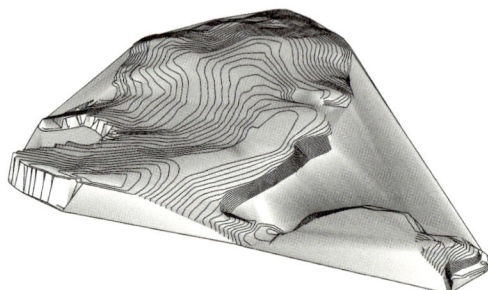

（d）微地形整理模型

图5-1-6　场地微地形整理过程

5.2　传统建筑方案构思分析

5.2.1　传统建筑功能分析

传统建筑功能分析包括各个使用空间的功能需求，以及各个使用空间的功能关系。功能要求包括建筑朝向、采光、通风、私密性等，功能关系包括使用顺序、主次关系、内外关系、分隔与联系、闹与静的关系等。

5.2.1.1　传统建筑功能要素分析

功能布局上以主要空间为核心，主要空间应在位置、朝向、采光、交通联系以及使用人群等方面予以优先考虑，其次是次要空间或辅助性空间，而次要空间的安排要有利于主要空间功能的发挥；各类空间的内外联系程度不同，对外联系的空间要靠近交通枢纽，对内空间布置在相对隐蔽，靠近内部区域的位置；动静之分的空间布置考虑动区靠近主入口、喧闹的区域，静区可考虑次入口周边或内部安静的区域。因此，功能布局上对于主要、对外、喧闹的功能应布置在靠近主入口的显要位置，次要、对内、安静的功能布置在次要位置，可设置次入口。此外功能要素分析要重点考虑人的主观感受，分析使用人群的特征、使用人群的数量以及考虑特殊使用人群的特殊空间需求及空间布局。

5.2.1.2 传统建筑功能布局案例

对于清官式建筑的功能布局应考虑不同使用者的功能需求，主要从使用者的行为习惯和使用需求出发，按照重要程度和使用频率对配套功能进行分析排序，并且考虑各个功能之间的联系是否合理。比如生活起居的功能空间更注重环境私密性，应考虑避开公共活动区域，且环境相对静谧的空间，如民宿功能的四合院布局中，靠近内院坐北朝南的房间采光效果好、空间宽敞，外界视线和声音干扰少；临街房间环境干扰较大，但展示效果最明显，因此，作为民宿功能的四合院，客房舒适度由高到低排序应为：正房二层、正房一层、西厢房、东厢房、倒座，倒座可作为民宿门厅接待，倒座其余房间可做沿街商业，公共卫生间布置在倒座耳房，或厢房与倒座之间的小耳房空间（图5-2-1）。此案例充分体现了传统建筑布局使用功能诉求的结合。

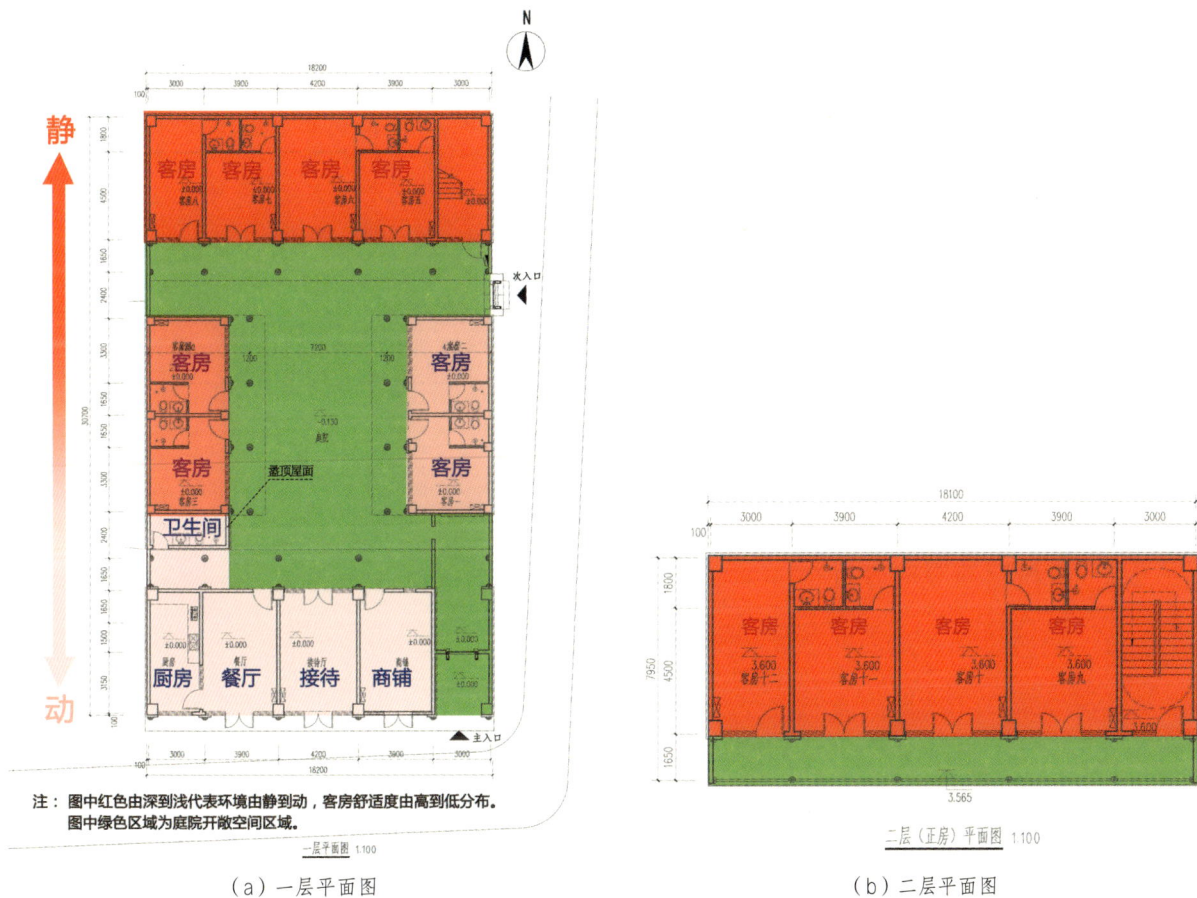

注：图中红色由深到浅代表环境由静到动，客房舒适度由高到低分布。
图中绿色区域为庭院开敞空间区域。

（a）一层平面图　　　　　　　　　　（b）二层平面图

图5-2-1　传统四合院布局图

5.2.1.3 传统建筑园林布局分析

清官式建筑在满足基本功能布局的基础上满足传统建筑环境布局要求，一般而言，清官式建筑平面布局讲究中轴对称、院落递进关系，空间排序上主次分明、对称呼应。

《中国古典园林分析》中总结了清官式建筑园林布局以北方私家园林为主，相较于南方私家园林自由多变的布局，北方私家园林空间宽敞直爽、色彩厚重，造园手法简洁又端庄大气，反映了北方的自然条件和文化特征。如恭王府花园，融合了南方园林艺术手法与北方园林建筑风格，既有中轴线，也有对称手法，整体上呈现出清官式建筑与江南古典园林两种风格相互结合的布局形式（图5-2-2、图5-2-3）。

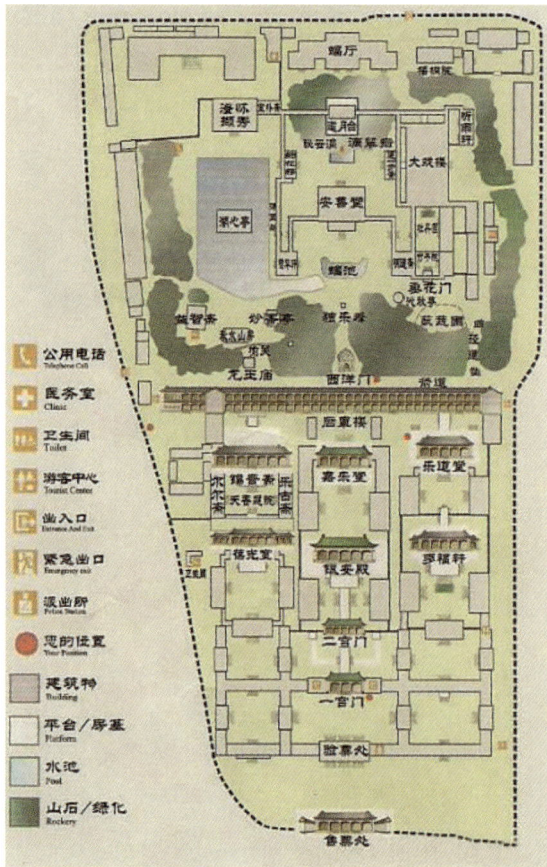

图5-2-2 北方园林（恭王府）平面图

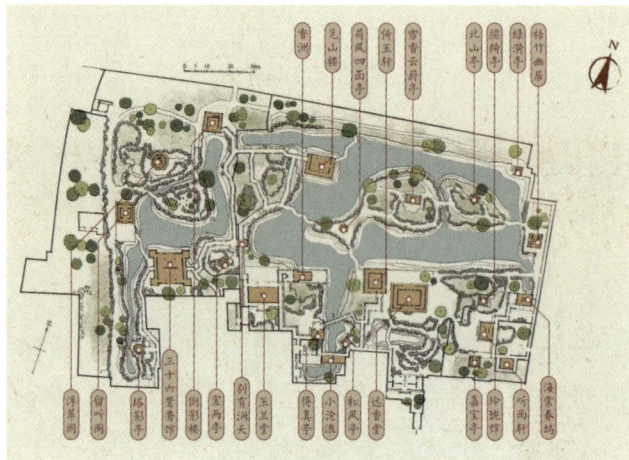

图5-2-3 江南古典园林（拙政园）平面图

5.2.2 传统建筑竖向分析

5.2.2.1 传统建筑竖向法则——"平水"

清官式建筑群中不同方位、不同功能的单体建筑标高的确定需遵循一定的技术法则，比如建筑"平水"的确定、场地标高的选定等，既体现了不同单体的等级高低，又保证场地及建筑标高的合理性。

刘大可先生在《中国古建筑瓦石营法》中提出清官式建筑群竖向设计中"平水"作为高度衡量标准，决定建筑台基以及建筑群的高度。平水是指建筑施工之前，先确定一个高度标准，再根据这个高度标准决定所有建筑物的标高。在一般情况下，应先确定建筑群的雨水排水口最低处的高度，这个高度也可称为整个建筑群的平水。排水口的最低处应高于院外自然地坪。有了这个高度就可以确定出该处的庭院地坪高度。从这个高度开始，往院内逐渐增高，增高的幅度以不低于地面泛水为原则。古建筑庭院地面泛水的习惯尺寸是，细墁地面为5/1000，糙墁地面为9/1000。即每向院内延伸1m，地面应抬高5mm或9mm。

5.2.2.2 传统建筑"平水"定位法

实际常采用"三步一阶"定平法，所谓"三步"是指自院外到院内为一步，到南房和东、西房为第二步，再到北房为第三步，步步增高。所谓"一阶"，是指同院落内的正房与其他房屋台基平水相差的高度以及每进院落相差的高度常以阶条石的厚度为单位。"一阶"，小式为四寸，大式为五寸。"三步一阶"平水定位法如图5-2-4所示。

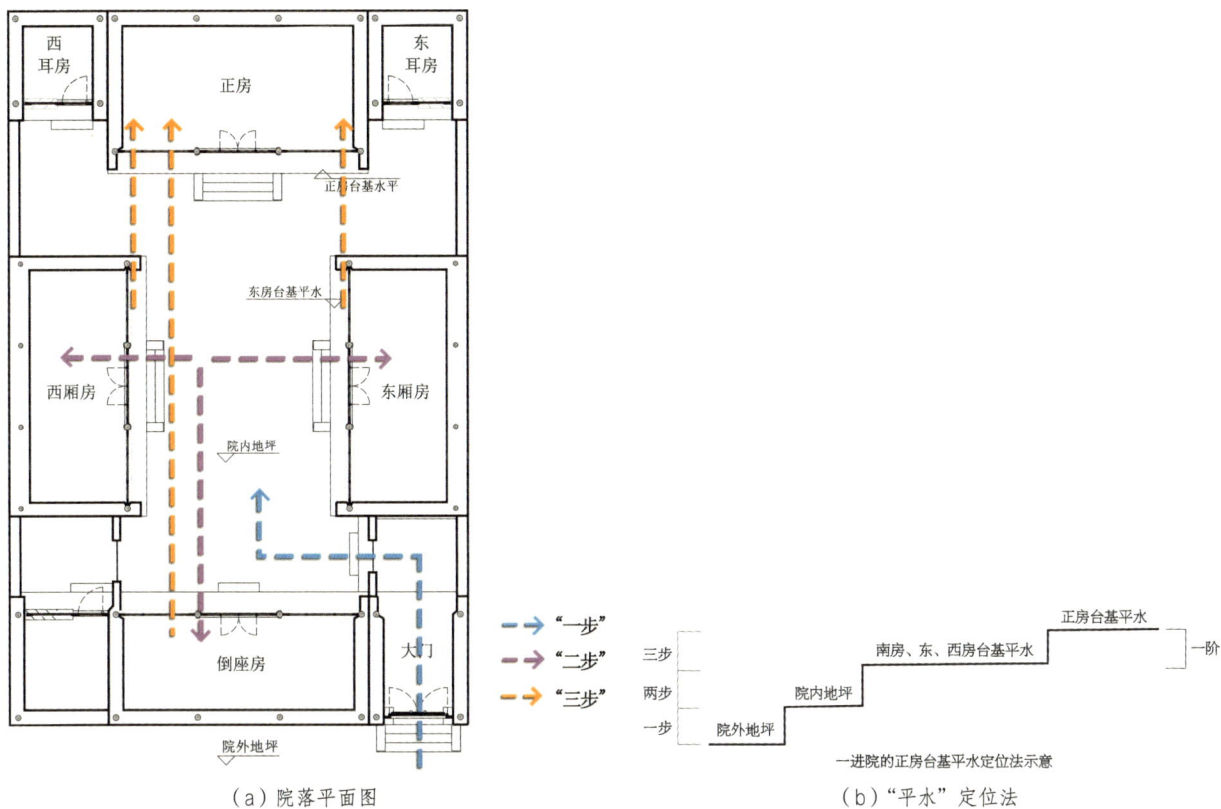

（a）院落平面图　　　　　　　　　　　　（b）"平水"定位法

图5-2-4　平水定位法关系示意图
（资料来源：刘大可《中国古建筑瓦石营法》）

5.2.2.3　传统建筑竖向定位原则

以坐北朝南院落布局的院子为例，院落出入口位于东南方位，院落排水出口即院落出入口，即为建筑群的平水。当清官式建筑新设计时，若为单体建筑，则单体建筑的设计标高应高于建筑周边场地或道路最高点的标高至少一平水，若为院落布局，则院落地坪宜高于室外场地或道路标高，确保场地或道路的排水不会对建筑产生影响。

5.2.3　人流动线分析

人流动线是指使用者在建筑内部或建筑环境中不同功能分区之间移动形成的人流轨迹（起点、过程点和终点）。清官式建筑的人流动线分析与现代建筑设计大致相同，建筑各个功能之间的人流动线有序衔接，合理组织，既能够相互联系，又要避免相互干扰和交叉。

5.2.3.1　建筑内部人流动线分析

以消防站功能为例，受场地限制条件影响，设计采用异形布局，既要满足一层消防车辆进出，又要满足最高点消防监测，而且要考虑各个功能动线之间的联系和穿插。消防站动线设计主要考虑消防人员的生活动线和工作动线，包括出勤、备勤、监控环节的动线组织。生活动线需明确不同需求的活动轨迹，覆盖盥洗、更衣、淋浴、用餐等功能，在水平和垂直动线之间切换；工作动线包括出勤、备勤、监控、通信等功能之间的活动轨迹，生活动线和工作动线相互独立，又密切联系，动线组织应减少各功能之间的干扰和往返活动，保证在消防警报拉响到消防出警之间动线的有效衔接，达到快速出警的目的（图5-2-5、图5-2-6）。

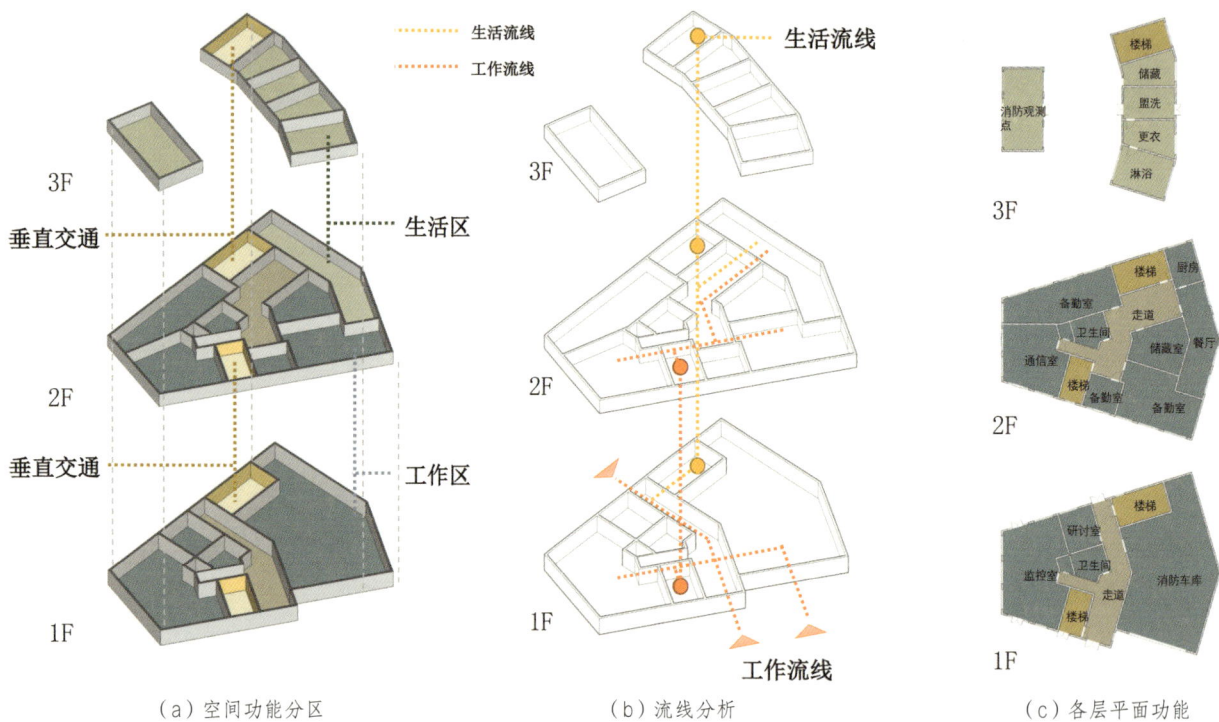

生活流线

工作流线

| 3F | | 3F | | 3F |

垂直交通 生活区

垂直交通 工作区

生活流线

2F

1F

工作流线

（a）空间功能分区 （b）流线分析 （c）各层平面功能

图5-2-5 动线组织分析图

（a）消防站西立面外观展示 （b）消防站南立面与街区关系 （c）街区与消防出入口关系

图5-2-6 消防站实景图

5.2.3.2 传统建筑外部人流动线分析

传统建筑外部动线主要体现在吸引和聚集人流上，结合清官式建筑街区人流动线，可分为：

（1）街区人流侧重于快速到达各个功能板块，可结合场地走向特点，引导建立可达性较好的视线空间，便于人流视线聚集。

（2）街区主题功能区内的人流动线则需考虑曲折结合的设计构思，根据功能需求、展示效果，可在街区设计中采取的措施有：

①运用清官式建筑不同建筑风貌特征，打造特色建筑的亮点；

②利用开敞空间，布置文化长廊、构筑物或景观绿化。

通过以上措施，既能为人提供休息场地，缓解人的视觉疲劳，又能利用开敞空间增强商品的展示效果，提升商铺价值，充分体现了动静结合的设计手法。

5.2.3.3　传统建筑外部人流动线案例

传统建筑街区动线设计应以激发游客的猎奇心态作为引爆点，围绕街区不同功能主题展开，如名人故居展示、民俗风情区、古树祈福区、国学文化区。

结合周边路网分布，有序穿插二级空间节点，例如特色建筑、文化长廊、景观广场等，以及卫生间、休息区等服务设施。通过沿线设置游玩设施、雕塑、文化墙、景观装饰等三级节点，达到以点

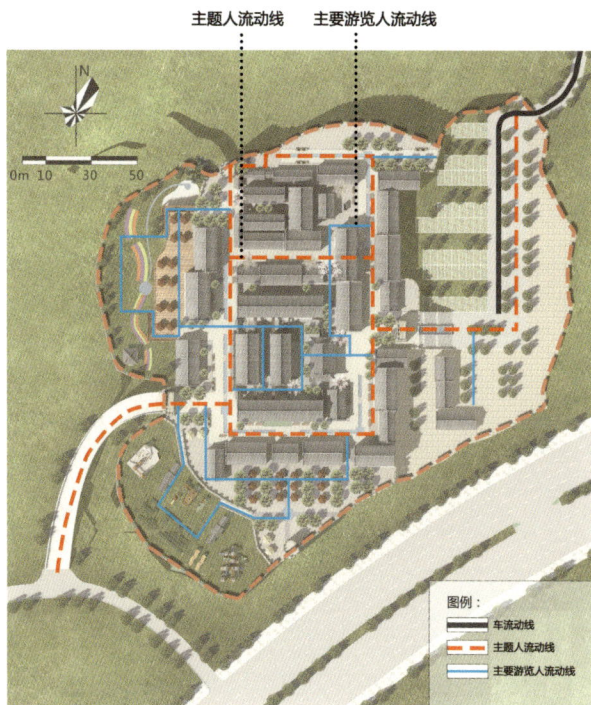

图5-2-7　街区人流动线组织

（空间节点）带线（游览动线），以线（游览动线）成面（主题功能区），如图5-2-7所示，采用多主题多分支的设计构思，通过曲直结合的人流动线引导游客有序游览，避免出现动线盲区。

5.2.4　传统建筑空间分析

建筑空间包括建筑构成或构造围合形成的内部空间，以及建筑物与周围环境形成的外部空间。

5.2.4.1　内部空间分析

内部空间考虑主要功能所需空间的位置、空间容量、使用需求，必要的服务空间或辅助空间的选址、尺度大小，以及主要空间与服务空间之间的距离和路径。

以四合院为例，正房一般为长辈居住，或作为会客接待使用，东西厢房一般为子女居住。以四合院中三间带耳房的正房为例，正房明间面阔4m左右，可作为主要会客区域，室内空间应考虑家具摆放种类、摆放位置及摆放空间，耳房面阔一般为2~3m（区间值），可作为辅助空间，满足各功能内部空间需求（图5-2-8）。

5.2.4.2　外部空间分析

外部空间考虑建筑物以外的水平空间处理，比如建筑物与其外围环境空间可通过景观绿化、道路广场空间进行衔接，与其内部合围空间之间可通过开敞空间（庭院或平台）、半开敞空间（外廊）、相对隐蔽空间（室内空间）进行空间过渡。以古城场地环境中拟新建项目为例，地块处于古城范围内，周边留存多个保存较好的民居院落组群，建筑风貌为青瓦坡屋顶、夯土墙承重、单体或围合式布局、层数为1~2层的民居，新建建筑功能设定为商业综合体。

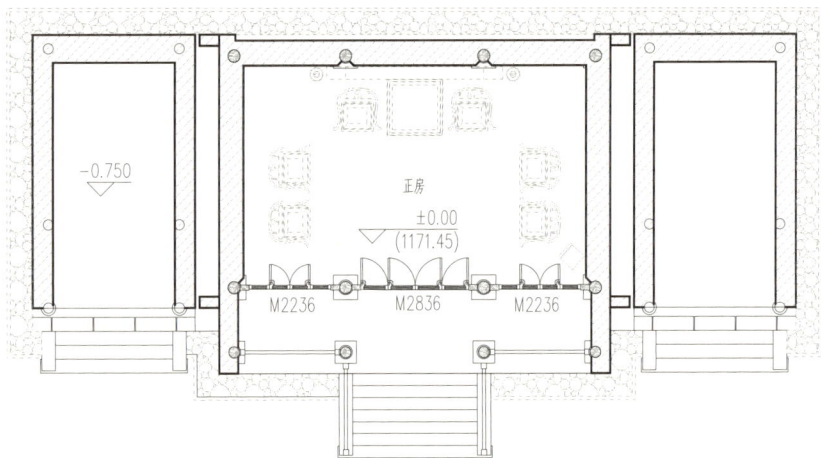

（a）正房室内布置平面图　　　　　　　　　　　（b）正房室内布置照片

图5-2-8　正房室内空间示意

（1）外部空间布局分析

　　首先分析古城中建筑组群环境中街、巷、院、厅的空间序列关系，其次分析拟建建筑延续城市肌理空间的设计手法。拟在古城中建设商业综合体，在建筑风貌上定性为清式民俗建筑风格，引入四合院布局理念，布局既要考虑商业综合体的功能及动线对内外部空间的需求，又要考虑其空间尺度与周边清式民俗建筑空间的融合关系，以及其建筑外观风貌特征与场地周边建筑肌理特点是否契合，建筑出檐与相邻建筑之间是否冲突。图5-2-9、图5-2-10为设计案例的外部空间布局。

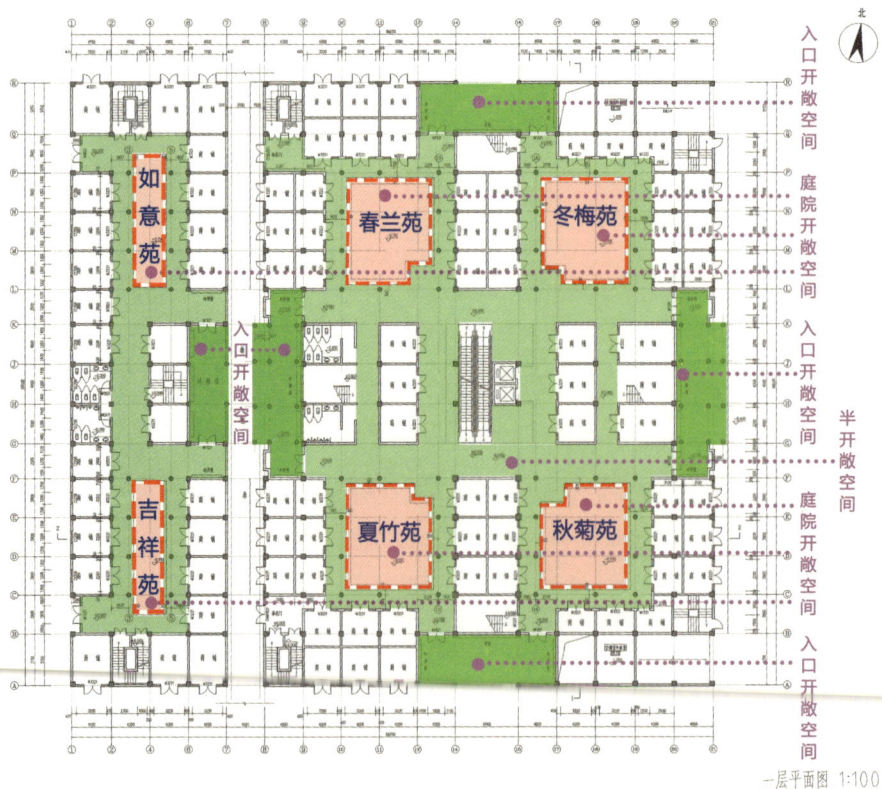

图5-2-9　商业综合体一层平面空间分布

中庭空间　开敞空间　半开敞空间

二层平面图 1:100

图5-2-10　商业综合体二层平面空间分布

（2）外部空间序列分析

外部空间序列根据古城建筑肌理的梳理分析，整体形成"一厅六苑"的建筑空间序列格局。底层为大型商业空间，二层布置院落式商业，一层内部形成连通空间，二层各单体之间通过外廊、连廊连通各个空间，垂直空间上，通过6个阳光中庭（如意苑、吉祥苑、春兰苑、夏竹苑、秋菊苑、冬梅苑）打通院落内部上下层空间，视线通透，营造出绝佳的采光、观景、借景空间（图5-2-11）。

如意苑　吉祥苑

夏竹苑　秋菊苑　春兰苑　冬梅苑

图5-2-11　商业综合体"一厅六苑"空间

（3）外部空间影响因素

排水是影响外部空间设计的重要因素，设计外部空间需要分析建筑屋面的排水水流落点及排水方向是否合理、场地高差是否满足水流排出，以及排水出水点是否合理等。案例商业综合体的屋面排水设施是通过檐口雨水落至一层地面，根据一层商铺入口与室外地面的距离不同，设计1%～2%的排水坡度向庭院方向找坡，庭院内设置雨水管网，接入排水出水点与外网相连通，解决商业空间内雨水排水问题（图5-2-12）。

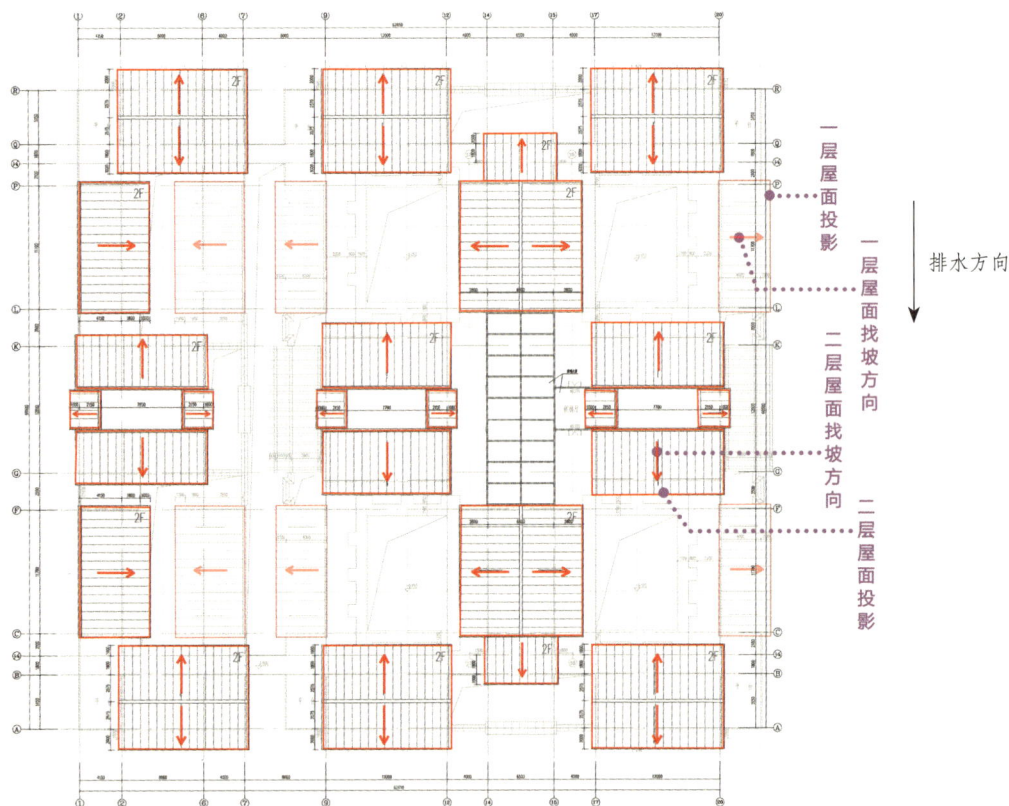

图5-2-12　商业综合体屋面空间分布

5.2.4.3　传统建筑（构筑）相邻关系空间分析

对于传统组合建筑而言，除了考虑建筑屋面之间的避让，还要考虑建筑中不同出入口位置的垂花门、门楼以及影壁造型与两侧建筑空间的关系（图5-2-13），既要保证入口门楼造型元素的完整性和构件尺寸比例的协调性，又要避免垂花门、门楼屋面出檐与建筑外墙或外观造型的冲突，并且考虑门楼屋檐落水不会对相邻建筑产生影响。

5.2.4.4　传统建筑风貌天际线分析

若为建筑组群设计，除了建筑单体的外观考究，还应考虑整体建筑组群的外观组合效果，利用不同的建筑形制轮廓、建筑高度、建筑退让等要素设计错落有致、高低起伏的建筑天际线（又称城市

（a）影壁与周边建筑空间的关系　（b）门楼与周边建筑空间的关系

图5-2-13　建筑相邻关系空间举例

轮廓或全景），打造特色建筑景观，如图5-2-14所示为传统建筑组群，各个单体建筑的外轮廓相连形成了独特的建筑天际线。

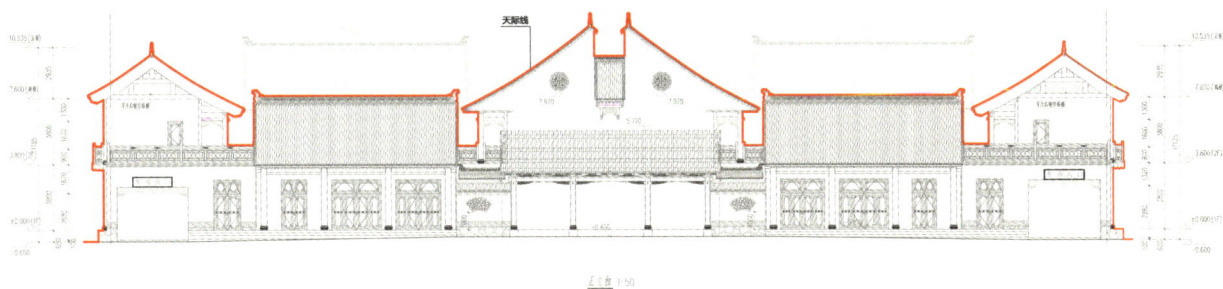

图5-2-14　传统建筑组群天际线

5.2.4.5　特殊地形及竖向空间分析

外部空间在建（构）筑物与周围环境竖向空间的处理上，应考虑利用传统建筑独特的外观造型特征，作为转换场地现状不利要素的切入点，让建筑与场地环境融为一体。

（1）特殊地形竖向案例现状

以一处高差较大的场地设置扶梯亭廊为例，需在高差10m的场地内增设一部连通上下两端的扶梯，场地一侧为6层居民楼，另一侧为城垣夯土墙体，扶梯下端一处居民楼飘窗突出（图5-2-15）。

（2）特殊地形竖向高差设计处理

地块设计受相邻一侧环境的限制影响，场地空间非常局促，而且还需考虑在扶梯上空增加顶棚设计，外观与周边古民居风貌协调统一。设计考虑在扶梯上空增加古建连廊造型，上端端头入口处设置与连廊过渡衔接的四角亭，下端端头受正对的飘窗影响，场地呈现L形走向，设计考虑利用套亭设计作为下端入口造型，使得套亭与场地完美契合，展示面更加丰富，呈现出独特的建筑景观效果（图5-2-16、图5-2-17）。

（3）特殊地形竖向处理效果（图5-2-18）。

图5-2-15　扶梯场地现状

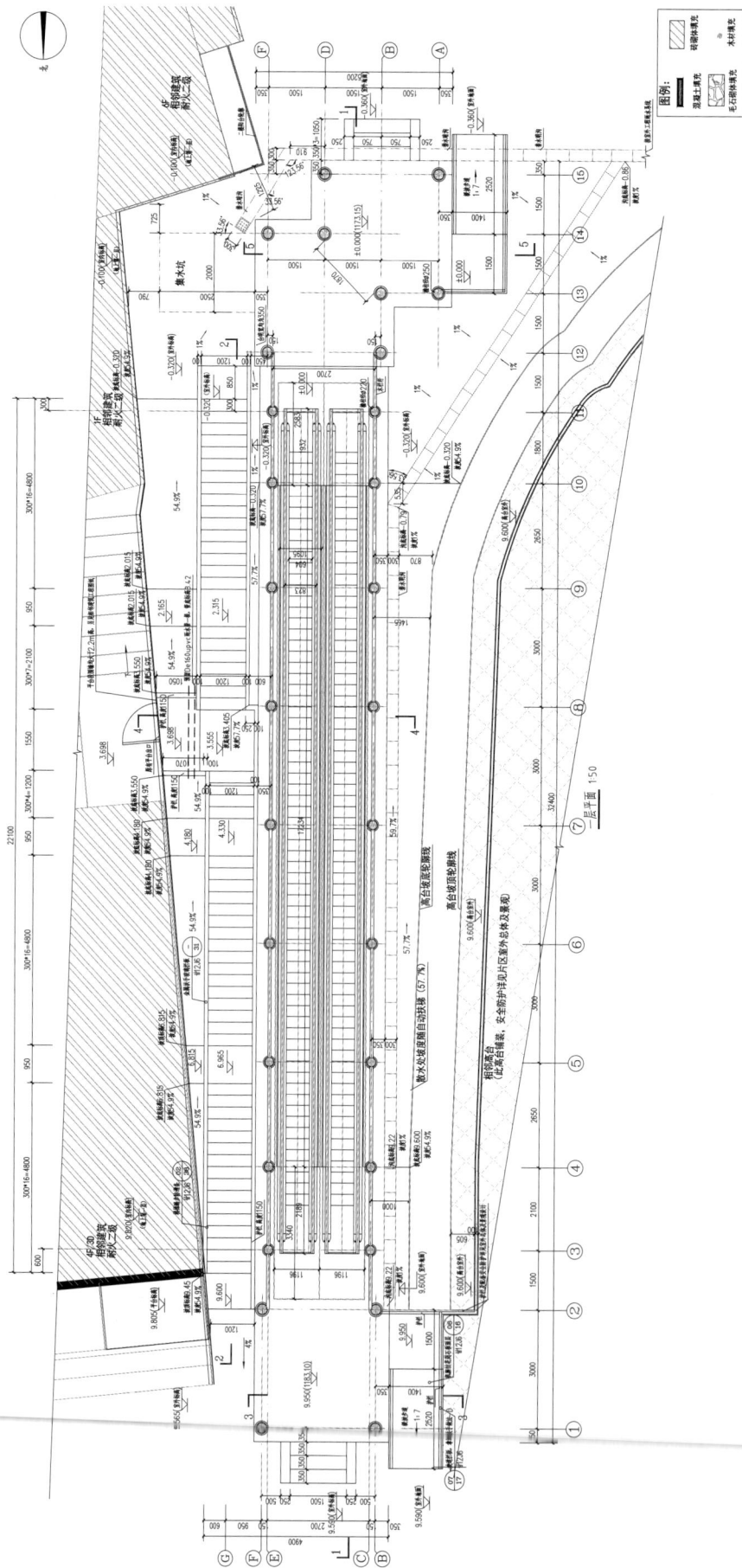

（a）一层平面图

图5-2-16 扶梯设计平面图

排水方向

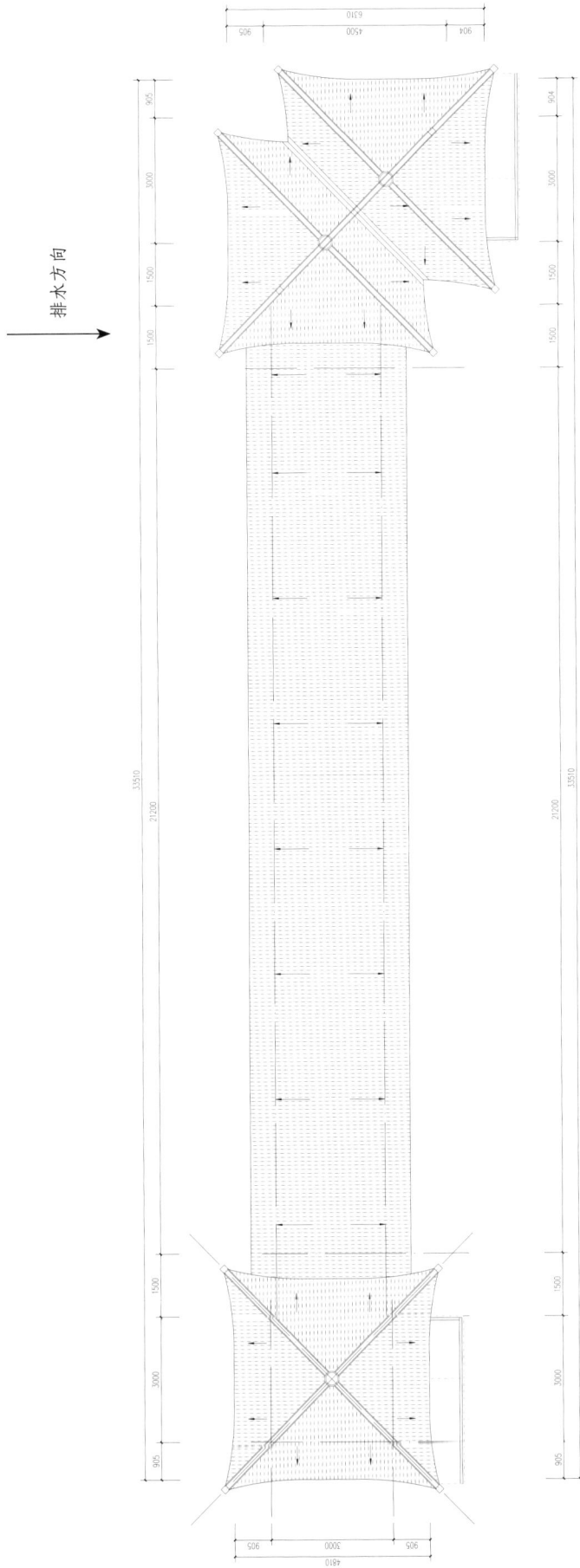

屋顶平面（1:50
3#布瓦（筒瓦屋面）
（b）屋顶平面图

图5-2-16 扶梯设计平面图（续）

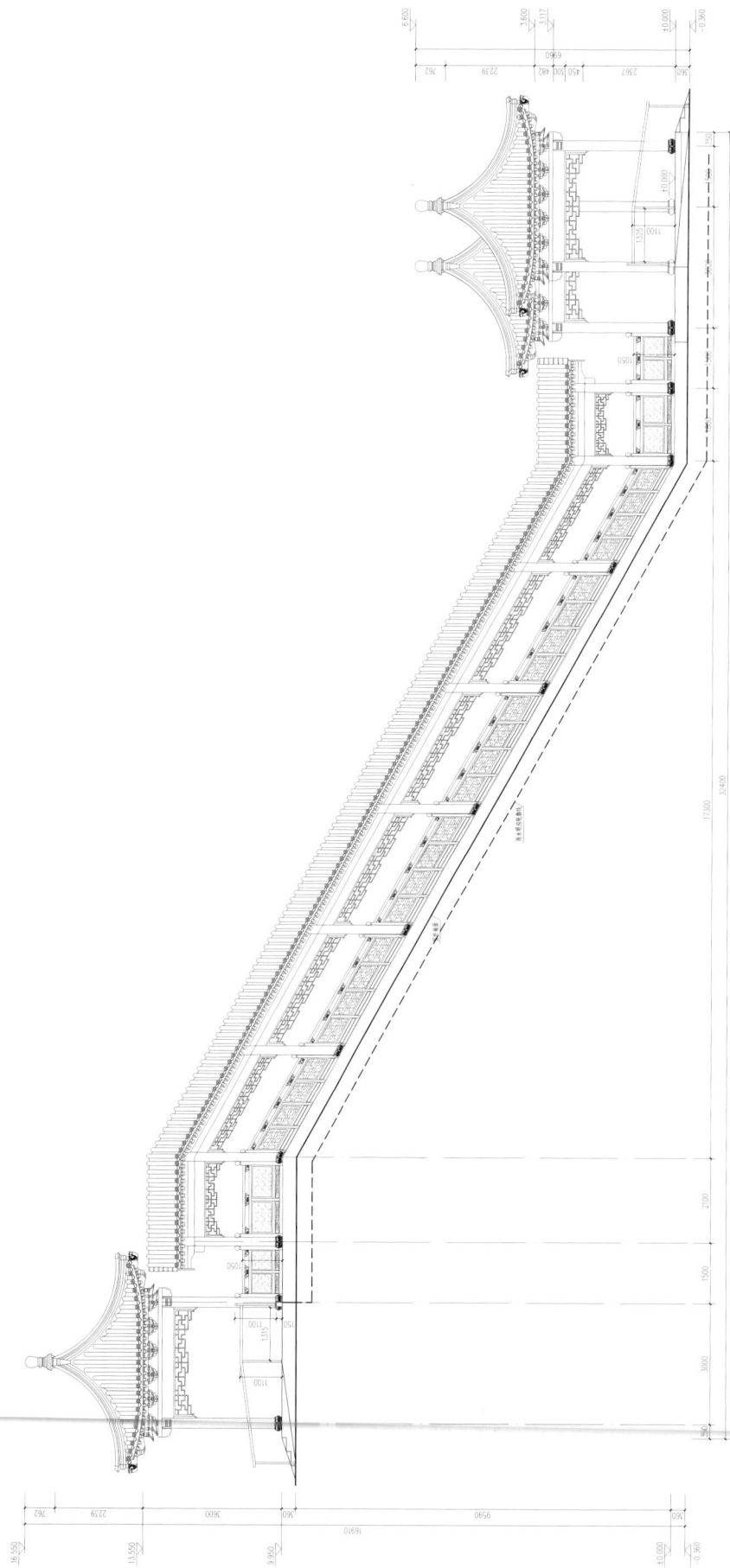

图5-2-17 扶梯侧立面图

侧立面 1:50

| （a）扶梯东侧室外楼梯 | （b）从套亭内看向扶梯 | （c）下端四角套亭与住宅关系 |

| （d）上端单檐四角亭 | （e）从四角亭俯瞰扶梯连廊 | （f）四角套亭内部 |

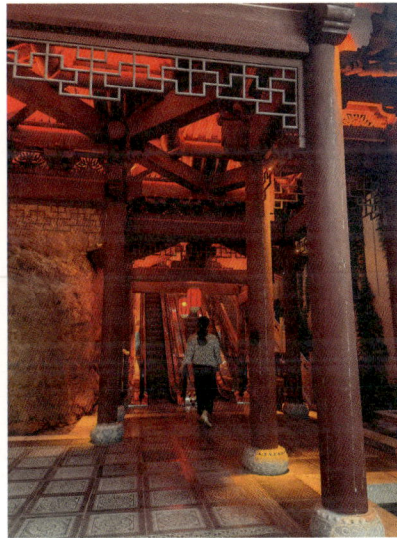

图5-2-18　扶梯亭廊设计落地效果

5.2.5　传统建筑视线分析

建筑视线分析指特定空间内人在不同角度所能看到的建筑和环境的效果，包括平面和竖向关系上的视线角度、视线可达性及通透性（室内外空间）。

（1）水平视线分析。水平视线是指人的眼睛所在的水平方向，向前后左右空间移动后所能看到的空间区域，在水平方向移动所能够看到的，比如传统建筑中的二进四合院，倒座与庭院之间通常会增设垂花门，将倒座（一般为外客居住）和内院（主家居住）分隔，从而阻断外部的视线干扰；而需要通透视线的场所，如园林式庭院，侧重不同的观景效果，往往增设圆门、牖窗，目的是形成透景、框景，打造步移景异的景观氛围（图5-2-19）；不同功能对视线的需求则不同，如茶厅、餐厅，其注重环境氛围的渲染，宜毗邻庭院、水系、广场等开敞空间，从而达到视线通透的效果。

（2）传统建筑视线设计应用案例。以戏楼设计为例，需考虑不同区域的观众看戏的视线范围和视线高度

（a）二进四合院中垂花门

（b）圆门&牖窗

图5-2-19　水平视线分析案例

的合理性，防止视线死角的出现，基于不同空间的看戏需求，结合不规则的场地地形，将两侧厢房的布置角度进行调整，确保四合院内各个区域位置的看戏视线不被遮挡。设计最远的观众席与戏台的距离为16.2m，二层靠近戏台一侧的包厢的最大俯角为31.5°，均符合《剧场建筑设计规范》JGJ 57—2016中5.1.5、5.1.6条，话剧和戏曲剧场观众席与视点之间的最远视距不宜大于28m，靠近舞台的包厢或边楼座的观众视线最大俯角不宜大于35°的规范要求（图5-2-20、图5-2-21）。

（3）建筑远近距离视线分析。当建筑处于不同视点高度、视线距离时，从人的主要视点观看建筑体量和建筑外观，远距离视线（高台建筑，如西安鼓楼、城楼、箭楼）时，可视范围内的屋面瓦件尺寸大，近距离视线（四合院及一般民俗建筑）时，可视范围内的屋面瓦件尺寸小，保证建筑具有良好的视觉效果。

根据《中国古建筑瓦石营法》第五章第四节中所述：建筑吻兽按

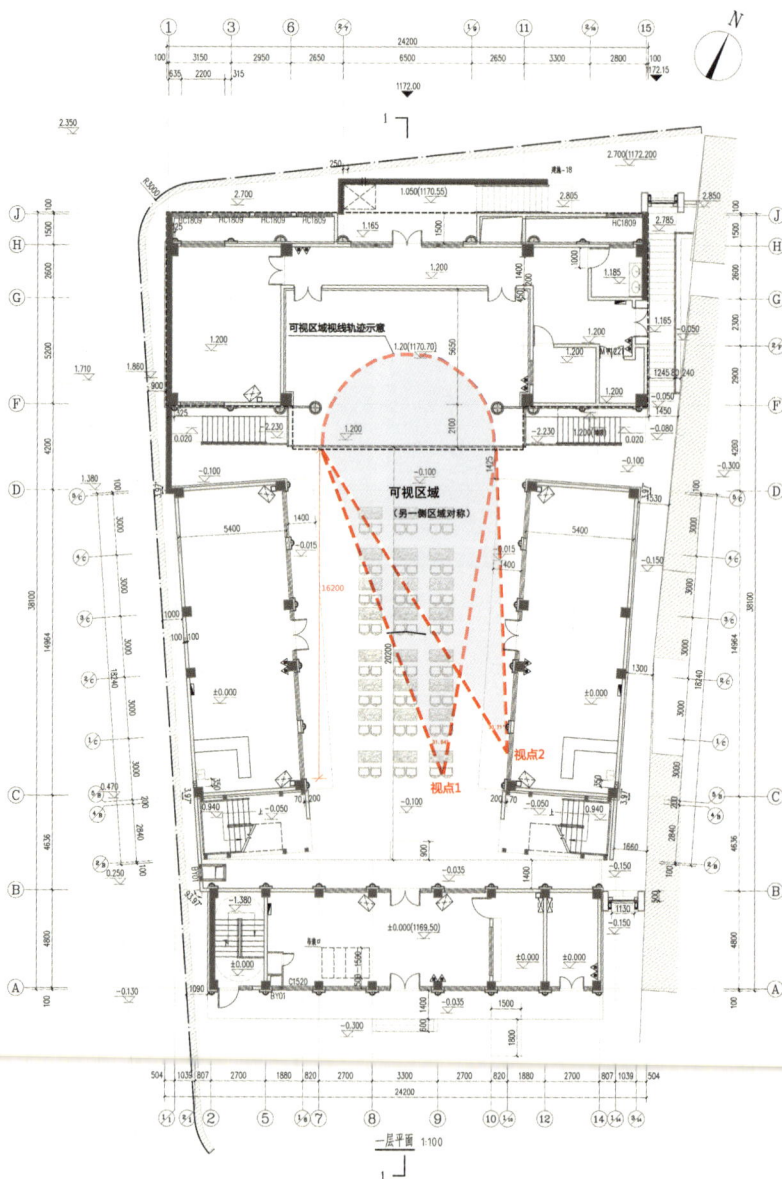

图5-2-20　戏楼水平视线分析

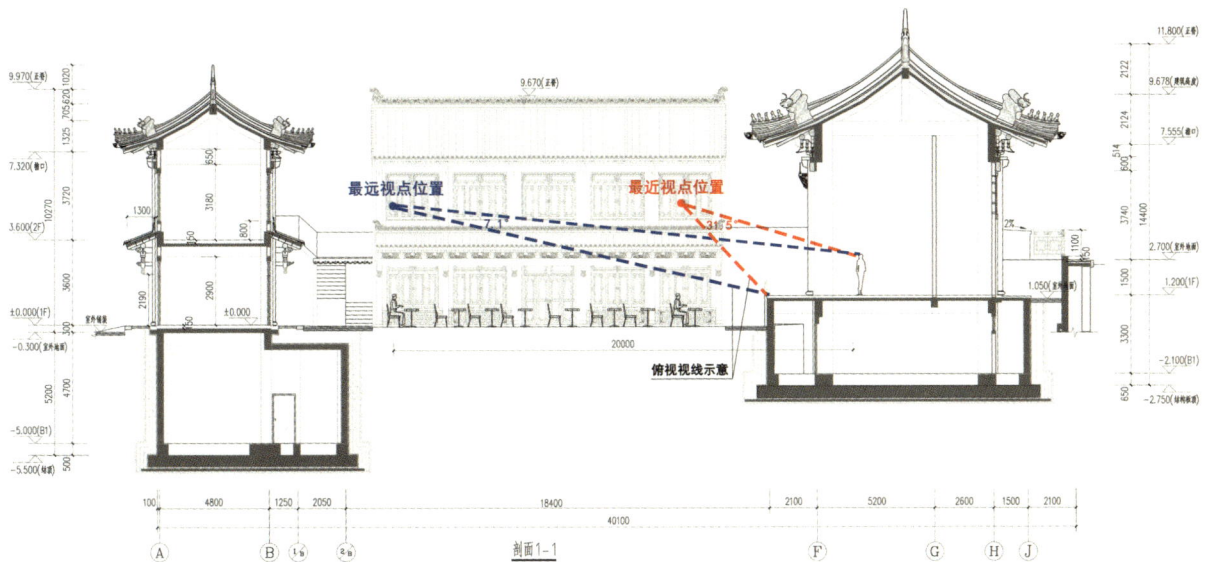

图5-2-21　戏楼竖向视线分析

檐柱高的2/7～2/5定吻高，由正吻吞口高度确定正脊高度，吻高区间取值则以人视角方向和距离进行判定。

①远距离视线分析案例。在距离观看点95m的位置设计一座十字脊高台建筑，对其瓦屋面构件大小进行选择分析，该建筑属于大式建筑，基于远距离、高视点的建设条件，建筑吻高可选择柱高（3.98m）的2/5，即吻高1.59m，合理确定屋脊高度和屋面瓦件的型号大小，保证建筑呈现出完美的视觉效果（图5-2-22）。

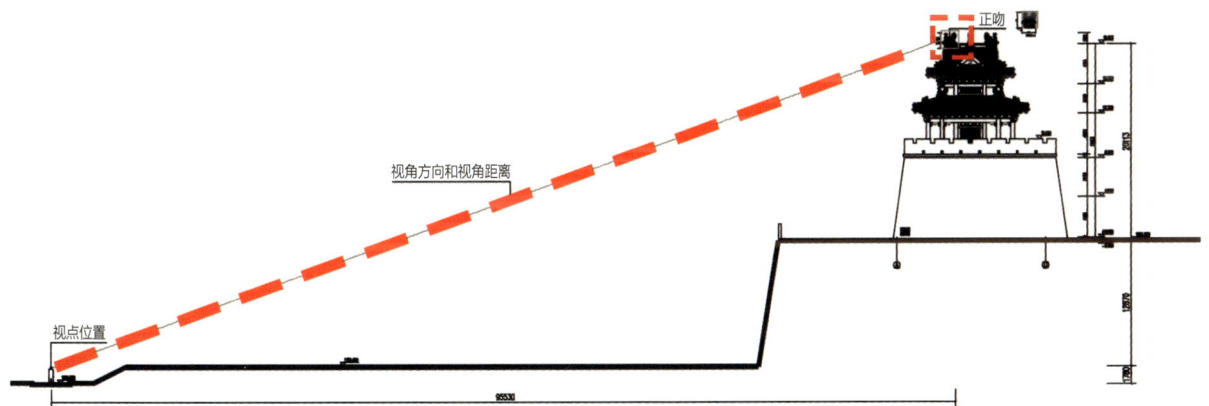

图5-2-22　清官式建筑远距离视线分析

②近距离视线分析案例。当近距离观看清官式建筑时，屋面吻高可选择柱高的2/7，在距离建筑约6m的位置设计一座硬山建筑，檐柱高为3.65m，经核算正脊吻兽高应为1.05m，比例尺度均符合人的审美需求（图5-2-23）。

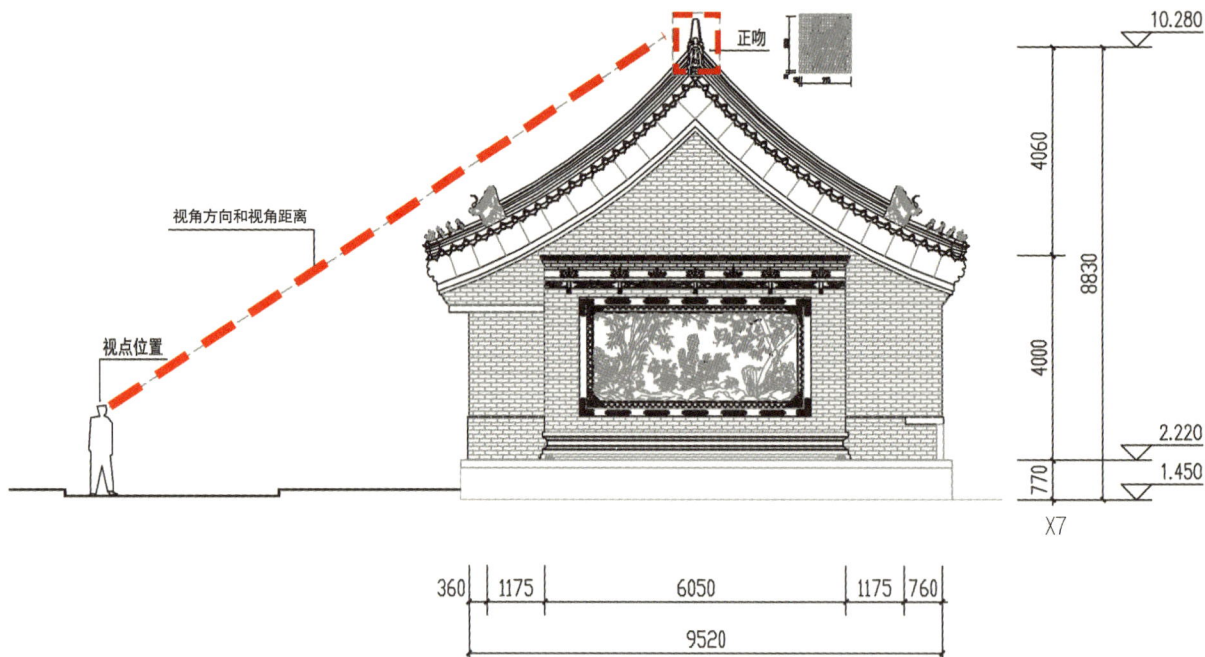

图5-2-23 清官式建筑近距离视线分析

5.2.6 传统建筑风貌定性分析

5.2.6.1 传统建筑风貌分类

建筑风貌的选择取决于历史背景、文化内涵、地域特征及当地气候环境等多方面因素，中国传统建筑一般分为秦汉建筑、唐宋建筑、明清建筑风格，各个时期建筑外观符合一定的美学特征，如序列、均衡、韵律。

5.2.6.2 南北方民俗建筑风貌区分

受气候环境影响，北方和南方建筑风貌有一定的差异性，南方地区气候温暖，用材精细，建筑外形轻巧玲珑，北方地区气候寒冷干燥，雨雪天气多，积雪会造成建筑荷载压力过大，因此北方建筑厚实，建筑外形浑厚稳重，在建筑外观上形成了南方建筑轻巧，屋檐翘角高，北方建筑粗犷，屋檐起翘平缓的明显特征，而且建筑构造做法名称不同，比如南方建筑翼角由老戗、嫩戗、发戗等组成，北方建筑翼角则由老角梁、仔角梁组成（图5-2-24）。

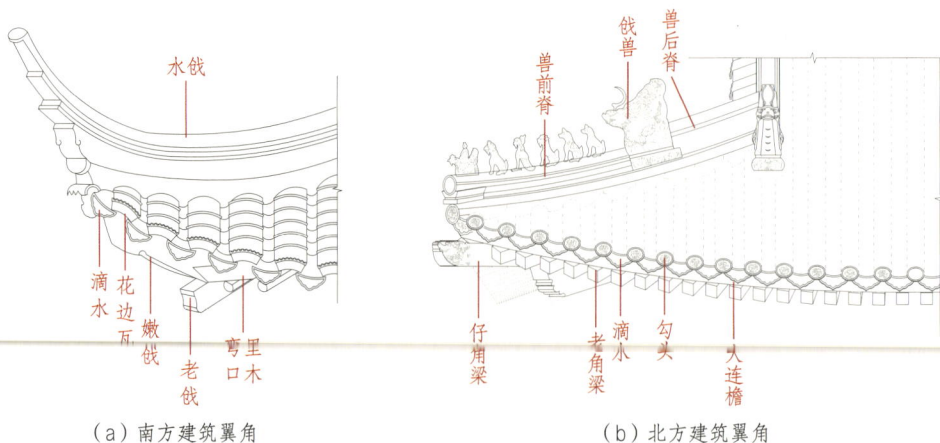

（a）南方建筑翼角　　（b）北方建筑翼角

图5-2-24 南方与北方建筑翼角

5.2.6.3 民俗建筑派系划分

建筑受到地域文化的影响形成不同的建筑派系，目前中国地方建筑派系分为六大系，分别为京派、晋派、皖派、川派、闽派、苏派，每个派系具有不同的建筑风貌特征，进行风貌设计时应结合建筑地域文化、气候环境及历史背景等多种要素综合考虑（图5-2-25）。

（a）京派　　　　　　　　　　　（b）晋派　　　　　　　　　　　（c）皖派

（d）川派　　　　　　　　　　　（e）闽派　　　　　　　　　　　（f）苏派

图5-2-25　六大派系建筑风貌

5.2.7　建筑历史文化分析

5.2.7.1　清官式建筑布局法则

清官式建筑历史文化建筑布局中遵循的法则包括坐北朝南、中轴对称、主次分明等，例如：

（1）四合院布置宜左右对称、尊卑有序、等级分明，正房多为主人起居会客，正房屋顶高于厢房，且体量大于厢房，而且台阶也要多于厢房（台阶数为奇数）。

（2）院落入口大门不宜直对院内空间，通常以影壁作为视线遮挡，或者一进院内增设圆门或垂花门，以此弱化视线通透效果。

（3）传统建筑院落内的假山景观与水系景观遵循相互交融与建筑互为依托。叠山置石，通过对山体模拟、提炼，将自然景观引入庭院中，具有划分空间、扩展空间层次的作用。

（4）传统建筑布局涉及宗教、祭祀等功能时，建筑布局遵循当时的人文思想需求，特殊功能建筑布局以宗教信仰、礼仪教化为引导，如祭祀类建筑东侧布钟楼、西侧布置鼓楼，遵循晨钟暮鼓的思想。

5.2.7.2　建筑文化寓意分析

体现在文化精神层面，结合屋主身份和地位，确定能够运用于建筑设计中，且符合屋主文化背景的图案素材，通过建筑中的砖雕、石雕、木雕传达文化寓意，通过文脉的传承表达独特的文化特征，赋予建筑极具个性的表现力。

清式建筑中常见的雕刻纹样有：花开富贵、喜鹊报喜、丹凤朝阳、太平有象、鹿竹同春、麒麟献瑞、麒麟送子、松鹤延年、寿比南山、八仙过海、紫气东来、五福临门、招财进宝、吉庆有余、五谷丰登、龙凤呈祥、平安如意、岁岁平安、年年有余等生活风俗或神话故事中富有美好寓意的吉祥图案。

建筑雕刻文化寓意体现，清式建筑中的雕刻纹样运用位置和表现手法，是屋主身份的象征，或是寄托对美好生活的向往之情（图5-2-26）。

（1）文化寓意——"瓶生三戟"。图案由花瓶、戟、芦笙组成"瓶生三戟"，清代常用图案。瓶与"平"、笙与"升"、戟同"级"，花瓶内插入三支短戟寓意"平升三级"，即指官运亨通，连升三级，象征仕途飞黄腾达、平安顺利。

（2）文化寓意——"鹤鹿同春"。图案由鹿、鹤、松组成，中国传统寓意纹样之一。古代以鹤为仙禽，鹿为瑞兽，松代表春之意，组成"鹤鹿同春"，吉祥之意，表达国泰民安的良好愿望。

（3）文化寓意——"五蝠捧福"。图案由五只蝙蝠围着"福"字或"寿"字构成，清代常用图案。蝙蝠的蝠与"福"字同音，以五蝠代表五福；五蝠围着"寿"字，寓意为"五蝠捧寿"，多福多寿。

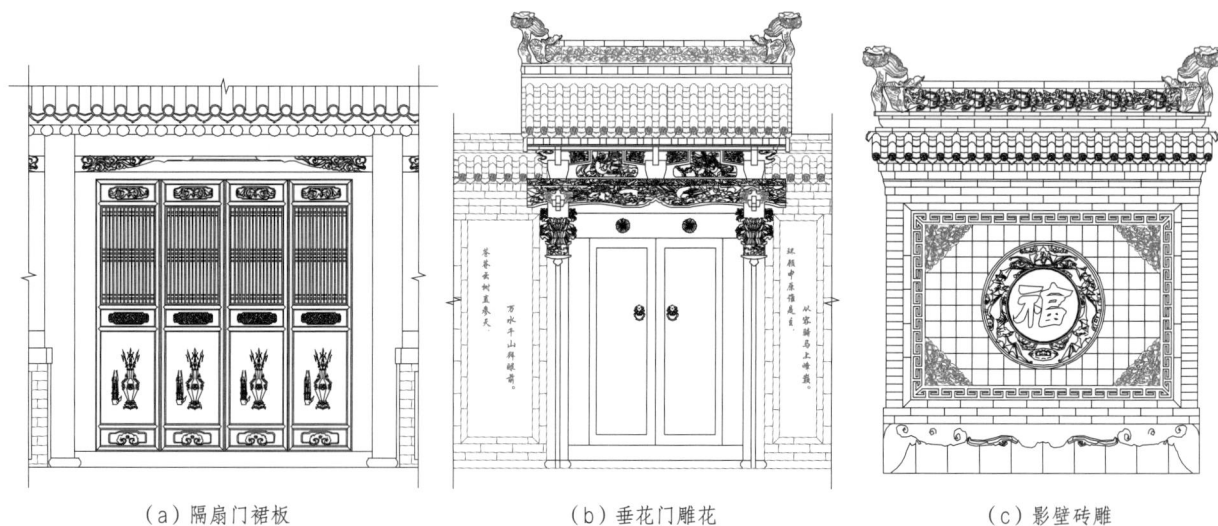

| （a）隔扇门裙板 | （b）垂花门雕花 | （c）影壁砖雕 |

图5-2-26 清式建筑中的雕刻运用

5.2.7.3 建筑构件文化体现

建筑构件历史文化方面，大门是中国传统理念"礼"的体现，"出身名门""书香门第""耕读世家"等都是身份的象征。再如大门门墩，除了较强的装饰性外，也显示了屋主门第和社会地位，像抱鼓型（武将）或箱子型（文官）门墩象征着高级官员的宅院，普通百姓所用的是门枕石或门枕木。

"门当"与"户对"是古民居建筑中大门的组成部分，"门当"原指大宅门前的一对石鼓，因鼓声宏阔威严，厉如雷霆，百姓信其能避邪，故民间广泛用石鼓代"门当"；户对则是指位于门楣上方或门楣两侧的圆柱形木雕或砖雕，位于门户之上，且必须为双数，所以称为户对（图5-2-27）。

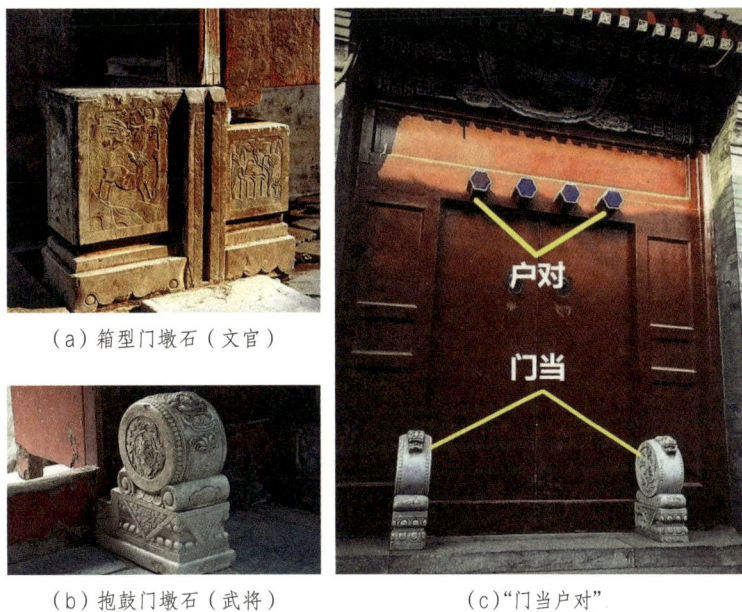

（a）箱型门墩石（文官）

（b）抱鼓门墩石（武将）

（c）"门当户对"

图5-2-27　传统建筑文化体现

5.2.8　建筑堪舆文化分析

5.2.8.1　建筑堪舆文化体现

中国古代建筑讲究选址，"负阴抱阳，背山面水"是古代常见的选址方法，从风水角度讲，在古代"龙"是人们崇拜的对象，也是权力与富贵的象征，好的选址在山脉的形态上与龙相似，故被称为龙脉。建筑选址要求前面宽阔有河流，后面有靠山能够挡住风势，前面开阔可用于取水耕种，从自然科学的角度分析可以看出，地势的选择其实就是基于建筑环境通风，减少空气污染，避免热辐射等有利因素，聚集氧气有利于居住，因此，堪舆文化其实就是环境美学。

5.2.8.2　传统建筑布局中的堪舆文化体现

以四合院为例，一般选址为坐北朝南，避免冬季北风干扰，南向采光效果明显，夏季风主要为南向风，利于纳凉；院子的东南方位为入户门，大门辟于宅院东南角"巽"位，八卦中的巽位，为通风之处，可通天地之元气。而且一般坐北朝南的四合院场地地势为西北高，东南低，水自西北向东南流，建筑雨水可由此处排出（图5-2-28）。

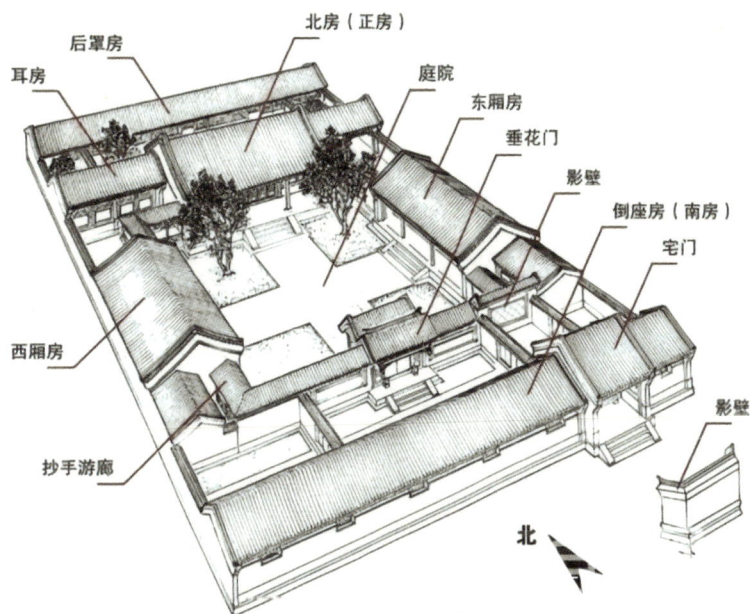

图5-2-28　传统四合院布局

5.3 建筑方案与各专业对接

根据地块要素和设计需求分析，生成初步设计方案，建筑功能布局、空间构造是否合理，需要与设备、结构等专业工种进行配合，以保证设计方案的合理性和实用性。

5.3.1 建筑专业

初步分析甲方提供的基础资料，根据甲方需求及规范，标注设计范围边线，了解各类经济技术指标对建筑设计的影响，确定平面、层数、车位等场地设计初步构思布局。建筑、结构与设备专业针对设计条件沟通各专业设计方向。

5.3.2 结构专业

建筑专业在方案阶段需提供给结构专业的资料包括：建筑规模、建筑功能、建筑高度、项目总平面图（体现新建建筑与周围现状建筑距离，以及现状建筑资料，如是否有文保建筑、古树名木等）、新建建筑首层平面布置、初步地质勘察报告（若无初步勘察由建筑专业配合结构专业提交地质勘察设计任务书）。

建筑专业需要结构专业根据项目实际情况提供方案设计结构方向注意意见。

5.3.3 给水排水专业

5.3.3.1 给水工程
建筑专业提给水排水专业项目规模、功能等概况，由给水排水专业根据项目用水情况及周边市政管网资料，确定是否需要设置生活水池及泵房，并提供建筑专业设备用房尺寸及建议位置。

5.3.3.2 热水工程
给水排水专业根据方案设计任务书设备要求，明确是否设置热水系统，若需设置，给水排水专业按照现行规范（含地方规定）并考虑业主意向，确定热源及系统设置，给水排水专业提供建筑专业设备用房尺寸及建议位置。

5.3.3.3 排水工程
业主提供项目周边市政排水管道的接管位置、管径、标高，由给水排水专业确定排水方式（重力流或压力流），一般排水依靠重力流排出，若有室内地坪低于室外地坪或下沉广场等无法重力排水或易倒灌的情况则应设置压力排水，给水排水专业提集水（池）坑尺寸及建议位置。若项目周边无市政排水管道则需确定本项目的污水处理程度及出路，并布置处理设施，给水排水专业提供所需尺寸及建议位置。

5.3.3.4 消防系统
根据项目及周边给水管网情况由给水排水专业确定是否设置消防水池、泵房、高位消防水箱等消防设施，高位消防水箱一般设于项目最高位置或周边可利用高地，给水排水专业提水池、泵房尺寸及建议位置。

5.3.3.5 其他系统
如中水系统、开水系统、直饮水系统，给水排水专业根据设置情况布置设备间，提建筑专业设备间尺寸及建议位置，并建议管道井的竖井位置。

5.3.4 暖通专业

5.3.4.1 供暖系统
建筑专业需提供建筑周边概况及热源情况，若具有市政供热条件，需预留计量小室；若采用独立锅炉房则需考虑锅炉房位置；若采用空调供暖则需考虑室外机放置位置。

5.3.4.2　空调系统

分体式空调或集中空调，两者均需考虑室外机放置位置，后者还需考虑建筑层高。

5.3.4.3　通风及防排烟系统

分为自然和机械两种形式。建筑专业需提供建筑主要功能及各房间大致面积，便于暖通专业进行设计。对于地上建筑，在开窗面积足够的情况下，尽量采用自然方式；对于带有地下室的建筑，需预留相应的送、排风（烟）机房及对应的井道，井道预留在满足暖通专业规范要求的情况下，应综合考虑建筑空间利用及对外立面的影响。需要注意的是厨房排油烟竖井需伸出建筑屋面。

5.3.5　电气专业

5.3.5.1　供配电系统

（1）建设场地周边建筑概况（高度，水平距离，建筑功能，有无高压、特高压架空线缆等）。

（2）建筑的供电条件，若为电网直供，应当了解供电电源类型以及市政进线电压等级；若为片区内设置的变配电室供电，则应了解供电点位与设计建筑间可布设电缆路径的距离，以及电缆布设路径是否能够实现等。

（3）电缆进线方式及位置，提前考虑电缆从室外进入建筑内部的位置以及方式，若为直埋敷设电缆，则应当了解建筑周边是否具备直埋条件，并且应当与给水排水、暖通专业充分沟通，确保各专业的管线走向互不干扰，并明确建筑内电气竖井的位置。

5.3.5.2　火灾自动报警及消防联动控制系统

按照建筑的功能性质、建筑面积等，由电气专业考虑是否需要设置火灾自动报警系统和消防控制室；若确需设置消防控制室，则应提前沟通房间的位置和布局，以满足相应的规范标准。

5.3.5.3　建筑物防雷及接地系统

由电气专业根据建筑物的功能、面积、高度确定防雷等级，若有需要，则应当考虑建筑是否具有设置防雷系统的条件，如防雷引下线的安装方式、屋顶接闪设备的安装条件等，若对建筑外观有明显的影响，则可以与电气专业充分沟通改善方案，将影响降至最低。

5.3.5.4　其他要求

（1）当需要在建筑内部设置有用电需求的设备房间（如变配电室、柴油发电机房、弱电机房、控制室等）时，在房间布局上应当考虑远离用水房间（如卫生间、淋浴间、水泵房等）；若为多层建筑，则严禁将电气设备用房设置在用水房间的下层相同位置。

（2）对于需要布置大型设备的房间（如柴油发电机室、变配电室等），应当考虑预留设备运输通道以及设备吊装口。

（3）建设单位对电气专业的其他需求。

综上，方案阶段建筑专业与其他专业的对接，是以建筑功能布局、空间构造合理为基础，建筑内部考虑设备各专业设备对层高的要求及影响，使各房间功能合理不冲突，建筑外部则遵循清官式建筑风貌要求的前提下，最优化满足结构、设备等专业的设计需求，以提高设计方案的落地性。

5.4 方案设计成果深度及要求

5.4.1 方案设计文件编排顺序与组成内容

封面：写明项目名称、编制单位、编制年月。

扉页：写明编制单位法定代表人、技术总负责人、项目总负责人及各专业负责人的姓名，并经上述人员签署或授权盖章。

方案设计文件目录。

方案设计说明书。

方案设计图纸：

①清官式建筑设计计算书；

②总平面图及必要的分析图（功能分析图、动线分析图、空间分析图等）；

③建筑方案图（各层平面图、剖面图、立面图）；

④效果图，包含透视图、鸟瞰图、模型图，主要根据建筑布局和空间组成选择方案的透视角度，一般选择主要出入口或主要沿街面，或者建筑竖向层次较为丰富的立面，或者能体现清官式建筑特色的展示面，而且要考虑透视角度的构图关系，包括距离、视角、尺度；鸟瞰图则主要选择展示效果比较突出，视点舒适的位置（图5-4-1）。

5.4.2 方案设计深度及要求

5.4.2.1 方案设计说明书

（1）方案设计依据、设计要求及主要技术经济指标。

①与工程设计有关的依据性文件的名称和文号，如选址及环境评价报告、用地红线图、项目的可行性研究报告、政府有关主管部门对立项报告的批文、设计任务书或协议书等；

②方案设计执行的主要法规和所采用的主要标准（包括标准的名称、编号、年份和版本号）；

③方案设计基础资料，如气象、地形地貌、水文地质、抗震设防烈度、区域位置；

④简述政府有关主管部门对项目设计的要求，如对总平面布置、环境协调、建筑风格方面的要求。当城市规划部门对建筑高度有限制时，应说明

（a）街景效果图1

（b）街景效果图2

（c）鸟瞰图

（d）街景效果图3

图5-4-1 方案效果图案例

建筑、构筑物的控制高度（包括最高和最低高度限值）；

⑤简述建设单位委托设计的内容和范围，包括功能项目和设备设施的配套情况；

⑥工程规模（如总建筑面积、总投资、可容纳人数等）、项目设计规模等级和设计标准（包括结构的设计使用年限、耐火等级、装修标准等）；

⑦主要技术经济指标，如总用地面积、总建筑面积、建筑基底总面积、绿地总面积、容积率、建筑密度、绿地率、停车泊位数，以及主要建筑或核心建筑的层数、层高和总高度等项指标。

（2）总平面设计说明。

①概述场地区位、现状特点和周边环境情况及地质地貌特征，详尽阐述总体方案的构思意图和布局特点，以及在竖向设计、交通组织、防火设计、景观绿化、环境保护等方面所采取的具体措施；

②说明关于一次规划、分期建设，以及原有建筑和古树名木保留、利用、改造（改建）方面的总体设想。

（3）建筑设计说明。

①建筑方案的设计构思和特点；

②建筑与城市空间关系、建筑群体和单体的空间处理、平面和剖面关系、立面造型和环境营造、环境分析（如日照、通风、采光）及立面主要材质色彩；

③建筑的功能布局和内部交通组织，包括各种出入口，楼梯的布置；

④建筑防火设计，包括总体消防、建筑单体的防火分区、安全疏散等设计原则；

⑤无障碍设计简要说明；

⑥建筑节能设计说明。

a. 设计依据；

b. 项目所在地的气候分区及建筑分类；

c. 概述建筑节能设计及围护结构节能措施。

⑦当项目按绿色建筑要求建设时，应有绿色建筑设计说明。

a. 设计依据；

b. 项目绿色建筑设计的目标和定位；

c. 概述绿色设计的主要策略。

（4）投资估算文件。

投资估算文件一般由编制说明、总投资估算表、单项工程综合估算表、主要技术经济指标等内容组成。

①投资估算编制说明（图5-4-2）。

a. 项目概况；

b. 编制依据；

c. 编制方法；

d. 编制范围（包括和不包括的工程项目与费用）；

e. 其他必要说明的问题。

②总投资估算表。

总投资估算表由工程费用、工程建设其他费用、预备费、建设期利息、铺底流动资金、固定资产投资方向调节税等组成（图5-4-3）。

编　制　说　明

一、工程规模

1. 项目名称：×××项目

2. 建设地点：本工程位于×××

3. 工程性质：本项目为新建工程

4. 总建筑面积：×× m²，其中地上×× m²、地下×× m²，基底面积×× m²

5. 建筑性质：本项目主要包括××专业的配套内容，含一般室内、外装修的构造设计

二、编制原则及依据：

1. 编制原则

（1）严格执行国家的建设方针和经济政策的原则；

（2）完整、准确地反映设计内容的原则；

（3）坚持结合拟建工程的实际，反映工程所在地当时价格水平的原则。

2. 编制依据

（1）本项目方案阶段各专业设计人员提供的本工程图纸及相关设计资料；

（2）国家及××省建设其他费用项目组成；

（3）建筑工程设计概算编制办法；

（4）国家收费文件及××省地方收费文件；

（5）本工程选用《××省建筑工程概算定额（20××）》《××省安装工程概算定额（20××）》《××省仿古工程消耗量定额（20××）》及其配套取费文件；

（6）材料价格参考××市20××年第一季度信息价，并结合市场询价计取；

（7）施工机械使用费依据《××省施工机械台班费用定额》及有关规定计算；

（8）人工费按××建〔20××〕××号文执行；

（9）税金按×建价（20××）×号文计取；

（10）本概算采用广联达××地区××版本。

三、本工程投资

本工程总投资××万元（详见概算附表）。

四、其他说明

本工程征地补偿费、生产职工培训费、研究试验费、引进技术和引进设备其他费、联合试运转费、固定资产投资方向调节费、涨价预备费、建设期贷款利息、铺底流动资金暂未考虑。

图5-4-2　编制说明案例

总 概 算 表

项目名称：×××项目　　　　　　　　　　　　　　　　　　　　　　　　　　　　　　　　　　　　　　　单位:万元

序号	工程项目及费用名称	概算价值			其他费用	总值	单位	数量	单方造价 元/m²	占投资比列 (%)
		建安工程费		设备费						
		建筑工程费	安装工程费							
一	Ⅰ、工程费用	5293.96	742.68	168.52		6205.15	m²	12721.55	4877.67	70.05
1	×××项目	5293.96	742.68	168.52		6205.15	m²	12721.55	4877.67	70.05
1.1	土建工程	3865.54				3865.54	m²	12721.55	3038.57	43.64
1.2	仿古工程	715.42				715.42	m²	5038.03	1420.04	8.08
1.3	给水排水工程		39.16			39.16	m²	12721.55	30.78	0.44
1.4	采暖工程		36.14			36.14	m²	12721.55	28.41	0.41
1.5	电气工程		218.55			218.55	m²	12721.55	171.80	2.47
1.6	通风空调工程		192.20			192.20	m²	12721.55	151.08	2.17
1.7	弱电工程		86.61			86.61	m²	12721.55	68.08	0.98
1.8	消防工程		170.02			170.02	m²	12721.55	133.65	1.92
1.9	电梯工程			168.52		168.52	m²	12721.55	132.46	1.90
1.10	基坑支护工程费（合同价）	713.00				713.00	m²	12721.55	560.47	8.05
二	Ⅱ、其他费用									
1	拆迁费用				64.37	64.37				
2	土地出让金、转让金				643.47	643.47				
3	拆迁安置费				585.23	585.23				
4	建设单位管理费				98.08	98.08				
5	工程监理费				62.05	62.05				
6	战略定位咨询费				7.00	7.00				
7	建设项目前期工作咨询费（项目建议书）				4.20	4.20				
8	可行性研究费				5.00	5.00				
9	工程勘察费				165.00	165.00				
10	工程设计费				206.34	206.34				
11	施工图审查费				2.56	2.56				
12	竣工图编制费				16.51	16.51				
13	工程交易服务费				2.44	2.44				
14	招标代理服务费				22.96	22.96				
15	工程项目投资估算咨询费				2.99	2.99				
16	工程项目投设计概算咨询费				5.17	5.17				
17	编制工程量清单、招标控制价、投标价及结算				75.89	75.89				
18	审核工程招标控制价、投标价及结算				104.35	104.35				
19	环境影响评价费				0.95	0.95				
20	节能咨询评估服务费				0.65	0.65				
21	社会稳定风险评估费				10.00	10.00				
22	地质灾害危险性评估费				8.00	8.00				
23	交通影响评价费				1.27	1.27				
24	劳动安全卫生评价费				18.62	18.62				
25	场地准备及临时设施费				31.03	31.03				
26	工程保险费				18.62	18.62				
27	生产准备及开办费				8.16	8.16				
28	建设项目环境监理收费				17.20	17.20				
29	办公和生活家居购置费				4.00	4.00				
30	城市基础设施配套费				63.61	63.61				
31	水土保持补偿费				0.75	0.75				
32	防雷装置安全监测				1.02	1.02				
33	技术经济评估审查费				18.11	18.11				
34	消防电气检测费用				3.18	3.18				
35	室内环境检测费				1.50	1.50				
36	建筑垃圾费				12.39	12.39				
	小计				2292.65	2292.65				25.88
	第Ⅰ Ⅱ部分合计	5293.96	742.68	168.52	2292.65	8497.80				95.93
三	Ⅲ、预备费				360.24	360.24				
1	基本预备费（计算基础不包括建设用地费）	（Ⅰ+Ⅱ）×5%			360.24	360.24				4.07
四	总计	5293.96	742.68	168.52	2652.88	8858.04		12721.55	6963.02	100.00

图5-4-3　总投资估算表案例

③单项工程综合估算表。

单项工程综合估算表，由各单项工程的建筑工程、装饰工程、机电设备及安装工程、室外总体工程等专业的单位工程费用估算内容组成（图5-4-4、图5-4-5）。

工程建设其他费用计算表

项目名称：×××项目　　　　　　　　　　　　　　　　　　　　　　　　　　　　　　　　　单位：万元

序号	费用项目	费用计算依据	费用金额	备注
1	拆迁费用	合同价	64.37	
2	土地出让金、转让金	×发改服务〔2013〕1928号	643.47	
3	拆迁安置费	合同价	585.23	
4	建设单位管理费	1. 财建〔2016〕504号 关于印发《基本建设项目建设成本管理规定》的通知 2. 财建〔2002〕394号 《基本建设财务管理规定》	98.08	
5	工程监理费	按建安工程费的1%计取	62.05	
6	战略定位咨询费	合同价	7.00	
7	建设项目前期工作咨询费（项目建议书）	合同价	4.20	
8	可行性研究费	合同价	5.00	
9	工程勘察费	合同价	165.00	
10	工程设计费	合同价	206.34	
11	施工图审查费	合同价	2.56	
12	竣工图编制费	《工程勘察设计收费标准》（2002）中有规定，编制工程竣工图的，按照建设项目基本设计费的8%	16.51	
13	工程交易服务费	甘发改收费〔2017〕573号 《关于省级公共资源交易平台服务收费标准的批复》	2.44	
14	招标代理服务费	1. 发改价格〔2011〕534号 《国家发展改革委关于降低部分建设项目收费标准规范收费行为等有关问题的通知》 2. 发改办价格〔2003〕857号 《国家改革改革委办公厅关于招标代理服务收费有关问题的通知》 3. 计价格〔2002〕1980号 国家计委关于印发《招标代理服务收费管理暂行办法》的通知	22.96	
15	工程项目投资估算咨询费	×发改服务〔2014〕××号 《关于××省工程造价咨询服务收费项目和标准的批复》	2.99	
16	工程项目投设计概算咨询费	×发改服务〔2014〕××号 《关于××省工程造价咨询服务收费项目和标准的批复》	5.17	
17	编制工程量清单、招标控制价、投标价及结算	×发改服务〔2014〕××号 《关于××省工程造价咨询服务收费项目和标准的批复》	75.89	
18	审核工程招标控制价、投标价及结算	×发改服务〔2014〕××号 《关于××省工程造价咨询服务收费项目和标准的批复》	104.35	
19	环境影响评价费	合同价	0.95	
20	节能咨询评估服务费	合同价	0.65	
21	社会稳定风险评估费	按社会稳定风险分析评估报告收费标准	10.00	
22	地质灾害危险性评估费	发改办价格〔2006〕745号 《地质灾害危险性评估收费管理办法》	8.00	
23	交通影响评价费	按建设项目交通影响评价报告收费标准	1.27	
24	劳动安全卫生评价费	按工程费用的0.1%～0.5%计算，本项目按0.3%计取	18.62	
25	场地准备及临时设施费	建标〔2007〕164号 按建安费的0.5%计取	31.03	
26	工程保险费	按建安工程费的3‰计取	18.62	
27	生产准备及开办费	暂按20人计取	8.16	
28	建设项目环境监理收费	×环发〔2012〕66号 ××省环境保护厅关于印发《××省建设项目环境监理管理办法（试行）》的通知	17.20	
29	办公和生活家居购置费	暂按20人计取，2000元每人	4.00	
30	城市基础设施配套费	××省城市基础设施配套费收费管理暂行办法	63.61	
31	水土保持补偿费	××发改收费〔2017〕××号	0.75	
32	防雷装置安全监测	×发改收费〔2015〕××号《关于防雷装置安全检测试行收费标准》	1.02	
33	技术经济评估审查费	按建筑及安装工程费（不含设备费）的0.1%-0.5%计取，本项目按0.3%计取	18.11	
34	消防电气检测费用	暂按一类工程2.5元/㎡计取	3.18	
35	室内环境检测费	暂按每个点按150元计入，100个点位	1.50	
36	建筑垃圾费	按拆迁面积，18元/㎡考虑。	12.39	
	合计		2292.65	

图5-4-4 单项工程综合估算表案例

工程项目总造价汇总表

项目名称：×××项目

序号	单位工程名称	金额（元）	备注
1	土建工程	38655368.16	
2	仿古工程	7154186.31	
3	给水排水工程	391553.06	
4	采暖工程	361385.82	
5	电气工程	2185543.02	
6	通风空调工程	1921978.30	
7	弱电工程	866119.40	
8	消防工程	1700237.98	
9	电梯工程	1685160.07	
10	基坑支护工程费（合同价）	7100000.00	
11	合计	62021532.12	

图5-4-5 工程项目总造价汇总表

5.4.2.2 方案设计图纸

（1）总平面设计图纸（图5-4-6）。

①场地的区域位置；

②场地的范围（用地和建筑物各角点的坐标或定位尺寸）；

③场地内及四邻环境的反映（四邻原有及规划的城市道路和建筑物、用地性质或建筑性质、层数等，场地内需保留的建筑物、构筑物、古树名木、历史文化遗存、现有地形与标高、水体、不良地质情况）；

④场地内拟建道路、停车场、广场、绿地及建筑物的布置，并表示出主要建筑物、构筑物与各类控制线（用地红线、道路红线、建筑控制线）、相邻建筑物之间的距离及建筑物总尺寸，基地出入口与城市道路交叉口之间的距离；

⑤拟建主要建筑物的名称、出入口位置、层数、建筑高度、设计标高，以及主要道路、广场的控制标高；

⑥指北针或风玫瑰图、比例；

⑦根据需要绘制下列反映方案特性的分析图：功能分区、空间组合及景观分析、交通分析（人流及车流的组织、停车场的布置及停车泊位数量）、消防分析、地形分析、竖向设计分析、绿地布置、日照分析、分期建设。

（2）传统建筑设计计算书。

传统建筑设计计算书是将建筑所有构件按照由下到上、由外向内的顺序进行排序，按照构件类别、序号、构件名称、计算尺寸等要素以表格形式进行构件计算，从而确定建筑构件尺寸的过程，建筑设计计算书的确定是清官式建筑设计的重要环节。建筑设计计算书编写内容参见设计计算书。

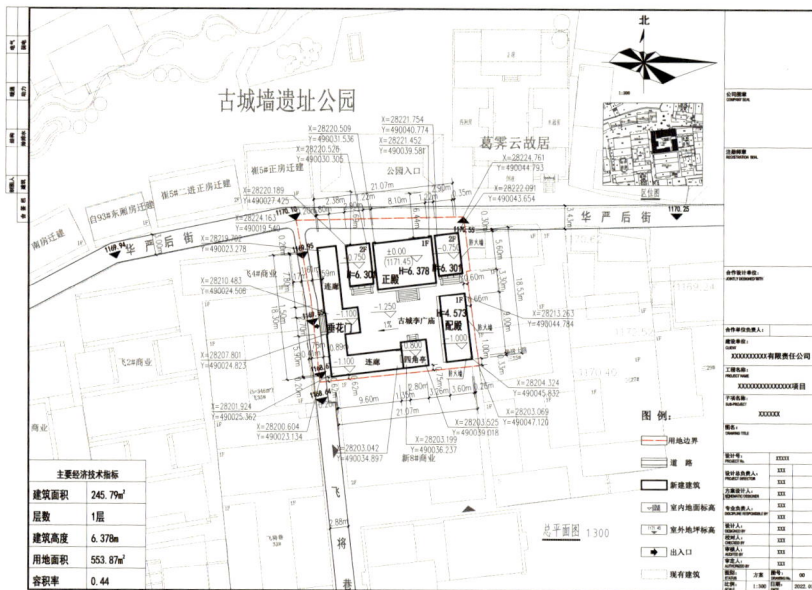

主要经济技术指标

建筑面积	245.79m²
层数	1层
建筑高度	6.378m
用地面积	553.87m²
容积率	0.44

图5-4-6　方案总平面图案例

（3）建筑设计图纸。

①平面图（图5-4-7）：

a. 平面的总尺寸、开间、进深尺寸及柱网、墙体尺寸与轴线关系；

b. 各主要使用房间的名称；

c. 各层楼地面标高、屋面标高；

d. 首层平面图应标明剖切线位置和编号，并应标示指北针；

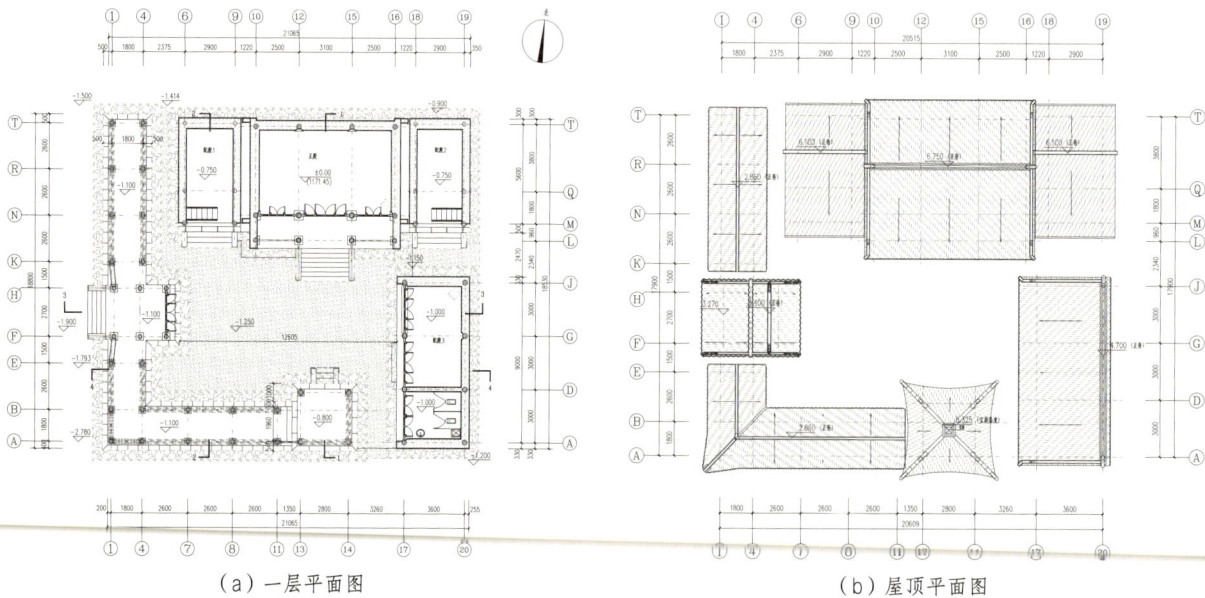

（a）一层平面图　　　　　　　　（b）屋顶平面图

图5-4-7　组合平面方案

e. 必要时绘制主要用房的放大平面和室内布置；

f. 单体及组合平面图；

g. 图纸名称、比例或比例尺。

②剖面图（图5-4-8）：

a. 剖面应剖在高度和层数不同、空间关系比较复杂的部位；

b. 各层标高及室外地面标高，建筑的总高度；

c. 当遇有高度控制时，标明建筑最高点的标高；

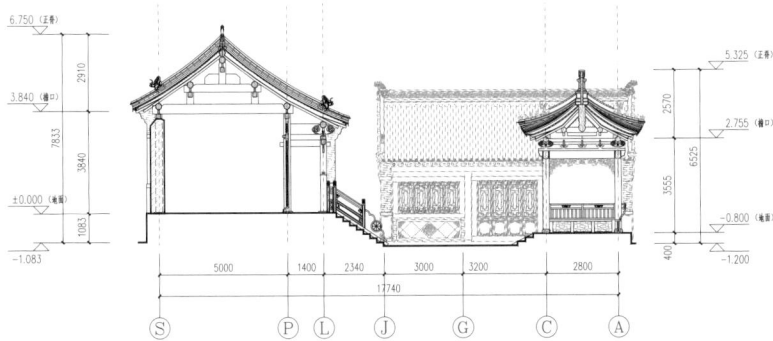

（a）1-1剖面图

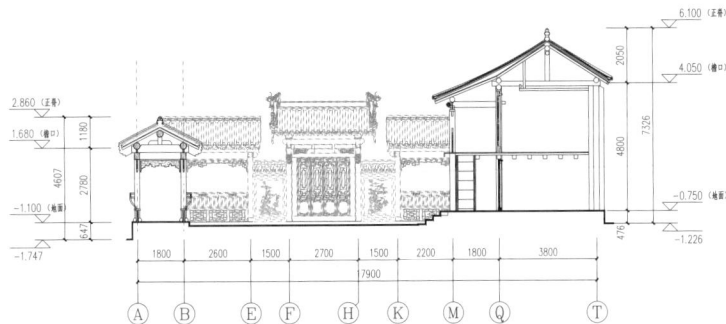

（b）2-2剖面图

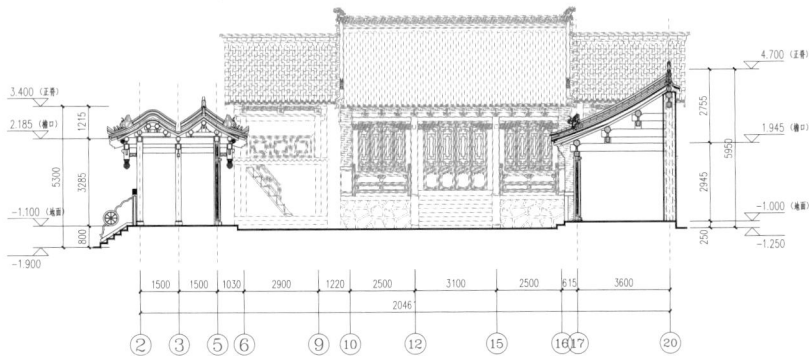

（c）3-3剖面图

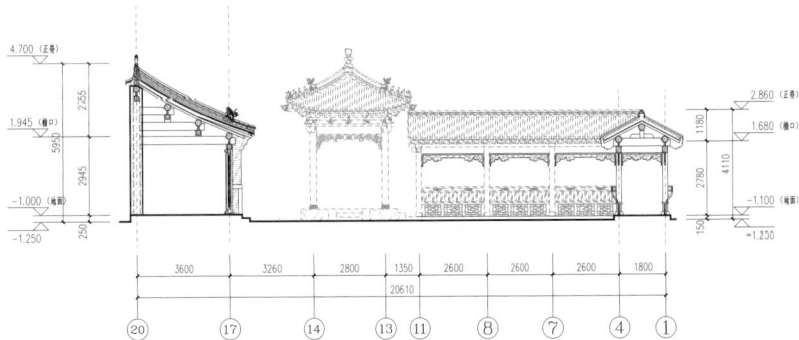

（d）4-4剖面图

图5-4-8 组合剖面方案

d. 单体或组合剖面图；

e. 剖面编号、比例或比例尺。

③立面图（图5-4-9）：

a. 体现建筑造型的特点，选择绘制有代表性的立面；

b. 各主要部位和最高点的标高、主体建筑的总高度；

c. 当与相邻建筑（或原有建筑）有直接关系时，应绘制相邻或原有建筑的局部立面图；

d. 单体或组合立面图；

e. 图纸名称、比例或比例尺。

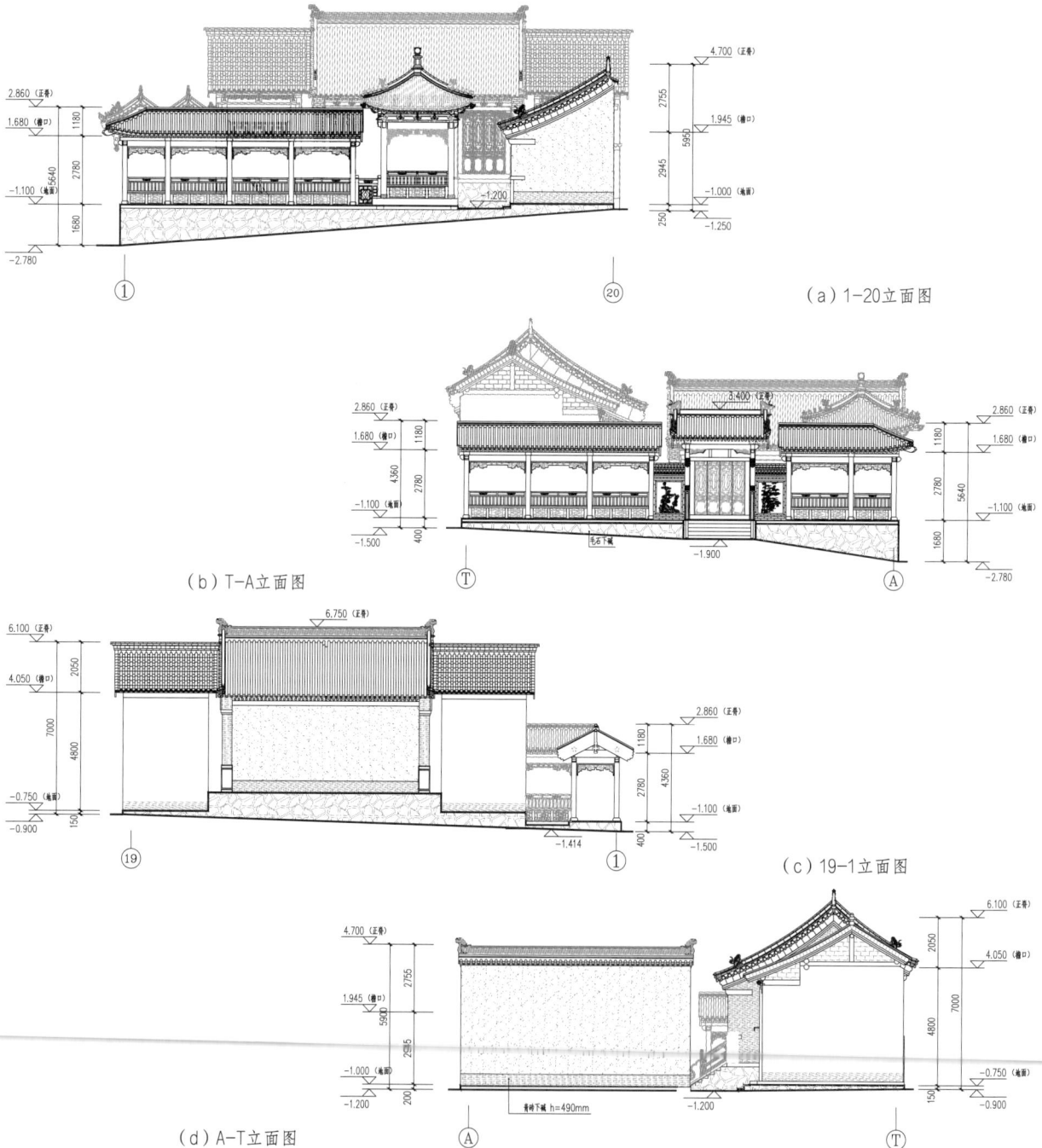

（a）1-20立面图

（b）T-A立面图

（c）19-1立面图

（d）A-T立面图

图5-4-9　组合立面方案

5.5 方案报批流程

5.5.1 项目报批一般流程及步骤

5.5.1.1 项目前期立项

（1）可行性研究报告。

（2）项目建议书。

注：根据《地质灾害防治条例》、各地市地质灾害防治管理办法等要求，地质灾害易发区内的建设工程项目，或者在地质灾害（隐患）威胁范围内进行建设并可能形成重大、特大地质灾害隐患的建设工程项目，申请以划拨或者协议出让方式取得国有土地使用权的，项目申请人应当在可行性研究阶段同步进行地质灾害危险性评估，并将评估作为可行性研究报告的组成部分。

5.5.1.2 办理规划选址意见书

建设部门向规划部门提出申请，经规划审查会研究，按规定程序报批后，颁发规划选址意见书，同时提出规划设计条件。

注：通过招标、拍卖、挂牌方式出让地质灾害易发区内国有土地使用权，或者出让在地质灾害（隐患）威胁范围内国有土地使用权并可能形成重大、特大地质灾害隐患的，规划国土部门在建设项目规划选址和土地预审阶段应当进行地质灾害危险性评估。

5.5.1.3 办理建设用地规划许可证

建设单位根据规划设计条件，利用招标、委托等方式，委托有资质的规划设计单位做出修建性详细规划，报规划审批会研究，按规定程序报批后颁发建设用地规划许可证。

5.5.1.4 办理土地使用证

建设单位依据建设用地规划许可证，到土地部门办理用地手续，同时规划部门提出建筑设计要求。

5.5.1.5 审批建筑设计方案

建设单位依据建筑设计要求委托有资质的建筑设计单位做建筑设计方案，经专家审批以及规划审批会研究，按规定程序报批后实施。

5.5.1.6 办理《建设工程规划许可证》

建设单位依据经批准的建筑设计方案做建筑工程施工图，施工图经建设部门审图中心审查后，报规划部门申请办理建设工程规划许可证，办证时，土地手续尚未办理完毕但已同意使用的，应由土地部门出具证明。

注：办理此证需要的手续有《建设用地规划许可证》、立项批文、土地管理部门核发的《建设用地批准书》、经规划局审定盖章的总平面布置设计图、建筑设计方案图（或审核批文）、综合管网图、初步设计批复建设工程规划设计方案批复、消防建审文件。

5.5.1.7 办理《建设工程施工许可证》

建设单位依据建设工程规划许可证，到建设部门办理建设工程施工招标手续和施工许可证。

5.5.1.8 批后办理

开工前，建设单位须到规划部门申请放线、验线，开工后，应申请验槽，否则视为违规建设。

5.5.1.9 工程规划验收

工程竣工后，经五方竣工验收（建设、勘察、设计、施工、监理），建设单位应到规划部门申报竣工验收，验收合格的办理建设工程竣工规划验收合格证。

5.5.2 工程建设项目管理流程

如图5-5-1所示。

```
                        签订项目管理委托合同
                              │
                              ↓
┌────┬────┬──────────────  项目建议书
│    │    │                    │
│    │    │                    │        签订项目可行性研究委托合同
│ 项 │ 投 │                    ↓
│ 目 │ 资 │               可行性研究报告
│ 建 │ 决 │                    │        ┌──────────────────────┐
│ 设 │ 策 │                    │        │ 向园林部门报审规划方案  │
│ 准 │ 阶 │                    │        ├──────────────────────┤
│ 备 │ 段 │                    │        │ 向人防部门报审人防规划方案│
│ 期 │    │                    │        ├──────────────────────┤
│    │    │                    │        │ 委托设计部门进行方案设计 │
│    │    │                    │        ├──────────────────────┤
│    │    │                    │        │ 委托勘察单位进行地质勘探 │
│    │    │                    ↓        └──────────────────────┘
├────┼────┤                 项目评估
│    │    │                    │           取得规划意见书基础测绘地形图
│    │    │                    │
│    │ 设 │                    ↓        ┌──────────────────────┐
│    │ 计 │                 方案设计      │     确定投资估算        │
│    │ 阶 │                    │        ├──────────────────────┤
│    │ 段 │                    │        │取得用地规划许可证，审定设计方案通知│
│    │    │                    ↓        └──────────────────────┘
│ 项 │    │                 初步设计          确定的投资概算
│ 目 │    │                    ↓
│ 建 ├────┤                 施工图设计
│ 设 │    │                    │        ┌──────────────────────┐
│ 实 │    │                    │        │     确定的投资预算      │
│ 施 │    │                    │        ├──────────────────────┤
│ 期 │ 施 │                    │        │审查通知施工图领取建设工程规划许可证│
│    │ 工 │                    ↓        └──────────────────────┘
│    │ 及 │                 施工前准备
│    │ 安 │                    │        ┌──────────────────────┐
│    │ 装 │                    │        │      施工招标          │
│    │ 阶 │                    │        ├──────────────────────┤
│    │ 段 │                    │        │     办理施工许可证       │
│    │    │                    │        ├──────────────────────┤
│    │    │                    │        │    设备、材料订货        │
│    │    │                    ↓        └──────────────────────┘
│    │    │              施工及设备安装
│    │    │                    ↓
│    │    │                  试运行
├────┼────┤                    ↓
│ 竣 │ 竣 │                 竣工验收              竣工决算
│ 工 │ 工 │                    ↓
│ 期 │ 阶 │              备案及工程移交
│    │ 段 │                    ↓
│    │    │                项目后评价
└────┴────┘
```

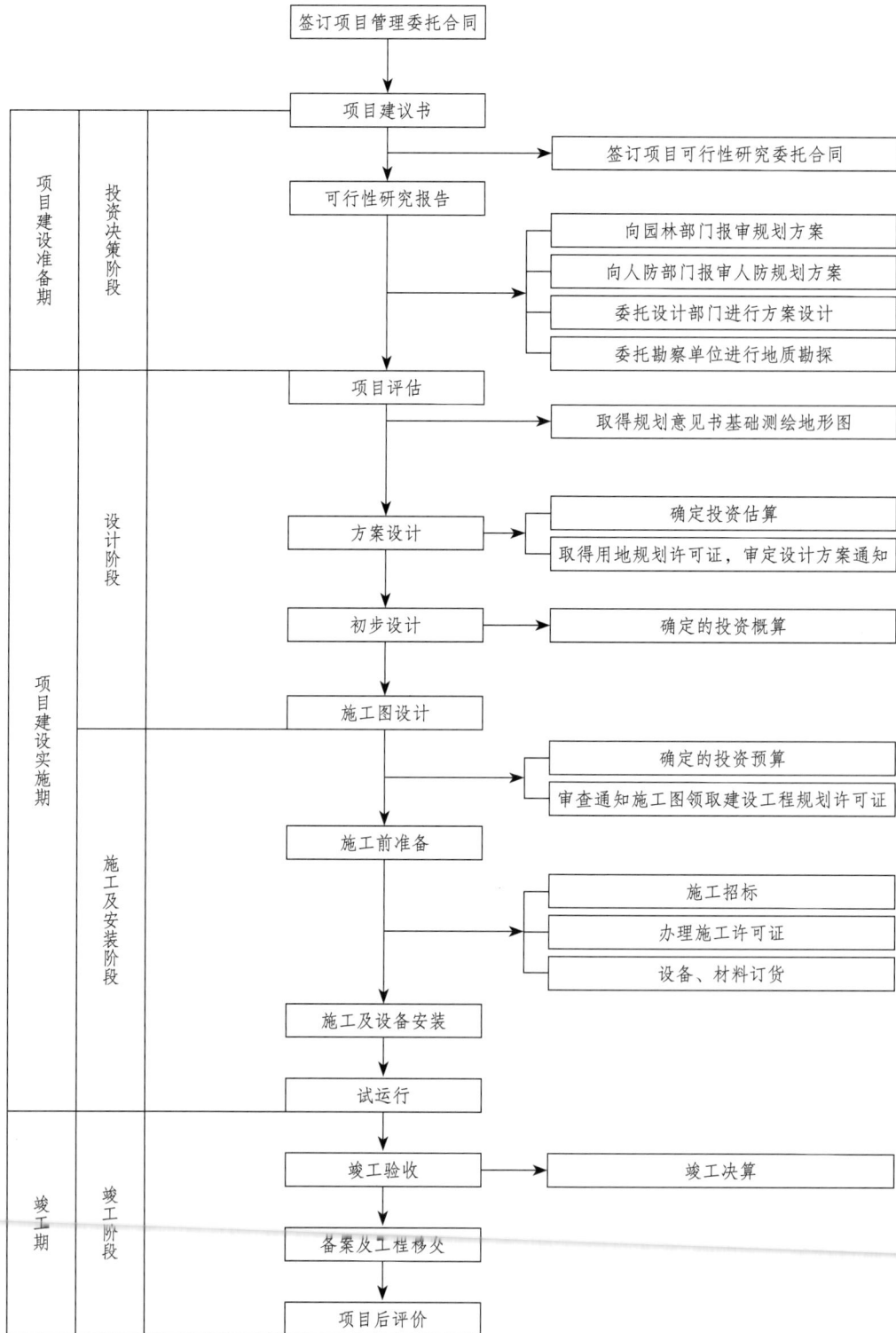

图5-5-1 工程建设项目管理流程

5.5.3 工程建设项目前期工作流程

工程建设项目基本流程如图5-5-2所示。

工程建设项目投资决策（建议书、可行性研究）流程如图5-5-3所示。

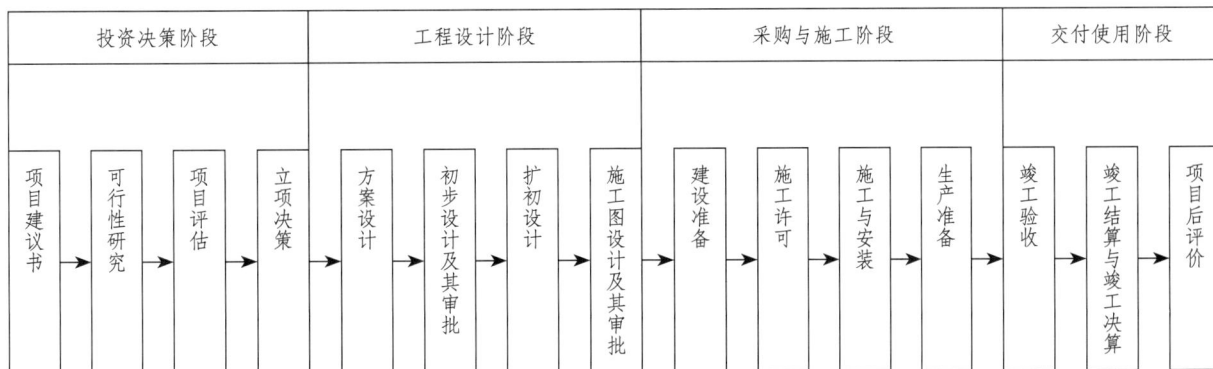

图5-5-2 工程建设项目基本流程

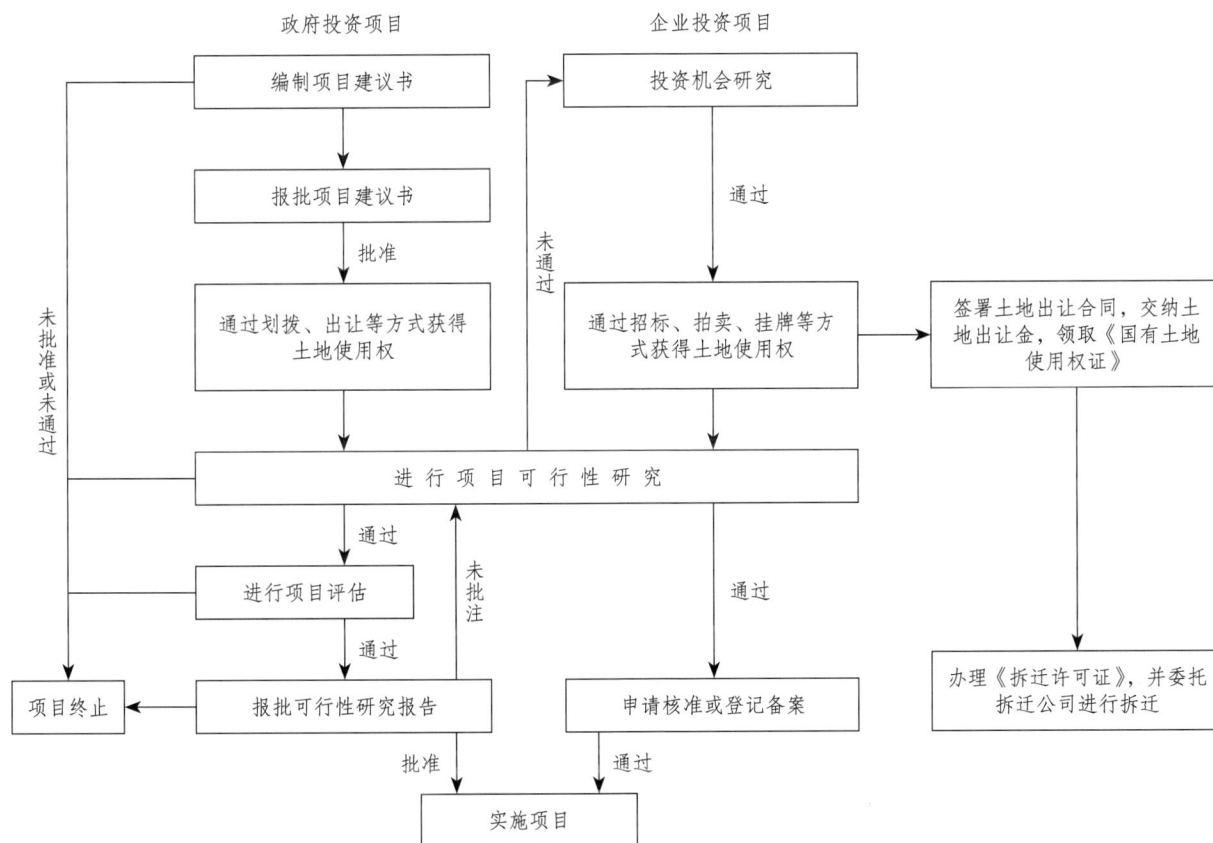

图5-5-3 工程建设项目投资决策（建议书、可行性研究）流程

工程建设项目设计阶段工作流程如图5-5-4所示。

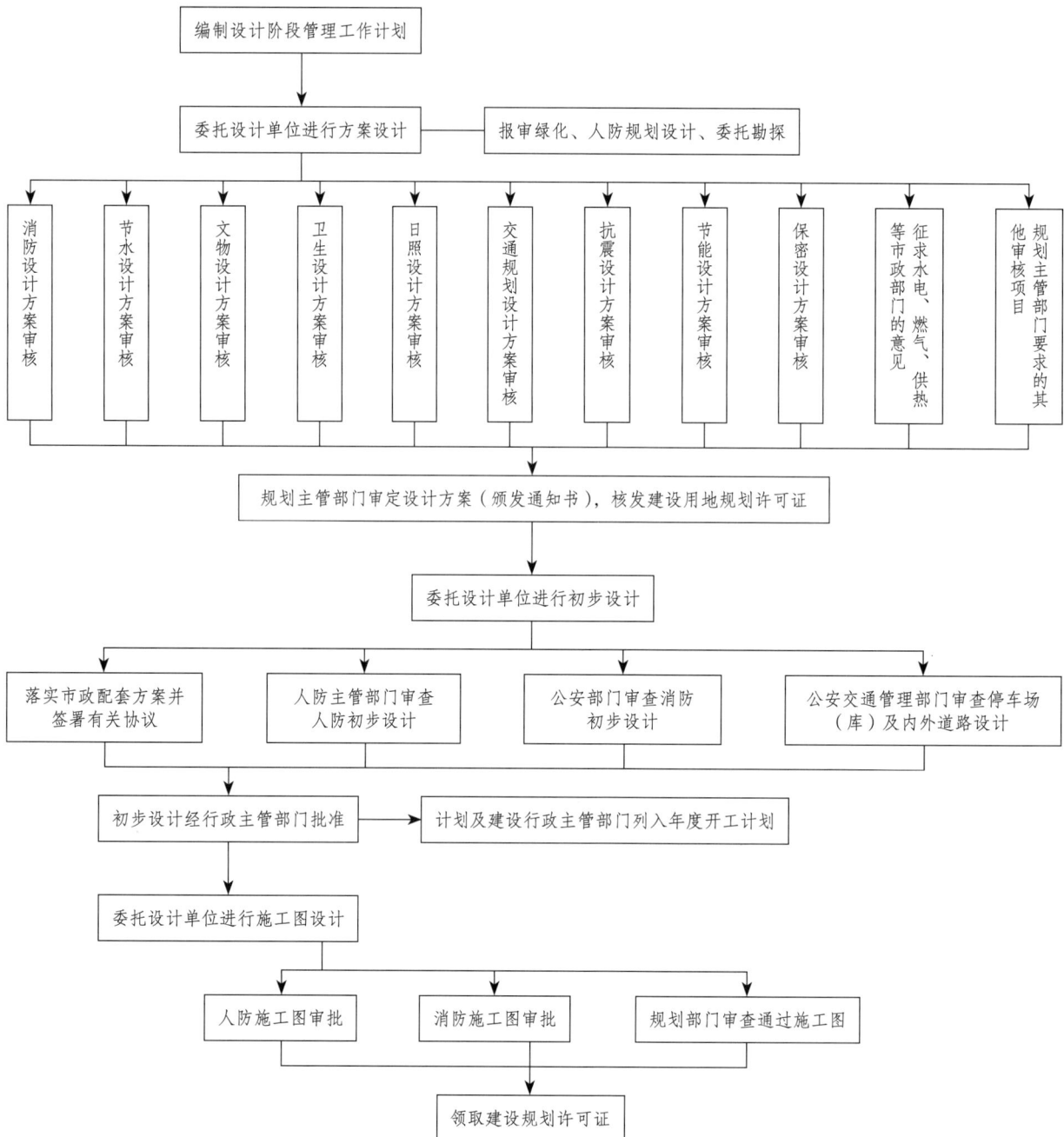

图5-5-4　工程建设项目设计阶段工作流程

施工图设计是工程设计的一个阶段，这一阶段工作主要是关于施工图的设计绘制，是通过完整的设计图纸将设计者的设计意图表达出来，作为现场施工的依据，清宫式建筑施工图设计需对建筑构件连接、构造做法、工艺工法标准进行设计表达和控制，是保证施工精准的有效依据文件。

本章从施工图设计的依据文件、施工图设计深度及要求、建筑构造设计三方面进行讲述，在其中辅以施工图实例进行讲解，使设计者能够更直观地了解施工图的设计要求。

6.1 施工图设计依据文件

施工图是项目落地实施的有效技术性文件，施工图设计需要的依据文件主要包括以下几种：

建设用地规划许可证，建设工程规划许可证，建筑设计方案图及方案审核批文，施工图设计任务书，地质勘察报告。

6.1.1 建设用地规划许可证

建设用地规划许可证，是经城乡规划主管部门依法审核，建设用地符合城乡规划要求的法律凭证。

建设用地规划许可证应当包括标有建设用地具体界限的附图和明确具体规划要求的附件。附图和附件是建设用地规划许可证的配套证件，具有同等的法律效力。附图和附件由发证单位根据法律、法规规定和实际情况制定。

设市城市由市人民政府城市规划行政主管部门核发；县人民政府所在地镇和其他建制镇，由县人民政府城市规划行政主管部门核发（图6-1-1）。

6.1.2 建设工程规划许可证

建设工程规划许可证是经城乡规划主管部门依法审核，建设工程符合城乡规划要求的法律凭证。

建设工程规划许可证所包括的附图和附件，按照建筑物、构筑物、道路、管线以及个人建房等不同要求，由发证单位根据法律、法规规定和实际情况制定。附图和附件是建设工程规划许可证的配套证件，具有同等法律效力。

根据自然资规〔2019〕2号文件，建设用地规划许可证由市、县自然资源主管部门向建设单位核发；建设工程规划许可证，设市城市由市人民政府城市规划行政主管部门核发；县人民政府所在地镇和其他建制镇，由县人民政府城市规划行政主管部门核发（图6-1-2）。

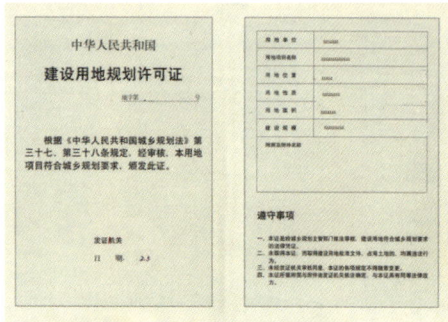

图6-1-1　建设用地规划许可证

图6-1-2　建设工程规划许可证

6.1.3　建筑设计方案图及方案审核批文

建筑设计方案图按照《建筑工程设计文件编制深度规定（2016版）》及当地规划审批部门提出的方案设计要求编制，一般包括方案设计图、方案设计说明、效果图文件。

建筑设计方案审核批文，需经专家审批会以及建设规划单位审批会研究同意发放，审批后的方案作为施工图设计的依据文件。

6.1.4　施工图设计任务书

施工图设计任务书，是建设单位对施工图设计提出的要求，主要包括项目总说明、施工图设计基础资料（方案设计图及批复意见）、施工图设计指导原则（总则及各专业分项要求）、经济指标（包括每平方米造价等成本控制要求）、成果提交时间与要求（图6-1-3）。

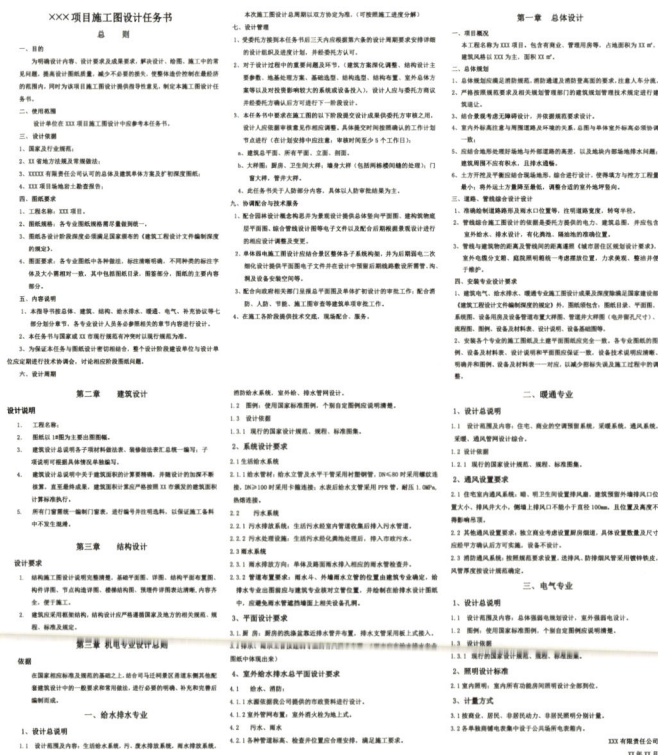

图6-1-3　施工图设计任务书案例

6.1.5　地质勘察报告

施工图设计启动前，必须提供地质勘察报告，它是工程地质勘察工作的总结。由设计单位提供勘察设计任务书（勘察设计任务书内容详见表6-1-1）、报批通过的规划总平面布置图，由地勘单位根据项目工程特点及勘察阶段，综合反映和论证勘察地区的工程地质条件和工程地质问题，做出工程地质评价，以此作为设计依据。

勘察设计任务书　　　　　　　　　　　表6-1-1

总图编号	建（构）筑物名称	室内外高差（m）	层数		地上高度（m）	建（构）筑物基础				主要设备基础			
			地上	地下		设计等级	基础类型	埋深（m）	基础荷载标准组合值（kN）	名称	竖向水平机床	埋深（m）	基础荷载标准组合值（kPa）

地勘报告会给出合理的地基基础方案（一种或多种），结构设计专业应依据地勘报告给出的方案并根据现场条件、经济技术指标选择最终的地基基础方案。

6.2　施工图设计成果深度及要求

6.2.1　施工图设计文件组成和编排顺序

6.2.1.1　总封面标识内容

项目名称：×××

设计单位名称：×××

项目设计编号：×××

设计阶段：×××

编制单位法定代表人、技术总负责人和项目总负责人的姓名及其签字或授权盖章：×××

设计日期（即设计文件交付日期）：××年××月

6.2.1.2　施工图设计图纸

包含图纸目录、说明和必要的设备、材料表以及图纸总封面。对于涉及建筑节能设计的专业，其设计说明应有建筑节能设计的专项内容。

6.2.1.3　建筑节能计算书

计算书指建筑节能设计计算书，节能设计的目的是改善建筑室内环境，降低建筑能耗水平。而清式木结构建筑由木柱和青砖墙体围合，上层覆以木基层屋顶组合而成，木质导热系数小，依托青砖围护墙体的保温隔热，大大减少为了保温、隔热而需要消耗的能量，降低建筑能耗。

对于新建居住建筑、公共建筑均需进行节能设计。节能设计内容包括：工程概况、设计依据、节能设计概况、设计参数、节能构造及传热系数。

6.2.1.4　工程概算书

对于方案设计后直接进入施工图设计的项目，施工图设计文件应包括工程概算书。

6.2.2 施工图设计图纸及深度要求

清官式建筑中不同建筑形制其建筑形态和构件组成均有所不同，对应的施工图设计图纸内容则不同，表6-2-1分别列举了不同建筑形制施工图设计图纸的构成。传统木结构单体建筑施工图可按照表中图名要求绘制，对于清式木结构组合建筑则是在单体施工图的基础上进一步深化，以下以清式木结构组合建筑为案例进行图样展示。

不同建筑形制的施工图设计图纸构成　　　　　　表6-2-1

图名			建筑形制						
			硬山建筑（小式）	硬山建筑（大式）	悬山建筑（小式）	悬山建筑（大式）	歇山建筑	庑殿建筑	攒尖建筑
封面			√	√	√	√	√	√	√
目录			√	√	√	√	√	√	√
建筑设计总说明		设计说明	√	√	√	√	√	√	√
		绿建专篇	○	○	○	○	○	○	○
		工程做法表	√	√	√	√	√	√	√
平面图		总平面定位	√	√	√	√	√	√	√
		基础平面	√	√	√	√	√	√	√
		台基平面	√	√	√	√	√	√	√
		柱头平面	√	√	√	√	√	√	√
		平板枋平面	×	√	×	√	√	√	√
		斗栱仰视平面	×	√	×	√	√	√	√
		梁架平面	√	√	√	√	√	√	√
		屋顶平面	√	√	√	√	√	√	√
剖面图		横剖面	√	√	√	√	√	√	√
		纵剖面	√	√	√	√	√	√	√
立面图		正立面	√	√	√	√	√	√	√
		侧立面	√	√	√	√	√	√	√
		背立面	○	○	○	○	○	○	×
详图	墙体大样	槛墙大样图、山墙大样图、后檐墙大样图、廊心墙大样图、院墙大样图	√	√	√	√	√	√	○
	角梁大样图		×	×	×	×	√	√	√
	翼角大样图		×	×	×	×	√	√	√
	门窗大样图		√	√	√	√	√	√	○
	榫卯大样图		√	√	√	√	√	√	√

续表

图名			建筑形制						
			硬山建筑（小式）	硬山建筑（大式）	悬山建筑（小式）	悬山建筑（大式）	歇山建筑	庑殿建筑	攒尖建筑
详图	斗栱分件		×	√	×	√	√	√	√
	构配件大样图	吻兽大样图、脊大样图、雀替大样图、雕花垫板大样图	√	√	√	√	√	√	√
	构造大样图	柱顶石大样图、檐口大样图、踏步及台明大样图	√	√	√	√	√	√	√
	基础大样图		√	√	√	√	√	√	√

备注：
1. “√”表示应绘制图形，“×”表示无须绘制图形，“○”表示根据需要绘制图纸。
2. 此表中的建筑形制适用于传统木结构单体建筑，组合建筑的剖面和立面图则根据组合形式相应增加。
3. 根据建筑功能所需的其他大样图根据具体需求增加，如卫生间大样图、楼梯大样图等

6.2.2.1　图纸目录

总平面定位图、施工图设计说明（含材料用料表）、平面图、立面图、剖面图、各种详图（墙身剖面详图、立面详图、门窗大样图等，见图6-2-1）。

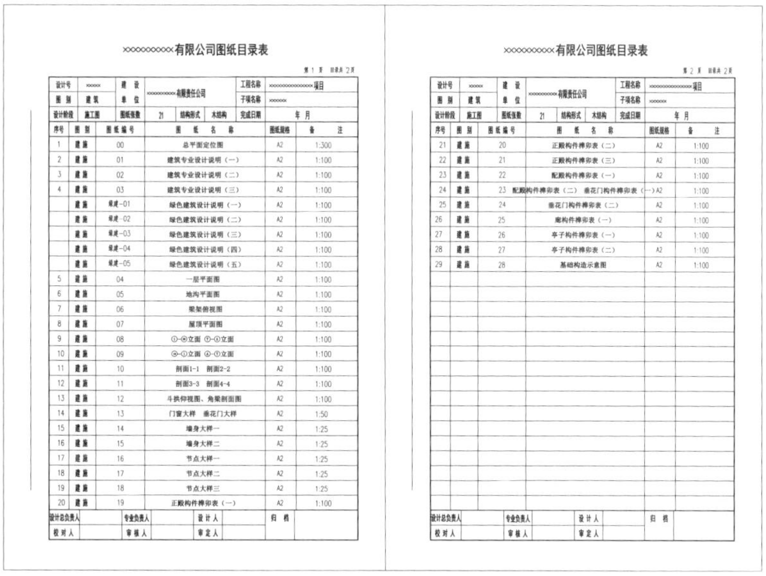

××××××××××有限公司图纸目录表

第 1 页　目录共 2 页

设计号	×××××	建设单位	××××××××××有限责任公司	工程名称	×××××××××××××××项目
图别	建筑			子项名称	××××××
设计阶段	施工图	图纸张数	21　结构形式　木结构	完成日期	年　月

序号	图别	图纸编号	图纸名称	图纸规格	备注
1	建施	00	总平面定位图	A2	1:300
2	建施	01	建筑专业设计说明（一）	A2	1:100
3	建施	02	建筑专业设计说明（二）	A2	1:100
4	建施	03	建筑专业设计说明（三）	A2	1:100
	建施	绿建-01	绿色建筑设计说明（一）	A2	1:100
	建施	绿建-02	绿色建筑设计说明（二）	A2	1:100
	建施	绿建-03	绿色建筑设计说明（三）	A2	1:100
	建施	绿建-04	绿色建筑设计说明（四）	A2	1:100
	建施	绿建-05	绿色建筑设计说明（五）	A2	1:100
5	建施	04	一层平面图	A2	1:100
6	建施	05	地沟平面图	A2	1:100
7	建施	06	梁架俯视图	A2	1:100
8	建施	07	屋顶平面图	A2	1:100
9	建施	08	①-⑩立面　Ⓣ-Ⓐ立面	A2	1:100
10	建施	09	⑩-①立面　Ⓐ-Ⓣ立面	A2	1:100
11	建施	10	剖面1-1　剖面2-2	A2	1:100
12	建施	11	剖面3-3　剖面4-4	A2	1:100
13	建施	12	斗拱仰视图、角梁剖面图	A2	1:100
14	建施	13	门窗大样　垂花门大样	A2	1:50
15	建施	14	墙身大样一	A2	1:25
16	建施	15	墙身大样二	A2	1:25
17	建施	16	节点大样一	A2	1:25
18	建施	17	节点大样二	A2	1:25
19	建施	18	节点大样三	A2	1:25
20	建施	19	正殿构件榫卯表（一）	A2	1:100

设计总负责人		专业负责人		设计人		归档	
校对人		审核人		审定人			

××××××××××有限公司图纸目录表

第 2 页　目录共 2 页

设计号	×××××	建设单位	××××××××××有限责任公司	工程名称	×××××××××××××××项目
图别	建筑			子项名称	××××××
设计阶段	施工图	图纸张数	21　结构形式　木结构	完成日期	年　月

序号	图别	图纸编号	图纸名称	图纸规格	备注
21	建施	20	正殿构件榫卯表（二）	A2	1:100
22	建施	21	正殿构件榫卯表（三）	A2	1:100
23	建施	22	配殿构件榫卯表（一）	A2	1:100
24	建施	23	配殿构件榫卯表（二）　垂花门构件榫卯表（一）	A2	1:100
25	建施	24	垂花门构件榫卯表（二）	A2	1:100
26	建施	25	廊构件榫卯表（一）	A2	1:100
27	建施	26	亭子构件榫卯表（一）	A2	1:100
28	建施	27	亭子构件榫卯表（二）	A2	1:100
29	建施	28	基础构造示意图	A2	1:100

设计总负责人		专业负责人		设计人		归档	
校对人		审核人		审定人			

图6-2-1　建筑施工图目录

6.2.2.2　总平面图

（1）保留的地形和地物，如有古树、原有建筑等，需要进行标注。

（2）绘制道路红线、建筑控制线、用地红线等。

（3）场地四邻原有及规划的道路、绿化带的位置（主要坐标或定位尺寸），周边场地用地性质以及主要建筑物、构筑物的位置、名称、性质、层数。

（4）标注设计建筑物、构筑物的名称或编号、层数、功能、性质、建筑高度、出入口位置、室内外标高、定位（坐标或相互关系尺寸）；绘制建筑一层台基轮廓线；以外墙轴线交点进行建筑定位。

（5）标注设计建筑与周边相邻建筑物、构筑物的相互距离，判断是否满足防火间距，如不满足，需标注防火墙的位置。如有消防车道和扑救场地，需注明。

（6）表示指北针或风玫瑰图。

（7）经济技术指标表，标明建筑面积、层数、高度、用地面积、容积率、建筑密度、绿地率等主要指标。

（8）注明图名、比例、尺寸单位、建筑正负零的绝对标高、补充图例。

（9）标注设计建筑周边标高、排水方向及坡度（图6-2-2）。

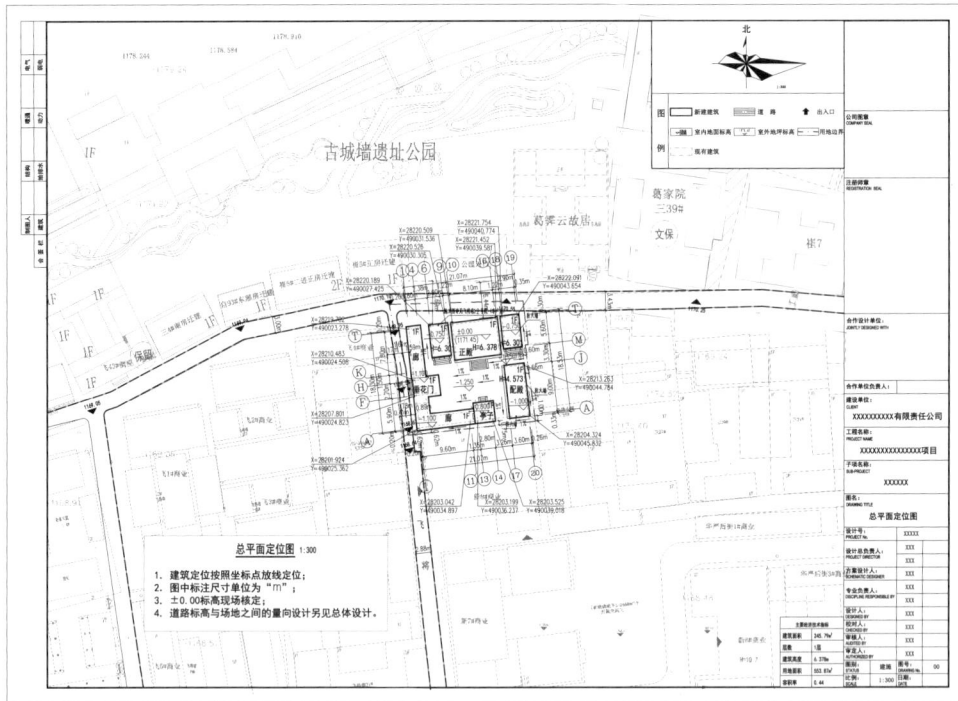

图6-2-2　总平面图（案例）

6.2.2.3　设计说明

（1）主要内容

第一部分：工程概要（工程概况、设计依据、设计范围、文件编排及标注）。

第二部分：各专项工程设计（消防设计、节能设计、无障碍设计）。

第三部分：各分部工程设计（石作工程、地面工程、墙体工程、木作工程、屋面工程、地仗工程、油漆彩绘工程）。

第四部分：设计文件使用要求（设计文件使用、施工注意事项）。

第五部分：建筑用料说明和室内外装修（门窗表可在门窗大样位置表示）。

第六部分：绿色建筑设计说明及施工图未用图形表达的内容。

（2）第一部分：工程概要

①项目概况，内容一般应包括：

a. 工程名称

b. 建筑名称

c. 建设地点

d. 建设单位

e. 项目组成

f. 项目设计规模等级

g. 建筑层数和建筑高度

h. 设计使用年限

i. 主要结构类型、建筑抗震设防类别、建筑抗震设防烈度

j. 建筑耐火等级

k. 屋面防水等级

l. 基本设施：设生活给水排水系统，电气电力照明、防雷接地、电话网络、有线电视；冬季供暖；夏季降温；主动消防措施

m. 技术经济指标：建筑面积、建筑基底面积

②依据性文件名称和文号，如批文、本专业设计所执行的主要法规和所采用的主要标准（包括标准名称、编号、年号和版本号）及设计合同。

a. 可行性研究立项批复文件

b. 建设用地规划许可证

c. 报建总平面、建筑工程规划许可证

d. 经主管部门批准的方案或初步设计文件（文件号）

e. 规划部门（含消防、园林、交通运输部门）的审查意见（文件号）

f. 地质勘察报告（应具有工程名称、勘察单位、勘察时间、审查单位、审查合同备案号）

g. 建设方提供的地形图（宗地图）（   年   月   日）

h. 设计任务书（   年   月   日）

i. 建设方对工程方案的确认意见（   年   月   日）

j. 工程所在地区的气候、地理条件（其中冻土深度为   m）

k. 设计合同（合同号、日期）

l. 现行的国家有关建筑设计规范、规程和规定，行业内权威著作、设计标准和规章规程（部分）

《民用建筑设计统一标准》GB 50352—2019（通用）

《建筑工程建筑面积计算规范》GB/T 50353—2013（通用）：本规范适用于新建、扩建、改建的工业与民用建筑工程建设全过程的建筑面积计算

《工程建设标准强制性条文房屋建筑部分（2013年版）》（通用）：现行工程建设国家标准、行业标准中的强制性条文汇编

《建筑工程设计文件编制深度规定（2016年版）》（通用）：建筑工程项目不同项目阶段的设计文件深度要求的规定

《房屋建筑制图统一标准》GB/T 50001—2017（通用）

《木结构设计标准》GB 50005—2017（木结构）

清工部《工程做法则例》梁思成 著（古建通用）

《中国古建筑木作营造技术》马炳坚 著（古建通用）

《中国古建筑瓦石营法》刘大可 著（古建通用）

《中国古建筑油作技术》路化林 著（古建通用）

《建筑地基基础设计规范》GB 50007—2011（木结构含基础设计时通用）

《建筑工程抗震设防分类标准》GB 50223—2008（通用）

《建筑抗震设计标准》GB/T 50011—2010（2024年版）（通用）

《建筑地基处理技术规范》（JGJ 79—2012）（木结构含基础设计通用）

《古建筑修建工程施工与质量验收规范》JGJ 159—2008（古建通用）

《古建筑木结构维护与加固技术标准》GB/T 50165—2020（古建通用）

《传统建筑工程技术标准》GB/T 51330—2019（古建通用）：本规范适用于传统建筑工程的设计、施工及现场质量检查

《无障碍设计规范》GB 50763—2012（公共建筑通用）：本规范适用于新建、改建和扩建的居住建筑、公共建筑及历史文物保护建筑等有无障碍需求的设计

《建筑室内防水工程技术规程》CECS 196—2006：本规程适用于建筑室内厕浴间、厨房等防水工程的设计、施工与验收

《建筑防烟排烟系统技术标准》GB 51251—2017

《建筑设计防火规范》GB 50016—2014（2018年版）：本规范适用于民用建筑中新建、改建和扩建建筑设计的防火技术要求

《坡屋面工程技术规范》GB 50693—2011

《屋面工程技术规范》GB 50345—2012

《建筑地面设计规范》GB 50037—2013

《建筑地面工程防滑技术规程》JGJ/T 331—2014

《砌体结构设计规范》GB 50003—2011

《建筑外墙防水工程技术规程》JGJ/T 235—2011

根据建筑功能选用的规范标准：

《商店建筑设计规范》JGJ 48—2014

《旅馆建筑设计规范》JGJ 62—2014

《饮食建筑设计标准》JGJ 64—2017

《办公建筑设计标准》JGJ/T 67—2019

注：选用设计依据时需结合本工程具体情况进行选用，并注意选择现行版本。

③设计范围：说明本工程设计内容

a. 本施工图设计包含建筑专业的配套内容，含一般室内室外装修构造设计，不包括精装修。

b. 总平面定位图，主要表示建筑平面、竖向定位。

④文件编排及标注：

a. 说明本工程图纸、图号的排列顺序。

b. 说明建筑定位坐标交点定位，总尺寸及相对尺寸确定。

c. 确定本工程±0.000相当于绝对标高数值。

d. 说明各层标注标高位置，屋面标高。

e. 说明本工程标高以m为单位，总平面尺寸以m为单位，其他尺寸以mm为单位。

（3）第二部分：各专项工程设计

①消防设计（包括总体消防、建筑单体的防火分区、安全疏散、疏散人数和宽度计算、防火构造、消防救援窗设置等）。

a. 建筑防火类别，耐火等级及消防设施（消火栓系统分布、火灾自动报警系统分布位置）。

b. 总平面布置：建设场地概述。

c. 建筑防火设计：

防火分区：防火分区划分、每个防火分区面积。

安全疏散：安全出口、疏散门、疏散走道宽度。

安全疏散：各个建筑疏散宽度。

建筑构件耐火极限：非承重外墙，疏散走道两侧隔墙≥1.0h；房间隔墙≥0.75h。

防火墙：防火墙砌筑位置描述；防火墙应从楼地面基层砌筑至主梁、楼板、屋面板的底面基层；防火墙上的门窗类别和性能：防火墙上的门窗为固定和火灾时能自动关闭的甲级防火门、窗、防火卷帘；穿过防火墙的管道、墙与管道之间的空隙用防火封堵材料紧密填实；穿过防火墙的管道保温材料，采用不燃材料；开设在防火墙上的设备箱洞均在其后部设120厚砖墙或100厚混凝土墙；开设在其他隔墙上的设备箱洞口在墙身安装设备箱体与墙同厚或大于墙厚度者，箱体背面必须与墙面平，箱体背面加设镀锌钢丝网（四周宽于箱体150），并粉不小于15厚1：2.5水泥砂浆，耐火极限≥3.00h。

防火隔墙：防火隔墙上的门窗（除电梯门、楼梯间外窗外）均为防火门窗，防火隔墙从楼地面基层砌筑至梁、楼板、屋面板的底面基层；开设在防火隔墙上的设备箱洞均在其后部设120厚砖墙或100厚混凝土墙；穿过防火隔墙的管道、墙与管道之间的空隙用防火封堵材料紧密填实；穿过防火隔墙的管道保温材料，采用不燃材料。

其他防火措施：木材阻燃处理方法采用表面覆涂法，主要是阻止木材表面燃烧。

工艺流程：表面覆涂法通过将阻燃剂或防火涂料覆涂于木材表面，利用覆涂材料的特性对木材进行保护，起到隔热隔氧的作用，达到阻燃目的。

阻燃剂采用磷、氮、硼和卤素化合物，针对木材特性，采取多种阻燃剂配合使用达到最佳阻燃效果。

注：木结构建筑构件耐火性能差，须采用合理的消防技术手段，对可燃木制构件进行阻燃处理，直接采用防火涂料，对柱梁枋檩等木质构件在保持原状的前提下涂刷透明的防火涂料进行处理，以降低木材表面的燃烧性能，耐火材料实验后达到阻燃要求，满足木构件的耐火等级要求。

②建筑节能设计说明：

a. 设计依据。

b. 项目所在地的气候分区、建筑分类及围护结构的热工性能限值。

c. 建筑的节能设计概况、围护结构的屋面（包括天窗）、外墙（非透光幕墙）、外窗（透光幕墙）、架空或外挑楼板、分户墙和户间楼板（居住建筑）等构造组成和节能技术措施，明确外门、外窗和建筑幕墙的气密性等级。

d. 建筑体形系数计算（按不同气候分区城市的要求）、窗墙面积比（包括屋顶透光部分面积）计算和围护结构热工性能计算，确定设计值。

③无障碍设计要求（包括基地总体上、建筑单体内的各种无障碍设施要求等）：

a. 根据功能及《无障碍设计规范》GB 50763—2012第8.1条要求设计。

b. 为不影响清官式建筑风貌的完整性，以及保留原有肌理空间尺度，对于室内外无条件设置无障碍坡道时，可根据需要设置可拆卸的便携式轮椅坡道。如图6-2-3所示，为第一部分工程概要和第二部分各专项工程设计案例。

图6-2-3 设计总说明一（案例）

（4）第三部分：各分部工程设计

①石作工程（可参照《中国古建筑瓦石营法》刘大可先生资料进行编写）：

a. 石作构造石材种类、规格大小及材质要求；

b. 石料表面工艺要求；

c. 石作施工安装要求。

②地面工程（可参照《中国古建筑瓦石营法》刘大可先生资料进行编写）：

a. 墁地砖及其他地面铺砖种类、颜色及规格大小要求；

b. 地面砖工艺要求；

c. 地面砖铺设要求；

d. 地面砖防滑性能要求。

③墙体工程（可参照《中国古建筑瓦石营法》刘大可先生资料进行编写）：

a. ±0.000以上外墙砌筑材料名称、规格大小、材质要求及砌筑方式；

b. 砌筑砖材料工艺要求、砌筑要求；

c. 其余墙体砌筑要求。

④木作工程（可参照《中国古建筑木作营造技术》马炳坚先生资料进行编写）：

a. 木构件材质及种类要求，木材含水率（如选红松，木材须无腐朽、虫蛀、结疤、空心。梁、柱、枋类构件含水率不大于20%，桁檩类不大于15%，板类、椽类及斗栱部件不大于13%）；

b. 木构件安装工艺工序要求；

c. 木构件防腐、防火、防蛀处理要求；

d. 木构件特别注意的工艺做法要求，如外围柱子侧角与收分做法要求。

⑤屋面工程：

a. 屋面防水等级，屋面防水做法；

b. 屋面排水方式；

c. 屋面做法；

d. 屋面瓦件选用种类、规格大小及材质要求；

e. 屋面瓦件选用要求及瓦作施工技术要求。

⑥地仗工程：

a. 地仗工程材料选用，施工技法参见《中国古建筑油作技术》路化林先生资料；

b. 木材基底地仗选用材料要求：地仗材料质量要求；施工工艺质量要求；

c. 混凝土结构构件基底地仗选用：材料质量要求、施工工艺质量要求；

d. 地仗完成后表面处理要求；

e. 施工环境温度及气候要求。

⑦油漆工程（可参照《中国古建筑油作技术》路化林先生资料进行编写）：

a. 油漆材料质量要求；

b. 油漆工艺做法要求；

c. 油漆质量和感官要求；

d. 油漆现场涂刷环境要求、涂刷时序要求；

e. 油漆运输要求、存放要求。

⑧彩画工程：

a. 彩画使用部位和彩画名称；

b. 彩画材料质量要求；

c. 彩画施工工艺的流程要求及质量要求。

如图6-2-4所示为第三部分各分部工程设计案例。

图6-2-4　设计总说明二（案例）

（5）第四部分：设计文件使用要求

①设计文件使用：

a. 本设计未提及的各项材料规格、材质、施工及验收等要求，均应遵照国家标准及行业标准各项工程施工及验收规范进行。

b. 工程开工前，建设单位要组织设计、施工、监理单位对施工图进行会审。并共同签署会审纪要，作为施工标准等各项工程施工及验收规范、技术应用规程。

c. 根据《建筑工程质量管理条例》第十一条的规定，建设单位应将本工程的施工图文件报规划、消防、人防及施工图审查等相关主管部门审查，未经审查批准不得使用。

②施工注意事项：

a. 施工过程中业主、施工、监理单位均不得对图纸进行随意变更，所有变更设计均应先由上述有关部门协商后，再由原设计单位出具设计变更文件，变更文件经相关部门审查合格后作为施工依据。

b. 本工程应由专业古建施工单位施工。

（6）第五部分：建筑用料说明和室内外装修

①墙体、墙身防潮层、屋面、外墙面、下碱、散水、台阶、坡道、油漆、涂料等处的材料和做法，墙体、保温等主要材料的性能要求，可用文字说明或部分文字说明，部分直接在图上引注或加注索引号。

②室内装修部分除用文字说明以外亦可用表格形式表达，在表上填写相应的做法或代号（图6-2-5）。

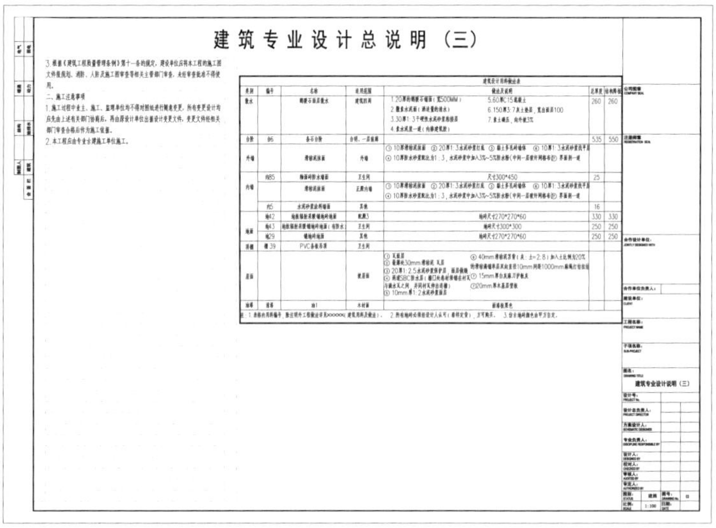

图6-2-5　设计总说明三（案例）

（7）第六部分：绿色建筑设计说明

①设计依据；

②工程概况；

③绿色建筑设计评价达标情况（图6-2-6~图6-2-10）。

6.2.2.4　组合平面图

平面图的编排次序为：总平面定位、台基平面图、柱头平面图、步架平面图、屋顶平面图（各平面绘制需求依据具体项目建筑形制而定，图6-2-11~图6-2-14）。

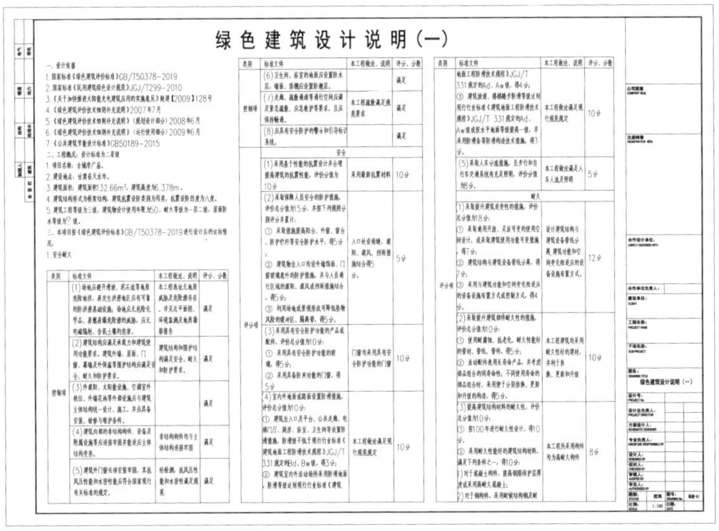

图6-2-6 绿建说明一（案例）

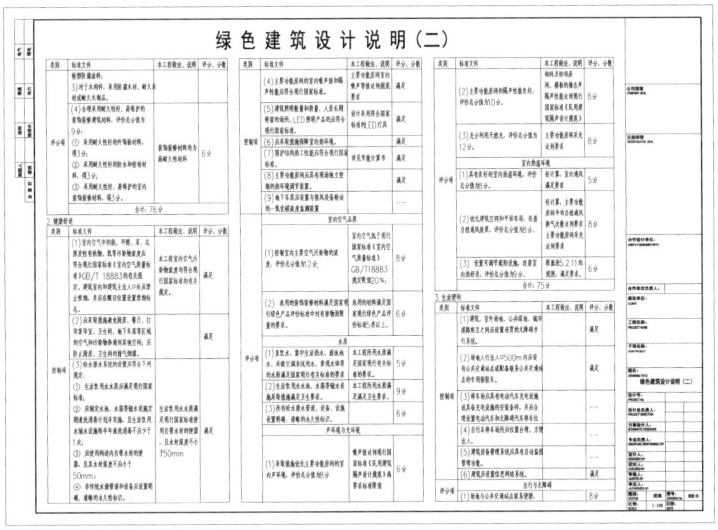

图6-2-7 绿建说明二（案例）

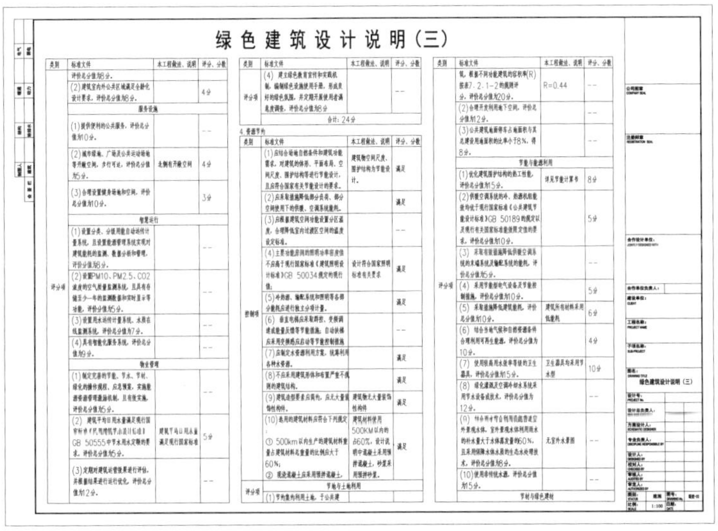

图6-2-8 绿建说明三（案例）

图6-2-9 绿建说明四（案例）

图6-2-10 绿建说明五（案例）

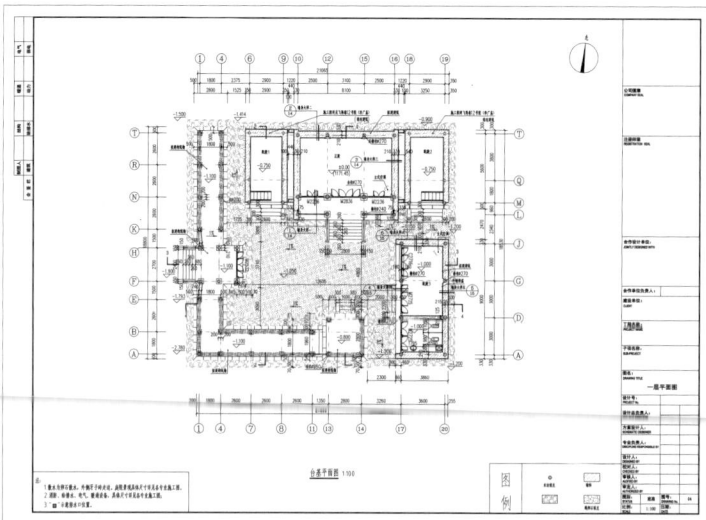

图6-2-11 台基组合平面图（案例）

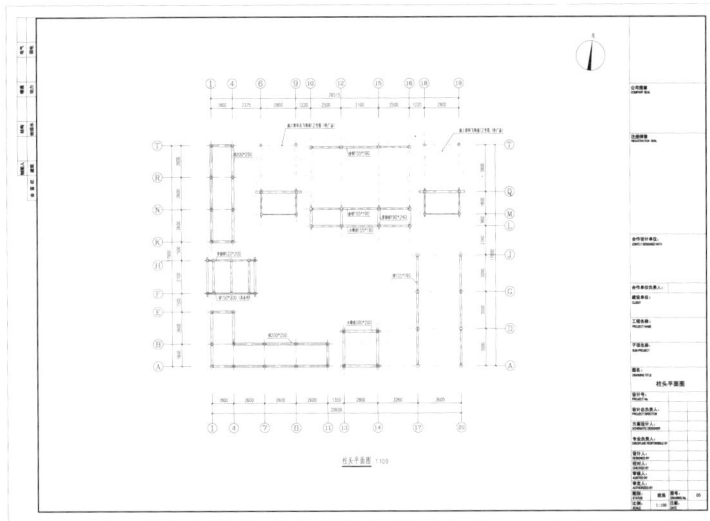

图6-2-12　柱头组合平面图（案例）

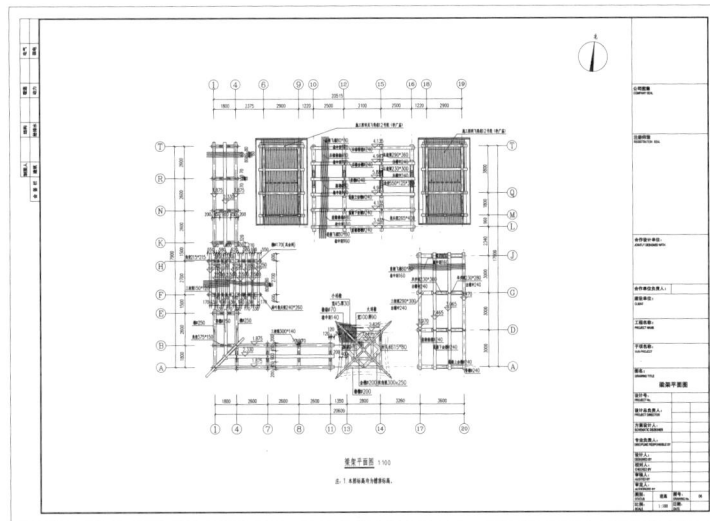

图6-2-13　步架组合平面图（案例）

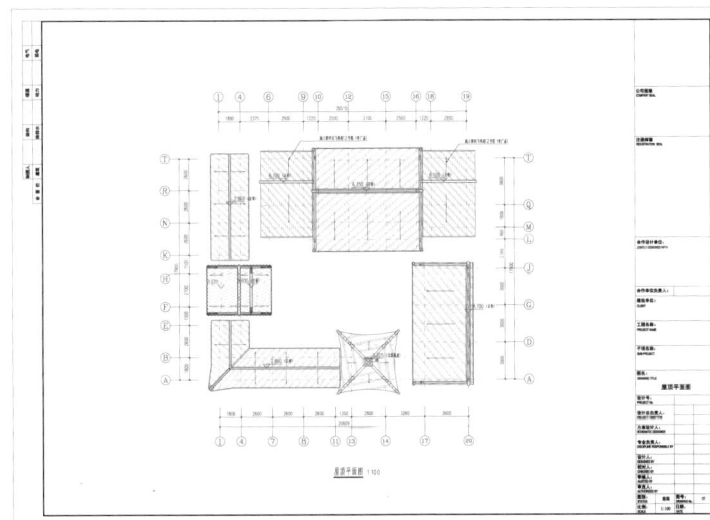

图6-2-14　屋顶组合平面图（案例）

（1）台基平面图

①编排承重墙、柱及其定位轴线和轴线编号，标注轴线总尺寸（或墙体外皮总尺寸）、轴线间尺寸、门窗洞口尺寸；

②标注门窗位置、编号，门的开启方向，注明房间名称或编号；

③用粗实线和图例表示剖切到的建筑实体断面，并标注相关尺寸，如承重墙体、柱等；标注墙身厚度，柱截面尺寸（必要时）及其与轴线关系尺寸；

④标注主要建筑设备和固定家具的位置及相关做法索引，如卫生器具、水池、台、橱、柜、隔断；

⑤主要结构和建筑构造部件的位置、尺寸和做法索引，如地沟、重要设备或设备基础的位置尺寸、台阶、坡道、散水、明沟等；

⑥室内外地面标高；

⑦标注剖切线位置、编号及指北针或风玫瑰；

⑧有关平面节点详图或详图索引号。

（2）柱头平面图

表示大额枋、穿插枋等构件尺寸。

（3）步架平面图

表示梁、柱、檩、翼角等构件的定位与尺寸。

（4）屋顶平面图

屋面平面图应有坡向、排水方向、吻兽平面位置及尺寸、标注屋脊（分水线）、必要的详图索引号和正脊标高等。

注：若为大式带斗栱建筑，需增加平板枋平面图、斗栱仰视平面图。

平板枋平面图：根据剖切高度表示平板枋、暗销尺寸及定位。

斗栱仰视平面图：表示平身科斗栱、柱头科斗栱、角科斗栱等构件位置与尺寸。

6.2.2.5　组合剖面图（图6-2-15）

（1）组合剖面的选取

应选在层高不同、层数不同、内外部空间比较复杂、具有代表性的部位，且保证能够表达所有建筑单体

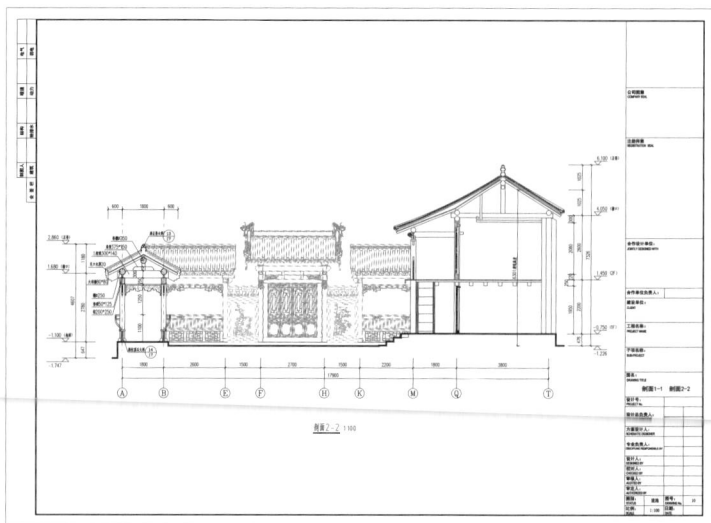

图6-2-15　组合剖面图（案例）

的剖切构造及立面样式。

（2）剖面图的主要表示内容

①用粗实线绘出所剖切到的建筑实体切面（如墙体、桁、梁、枋、楼梯等），标注相关构件名称、尺寸（如平板枋宽×高）。

②用细实线绘出投影方向可见的建筑构造和构配件（如门、窗洞口、梁、柱、坡道等），内外保温等也应用细实线表示出来。

③在投影方向未剖切建筑的局部立面，可以用细实线绘出；也可简化为轮廓线或不表示。

④墙、柱的轴线和轴线编号。

⑤尺寸标注及标高：

内部尺寸标注穿插枋、抱头梁、柱头标高、梁架、柱高尺寸等；

内部标高标注桁、扶脊木的顶端标高。

外部尺寸一般为三道标注：第一道为室内外地坪、各层门窗洞口高度、层高和檐口高度、正脊等分部高度；第二道为室外地坪至正脊上皮高度（总尺寸）；第三道为建筑高度。

外部标高标注室外、室内、楼板、檐口、正脊高度。

⑥节点构造详图索引。

6.2.2.6　组合立面图（图6-2-16）

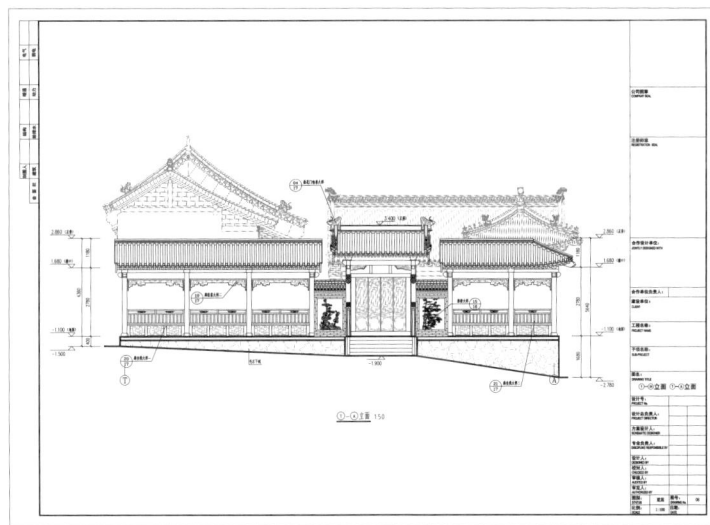

图6-2-16　组合立面图（案例）

（1）每一立面标注两端轴线编号，图名为两端轴号+立面图，或可直接命名为东、南、西、北立面。

（2）若设计建筑前后立面重叠时，后者的图形线型宜淡显，以示区别。

（3）尺寸标注及标高。

尺寸线一般为三道标注：第一道为室内外地坪、各层门窗洞口高度、层高和檐口高度、正脊等分部高度，第二道是建筑层高尺寸，第三道为室外地坪至正脊上皮高度（总尺寸）。

标高标注室外、室内、层高、檐口、正脊高度。

（4）标注立面图中的构造节点详图索引符号。

（5）标注外立面材料及其高度。

（6）立面图应标注建筑高度。

6.2.2.7 详图

详图表示各个部位的用料、做法、形式、大小尺寸、细部构造等，它表达的是平面图、立面图、剖面图中各个部位的详细做法。

（1）墙体（外墙、槛墙、廊心墙、院墙）、屋面（檐口、屋脊）等节点，标注各材料名称及具体技术要求，注明细部尺寸（图6-2-17）。

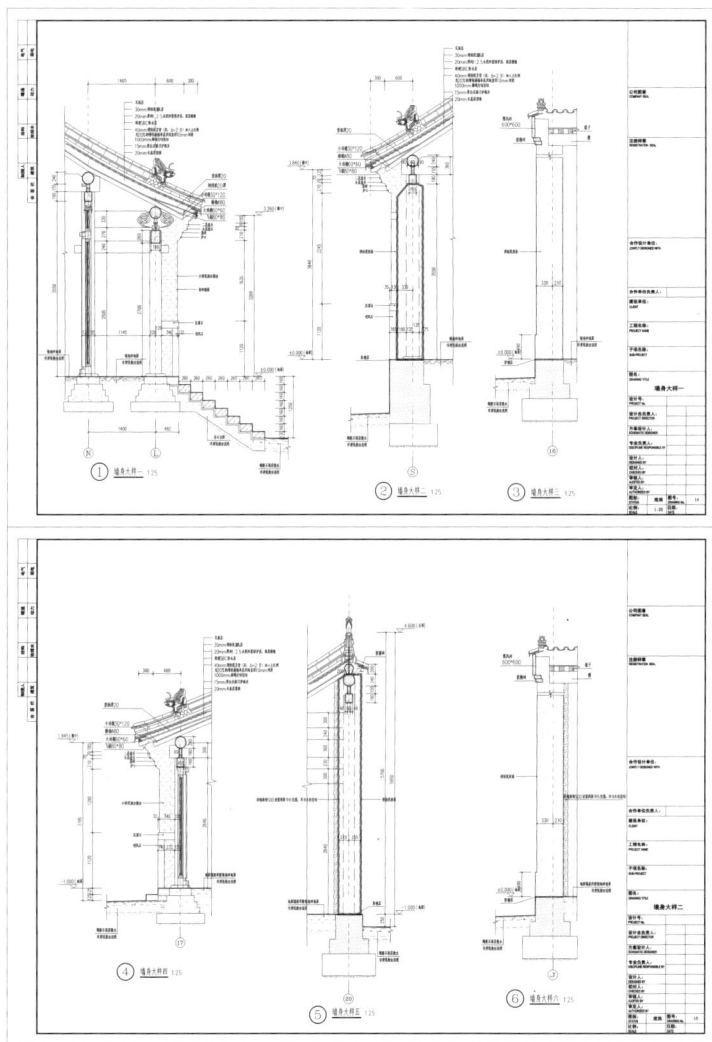

图6-2-17 墙身大样图（案例）

（2）楼梯、厨房、卫生间等局部平面放大和构造详图，注明相关轴线和轴线编号以及细部尺寸，表示设施的布置和定位、相互的构造关系及具体技术要求等。

（3）绘制角梁大样图，标注老角梁、仔角梁的尺寸（图6-2-18）。

（4）需要表示的建筑部位及构配件详图，如踏步、柱顶石、吻兽详图等（图6-2-19）。

（5）室内外装饰方面的构造，如影壁、雕刻图案（脊雕花、雀替、雕花板）等；应标注材料及细部尺寸、与主体结构的连接方式（包括木构件的榫卯大样，图6-2-20、图6-2-21）。

（6）隔扇门、隔扇窗、平面图、剖面图、立面图，标注细部尺寸、开启位置和开启方向（图6-2-22）。

（7）如需其他大样图根据设计情况进行增补（图6-2-23）。

注：各图纸均应标注图纸名称及比例。

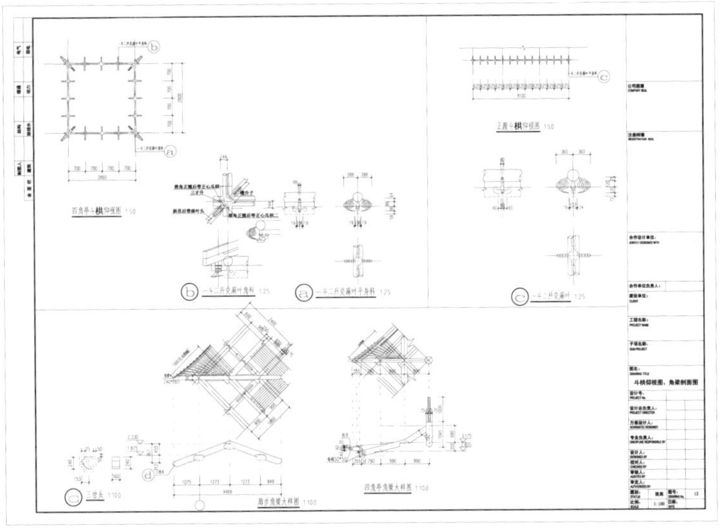

图6-2-18　翼角、斗栱大样图（案例）

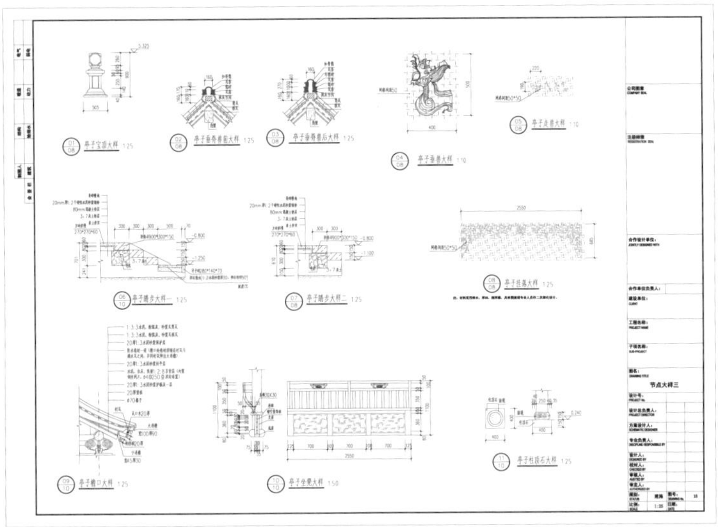

图6-2-19　节点大样图一（案例）

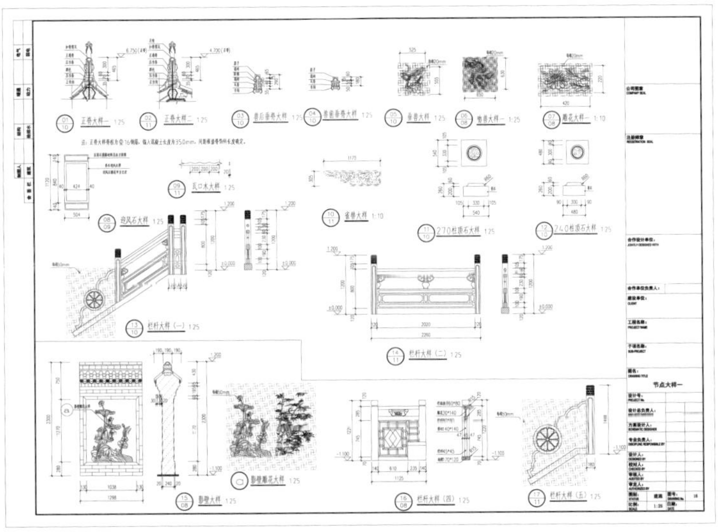

图6-2-20　节点大样图二（案例）

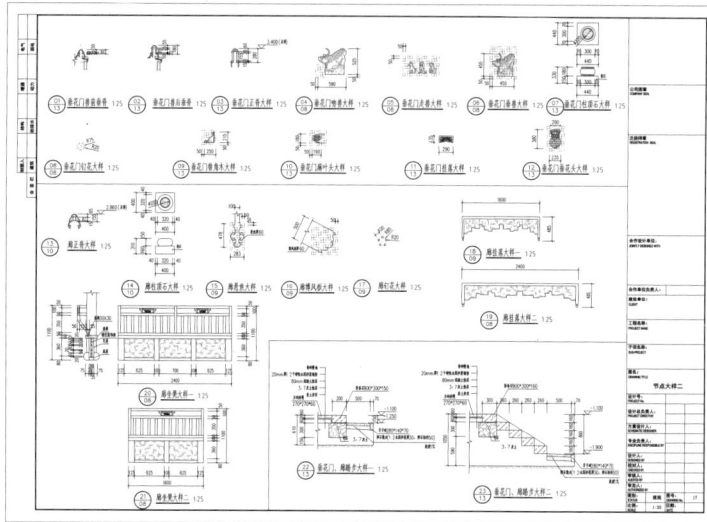

图6-2-21 节点大样图三（案例）

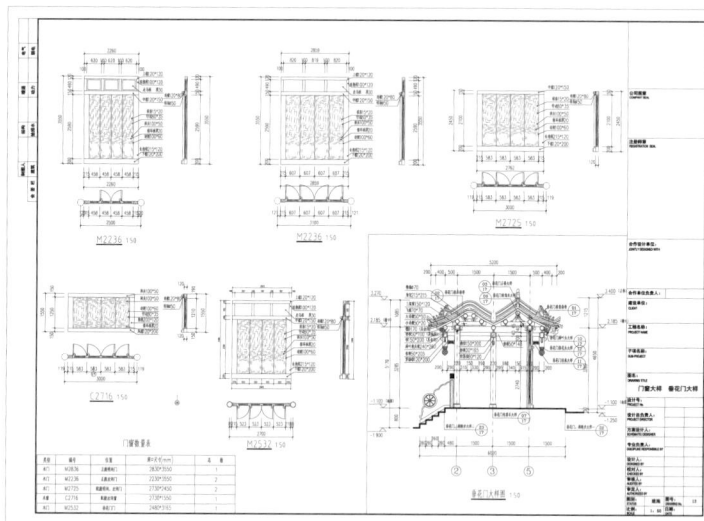

图6-2-22 门窗大样图（案例）

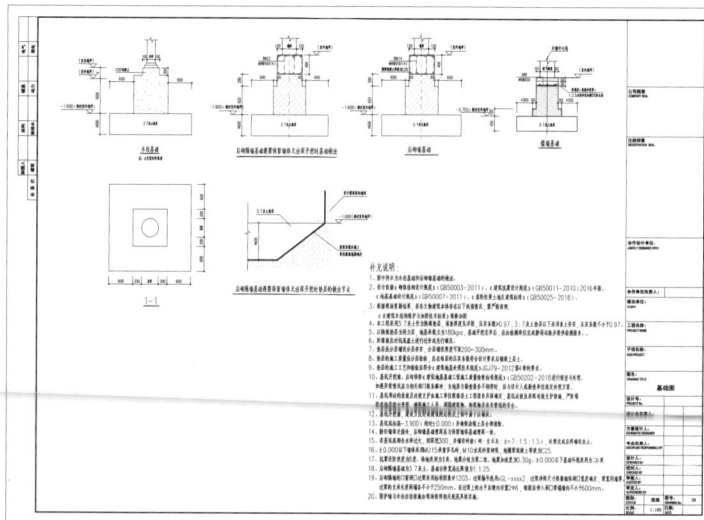

图6-2-23 基础图（案例）

此外，对相邻的原有建筑，应绘出其局部的平面图、剖面图、立面图（或以外轮廓线表示），并标注距离、高度等与设计建筑相关的尺寸，以及明确设计建筑与原有建筑接合处的排水措施，必要时应出具排水做法大样图。

6.2.2.8 图例

施工图绘制过程中，应了解所有建造材料的材质及性能用途，分清所绘图形中的构造或材质属于剖切表达还是饰面外观表达，以及该构造或材质在图形中的图例样式，清官式建筑图例样式如图6-2-24所示。

图6-2-24 设计图例（案例）

6.3 概算清单列表（以七檩歇山转角周围廊建筑为例）

位置	构件	计量单位	构件数量	费用综合单价	合计（元）	备注
基础平面	檐磉墩	个	20			
	金磉墩	个	12			
	拦土	m²	171.44			
台基平面	散水	m²	91.6			
	砚窝石	个	6			
	土衬+平头土衬	m³	28.53			土衬周长×宽×高
	陡板	m³	28.35			陡板周长×宽×高
	垂带石	个	8			
	踏跺石	个	48			
	阶条石	m²	98.98			
	檐柱顶石	个	20			
	分心石	个	6			
	槛垫石	个	6			
	金柱顶石	个	12			
	檐柱	个	16			
	檐角柱	个	4			
	金柱	个	8			

位置	构件	计量单位	构件数量	费用综合单价	合计（元）	备注
台基平面	金角柱	个	4			
	隔扇门	个	6			
	隔扇窗	个	6			
	槛墙	m²	21.86			
	方砖墁地	m²	167.92			
柱头平面	大额枋	个	20			
	穿插枋	个	16			
	斜穿插枋	个	4			
	下金枋	个	10			
	踩步金枋	个	2			
	随梁	个	4			
平板枋平面	平板枋	个	20			
斗栱仰视平面	桃尖梁头	个	16			
	桃尖梁	个	16			
	五踩斗栱平身科	攒	74			
	五踩斗栱柱头科	攒	16			
	五踩斗栱角科	攒	4			
梁架平面	挑檐桁	个	20			
	正心桁	个	20			
	下金桁	个	10			
	五架梁	个	4			
	金角背	个	8			
	上金桁	个	10			
	三架梁	个	6			
	脊瓜柱	个	6			
	脊角背	个	6			
	脊桁	个	5			
	扶脊木	个	5			
	脊桩	个	29			
	老角梁	个	4			
	仔角梁	个	4			
	衬头木	个	4			
	翼角檐椽、飞椽	个	272			

位置	构件	计量单位	构件数量	费用综合单价	合计（元）	备注
梁架平面	小连檐	个	14			
	闸挡板	个	432			
	正身檐椽、飞椽、脑椽	个	882			
	大连檐	个	14			
	瓦口	个	14			
屋顶平面	投影面积	m²	547			
	小兽	个	20			
	仙人	个	4			
	戗兽座	个	4			
	戗兽	个	4			
	戗脊	个	4			
	垂兽座	个	4			
	垂兽	个	4			
	垂脊	个	4			
	吻座	个	2			
	正吻	个	2			
	正脊	个	1			
剖面图	雀替	个	32			
	小额枋	个	20			
	由额垫板	个	20			
	下金垫板	个	10			
	踏脚木	个	2			
	草架柱	个	2			
	穿	个	2			
	金瓜柱	个	8			
	柁墩	个	4			
	上金枋	个	10			
	上金垫板	个	10			
	脊枋	个	5			
	脊垫板	个	5			
	望板	个	16			
	山花板	个	2			
	博缝板	个	2			

位置	构件	计量单位	构件数量	费用综合单价	合计（元）	备注
其他工程	地仗	m²				根据项目需求确定
	油漆	m²				根据项目需求确定
	彩画	m²				根据项目需求确定
合计						

6.4 传统建筑构造设计探讨

6.4.1 传统建筑中设备的传统做法

传统建筑设备专业设计应遵循传统建筑外观风貌要求，传统建筑中设备的传统做法主要体现在给水排水设计、暖通设计、电气设计等方面。

6.4.1.1 给水排水设计

传统建筑庭院雨水排水多采用雨水口及暗沟排出，雨水口多采用"暗沟"加"钱眼"组合形式，如图6-4-1所示。而有落差位置溢流口或排水口可采用螭首装饰，螭首口内为凿通的圆孔，水流通过圆孔排出，如图6-4-2所示。

（a）地漏"钱眼"　　　　　　　　（b）排水口"钱眼"

图6-4-1　"钱眼"排水口

（a）螭首　　　　　　　　（b）螭首排水

图6-4-2　螭首排水造型

6.4.1.2 暖通设计

（1）传统建筑中的供暖设计

传统建筑通过建筑内部的构造进行供暖，供暖设施包括火地、火墙，火地指地下火道，在平地上向下挖出烟道，用砖石砌好循环的烟道，用烧火所产生的热气来烘暖地面，火源是烧热的炭火，热效率高且没有烟尘,如图6-4-3所示。而火墙则是在室内建造一些空心的"夹墙",墙下面留有火道,在炭口点火之后,热气就会顺着夹墙传递,提升屋内的温度。供热对室内空间更加立体,而墙体的构造也要求更高。

（a）室内地炕

（b）地炕室外操作口

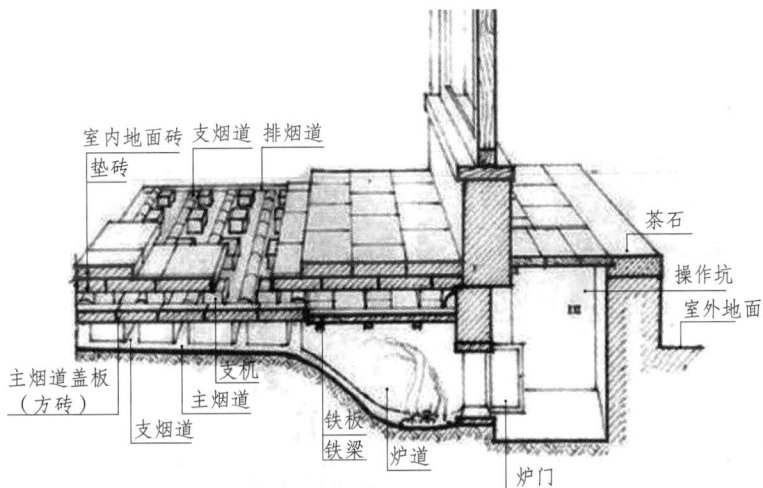

（c）地炕示意图

图6-4-3 "火地"造型及做法示意

（2）传统建筑中的供暖装饰设计

传统建筑新设计的供暖及空调中,为了减少对建筑外立面的影响,将室外机放置在外墙处,通过采用传统建筑元素及造型的特色空调外架进行安置,如图6-4-4所示,保证与传统建筑风貌的统一协调。

6.4.1.3 电气设计

配电线路敷设对传统建筑空间展示有一定的影响作用,当必须明装管线时,考虑沿室内墙体一侧安装管线,采用与安装部位颜色一致的油漆对管道表面进行上色,或者增加装饰物进行遮挡,且选择不易燃的装饰材料。

（a）空调室外机遮挡　　　　　　　（b）空调室外机遮挡

图6-4-4　空调室外机外遮挡

6.4.2　传统建筑设计在现行规范执行中的问题阐述

中国传统建筑主要为木结构建筑，在建筑风貌、建筑构造等方面与现代建筑设计规范存在一定的差异，既要满足使用功能，又要符合传统建筑风貌要求，因此，在设计过程中遇到此类问题应有针对性地解决。

节能设计：传统木结构建筑的节能保温难以满足建筑设计要求，在设计中采取一些措施增强建筑的保温效果，如增加棉门帘、棉窗帘。

构造设计：对于严寒、寒冷地区，建筑檐口要求设置挡雪板，对传统建筑而言，增加此构造对建筑风貌影响较大，且积雪在消融过程中因气温变化会导致屋面瓦冻裂，对屋面造成一定的破坏。

太阳能系统设计：按照《建筑节能与可再生能源利用通用规范》GB 55015—2021中的要求，新建建筑应安装太阳能系统。由于太阳能光伏系统安装位于传统建筑屋面上，铺设范围大，对传统建筑外观风貌产生较大影响，而且安装设施会对瓦屋面产生一定的破坏，因此从建筑方案设计之初就要对不具备安装太阳能系统的条件进行考量。

防火（消防）设计：传统建筑（群）存在诸多不利于消防的因素，如木材易燃、建筑耐火等级低等，以及对于古城古镇古村落类型的设计，建筑布局紧凑，道路尺度较小，很难满足规范中"消防车能够到达建筑的四周"这一要求。因此考虑从两个方面设计：一方面针对地形问题需要考虑引入适合此类设计的消防设施或器材，比如微型消防车、小型消防车、消防摩托等，以及增加室外消火栓的分布密度，以此解决消防救援问题（图6-4-5）；另一方面，传统木结构建筑材料受到防火设计规范的限制，设计考虑加大灭火器的布置数量，以及考虑在庭院或紧邻建筑的开敞空间内放置水缸（门海、福海、吉祥缸），如沿用传统建筑常用的"门海"可以储存大量的水，用来快速灭火（图6-4-6）。

无障碍设计：传统木结构建筑设计中，若场地空间无法满足无障碍设计要求，则可参照无障碍设计规范中对历史文物保护建筑无障碍建设与改造要求，在设计说明中增设可拆卸无障碍设施（图6-4-7）。

功能设施：传统木结构建筑功能为厨房时，需设置通风排气道，并应高出屋面0.8~1m，出烟口高度应不低于0.45m。可根据建筑风貌特征元素装饰烟道外观造型（图6-4-8）。

（a）微型消防车　　　　　　　　　　（b）消防摩托车　　　　　　　（c）灭火器

图6-4-5　古城消防设施

（a）门海1　　　　　　　　　　　　　　　（b）门海2

图6-4-6　"门海"造型

（a）无障碍坡道1　　　　　　　　　　　（b）无障碍坡道2

图6-4-7　可拆卸无障碍设施

图6-4-8　烟道出屋面做法案例

7 施工图校审、会签及出图

施工图绘制完成后须进行设计校对和审核，从而保证设计达到合格标准，施工图校审、会签的中心目的是保证设计质量，保证设计的技术要求无漏项，且在施工图中得到实现，同时消除各专业间的设计矛盾，协调各专业之间的衔接关系，保证设计符合安全要求和各种规范、各工种做法的要求。

7.1 施工图三级校审

施工图设计完成后，在施工图审查前须进行图纸校审流程，此流程由参与项目设计过程的设计人、校对人、专业负责人、审定人和审核人，按照校审程序逐级进行各级校审工作，层层把关，保证设计质量。

校审时应同时提交设计文件及相关依据资料，以便校审准确把关，具体包括：政府职能部门的有关批文、规划设计基础资料、评审会议纪要和资料；设计图纸、节能计算书、规划设计文件，概算书；设计统一技术条件和工种之间的互提资料单；地质勘察报告；设计自校记录单、校对记录单等。校审各个阶段的内容包括以下几个方面。

7.1.1 自校

由设计人完成的图纸、建筑设计计算书等设计文件，依据相关的国家及地方标准、国家和地方行政主管的条例规定、《建设工程设计文件编制深度的规定》《民用建筑工程设计文件质量特性和质量评审实施细则》进行全面自校。

自校内容包括：

设计文件是否正确、全面反映设计意图及要求；

设计是否正确选用现行有效规程、规范和标准；

设计、计算依据和方法是否正确、合理；

选用材料和设备是否恰当；

选用标准通用图集和重复使用图纸是否合理；

图纸与建筑设计计算书是否相符；

所有标注尺寸是否准确无误；

图纸和说明之间有无矛盾；

构造设计是否合理；

是否满足其他专业所提资料要求等。

7.1.2 校对

校对人主要对设计文件中数据的准确性、专业规范应用的有效性，以及设计文件中的错、漏、碰等技术问题提出校对意见。

校对内容包括：

负责解决图面和计算数据的质量，消除错、漏、碰、缺，校核设计文件是否明确表达设计意图；

执行有关标准、规范、规定及统一技术条件是否正确，使用是否恰当；

设计图深度是否符合规定；

图面所有尺寸、标高、图例、说明、数据有无错误、遗漏；

选用的标通图纸、详图索引是否与设计相符；

设计技术措施、构造措施是否恰当；

选用材料和设备是否恰当；

计算所采用的程序、公式方法、结论，是否可行、可靠、准确；

计算的原始数据是否有误、计算草图及结果是否正确、有无异常；

设计图纸与建筑设计计算书是否相符；

图纸和说明书之间有无矛盾；

概算编制说明是否交代清楚，工程量计算是否准确、无漏项，分部分项排列、定额编号是否准备齐全。

7.1.3 审核审定

7.1.3.1 审定内容

设计文件的质量特性，包括功能性、安全性、经济性、符合性、可信性、可实施性、时效性和适应性；

审查对安全性、经济性和可实施性提出的补充要求；

审查执行的相关规范、标准有效性；

审查本专业与其他相关专业间的设计一致性、合理性。

7.1.3.2 审核内容

设计文件是否满足项目合同要求；

设计文件是否有漏项；

设计文件是否完成会审会签；

图纸签字是否符合要求；

交付建设单位的设计图纸印刷、装订是否符合要求。

7.2 会审会签及出图

在会签之前，各专业应再次进行专业间的核对，确保上述各阶段的结论和成果已经得到落实，同时确保各专业的设计图纸为已经规定的校、审和修改程序后的图纸。

出图需注意的事项包括：

检查图层显示：关闭不需要打印的图层，如"辅助线""说明底表"等。

打印字体显示：字体须显示正确，不能出现"?"字样。

布图顺序是否正确：按照施工图出图流程检查图纸排列顺序。

核对图框表示内容：各专业项目名称、出图日期、图框样式应统一，需要签字的部位应有电子签（或手写签名）。

设置自定义图纸尺寸：检查各专业图纸大小及"可打印区域"偏移数据符合规定。

线型淡显设置：总平面图中拟建建筑以外的建筑线型、字体需淡显；所有设计图的轴线需淡显；详图中的方格网线需淡显；组合剖面图中置于后侧的立面透视图应淡显。

线型加粗设置：剖面图中剖切位置的线型应加粗；立面图中的整体外轮廓线应加粗。

新材料在传统建筑设计中的应用及施工图设计要求 8

8.1 新材料在传统建筑设计中的应用

随着可持续发展和生态环境保护的要求日益提高，逐渐出现了用新材料代替木材建造传统建筑的做法。新材料使用较为普遍的是钢筋混凝土，它具有防虫、防火、防腐、抗震等优点，还具有节约木材、保护环境、可持续发展等优势，为中国传统建筑在当代的发展开拓了新的空间。但是，传统建筑设计无论采用何种新材料，均需遵循传统木结构建筑的外观形态、权衡比例、法式特征、色彩装饰等要求，钢筋混凝土传统建筑应在外观形态上符合传统建筑要求，而在结构设计方面，也须在构件截面尺寸的确定、内力计算、抗震计算及梁板柱配筋等方面符合钢筋混凝土结构理论和设计规范的要求。

传统建筑设计中的方案设计阶段、施工图设计阶段的流程和深度要求同样适用于目前应用较为广泛的钢筋混凝土传统建筑设计流程。

8.2 钢筋混凝土传统建筑的设计流程

8.2.1 施工图初步设计阶段流程

8.2.1.1 按照清官式建筑设计流程，在方案前期阶段生成初步构思后，与结构专业人员进行初步对接，由结构专业人员结合平面尺寸和建筑高度要求初提梁、板、柱的尺寸大小，便于建筑专业人员完成建筑空间和建筑外观的设计构思。需注意的是，建筑中不露明的构件造型按照结构设计要求完成，建筑外部木装饰构件尤其是露明构件，其名称和尺寸大小应遵循清官式建筑构件及权衡比例要求设计。

8.2.1.2 建筑专业人员完成平面图、剖面图、立面图、场地总平面图的绘制后，由结构专业人员根据地勘报告提出结构选型及基础形式，由设备专业人员提出建筑所需设备名称及功能大小等要求。各个专业人员进行相互协调修改，建筑专业人员根据修改意见完善设计方案后，向结构和设备专业人员提资。

8.2.1.3 建筑专业人员根据上一阶段各专业反提资料修改方案平面图。此平面图中应注明防火分区、每个分区的面积、功能及使用人数。承重结构的位置和大致尺寸、标明承重结构的轴线及轴线号、定位尺寸等，若有人防则确定人防初步平面。

8.2.1.4 建筑、结构与设备专业人员配合应注意事项。

结构专业：根据设备专业人员所提设备的荷载及平面尺寸，楼板及墙体的开洞要求等进行初算，将楼面、屋面结构梁板平面图提给建筑及设备专业人员。

设备专业：将所有的管井、设备用房、集水坑等的面积、位置荷载、净高，楼板的垫层厚度等准确数据提给建筑及结构专业人员。

8.2.2 建筑与结构、设备专业的施工图对接流程

8.2.2.1 各专业的设计诉求

（1）结构专业

建筑平立剖施工图、建筑做法（荷载计算确定基础尺寸）、室内外高差、设备管沟布置、周围已有建筑、古树等详细资料、地质勘察报告（详勘）。

（2）给水排水专业

在施工图阶段，给水排水专业人员会复核方案阶段的设备间尺寸是否满足要求。建筑专业人员应结合给水排水专业要求布设卫生间、厨房位置。建筑专业人员需注意给水排水专业的明装管道、伸顶通气管、消火栓等对建筑的影响，如对建筑使用、建筑风貌影响较大时，应协同给水排水专业做出相应调整。例如双坡屋面的建筑无法设置伸顶通气管时，可由山墙伸出，建筑专业人员可做相应的美化处理，以匹配建筑风貌特征要求。

（3）暖通专业

暖通专业人员复核确认所提机房、风井位置面积及百叶窗面积、自然排烟开窗面积，并示意手动或电动开启装置；在图中标注管道穿墙留洞和套管定位及尺寸，风机、多联机室外机基础位置、热计量装置位置及尺寸。当与其他专业有冲突时，则需进行沟通协商。

（4）电气专业

变配电室（站）、地沟、电缆夹层位置，柴油发电机房、储油间防火要求，各弱电机房及管理中心的地面、墙面、门窗等做法和要求，电气（强电、弱电）竖井门、墙体要求、防火要求，线缆进出建筑物的敷设通道的路径及具体位置，配电箱（柜）、配线箱（柜）安装位置及在非承重墙上留洞尺寸，灯具安装位置，有特殊要求的功能房间。

8.2.2.2 建筑、结构、设备专业验证与核对

各专业进行管道综合与对图时，应以本专业的平面图（或其他能够说明问题的图纸）作为主要依据资料。管道综合与对图的结论应提交给各专业负责人，以此为依据在出图前对相关专业进行检查。管道综合后，如果预留洞位置和尺寸发生变化，各专业人员应立即告知结构专业负责人。

该阶段主要工作内容：

验证与核对空间名称和使用功能；

验证与核对防火分区；

对主要管道进行综合与协调；

验证与核对各专业所提的资料和配合工程中的协商内容是否在相关图纸中体现；

验证是否满足建设单位和政府主管部门的要求。

8.2.2.3 各专业人员提交资料阶段

（1）水专业人员提交资料内容：

地漏位置和房间坡度、坡向要求（水流方向）；

非承重墙预留洞（根据需要提出）；

提清全部承重墙、楼板及梁上预留洞的准确位置及尺寸。

（2）暖专业人员提资内容：

确认和补齐全部室外新风口和排风口的尺寸和位置；

非承重墙预留洞（根据需要提出）；

提清全部承重墙、楼板及梁上预留洞的准确位置及尺寸。

（3）电专业人员提资内容：

各空间门开启方向的要求；

各消防控制按钮的位置要求；

提清全部承重墙、楼板及梁上预留洞的准确位置及尺寸。

（4）所有专业人员所提洞口、管道、地漏等的位置建筑最终图纸中均须标注清楚。

8.2.2.4　建筑作业底图阶段

建筑底图及相关资料由建筑专业人员提出，应反映上述各过程配合后的综合成果，直至满足所有专业的设计要求，可作为各专业人员最终出图用的建筑底图。

各专业设计图纸修改完善后，提交相关责任人进行各专业施工图校审。

9 传统建筑彩画设计

传统建筑彩画种类、画法、纹样多种多样，适合的建筑形制及构件部位各不相同。本章是传统建筑设计应如何正确使用彩画的设计原则，主要根据彩画构件位置、种类、等级、纹样、适用范围简介彩画设计方法，彩画具体内容详见附录E。在此原则框架内，根据建筑形制、建筑构件、项目地域、项目文化背景等多种要素权衡彩画设计，为建筑设计合理的彩画。

9.1 彩画设计分类表

不同等级的彩画常用的建筑分类如下：

①高等级彩画：皇帝登基、理政、居住的殿宇及重要坛庙建筑；皇帝寝宫及祭天等重要祭祀性坛庙建筑；皇后寝宫及祭祀后土神坛的主要殿宇；皇宫的重要宫门、皇宫主轴线上的配殿及重要的寺庙殿堂；敕建藏传佛教寺院的主要建筑。

②较高等级彩画：皇宫中的次要建筑；皇家园囿中的次要建筑；皇宫内外祭祀祖先的宗庙；帝后陵寝建筑；重要祭坛庙的次要建筑；敕建藏传佛教寺院的次要建筑；皇宫后宫的殿宇式建筑；皇家园林中重要的亭、阁、轩、榭等。

③中等级彩画：一般寺、观的主要和次要建筑；王府的主要建筑；官府、官邸主次要建筑；京城门楼及通衢牌楼；皇家园林中较重要的亭、阁、轩、榭等。

④较低等级彩画：官府、官邸主要建筑；京城门楼及通衢牌楼，皇家敕建的某些寺院的生活区，园林中较重要的亭、阁、轩、榭等。

⑤低等级彩画：官府、官邸次要建筑；园林建筑中的亭、阁、轩、榭、花门、游廊等小式建筑；住宅、铺面房等建筑。

彩画设计图纹及等级划分，有一定的灵活性，现将常规彩画总结分类，作为彩画的设计参考依据。彩画设计规律参考见表9-1-1。

彩画设计规律参考表　　　　　　　　　　表9-1-1

构件部位彩画	高等级彩画	较高等级彩画	中等级彩画	较低等级彩画	低等级彩画	其他彩画 宝珠吉祥草	其他彩画 海墁彩画
柱	浑金龙抱柱、浑金西番莲柱彩画；朱红油地片金柱彩画						
柱头	彩画做法等级同本建筑彩画					双如意四块云盒半、半宝珠吉祥草	
倒挂楣子		边框、棂条同其他等级，花牙子玉做	边框朱红或青绿相间，棂条青绿相间，花牙子素做				
雀替	特殊和玺：浑金龙做法 金琢墨攒退卷草做法		玉做卷草做法	老金边贴金、烟琢墨攒退卷草做法	烟琢墨攒退或纠粉卷草做法		
花板	浑金花板做法	金琢墨攒退花板做法	烟琢墨攒退或玉做花板	纠粉间局部贴金花板	纠粉花板做法		
平板枋	跑龙纹、龙凤纹、卷草卡饰梵纹、杂宝纹	旋子：降魔云纹、半旋花卡池子纹、半拉瓢卡池子纹、跑龙纹、栀花纹					
斗栱	浑金斗栱；金琢墨斗栱	金琢墨斗栱	烟琢墨斗栱				
栱垫板	龙和玺：坐龙垫栱板彩画；龙和玺、龙凤和玺：夔龙垫栱板彩画；龙凤和玺：坐龙与升凤同用垫栱板彩画	三宝珠火焰垫栱板彩画；片金西番莲垫栱板彩画；空垫栱板彩画；梵纹垫栱板彩画；菱花眼钱垫栱板彩画		玉做西番莲垫栱板彩画、空垫栱板彩画	空垫栱板彩画		海墁斑竹纹彩画；海墁彩画
正心枋，挑檐枋，拽枋	片金边，拉饰大粉，拉黑老；和玺的挑檐枋做片金边，金白粉线，片金工王云、片金流云；苏画的正心枋：片金边，金白粉线，五彩流云飞蝠；和玺、旋子的挑檐枋：片金边，齐金白线，内地片金佛八宝或片金寿字及玉做飘带，拽枋金边压黑				墨边，拉饰大粉，拉黑老	烟琢墨大青，压黑老，拉白粉线	
檩，枋，梁 — 和玺彩画	第一等：龙和玺 第二等：龙凤和玺、龙凤方心西番莲灵芝找头和玺、凤和玺 第三等：龙草和玺、梵纹龙和玺					高等级：金琢墨吉祥草彩画 低等级：烟琢墨吉祥草彩画	
檩，枋，梁 — 旋子彩画	混金旋子彩画	金琢墨石碾玉旋子彩画、烟琢墨石碾玉旋子彩画	金线大点金旋子彩画、墨线大点金旋子彩画	墨线小点金旋子彩画	雅五墨旋子彩画、雄黄玉旋子彩画		
檩，枋，梁 — 苏式彩画			方心式苏画、海墁式苏画、包袱式苏画				
檩，枋，梁 — 苏式彩画			金琢墨苏画；金线苏画	黄线苏画；海墁苏画	掐箍头		
垫板	跑龙纹；龙（跑龙）凤纹、吉祥草纹、佛八宝纹	旋子：半旋花及半拉瓢卡池子纹、吉祥草纹、长流水纹、佛八宝纹、空垫板色彩刷饰腰断红					
梁头，枋头	大式：片金框，片金西番莲草	大式、小式：片金框，拉大粉，片金老，黑缘线	大式：墨边框，中央地墨老 大式、小式：片金框，拉大粉，中央地墨老；墨边框，拉大粉，中央地墨老				

| 构件部位彩画 | 高等级彩画 | 较高等级彩画 | 中等级彩画 | 较低等级彩画 | 低等级彩画 | 其他彩画 | |
						宝珠吉祥草	海墁彩画
角梁	龙和玺: 金边框龙纹角梁; 龙凤和玺: 金边框, 西番莲纹角梁; 和玺、旋子、苏式彩画: 金边框, 金老角梁 烟琢墨石碾玉旋子、各别龙和玺: 金边框, 墨老角梁			墨边框, 墨老角梁			海墁斑竹纹彩画; 海墁彩画
宝瓶	浑金宝瓶彩画		丹地切活宝瓶彩画				
椽头	飞椽: 绿地, 片金框、片金万字、片金栀花、菱杆、片金墨栀花、金井玉栏杆; 檐椽: 片金边框、片金寿字、金龙眼宝珠、朱红福字、彩做柿子花、彩做福桃、彩做百花图、六字正言、墨栀花			飞椽: 二绿地, 墨边框, 墨万字或墨十字别; 檐椽: 墨边框, 墨龙眼宝珠、墨栀花、内彩做福		飞头设大绿, 沥粉片金万字檐椽情侣相间沥粉贴金龙眼	
椽身, 望板	椽身: 卷草式叶梗灵芝花纹 望板: 流云纹						
天花	龙天花、龙凤天花、凤天花、金莲水草天花、六字正言	苏画: 双鹤天花	红莲水草天花、鲜花天花、西番莲天花	苏画: 团鹤天花	玉做双夔龙寿字天花		

9.2　彩画设计实例

因彩画组合灵活，为方便理解彩画的应用，现分别通过高等级彩画、较高等级彩画、中等级彩画、低等级彩画的案例展示彩画设计。

9.2.1　高等级彩画

以太和殿为例分析高等级彩画（图9-2-1）。

9.2.2　较高等级彩画

以颐和园知春亭为例分析较高等级彩画（图9-2-2）。

9.2.3　中等级彩画

以孔庙大成门为例分析中等级彩画（图9-2-3）。

9.2.4　低等级彩画

以先农坛神仓为例分析低等级彩画（图9-2-4）。

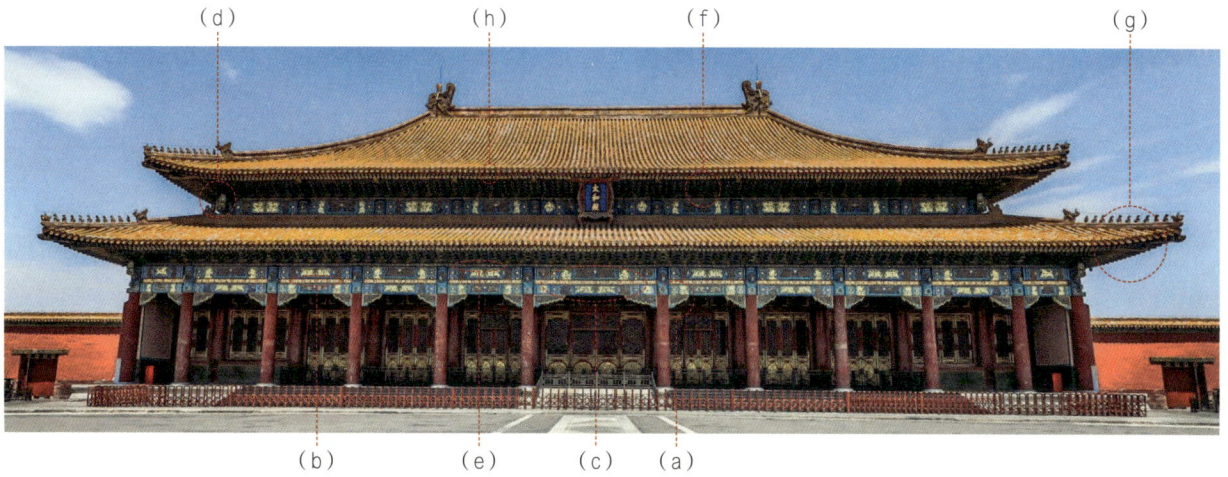

（a）雀替：金琢墨攒退卷草做法

（b）垫板：跑龙纹彩画

（c）桁、枋、梁：龙和玺

（d）梁头：片金框，片金西番莲草

（e）平板枋：跑龙纹彩画

（f）斗栱：金琢墨斗栱；栱垫板：坐龙片金彩画
挑檐枋：做片金边，金白粉线，片金流云

（g）角梁：金边框龙纹角梁
宝瓶：浑金宝瓶彩画

（h）飞椽：片金万字；檐椽：片金寿字；望板：流云纹；
椽身：卷草式叶梗灵芝花纹

图9-2-1 高等级彩画实例分析图

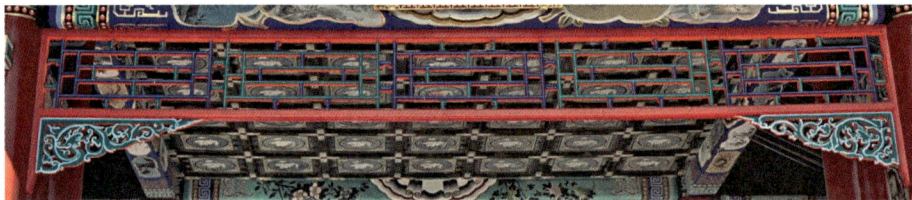

（a）倒挂楣子：边框朱红或青绿相间，棍条青绿相间，花牙子素玉做

（b）霸王拳头：片金框，拉大粉，片金老，黑缘线

（c）梁头：片金框；博古纹；竹叶梅花纹

（d）檩，枋，梁：包袱式金线苏式彩画

（e）飞椽：片金万字；檐椽：片金寿字

（f）角梁：金边框，金老角梁

图9-2-2　较高等级彩画实例分析图

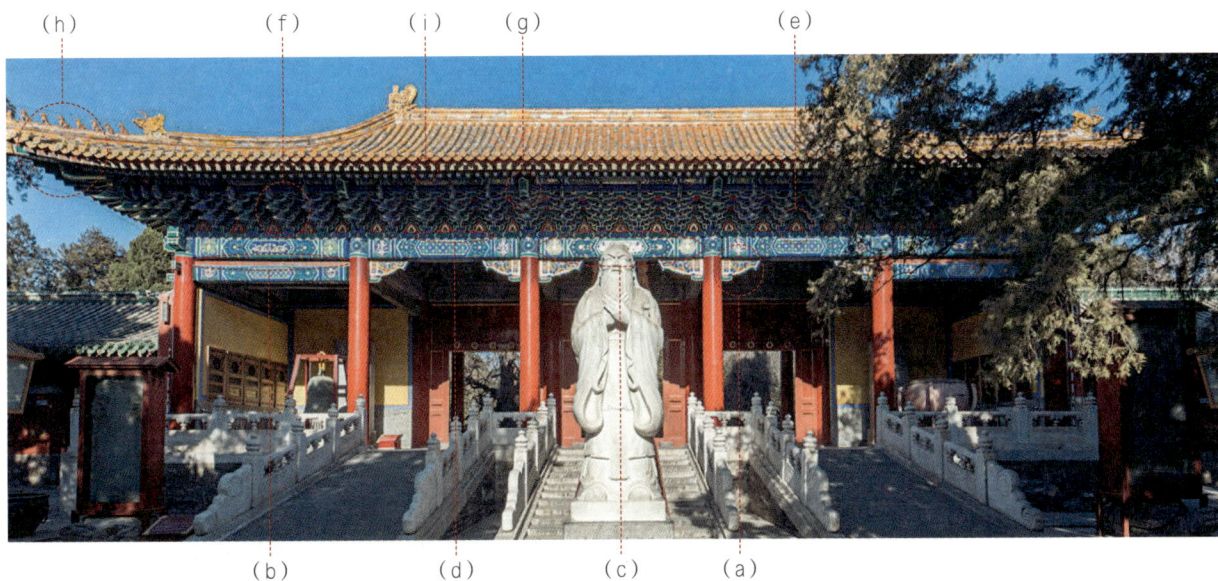

（a）雀替：玉做卷草做法

（b）垫板：空垫板色彩刷饰腰断红

（c）大额枋：金线大点金旋子彩画

（d）平板枋：半拉瓢卡池子纹

（e）栱垫板：三宝珠火焰彩画

（f）斗栱：金琢墨斗栱

（g）梁头：片金框，拉大粉，中央地墨老

（h）角梁：金边框，金老角梁；宝瓶：浑金宝瓶彩画

（i）飞椽：片金万字；檐椽：墨龙眼宝珠

图9-2-3　中等级彩画实例分析图

（a）檩，枋，梁：雄黄玉旋子彩画
　　垫板：空垫板色彩刷饰腰断红

（b）梁头：整团旋花，雄黄玉旋子彩画

（c）飞椽：片金万字；
　　檐椽：墨龙眼宝珠

图9-2-4　低等级彩画实例分析图

本书主论部分聚焦于对清官式四大形制建筑的学习记忆、计算、设计、绘图方法和榫卯详图表达，但缺少对地仗工艺、油漆彩画等匠作核心的施工工艺介绍，故在附录部分补充清官式建筑常用的灰浆、砖料、石料、木材、铜铁件、门窗的选择与应用，各部位砖作、瓦作的构造，地仗、油漆、彩绘工艺工法流程与要点，传统建筑中木构架的结构计算、给水排水、暖通、电气专业知识要点和注意事项，并介绍清官式建筑抬梁式木结构的结构计算过程，以及常用木材的选择与设计应知应会的基础内容。

附录

A1 基础部位工艺工法、材料及示意

灰土为建筑的根基，其强度对于古建筑质量至关重要。灰土由白灰和黄土按一定配比制成。基础平面位于灰土之上，由磉墩、拦土等组成（图A1-0-1）。

"磉墩"是支撑柱顶石的独立基础砌体，由灰浆与砖料制作而成。其中常用泼灰、白灰等作为灰浆，城砖、停泥砖、沙滚子等作为砖料。磉墩之间砌筑的墙体即为"拦土"（图A1-0-2）。灰浆与砖料详见表A2-0-1和表A2-0-2。

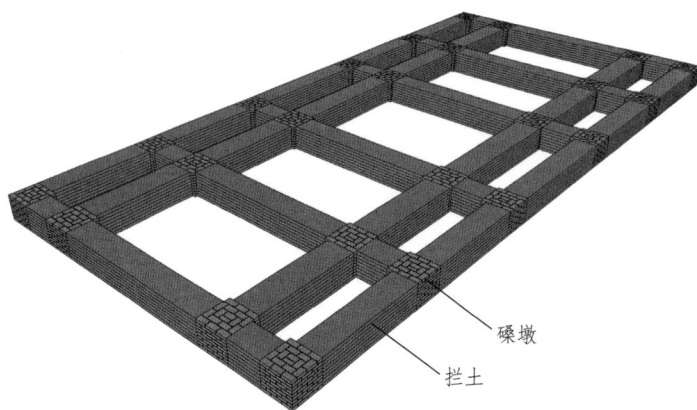

图A1-0-1 基础平面三维模型

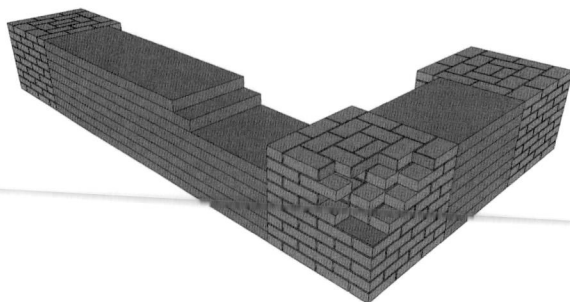

图A1-0-2 基础平面部分构件三维模型

在现代仿古建筑施工中，常采用新材料、新做法，如使用水泥砂浆代替传统抹灰做法。但在选材时应注意古建筑施工的特点，所选材料要保证灰浆的质量和砌体的安全。而在文物建筑施工中，仍需使用传统材料与传统工艺。

A2 台基部位工艺工法诠释

A2.1 台基部位材料

A2.1.1 台基部位材料表

台基部位常见灰浆、砖料（图A2-1-1）、石料（图A2-1-2）的用途及说明详见表A2-1-1、表A2-1-2、表A2-1-3。

台基部位灰料表 表A2-1-1

分类	名称		主要用途	配合比及制作要点	说明
灰浆原材料	泼灰		制作各种灰浆的原材料	生石灰用水反复均匀地泼洒成为粉状后过筛。现多以成品灰粉代替。	宜放置20天（成品灰粉掺水后放置8小时）后使用，以免生灰起拱；存放时间不宜超过3个月。用于灰土，不宜超过4天
	泼浆灰		制作各种灰浆的原材料	泼灰过细筛后分层用青浆泼洒，闷至20天以后即可使用。白灰：青灰＝100：13	存放时间不宜超过3个月
	煮浆灰		制作各种灰浆的原材料	生石灰加水搅成浆，过细筛后发胀而成	煮浆灰类似用现方法制成的灰膏，但加水量较少且泡发时间较短，故质量更好。不宜用于室外抹灰或苫背
墙体砌筑砂浆	老浆灰		丝缝墙、淌白墙勾缝	青浆、生石灰浆过细筛后发胀而成。青灰：生灰块＝7：3或5：5或10：2.5（视颜色需要定）	老浆灰即呈深灰色的煮浆灰，用于丝缝墙应呈灰黑色，用于淌白墙颜色可稍浅
	素灰		淌白墙；糙砖墙；琉璃砌筑	泼灰或泼浆灰加水调匀；黄琉璃砌筑用泼灰加红土浆调制，其他颜色琉璃用泼浆灰	素灰主要指灰内没有麻刀，其颜色可为白色、月白色、红色、黄色等
	白灰		金砖墁地；砌糙砖墙；室内抹灰；卧瓦	泼灰加水搅匀。如需要可掺麻刀。	即泼灰（现多用成品灰粉），室内抹灰可使用灰膏
	月白灰	浅月白灰	调脊；卧瓦；砌糙砖墙；淌白墙；室外抹灰	泼浆灰加水搅匀。如需要可掺麻刀	掺入麻刀即为月白麻刀灰
	砖面灰（砖药）		干摆或丝缝墙面、细墁地面打点	砖面经研磨，掺入颜色较深的泼浆灰，加水调匀。泼浆灰的掺入量以能近似砖色为准	可酌掺胶粘剂
	掺灰泥（插灰泥）		卧瓦；墁地；砌碎砖墙	泼灰与黄土拌匀后加水，或生石灰加水，取浆与黄土拌合，闷8小时后即可使用。灰：黄土＝3：7或4：6或5：5等（体积比）	土质以亚黏性土较好
墙体灌浆	白灰浆	生石灰浆	卧沾浆；石活灌浆；砖砌体灌浆；内墙刷浆	生石灰块加水搅成浆状，经细筛过淋后即可使用	用于刷浆应过箩，并应掺胶类物质。用于石活可不过筛
		熟石灰浆	砌筑灌浆；墁地坐浆；干槎瓦坐浆；内墙刷浆	泼灰加水搅成稠浆状	用于刷浆应过箩，并应掺胶类物质
	江米浆（糯米浆）		重要建筑的砖、石砌体灌浆	生石灰浆（细筛过淋）兑入江米浆和白矾水。灰：江米：白矾＝100：0.3：0.33	江米浆又叫江米汁子，用江米（糯米）加水将米煮烂后滤去江米而成。浆的稀稠程度根据不同的使用要求而定，在便于施工的前提下宜稠不宜稀。用于石砌体灌浆，生石灰浆不过淋

分类	名称		主要用途	配合比及制作要点	说明
墙体勾缝	麻刀灰	小麻刀灰（短麻刀灰）	打点勾缝	调制方法同大麻刀灰。灰：麻刀＝100：3。麻刀经加工后，长度不超过1.5cm	
	月白灰	深月白灰	调脊；卧瓦；琉璃勾缝（黄琉璃除外）；尚白墙勾缝；室外抹灰	泼浆灰加青浆搅匀。如需要可掺麻刀	掺入麻刀即为月白麻刀灰
	锯末灰		尚白墙打点勾缝；地方做法的墙面抹灰	锯末过筛洗净，掺入泼灰、煮浆灰、泼浆或老浆灰中，加水调匀，锯末：白灰＝1：1.5（体积比），调匀后放置几天，待锯末烧软后即可使用	
墙体刷浆	砖面水		旧干摆、丝缝墙面打点刷浆；捉节夹垄做法的筒瓦（布瓦）屋面新做刷浆	细砖面经研磨，加水调成浆状	可加入少量月白浆
石材砂浆	细石掺灰泥		砌筑石活	掺灰泥内掺入适量的细石末	极少用
	麻刀油灰		叠石勾缝；石活防水勾缝	油灰内掺麻刀，用木棒砸匀。油灰：麻＝100：3～5	
	麻刀灰	大麻刀灰	苫背；小式石活勾缝	泼浆灰加水或青浆调匀后掺麻刀搅匀。灰：麻刀＝100：5	
	盐卤浆		用于大式石活安装中的铁件固定	盐卤兑水再加铁面。盐卤：水：铁面＝1：5～6：2，铁面粒径0.15～0.2cm	宜盛在陶制容器中
	油灰		宫殿柱顶等安装铺垫；勾栏等石活勾缝	泼灰加面粉加桐油调匀。白灰：面扮：桐油＝1：1：1	铺垫用应较硬，勾缝用应较稀
	麻刀灰	中麻刀灰	调脊；卧瓦；墙体砌筑抹线，抹饰墙面；堆抹墙帽	各种灰浆调匀后掺入麻刀搅匀。灰：麻刀＝100：4	用于抹灰面层，灰：麻刀＝100：3
墙面灰浆	葡萄灰		抹饰红灰墙面	泼灰加水后加红土粉再加麻刀。白灰：红土粉：麻刀＝100：6：4	如用氧化铁红，白灰：氧化铁红＝100：3 文物建筑不应使用氧化铁红
	黄灰		抹饰黄灰墙面	泼灰加水后加包金土子（黄土子）再加麻刀，白灰：包金土子：麻刀＝100：5：4	如无包金土子，可用深地板黄代替（不能用作刷浆）
	砂子灰		墙面抹灰，多用于底层，砂子灰墙面做法也用于面层	砂子过筛，白灰膏用少量水稀释后，与砂拌合：加水调匀。砂：灰＝3：1（体积比）	20世纪30年代以后出现的材料，现多称"白灰砂浆"
	煤炉灰		地方做法的墙面抹灰	炉灰过筛，白灰膏用少量水稀释后，与炉灰拌合加水调匀。白灰膏：细炉灰＝1：3（体积比）	
	滑秸灰		地方建筑抹灰做法	泼灰：滑秸＝100：4（重量比）。滑秸长度5～6cm。加水调匀	放至滑秸烧软后使用效果较好
	三合灰（混蛋灰）		抹灰打底（必要时用）	月白灰加适量水泥。还可掺麻刀	20世纪40年代以后出现的材料，强度好、干得快，但颜色不正
	棉花灰		壁画抹灰的面层；地方手法的抹灰做法	好灰膏掺入精加工的棉花绒，调匀。灰：棉花＝100：3	厚度不宜超过2mm
	毛灰		地方手法的外檐抹灰	泼灰掺入人或动物的毛发（长度约5cm）调匀。灰：毛＝100：3	

分类	名称	主要用途	配合比及制作要点	说明
墙面灰浆	滑秸泥	苫泥背；抹饰墙面	与掺灰泥制作方法相同。但应掺入滑秸（即麦秸，又叫麦余）。滑秸应经石灰水烧软后再与泥拌匀。泥：滑秸=100：20（体积比）	用于抹墙，可将滑秸改为稻草。用于壁画，灰所占比例不宜超过40%，亦可用素泥
	绿矾水	江南部分庙宇黄色墙面刷浆	绿矾加水，浓度视刷后的颜色而定	
	棉花泥	壁画抹饰的面层	好黏土过箩，掺入适量细砂。加水调匀后，掺入精加工后的棉花绒。黏土：棉花=100：3	厚度不宜超过2mm
	白矾水	壁画抹灰面层的刷浆处理；小式石活铁件固定；细墁地挂油灰前的砖棱刷水	白矾适量加水。用于石活铁件固定应较稠	
	月白灰（浅）	墙面刷浆	白灰浆加少量青浆。白灰：青灰=100：10	用于刷浆应过箩，并应掺胶类物质
	月白灰（深）	墙面刷浆；布瓦屋面刷浆	白灰浆加青灰。白灰青灰=100：25	
	纸筋灰（草纸灰）	室内抹灰的面层；堆塑花活的面层	草纸用水闷成纸浆，放入煮浆灰内搅匀。灰：纸筋=100：6	厚度不宜超过2mm
墙面赶轧刷浆	青浆	屋面青灰背、青灰墙面赶轧刷浆；黑活屋面眉子当沟赶轧时的刷浆	青灰加水搅成浆状后过细筛（网眼宽不超过0.2cm）	兑水2次以上时，应补充青灰，以保证质量
	红土浆（红浆）	抹饰红灰时的赶轧刷浆	红土兑水搅成浆状后兑入江米汁和白矾水。红土：江米：白矾=100：7.5：5	现常用氧化铁红兑水再加胶类物质（文物建筑不应使用氧化铁红）
	包金土浆（黄土浆）	抹饰黄灰时的赶轧刷灰	包金土子（黄土子）兑水搅成浆状后兑入江米汁和白矾水。黄土子：江米：白矾=100：7.5：5	如无包金土子，可用其他黄色调制而成，例如用深地板黄加适量樟丹和白粉代替，或用二份石黄五份樟丹一份雄黄代替。颜色应呈深米黄色或较漂亮的深土黄色。很重要的宫殿建筑可在土黄浆中掺入雄黄浆，极重要的宫殿建筑可直接刷雄黄浆，颜色呈略偏红的杏黄色
	江米浆（糯米浆）	宫殿青灰背提押溜浆（刷浆赶轧）	青浆内掺入江米浆和白矾水青灰：江米：白矾=10：1：0.25	江米浆又叫江米汁子，用江米（糯米）加水将米煮烂后滤去江米而成。浆的稀稠程度根据不同的使用要求而定，在便于施工的前提下宜稠不宜稀。用于石砌体灌浆，生石灰浆不过淋
		纯白灰背提押溜浆（刷浆赶轧）	泼灰加水搅成浆状后兑入江米浆和白矾水灰：江米：白矾=100：1.6：1.07	
	盐卤浆	用于宫殿屋面青灰背的赶轧刷浆	盐卤兑水再加青浆和铁面。盐卤：水：铁面=1：5～6：2，铁面粒径0.15～0.2cm	宜盛在陶制容器中
墁地灰浆	焦渣灰	抹焦渣墙面；抹焦渣地面，苫焦渣背	焦渣与泼灰掺和后加水调匀，或用生石灰加水，取浆（过细筛），与焦渣调匀。白灰：焦渣=1：3（体积比）。用于抹墙或地面的面层，焦渣应较细	用生石灰浆制成的焦渣灰质量更好，但应放置1～2天再使用，以免生灰起拱
	杂杂浆	小式地面石活铺垫；其他需添加骨料的灌浆	白灰浆或桃花浆中掺入碎砖。碎砖量为总量的40%～50%。碎砖长度不超过3cm	
	黑矾水	金砖墁地钻生泼墨	黑烟子用酒或胶水化开后与黑矾混合（黑烟子：黑矾=10：1）。红木刨花倒入水中煮沸，至水变色后除净刨花，把黑烟子和黑矾的混合液倒入红木水内，煮熬至深黑色，趁热使用	现可用不褪色的染料代替。应在地面干透后使用

分类	名称	主要用途	配合比及制作要点	说明
塌地灰浆	生桐油	细塌地面钻生；旧地面加固养护	直接使用	
	纸筋灰（草纸灰）	室内抹灰的面层；堆塑花活的面层	草纸用水闷成纸浆，放入煮浆灰内搅匀。灰：纸筋=100：6	厚度不宜超过2mm
	油灰	细塌地面砖棱挂灰	细白灰粉（过箩）、面粉、烟子（用胶水搅成膏状），加桐油搅匀。白灰：面粉：烟子：桐油=1：2：0.5～1：2～3。灰内可兑入少量白矾水	可用青灰面代替烟子，用量根据颜色定

台基部位砖料表（单位：mm）　表A2-1-2

名称		主要用途	现行参考尺寸（糙砖规格）	（清代官窑尺寸）	说明
城砖	澄浆城砖	宫殿墙身干摆、丝缝；宫殿塌地；檐料；杂料	470×240×120	（480×240×112）	如需砍磨加工，砍净尺寸按糙砖尺寸扣减5～15mm计算 古时有澄浆城砖、停泥城砖和砂滚城砖三种制泥工艺不同的城砖，现行的城砖制泥工艺介于停泥砖与砂滚砖之间
	停泥城砖	大式墙身干摆、丝缝；大式塌地；檐料；杂料	470×240×120	（480×240×128）	
	大城样（大城砖）	小式下碱干摆；大式地面；大式墙面；檐料；杂料	480×240×130	（484×233.6×112）	
	二城样（二城砖）		440×220×110	（416×208×86.4）	
	沙城（随时城砖）	随其他城砖背里用	同其他城砖规格	同其他城砖规格	
停泥砖（停泥滚子）	大停泥	大、小式墙面；大式地面；檐料；杂料	320×160×80 410×210×80		如需砍磨加工，砍净尺寸按糙砖尺寸扣减5～15mm计算 停泥砖又称停泥滚子砖。砂滚子砖指泥料稍粗但规格与停泥砖相同的砖。现行的停泥砖制泥工艺介于古时的停泥砖与砂滚砖之间开条砖两个大面的中线位置上各有一道浅沟，制泥工艺与砂滚砖相同。现已停产
	小停泥	大、小式墙面；小式地面；檐料；杂料	280×140×70 295×145×70	（288×144×64）	
沙滚子	大沙滚	随其他砖背里；糙砖墙	320×160×80 410×210×80	（281.6×144×64） （304×150.4×64）	
	小沙滚		270×140×70 295×145×70	（240×120×48）	
开条砖	大开条	各式墙面；塌地；檐料；杂料	260×130×50 288×144×64	（288×160×83）	
	小开条		245×125×40 256×128×51.2		
斧刃砖	停泥斧刃	清代中期及以前建筑的墙面、塌地	240×120×40	（320×160×70.4） （240×118.4×41.6） （304×150.4×57.6）	砍净尺寸按糙砖尺寸扣减10mm计算 斧刃砖指厚度较薄的砖。清末后已少使用
	沙斧刃				
四丁砖		民国时期建筑的淌白、糙砖墙；地面；檐料；杂料	240×115×53		指与现代标准砖尺寸相同的灰色黏土砖，有手工制坯与机制两种，机制的又称蓝机砖。机制砖不适于砍磨加工

名称		主要用途	现行参考尺寸（糙砖规格）	（清代官窑尺寸）	说明
地趴砖		室外地面；杂料	420×210×85		砍净尺寸按糙砖尺寸扣减 10～20mm 计算 地趴砖出现于近代，与停泥砖的工艺相同但尺寸更大，因最初多用于墁地而得名
方砖	尺二方砖	小式墁地；博缝；檐料；杂料	400×400×60 360×360×60	（384×384×64） （常行尺二：352×352×48）	
	尺四方砖	大、小式墁地；博缝；檐料；杂料	470×470×60 420×420×60	（448×448×64） （常行尺四：416×416×57.6）	
	足尺七方砖	大式墁地；博缝；檐料；杂料	570×570×60		
	形尺七方砖		550×550×60 500×500×60	（尺七：544×544×80） （常行尺七：512×612×80）	
	二尺方砖		640×640×96	（640×640×96）	
	二尺二方砖		704×704×112	（704×704×112）	
	二尺四方砖		768×768×114	（768×768×144）	
	金砖（尺七～二尺四）	宫殿室内墁地；宫殿建筑杂料	同尺七～二尺四方砖规格	（同尺七～二尺四方砖规格）	

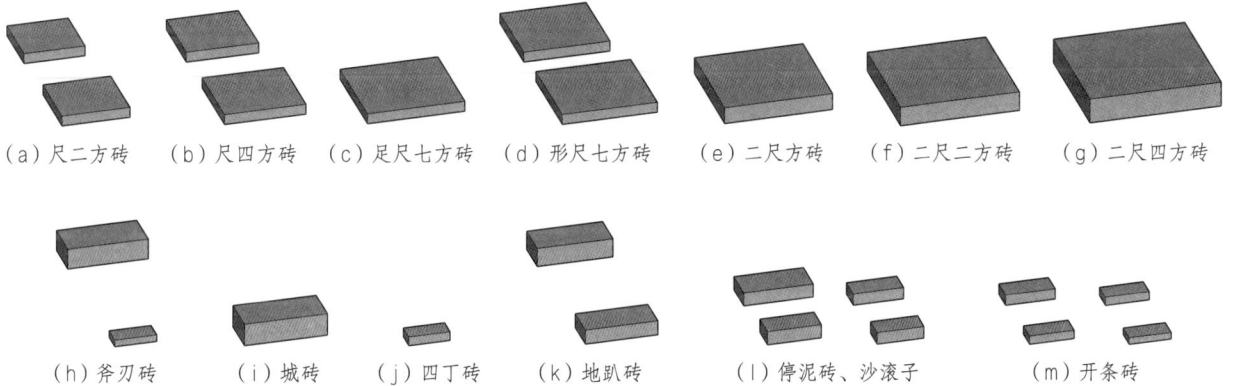

(a) 尺二方砖　(b) 尺四方砖　(c) 足尺七方砖　(d) 形尺七方砖　(e) 二尺方砖　(f) 二尺二方砖　(g) 二尺四方砖

(h) 斧刃砖　(i) 城砖　(j) 四丁砖　(k) 地趴砖　(l) 停泥砖、沙滚子　(m) 开条砖

图A2-1-1　砖料材质示意图

台基部位石料表　　　　　　　　　　　　　　　表A2-1-3

分类	石材名称	主要用途
带雕刻的石活	青白石	多用于宫殿建筑，还可用于带雕刻的石活
	汉白玉	汉白玉具有洁白晶莹的质感，质地较软，石纹细，因此适于雕刻，多用于宫殿建筑中带雕刻的石活。强度及耐风化、耐腐蚀的能力均不如青白石
小式建筑和普通大式建筑	青砂石	青砂石质地细软，较易风化，适用于民居、王府、寺庙等，是小式建筑和普通大式建筑中最常用的一种石料
栏板柱子	汉白玉	石栏杆则多选用洁白晶莹的汉白玉
	雪化白	雪花白色白而略带青色，有晶莹感，内有明显的类似雪花状的隐纹。多用于石栏杆、须弥座等雕刻较多的构件
桥墩、护岸、地面	花岗石	花岗石的质地坚硬，不易风化，特别适合用作桥墩、护岸、地面等。由于石纹糙，不易雕刻，因此不适用于高级石雕制品。官式建筑中一般也不用于台基和墙身石料中。桥面以下宜使用质地坚硬，不怕水浸的花岗石

分类	石材名称	主要用途
地面	花斑石	花斑石质地较硬,花纹华丽,故多用于重要宫殿。制成方砖规格,磨光烫蜡,用以铺地
	青白石	桥面部分可使用质地坚硬、质感细腻的青白石

（a）青白石

（b）汉白玉

（c）青砂石

（d）雪花白

（e）花岗石

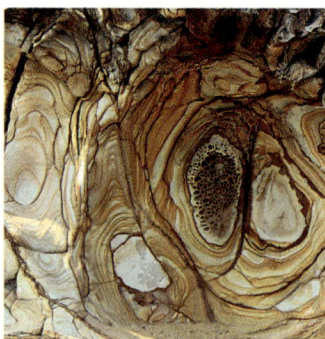
（f）花斑石

图A2-1-2 石料材质示意图

A2.1.2 台基部位示意图

台基部位根据位置分为散水、踏跺、台明部位、墙身下碱、槛墙、墁地等部分,工艺工法涉及灰料、石料、砖料等材料（图A2-1-3）。

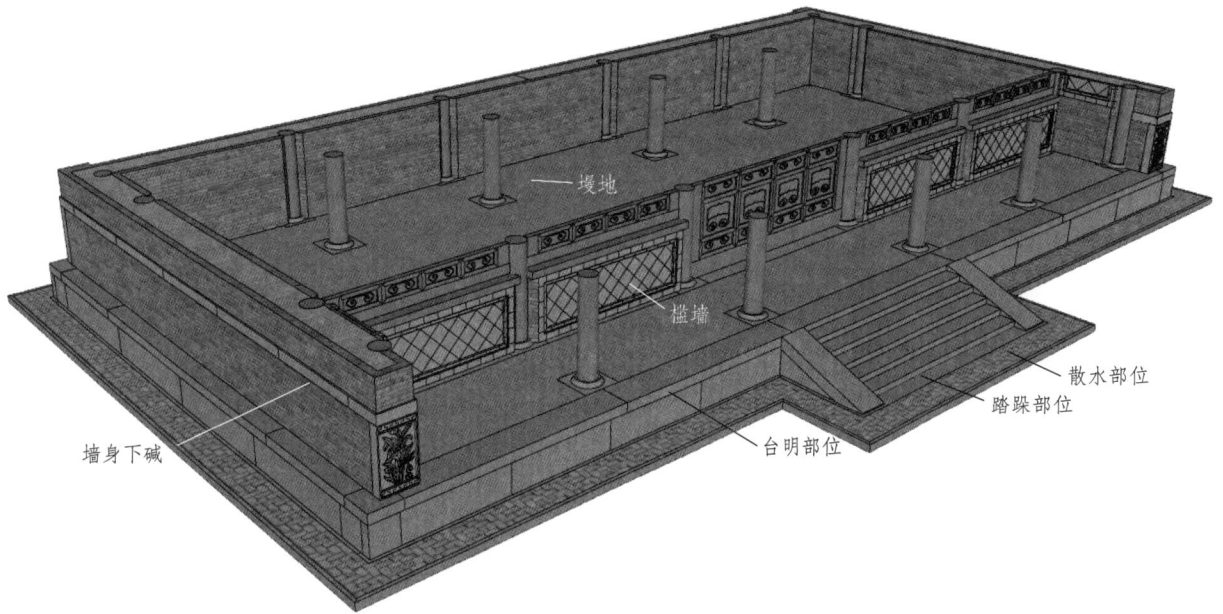

图A2-1-3　台基部位示意图

A2.2　台基部位散水做法

A2.2.1　散水

散水用于房屋台明周围及甬路两旁。散水的砍砖方式与墙体、墁地相同，根据设计可选用五扒皮、膀子面、三缝砖、淌白砖等或地面砖可分为盒子面、八成面、干过肋等。具体砍制类型详见墙身部分。

工艺工法可选用细墁地面、淌白地、糙墁地面等，详见墁地部分。

（1）房屋周围的散水，其宽度应根据出檐的远近或建筑的体量决定，从屋檐流下的水应能砸在散水上。

（2）散水要有泛水。贴近建筑部分应与台明的土衬石找平，另一侧应与室外地面相平。由于土衬石是水平的而室外地面不是水平的，因此散水的里、外两条线不在同一个平面内。

A2.2.2　建筑物散水砖的排列式样

建筑物周边的散水砖形式有一顺出、褥子面（兀字面）、套褥子面、八方锦、拐子锦、万字面、步步锦、席纹、人字纹（图A2-2-1）。

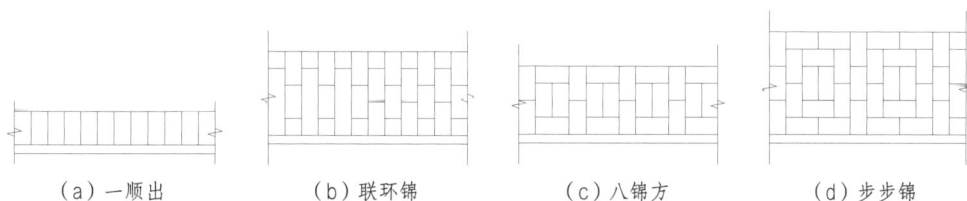

（a）一顺出　　　（b）联环锦　　　（c）八锦方　　　（d）步步锦

图A2-2-1　建筑物散水砖的排列样式

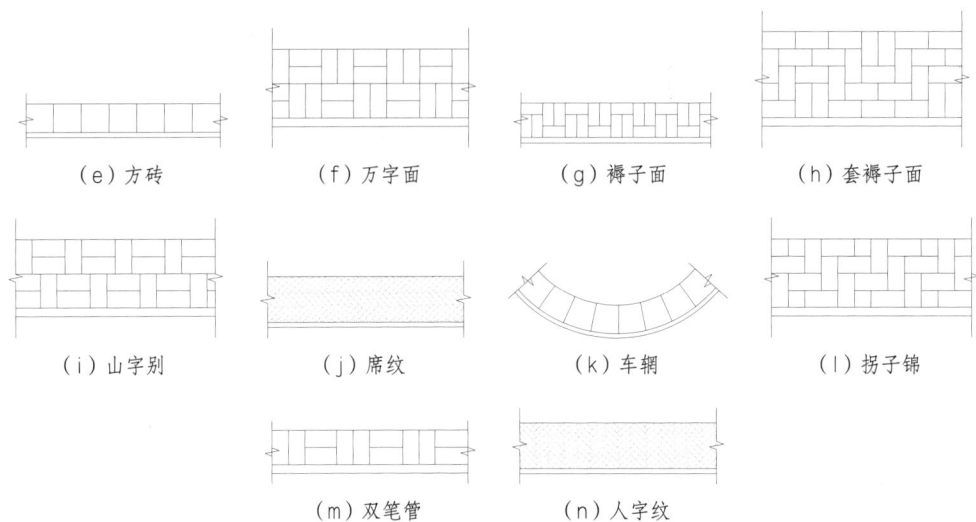

（e）方砖　　　　　（f）万字面　　　　　（g）褥子面　　　　　（h）套褥子面

（i）山字别　　　　　（j）席纹　　　　　（k）车辋　　　　　（l）拐子锦

（m）双笔管　　　　　（n）人字纹

图A2-2-1　建筑物散水砖的排列样式（续）

A2.2.3　甬路散水砖的排列式样

甬道周边的散水砖形式有城砖一顺出、斜柳叶、方砖、席纹、城砖褥子面、直柳叶、城砖陡板斜墁、城砖陡板十字缝（图A2-2-2）。

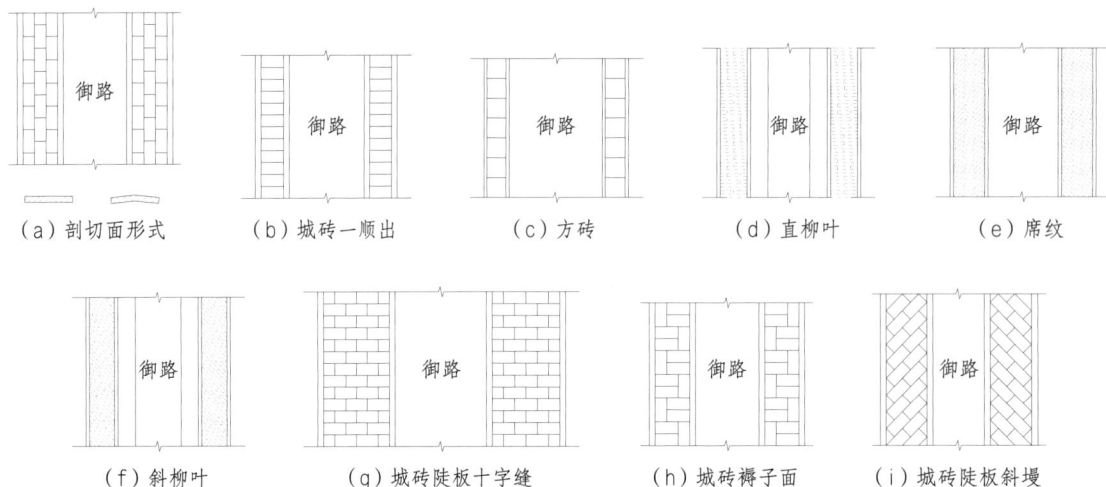

（a）剖切面形式　　（b）城砖一顺出　　（c）方砖　　（d）直柳叶　　（e）席纹

（f）斜柳叶　　（g）城砖陡板十字缝　　（h）城砖褥子面　　（i）城砖陡板斜墁

图A2-2-2　甬道散水砖的排列样式

A2.3　台基部位台明及踏跺做法

踏跺按做法可分成踏跺和礓磜两大类。

A2.3.1　踏跺

①垂带踏跺：踏跺两侧有垂带石（图A2-3-1）。

②如意踏跺：三面做台阶，无垂带石。

③御路踏跺：踏跺中间做御路石。御路石与地面御路相连，宽于垂带。

④单踏跺：只在建筑单间前做的踏跺。

⑤连三踏跺：在建筑相邻三间前做的一个连续的垂带踏跺。

⑥带垂手的踏跺（三出陛）：相邻三间分别做三个踏跺，位于两边的踏跺称为垂手踏跺，宽度约为3/4正面踏跺宽。

⑦抄手踏跺：在月台三侧做踏跺，正面为单踏跺，两侧为抄手踏跺，宽度约为3/4正面踏跺宽。

⑧莲瓣三和莲瓣五：莲瓣三做三层踏跺石的垂带踏跺，莲瓣五做五层踏跺石的垂带踏跺。

⑨云步踏跺：用石料仿自然山体形态的踏跺。

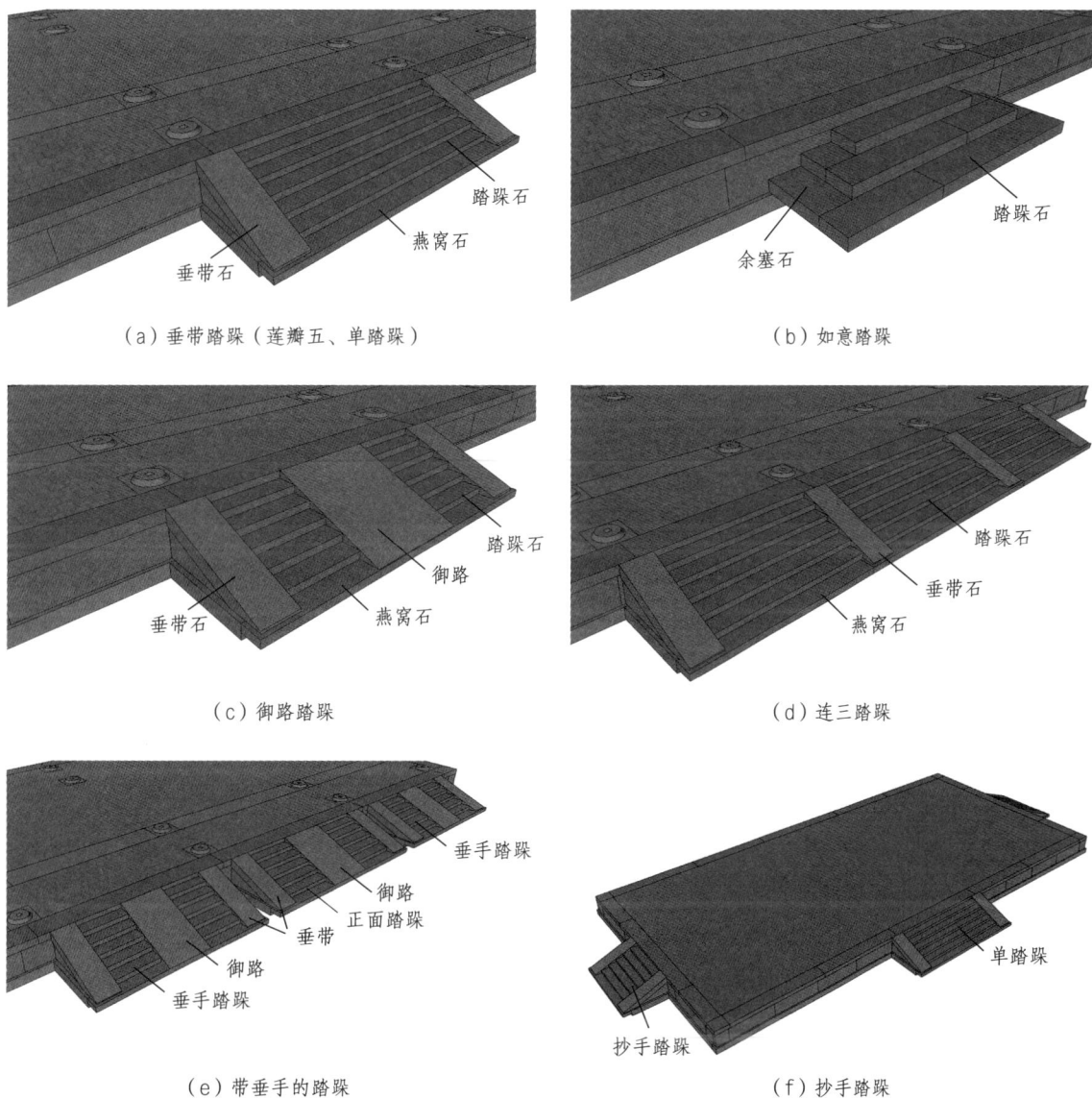

（a）垂带踏跺（莲瓣五、单踏跺）　　　　　　　（b）如意踏跺

（c）御路踏跺　　　　　　　（d）连三踏跺

（e）带垂手的踏跺　　　　　　　（f）抄手踏跺

图A2-3-1　踏跺样式

A2.3.2　礓磋

礓磋的截断面呈锯齿状，形式分为"单礓磋""连三礓磋""抄手礓磋"等。礓磋可与踏跺结合，明间做礓磋，两侧次间做踏跺的形式。礓磋两侧必须做垂带石（图A2-3-2）。

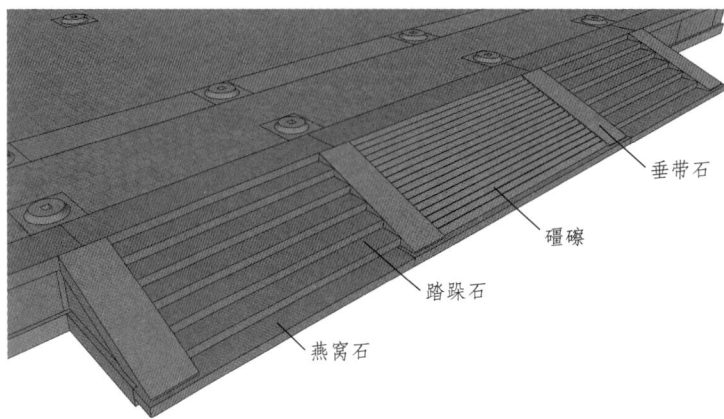

图A2-3-2 连三礓磋及踏跺

垂带石

礓磋

踏跺石

燕窝石

A2.3.3 台明

（1）土衬石：台明石作最底层为土衬石，土衬石一般高出室外地面1～2寸。

（2）陡板：分为陡板石和砖砌陡板两类。砖砌台帮一般采用干摆或丝缝形式，宫殿建筑还可用琉璃砖。砖砌台帮，两端需做埋头。

（3）埋头：也叫埋头角柱，与陡板相接。

①出角埋头：位于阳角转角处的埋头。②入角埋头：位于阴角转角处的埋头。③单埋头：转角处设一块埋头石。④厢埋头：转角处设两块埋头石。⑤混沌埋头：宽与厚相同的埋头，也叫如意埋头。⑥琵琶埋头：厚度为自身宽1/3～1/2的埋头，宽一般为4～6寸（图A2-3-3）。

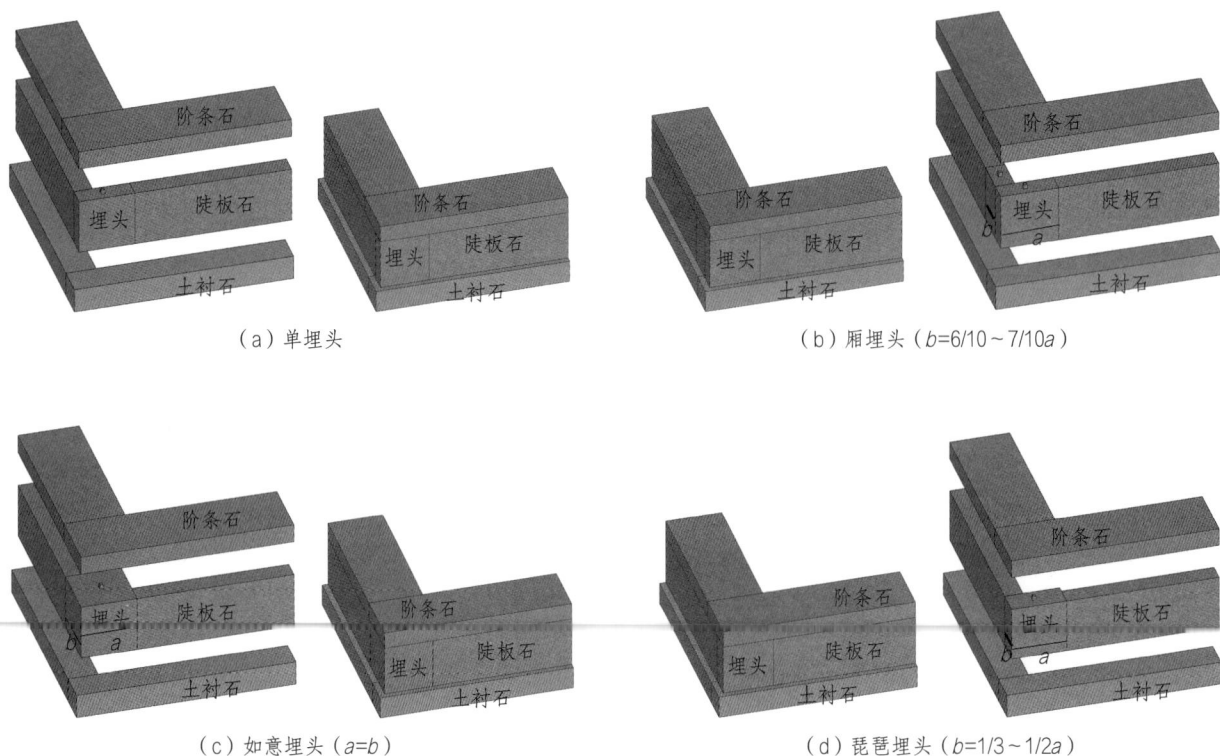

（a）单埋头

（b）厢埋头（b=6/10～7/10a）

（c）如意埋头（a=b）

（d）琵琶埋头（b=1/3～1/2a）

图A2-3-3 埋头分件与组合示意图

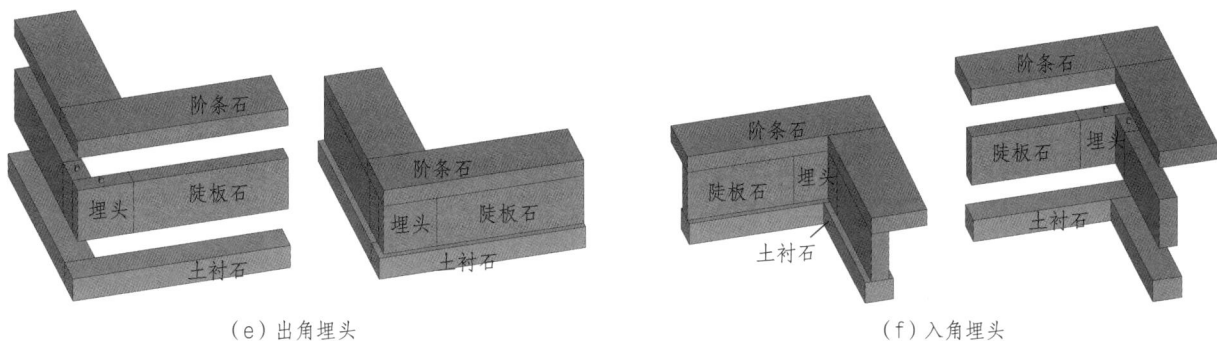

（e）出角埋头   （f）入角埋头

图A2-3-3 埋头分件与组合示意图（续）

（4）阶条石

阶条石与柱顶石之间距离取决于建筑下出距离，不要求阶条石必须紧贴柱顶石，若下出距离近，阶条石里皮伸入柱顶石，需凿掉阶条，称为掏卡子，好头石上称套卡子，落心石上称蝙蝠卡子（图A2-3-4）。

①好头：位于前、后檐两端的阶条石。

②联办好头：好头与两山条石合并制作。

③坐中落心：位于前、后檐明间中心位置的阶条石，也叫长活。

④落心：位于长活与好头之间。

⑤两山条石：山墙一侧的阶条石。硬山建筑的两山条石宽为前檐的1/2或小式4寸、大式5寸。歇山、庑殿、悬山建筑有山墙时两山条石宽小于山墙外皮至台明外皮，若无山墙则宽尺寸同前檐阶条石。后檐阶条石宽小于后檐墙外皮至台明外皮的距离。

⑥擎檐阶条：重檐建筑平座上的阶条石。

⑦月台滴水石：月台之上与主体建筑台基相挨部分的阶条，位于屋檐下。一般阶条石块数比房间多两块，例三间房间设置五块阶条石，称为"三间五安"。

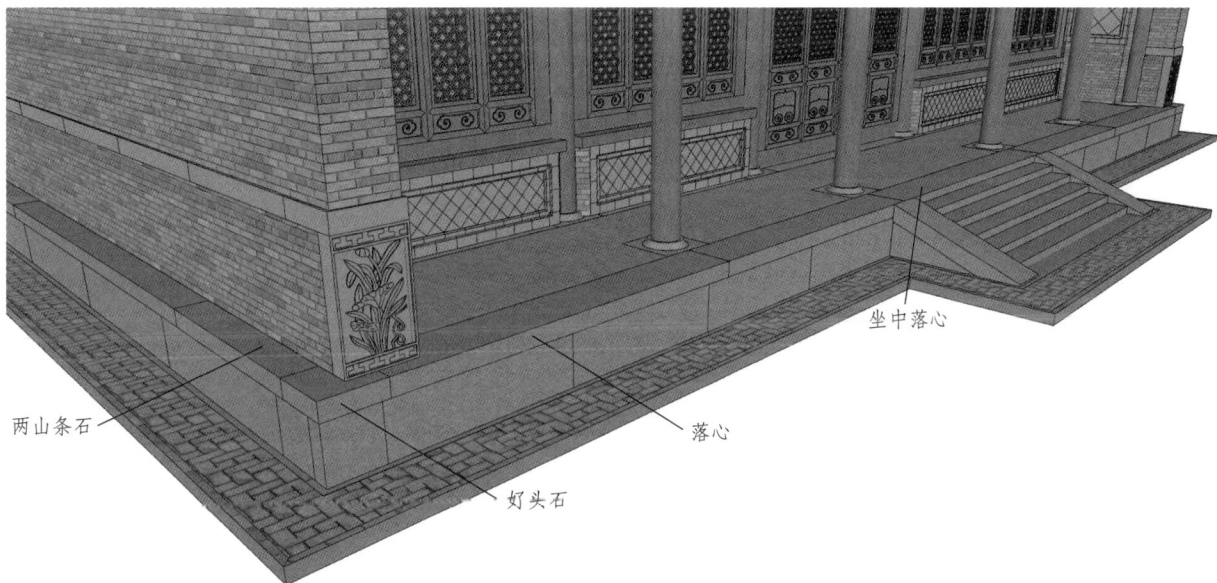

图A2-3-4 阶条石位置示意图

（5）柱顶石

柱顶石古镜根据圆柱、方柱分为圆古镜、方古镜。此外除普通柱顶石外用于爬山廊的爬山柱顶石，用于相贴柱子的联办柱顶石（图A2-3-5）。

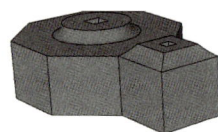

（a）圆古镜

（6）槛垫石

在金柱顶石之间，承托门槛。槛墙下可不做（图A2-3-6）。

①通槛垫：两柱顶石之间，一块通长的槛垫石。

②掏当槛垫：位于过门石两侧，被过门石截断的槛垫石。

③带下槛槛垫：将门槛和槛垫合制，多用于山门，还常与门枕石合制。

④廊门桶槛垫：位于廊墙的"廊门桶子"之下的槛垫石。

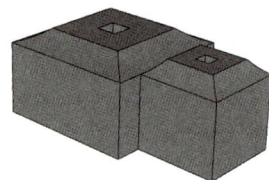

（b）方古镜

（7）分心石、过门石、拜石

分心石：分心石可看作御路在台明上的延续，一般在重要的宫殿建筑中使用。

图A2-3-5　联办柱顶石示意图

过门石：一般设置在明间，次间可以设置，是重要宫殿建筑中等级的体现。一般不与分心石同时使用。

拜石：也称如意石，位于槛垫石里侧，是参拜位置的标志。

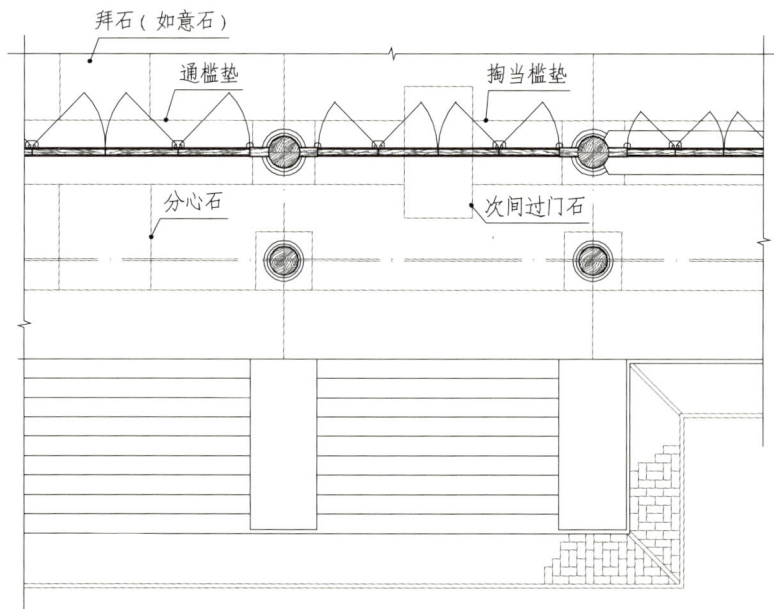

图A2-3-6　槛垫石位置示意图

（8）栏板柱子

栏板柱子指石栏杆，又称栏板望柱，多用于须弥座台基，有时也用于普通台基上。石桥或需要围护的部位（水池、花坛、华表等）常使用栏板柱子（图A2-3-7）。

栏板柱子一般由地栿、栏板和望柱（柱子）组成。位于台基上被称为长身地栿、长身栏板和长身柱子，位于台阶上栏板柱子（垂带上栏板柱子）称为垂带上地栿（斜地栿）、垂带上栏板（斜栏板）和垂带上柱子（斜柱子）以及抱鼓。

①地栿：位于栏板底层。长身地栿需在望柱之间凿"过水沟"，方便台基上的雨水排放。地栿退台明外边一金边距离，金边宽为自身厚的1/5～1/2。

②栏板：位于望柱之间，上窄下宽的形式。分为禅杖栏板和罗汉栏板两类。

③柱子：柱子分柱头和柱身两部分。柱身做两层盘子（池子），柱头形式多种多样，常见的官式有莲瓣头、复莲头、石榴头、二十四气头、叠落云子、水纹头、素方头、仙人头、龙凤头、狮子头等。官式建筑一般一栋建筑采用一种式样的柱头，柱头的纹样还应符合建筑本身文化内涵。

④垂带上栏板柱子：垂带上地栿的两端做"垂头地栿"，两端做法不同，（踏跺上）垂头地栿退垂带石一金边尺寸（地栿前垂带金边为台基上地栿金边1～2倍），抱鼓退（踏跺上）垂头地栿一金边尺寸，金边为地栿自身宽的1～1.5倍。

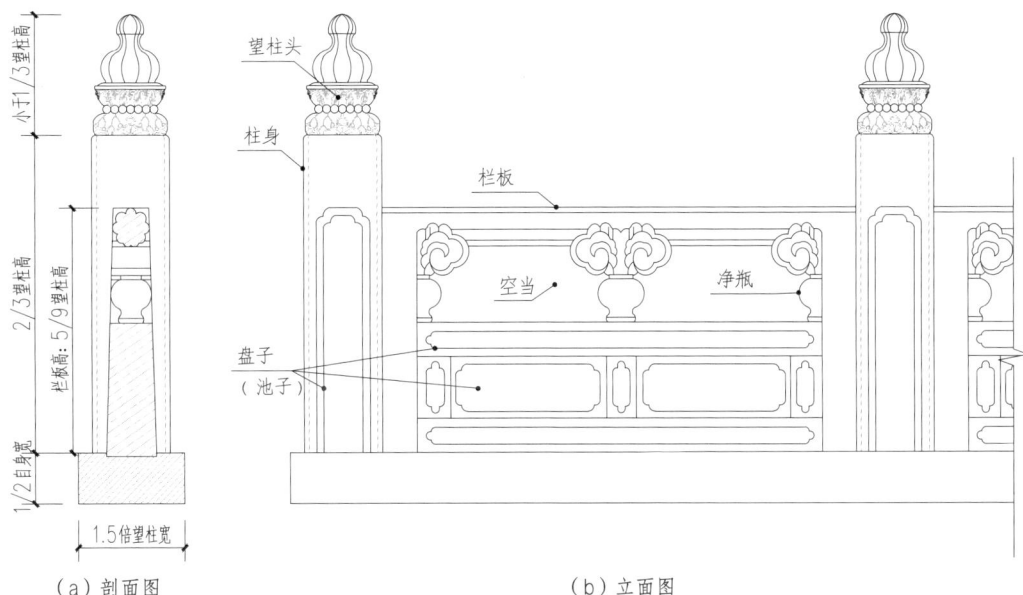

（a）剖面图　　　　　　　　　　（b）立面图

图A2-3-7　台基上栏板柱子示意图

（9）须弥座

须弥座自下而上的分件有：土衬、圭角、下枋、下枭、束腰、上枭和上枋。须弥座高一般为1/5～1/4柱高，根据高度需求可做双层上枋、下枋、土衬（一层需露明）。砌体之上的须弥座可不用土衬石。圭角和束腰的高度基本相同，且高度在分件中最高；上枋高度尺寸略大于下枋；上枭与下枭高度相同，且在分件中尺寸最小（图A2-3-8）。

转角处一般三种工艺工法，一是不做任何处理，二是转角处做角柱石（金刚柱子），三是在转角处做马蹄柱子。

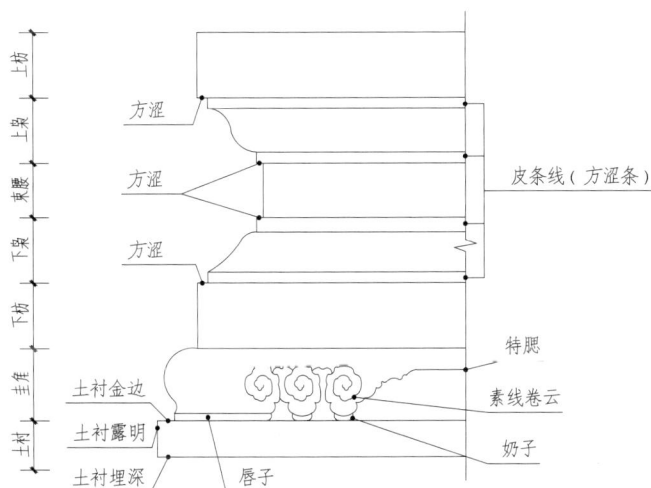

图A2-3-8　须弥座示意图

A2.4 台基部位墙身下碱做法

A2.4.1 砖的加工

A2.4.1.1 砍砖

对砖的规格、形状和观感进行的砍磨加工，称为砍砖。

用于砌筑或墁地时，砖的6个面的一般叫法是：最大的两个面叫"大面"，其余4个面中的较长的两个面叫"长身"，较短的两个面叫"丁头"。凡砌筑完成后露明的面都叫"看面"。砖的各面在加工中的名称与砌筑或墁地时的名称有所不同，其各面名称（图A2-4-1）。

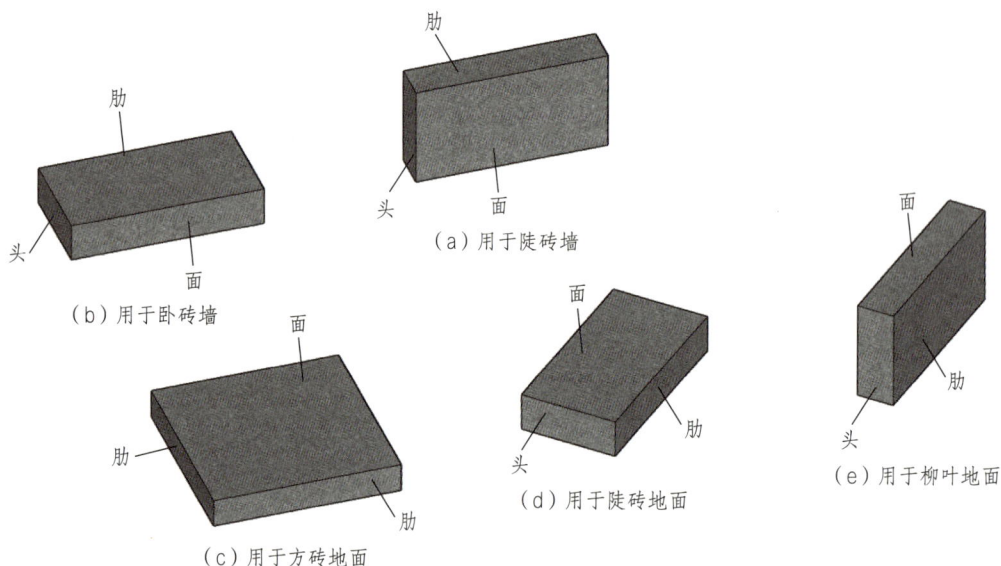

（b）用于卧砖墙
（a）用于陡砖墙
（c）用于方砖地面
（d）用于陡砖地面
（e）用于柳叶地面

图A2-4-1 砖部位名称示意图

A2.4.1.2 砍砖的类型

根据加工工艺的不同，墙身砖可分为五扒皮、膀子面、三缝砖、淌白砖。砖料的工艺特点及主要用途详见表A2-4-1：

墙身与地面砖的成品类型   表A2-4-1

名称		工艺特点	主要用途
五扒皮		砖的6个面中加工5个面	干摆做法的砌体；细墁条砖地面
膀子面		砖的6个面中加工5个面，其中一个加工成膀子面	丝缝做法的砌体
三缝砖		砖的6个面中加工4个面，有一道棱不加工	砌体中不需全部加工者，如干摆的第一层、槛墙的最后一层、地面砖靠墙的部位等
淌白	淌白截头（细淌白）	磨一个面，且长度按要求裁截	淌白做法的砌体
	淌白拉面（糙淌白）	磨一个面，但长度不做裁截	
六扒皮		砖的6个面都加工	用于"裰裙转头"（两个头都露明的转头）及其他需要砍磨6个面的砖料

除了淌白砖以外，砖的肋都要砍磨，叫作"过肋"或"劈肋"。五扒皮砖的砖肋应砍包灰。砖肋上还应留出适当的转头肋，保证砖的缝隙不会变大。地面砖和准备凿做花活的"坯子"（半成品），转头肋的宽度应适当加大。用于砖檐时，转头肋的宽度应大于出檐尺寸。膀子面是指砖的一个肋上不砍包灰，与看面的夹角成90°（或稍小于90°）。膀子面用于丝缝墙的砌筑和直檐砖。用于直檐砖的砌筑时，膀子面应朝下放置（图A2-4-2）。

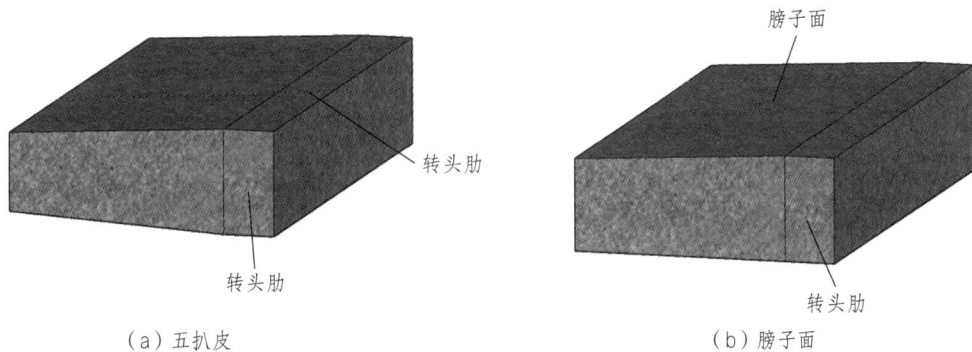

（a）五扒皮　　　　　　　　　　　　（b）膀子面

图A2-4-2　五扒皮和膀子面砖示意图

A2.4.2　墙身下碱的工艺做法

墙身下碱通常与山墙、槛墙和后檐墙砌筑方法相同，常见的工艺工法分为干摆、丝缝、淌白等。

（1）干摆

干摆砖的砌筑方法常用于较讲究的墙体下碱或其他较重要的部位，如梢子、博缝、檐子、廊心墙、看面墙、影壁、槛墙等。体量较大的墙体山墙、后檐墙等上身部分一般不采用干摆砌法。但在重要的建筑中可同时用于上身和下碱。干摆砌法多使用城砖或小停泥砖，大停泥、方砖、斧刃砖，砖料要求使用"五扒皮"砖。

沙干摆是干摆中的简易做法，一种是使用沙滚砖砌筑，另一种是砖料使用"膀子面"。干摆砌法用于出挑部分冰盘檐、梢子等部位时，叫作"干推"，如干推的冰盘檐、干推的梢子等。

（2）丝缝

丝缝又作"细缝""撕缝"，俗称"缝子"。丝缝做法与干摆做法都称为细砖做法，作为上身部分与干摆下碱组合。丝缝做法常用在梢子内侧、山花象眼等处。丝缝砌法大多使用小停泥砖。丝缝墙一般用停泥砖摆砌，如用沙滚砖者，叫作"沙子缝"。

丝缝墙用砖砍成"膀子面"，如用"三缝砖"（有一侧砖棱不做加工），也叫"沙子缝"。另一种丝缝墙应使用"五扒皮"，如果用"膀子面"为沙子缝做法。与"沙干摆"一样沙子缝都是丝缝墙中的简易做法。

丝缝墙的灰缝风格古今有所不同，清中期以前的丝缝墙灰缝较宽，不小于4mm。民国以后灰缝逐渐变细，大多不超过2mm。

（3）淌白

淌白既是砖加工的方法，也是一种砌筑方法。传统建筑整砖墙的砌筑类型以砖料砍磨加工划分，可分为砍磨与不砍磨两类，淌白墙是砍磨类中最简单的一种。淌白做法常在下列三种情况下使用：

①预算有限，墙面要求较细致。

②与干摆、丝缝相结合，营造主次、变化。如下碱为干摆做法，上身的四角为丝缝做法，上身的墙心为淌白做法。

③建筑风格粗犷、简朴的建筑。

淌白做法的砖料大式建筑以城砖、大开条、大停泥为主，小式建筑以大开条、四丁砖为主。

淌白墙可分为以下几种做法：第一种是仿丝缝做法，又叫"淌白缝子"。这种淌白做法的特点是灰缝较细，力求做出丝缝墙的效果。淌白缝子所用的砖料应为淌白截头（细淌白）。第二种是普通的淌白墙，这种淌白做法是最常见的做法，所用砖料可以是淌白截头，也可以是淌白拉面（糙淌白）。第三种是清白描缝，由于砖缝经烟子浆描黑，所以墙面对比很强烈。描缝做法所用砖料与普通淌白墙相同，砖料截不截头均可。第四种是用五扒皮（或膀子面）砌滴白墙，只见于重要的宫殿建筑中，是淌白做法中的特例。

（4）糙砖墙

凡砌筑未经砍磨加工的整砖墙都属糙砖墙类。如按砌砖的手法可分为带刀缝（又叫带刀灰）和灰砌糙砖两种做法。带刀缝做法是小式建筑中不太讲究的墙体做法中最常见的一种类型，由于这种做法的灰缝较小，故多用于清水墙。带刀灰做法除可施用于整个墙面外，还可用在下碱、墀头、墙体四角、砖檐部分，与碎砖抹灰等做法相组合。带刀灰做法所用的砖料以开条砖为主，有时用四丁砖代替。

（5）碎砖墙

江南地区称为乱砖墙。碎砖墙所使用的砖料既包括碎砖，也包括规格不一的整砖。碎砖墙一般用掺灰泥，偶尔也有用灰砌的。碎砖做法是古代常见的做法，它的最大好处之一是可以满足任何墙宽的设计要求，而如果全部使用整砖，合理组砌的宽度往往与设计尺寸不符。因此碎砖墙既是古代小式建筑的常见做法，也是大式建筑包括宫殿建筑的常见做法。

（6）石墙

①虎皮石做法即花岗石毛石墙做法，可用灰或掺灰泥砌筑。用于砌筑泊岸、护坡、拦土墙，小式建筑的基础，或用于普通民居、地方建筑、郊野寺庙的台明、墙体等。虎皮石墙砌完后，要顺石料接缝处做出灰黑色凸起状的灰缝，以便勾勒出虎皮的特征。

②虎皮石干背山这种做法类似砖墙的干摆砌法，是虎皮石墙中最讲究的做法。其特点是石料应经加工，砌筑时不铺灰，因此灰缝较细。干背山做法多用于府第、宫殿中的园林建筑，是地方墙面做法在宫苑中的符号化体现。

③方正石和条石是经加工的规格料石（但长度一般可较灵活），其表面可经粗加工，如蘑菇石或经打道处理等，也可经细加工，如剁斧或磨光等。砌筑时可铺灰，也可采用干背山砌法。方正石和条石砌筑多用于泊岸、拦土墙、地宫、高台建筑、城墙的下碱，重要建筑的下碱（仿干摆做法）等。

④贴砌石板又叫碎拼石板。这种类型是园林建筑中的墙体装饰手法。

⑤石陡板砌法是将较大的石料立置砌筑。这种砌法给人以较大气的感觉，适于宫殿、庙宇建筑。但由于这种砌筑类型不适用于高大的墙体，故一般多用于台基，偶见于石下碱和石槛墙。

⑥卵石砌筑的墙体是用较大的卵形石砾砌筑的，多用于园林建筑及地方建筑中的台基、下碱等。具有强烈的民间风格。

（7）土坯墙与板筑土墙

土坯墙和板筑土墙是一种古老的砌筑类型，可以上溯到商代。除了整个墙体全部采用土坯墙或板筑土墙外，还可采用卜（碱）砖上（身）坯或外砖里坯做法。

（8）篱笆泥墙

篱笆泥墙（又叫篱笆墙或泥巴墙）可以说是最简单的墙体做法之一了，同时也是最古老的做法形式之一。

（9）琉璃砌体

琉璃用于"大屋顶"是很常见的，除此之外，琉璃还被用来制作各种琉璃砖，砌筑琉璃砌体。在古代社会中，琉璃只用于宫殿、庙宇建筑中，一般官式建筑和民居是不准使用的。它是传统建筑中各种砌筑类型的最高等级之一。琉璃砖的使用可分为两种情况：一种是在建筑物的局部使用，与其他砌筑类型相组合，如冰盘檐、须弥座、槛墙、下碱、博缝、梢子、小红山（歇山山尖部分）、仿木构件（如梁、柱、檩、斗栱）等；另一种是以琉璃为主，如花门、影壁、塔、牌楼等，甚至全部以琉璃为露明部分的建筑材料，成为琉璃构筑物。

（10）仿古面砖墙面

仿古面砖墙面是将仿古面砖镶贴在普通砌体的表面做成的。

A2.4.3　砖的砌筑形式

古建墙体砖的摆置方式有卧砖、陡板、戗砖、空斗和线道砖（又叫线道灰）几种（图A2-4-3）。

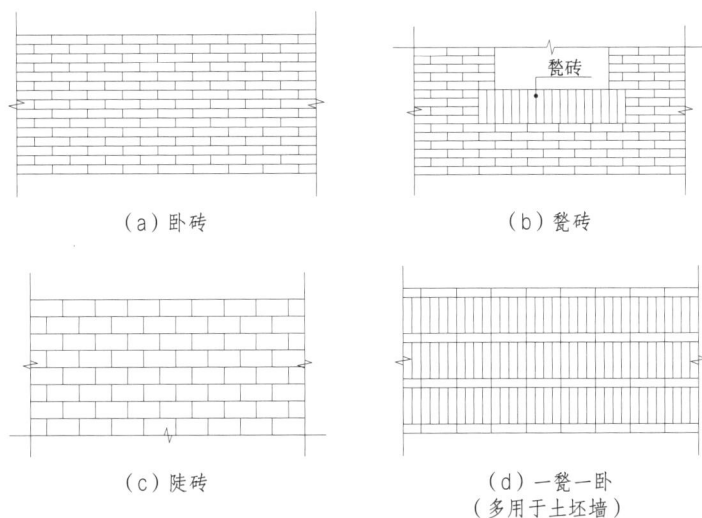

(a) 卧砖　　　　　　　　　　(b) 戗砖

(c) 陡砖　　　　　　　(d) 一戗一卧
　　　　　　　　　　　　（多用于土坯墙）

图A2-4-3　砖的摆置方式示意图

以卧砖墙较常见，其砖缝形式也较多，有十字缝、三顺一丁（又叫三七缝）、一顺一丁（又叫丁横拐或梅花丁）、五顺一丁、落落丁。其中以十字缝和三顺一丁较常使用，墙体内部的组砌方式采用里、外皮或外皮砖与背里砖的拉结，常使用暗丁的方法。墙体90°转角处的排列组砌方法（图A2-4-4），八字转角的排砖方法（图A2-4-5）。

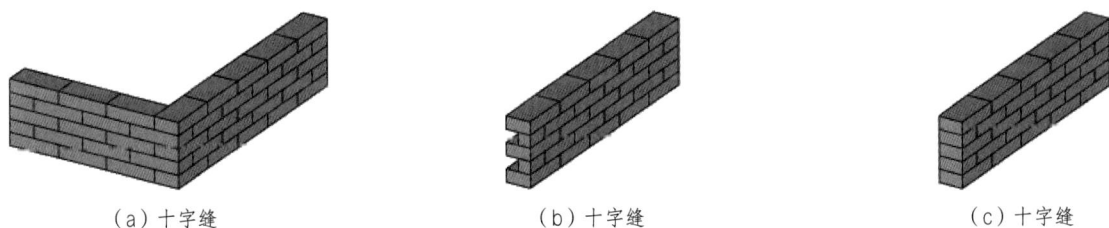

(a) 十字缝　　　　　　　　(b) 十字缝　　　　　　　　(c) 十字缝

图A2-4-4　转角排砖形式示意图

（d）三顺一丁（丁起）　　　　（e）三顺一丁（丁起）　　　　（f）三顺一丁（顺起）

小拐（七分头）
丁头

大拐（长身）
丁头

顺（长身）

（g）一顺一丁　　　　　　　（h）多层一丁　　　　　　　（i）落落丁

七分头

一层丁头

七分头

七分头

（j）五顺一丁　　　　　　　　　　（k）五顺一丁

顺起

七分头

丁起

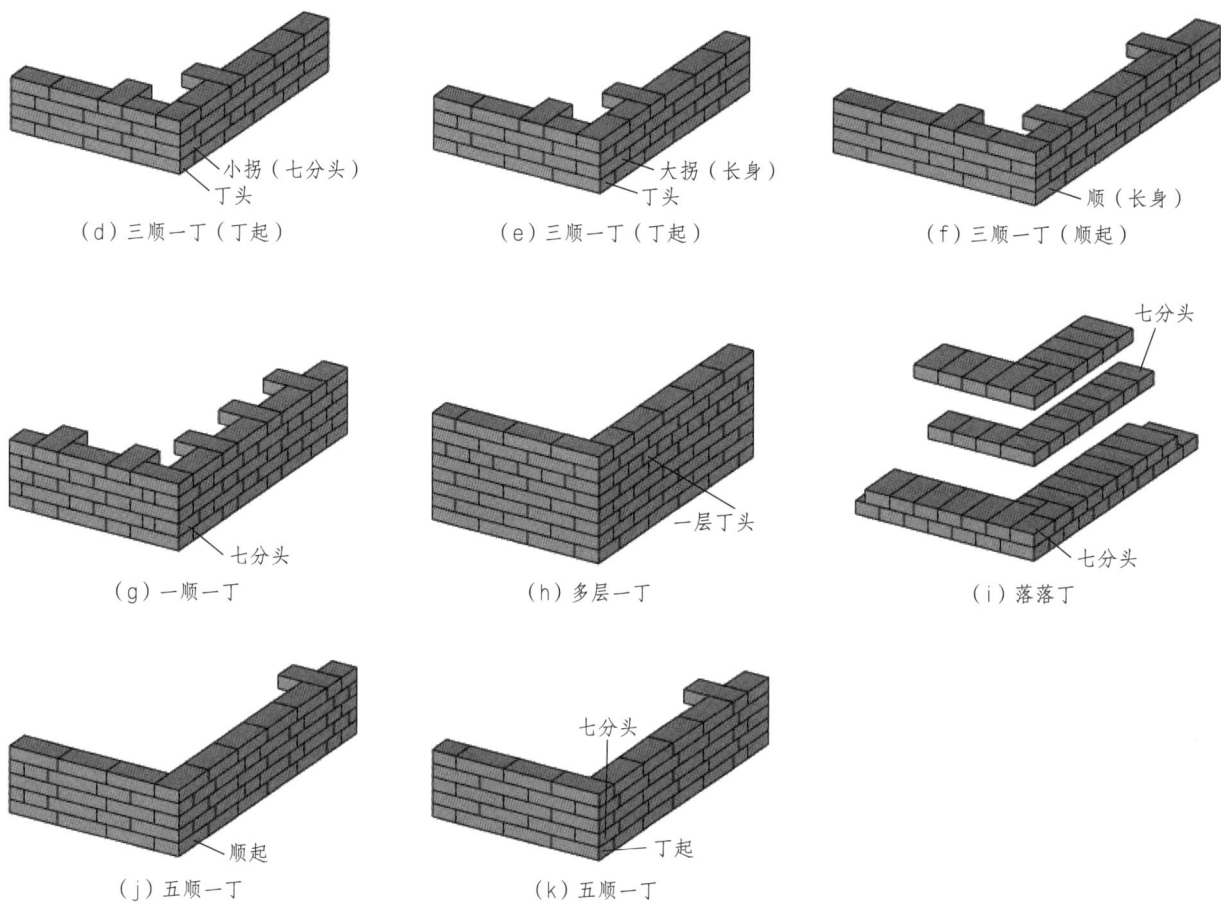

图A2-4-4　转角排砖形式示意图（续）

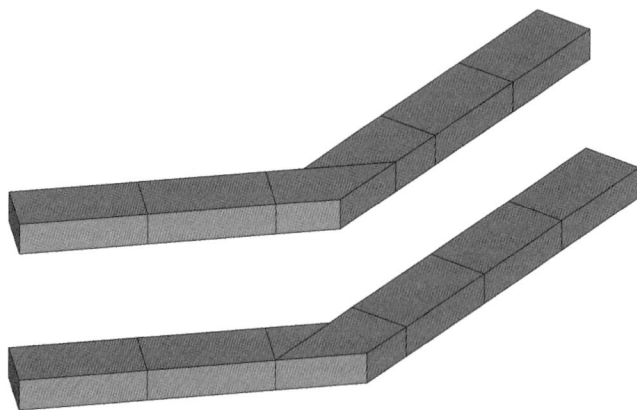

图A2-4-5　八字转角排砖形式示意图

A2.4.4　灰缝形式

灰缝有平缝、凸缝和凹缝三种形式。凸缝又叫鼓缝，凹缝又叫洼缝。鼓缝又可分为带子条（平鼓缝）、荞麦棱（剖面呈三角形）、圆线（用于虎皮石叫"泥鳅背"），洼缝又分为平洼、圆洼、嗛口缝（较深的平洼缝）、风雨缝（八字缝）（图A2-4-6）。

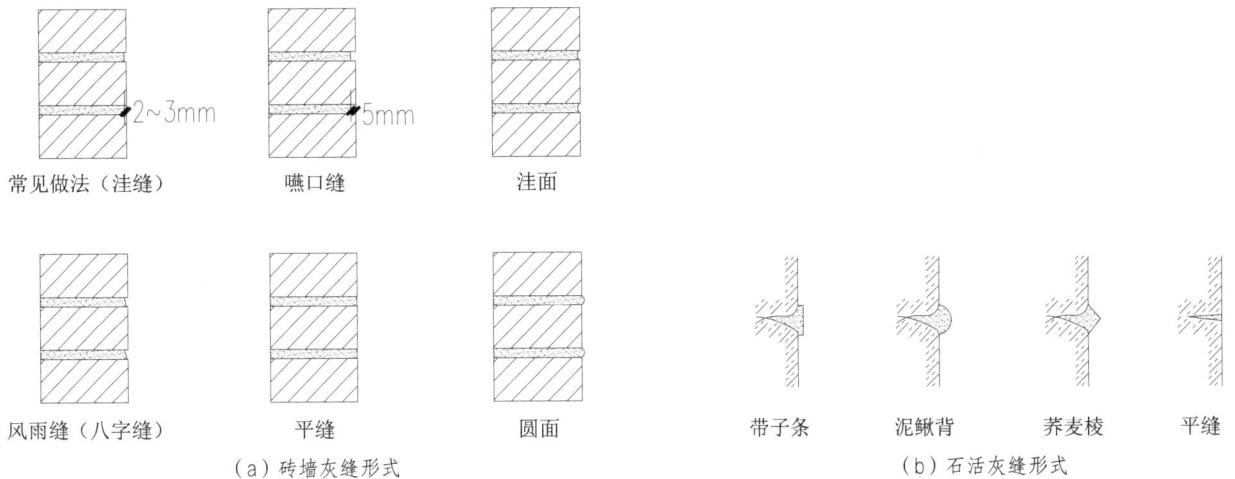

常见做法（洼缝）   嗙口缝   洼面

风雨缝（八字缝）   平缝   圆面   带子条   泥鳅背   荞麦棱   平缝

（a）砖墙灰缝形式   （b）石活灰缝形式

图A2-4-6 灰缝形式示意图

A2.4.5 槛墙形式

槛墙是砌在槛窗或支摘窗下面的墙体。槛墙的外立面很少采用抹灰做法，大多采用整砖露明做法。槛墙的外立面应是建筑墙体中最讲究的做法，一般与山墙下碱的砌筑类型一致，例如都采用干摆砌法。槛墙排砖形式大多采用砌卧砖的方式，除非槛墙很长，砖缝的排列形式一般为十字缝形式，不采用三顺一丁或其他形式，尤其是干摆砌法极少采用三顺一丁或一顺一丁。槛墙形式有落膛形式或海棠池形式，也可在槛墙上作花活作岔角花或中心花，也有采用中心四分岔形式（图A2-4-7）。

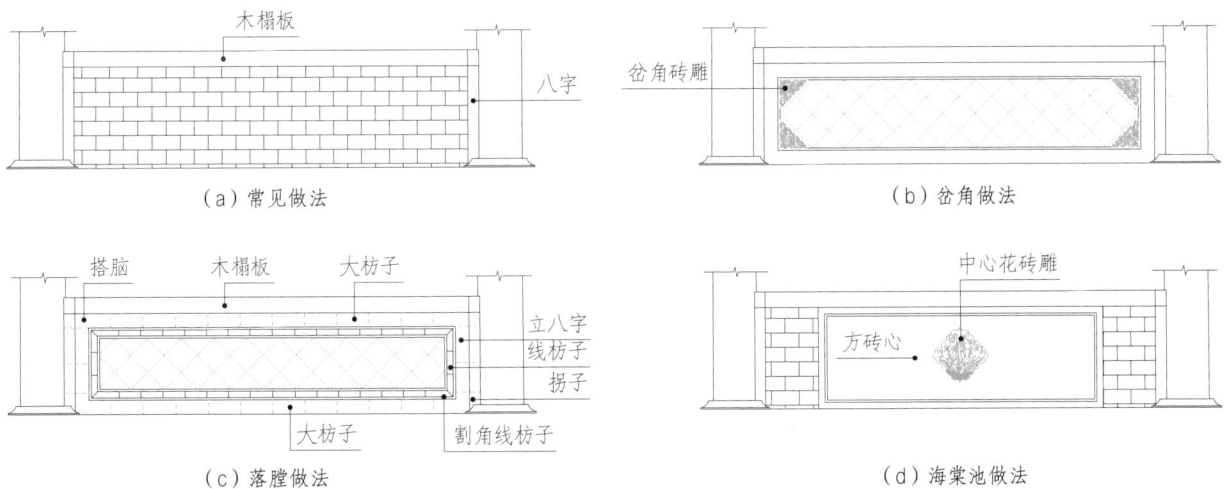

（a）常见做法   （b）岔角做法

（c）落膛做法   （d）海棠池做法

图A2-4-7 槛墙形式示意图

A2.5 台基部位墁地做法

A2.5.1 地墁砖的工艺工法

（1）细墁地面

细墁地面的砖料达到"盒子面"的要求，不太讲究者可使用"八成面"。砖要求规格统一准确、棱角完整挺直、表面平整光洁。细墁地面的灰缝很细，地面平整、细致、洁净、美观，表面经桐油浸泡，坚固耐用。

细墁地面多用于做法讲究的大式或小式建筑的室内。有"尺二细地""尺四细地"等不同做法。小式建筑的室外细墁地面多使用方砖，大式建筑的室外细墁地面除方砖外，还常使用城砖。

（2）淌白地

可视为细墁做法中的简易做法。淌白地的主要特点是，墁地所用的砖料仅要求达到"干过肋"，不磨面。淌白地面砖料的砍磨程度不如细墁地用料那么精细，墁地的操作方法一般应与细墁做法相同，但也可稍作简化。墁好后的外观效果与细墁地面相似。

（3）糙墁地面

糙墁地面的做法特点是，砖料不需砍磨加工，砖缝较宽，砖与砖相邻处高低差和地面的平整度都不如细墁地面那样讲究，相比之下，显得粗糙一些。

大式建筑中，多用城砖或方砖糙墁，小式建筑多用方砖糙墁。普通民宅多用停泥砖、开条砖等小砖糙墁。对于做法讲究的建筑而言，糙墁地面只用于室外。对于一般建筑而言，也用于室内。

砖料的工艺特点及主要用途详见表A2-5-1：

墙身与地面砖的成品类型

表A2-5-1

名称		工艺特点	主要用途
（方砖地面用）	盒子面	五扒皮，四肋应砍转头肋，表面平整度要求较高	细墁方砖地面
	八成面	同盒子面，但表面平整要求一般	质量要求一般的细墁尺二方砖地面
	干过肋	表面不处理，只过四肋	淌白地面（一般为尺四以下方砖）
	金砖	同盒子面，但工艺要求精细，表面平整度要求更高	金砖地面

A2.5.2 地墁砖缝排列形式

地面砖的排列形式较多，常见的形式、名称及用途见图A2-5-1。

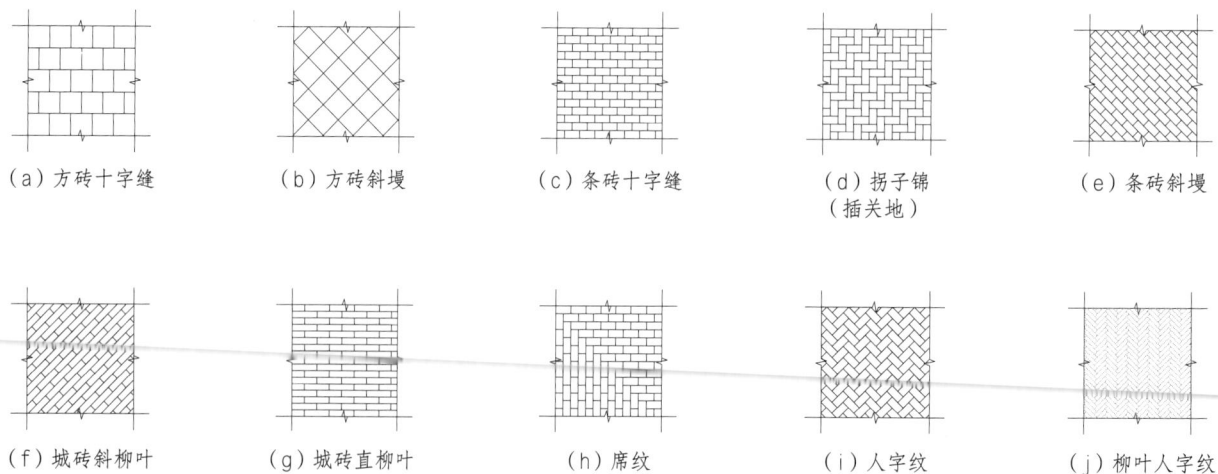

（a）方砖十字缝　（b）方砖斜墁　（c）条砖十字缝　（d）拐子锦（插关地）　（e）条砖斜墁

（f）城砖斜柳叶　（g）城砖直柳叶　（h）席纹　（i）人字纹　（j）柳叶人字纹

图A2-5-1 地面砖的排列形式

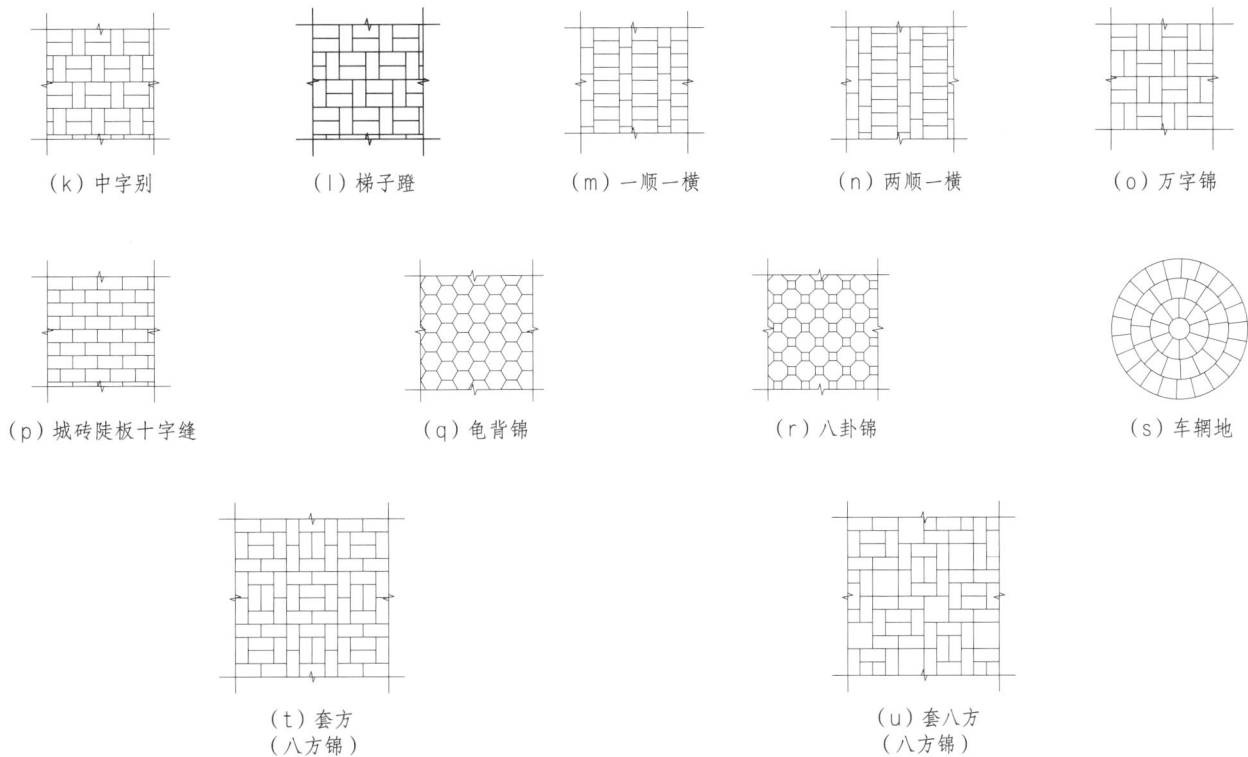

（k）中字别　　　（l）梯子蹬　　　（m）一顺一横　　　（n）两顺一横　　　（o）万字锦

（p）城砖陡板十字缝　　　（q）龟背锦　　　（r）八卦锦　　　（s）车辋地

（t）套方
（八方锦）

（u）套八方
（八方锦）

图A2-5-1　地面砖的排列形式（续）

A3　墙体上身

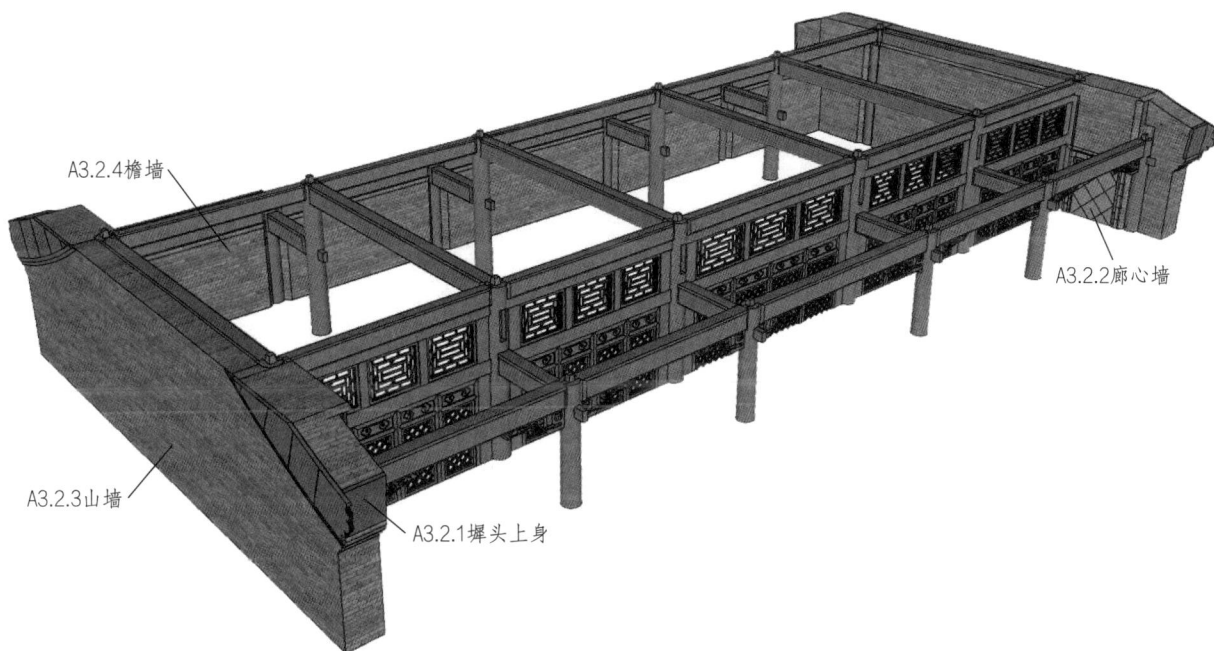

A3.2.4檐墙

A3.2.2廊心墙

A3.2.3山墙

A3.2.1墀头上身

图A3-1-1　墙体上身三维示意图

A3.1 墙体上身示意

见图A3-1-1。

A3.2 墙体上身部分

A3.2.1 墀头

墀头的上身的盘头部分由下至上分别为：荷叶墩、混砖、炉口、枭砖、头层盘头、二层盘头、戗檐。头层盘头、二层盘头外侧对应拔檐砖，戗檐外侧对应博缝头，大连檐的末端被山面博缝头遮挡（图A3-2-1）。

A3.2.1.1 墀头下碱为台明上皮至花碱的部位。墀头宽度为外包金与咬中尺寸之和，外包金为柱中至山外墙外皮的距离，咬中为柱中至墀头内侧的距离。墀头看面的宽度与墀头看面形式有关，以下为墀头看面下槛与上身的组合形式（图A3-2-2）。

A3.2.1.2 盘头又称梢子，盘头挑出的部位称为天井。盘头分为五盘头和六盘头，五盘头相比六盘头少一层炉口。采用挑檐石的墀头不做枭、混、炉三层砖，挑檐石的出檐可按1.2倍自身厚计算（图A3-2-3）。

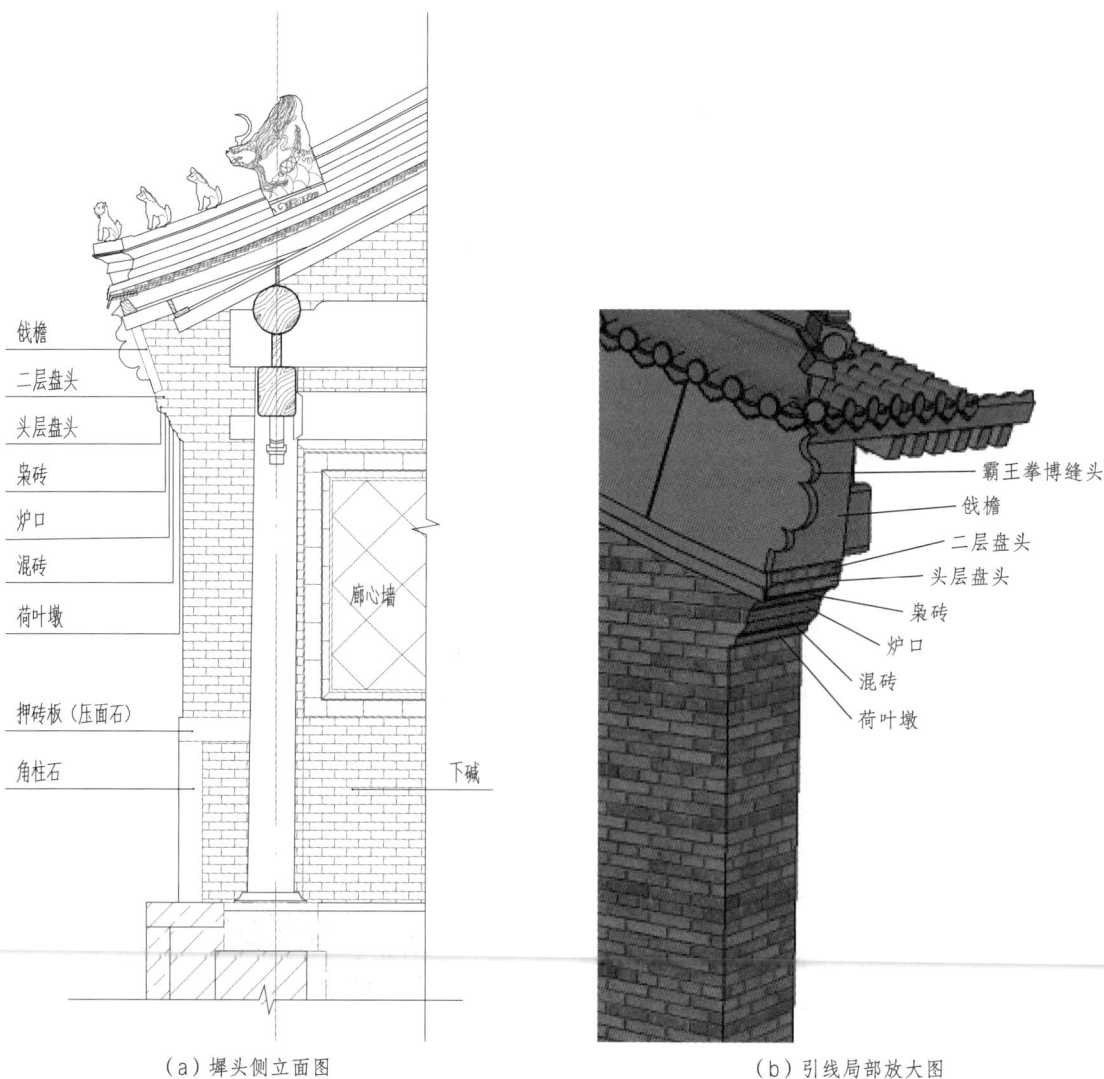

（a）墀头侧立面图   （b）引线局部放大图

图A3-2-1 墙体上身立面图及三维示意图

墀头上身与下碱组合

表A3-2-1

序号	下碱形式 名称	对应的上身 形式名称
a	马莲对下碱	担子勾上身
b	狗子咬下碱	三破中上身
c	角柱石下碱	四缝上身
d	角柱石下碱	糙砖抹灰上身
e	担子勾下碱	马莲对上身
f	三破中下碱	狗子咬上身
g	狗子咬下碱	狗子咬上身
h	角柱石下碱	大联山上身

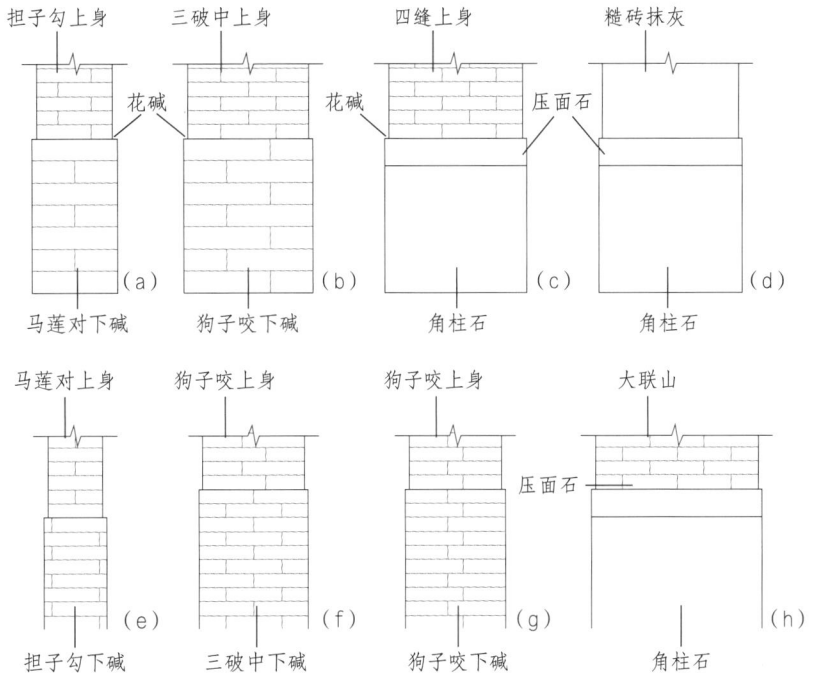

图A3-2-2 墀头看面组合形式

盘头出檐尺寸 表A3-2-2

分类	名称	尺寸
盘头	荷叶墩	出檐1.5寸（4.8cm）
	混砖	出檐0.8～1.25倍砖自身厚
	炉口	出檐0.5～2cm，也可向内微微收进
	枭砖	出檐1.3～1.5倍砖自身厚
	头层盘头	两层盘头共出檐约1/3砖厚，每层出檐1/6砖厚
	二层盘头	
	戗檐砖	戗檐的出檐由戗檐砖自连檐以下的砖长和戗檐的斜率得出

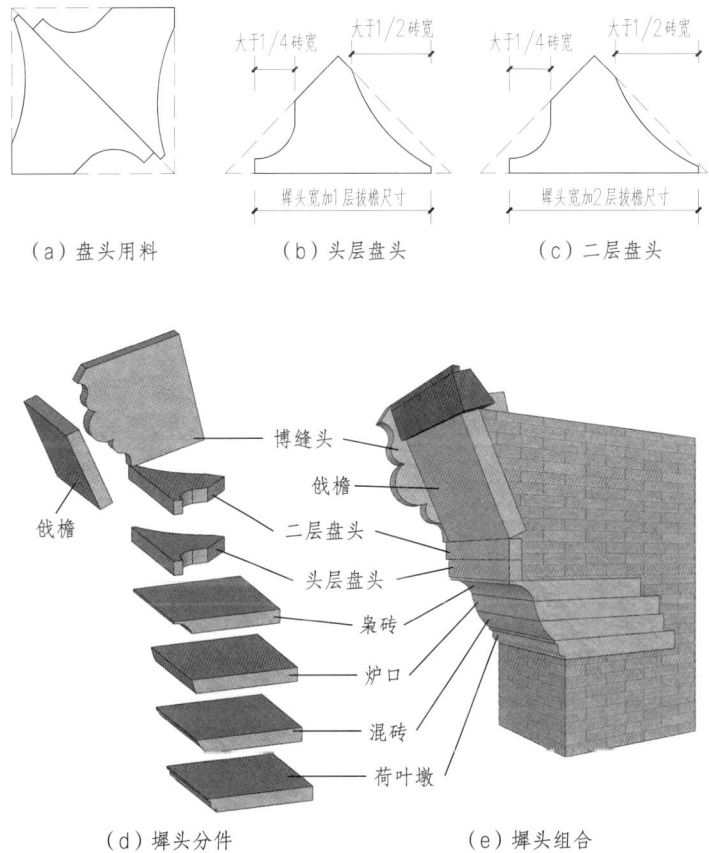

（a）盘头用料 （b）头层盘头 （c）二层盘头

（d）墀头分件 （e）墀头组合

图A3-2-3 墀头盘头分件及组合三维示意图

A3.2.1.3 博缝的砌筑类型应与下碱相同，一般采用干摆或丝缝砌筑方法（图A3-2-4）。

山墙博缝形式　　　　　　　　　　　　　　表A3-2-3

分类	名称	尺寸
博缝	大三才博缝	尺四方砖博缝高度的一半
	小三才博缝	尺二方砖博缝高度的一半
	陡板博缝	亭泥、四丁等小型条砖陡砌
	散装博缝	博缝头用方砖砍制，博缝一般用大开条砖用带刀灰砌法，按十字缝形式分层砌筑。层数按博缝头高度及开条砖厚度定。多用于庙宇山墙
披水		披水头的两端出檐应与屋面瓦出檐相同。披水砖在山墙侧面的出檐不应小于披水砖宽度的一半

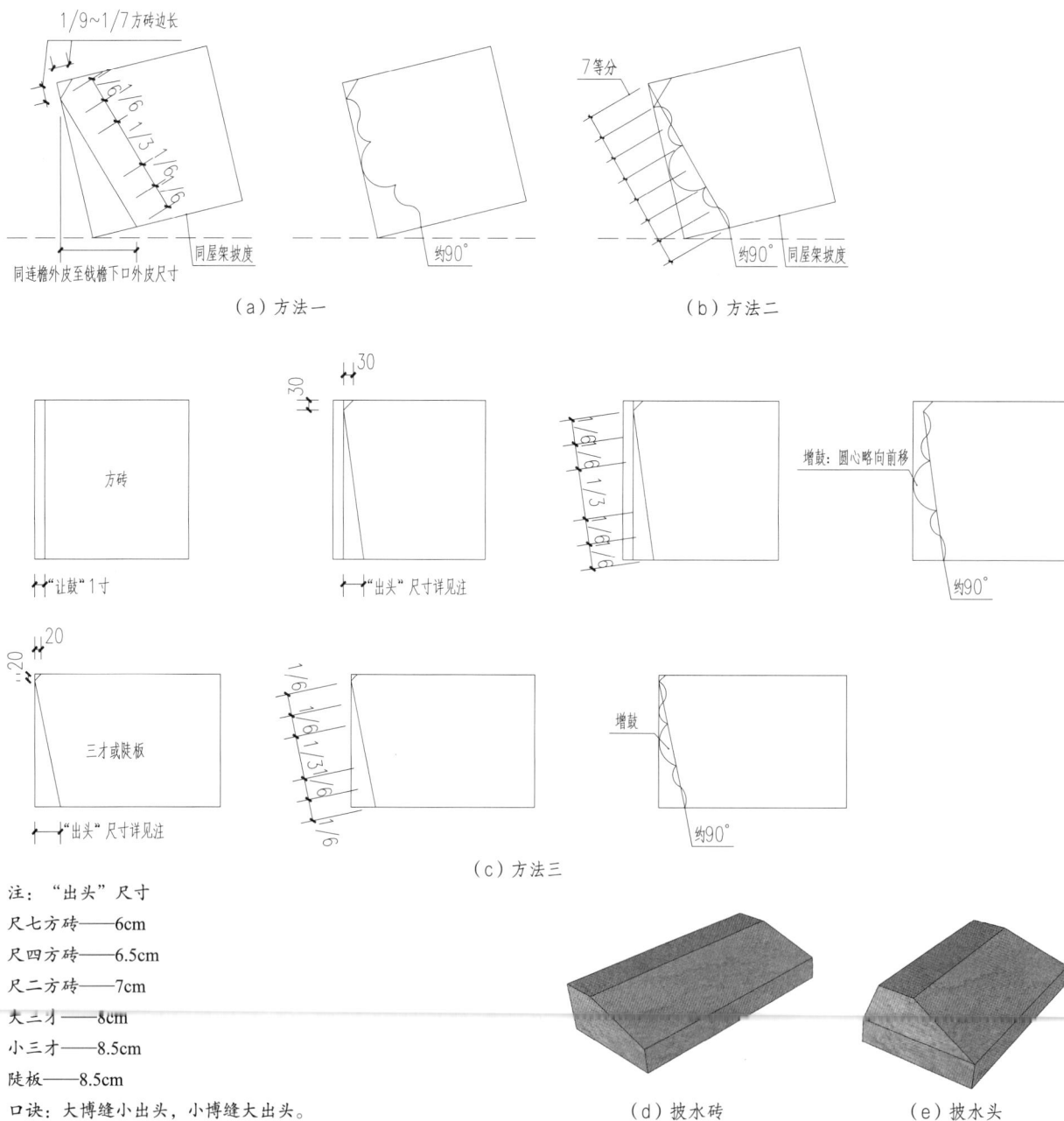

（a）方法一　　　　　　　　　（b）方法二

（c）方法三

注："出头"尺寸

尺七方砖——6cm

尺四方砖——6.5cm

尺二方砖——7cm

大三才——8cm

小三才——8.5cm

陡板——8.5cm

口诀：大博缝小出头，小博缝大出头。

（d）披水砖　　　　　　　（e）披水头

图A3-2-4　博缝砖、披水砖

A3.2.2 廊心墙

廊心墙分为下碱和上身。上身部位做法分为糙砌抹灰和落膛做法，廊心做法。下碱做法详见A2.4.5内容（图A3-2-5、图A3-2-6）。

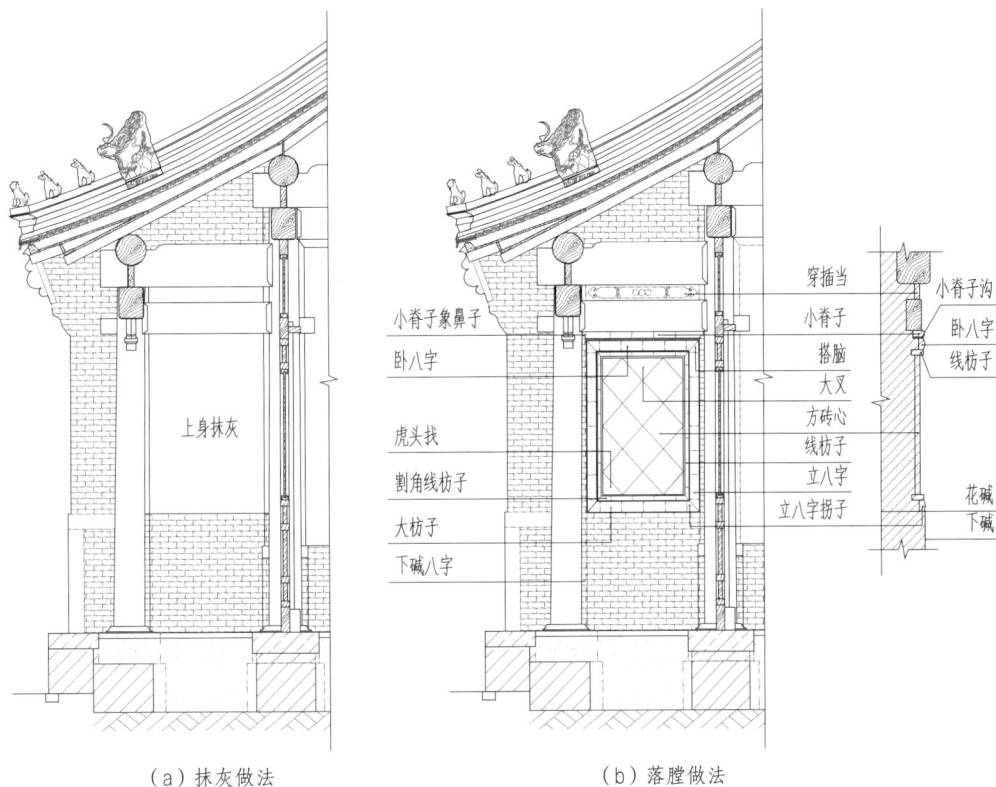

（a）抹灰做法

（b）落膛做法

图A3-2-5 廊心墙立面图

廊心墙分件　表A3-2-4

分类	名称	材料
廊心墙分件	立八字	方砖砍制
	立八字拐子	方砖砍制
	虎头找	方砖砍制
	大叉	方砖砍制
	方砖心	方砖砍制
	线枋子	停泥
	小脊子	由1块或2块停泥砖叠在一起砍制
	小脊子象鼻	同小脊子
	穿插当	方砖砍制

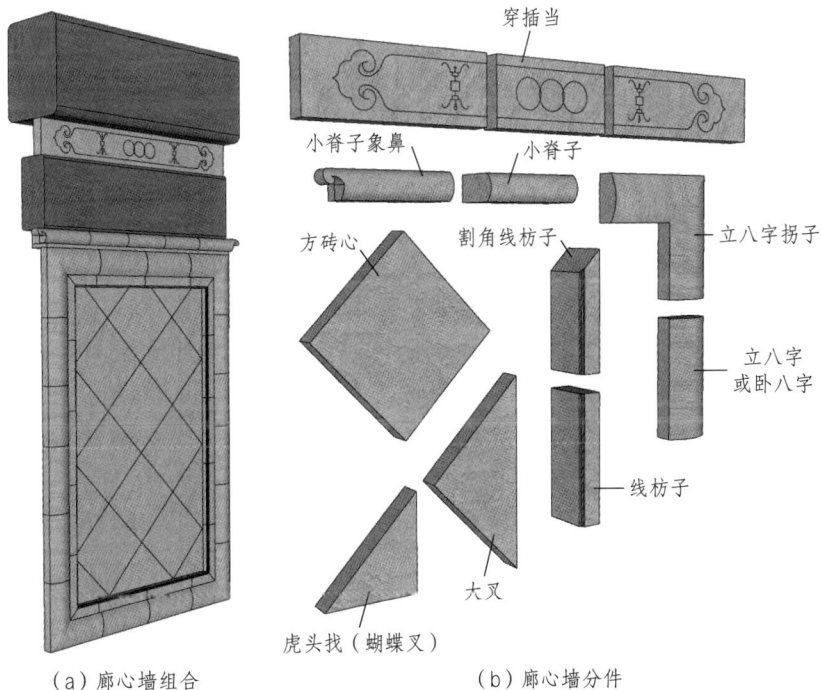

（a）廊心墙组合

（b）廊心墙分件

图A3-2-6 廊心墙分件及组合三维示意图

A3.2.3 山墙

悬山、庑殿及歇山山墙的剖面、立面形式（图A3-2-7）。

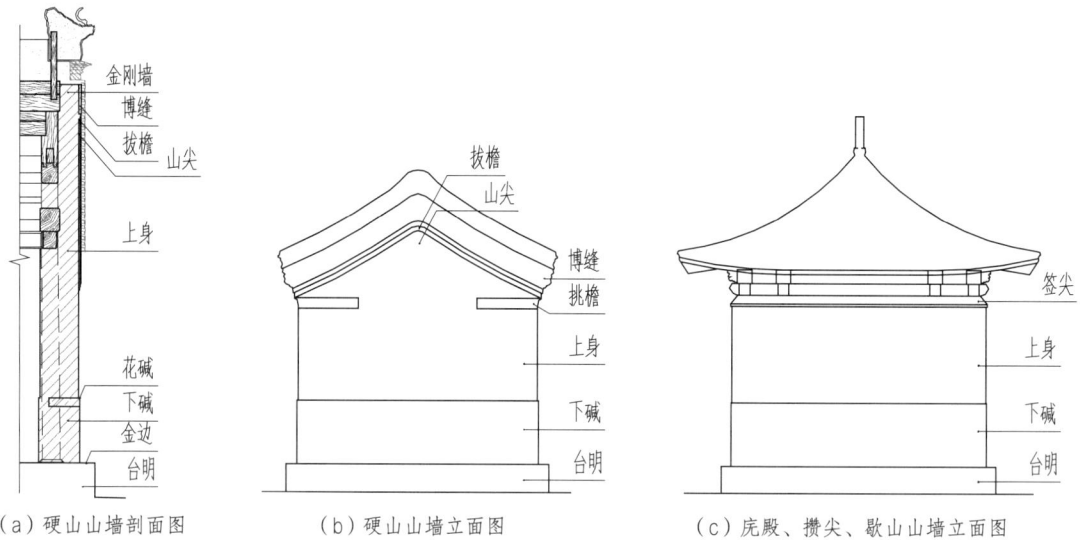

（a）硬山山墙剖面图

（b）硬山山墙立面图

（c）庑殿、攒尖、歇山山墙立面图

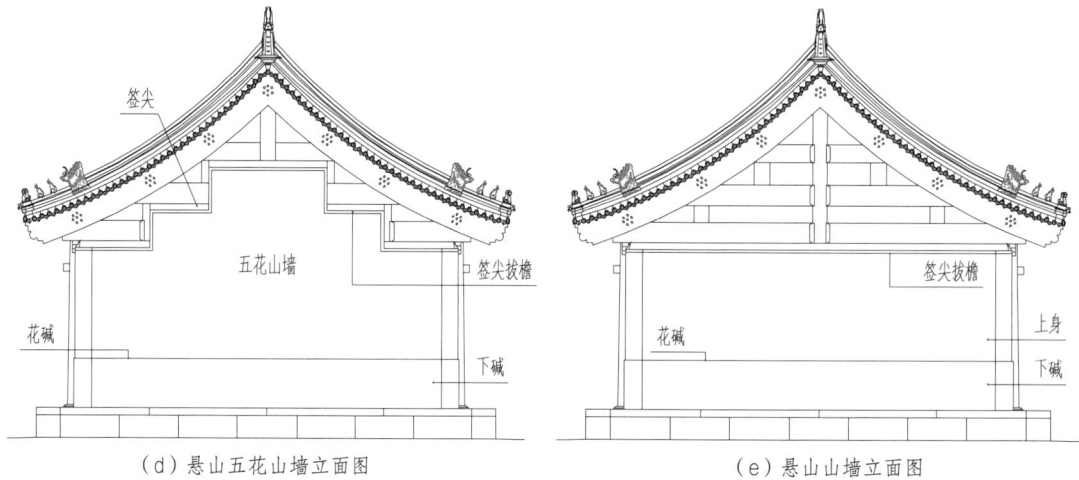

（d）悬山五花山墙立面图

（e）悬山山墙立面图

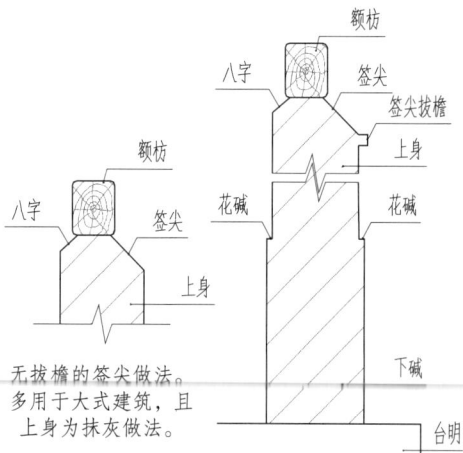

无拔檐的签尖做法。
多用于大式建筑，且
上身为抹灰做法。

庑殿歇山、攒尖及悬
山山墙的剖面。

（f）庑殿、歇山、攒尖及悬山山墙的剖面图

悬山、庑殿、歇山山墙形式　　表A3-2-5

分类	尺寸
悬山	墙砌至梁底，梁以上的山花、象眼出空当用木板封挡
	墙体沿柱子、梁、瓜柱砌成阶梯状，叫五花山墙，五花山墙的轮廓线应以柱子和瓜柱的中线为准
	墙体一直砌至椽子、望板。多见于唐宋时期的建筑，清官式做法中不多见
庑殿、歇山	下碱多带石活，上身多用抹灰刷红浆做法，也可用整砖露明做法

图A3-2-7　各类形制建筑山墙类型

硬山山墙的立面形式（图A3-2-8）。

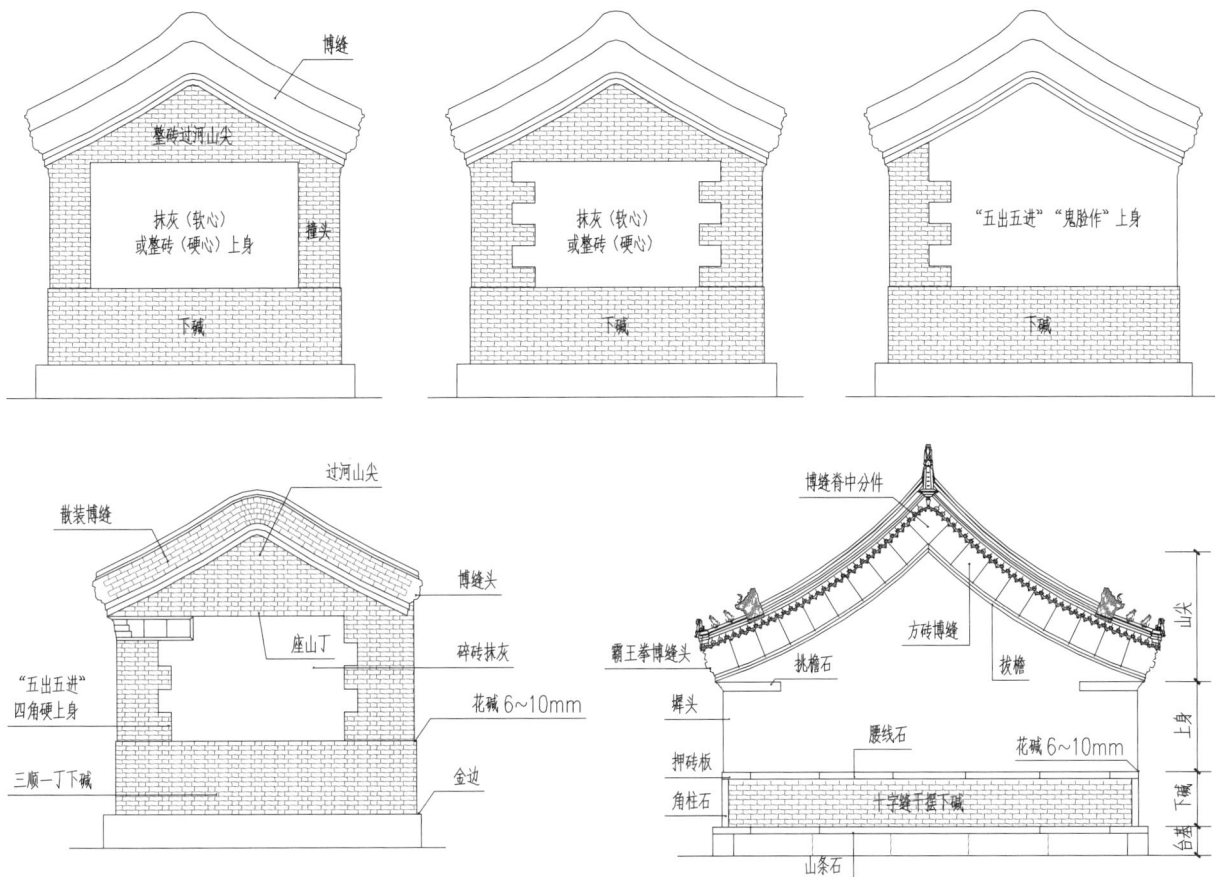

图A3-2-8　硬山山墙类型

硬山山墙形式

分类	名称	说明
硬山	下碱	又称群肩，高度为檐柱高的3/10，里皮靠柱子的砖应砍成六方八字形状，两块八字砖之间的部位叫"柱门"。下碱应使用建筑单体中最好的材料和最细致的做法，下碱砖层数应为单数
	上身	上身退进的部分称为"花碱"。上身砌法和用料一般比下碱稍糙。干摆、丝缝或淌白墙面为三顺一丁做法，中间正对正脊的地方宜隔一层砌一块丁头，称为"座山丁"。小式做法中常采用"五出五进""圈三套五""池子"
	山尖	小式山墙的上身如果是抹灰墙心，山尖外皮也可全部用整砖砌筑，称为"整砖过河山尖"。过河山尖的缝子形式须同下碱一致。山尖排活方法与下碱正好相反，须以座山丁为中心往两端赶排三顺一丁（十字缝摆法也应从中间开始），"破活"应赶排到两端

A3.2.4　檐墙

　　檐墙在后檐位置称为后檐墙，在前檐位置称为前檐墙。檐墙露出椽子称为露檐出或老檐出，不露椽子称为封护檐。

　　露檐出做法的后檐墙可分为带窗或不带窗，以不带窗后檐墙为例（图A3-2-9），后檐墙的做法有馒头顶、宝盒顶、道僧帽、抹灰八字四种。带窗的后檐墙可在檐枋之下设窗，签尖拔檐沿窗下皮绘制。

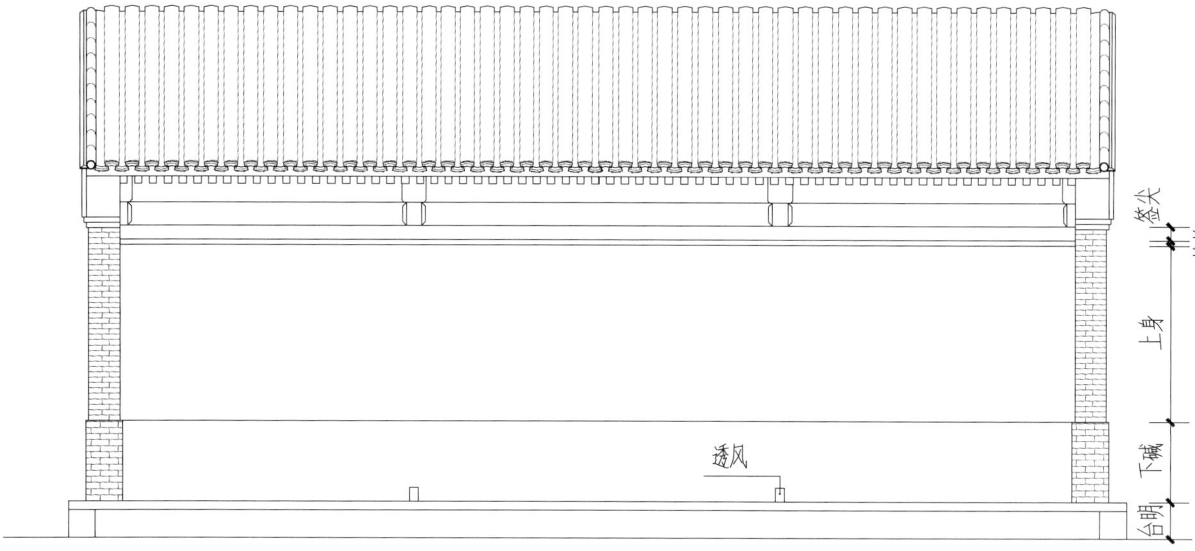

（a）老檐出后檐墙立面图

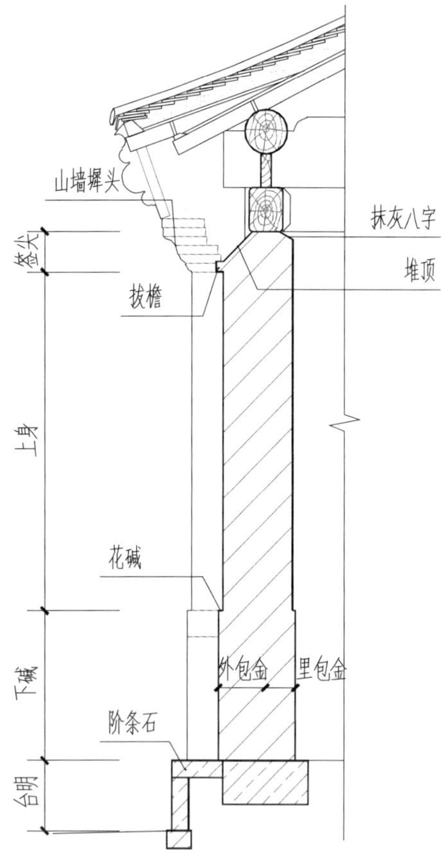

（b）老檐出后檐墙剖面图

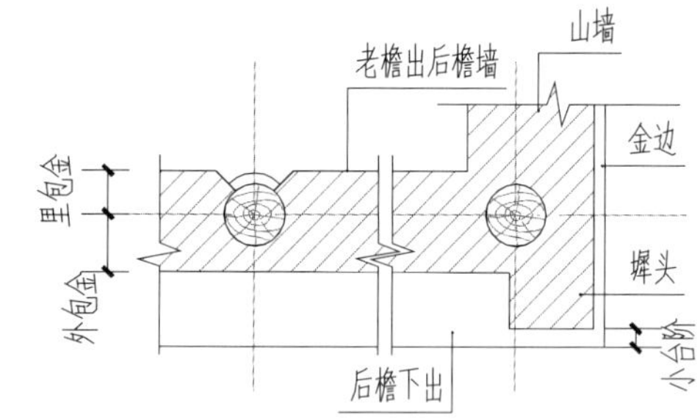

（c）老檐出后檐墙平面

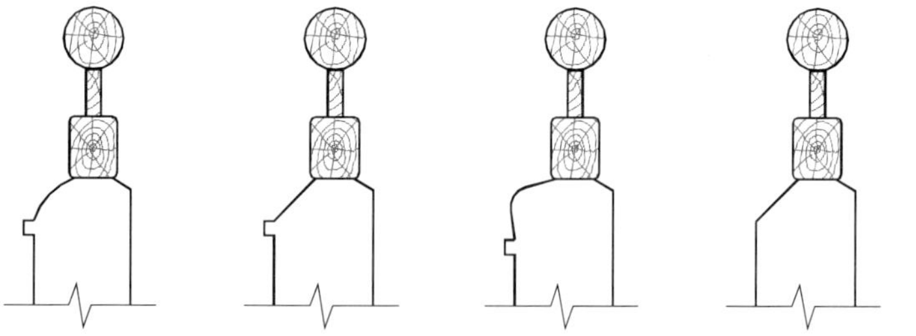

（d）馒头顶　（e）宝盒顶　（f）道僧帽　（g）抹灰八字
（用于上身抹
灰的大式建
筑）

图A3-2-9　老檐出后檐墙

封后檐墙的墙面做法可分为海棠池、整砖上身、五出五进四角硬（软心）做法，以五出五进四角硬做法为例，封后檐的墙体增加了砖檐的厚度，通常比露檐出墙体厚（图A3-2-10）。

A3.2.4.1　封后檐的砖檐形式（图A3-2-11）。

A3.2.4.2　封后檐翻活构造（A3-2-12）。

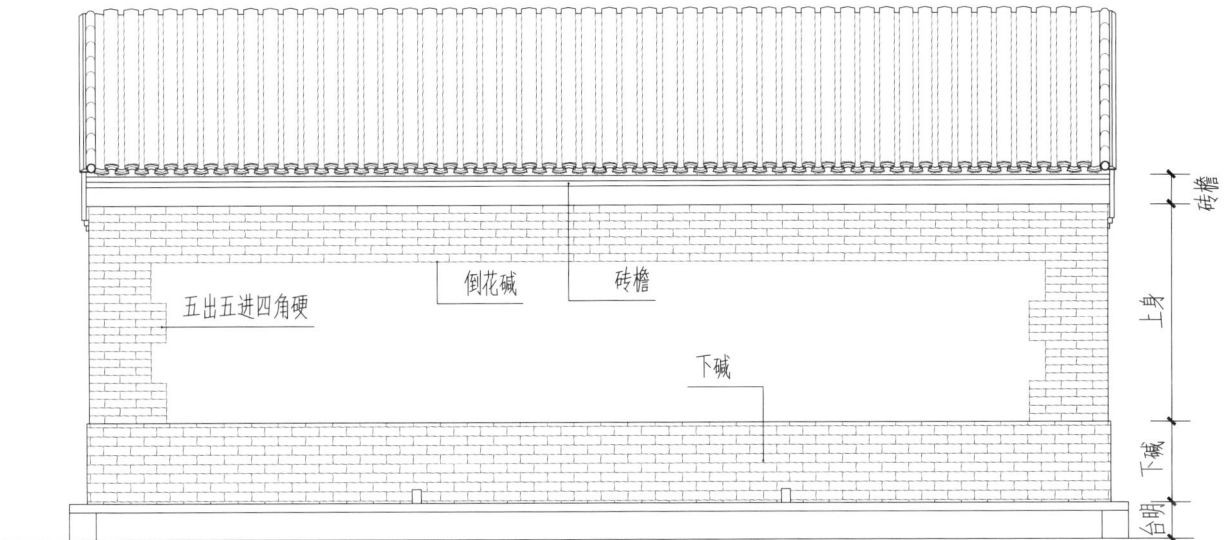

（a）封后檐墙立面图

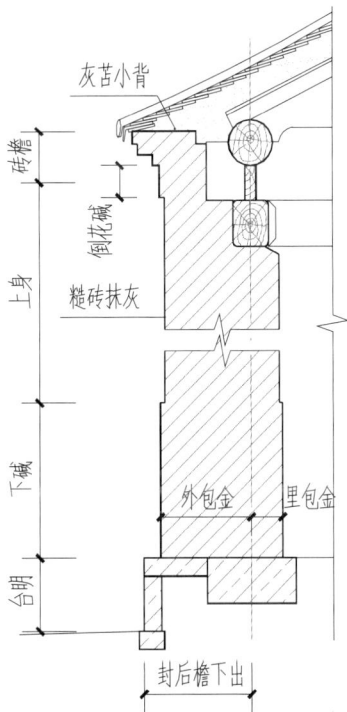

（b）封后檐墙剖面图

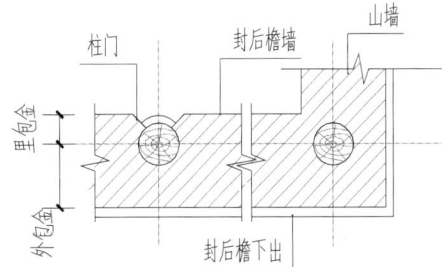

（c）封后檐墙平面图

图A3-2-10　封后檐墙

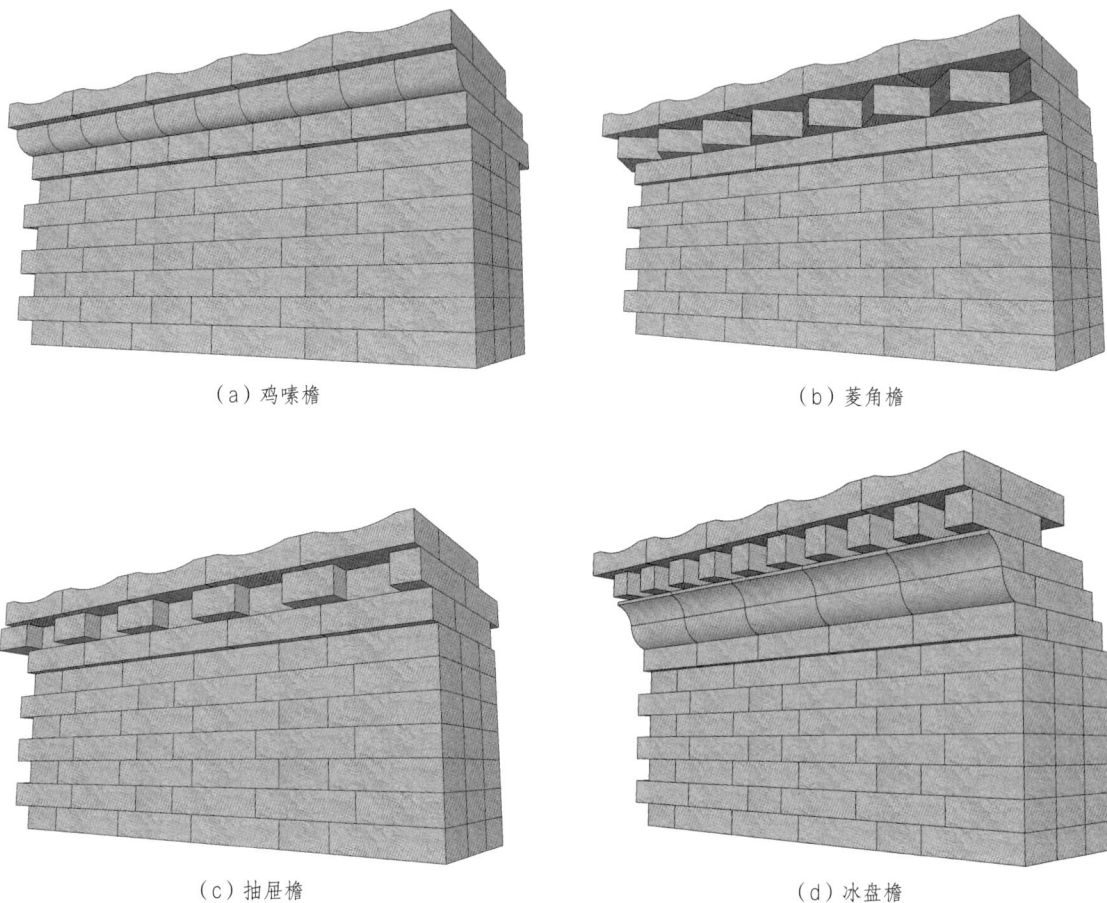

（a）鸡嗉檐

（b）菱角檐

（c）抽屉檐

（d）冰盘檐

图A3-2-11　封后檐的砖檐形式

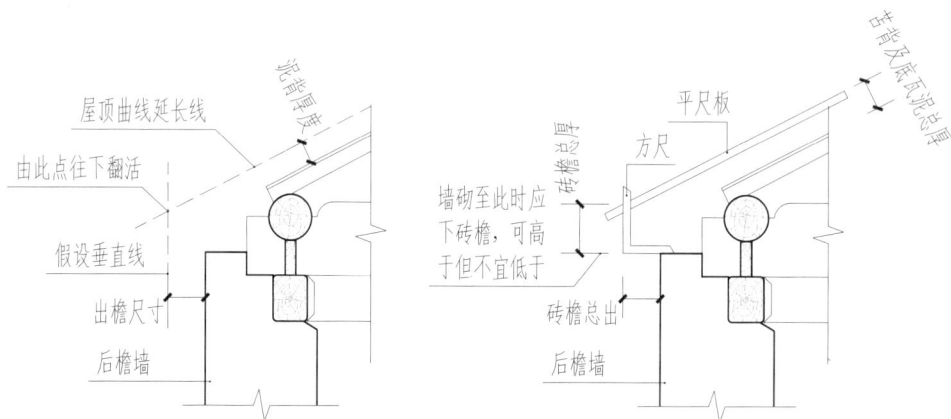

图A3-2-12　封后檐的砖檐定位方法

A4　屋面瓦件工艺工法诠释

A4.1　琉璃瓦屋面

　　琉璃瓦是表面施釉的瓦，其规格大小从二样至九样有八种，在传统建筑的琉璃瓦只用于宫殿建筑。清代有严格的规定，亲王、世子、郡王用绿色琉璃瓦或绿剪边，皇宫和庙宇用黄色琉璃瓦或黄剪边，离宫别馆和皇家园林建筑可以用黑、蓝、紫、翡翠等颜色及由各色琉璃瓦组成的"集锦"屋面。

A4.1.1 琉璃瓦件尺寸表

琉璃瓦件因产地、师承、风格等因素，尺寸很不统一，设计时应掌握瓦件的变化规律和相互之间的权衡关系。表A4-1-1中罗列常见琉璃瓦件的尺寸，可作为设计参考。

常见的琉璃瓦件尺寸表（单位：cm） 表A4-1-1

名称		样数							
		二样	三样	四样	五样	六样	七样	八样	九样
正吻	高	336	294	256 ~ 224	160 ~ 122	115 ~ 109	102 ~ 83	70 ~ 58	51 ~ 29
	宽	235	206	179 ~ 157	112 ~ 86	81 ~ 76	72 ~ 58	49 ~ 41	36 ~ 20
	厚	54.4	48	33	27.2	25	23	21	18.5
剑把	长	96	86.4	80	48	29.44	24.96	19.52	16
	宽	41.6	38.4	35.2	20.48	12.8	10.88	8.4	6.72
	厚	11.2	9.6	8.96	8.64	8.32	6.72	5.76	4.8
背兽（见表注）	正	31.68	29.12	25.6	16.64	11.52	8.32	6.56	6.08
	方								
吻座	长	54.4	48	33	27.2	25	23	21	18.5
	宽	31.68	29.12	25.6	16.64	11.52	8.32	6.72	6.08
	厚	36.16	33.6	29.44	19.84	14.72	11.52	9.28	8.64
赤脚通脊	长	89.6	83.2	76.8	五样以下无				
	宽	54.4	48	33					
	高	60.8	54.4	43					
黄道	长	89.6	83.2	76.8	五样以下无				
	宽	54.4	48	33					
	厚	19.2	16	16					
大群色（相连群色条）	长	89.6	83.2	76.8	五样以下无				
	宽	54.4	48	33					
	厚	19.2	16	16					
群色条	长	四样以上无			41.6	38.4	35.2	34	31.5
	宽				12	12	10	10	8
	厚				9	8	7.5	8	6
正通脊（正脊筒子）	长	四样以上无			73.6	70.4	67.4	64	60.8
	宽				27.2	25	23	21	18.5
	高				32	28.4	25	20	17

名称	样数								
		二样	三样	四样	五样	六样	七样	八样	九样
垂兽 （见表注）	高	68.8	59.2	50.4	44	38.4	32	25.6	19.2
	宽	68.8	59.2	50.4	44	38.4	32	25.6	19.2
	厚	32	30	28.5	27	23.04	21.76	16	12.8
垂兽座	长	64	57.6	51.2	44.8	38.4	32	25.6	22.4
	宽	32	30	28.5	27	23.04	21.76	16	12.8
	高	7.04	6.4	5.76	5.12	4.48	3.84	3.2	2.56
联座 （联办垂兽座）	长	118.4	89.6	86.4	70.4	67.2	41.6	28.8	23.8
	宽	32	30	28.5	27	23.04	21.76	16	12.8
	高	52.8	46.4	36.8	28.6	23	21	17	15
承奉连砖 （大连砖）	长	57.6	51.2	44.8	41	39	37	33	31.5
	宽	32	30	28.5	26	25	21.5	20	17.5
	高	17	16	14	13	12	11	9	8
三连砖	长	三样以上无		43.5	41	39	35.2	33.6	31.5
	宽			29	26	23	21.76	20.8	19
	高			10	9	8	7.5	7	6.5
小连砖	长	七样以上无						32	28.8
	宽							18	12.8
	高							6.4	5.76
垂通脊 （垂脊筒子）	长	99.2	89.6	83.2	76.8	70.4	64	60.8	54.4
	宽	32	30	28.5	27	23.04	21.76	20	17
	高	52.8	46.4	36.8	28.6	23	21	17	15
戗兽 （见表注）	高	59.2	56	44	38.4	32	25.6	19.2	16
	宽	59.2	56	44	38.4	32	25.6	19.2	16
	厚	30	28.5	27	23.04	21.76	20.08	12.8	9.6
戗兽座	长	57.6	51.2	44	38.4	32	25.6	19.2	12.8
	宽	30	28.5	27	23.04	21.76	20.8	12.8	9.6
	高	6.4	5.76	5.12	4.48	3.84	3.2	2.56	1.92
戗通脊 （岔脊筒子）	长	89.6	83.2	76.8	70.4	64	60.8	54.4	48
	宽	30	28.5	27	23.04	21.76	20.8	17	9.6
	高	46.4	36.8	28.6	23	21	17	15	13

名称		样数							
		二样	三样	四样	五样	六样	七样	八样	九样
撺头	长	57.6	51.2	44.8	41	39	36.8	33.6	31.5
	宽	32	30	28.5	26	23	21.76	20.8	19
	高	17	16	14	9	8	7.5	7	6.5
揣头	长	48	41.6	38.4	35.2	32	30.4	30.08	29.78
	宽	30	28	26	23	20	19	18	17
	高	8.96	8.32	7.68	7.36	7.04	6.72	6.4	6.08
咧角三仙盘子	长	五样以上无				40	36.8	33.6	27.2
	宽					23.04	21.76	20.8	19.84
	高					6.72	6.4	6.08	5.76
三仙盘子	长	五样以上无				40	36.8	33.6	27.2
	宽					23.04	21.76	20.8	19.84
	高					6.72	6.4	6.08	5.76
仙人（见表注）	长	40	36.8	33.6	30.4	27.2	24	20.8	17.6
	宽	6.9	6.4	5.9	5.3	4.8	4.3	3.7	3.2
	高	40	36.8	33.6	30.4	27.2	24	20.8	17.6
走兽（见表注）	宽	22.1	20.16	18.24	16.32	14.4	12.48	10.56	8.64
	厚	11.04	10.08	9.12	8.16	7.2	6.24	5.28	4.32
	高	36.8	33.6	30.4	27.2	24	20.8	17.6	14.4
吻下当沟	长	38.4	36.8	33.6	28.3	26.7	24	22	20.4
	宽	27.2	25.6	21	16.5	15	14.5	13.5	13
	厚	2.56	2.56	2.24	2.24	1.92	1.92	1.6	1.6
托泥当沟	长	38.4	36.8	33.6	28.3	26.7	24	22	20.4
	宽	27.2	25.6	21	16.5	15	14.5	13.5	13
	厚	2.56	2.56	2.24	2.24	1.92	1.92	1.6	1.6
平口条	长	32	30.4	28.8	27.2	25.6	24	22.4	20.8
	宽	9.92	9.28	8.64	8	7.36	6.4	5.44	4.48
	厚	2.24	2.24	1.92	1.92	1.6	1.6	1.28	1.28
压当条	长	32	30.4	28.8	27.2	25.6	24	22.4	20.8
	宽	9.92	9.28	8.64	8	7.36	6.4	5.44	4.48
	厚	2.24	2.24	1.92	1.92	1.6	1.6	1.28	1.28

名称		样数							
	/	二样	三样	四样	五样	六样	七样	八样	九样
正当沟	长	38.4	36.8	33.6	28.3	26.7	24	22	20.4
	宽	27.2	25.6	21	16.5	15	14.5	13.5	13
	厚	2.56	2.56	2.24	2.24	1.92	1.92	1.6	1.6
斜当沟	长	54.4	51.2	46	39	37	32	30	28.8
	宽	27.2	25.6	21	16.5	15	14.5	13.5	13
	厚	2.56	2.56	2.24	2.24	1.92	1.92	1.6	1.6
套兽（见表注）	长	30.4	28.8	25.2	23.6	22	17.3	16	12.6
	宽	30.4	28.8	25.2	23.6	22	17.3	16	12.6
	高	30.4	28.8	25.2	23.6	22	17.3	16	12.6
博脊连砖	长		五样以上无			40	36.8	33.6	30.4
	宽					22.4	16.5	13	10
	高					8	7.5	7	6.5
承奉博脊连砖	长	52.8	49.6	46.4	43.2	六样以下无			
	宽	24.32	24	23.68	23.36				
	高	17	16	14	13				
挂尖	长	52.8	49.6	46.4	43.2	40	36.8	33.6	30.4
	宽	24.32	24	23.68	23.36	22.4	16.5	13	10
	高	29	27	24	22	16.5	15	14	13
博脊瓦	长	52.8	49.6	46.4	43.2	40	36.8	33.6	30.4
	宽	30.4	28.8	27.2	25.6	24	22.4	20.8	19.2
	高	7.5	7	6.5	6	5.5	5	4.5	4
博通脊（围脊筒子）	长	89.6	83.2	76.8	70.4	56	46.4	33.6	32
	宽	32	28.8	27.2	24	21.44	20.8	19.2	17.6
	高	33.6	32	31.36	26.88	24	23.68	17	15
满面砖	长	51.2	48	44.8	41.6	38.4	35.2	32	28.8
	宽	51.2	48	44.8	41.6	38.4	35.2	32	28.8
	厚	6.08	5.76	5.44	5.12	4.8	4.48	4.16	3.84
蹬脚瓦	长	40	36.8	35.2	33.6	30.4	27.2	24	20.8
	宽	20.8	19.2	17.6	16	14.4	12.8	11.2	9.6
	高	10.4	9..6	8.8	8	7.2	6.4	5.6	4.8

名称		样数							
		二样	三样	四样	五样	六样	七样	八样	九样
勾头	长	43.2	40	36.8	35.2	32	30.4	28.8	27.2
	宽	20.8	19.2	17.6	16	14.4	12.8	11.2	9.6
	高	10.4	9.6	8.8	8	7.2	6.4	5.6	4.8
滴水（滴子）	长	43.2	41.6	40	38.4	35.2	32	30.4	28.8
	宽	35.2	32	30.4	27.2	25.6	22.4	20.8	19.2
	高	17.6	16	14.4	12.8	11.2	9.6	8	6.4
筒瓦	长	40	36.8	35.2	33.6	30.4	28.8	27.2	25.6
	宽	20.8	19.2	17.6	16	14.4	12.8	11.2	9.6
	高	10.4	9.6	8.8	8	7.2	6.4	5.6	4.8
板瓦	长	43.2	40	38.4	36.8	33.6	32	30.4	28.8
	宽	35.2	32	30.4	27.2	25.6[b]	22.4	20.8	19.2
	囊[a]	7.29	6.63	6.3	5.64	5.3	4.64	4.31	3.98
合角吻	高	105.6	96	89.6	76.8	60.8	32	22.4	19.2
	宽	73.6	67.2	64	54.4	41.6	22.4	15.68	13.44
	长	73.6	67.2	64	54.4	41.6	22.4	15.68	13.44
合角剑把	长	30.4	28.3	25.6	22.4	19.2	9.6	6.4	5.44
	宽	6.08	5.76	5.44	5.12	4.8	4.48	4.16	3.84
	厚	2.1	2	1.92	1.76	1.6	1.6	1.28	0.96
钉帽	高	8	7.38	7.04	6.08	4.8	4.16	3.84	3.2
	径	8	7.38	7.04	6.08	4.8	4.16	3.84	3.2

注：a. 囊为板瓦的弧高（不含瓦厚）

　　b. 清中期以前，六样板瓦宽为24cm（囊为4.97），与近代出入较大。

文物建筑修缮时注意原物的实际尺寸。

1. 垂兽、戗兽高量至眉毛，宽指身宽。

2. 仙人高量至鸡的眉毛，走兽高自筒瓦坡量至眉毛。

3. 脊兽、套兽长量至眉毛。

4. 板瓦宽指大头宽，小头收进1.6cm（5分）。

A4.1.2 琉璃屋脊变化规律

屋脊在样数不同时，屋脊分件的组成不同，例如五样与四样及以上的正脊分件组成不同。若样数相同也会因用途不同组合方式不同。若用途相同也会有不同的组合。一般变化规律见表A4-1-2和图A4-1-1～图A4-1-11。

屋脊	样数								备注
	二样	三样	四样	五样	六样	七样	八样	九样	
正脊	四样以上用黄道、赤脚通脊、大群色			五样以下无黄道，赤脚通脊改为正通脊，大群色改为群色条		群色条可用也可不用	多不用群色条		（1）墙帽正脊应降低，方法有三种：①用小一或二样的正脊；②不用群色条；③用承奉连砖或三连砖。其中第三种方法最常见（2）可以比垂脊大一样
垂脊	四样以上三连砖改用大连砖			五样以下兽前用三连砖，八样以下可用承奉连砖代替兽后垂脊筒子，或兽后用三连砖，兽前用小连砖					（1）如是门楼、影壁、墙帽可以不用兽前，兽座须用前端带花饰的兽座，兽座下放托泥当沟和压当条（2）如是"小作"做法，兽后用三连砖或小连砖，兽前用平口条，撺、揠头改用三仙盘子，咧角撺、揠头改用咧角三仙盘子
戗脊	七样以上兽后用戗脊砖。兽前用三连砖						兽后可用大连砖，兽前用三连砖。或兽后用三连砖，兽前用小连砖	兽后可用三连砖或小连砖，兽前用平口条，撺、揠头改用三仙盘子	
博脊	四样以上可用通博脊，并可用蹬脚瓦和满面砖代替博脊瓦			五样以上用承奉博脊连砖	六样以下用博脊连砖				
围脊	四样以上用赤脚通博脊、黄道和大群色			五样以下无黄道，赤脚通博脊改为通博脊，大群色改为群色条。也可不用群色条。六样以下无群色条					如大额枋与承椽枋距离较小，可承奉博脊连砖或博脊连砖代替通博脊
角脊	同戗脊								

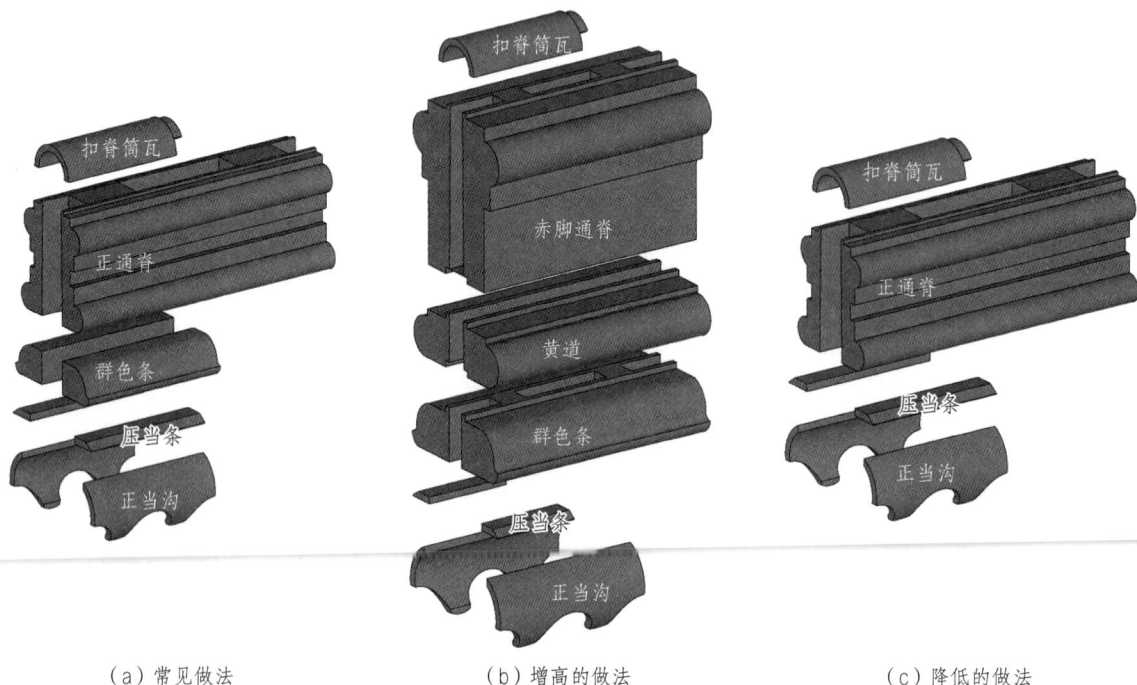

（a）常见做法　　　　　　　（b）增高的做法　　　　　　　（c）降低的做法

图A4-1-1　琉璃正脊的组合规律（一）

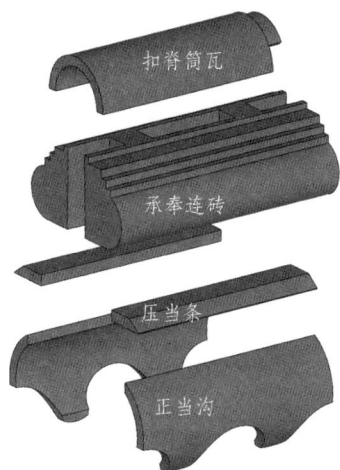
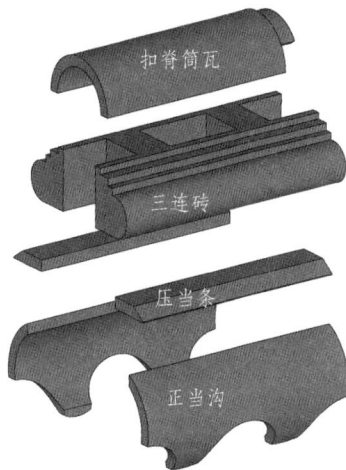

（d）降低的做法　　　　　　　　　　（e）降低的做法

图A4-1-2　琉璃正脊的组合规律（二）

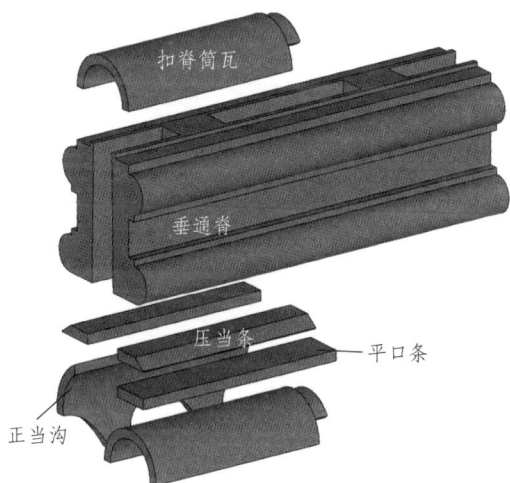
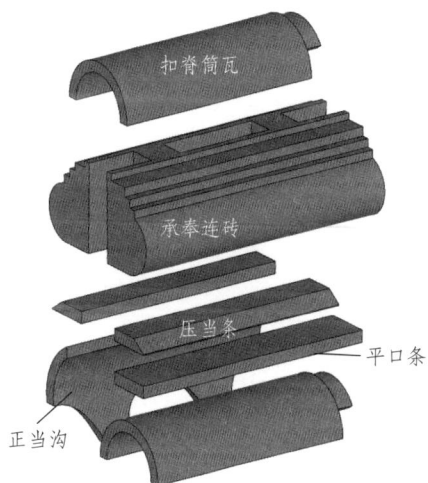

（a）常见做法　　　　　　　　　　（b）降低的做法

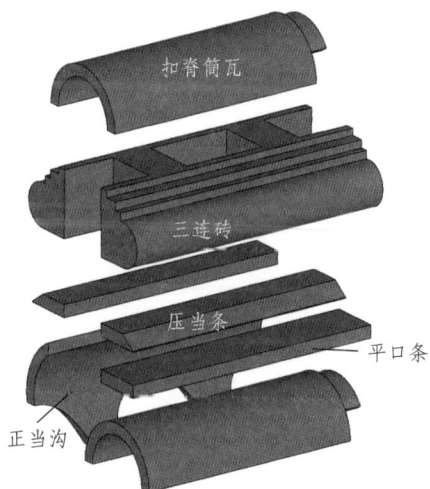
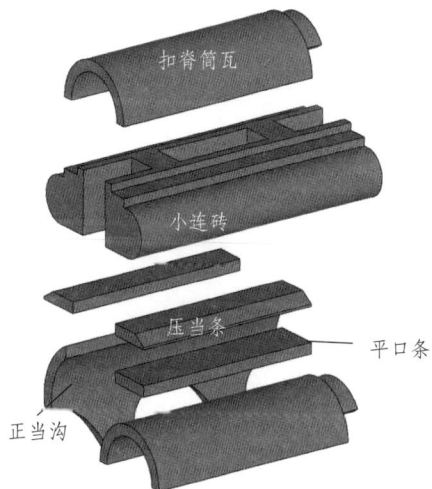

（c）降低的做法　　　　　　　　　　（d）降低的做法

图A4-1-3　琉璃歇山垂脊的组合规律

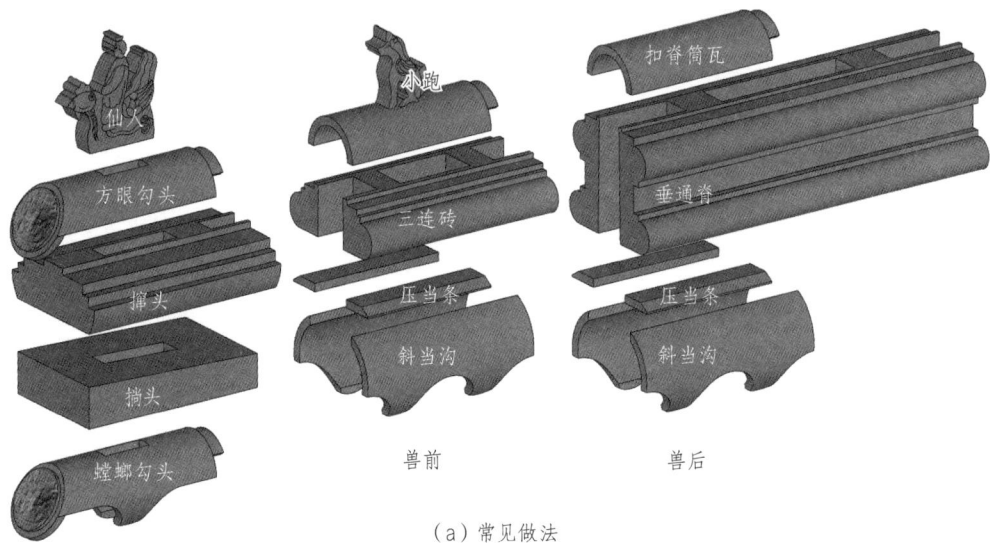

（a）常见做法

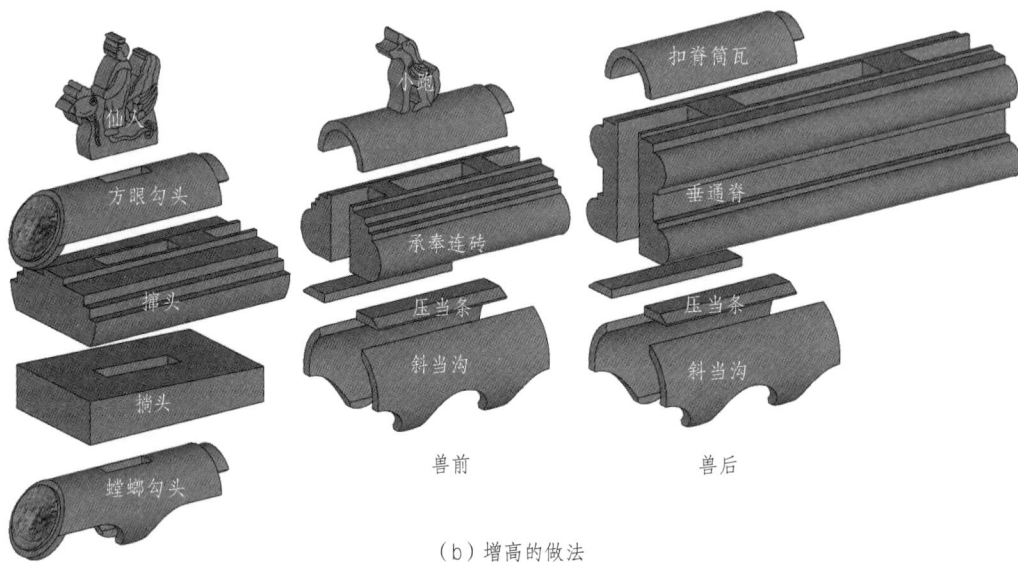

（b）增高的做法

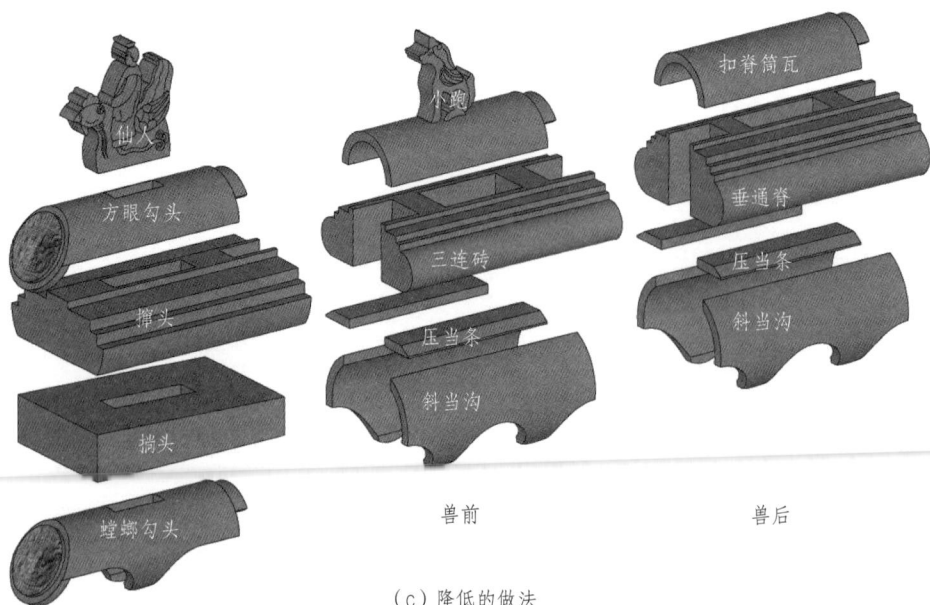

（c）降低的做法

图A4-1-4　琉璃庑殿、攒尖垂脊的组合规律（一）

（d）降低的做法

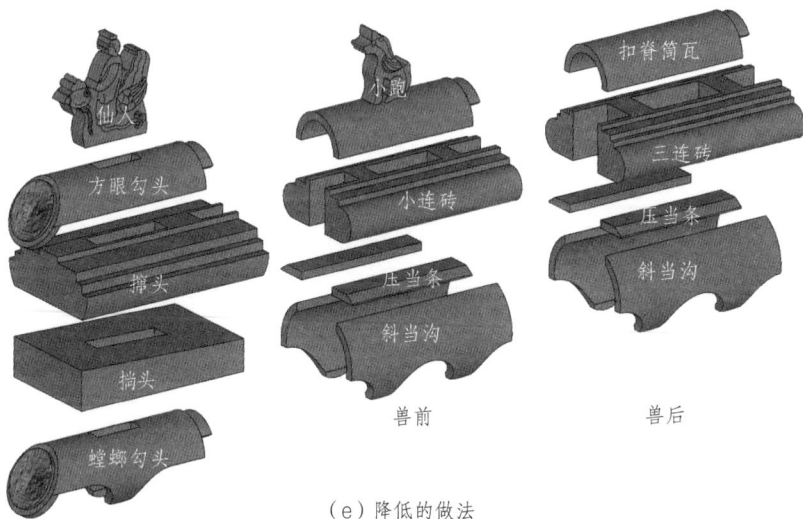

（e）降低的做法

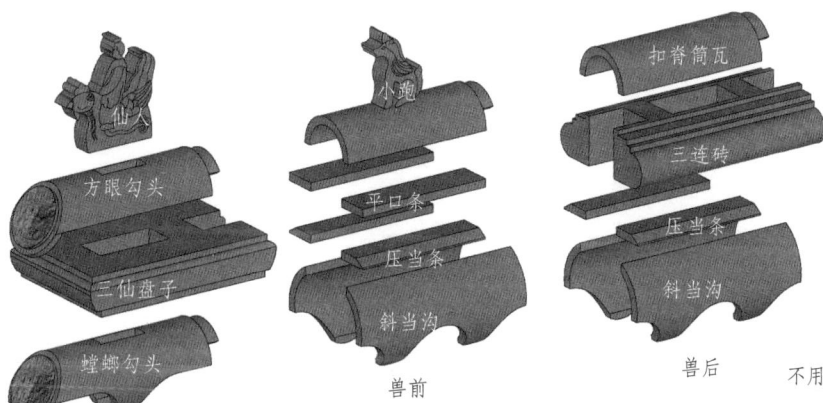

（f）降低的做法

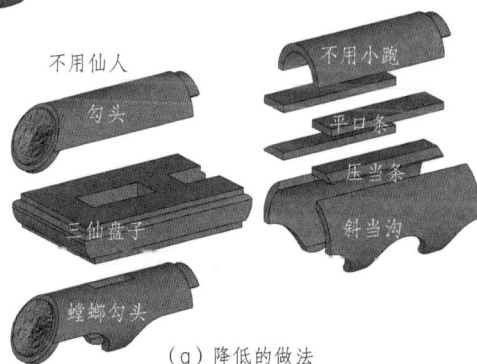

（g）降低的做法

图A4-1-5　琉璃庑殿、攒尖垂脊的组合规律（二）

仙人
方眼勾头
咧角撑头
咧角撑头
螳螂勾头
小跑
三连砖
压当条
正当沟
平口条
兽前
扣脊筒瓦
垂通脊
压当条
正当沟
平口条
兽后

（a）常见做法

仙人
方眼勾头
咧角撑头
咧角撑头
螳螂勾头
小跑
承奉连砖
压当条
正当沟
平口条
兽前
扣脊筒瓦
垂通脊
压当条
正当沟
平口条
兽后

（b）增高的做法

仙人
方眼勾头
咧角撑头
咧角撑头
螳螂勾头
小跑
小连砖
压当条
正当沟
平口条
兽前
扣脊筒瓦
承奉连砖
压当条
正当沟
平口条
兽后

（c）降低的做法

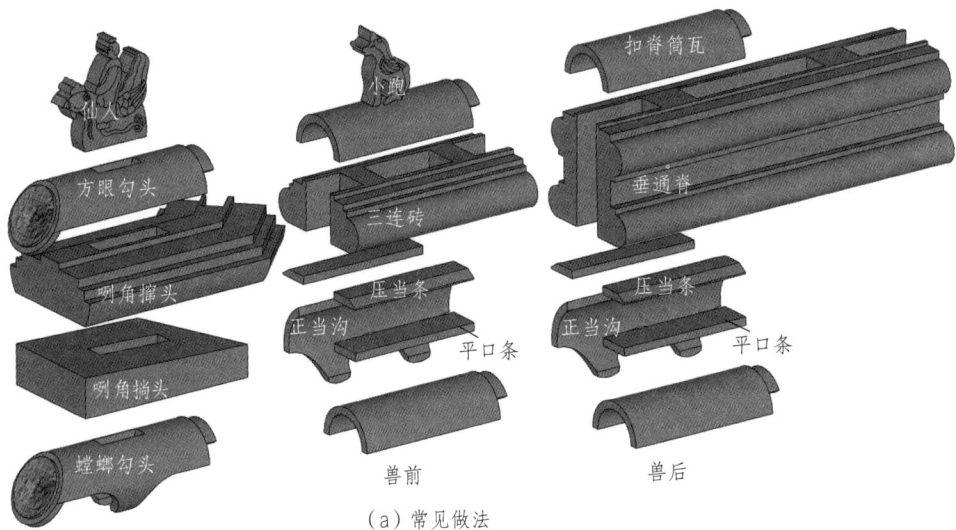

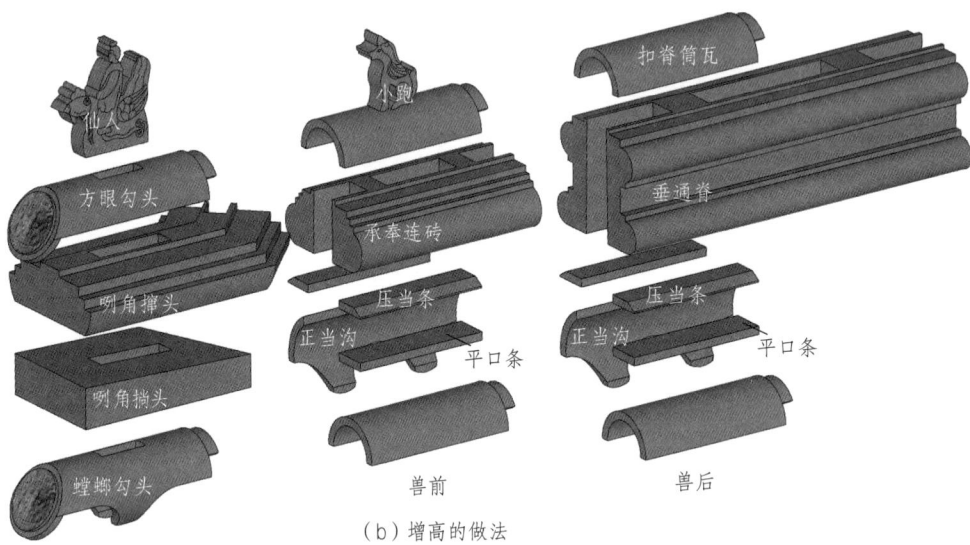

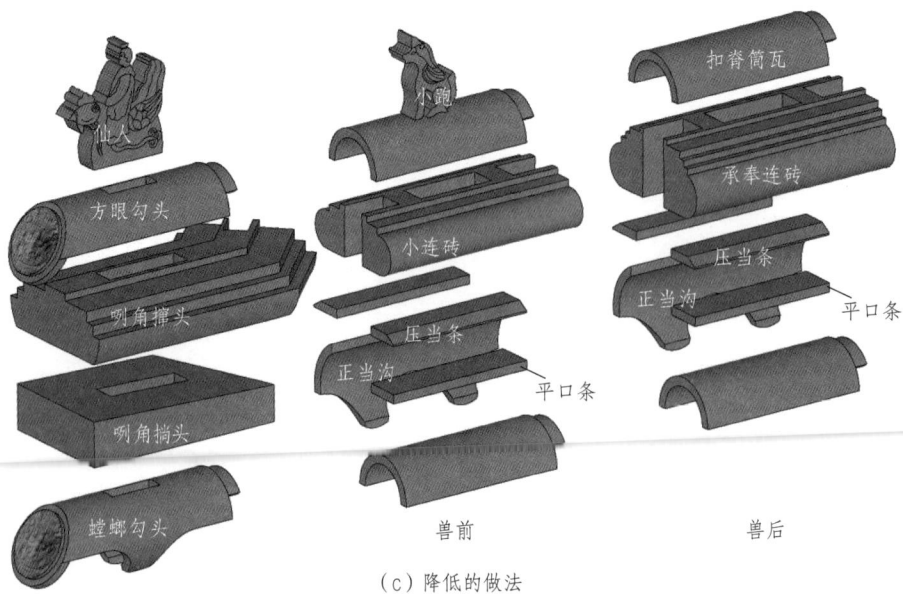

图A4-1-6　琉璃硬山、悬山垂脊的组合规律（一）

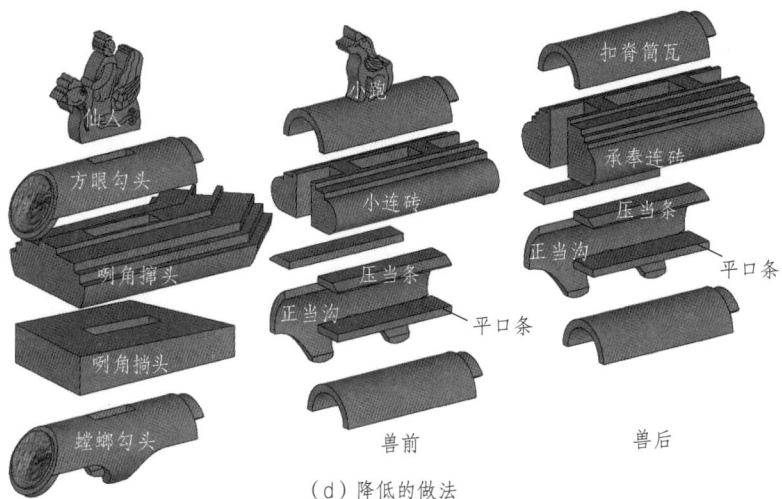

（d）降低的做法

仙人
方眼勾头
咧角掸头
咧角撸头
螳螂勾头

小跑
小连砖
压当条
正当沟
平口条
兽前

扣脊筒瓦
承奉连砖
压当条
正当沟
平口条
兽后

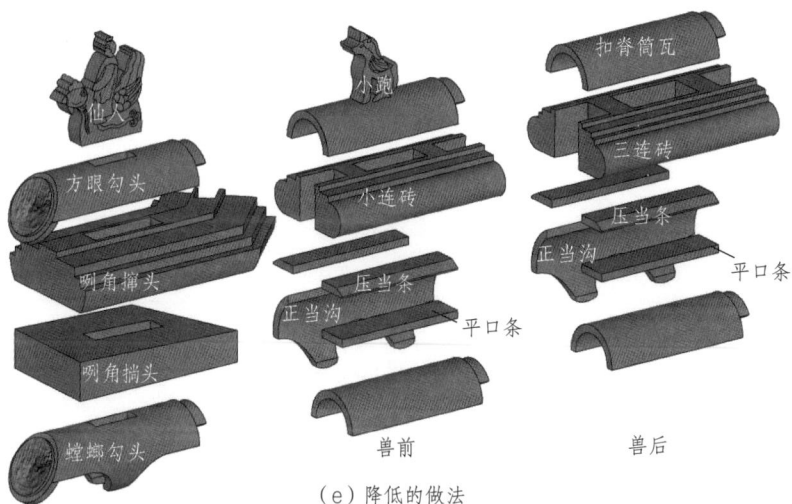

（e）降低的做法

仙人
方眼勾头
咧角掸头
咧角撸头
螳螂勾头

小跑
小连砖
压当条
正当沟
平口条
兽前

扣脊筒瓦
三连砖
压当条
正当沟
平口条
兽后

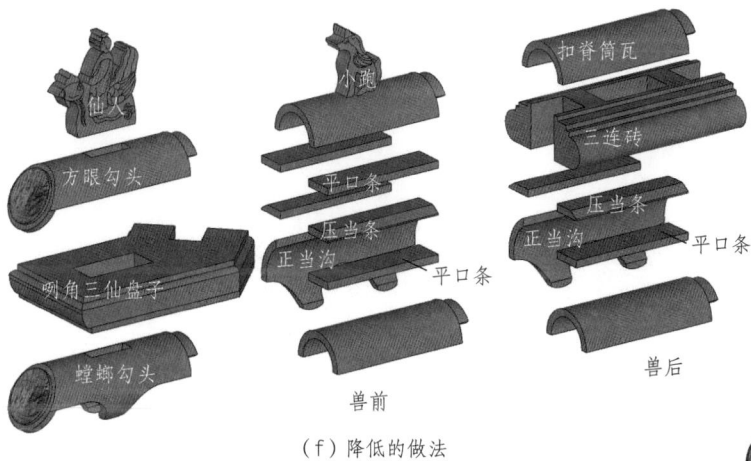

（f）降低的做法

仙人
方眼勾头
咧角三仙盘子
螳螂勾头

小跑
平口条
压当条
正当沟
平口条
兽前

扣脊筒瓦
三连砖
压当条
正当沟
平口条
兽后

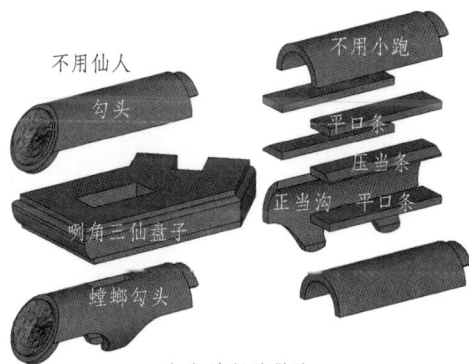

（g）降低的做法

不用仙人
勾头
咧角三仙盘子
螳螂勾头

不用小跑
平口条
压当条
正当沟
平口条

图A4-1-7　琉璃硬山、悬山垂脊的组合规律（二）

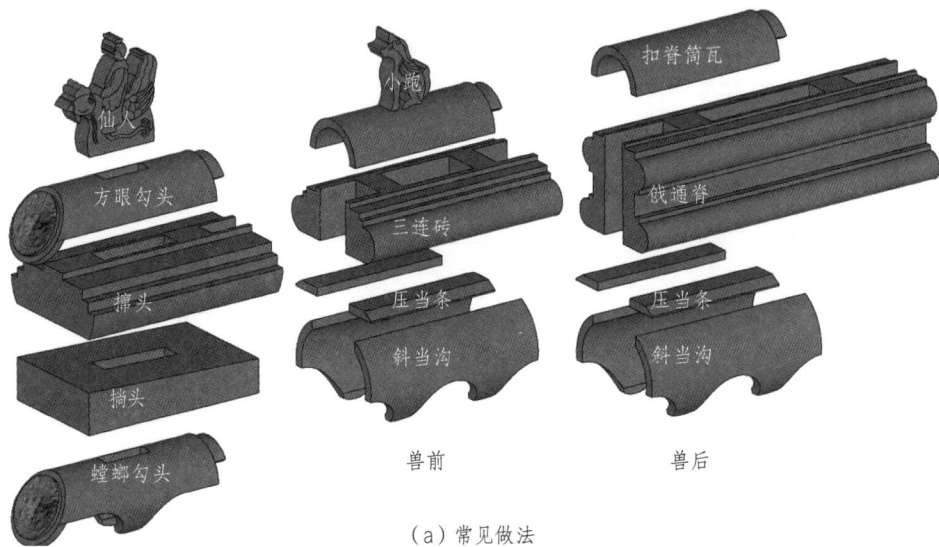

（a）常见做法

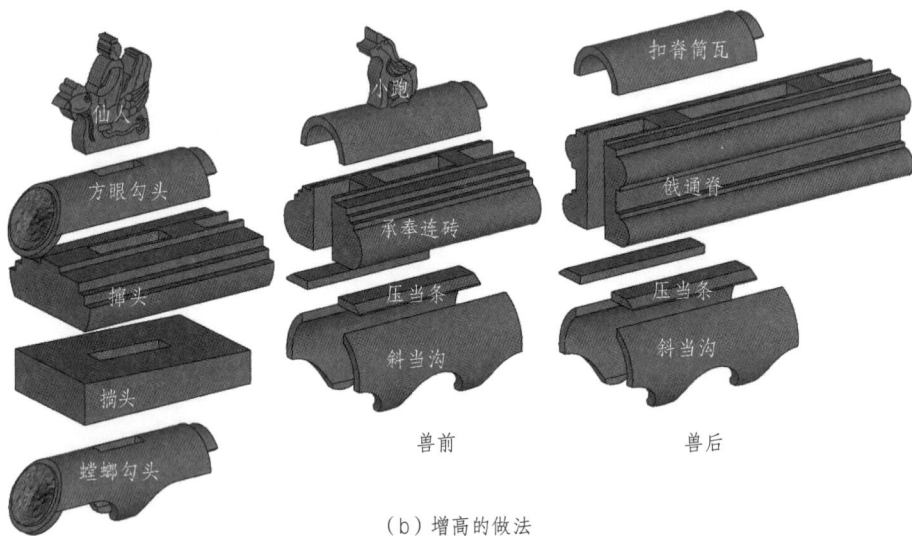

（b）增高的做法

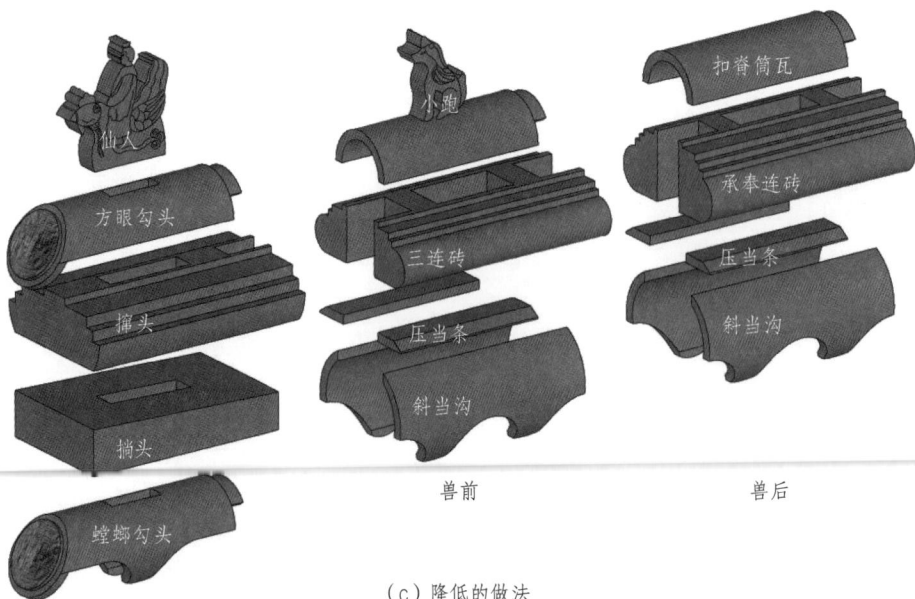

（c）降低的做法

图A4-1-8　琉璃歇山饯脊、重檐角脊的组合规律（一）

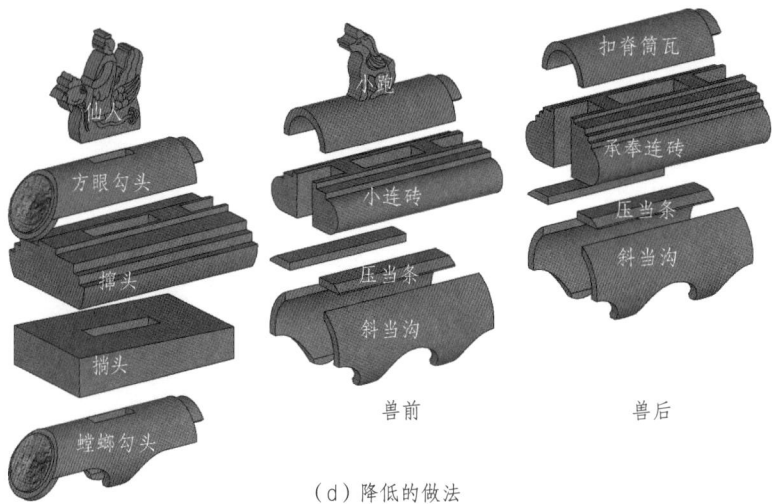

（d）降低的做法

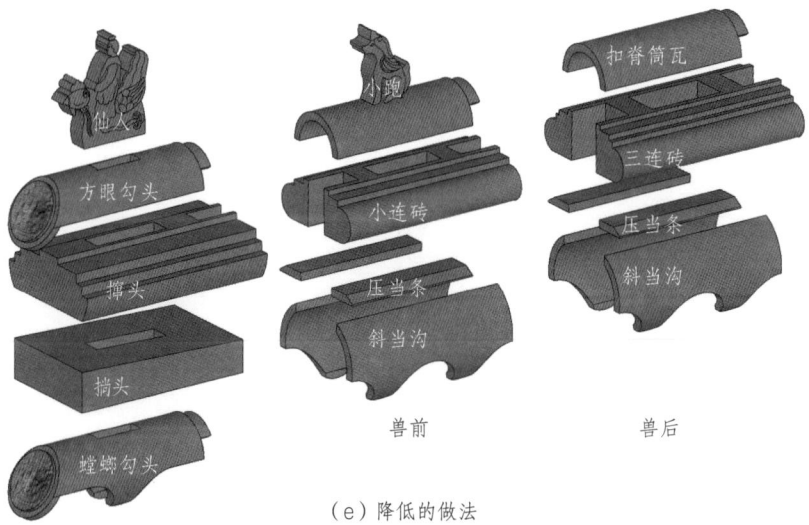

（e）降低的做法

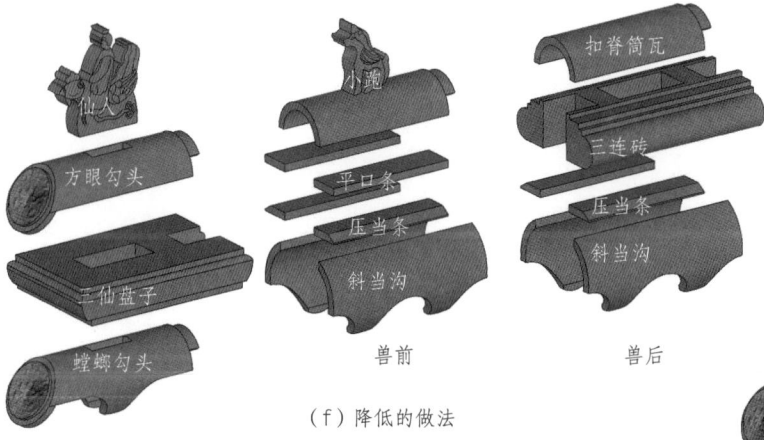

（f）降低的做法

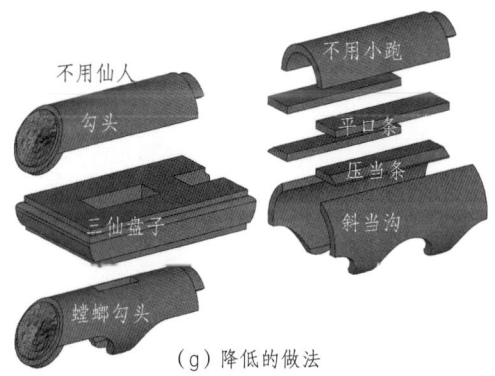

（g）降低的做法

图A4-1-9　琉璃歇山戗脊、重檐角脊的组合规律（二）

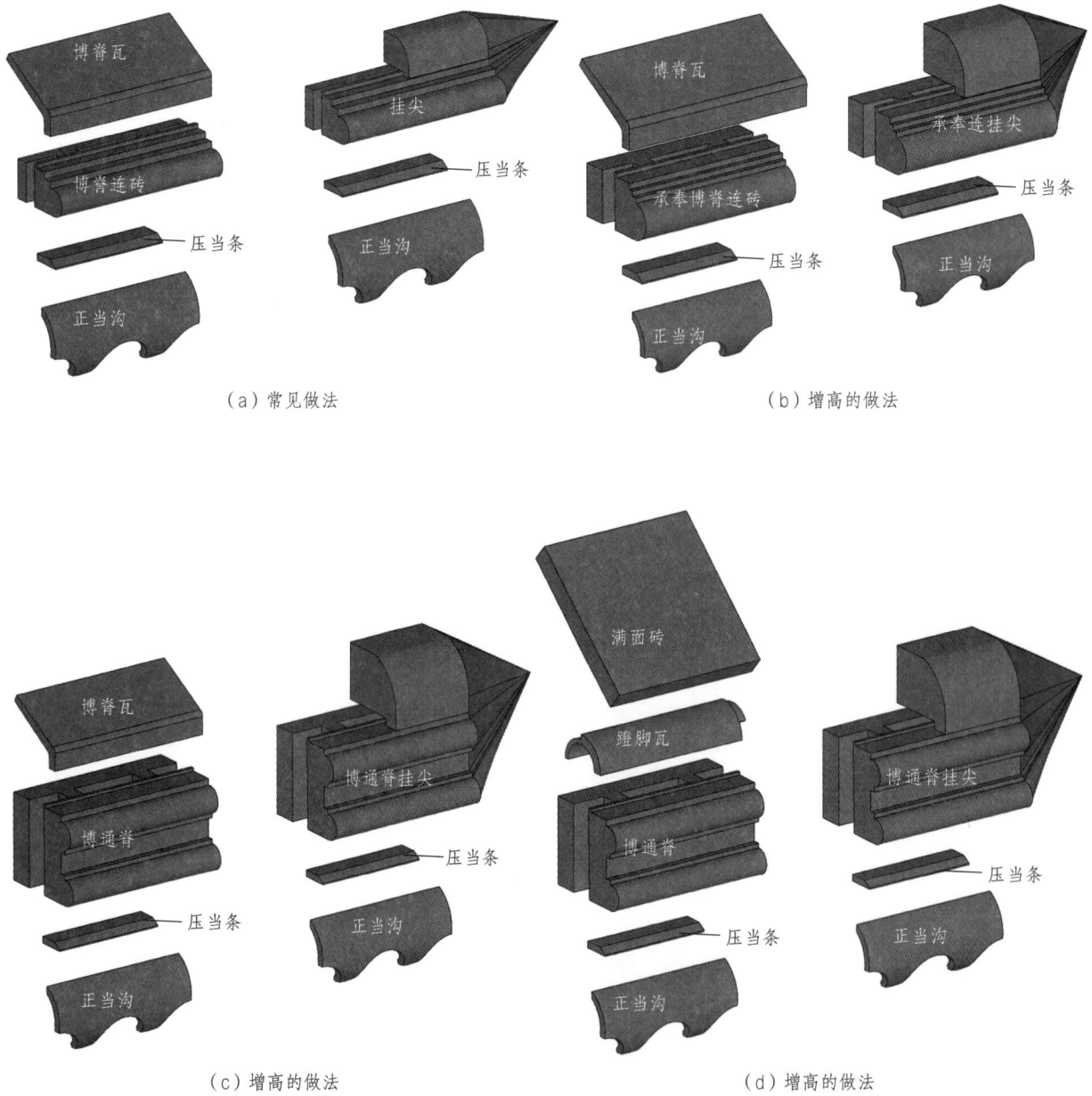

（a）常见做法   （b）增高的做法

（c）增高的做法   （d）增高的做法

图A4-1-10　琉璃博脊的组合规律

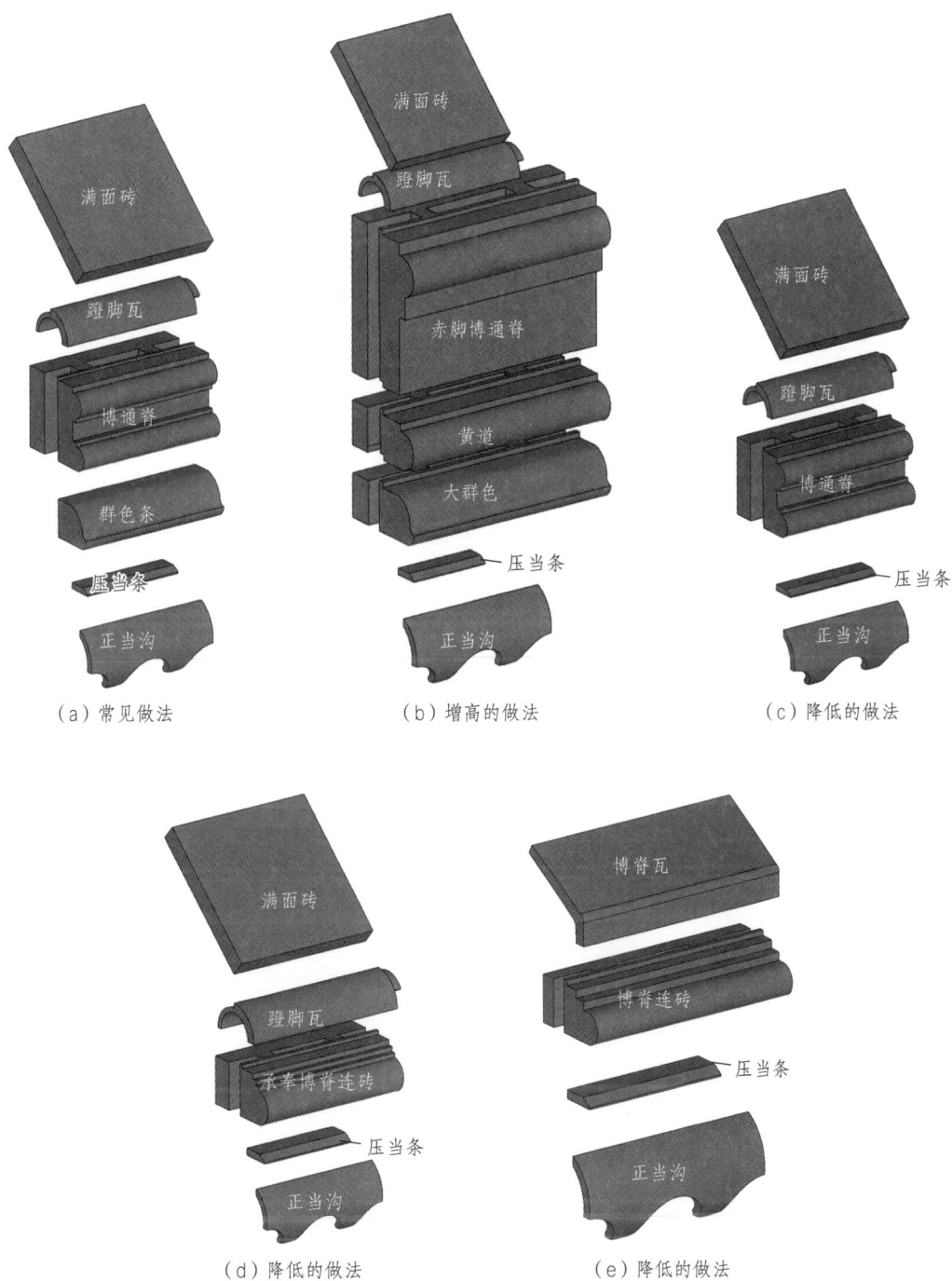

（a）常见做法 （b）增高的做法 （c）降低的做法

（d）降低的做法 （e）降低的做法

图A4-1-11 琉璃围脊的组合规律

A4.1.3　常用琉璃瓦件的尺寸规律及选择依据

A4.1.3.1　琉璃屋面重点部位尺度的简易确定方法

方法适用于只知道筒瓦、板瓦的宽度，其他尺寸不详，或方案设计时的简单测算。

（1）筒垄尺度：筒瓦中至筒瓦中=2倍筒瓦宽。

（2）正脊尺度：

①正脊全高（自当沟下皮算起）与板瓦宽之比：

五～九样：2.5：1；

二～四样：3.5：1。

②脊筒子高与板瓦宽之比：

八～九样：0.9：1；

五～七样：1.1：1；

二～四样：2：1。

（3）正吻尺度：

①吻高等于2倍正脊全高；

②3～4倍正通脊或三连砖高。房高坡大、重檐建筑可为3.5～4倍，普通房屋宜为3倍，影壁、小型门楼、牌楼、院墙约为2.5～3倍。正吻本身高宽比为10：7。

（4）垂脊高：垂脊斜高与正脊高相同或略低。

（5）垂兽尺度：

①垂兽全高为2.5倍垂通脊（脊筒子）高；

②垂兽眉高：垂通脊高=10：6；

③垂兽宽：垂兽全高=1：1.5（宽指身宽，不包括嘴长）。

（6）戗脊、下檐角脊高：按0.9垂脊高。

（7）戗兽尺度：高按0.9垂兽高。本身高宽比为1.5：1（宽指身宽，不包括嘴长）。

（8）围脊全高：围脊全高等于底瓦上皮至大额枋下皮的距离。

（9）合角吻尺度：合角吻高等于2倍围脊全高。本身高宽比为10：7。

（10）博脊全高：博脊全高为3倍筒瓦宽。

A4.1.3.2　常用琉璃瓦件的尺寸规律及选择依据

为根据建筑实际情况设计，需要灵活掌握屋面瓦件之间的变化规律和瓦件之间的比例关系。一般变化规律及比例关系见表A4-1-3。

项目	主要尺寸规律（单位：营造尺）		样数（规格）选择依据
	基本依据	其他	
筒瓦宽	七样：宽 4 寸	上、下各差 5 分，如六样筒瓦宽 4.5 寸，八样筒瓦宽 3.5 寸，九样筒瓦宽 3 寸	1. 按椽径，选择与之相近尺寸的筒瓦宽，宜大不宜小，如椽径 12cm 时，可用七样瓦宽（4 寸）。檐口很高的建筑，如城台上的建筑，可加大一样。重檐建筑，其上层檐瓦面可加大一样，如下层檐用七样，上层檐可用六样瓦。 2. 影壁、院墙、砖石结构的门楼：按檐口高。檐口高在 3.2m 以下者用九样瓦，高在 4.2m 以下者用八样瓦；高在 4.2m 以上者用七样瓦。 3. 宇墙、花墙等矮墙：用七或八样瓦。 4. 牌楼：用六或七样瓦
板瓦宽	七样：宽 7 寸	七样以下各差 5 分，即八样板瓦宽 6.5 寸，9 样板瓦宽 6 寸；七样至三样"隔 1 差 5"，即六样宽 8 寸，五样宽 8.5 寸，四样宽 9.5 寸，三样宽 1 尺。二样宽 1.1 尺	
正脊高	全高（当沟底至扣脊筒瓦上皮）	方法 1：所有脊件相加求总高（适用于已知脊件尺寸时）。 方法 2：1/5 檐柱高。 方法 3：全高与板瓦宽之比： 四样以上约为 3.5：1 五～九样约为 2.5：1 （适用于不知瓦件尺寸时）	1. 一般情况，与瓦样相同，如六样瓦用六样脊。 2. 正房或较重要的建筑，必要时可比瓦样及垂脊大一样，如六样瓦用六样垂脊，必要时可用五样正脊。 3. 重檐建筑宜大一样，如六样瓦宜用五样脊。 以上不能因垂脊和重檐两个原因同时加大，例如六样瓦的重檐屋面，正脊不能加大到四样。 4. 影壁、小型门楼、牌楼，高度应降低。降低的方法有 3 种： （1）用小一或二样的脊件。如六样瓦面用七或八样正脊。 （2）不用群色条。 （3）用承奉连砖或三连砖代替正通脊。 5. 墙帽正脊：大多以承奉连砖或三连砖代替正通脊
	正通脊高（四样以上包括黄道）	方法 1：按正通脊高与板瓦宽之比： 八～九样 ≈0.9：1 五～七样 ≈1.1：1 四～二样 ≈2：1 方法 2： 二样：2 尺 5 寸 三样：2 尺 2 寸 四样：1 尺 7 寸 五样：1 尺 六样：9 寸 七样：8 寸 八样：6 寸 5 分 九样：5 寸 5 分	
正脊厚		九～五样，比筒瓦宽约 3 寸 四～二样，比筒瓦宽约 4 寸	
正吻	高	二样：10 尺 5 寸 三样：9 尺 2 寸 四样：7～8 尺 五样：3 尺 8 寸～5 尺 六样：3 尺 4 寸～3 尺 6 寸 七样：2 尺 6 寸～3 尺 2 寸 八样：1 尺 8 寸～2 尺 2 寸 九样：9 寸～1 尺 6 寸	1. 一般情况：同正脊样数，如六样脊就用六样吻。 2. 重檐建筑可以大一样，如六样正脊可用五样吻。但如果正脊已比瓦面大一样，则一般不再增高，如七样瓦面的上层檐选用了六样正脊，正吻一般也选用六样。 3. 同一样的吻，规格大小可有变化。如七样吻高从 2 尺 6 寸至 3 尺 2 寸不等。选择时按下列原则决定： （1）房高坡大者或重檐建筑，宜选择高的； （2）影壁、墙帽，牌楼等坡长较短的，宜选择低的； （3）同一院内瓦样相同者，吻高宜有所区别，正房宜选择高的。 4. 用于影壁、墙帽、牌楼、小型门楼时应降低高度，此时，吻高与脊筒子（或三连砖）之比宜为（2.5～3）：1，在此原则之下，几样合适就用几样，如八样脊七样瓦的牌楼，可用九样吻。在同一样的吻中，哪种规格的合适就选择哪种，一般说来，宜小不宜大
	宽	宽：高 =7：10	
正脊兽	全高	同正吻高	1. 同正吻。 2. 正脊兽不常用，一般用于城楼建筑等
	眉高	眉高：全高 =10：15	
	宽	宽：眉高 =1：1	
垂通脊	高	垂通脊：垂兽（眉高）≈6：10	1. 与瓦的样数相同 2. 墙帽、影壁、小型门楼、牌楼，高度应降低。降低的方法有三种： （1）用小一或二样的垂通脊； （2）兽后用承奉连砖或三连砖，兽前用小连砖； （3）兽后用三连砖，兽前用平口条
	厚	厚：高 ≈1.2：1	

项目		主要尺寸规律（单位：营造尺）		样数（规格）选择依据
		基本依据	其他	
垂脊全高			正脊做大脊的，斜高不超过正脊高	
垂兽	高（量至眉）	七样：高1尺	上、下各差2寸，如八样兽高8寸，六样兽高1尺2寸，五样兽高1尺4寸等	1. 样数与垂脊样数相同，如七样脊就用七样垂兽。 2. 当垂兽因改变做法降低了高度时，应选择与之高度相配的垂兽。二者的关系为，垂通脊或承奉连砖等的高与垂兽（眉高）应保持在6：10左右。 3. 垂兽位置： 有桁檩者： （1）硬山、悬山，在正心桁位置（无斗栱者为檐檩位置）； （2）歇山，在挑檐桁位置（无斗栱者为檐檩位置）； （3）庑殿、攒尖建筑，在角梁上，具体位置根据仙人、小跑所占长度决定。 无桁檩者：一般在坡长的1/3处（从檐头量起）；坡长过短或过长者，按小跑所占长度决定。歇山垂兽位置与戗兽位置大致在一条直线上，戗兽位置可稍靠前
	全高	1.5倍眉高		
	宽		宽：高≈1～1.2：1	
戗脊、角脊		比垂脊小一样，如七样戗脊或角脊与八样垂脊规格、造型完全相同		1. 同垂脊选择依据。 2. 如下檐瓦面比上檐小一样，角脊也应小一样
戗兽、角兽		比垂兽小一样，如七样戗兽或角兽与八样垂兽规格、造型完全相同		1. 样数选择及与脊的比例关系同垂兽规定。 2. 戗兽位置： 有桁檩者： （1）戗兽在挑檐桁搭交处，也可沿角梁稍往前移（约一个兽的宽度）； （2）下檐角脊，在角梁上，具体位置根据仙人、小跑所占长度决定。 无桁檩者：根据仙人、小跑所占长度决定
小跑（小兽）	高（量至脑门，行什量至肩）	七样高6寸5分，上、下各差1寸。如六样高7寸5分，8样高6寸5分等		1. 样数与垂兽或戗（角）脊的样数相同。 2. 琉璃小跑（小兽）前一般应放仙人（又称仙人骑鸡），但城楼或有些明代建筑，不用仙人而用狮子（称"抱头狮子"）。 3. 小跑（小兽）的用法规定： （1）小跑数目一般应为单数； （2）计算小跑数目时，仙人不计入在内，但用抱头狮子的应计入在内； （3）除北京故宫太和殿用10个小跑以外，最多用9个（不包括仙人），用抱头狮子的最多用7个（包括抱头狮子）； （4）在一般情况下，每柱高二尺放一个小跑，另视等级和檐出酌定，要单数； （5）同一院内，柱高相似者，可因等级或出檐的差异而有差异，如柱高同为8尺，正房用5个，配房用3个； （6）墙帽、牌楼、影壁、小型门楼等瓦面坡短者，可根据实际长度计算，得数应为单数，但可以用2个； （7）柱高特殊或无柱子的，参照瓦样决定数目：九样用1跑至3跑，八样用3跑，七样用3跑或5跑，六样用5跑，五样用5跑或7跑，四样用7跑或9跑，三样、二样用9跑； （8）小跑的先后顺序是：龙、凤、狮子、天马、海马、狻猊、押鱼（鱼）、獬豸、斗牛（牛）、行什（猴），其中天马与海马、狻猊与押鱼的位置可以互换。数目达不到9个时，按顺序用在前者； （9）抱头狮子做法的，小跑的先后顺序是：抱头狮子、龙、凤、狻猊、天马、海马、押鱼（鱼）。数目达不到7个时，按顺序用在前者； （10）上、下檐屋面的小跑数目一般应相同； （11）小跑（小兽）与垂（戗）兽之间要间隔一块筒瓦（称"兽后筒瓦"）； （12）小跑下面的筒瓦称"坐瓦"，坐瓦与坐瓦之间可拉开空当，但最远不超过1块筒瓦； （13）当坡长过短无法分出兽前兽后时，可以不用小跑。在极少数情况下，为降低建筑等级，兽前也可不用小跑
	全高（量至发尖）	1.1～1.2倍眉高		
	宽	宽：高（脑门高）=4/10～6/10		
	厚	厚：眉高≈3：10		
仙人	高（指鸡眉高）	七样高4寸，其余各差5分，如八样高3寸5分，五样高5寸		
	鸡尾、仙人肩高	1.5倍鸡眉高		
	鸡身长（不包括鸡头）	七样长5寸，其余各差5分，如八样长4寸5分，五样长6寸		
	全长	鸡身长加4/10鸡眉高		
	厚	3/10～4/10仙人肩高		

项目		主要尺寸规律（单位：营造尺）		样数（规格）选择依据
		基本依据	其他	
套兽	高		二样：9寸5分 三样：9寸 四样：8寸 五样：7寸5分 六样：7寸 七样：5寸5分 八样：5寸 九样：4寸	按角梁宽选择套兽规格，套兽宽应与角梁宽相近，宜大不宜小。如瓦样为七样，角梁宽20cm。六样（22cm）与角梁尺寸相近，应选择六样套兽
	长 （量至眉）		同高	
	全长		1.4倍高	
	厚		同高	
博通脊 （围脊筒子）高			约同垂通脊高	1. 根据围脊板的高度决定样数：围脊板高约1尺时用七样，每增减4寸，增减一样，如围脊板高约1尺4寸时用六样，围脊板高约6寸时用八样，围脊板高六寸以下用九样。 2. 按瓦的样数定，如六样瓦就用六样围脊，高度不合适时，可适当改变做法，例如改用七样围脊、用六样围脊但不用群色条或将通博脊改为博脊连砖等。 3. 在已知各种脊件的准确尺寸下，累计各层的总高度，总高度应约等于围脊板高。在此原则之内，几样合适就用几样
博脊连砖高			同三连砖高	
承奉博脊连砖高			同承奉连砖高	
合角吻	高		2.5~3倍博通脊高	1. 围脊用博通脊（围脊筒子）的，合角吻样数随博通脊样数。 2. 用承奉博脊连砖或博脊连砖替代博通脊（围脊筒子）时，合角吻的样数应随之减小，合角吻的"吞口"高度应与承奉博脊连砖或博脊连砖的高度相近。 3. 在已知脊件尺寸的情况下，根据所选定的做法，查出博通脊或博脊连砖等的高度，吻高不宜超过博通或博脊连砖的2.5~3倍，几样的高度合适就用几样
	宽		宽：高=7：10	
合角兽	全高		同合角吻高	1. 上檐正脊用正脊兽时，下檐围脊须用合角兽，不能用合角吻。如上檐用正吻时，下檐须用合角吻。 2. 围脊用博通脊（围脊筒子）的，合角兽的样数随博通脊样数。 3. 用承奉博脊连砖或博脊连砖替代博通脊（围脊筒子）时，合角兽的样数应随之减小，两者的比例关系为：承奉博脊连砖（或博脊连砖）加上一块扣脊瓦的高度应占合角兽（眉高）的6/10。 4. 在已知脊件尺寸的情况下，根据所选定的做法，查出博通脊或博脊连砖等的高度，合角兽高不宜超过博通脊或博脊连砖的2.5~3倍，几样合适就用几样
	眉高		眉高：全高=10：15	
	宽		宽：眉高=1：1	
宝顶	全高 （当沟下皮至宝顶上皮）		1. 2/5檐柱高 2. 楼阁或柱高超过9尺的，可按1/3柱高 3. 山上建筑、高台建筑、重檐建筑，可按1/2~3/5檐柱高	
	顶座高		不大于6/10全高	
	顶珠高		不小于4/10全高	
	宽		按高的4/10~5/10	

A4.1.4 吻兽、小跑的比例关系及细部画法

A4.1.4.1 正吻（剑把吻）的各部比例及细部画法，合角吻的形象与正吻相同，但没有吻座，吻下也不需留出吻座位置的缺口（图A4-1-12）。

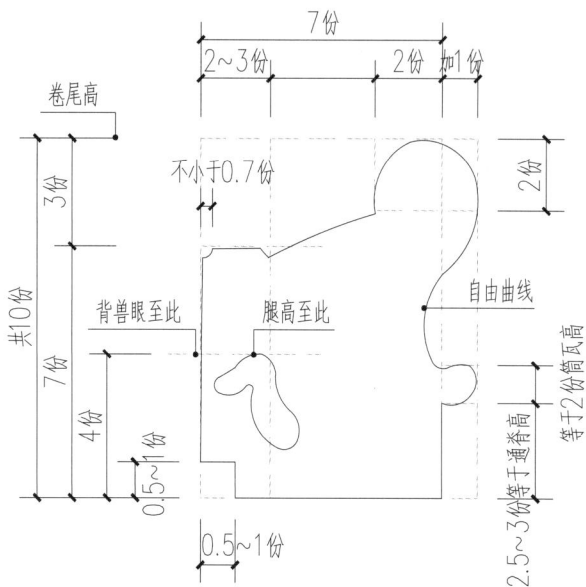

以正通脊高作为3份或2.5份。以卷尾高作为10份

（a）正吻比例示意图

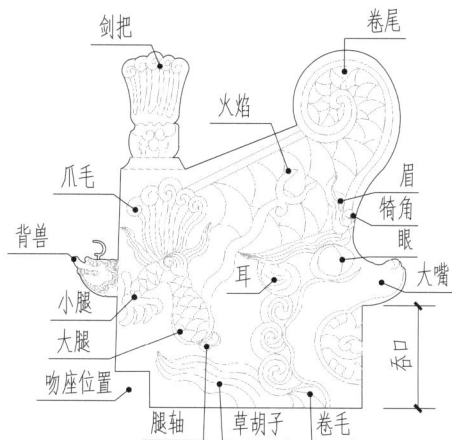

剑把、背兽需另制作

（b）七～九样吻的画法

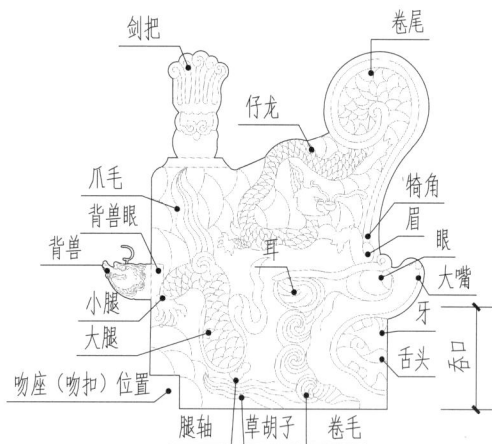

剑把、背兽需另制作

（c）六样以上吻的画法

（d）正吻的正立面

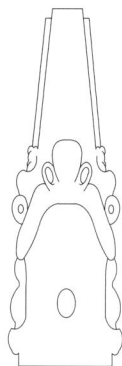

侧面　　　正面

（e）吻座正面及侧面

图A4-1-12　正吻及合角吻的各部比例及细部画法

A4.1.4.2　垂兽、戗兽、角兽的各部比例及细部画法，兽座的细部（图A4-1-13）。

正脊兽与垂兽形象相同。但正脊兽的下角有两种做法，一种是与正吻相同，即放置吻座（仍称"兽座"），此时需留出吻座缺口。另一种做法是正脊兽下放置兽座，造型其与垂兽座相同，此时正脊兽的下角不再需要留出缺口。

合角兽的形象与垂兽相同。

A4.1.4.3　套兽的各部比例及细部画法（图A4-1-14）。

A4.1.4.4　背兽的各部比例及细部画法（图A4-1-15）。

A4.1.4.5　小跑的各部比例及细部画法。其中龙爪的形象，既可为蹄状，也可为龙爪状。清中期及以前多为龙爪状，清晚期及以后多为蹄状（图A4-1-16）。

A4.1.4.6　仙人的各部比例及细部画法，撺头、捅头细部（图A4-1-17）。

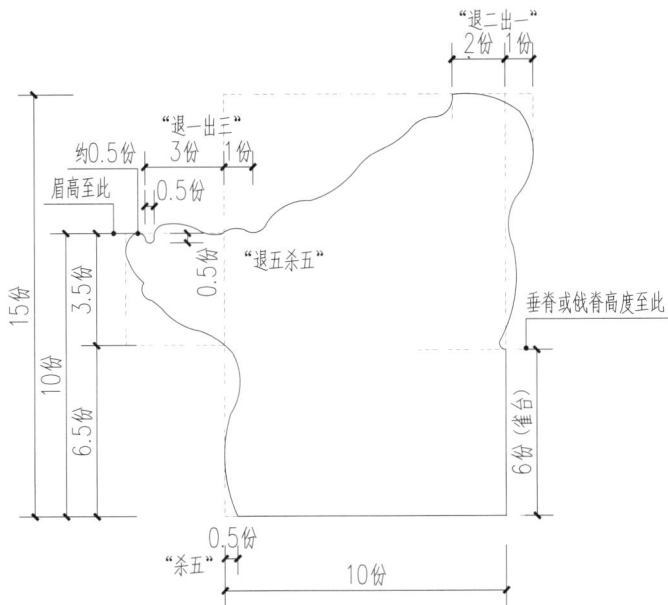

"吻量尾兽量眉",兽高指眉高,以眉高作为10份。

（a）兽比例示意图

（b）兽的正面

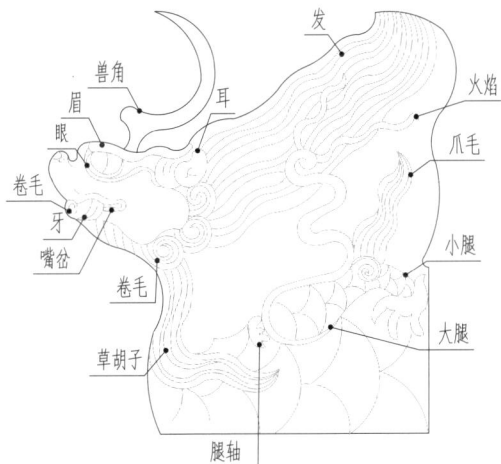

兽角需另制作

（c）兽的侧面

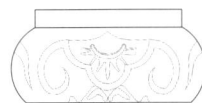

正面

(仅歇山垂脊的垂兽座有此花纹,
其余均无正面花纹)

侧面

正脊兽、合角兽不用兽座

（d）兽座正面及侧面

图A4-1-13　垂兽、戗兽、角兽、正脊兽及合角兽的各部比例及细部画法

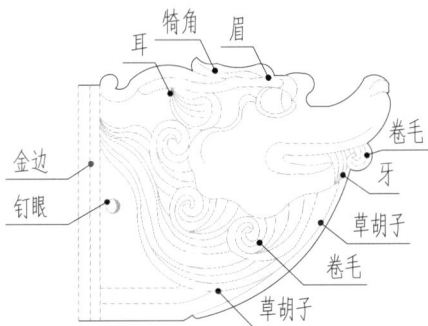

套兽长指至眉长,将此长度作为10份。

（a）细部画法

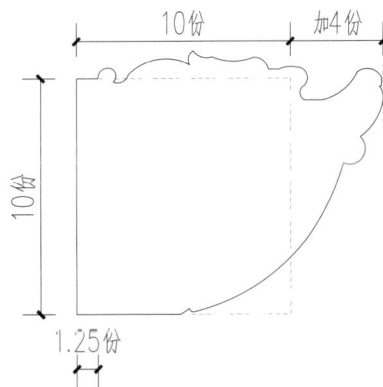

（b）套兽比例示意图

图A4-1-14　套兽画法

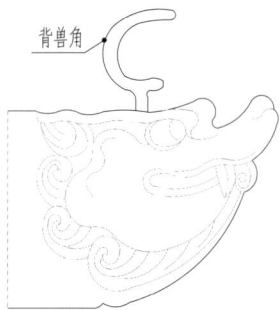

背兽角

背兽角应另制作

（a）细部画法

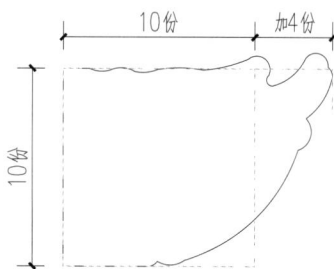

10份　加4份

10份

背兽长（最至眉）等于背兽高，背兽高为1/10吻高，
以此作为10份。

（b）背兽比例示意图

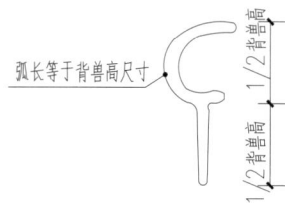

弧长等于背兽高尺寸

1/2背兽高　1/2背兽高

（c）背兽角画法

图A4-1-15　背兽各部比例及细部画法

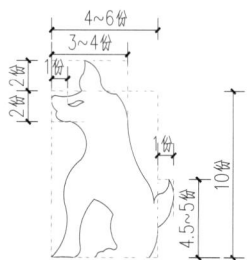

4~6份
3~4份
2份 2份
1份
1份
4.5~5份
10份

小兽高量至脑门（头顶），以此作为10份。

（a）小跑（不包括凤）比例示意（以海马为例）

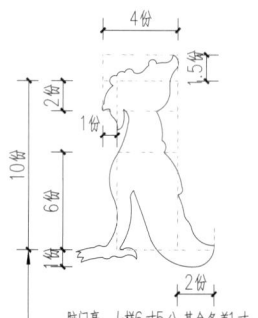

4份
.5份
2份
1份
10份
6份
1份
2份

脑门高：七样6寸5分，其余各差1寸。
如：八样5寸5分，五样8寸5分。以此做为10份。

（b）凤的比例示意

龙　　　凤　　　狮子　　　天马　　　海马

狻猊（披头）　押鱼（鱼）　獬豸（獬）　斗牛（牛）　行什（猴）

（c）小跑的细部画法

图A4-1-16　小跑（小兽）各部比例及细部画法

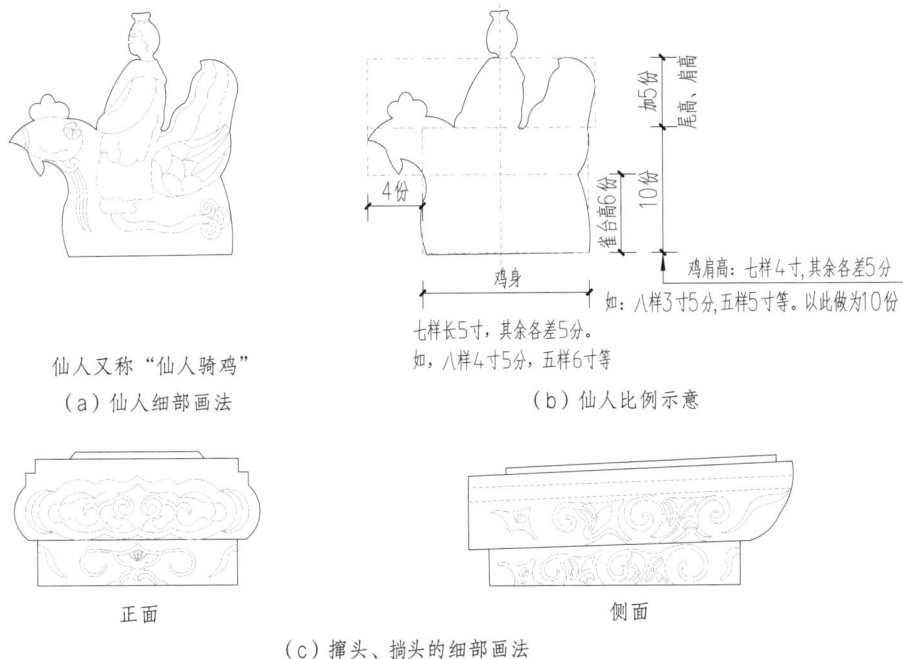

仙人又称"仙人骑鸡"

（a）仙人细部画法

（b）仙人比例示意

4份

鸡身

七样长5寸，其余各差5分。

如，八样4寸5分，五样6寸等

加5份

尾高肩高

10份

雀合高6份

鸡肩高：七样4寸，其余各差5分

如：八样3寸5分，五样5寸等。以此做为10份

正面

侧面

（c）撺头、捣头的细部画法

图A4-1-17　仙人画法及撺头、捣头各部比例及细部画法

A4.2　布瓦屋面

颜色呈深灰色的黏土瓦叫作布瓦。当区别于琉璃屋面时，常被称为黑活屋面或墨瓦屋面。布瓦（黑活）屋面有多种做法，所以人们常根据做法直呼其名，如筒瓦屋面、合瓦屋面、干槎瓦屋面等。布瓦屋面按瓦面形式不同可大致分为筒瓦屋面、合瓦屋面及其他瓦屋面；按苫背材质不同可分为焦渣背屋面、滑秸泥屋面、草顶、金瓦顶、明瓦做法等。

A4.2.1　筒瓦屋面

筒瓦屋面（图A4-2-1）是用弧形片状的板瓦做底瓦，半圆形的筒瓦做盖瓦的瓦面做法。筒瓦屋面用于宫殿、庙宇、王府等大式建筑，以及牌楼、亭、游廊等。

筒瓦屋面的传统做法是，要用灰把底瓦垄与盖瓦垄之间抹严，叫作"夹垄"。还要用灰把每块筒瓦的接缝处用灰勾严，叫作"捉节"，合称"捉节夹垄"。筒瓦表面不再裹抹灰浆。近代出现了"裹垄"做法，即在筒瓦的外表面用灰裹抹成筒状。裹垄做法最初是作为一种修缮手段，不用于新瓦屋面。这种做法不如"捉节夹垄"后的瓦垄清秀，但可以弥补由于筒瓦的质量造成瓦垄不顺的缺点。介于两者之间的做法叫"半捉半裹"，这种做法既能弥补某些筒瓦的参差不齐，又能保持"捉节夹垄"做法的风格。

A4.2.2　合瓦屋面

合瓦在北方地区又叫阴阳瓦。在南方地区叫蝴蝶瓦。合瓦屋面（图A4-2-2）的特点是，盖瓦也使用板瓦，底、盖瓦按一反一正即"一阴一阳"排列。合瓦屋面主要见于小式建筑和华北等地的民宅，大式建筑不用合瓦。在这些地区，只要看屋面是合瓦还是筒瓦，就知道是民房还是庙宇（或王府）。江南地区除了民宅以外，庙宇也有用蝴蝶瓦，其中包括铺灰与不铺灰两种做法。不铺灰者，是将底瓦直接摆在木椽上，然后再把盖瓦直接摆放在底瓦垄间，其间不放任何灰泥。故京城匠人多称此为南方干槎瓦。

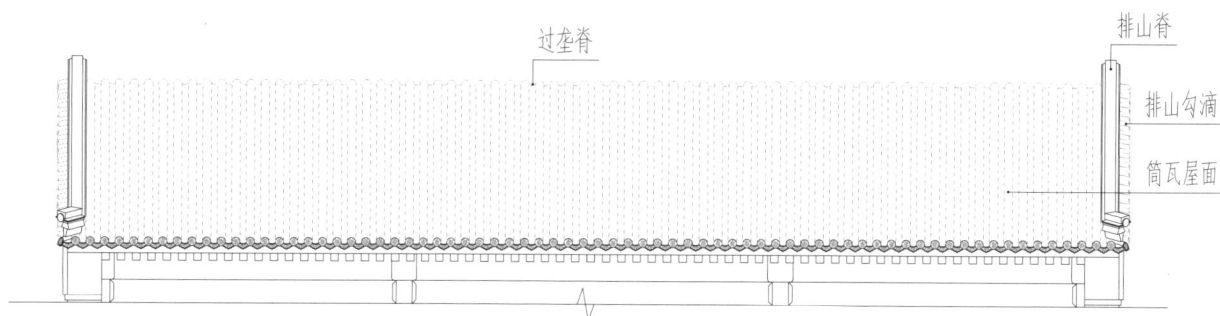

图A4-2-1　筒瓦屋面

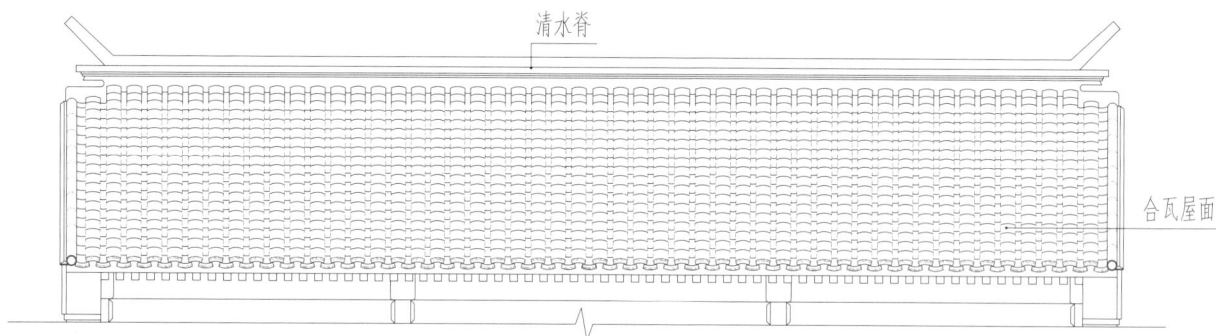

图A4-2-2　合瓦屋面

A4.2.3　其他瓦屋面

A4.2.3.1　仰瓦灰梗屋面

仰瓦灰梗屋面（图A4-2-3）在风格上类似筒瓦屋面，但不做盖瓦垄，而在两垄底瓦垄之间用灰堆抹出形似筒瓦垄，宽约4cm的灰梗。仰瓦灰梗屋面不做复杂的正脊，也不做垂脊，多用于不甚讲究的民宅。

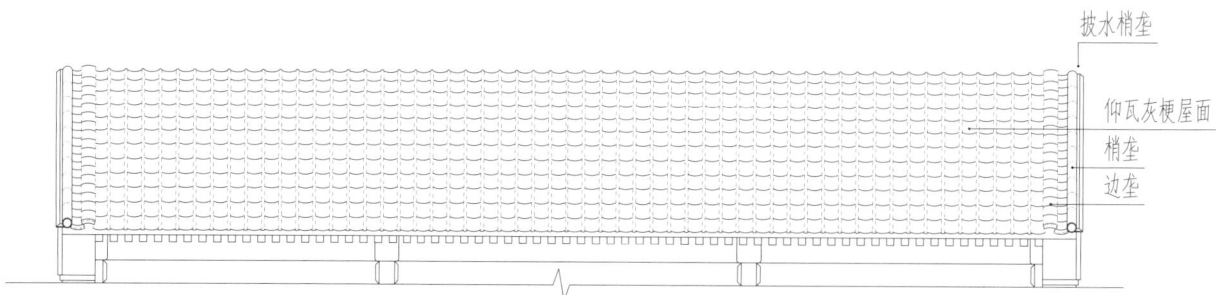

图A4-2-3　仰瓦灰梗屋面

A4.2.3.2　干槎瓦屋面

干槎瓦屋面（图A4-2-4）的特点是没有盖瓦，瓦垄间也不用灰梗遮挡，瓦垄与瓦垄巧妙地编在一起。干槎瓦屋面的正脊和垂脊一般不做复杂的脊件。这种屋面体轻、省料，不易生草，防水性能好。只要木架不变形，泥背不塌陷，极不易漏雨。干槎瓦技术由山西的能工巧匠发明，后流传至河南、陕西、甘肃、河北、山东及北京周边部分地区。

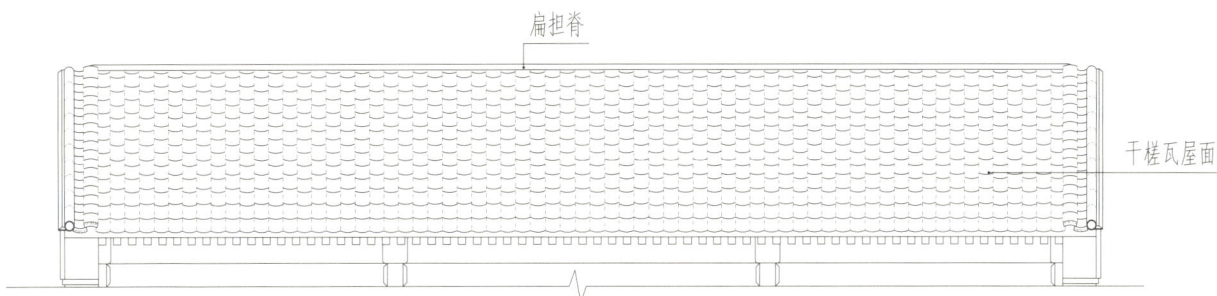

图A4-2-4　干槎瓦屋面

A4.2.3.3　灰背顶

屋顶表面不用瓦覆盖，以"灰背"直接防雨的屋面就是灰背顶（图A4-2-5）。这种做法多用于平台屋顶，但也可用于起脊屋顶。用于起脊房屋时，一般仅用于局部，如用于勾连搭房屋连接处的"天沟"（图A4-2-6），用于盝顶，用于棋盘心屋面等。

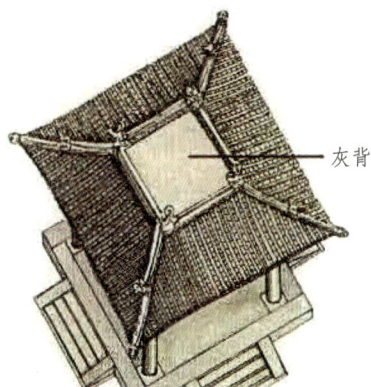

图A4-2-5　灰背顶屋面例一

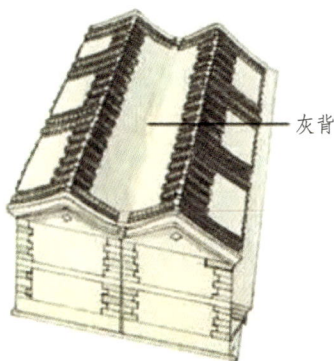

图A4-2-6　灰背顶屋面例二

A4.2.3.4　棋盘心屋面

棋盘心屋面（图A4-2-7）可以看成是在合瓦屋面的中间及下半部挖出一块，改做灰背或石板瓦，这种屋面形式就叫作棋盘心。上部的合瓦垄叫作"麦穗"。棋盘心屋面的正脊一般都做鞍子脊或合瓦过垄脊，垂脊部位仅做边垄、梢垄和分间垄。棋盘心的特点是采取了小面积苫背的方法，所以灰背不易开裂。由于灰背较轻，可以减轻木檩的荷重，所以连许多官式建筑也常在不露明的坡面采用棋盘心做法，尤其是作为修缮手段，这种做法更具有较大的优越性。

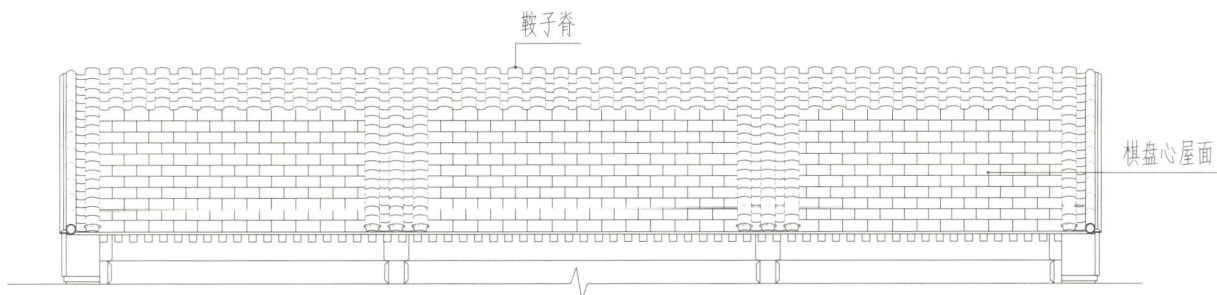

图A4-2-7　棋盘心屋面

A4.2.4　各类苫背材质屋面

A4.2.4.1　焦渣背屋面

焦渣背做法（图A4-2-8）多用于平台屋顶，其风格与"灰平台"相似，但苫背的材料改为焦渣灰。这种做法流行于山西、河北、陕西等地。焦渣背屋面体轻、造价低，并具有较高的强度和刚度。因此明、清时期的铺面房，尤其是粮店和煤铺，常采用这种做法，以便晾晒或存放物品。焦渣背做法是古代建筑施工中废料利用的范例。

图A4-2-8　焦渣背屋面

A4.2.4.2　滑秸泥屋面

这种做法较简单，材料用较纯净的黄土（或掺少量白灰），再掺入麦秆或稻草等。苫好后用铁抹子轧实轧光。屋面做好后，每隔几年补抹一层即可满足使用要求。滑秸泥背屋面是具有悠久历史的屋面做法，随着建筑技术的发展，近年来已不多见。

A4.2.4.3　草顶

草顶（图A4-2-9）又叫茅草房，是用麦秆、稻草或茅草覆盖的屋面。现仅见于边远地区或临时房屋上，但作为一种具有强烈民间风格的屋面形式，对于当今的仿古园林设计，仍可借鉴。

图A4-2-9　草顶屋面

A4.2.4.4　金瓦顶

金瓦顶屋面（图A4-2-10）的突出特点是瓦面具有金灿灿、明晃晃的外观效果。金瓦顶有三种，第一种名为金瓦，实为铜瓦，多见于皇家园林。第二种是铜胎镏金瓦，多见于皇家园林或藏传佛教建筑。第三种是在铜瓦的外面包"金页子"，见于藏传佛教建筑。

图A4-2-10　金瓦顶屋面

A4.2.4.5　明瓦做法

用玻璃覆盖屋面的做法就叫明瓦做法（图A4-2-11）。宫殿建筑中也有用云母片加工而成的，装饰效果更好，但采光稍逊。为了能使屋顶透明，屋面就不能再做木望板及灰泥背了。明瓦做法多用于花房，也可用于有特殊观赏需要的园林建筑。南方建筑常在瓦面中用1~2块明瓦，以便观察天气变化（图A4-2-12）。

图A4-2-11　明瓦屋面案例一

明瓦

图A4-2-12　明瓦屋面案例二

A4.2.5　布瓦屋面的屋脊

A4.2.5.1　正脊

（1）"大脊"

尖山式硬山、悬山建筑屋面的正脊俗称"大脊"（图A4-2-13、图A4-2-14）。

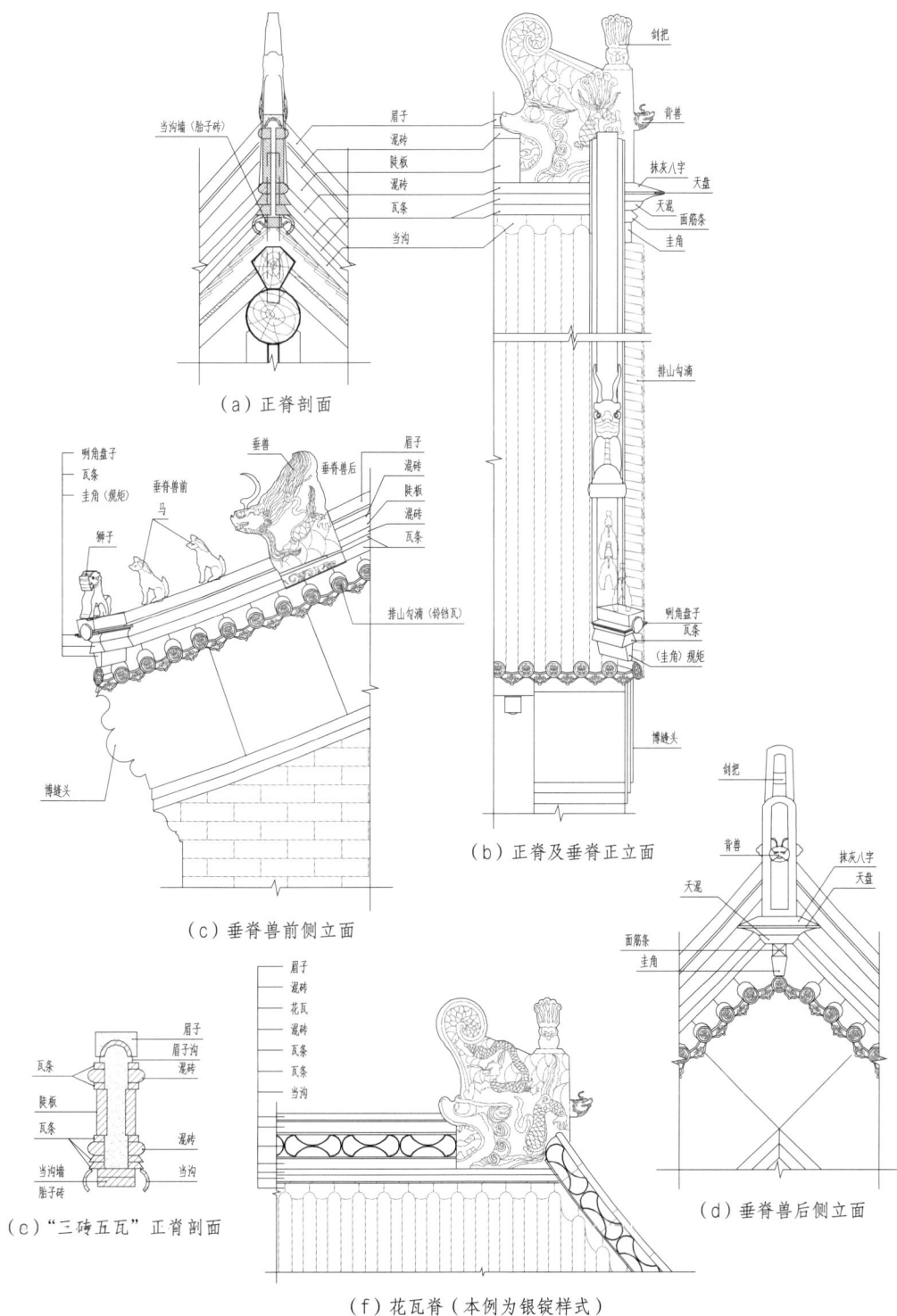

（a）正脊剖面

（b）正脊及垂脊正立面

（c）垂脊兽前侧立面

（c）"三砖五瓦"正脊剖面

（d）垂脊兽后侧立面

（f）花瓦脊（本例为银锭样式）

图A4-2-13　黑活大式尖山式硬、悬山建筑的屋脊（此例为硬山）

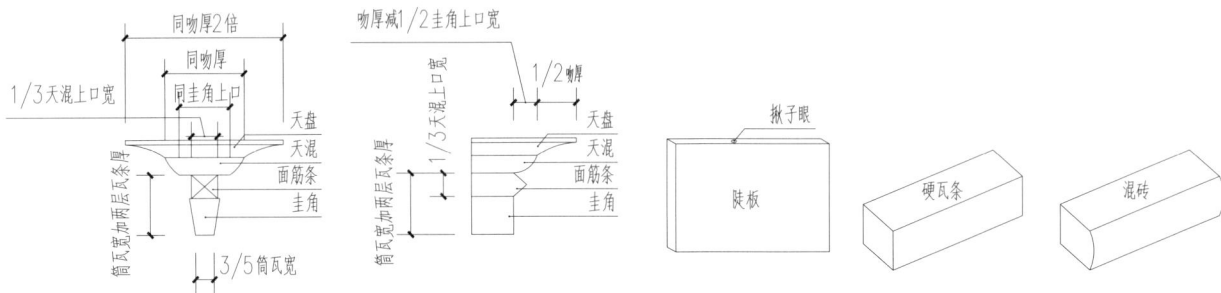

图A4-2-14　黑活大脊的脊件分件 图

（2）鞍子脊

鞍子脊仅用于合瓦（阴阳瓦）或局部做合瓦的屋面，例如棋盘心屋面或底瓦用石板，盖瓦用板瓦的屋面（图A4-2-15）。

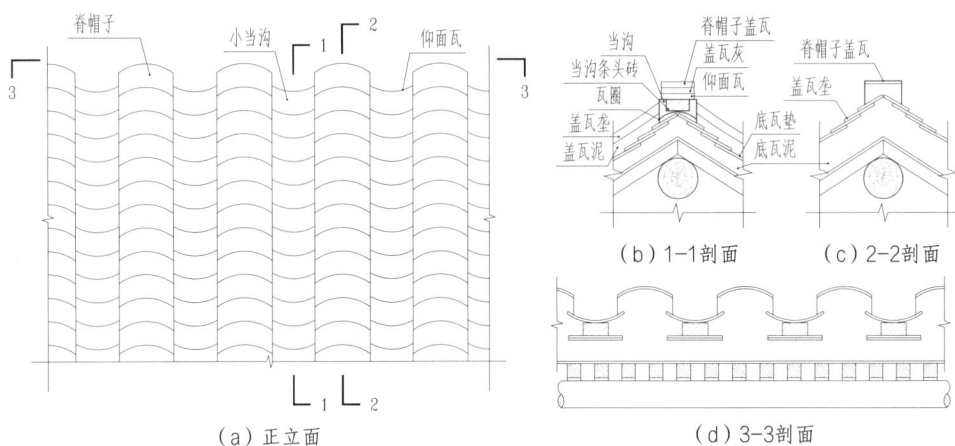

（a）正立面　（b）1-1剖面　（c）2-2剖面　（d）3-3剖面

图A4-2-15　鞍子脊

（3）合瓦过垄脊

合瓦过垄脊做法与鞍子脊做法相似，但底瓦垄内不卡条头砖，也不做仰面瓦（图A4-2-16）。

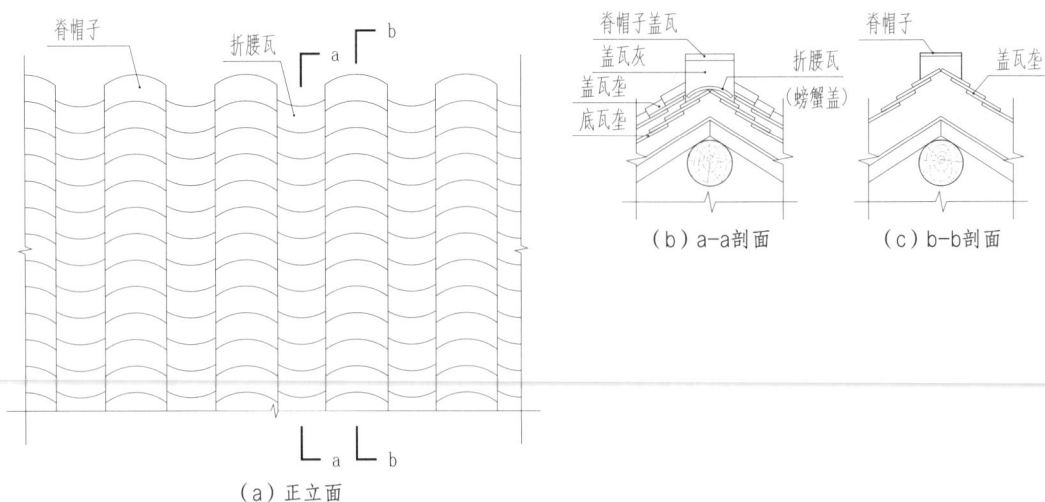

（a）正立面　（b）a-a剖面　（c）b-b剖面

图A4-2-16　合瓦过垄脊

（4）清水脊

清水脊是小式正脊中最复杂的一种。清水脊大多用于合瓦屋面，或用10号筒瓦做成的小式建筑中的影壁和小型砖门楼上（图A4-2-17、图A4-2-18）。

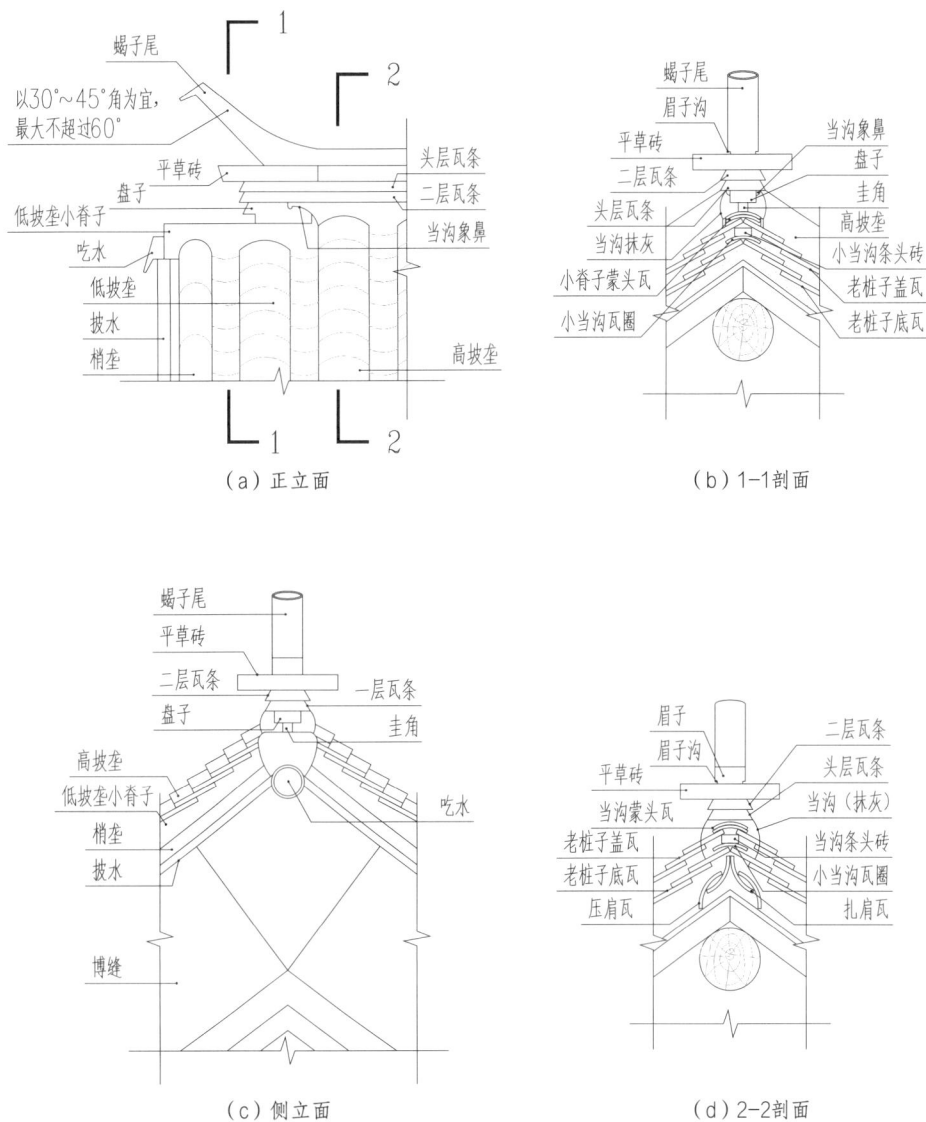

（a）正立面

（b）1-1剖面

（c）侧立面

（d）2-2剖面

图A4-2-17　清水脊

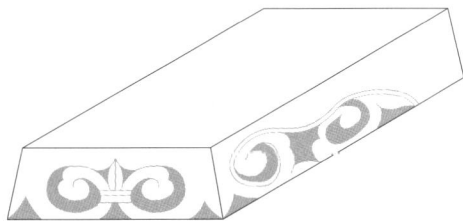

（a）盘子

图A4-2-18　清水脊瓦件分件图

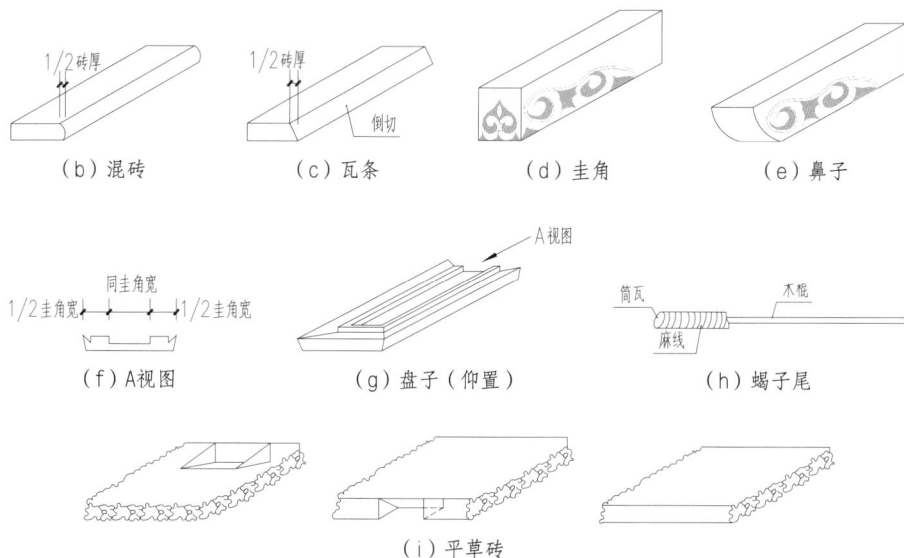

（b）混砖　　　　（c）瓦条　　　　（d）圭角　　　　（e）鼻子

1/2圭角宽　同圭角宽　1/2圭角宽

（f）A视图　　　　（g）盘子（仰置）　　　　（h）蝎子尾

（i）平草砖

图A4-2-18　清水脊瓦件分件图（续）

（5）皮条脊

皮条脊既可以视为大式屋脊，也可以视为小式屋脊。一般情况多为小式，但用于3号及以上的筒瓦坡面，或脊的两端用吻兽时，则为大式做法。其特点是在当沟以上做一层或两层瓦条，瓦条之上做一层混砖，混砖之上不再做陡板，直接做眉子（图A4-2-19）。

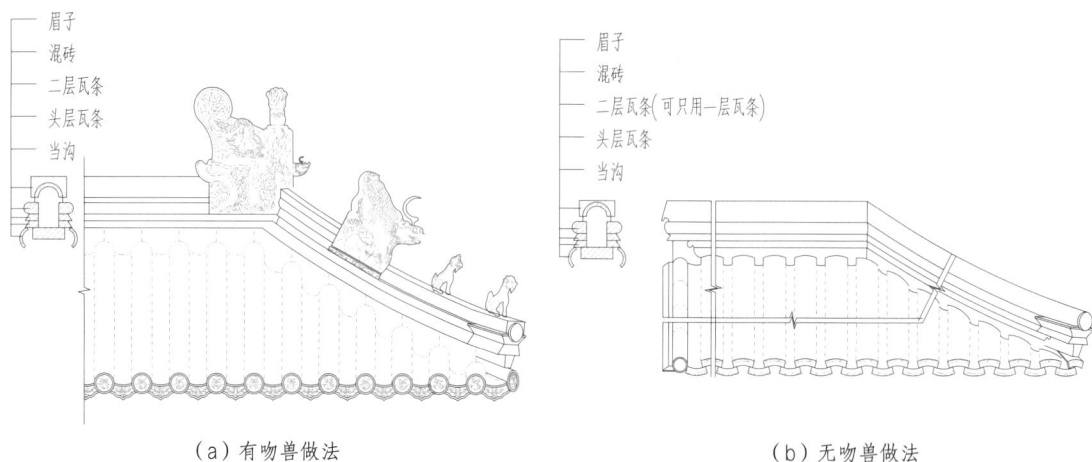

（a）有吻兽做法　　　　　　　　　　　　（b）无吻兽做法

图A4-2-19　皮条脊

（6）扁担脊

扁担脊是一种简单的正脊做法，多用于干槎瓦屋面、石板瓦屋面，也可用于仰瓦灰梗屋面（图A4-2-20）。

（7）小式正脊的合龙什物

占时有在正脊中，即"龙口"位置，放置"迎祥驱邪"物件的风俗。小式建筑在龙口放置的物件大多较简单，大多放置用黄纸和红绸布包好的铜钱，也可以在此基础上适当增加一些物品，如经书、画符等。放置的具体位置为：筒瓦过垄脊放在脊中折腰瓦左侧（正手位）的罗锅瓦下；鞍子脊、合瓦过垄脊放在脊中折腰瓦左侧的脊帽子内；清水脊、皮条脊、扁担脊放在正中位置的脊件内。

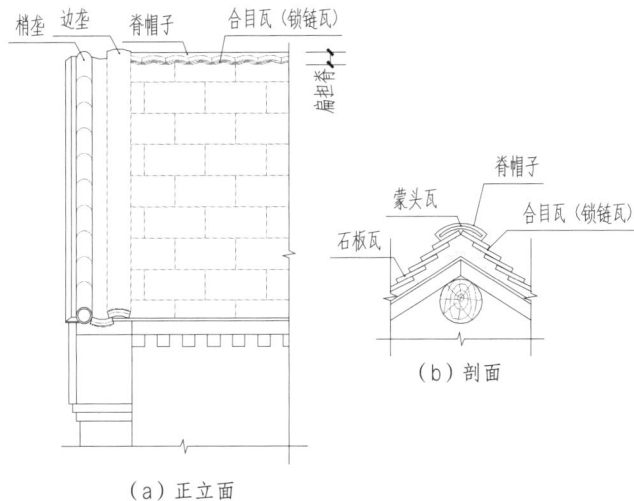

（a）正立面

图A4-2-20　扁担脊

A4.2.5.2　垂脊

（1）铃铛排山脊（图A4-2-21、图A4-2-22）

垂脊下面的排山勾滴俗称"铃铛瓦"，黑活铃铛瓦的做法与琉璃做法大致相同，但勾头之上无顶帽。由于小式铃铛排山脊均为罗锅卷棚形式，因此小式铃铛排山脊都应"滴子坐中"。

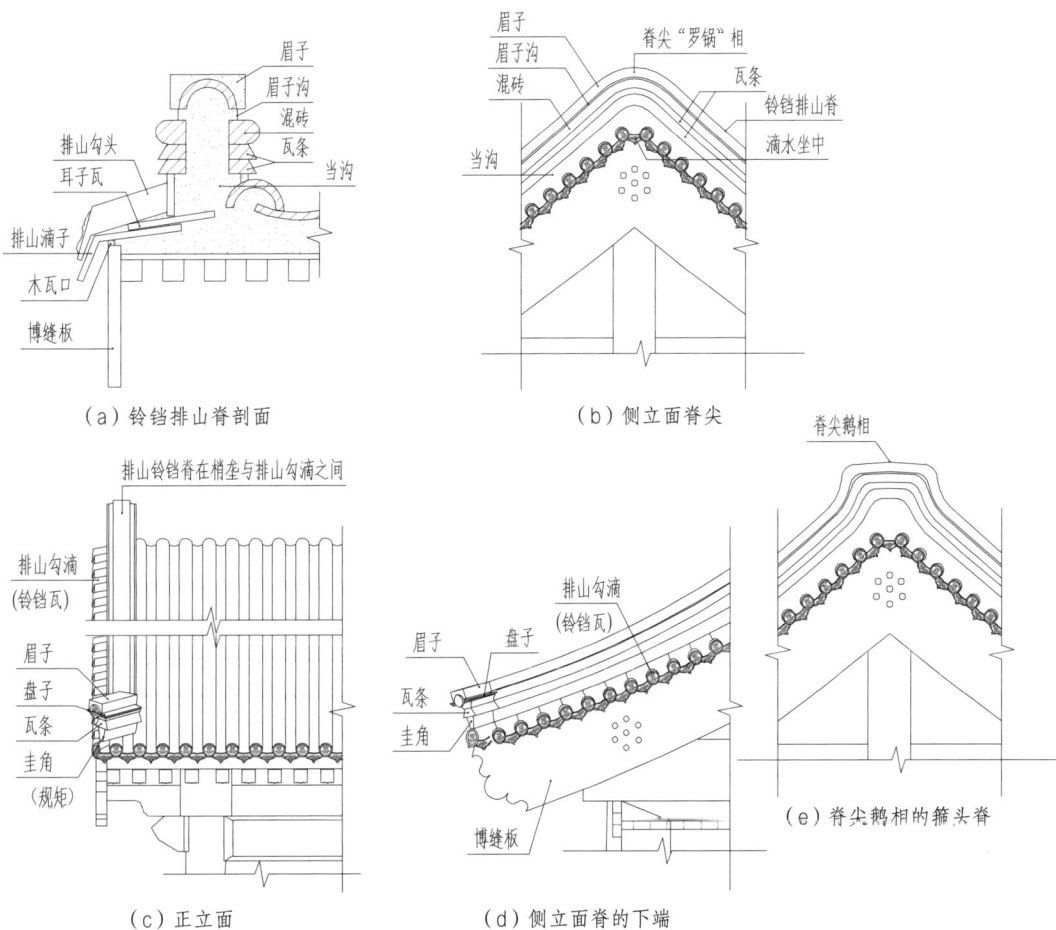

（a）铃铛排山脊剖面　　　　　（b）侧立面脊尖

（c）正立面　　　　　（d）侧立面脊的下端　　　　　（e）脊尖鹅相的箍头脊

图A4-2-21　铃铛排山脊（不带垂兽、小兽）

（a）垂脊兽后剖面　　　　　（b）垂脊兽前剖面

（c）箍头脊兽后与兽前　　　　　（d）过垄脊及垂脊正立面

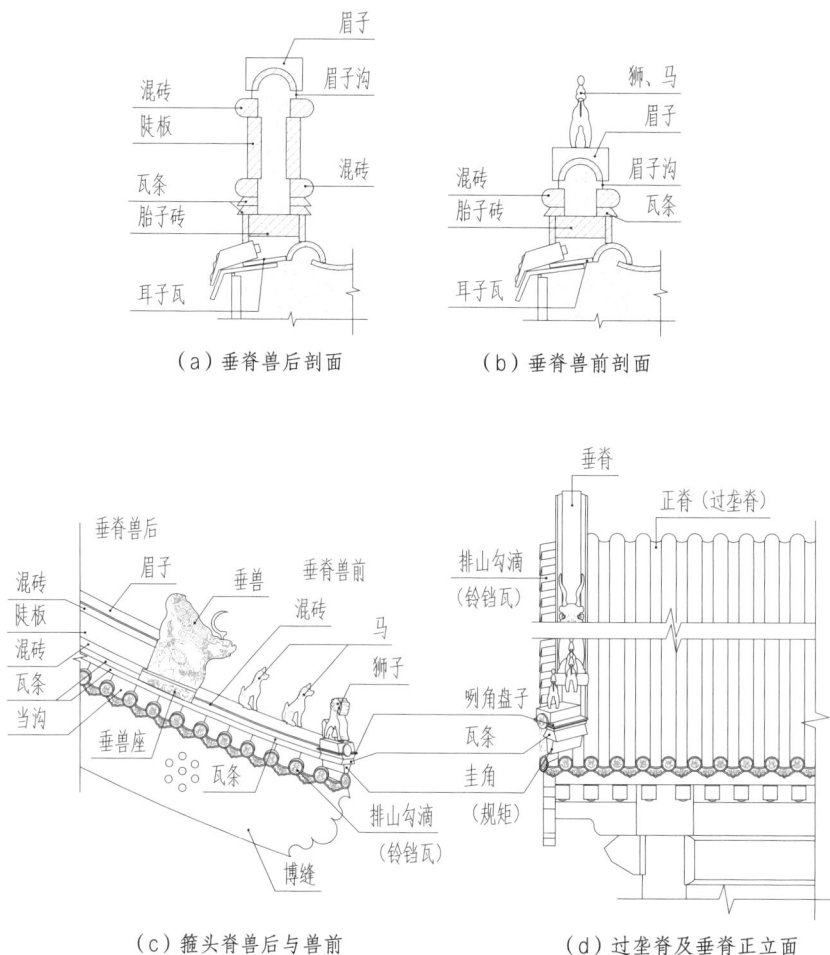

图A4-2-22　铃铛排山脊（带垂兽、小兽）

排山铃铛脊的用法：①铃铛排山脊多用于筒瓦屋面（10号瓦除外），也可用于做法讲究的合瓦屋面。②采用了排山脊做法的，无论是在同一个屋面上还是在同一个院中，都不能再采用清水脊。也就是说，清水脊和排山脊这两种形式，不应同时出现在一个院中（不包括垂花门等勾连搭屋面），尤其是不应出现在同一个屋面上。

（2）披水排山脊

披水排山脊不做排山勾滴（铃铛瓦），在博缝之上砌一层披水砖檐。瓦面的梢垄应压住披水檐，但最多不超过砖宽的1/2（图A4-2-23）。

披水排山脊的用法：①合瓦屋面多采用披水排山脊，做法讲究的也可采用铃铛排山脊。②屋面采用10号筒瓦且屋脊为小式做法时，多采用披水排山瓦。③当排山脊外有建筑物与其相挨时，例如耳房与正房相挨，院墙墙帽与门楼相挨，或牌楼次楼与明楼高栱柱相挨时，应改用披水排山脊做法，而不应再用铃铛排山做法。

A4.2.5.3　戗脊

戗脊的基本做法与垂脊相同。但应注意：①高度不应超过垂脊；②戗脊的当沟外形多抹成半圆形或"荞麦棱"；③规矩盘子坐在翼角转角处的斜勾头之上。

A4.2.5.4　博脊

小式和大式的博脊做法相同（图A4-2-24）。

（a）剖面图

（b）脊尖部分

（c）正立面图

（d）脊的下端

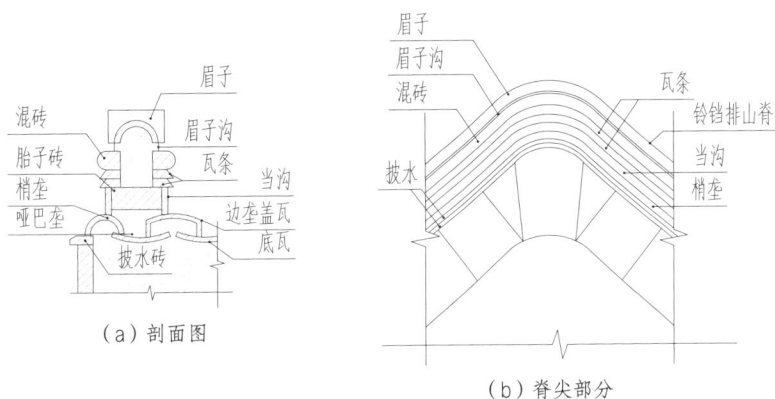

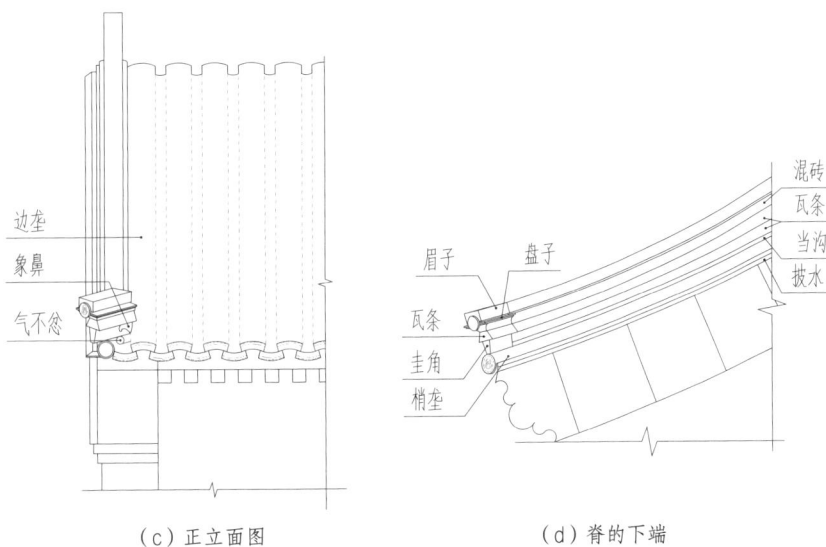

图A4-2-23 小式黑活披水排山脊（以硬山为例）

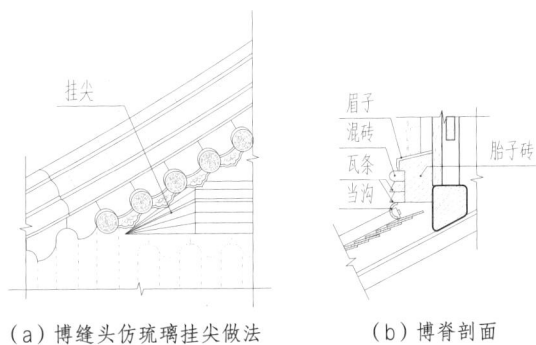

（a）博缝头仿琉璃挂尖做法

（b）博脊剖面

图A4-2-24 黑活歇山博脊做法

A4.2.5.5 攒尖屋面的屋脊

（1）宝顶的造型大多为宝顶座加顶珠的形式。当宝顶较矮时，往往只做成须弥座形式而不做顶珠（图A4-2-25）。

（2）垂脊

攒尖建筑的垂脊与小式馂脊做法相同，其基本瓦件是：当沟之上砌两层瓦条，瓦条之上砌混砖，混砖之上是筒瓦，筒瓦外抹眉子。垂脊前端的圭角、盘子等应为直盘子和直圭角。

（a）不做顶珠，仅做须弥座　　（b）顶座不用须弥座，仅为　　（c）顶座为须弥座式的
　　　　　　　　　　　　　　　　几层线脚　　　　　　　　　　黑活宝顶尺寸比例

注：全高按 2/5 檐柱高；楼阁或柱高较高的，可按 1/3 檐柱高；山上建筑、高台建筑、重檐建筑，可按 1/2 ～ 3/5 檐柱高。

图A4-2-25　黑活宝顶的组合与尺度

A4.2.6　黑活瓦件的变化规律及选择依据

A4.2.6.1　筒、板瓦的尺寸

筒、板瓦的尺寸历代都有变化，总的趋势是越变越小。至清代，瓦的尺寸基本定型。清代以后至今，筒瓦的宽度变化较小，但筒瓦的长度、板瓦的宽度与长度等，则变化较大。此处仅列出官式建筑瓦件尺寸（表A4-2-1）。

官式建筑布瓦尺寸表（单位：cm）　　　　　　　　　表A4-2-1

名称		现行常见尺寸		清代官窑尺寸	
		长	宽	长	宽
筒瓦	头号筒瓦（特号或大号筒瓦）	30.5	16		
	1 号筒瓦	21	13	（35.2）	（14.4）
	2 号筒瓦	19	11	（30.4）	（12.16）
	3 号筒瓦	17	9	（24）	（10.24）
	10 号筒瓦	9	7	（14.4）	（8）
板瓦	头号板瓦（特号或大号板瓦）	22.5	22.5		
	1 号板瓦	20	20	（28.8）	（25.6）
	2 号板瓦	18	18	（25.6）	（22.4）
	3 号板瓦	16	16	（22.4）	（19.2）
	10 号板瓦	11	11	（13.76）	（12.16）

注：勾头（不包括瓦头）比同规格筒瓦长2cm；滴水（不包括瓦唇）、花边瓦（不包括瓦头）比同规格板瓦长2cm；板瓦宽指大头宽。

A4.2.6.2　黑活瓦件的选择依据及尺寸关系（表A4-2-2）

黑活瓦件的选择及尺度关系　　　　　　　　　表A4-2-2

项目	选择依据或尺度关系
筒瓦	1. 选择与椽径相近的筒瓦宽度，宜大不宜小。如椽径6cm时，可用 10 号瓦（宽约7cm），椽径宽10cm时，可用 2 号（宽约11cm）。另视建筑的用途酌定。如用于庙宇可偏大，用于园林可偏小。 2. 影壁、院墙、砖石结构的小型门楼，按檐口高确定。3.2m以下者，用 10 号瓦（大式可用 3 号瓦），3.8m 以下者，用 2 或 3 号瓦；3.8m 以上者，用 2 号瓦

项目	选择依据或尺度关系
筒瓦	3. 牌楼：一般用 2 号或 3 号瓦。 4. 无椽子的仿古建筑按檐口高度确定。3m 以下者可用 10 号瓦，4m 以下者可用 3 号瓦，5m 以下者可用 2 号瓦，6 ~ 8m 可用 1 号瓦，8m 以上可用特号瓦
合瓦、干槎瓦	1. 按椽径：椽径 6cm 以下时，用 3 号瓦；椽径 6 ~ 8cm 时，用 3 或 2 号瓦；椽径 8 ~ 10cm 时，用 2 号瓦；椽径 10cm 以上用 1 号瓦。 2. 无椽者，投檐口高。2.8m 以下用 3 号瓦，3m 以下用 2 或 3 号瓦，3.5m 以下用 2 号瓦，3.5m 以上用 1 号瓦
大式正脊全高（从底瓦垄至眉子或扣脊筒瓦）	1. 按檐柱高的 1/6 ~ 1/5 定高。其中，当沟高约同筒瓦宽。瓦条与混砖每层为 5 ~ 7cm。眉子高为 7 ~ 9cm（1/2 筒瓦宽加 2cm）。其余为陡板高的尺寸，根据砖的实际尺寸进行调整，最后确定。如柱高 5m，脊高暂定 1m，内除当沟 13cm，瓦条混砖（四层）共 28cm，眉子 9cm，陡板高度为 50cm。用尺四方砖，陡板实际高度调整为 40cm，如必须定为 50cm 时，陡板可用两层砖（如方砖上加条砖）。 2. 按檐柱高的 2/7 ~ 2/5 定吻高，然后按正吻的吞口高度决定陡板高度。陡板加一层混砖的总高度应等于吞口高度。如柱高 5m，选用高 1.5m 的正吻，吞口高约 50cm，减去一层混砖的高度，陡板应为 43cm 高。其他层次如混砖、瓦条等按实际厚度计算，每层也可按一层砖厚计算。 3. 无柱子的仿古建筑：用 10 号瓦者，陡板高 8 ~ 10cm；用 3 号瓦者，陡板高 10 ~ 13cm；用 2 号瓦者，陡板高 13 ~ 18cm；用 1 号瓦者，陡板高不低于 20cm；用特号瓦者，陡板高不低于 35cm。其他层次如混砖、瓦条等，均按实际厚度计算，每层也可按一层砖厚计算。 4. 影壁、小型砖结构门楼：按檐口高。3m 左右，陡板高 8 ~ 10cm；4m 左右，陡板高 10 ~ 13cm；4m 以上，陡板高 13 ~ 18cm。混砖、瓦条等按实际厚度计算，每层也可按一层砖厚计算。 5. 牌楼：用 3 号瓦者，陡板高可为 13 ~ 18cm；用 2 号瓦者，陡板高可为 15 ~ 20cm。混砖、瓦条等按实际厚度计算，每层也可按一层砖厚计算
宝顶	1. 宝顶全高（当沟下皮至宝顶上皮）：按 2/5 檐柱高；柱高超过 9 尺（3m）的，可按 1/3 檐柱高；山上建筑、高台建筑、重檐建筑，可按 1/2 ~ 3/5 檐柱高。 2. 宝顶座高：不小于 6/10 全高。 3. 宝顶珠高：不大于 4/10 全高。 4. 宝顶宽：按高的 4/10 ~ 5/10
正吻	1. 按脊高定吻高。先计算出正吻吞口应有的高度，这个高度应等于陡板高加一层混砖高，按吞口与正吻高的比例，得出正吻应有的高度。如陡板高 30cm，混砖 7cm，则吞口的理想高度为 37cm。吻高应为吞口高的 3 倍以上，因此应选择高 1.11m 以上的正吻。在没有合适的正吻时，应选择稍小一些的正吻，相差的尺寸可通过垫高正吻进行调整。 2. 按柱高定吻高。吻高约为柱高的 2/7 ~ 2/5，选用与此范围尺寸相近的正吻。 3. 正吻全高应为吞口高的 3 ~ 4 倍，相同的吞口尺寸。正吻高度可有变化。选择时按下列原则决定： ①房高坡大者或重檐建筑宜选择高的。②体量较小的建筑宜选择低的。③同一院内，瓦号相同，吻高宜有所区别，正房宜选择高的。 4. 影壁、牌楼、墙帽上的正吻：①吞口尺寸宜小于陡板和一层混砖的总高。②正吻全高一般不超过吞口高的 3 倍。 5. 墙帽正脊一般不用陡板，正吻（或合角吻）吞口尺寸应等于一层混砖加一层瓦条（或无瓦条）的高度。 6. 黑活正吻的规格种类较少，而脊的高度变化较大，大多不能配套。一般不用大吻配小脊，而应小吻配大脊，相差的部分用砖垫平，表面用灰抹平。 7. 黑活影壁、牌楼上的正脊正吻与琉璃影壁、牌楼上的正脊正吻不同之处是：琉璃影壁、牌楼上的正脊和正吻都应降低高度。但黑活影壁、牌楼上的正脊一般不降低，只降低正吻的高度
正脊兽（望兽或带兽）	1. 正脊的眉子高不超过正脊鲁的"雀台"（或兽爪），即应符合"带不淹瓜"的规矩要求。 2. 正脊兽不常用，一般仅限于城楼或少数牌楼及门楼
大式垂脊兽后	1. 正脊为大脊做法时：垂脊斜高应等于或稍小于正脊高，然后找出垂脊的实际高度。例如正脊高为 60cm，垂脊斜高也为 60cm，垂脊实际高度为 50cm。内除当沟 12cm，瓦条、混砖共 28cm，眉子 9cm，则陡板高度为 21cm。 2. 正脊为过垄脊做法时：按瓦的规格，另视建筑体量及重要程度确定。除陡板外，所有脊件按实际厚度累加。陡板高：用 10 号瓦时陡板高 6 ~ 8cm；用 3 号瓦时陡板高 8 ~ 10cm；用 2 号瓦时陡板高 10 ~ 14cm；用 1 号瓦时陡板高不低于 16cm；用特号瓦时陡板不低于 20cm。 3. 如果垂兽较小，垂脊眉子超过了垂兽的兽爪高度，应适当降低，使之符合"垂不淹爪"的原则。必要时也可在兽座上适当垫灰，抬高垂兽
垂兽	1. 垂脊中的两层混砖、陡板、眉子的总高度与垂兽全高（至发尖）之比应为 2：5，与垂兽高（至眉毛）之比为 3：5。 2. 垂脊位置：有桁檩的：①硬山、悬山，在正心桁位置（无斗栱者为檐檩位置）。②歇山，在挑檐桁位置（无斗栱者为檐檩位置）。③庑殿、攒尖建筑，在角梁上，具体位置根据狮、马所占长度决定。无桁檩的：一般可按兽前占 1/3，兽后占 2/3 计算，垂兽在分界处。坡长较短或过长的应按狮、马所占实际长度决定
大式戗脊兽后	不超过垂脊高，可略矮

项目	选择依据或尺度关系
戗兽（岔兽）	1. 与垂脊相同或稍小。 2. 戗兽位置：①有桁檩的：在挑檐桁搭交处，也可顺角梁方向往前稍移（不超过一个兽的距离）。②无桁檩的：应与垂兽在同一条直线上，或稍靠前
围脊	以围脊总高不超过额枋下皮为原则，按额枋下皮至底瓦垄的实际高度确定各层高度。主要通过陡板高和眉子的泛水大小进行调整。如距离较短无法满足要求时，瓦条可只用一层，也可不用陡板（如不用陡板，混砖也只用一层）
合角吻	1. 按陡板和一层混砖的总高定吞口尺寸。然后选择吞口尺寸与此相近的合角吻，宜小不宜大。 2. 吞口尺寸与合角吻高之比约为 1 ：2.5 或 1 ：3。 3. 如不用陡板，吞口尺寸应等于一层混砖加一层瓦条（或无瓦条）的高度。 4. 如因木构件高度所限，应选择小规格的合角吻，吞口尺寸不足时可用砖灰垫平。 5. 黑活合角吻的规格种类较少，大多不能配套。可采用垫高合角吻的做法，垫砖的外表面用灰抹平
合角兽	1. 眉子或扣脊筒瓦不超过合角兽的"雀台"（或兽爪）。 2. 正脊用正脊兽者，围脊就用合角兽
下檐角脊兽后	做法与围脊相同，但其斜高不应超过围脊，根据斜高确定角脊的实际高度
角兽 （下檐岔兽）	1. 两层混砖、陡板和眉子的总高度与岔兽全高之比应为 2 ：5，与岔兽（量至眉）之比为 3 ：5。 2. 岔兽位置：在角梁上，具体位置根据狮、马所占长度决定
套兽	应选择与角梁宽度（两椽径）相近的宽度，宜大不宜小。如角梁宽 20cm，可选用宽稍大于 20cm 的套兽
狮子、马	1. 第一个用狮子（抱头狮子），从第二个开始，无论几个，都要用马（海马）。 2. 狮、马高（量至脑门）约为兽高（量至眉）的 6.5/10。 3. 数目决定： ①狮、马应为单数，狮子计入在内（注：这与琉璃不同，琉璃小兽前的仙人不计数）。 ②一般最多放 5 个，极特殊情况下可放 7 个。 ③每柱高二尺放一个，不便按柱高的，按兽前实际长度分配，要单数，另视等级和出檐决定。 ④同一院内，柱高相似者，可因等级、出檐之不同而有差异。 ⑤墙帽、牌楼、小型门楼等坡长较短者，可用 2 个或 1 个
博脊及各种 小式屋脊	1. 脊高按实际做法逐层累加计算。 2. 降低高度的方法：①只用一层瓦条。②适当减少当沟和眉子的高度。③瓦条和混砖可降至 4cm

木材的选择与设计 附录B

B1 概述

建筑承重构件用材的要求，一般来说最好是：树干长直、纹理平顺、材质均匀、木节少、扭纹少、能耐腐朽和虫蛀、易干燥、少开裂和变形、具有较好的力学性能，并便于加工。但能完全符合这些条件的树种是有限的，在设计中，应按就地取材的原则，结合实际经验，在确保工程质量的前提下，以积极、慎重的态度，逐步扩大树种的利用。

结构用材可分两类：针叶材和阔叶材。一般来说，针叶树年轮较阔叶树为疏，木色较浅，早晚材的分别较诸阔叶树鲜明，含有松香胶质，由于阔叶树成长慢、产量少，难得长而直的木材，所以承重的木构件多用针叶树。我国常用的建筑木材树种有红松、白松、黄花松、杉木等。其中红松质量较好，易干燥，不易开裂，变形性小。白松易干燥，但收缩性较大，干燥后不易变形。黄花松的强度虽高，但干燥较慢，易开裂，特别是在干燥过程中容易产生径向轮裂，它的耐腐性较好。杉木虽强度较低，但耐腐性强，很少受虫蛀，常可做原木构件。这些木材的共同特点是纹理顺直，木质较软，力学性能较好，易得到长材，而且便于加工，密度也比较小，因此，这些木材都能用来配制大木构件。大部分阔叶树致密，木质较硬，加工较难，易翘裂、纹理美观。如柞木、色木、桦木、椴木等，可用于小木作工程。

木材在使用前应详细检查是否有腐朽，疤节、虫蛀、变色、劈裂及因其他创伤断纹等疵病，若有某项严重缺陷，必须剔除不用。另外，用料时要有计划按建筑物的构件尺寸规格适当使用，以免发生大材小用，长材短用，优材劣用等不良现象。

B2 常用木材

我国各地区可供选用的常用树种如下[①]：

（1）黑龙江、吉林、辽宁、内蒙古：红松、松木、落叶松、杨木、云杉、冷杉、水曲柳、桦木、椵栎、榆木。

（2）河北、山东、河南、山西：落叶松、云杉、冷杉、松木、华山松、槐树、刺槐、柳木、杨木、臭椿、桦木、榆木、水曲柳、椵栎。

---

① 参见：本书编委会. 木结构设计手册[M]. 3版. 北京：中国建筑工业出版社，2005：6.

（3）陕西、甘肃、宁夏、青海、新疆：华山松、松木、落叶松、铁杉、云杉、冷杉、榆木、杨木、桦木、臭椿。

（4）广东、广西：杉木、松木、陆均松、鸡毛松。罗汉松、铁杉、白椆、红椆、红锥、黄锥、白锥、檫木、山枣、紫树、红桉、白桉、拟赤杨、木麻黄、乌墨、油楠。

（5）湖南、湖北、安徽、江西、福建、江苏、浙江：杉木、松木、油杉、柳杉、红椆、白椆、红锥、白锥、栗木、杨木、檫木、枫香、荷木、拟赤杨。

（6）四川、云南、贵州、西藏：杉木、云杉、冷杉、红杉、铁杉、松木、柏木、红锥、黄锥、白锥、红桉、白桉、桤木、木莲、荷木、榆木、檫木、拟赤杨。

（7）台湾：杉木、松木、台湾杉、扁柏、铁杉

B3 传统建筑常用木材的种类和特性[①]

我国古建筑多以木结构为主，木材的使用量占建筑材料总量的50%~60%，木材材质的选择直接影响着建筑结构安全质量标准和使用年限。在古代建筑中常用的木材树种有针叶类和硬杂阔叶类，还有一些较为高档的树种。通常我们会把抗压、抗拉、抗剪、弹性模量较强、耐腐蚀、耐糟朽的木材用于结构受力的构件，相对较为柔软不易变形的木材用于门窗与装饰装修上。在北方的古建筑中结构用材大部分以东北、华北、西北的落叶松、鱼鳞松、柏木、铁杉、黄杉、樟子松、西伯利亚落叶松等松木为主，其中也有榆木、柞木、槐木、青蜡、水曲柳等硬杂类树种，还有柳桉和一些较高档的樟木、楠木等南方树种。这些树种在材质上都是抗压、抗拉、抗剪、弹性模量较强的。针叶类松、柏、杉木等树种多松脂不易糟朽，一些硬杂木具有特殊的芳香树脂也是不易糟朽树种。通常我们在考虑结构构件材质时，会以落叶松的抗压、抗拉、抗剪、弹性模量最低数值作为基本数值参考，大于该数值且不易糟朽的木材才能作为结构用材。同样如此装修装饰用材，我们会考虑那些不易变形不易糟朽比较柔软的木材，或采用纹理美观、质地考究的高档硬木材质。装修装饰木材抗压、抗拉、抗剪、弹性模量的数值相对于结构用材是可以低一些的。常用的木材种类有红松、红皮云杉、马尾松、雪松、白松、杉木、椴木等，纹理美观的软、硬杂木有黄波罗、水曲柳、榆木、秋木、臭椿等，还有材质高档的楠木、樟木、红木、紫檀、花梨等（表B3-1-1、表B3-1-2）。近年来由于我国林木业保护性开发，古建修缮和仿古建筑所需的大径级木材稀缺，无法满足需要，只能采用一些进口木材。对于进口木材的品类材质性能要通过权威木材检验部门进行检测实验，检测的各类数据与耐腐性不得低于我国本地结构用材和装修用材的各项数值。

木作工程常用针叶树（裸子植物）特性

表B3-1-1

树种	别名	主要产地	特性	主要用途
红松	果松/海松/朝鲜松/东北松	长白山/小兴安岭	边材浅黄褐色，心材淡玫瑰色，年轮均匀，材质较软，纹理直，干燥性良好，不易翘曲、开裂，耐久性强，易加工	屋架/檩条/门窗
鳞松	鱼鳞云杉/鱼鳞松/白松	东北	树皮灰褐色至暗棕色，多呈鱼鳞状剥层。木材浅驼色略带黄白色。质轻，纹理直，结构细而均匀，易干燥易加工	门窗/地板
樟子松	蒙古赤松/海拉尔松	大兴安岭	边材黄白色，心材浅黄褐色。较红松略硬，纹理直，结构中等，耐久性强	

[①] 参见：李浈. 中国传统建筑形制与工艺[M]. 3版. 上海：同济大学出版社，2015：24.

树种	别名	主要产地	特性	主要用途
马尾松	本松／松树／松材／宁国松	长江以南	外皮深红褐色微灰，内皮枣红色微黄。材质中硬，纹理直斜不均，结构中至粗，不耐腐	门窗／橡条／地板等
落叶松	黄花松	东北	树皮暗灰色，内皮淡肉红色。材质硬，耐磨耐腐性强，干燥慢，干燥过程中易裂	檩条／地板／木桩等
臭冷杉	臭松／白松	东北／河北／山西	树皮暗灰色，材色淡黄色略带褐色。质轻，纹理直，结构略粗，易干燥易加工	
杉木	建杉／广杉／西杉／杭杉／徽杉／东湖木／西湖木	长江流域以南	树皮灰暗色，内皮红褐色，纹理直而均匀，结构中等或粗，易干燥，不翘裂，易加工，耐腐性强	屋架／檩条／椽子／望板／地板／门窗等

木作工程常用阔叶树（被子植物）特性

表B3-1-2

树种	别名	主要产地	特性	主要用途
柏木	柏树／垂丝柏／璎珞柏	中南／西南／江西／浙江／安徽	树皮暗红褐色，边材黄褐色，心材淡橘黄色。材质致密，年轮不明显，木材有光泽，纹理直或斜，结构细，干燥易裂，耐久性强	门窗／细木装修
香樟	樟木／乌樟／小叶樟	长江以南	皮黄褐略带灰，质软。边材宽、黄褐色至灰褐色：心材红褐色。结构细，易加工。干燥后不易变形，耐久性强	弯椽／木雕／家具／细木装修
柚木		广东／台湾／云南	材黄褐有光泽，花纹美丽，材直，性能稳定，硬度中等，易加工，耐磨损，不易变形。有"木王"之称	家具
水曲柳		东北	树皮灰白色，肉皮淡黄色，干后浅驼色。材质光滑，花纹美丽，结构中等。不易干燥，易翘裂，耐腐性强	扶手／地板等
楸木	核桃楸	东北	干燥不易翘曲，用于小木作。皮暗灰褐色，边材较窄，灰白色带褐，心材淡灰褐色稍带紫	
板栗	栗木	华中／华东／中南	树皮灰色，边材浅灰褐色，心材浅栗褐色。材质硬，纹理直，结构粗，耐久性强	承重梁／梁垫／地板／扶手等
麻栎	橡树／青冈／柞树／栎材／蒙古栎	北起辽宁南至广东	树皮暗灰色，内皮米黄色，边材暗褐色，心材红褐色至暗红褐色。材质坚硬，纹理直或斜，结构粗，耐磨	枋材／地板／扶手等
柞木	蒙古栎／橡木	东北	外皮黑褐色，内皮灰褐色，边材淡黄白色带褐，心材暗褐色微黄。坚质，直纹或斜纹，结构致密耐磨。不易锯解，切面光滑	少用
青冈栎	铁槠／青椆	长江以南	外皮深灰色，内皮似菊花状，木材呈灰褐至红褐。质硬纹直，结构中等，耐腐性强，不易加工。切削面光滑	少用
色木	槭树／枫树	东北／华北／安徽	树皮灰褐色，内皮淡橙黄色，木材淡红褐色，常呈现灰褐色斑点或条纹。纹理直，结构细，耐磨	家具／细木装修
桦木	白桦	东北	树皮粉白色，老龄时灰白色呈片状剥落内皮肉红色，材色呈黄白色略带褐。纹理直，结构细，易干燥不翘裂，切削面光滑，不耐磨	承重梁／梁垫

B4　木材的构造[①]

　　树木由树根、树干和树冠（包括枝和叶）三部分组成，建筑用材主要取自树干。横切树干可以看到，树干是由树皮、形成层、木质部（包括边材和心材）和髓心组成。树皮是裹在木材的干、枝、根次生木质

---

① 参见：李浈. 中国传统建筑形制与工艺[M]. 3版. 上海：同济大学出版社，2015：22.

部外侧的全部组织。形成层是一层很薄的组织，位于树皮和木质部之间，它向外分生韧皮细胞形成树皮，向内分生木质细胞形成木质部。木质部位于形成层和髓心之间，来源于形成层的分裂生长，其中树干中心部分颜色较深的称为心材，心材外颜色较浅的叫边材。髓心位于树干中心，组织松软，强度低，易干裂易腐朽。

木材主要切面是横切面、径切面和弦切面，见图B4-0-1。横切面是指与树干或木纹方向垂直锯割的切面，在这个切面上，木材的各种分子的形象和排列情况都清楚地反映出来，是观察和识别木材的主要切面。径切面是指平行于树干或纹理，沿木射线并与年轮成垂直方向切取的切面。弦切面是指平行于树干或纹理而与年轮相切的切面。径切面与弦切面统称为纵切面。

木材有各种各样的结构和纹理。结构不均匀的木材，花纹美丽；结构均匀的木材花纹较差，但容易旋切，刨削光滑。纹理可根据年轮的宽窄和变化缓急分粗纹理和细纹理，或根据纹理的方向分为直纹理、斜纹理和乱纹理。直纹理的木材强度大，易加工；斜纹理和乱纹理的木材强度低，不易加工，刨削面不光滑，易起毛刺。

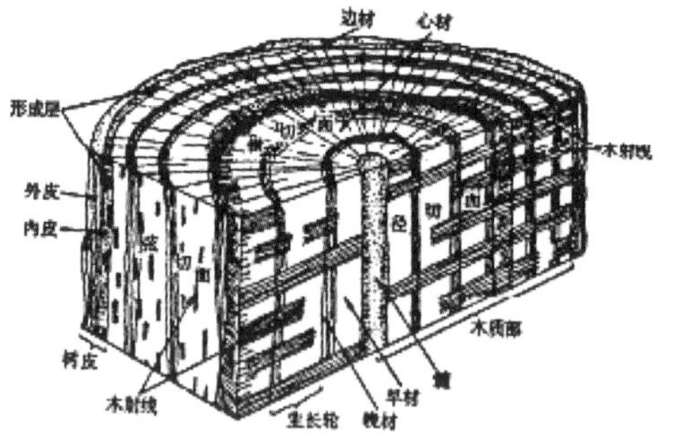

图B4-0-1　木材的正交三向切面图

资料来源：本书编委会《木结构设计手册》（第3版）

B5　木材的物理性能和强度变化

木材是自然生长的天然材料，把树木截成段、锯解开就可以看到木材的构造，有树皮、有增长的年轮，树木截面的内外可分成头标、二标、髓芯等部位，木材是由许多管状细胞组织构成的纤维状有机物体。由于树木生长的自然条件不同，或朝阳背阴的环境不同，同种木材的质地也会有所不同，木材的阴面年轮木筋比较密实、弹性与抗拉较强，阳面年轮木筋比较稀疏、抗拉较弱。所谓的木材强度就是木材的单位面积受力时的承载能力，也就是木材单位面积的受压、受拉、受弯、受剪的强度，不同树种不同材质不同的强度。由于木材是天然有机材料，在自然环境中受到干燥、潮湿和风吹、日晒等诸多因素影响，时常会有呲裂、轮裂发生，也会出现虫蛀糟朽现象。这些不利因素都会对木材的材质产生破坏性质量影响，导致木材物理性能降低缺失。因此在选用木材材质过程中，还应考虑到这些因素并采取一些必要的预防措施，使木材不发生或减小发生材质质量下降的不利因素。针叶类树种中落叶松、鱼鳞松、柏木、铁杉、黄杉、樟子松、西伯利亚落叶松等木材的纤维质干湿收缩变化强度较高，自然干燥较慢而且容易开裂，特别是落叶松（黄花松）在干燥过程中还容易产生轮裂，但是它的耐腐性极强。而红松、红皮云杉、马尾松、雪松、白松、杉木等耐腐性很强，但其他的力学性能较低，很容易受虫蛀（白蚁蛀蚀）。所以在选择使用木材时，首先要考虑材质物理性能，同时也要考虑到它的各种缺失和不利因素。并采取必要的干预手段，做好干燥处理和防腐处理。干燥处理时要根据构件的使用性质采取不同的处理方法。

结构构件要求自然干燥，自然干燥的木材不会对材质物理特性造成影响，为了使木材体内水分挥发，避免产生呲裂、轮裂，传统做法会把木材锯解的两端进行密封打箍处理保留树皮，使木材置于干燥通风之处，在树身上分段破皮开窗，这种干燥方式时间较长木材不易开裂。传统做法还有去除树皮后打箍使用防裂环，这样可缩短干燥时间也能起到一定的防裂作用，但是木材的表面还会出现部分微裂。为了使木材快速干燥，通常会把木材粗加工成规格毛料板方材，然后进行烘干处理，这种处理方法会使木材天然物理特性强度降低，导致弹性模量下降，不利于结构构件的使用。还有一种较好的蒸压快速干燥处理方法是值得推广的，通过蒸压处理木材，既可达到干燥要求，又能保持木材物理强度不发生较大的变化。

B5.1 木节子

树木在分叉或生长枝条过程中会形成木节，枯枝死后会留下死节，树身上的节子使木材直顺通畅的纹理产生一个旋节点，尤其是枯枝死节还会给木材留下孔洞，造成木材构件拉力分布不均降低了受拉强度，同样在木构件受压时降低了木材的弹性模量。根据以往的木材力学试验，当木节宽度为木料宽度的1/4时，受拉强度只有标准试件35%，当木节宽度为木料宽度的1/3时，受拉强度只有标准试件29%。如果标准试件顺纹受拉极限强度为1000kg/cm²时，这种木节构件受拉极限强度只有270kg/cm²。由此可见木节对木材强度质量影响是很大的，在选配使用木材构件时应特别注意。根据传统木作配料要求，主要结构构件上不应存在死节，结构构件上的活节集中分布间距不应小于200mm，大小不应超过构件截面高或直径的1/6，且活节所处木构件位置不应在受弯和受拉区位。

选择木材配料时应检测木节，凡是构件截面高、厚1/2位置的横竖木节都属于中间位置，对木材受力会产生一定影响，不应使用在结构受弯、受拉、受剪构件。凡是构件截面高、厚1/2以下位置的横竖木节都会对木材受力会产生重大破坏性影响，禁止结构构件使用。在检测木节时应按木材截面垂直尺寸计算，木节尺寸在10mm以下且小于材面1/10时可以不计。

B5.2 斜纹

木材纹理纤维不直顺而是不正常斜纹乱丝，我们把这种材质纹理称之为木旋或扭转纹。在圆木加工锯解不当时也会使木材出现斜纹，不管是天然斜纹还是人为造成的斜纹都会降低木材强度，我们这里所指的斜纹是木材顺身纹理，不是截面年轮木纹。通过实验木材顺纹受拉的极限强度1000kg/cm²，受弯极限强度750kg/cm²，斜纹受拉、受弯强度会减少一半。一般木料中顺身斜纹的长度小于总长度3/5时对木材构件受拉、受弯强度影响很大，不应使用在受力的结构构件上。

B5.3 裂纹

在树木砍伐后受到外力和温湿变化影响，木材纤维之间会出现剥离和撕裂现象。一般我们把沿着年轮剥离开裂称之为轮裂，发生轮裂一般都是因为树木湿度较大，砍伐后木材端头风干过快，端头水分与树身内的水分挥发不同步，木材管状纤维与木筋收缩不同步，导致管状纤维与木筋离股开裂。同样如此树身剥皮后也会出现层次剥离的轮裂现象。轮裂对木材破坏性最大，往往造成木料彻底报废。为了预防木材发生轮裂，我们在木材较湿的情况下需要采取一些人工干预方式，使木材干燥过程中内外水分同步挥发湿度接近，避免内湿外干造成木筋与纤维层发生强烈分化。

木材撕裂是指沿着木材顺身方向的裂纹，这种裂纹大部分都是因为木材在干燥收缩过程中木材管状纤维薄厚分布不均，收缩力不均衡造成的。通常是木材截面尺寸越大则裂缝越大。有些贯通裂纹对木材强度的影响是很大的。尤其是对受弯构件的影响最大，为了减少木材贯通裂纹的发生，在木材干燥过程中通常也要采取一些打箍封堵端头等人工干预采预措施。

B5.4 含水率

木材的含水率对材质强度的影响也是很大的，新砍伐的木材水分在纤维细胞壁和纤维细胞腔，细胞腔内的水分叫作"自由水"，与细胞壁结合在一起的水分叫作"吸收水"，潮湿的木材首先蒸发的是自由水，自由水蒸发后吸收水尚含在细胞壁中，这时木材的含水率叫作木材纤维饱和点，不同树种的木材饱和点也是不同的。木材的含水率用实验数据来表示：实验木块原重量240g，烘干后木块重量200g，木块去掉水分40g。木材含水率为40g除以200g乘以100%等于含水率20%。木材纤维细胞腔中自由水分蒸发很快，对木材体积和强度没有任何影响，而木材细胞壁中吸收水蒸发时就会使木材体积收缩，甚至造成木材翘曲干裂影响强度。

通过实验我们能看到含水率对木材受压和受弯的强度变化影响很大，当含水率由15%增加到30%时，木材顺纹受压强度会逐渐下降，木材的弹性模量也会随着含水率的增加而减小。这就说明木材的强度变化是受到木材含水率直接影响的个重要因素。同样除了含水率影响以外，温度变化与木材受力时间长短也是影响木材强度的一个主要因素，通过实验当温度由25℃增加到50℃时，木材受压强度降低20%～40%，受拉、受弯、受剪强度降低12%～20%、长期受力的木材比短期受力的木材强度低很多。同样以一种固定形状长期受力的木材，其木材纤维状态已形成僵化固定状态，这就是我们在古建筑大木修缮过程中，强调的构造中旧有柁木擦件继续使用时要原位归安不得换位和翻身使用的原因所在，旧有木材构件使用时不得改变原有受力状态，否则就会发生晰裂（表B5-4-1）。

常用木材材种的物理性能（气干容重单位：g/cm³）　　　　表B5-4-1

别名	材种							
	红松	白松	落叶松	杉	柞木	水曲柳	桦木	黄菠萝
	果松／红果松	鱼鳞松／臭松／冷杉	黄花松	沙木	柞栎／小叶槲	水曲／吕木	白桦／粉桦	黄蘗
气干容重	0.44	0.45	0.64	0.38	0.78	0.69	0.64	0.45
收缩性	小	中	大，甚大	小	大	大	大	小
硬度	软、甚软	略软	略硬	软	硬	略硬	略硬	软
强度	中	中	中	中	大	大	中	中
加工	易	易	易	易	难	中	中	易
光洁度	光	光	光	糙	光	中	光	中
钉着性	中，不劈裂	低	强，劈裂	低，劈裂	强，劈裂	强，劈裂	强，劈裂	中
干燥性	不裂变形	易	慢，易裂	易	难，裂	难，翘裂	易，不裂	中
黏着性	优	优	可	优	优	优	良	优
胶渗性	中	中	小	大	小	小	小	中

资料来源：孙宏哲. 木工粘接技术［M］. 北京：中国建筑工业出版社，1985：5.

B6　木材的力学性能[①]

木材在物理力学性质方面都具有特别显著的各向异性。顺木纹受力强度最高，横木纹最低，斜木纹介于两者之间。木材的强度还与取材部位有关，例如树干的根部与梢部、心材与边材、向阳面与背阳面等都有显著的差异。此外，无疵病的清材与有疵病（木节、斜纹、裂缝等）的木材之间差异更大。本节所述的木材力学性质，只涉及清材（没有疵病的）标准小试件按专门试验方法确定的力学指标。

---

① 参见：本书编委会.木结构设计标准[S]. 北京：中国建筑工业出版社，2017：20-22.

方木、原木等木材的设计指标应按下列规定确定（表B6-1-1～表B6-1-3）：

针叶树种木材适用的强度等级　　　　　　　　　　　　　表B6-1-1

强度等级	组别	适用树种
TC17	A	柏木　长叶松　湿地松　粗皮落叶松
	B	东北落叶松　欧洲赤松　欧洲落叶松
TC15	A	铁杉　油杉　太平洋海岸黄柏　花旗松－落叶松　西部铁杉　南方松
	B	鱼鳞云杉　西南云杉　南亚松
TC13	A	油松　西伯利亚落叶松　云南松　马尾松　扭叶松　北美落叶松　海岸松　日本扁柏　日本落叶松
	B	红皮云杉　丽江云杉　樟子松　红松　西加云杉　欧洲云杉　北美山地云杉　北美短叶松
TC11	A	西北云杉　西伯利亚云山　西黄松　云杉－松－冷杉铁－冷杉　加拿大铁杉　杉木
	B	冷杉　速生杉木　速生马尾松　新西兰辐射松　日本柳杉

阔叶树种木材适用的强度　　　　　　　　　　　　　　表B6-1-2

强度等级	适用树种
TB20	青冈　槠木　甘巴豆　冰片香　重黄娑罗双　重坡垒　龙脑香　绿心樟　紫心木　李叶苏木　双龙瓣豆
TB17	栎木　腺瘤豆　筒状非洲楝　蟹木楝　深红默罗藤黄木
TB15	锥栗　桦木　黄娑罗双　异翅香　水曲柳　红尼克樟
TB13	深红娑罗双　浅红娑罗双　白娑罗双　海棠木
TB11	大叶椴　心形椴

方木、原木等木材的强度设计值和弹性模量（N/mm²）　　　　表B6-1-3

强度等级	组别	抗弯 f_m	顺纹抗压及承压 f_c	顺纹抗拉 f_t	顺纹抗剪 f_v	弹性模量 E
TC17	A	17	16	10	1.7	10000
	B		15	9.5	1.6	
TC15	A	15	13	9.0	1.6	10000
	B		12	9.0	1.5	
TC13	A	13	12	8.5	1.5	10000
	B		10	8.0	1.4	9000
TC11	A	11	10	7.5	1.4	9000
	B		10	7.0	1.2	
TB20	—	20	18	12	2.8	12000
TB17	—	17	16	11	2.4	11000
TB15	—	15	14	10	2.0	10000
TB13	—	13	12	9.0	1.4	8000
TB11	—	11	10	8.0	1.3	7000

B7 常见木材缺陷^①

树木受外界的影响，会产生各种各样的缺陷。有的是树木生长发育不正常造成的，有的是树木正常生理现象，也有的受病、虫的侵蚀引起材质的变化，还有在制材过程中造成的缺陷。

B7.1 木节

分活节、死节和漏节。凡节子与周围树木全部紧密相连，质地坚硬、构造正常者称活节。节子与周围木节脱离或部分脱离，质地或硬或软，局部开始腐朽者称死节。死节往往脱落而形成空洞。节子本身构造大部分破坏，且深入内部与内部腐朽相连者称漏节。

B7.2 腐朽

由于受腐朽菌侵蚀使木材结构和颜色发生变化，变得松软易碎，最后呈一种干或湿的软块，称腐朽。腐朽在树干不同的部位都有可能发生，故有内部腐朽和外部腐朽之分。

B7.3 虫害

新砍伐的树木、枯立木以及腐朽木等遭受昆虫、蚁类蛀蚀而造成的损伤。

B7.4 裂纹

树木受外力或温湿度变化的影响，致使木材纤维之间发生脱离，称裂纹。有径裂、轮裂和干裂。径裂和轮裂即指沿木材沿半径或年轮方向开裂；而干裂则因干燥不匀而造成，也称纵裂，分端裂和身裂两种。

B7.5 斜纹

木材中由于纤维排列的不正常而出现倾斜纹理称斜纹。圆材中斜纹呈螺旋状，在成材的径切面上，纹理呈倾斜方向。此外，由于下锯方法不正确，用通直的树干也会锯出斜纹来，这种斜纹是由于把原来通直的纹理和年轮切断所致，称人为斜纹。人为斜纹与干材纵轴所成的角度愈大，则木材强度也降低得愈多。

B8 承重木结构对木材含水率的要求和选材标准

B8.1 木材含水率

制作构件时，木材含水率应符合下列要求：
①用于结构构件的原木或方木不应大于25%；
②用于板材结构及受拉构件的连接板不应大于18%；
③对于木制连接件不应大于15%。
采用高含水率木材制作构件时，木材的开裂和干缩将对构件和结构产生不利影响。因此，在制作木结构时，应严格控制木材的含水率。

---

① 参见：李浈. 中国传统建筑形制与工艺[M]. 3版. 上海：同济大学出版社，2015：25-26.

B8.2　承重木结构选材标准

针对木材物理力学性质具有显著的各向异性的特点，顺纹强度高，横纹强度低，及缺陷对各类木构件强度影响。根据历年来的试验研究成果，制订了按承重结构的受力性能将材质分为三级的材质标准。

承重结构木构件材质等级　　　　　　　　　　　　　表B8-2-1

序号	构件类别	材质等级
1	受拉或拉弯构件	Ⅰa
2	受弯或压弯构件	Ⅱa
3	受压构件及次要受弯构件	Ⅲa

木材材质等级应按承重结构的受力要求进行分级。其选材应符合现行国家标准《木结构设计标准》GB 50005—2017的规定，不得采用商品材的等级标准替代。当采用新树种木材作为承重结构时，也应符合现行国家标准《木结构设计标准》GB 50005—2017的规定。

当直接使用湿材制作构件时，原木或方木木结构应符合下列规定：

①在房屋或构筑物建成后，应加强结构的检查和维护；

②板材结构及受拉构件的连接板等，不应使用湿材制作。

B9　木材的防燃防腐和防蛀

B9.1　防燃[①]

未经防火处理的普通木结构构件较为容易被火引燃。但是，由于木材的导热性较低，且构件在燃烧时，表面形成的碳化层起到很好的隔热效果，从而有效地减缓碳化层下未燃烧木材的燃烧速度。这就是普通木结构构件虽然是可燃材料，但其耐火极限却比普通钢结构构件（耐火极限为14分钟）高得多的原因。北美的建筑规范指出，对于普通木结构，随着构件截面尺寸的增加，构件的耐火极限也相应提高。所以，在普通木结构设计中，选取适当的截面尺寸也是满足耐火极限要求的措施之一。

由于普通木结构的承重构件是可燃材料，其构件的防火完全靠构件自身的耐火能力。尽管实际工程中，涂刷防火涂料、用防火剂浸泡等辅助措施对于提高构件的耐火极限有所帮助，但是不能作为提高构件耐火极限的手段。采用涂刷防火涂料、用防火剂浸泡等辅助措施，主要是降低火焰在构件表面的传播速度。当普通木结构建筑不能通过加大构件截面来满足规定的耐火极限的要求时，应采取其他主动防火的措施和被动防火的措施同时并举的方式，以满足耐火极限的要求。

（1）采用防火墙对建筑、建筑群划分防火分区。将面积较大的建筑群或建筑物分隔成由几部分较小面积组成的建筑物，这是一项非常有力的防火措施。但是，设计人员应该特别注意的是《建筑设计防火规范》GB 50016—2014（2018年版）规定"防火墙应直接设置在基础上或钢筋混凝土框架上"以及"且应高出非燃烧体屋面不小于40cm，高出燃烧体或难燃烧体屋面不小于50cm"。这一原则是绝不容忽视的，必须遵守。

设计防火墙时，应考虑防火墙一侧的屋架、梁、楼板等受到火灾的影响而破坏时，不致防火墙倒塌。防

---

① 参见：本书编委会. 木结构设计手册[M]. 3版. 北京：中国建筑工业出版社，2005：357-358.

火墙应为独立结构。

（2）采用防火涂料、浸剂对构件进行防火处理

目前，国内外生产销售的防火涂料和阻燃剂品种较多，设计时应根据具体情况和使用场合选用，现简单介绍如下：

①防火涂料——涂刷于木构件表面，火灾时受热膨胀，具有阻止火灾蔓延、保护可燃基材的作用。

a. 溶剂型防火涂料：溶剂型防火涂料的耐水性和防潮性均较优越，且具有良好的表面装饰效果，但是，由于所采用的溶剂是200号溶剂汽油，甲醇、苯混合液（香蕉水），醋酸丁酯等易燃物，所以在其施工及其涂刷后溶剂完全挥发之前要特别注意防火安全。

b. 剂型防火涂料：水剂型防火涂料是以水作分散介质的，其成膜剂主要有丙烯酸乳液、氯乙烯—扁二氯乙烯、氯丁乳液、乙酸乙烯乳液、苯丙乳液、水星树脂等，一般以乳液型饰面防火涂料居多。

c. 透明防火涂料：也称防火清漆。是近几年发展起来并趋于成熟的新型防火涂料品种。该产品主要用于高级木质装饰材料和不准遮盖构件表面已有的花纹、图案但又必须进行防火保护的木结构构件。

透明防火涂料是以人工合成的有机高分子树脂为主体，并经特殊的基因改性，使其本身带有一定量的阻燃基因和能发泡的基因，再适当加入少量的发泡剂、阻燃剂、碳源等组成防火体系。

在设计选用透明防火涂料时，为保证防火涂料的长效性，最好在其表面再罩一层透明清漆。透明防火涂料的涂刷量为350~500g/m²，罩面清漆的用量一般为50g/m²。

②水基型阻燃处理剂——水基型阻燃处理剂是近几年发展起来的新型防火产品，是通过对木材直接喷涂或浸泡的方式使其达到规范要求的耐火等级。例如，经过阻燃剂处理过的木质防火门，其耐火极限可以达到甲级——1.2小时，吊顶可以达到0.25小时以上，均能满足各类建筑设计防火规范的要求。

B9.2　防腐[①]

木材防腐处理办法有很多种，常用防腐剂处理木材的方法有浸渍法、喷洒法和涂刷法。其中，浸渍法又包括常温浸渍法、热冷槽法和加压浸注处理法。不同的处理方法，由产品的使用要求、木材性质以及防腐剂的性质决定。一般来说，用作结构受力构件以及用在户外的木材，必须采用加压浸注处理。喷洒法和涂刷法只能用于已处理的木材因钻孔、开槽使未吸收防腐剂的木材暴露的情况下使用。

木构件在处理前应加工至最后的截面尺寸，以消除已处理木材再度切割、钻孔的必要性。由于技术上的原因，确有必要作局部修整时，必须对木材暴露的表面，涂刷足够的同品牌药剂。

（1）加压浸注处理法。这种方法是将木材放入一个带密闭盖的长圆筒形的压力罐中，充入防腐剂后密封施加压力（一般为1.0~1.4N/mm²）强制防腐剂注入木材，直到防腐剂吸收量和注入深度达到质量要求为止。

用加压浸注法处理木材，能够取得较好的注入深度，并能控制防腐剂的吸收量，适用于木材防腐处理质量要求高以及对难浸注木材的处理，但设备较复杂，一般由专业工厂进行。

（2）热冷槽浸渍法。这种方法通常是用两个防腐剂槽（冷槽和热槽），先将木材放入热槽中加热几小时后，再迅速移入冷槽中保持一定的时间。也可只用一个槽，先加热后再使防腐剂自然冷却下来。采用水溶性防腐剂时，热槽温度为85℃~95℃，冷槽温度为20℃~30℃；采用油溶性防腐剂时，热槽温度为90℃~100℃（但必须比所用油剂的闪点低至少5℃），冷槽温度为40℃左右。为达到防腐剂吸收量的规定要求，木材在热槽和冷槽中的浸渍时间随树种、截面尺寸和含水率而不同，应经过试验确定。

---

① 参见：本书编委会. 木结构设计手册[M]. 3版. 北京：中国建筑工业出版社，2005：398-399.

木材在热槽中加热时，细胞腔内的空气受热膨胀，部分逸出木材外，木材移入冷槽后，细胞腔内空气因冷却而收缩，细胞腔内产生负压而吸入防腐剂。故采用此法处理木材时，木材必须充分干燥。

采用热冷槽法防腐，适用于边材和易浸注的木材。

（3）常温浸渍法。这种方法是将木材浸入常温的防腐剂中进行处理。对于易浸注而干燥的木材，可以取得良好的效果。浸渍时间从几小时到几天，根据木材的树种、截面尺寸和含水率而定。如木材含水率较高时，应适当提高防腐剂的浓度。

（4）选用的溶剂应易为木材吸收；采用水溶性防腐剂时，浓度可稍提高。涂刷一般不应少于2次，第一次涂刷干燥后，再刷第二次。涂刷要充分，注意保证涂刷质量，有裂缝处必须用防腐剂浸透。对要求透入深度大的、室外用材以及室内与地接触的用材，均不宜采用此法。

（5）喷洒法。这种方法比涂刷法效率高，但易造成防腐剂的损失（达25%～30%）及环境污染，因而只用于数量较大或难以涂刷的地方。

防腐用药可参考以下几种：

①BBP

主要成分：40%硼砂；20%硼酸；40%五氯酚钠混合，以浓度4%的水溶液施用。作用防霉、防腐、防蠹虫、阻燃，但对白蚁、霉菌、毒效较差。可用于大面积的望板、山花板、椽子、博缝板等，聚集成堆，表面喷淋。

总用量：4%BBP溶液量0.5～1kg/m²分1～2遍喷淋。木材含水量较大时，当35%～45%含水率，宜采用堆码分三次喷淋后封闭包裹，静置半天至一天，使其吸药量，可确保有4%（干药量）kg/m³的4%溶液。

②MF0-1

主要成分：五氯酚、煤油。

作用：处理尚有局部腐朽，且不易清除者，可用渗透性强的油性溶剂，增加药剂渗透性。五氯酚有极强的防腐、防虫效果，以4%用量配置成煤油溶液使用。

用药量：0.5～1kg（干粉）/m²，干燥时间1～2天。还可以作钻孔、挂吊瓶处理，打直径5mm孔，45°斜插入，药量0.5～1kg每洞。

③防腐油

称克里苏油，为专供出口，国内无货，可改以煤油加五氯酚4%配置。

④BBF

主要成分：硼砂、硼酸、氟化钠。

作用：防腐、防蠹虫、阻燃。

氟化钠水解时，对木、金属装饰件有腐蚀，是目前国内外使用的高效低毒的防腐剂。在室内能有效防治腐朽和蠹虫危害，无异味，低毒。

对整体木构架可统一做全面喷淋处理，以4%BBF水溶液，对裸露木结构，做全面彻底喷淋，分三次施工，下次应在前一次喷淋完，稍待干燥后才进行。最后待自然干燥后，方可进行下一步骤，作地仗、油漆、彩绘等工序。该防腐剂处理，不会影响后续工作。

⑤地下木材简易处理

沥青：煤油：泥炭粉：氟化钠=23%：22%：4%：51%，确保总共700g/m²。

涂刷处理，填埋土中，上可缠绕麻布可增厚涂层，不损伤木材面涂层，防护时长更久。

B9.3 防蛀

在古代建筑修缮过程中，经常遇到木材构件糟朽和虫蛀损坏等情况，如古建筑的柱子根部或墙内柱子长期潮湿受到霉菌侵蚀造成腐朽、梁架、枋因长期受到屋面渗漏影响局部糟朽，木望板长期受到室内外温湿度、冷凝水变化导致木件材质降解碳化糟朽等，还有因白蚁、钻木虫等虫害造成木材损毁等。这些都是导致古建筑毁坏的主要因素。为了解决和预防古建筑的腐朽虫害问题，古代工匠们也有很多预防措施和做法。如古建筑墙体砌筑时把木柱与墙体接触部位插上瓦花，瓦花空当内填灌白灰，起到防潮、祛湿、杀虫的作用，墙体柱根位置预留透风保持柱根通风干燥，又如古建地基中使用的木桩浸泡桐油、涂刷臭油（沥青原油）等，这些都是古代建筑施工防腐、防虫的有效处理方法。

木材经常处在潮湿、密不透风的环境中，就会受到微生物和真菌的侵蚀产生腐朽，常见的木腐菌有酶菌、变色菌、腐朽菌等。常见危害木材的虫害有白蚁缲、甲虫孔等，木材的腐朽和虫蛀是造成木构件损坏的主要原因，所以我们在选择使用木材材料时，首先要采取有效的防腐、防虫技术措施，预防渗漏潮湿，控制好木材干湿度水分的变化，不给木腐菌生长繁殖的条件。其次考虑做好木材的防腐、防虫处理。如今我们采取的防腐、防虫办法都是使用化学防腐药剂进行处理，化学防腐药剂一般要求其化学性质持久稳定、毒性渗透力很强、不易挥发，要对菌类、昆虫、海洋钻孔类动物毒杀效果很强。要对人畜低毒无害、安全性高。很多化学防腐药剂酸、碱性是很强的，也应预防受到腐蚀性的侵害。常用的木材防腐施工措施有涂刷、浸泡、填埋、真空蒸压等诸多方法。要选择具有针对性强的防腐、防虫药剂，施工操作方法应简便、易操作、实用、有效果。

为应对古建木结构所遇到的白蚁、腐朽等情况，而采取的措施如下（凡外露木料面应按防火规范另作处理）：

用封锁沟：在建筑物周围（2m）处，挖深350mm、宽300mm，用3%氯丹乳剂，分三层喷洒，喷一层覆一层土，最后填平夯实，铺地墁砖。

对建筑木构件，在未盖瓦片和油漆前，自上而下按结构不同，逐层喷洒涂刷。如斗栱结构，除通体用氯丹乳剂涂刷外。特别在木材的横断面和叠压于砖体内的那部分，另行涂刷油剂3次；屋面望板、木椽及室内楼板等木构件，用5%～8%的氯丹乳剂用喷雾机喷湿为止，木栏杆、阑额、角梁等，则用油剂涂刷。

如上处理后，可维持15～20年。白蚁巢毁巢时，宜在1～3月份最强活动期，为防扩散。如在活动期4～12月间，则须采用"灭蚁灵"粉剂喷施，对黄胸散白蚁在纷飞和活动期先以"灭蚁灵"粉剂喷施，然后再用氯丹乳剂防治。有机氯杀虫剂对人畜有积累中毒，并造成环境污染，已逐渐被禁用。煤油中加入用量4～8kg/m^{3}五氯酚（PCP）调成一定黏稠度的防腐油，可直接用于古建筑修缮中望板、椽、桁、枋、立柱等墙内背部阴面。防腐、防虫效果大大高于单独使用克里苏油（煤杂酚油），毒性可达25倍。

地仗工艺是官式古建油漆作传统营造技艺中的一种特殊工艺。是古建油作、彩画作对木基层面与油皮之间的油灰层的专称。具有附着力强和防腐、防虫蛀、防裂、耐久等性能。建筑物有了这层牢固坚韧的油灰壳，既能使木骨与外界周围的有害物质隔绝，保护构件免受风雨、水汽、日晒等各种有害因素的侵蚀，又能使粗糙的物体表面满足油饰彩画前对外观形状及平直圆衬地的要求，同时对延长古建筑使用寿命起到重要作用。

C1　地仗的材料与要求

地仗是由多种天然材料组成的，包括黏结基料（生桐油和油满）和辅助粘结料（血料、熟桐油）及填充料（砖灰）、拉结料（线麻、夏布）等多种天然材料（图C1-1-1）。

图C1-1-1　地仗材料

C1.1　主要黏结基料

C1.1.1　生桐油

生桐油俗称生油，是古建油饰工程施工用量最大的原材料，主要用于熬炼灰油、打油满，操油，钻生桐油，熬炼光油、金胶油等用途。生油要用3～4年的桐树籽，桐籽的含油为35%～45%，通过冷榨方法取得的生桐油，质量上等，属干性油，目测外观清澈透明，为浅棕黄色，鼻闻清香，有干燥慢、耐水、耐碱、耐老化等性能（图C1-1-2）。

C1.1.2 油满

由灰油、白面、石灰水组成（曾以灰油与白坯满比）的，配制方法称"打油满"（表C1-1-1）。打油满应根据工程进度随用随打，油满的表面要用盖水覆盖严实。油满不能储存，在夏季相当不稳定，易产生结皮、长毛、发酵、发霉和硬块现象，应在规定的时间内使用完（图C1-1-3）。

图C1-1-2 生桐油

打油满材料配合比　　　　　表C1-1-1

灰油		石灰水		白面	
重量比	容量比	重量比	容量比	重量比	容量比
150	1.5	100	1	65 ~ 75	1

C1.1.2.1　灰油：是以生桐油为主按季节加土籽面、章丹粉熬炼制成的（表C1-1-2），外观深褐色，有黏稠度，能与灰层同时干燥。在使用时不得用过嫩的（无头皮）和过老的（皮头过大）灰油（图C1-1-4）。

图C1-1-3 油满

熬灰油季节配合比　　　　　表C1-1-2

季节	材料		
	生桐油	土籽面	章丹
春、秋季	100	7	4
夏季	100	6	5
冬季	100	8	3

C1.1.2.2　白面：普通食用白面，通过石灰水的烧结，起胶结作用，是打油满的主要材料之一。进场检查无杂质杂物、无硬面疙瘩、无受潮霉变，不宜用黏度（筋劲）大的面粉。料房的白面应堆放在架空的木板之上，防止受潮，码放整齐。也可打面胶用于砖石糊纸成品保护等（图C1-1-5）。

图C1-1-4 灰油

C1.1.2.3　生石灰：石灰有块状和粉状两种。要用块状生石灰，不得使用无烧结作用的粉状熟石灰。块状生石灰经水溶解试验易粉化、温度高为合格。生石灰应存放在干燥的铁桶内，用量不得少于石灰水规定的用量（图C1-1-6）。

C1.1.2.4　石灰水：将生石灰块放入半截铁桶内，泼入清水，粉化后再加入清水搅匀，过40目铁纱箩即可使用。打油满要求石灰水的稠度按每150kg灰油不宜少于20kg石灰块，以木棍搅动石灰水提出为实白色，要求石灰水的温度40℃左右，或以手指试蘸石灰水略高于手指温度即可（图C1-1-7）。

图C1-1-5 白面粉

图C1-1-6　块状生石灰

图C1-1-7　石灰水

C1.2　辅助黏结料

C1.2.1　血料

血料也称熟血料，一般用鲜猪血、鲜牛羊血，为鲜生血，很少用血粉，必须经加工后才能使用，加工方法称"发"血料。血粉多作饲料用，因用血粉发的血料黏性最差，很少使用，外地工程无猪血时可代替。

C1.2.1.1　猪血料：是用不含盐的纯鲜猪血和石灰水发制而成的熟血料，是配制地仗灰的粘结材料之一。目测为暗紫红色，手捻有黏性，微有弹性，似软胶冻状或南豆腐（嫩豆腐）状，搅拌呈稠粥状。血料附着力强，和易性好，并具有耐水、耐油、耐酸碱等作用。

C1.2.1.2　牛血料：用于清真地仗工程。因牛羊血料黏性差，为增加其黏性打油满为一个半油一水，调配地仗油灰采取粗灰、中灰、使麻糊布增满撒料、细灰增油不撒料的调灰方法。

C1.2.2　熟桐油

熟桐油：俗称光油，为一般光油，呈浅棕黄色，清澈透明，无杂质，搅动检查有黏稠度。使用时应过40～60目箩除去油皮子，熟桐油不能用于配制颜料光油或罩油，有黏稠度的罩油易起皱时均可用于调制细灰。凡调制细灰的熟桐油应有皮头，不能掺用其他油料、稀料或含有其他油漆的光油（图C1-2-1）。

C1.3　填充料

砖灰：以烧制的土质青砖、瓦为原料，呈灰色，浸油性好，耐腐蚀性强，作为地仗的主要填充料。要求干燥，不含酸、碱性和砂性。砖灰潮湿时，应晾晒干燥再用。选用砖灰的规格详见表C1-3-1（图C1-3-1）。

图C1-2-1　熟桐油

砖灰规格　　　　　　　　表C1-3-1

规格	类别						
	细灰	中灰	粗灰				
			鱼子	小子	中子	大子	楞子
目数	80	40	24	20	16	12～10	
粒径（mm）			0.6～0.8	1.2	1.6	2.2～2.4	3～5（孔径）

图C1-3-1 砖灰
资料来源：边精一《中国古建筑油漆彩画》

C1.4 拉结料

C1.4.1 线麻

古代称汉麻，因产地不同又称魁麻、寒麻、火麻、云麻、大麻等，常用的线麻其韧皮纤维已经预处理，使用线麻前则需再加工，有人工梳理的线麻和机制的盘麻，专用于披麻的地仗中起增强整体拉力，防裂作用。要用本色白偏黄头微有光泽，并具有纤维拉力强的上等柔软线麻，手拉线麻丝不易拉断。不得用过细（似麻绒）的机制线麻或拉力差、发霉的线麻。使用的线麻中不得有大麻披、麻秸、麻疙瘩、杂草、杂物、尘土以及变质麻（图C1-4-1）。

C1.4.2 夏布

古代称苎（zhù）布。使用以苎麻纤维织成的布，用于使麻或糊布的地仗，在地仗中起增强整体拉力、防裂作用。布丝柔软、清洁、布纹孔眼微大为佳，每1cm长度内以10~18根丝为宜，应根据使用部位，如大木、隔扇选用布丝粗细适宜的夏布。不得使用拉力差、发霉及跳丝破洞的夏布。无夏布时，经设计允许，可采用孔眼适宜的玻璃丝布代替。严禁使用棉质豆包布代替夏布，在地仗施工中为预防地仗表面出现龟裂纹，允许在有龟裂的压麻灰上、中灰上糊豆包布（图C1-4-2）。

图C1-4-1 线麻

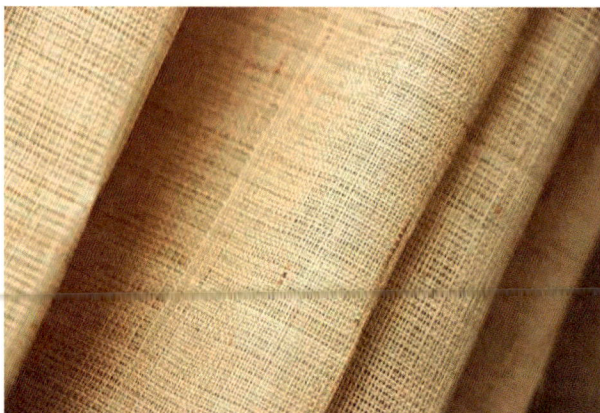

图C1-4-2 夏布

C1.5　辅助材料

催干剂：又名干燥剂，有土籽面和章丹粉，主要用于熬炼灰油。用时要求颜色一致，无杂质、杂物（图C1-5-1）。

图C1-5-1　催干剂

C1.6　其他材料

C1.6.1　毛竹竿

使用毛竹应干燥宜粗不宜细，用于制作竹轧子、竹钉、竹扁、抿尺，不得用当年的新毛竹。

C1.6.2　镀锌白铁、马口铁

用于制作各种大小类型轧子，厚度要求0.5mm、0.75mm、1mm不等；应根据轧线的规格尺寸选用铁皮厚度，以防轧线变形。

C1.6.3　防锈漆

有铁红防锈漆、红丹防锈漆、樟丹油、锌黄防锈漆、醇酸铁红底漆等，用于预埋铁件或钢铁构件表面防锈，如铁箍、拉杆（霸王杠）、扒锔子。使用前要搅匀，涂刷后的涂膜薄厚要均匀且亮度适宜，涂刷后10天内做地仗有较好的防锈性能。

C1.6.4　松香水

可用200号汽油或无铅汽油稀释操底油，不宜使用其他性质的稀释剂。

C1.6.5　虫胶清漆（醇溶性清漆）

俗称洋干漆、泡立水。为棕色半透明液体。将虫胶片溶于酒精一天搅匀即为虫胶清漆，使用方便，干燥迅速，漆膜坚硬、光亮、附着力好，但不耐酸碱和日光暴晒，热水浸烫会变白。用于封闭隔离，防止新木件节疤松脂析出和咬色，操作方法俗称点漆片。

C1.7 古建木基层面麻布油灰地仗材料配合比

古建木基层面麻布油灰地仗材料配合比，详见表C1-7-1。

古建木基层面麻布油灰地仗材料配合比　　　　　　　表C1-7-1

序号	材料	油满		血料		砖灰		光油		清水		生桐油		汽油	
		容重	重量	容重	重量	容重	重量	容重	重量	容重	重量	容重	重量	容重	重量
1	汁浆	1	0.88	1	1					8~12	8~12				
2	木质风化水锈操油											1	1	2~4	1.5~3
3	捉缝灰	1	0.88	1	1	1.5	1.3								
4	衬垫灰	1	0.88	1	1	1.5	1.3								
5	通灰	1	0.88	1	1	1.5	1.3								
6	头浆	1	0.88	1.2	1.2										
7	压麻灰	1	0.88	1.2	1.2	2.3	2.0								
8	二道使麻浆	1	0.88	1.2	1.2										
9	二道压麻灰	1	0.88	1.2	1.2	2.3	2.0								
10	糊布浆	1	0.88	1.2	1.2										
11	压布灰	1	0.88	1.5	1.5	2.3	2.1								
12	轧中灰线	1	0.88	1.5	1.5	2.5	2.3								
13	槛框填槽灰	1	0.88	1.5	1.5	2.3	2.1								
14	中灰	1	0.88	1.8	1.8	3.2	2.9								
15	轧细灰线	※		10	10	40	37.8	2	2	2~3	2~3				
16	细灰	※		10	10	39	36.9	2	2	3~4	3~4				
17	潲生	1	0.88							1.2	1.2				

注：1. 此表以传统二麻一布七灰地仗做法材料配合比安排，表中※是传统原数据的保留，实际油满少。其中第15、16项的油满比例不少于表中数据的10%或加入适量白坯满时，光油的比例数据改为3~4。

2. 凡一布五灰地仗做法可不执行表中第6、7、8、9项的配合比；一麻五灰地仗做法均可不执行表中第6、7、10、11项的配合比，一麻一布六灰地仗做法均可不执行表中第6、7项的配合比，二麻六灰地仗做法均可不执行表中第10、11项的配合比。

3. 木构件表面有木质风化现象挠净松散木质后操油，应根据木质风化程度调整生桐油的稀稠度。

4. 凡一布四灰或糊布条四道灰地仗做法用中灰压布的配合比需减少血料0.3的配比；压麻灰、压布灰、中灰在强度上为预防龟裂纹隐患，可减少血料0.2的配比。

5. 地仗各种材料体积密度：子灰855kg/m³，中灰和鱼子灰900kg/m³，细灰945kg/m³，血料1000kg/m³，光油1000kg/m³，油满874kg/m³。

C1.8 古建木基层面单披油灰地仗材料配合比

古建木基层面单披油灰地仗材料配合比，见表C1-8-1。

古建木基层面单披油灰地仗材料配合比　　　　　　　表C1-8-1

序号	材料	油满		血料		砖灰		光油		清水		生桐油		汽油	
		容重	重量	容重	重量	容重	重量	容重	重量	容重	重量	容重	重量	容重	重量
1	汁浆	1	0.88	1	1					20	20				
2	木质风化水锈操油											1	1	2~4	1.5~3.5
3	混凝土面操油							1	1					3~4	2.5~4

序号	材料	类别													
		油满		血料		砖灰		光油		清水		生桐油		汽油	
		容重	重量	容重	重量	容重	重量	容重	重量	容重	重量	容重	重量	容重	重量
4	捉缝灰	1	0.88	1	1	1.5	1.3								
5	衬垫灰	1	0.88	1	1	1.5	1.3								
6	通灰	1	0.88	1	1	1.5	1.3								
7	轧中灰线	1	0.88	1.5	1.5	2.5	2.3								
8	槛框填槽灰	1	0.88	1.5	1.5	2.3	2.1								
9	中灰	1	0.88	1.8	1.8	3.2	2.9								
10	轧细灰线	※		10	10	40	37.8	2	2	2~3	2~3				
11	细灰	※		10	10	39	36.9	2	2	3~4	3~4				

注：1. 此表以传统四道灰地仗做法材料配合比安排，表中※是传统原数据的保留，实际油满少，其中第10、11项的油满比例在上下架大木、门窗和连檐瓦口、椽头及风吹日晒雨淋的部位不少于中数据的10%或加入适量白坯满时，光油的比例数据改为3~4。

2. 凡三道灰地仗做法的配合比执行表中第8、9、11项的配合比，其三道灰的捉缝灰执行表第8项配合比。凡二道灰地仗做法的配合比执行表中第9、11项的配合比。

3. 凡椽望、斗棋、槅子、花活、窗屉等部位的细灰中均可不加入油满，其光油的比例不宜少于肘细灰时所用的细灰不得使用中剩余的细灰做肘灰用。

4. 四道灰做法支油浆应符合表C1-7-1的规定，其中灰可减少血料0.2的配比。

C2 麻布地仗

传统针对大木构件衬地的油灰层中，既有麻层又有布层的地仗，或只有麻层和只有布层的地仗均称为麻布地仗。

C2.1 传统麻布地仗的做法及适用范围

二麻一布七灰地仗、二麻六灰地仗、一麻一布六灰地仗、一麻五灰地仗、一布五灰地仗、一布四灰地仗、四道灰肩角节点糊布条地仗、三道灰肩角节点糊布条地仗。

一麻五灰包括捉缝灰、扫荡灰、使麻、压麻灰、中灰、细灰、磨细灰、钻生油等几个主要工序（图C2-1-1）。

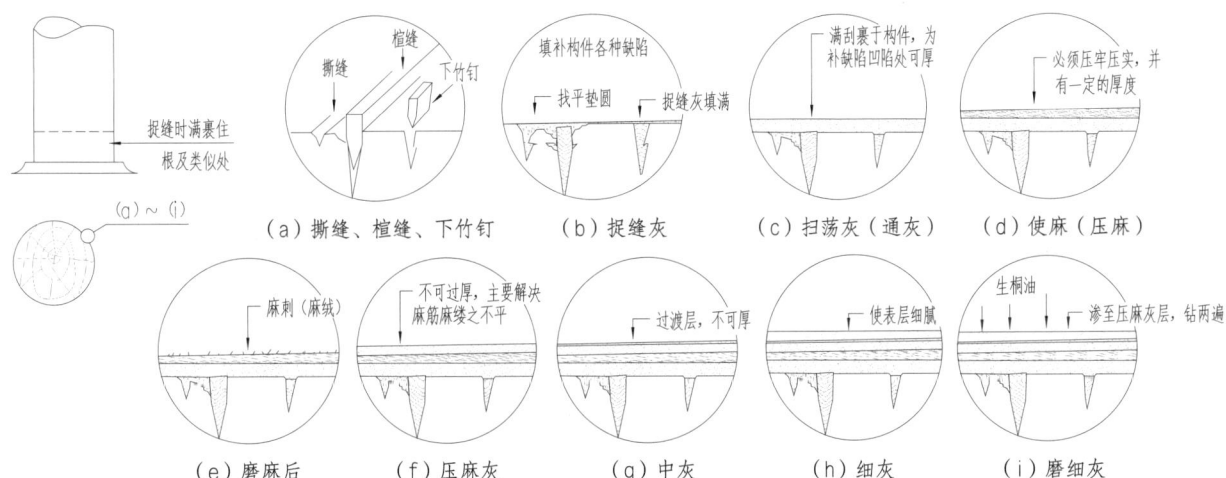

图C2-1-1 一麻五灰地仗剖析（以柱子为例）

C2.2 麻布地仗的工艺工法

C2.2.1 木基层处理步骤

斩砍见木→撕缝→下竹钉→地仗灰施操前的准备工作→支油浆（图C2-2-1）。

（a）斩砍见木　　　　　　　（b）撕缝　　　　　　　　（c）下竹钉

（d）支油浆

图C2-2-1　木基层处理步骤示意图

C2.2.1.1 斩砍见木
（1）旧地仗清除，砍修线口

①在砍活时要"横砍、竖挠"，应满足"砍净挠白，不伤木骨"的质量要求（图C2-2-2）。

（a）横砍　　　　　　　　　　（b）竖挠

图C2-2-2　斩砍见木

②水锈、木质风化（糟朽）基层处理：木件表面及木筋内凡有水锈、糟朽的木质部位（如博缝山花、挂落板、柱根等部位），应将水锈、糟朽的木质挠净见新木荏。

③旧雕刻花活基层处理：旧灰皮清除可采取干挠法或湿挠法，用精小的锋利的工具进行挠、剔、刻、刮，不得损伤纹饰的原形状。

④砍修线口：槛框原混线的线口尺寸及锓口不符合文物要求及传统规则时，应进行砍修。砍修线口时，其八字基础线的线口宽度尺寸及锓口应按地仗工艺的要求行砍修线口，砍修八字基础线的线口尺寸及锓口同"砍步口"工艺的要求（图C2-2-3）。

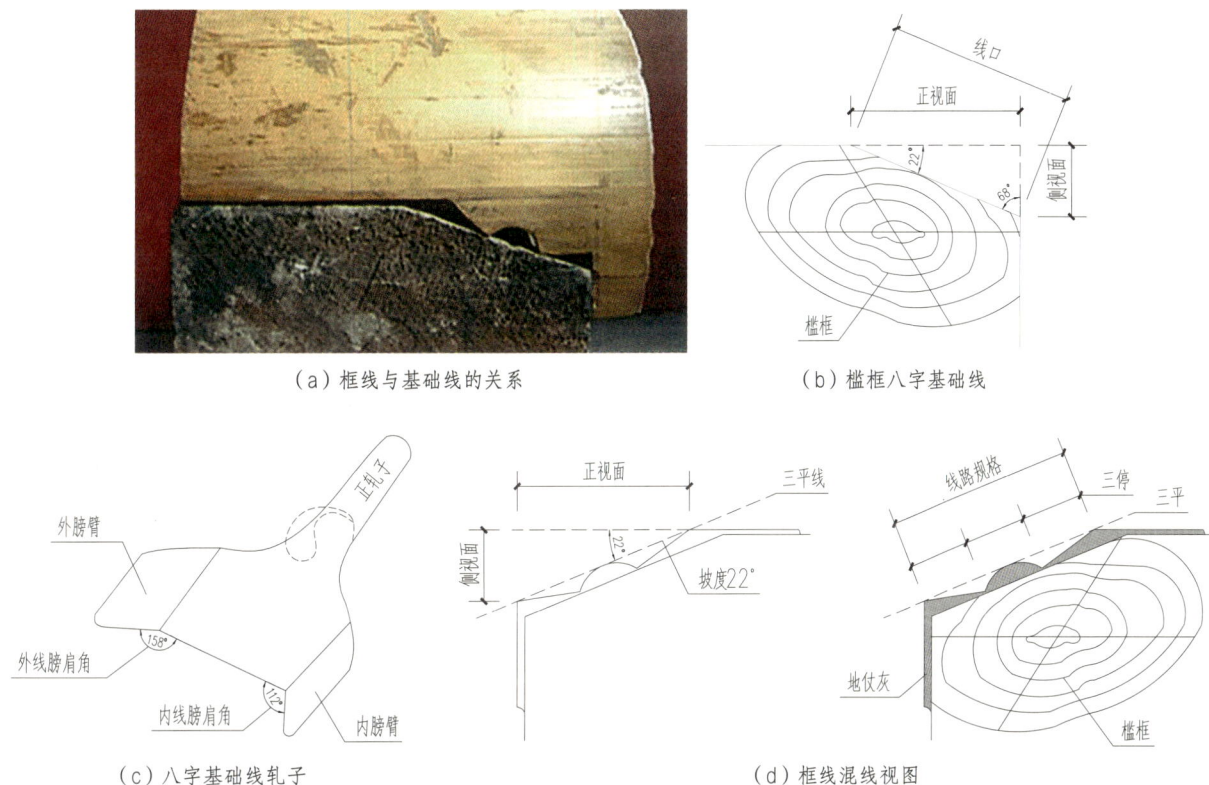

（a）框线与基础线的关系　　　　　　（b）槛框八字基础线

（c）八字基础线轧子　　　　　　　　（d）框线混线视图

图C2-2-3　砍修线口示意图

（2）新木构件除铲、剁斧迹、砍线口：新木件需将表面浮尘、污迹、泥浆、泥点、灰渣、杂物、泥水雨水的锈迹等污垢打磨清理铲除干净。剁斧迹、砍线口工艺与C2.2.1.1中（1）步骤相同。

C2.2.1.2　撕缝

撕缝是为了捉缝灰易嵌入缝内，使之饱满，达到生根作用，避免蒙头灰产生裂缝（图C2-2-4）。

C2.2.1.3　下竹钉

（1）下竹钉的目的和制作方法及下法

①下竹钉其目的是新旧木构件受四季气候的变化影响，木材各向收缩率不一，导致木材的扭曲、开裂或原缝隙的涨缩变化，因此防止缝隙的收缩必须下竹钉，竹钉是起支撑作用的，可防止缝灰挤出，避免地仗及油饰彩画表面出现线条状凸埂或裂缝。

②竹钉与扒锔子制作。竹钉用毛竹制成，分单钉、靠背钉、公母钉，竹钉厚度不少于7mm（图C2-2-5）。制作扒锔子要用10号～12号钢丝，扒锔子的长度为20～25mm，其宽窄度基本为缝隙宽度的3倍，制作扒锔子方法如缝隙宽度为10mm，用钳子掐断钢丝的总长度约70～75mm，再用钳子窝成"Ⅱ"形即可。

图C2-2-4　撕缝前后对比图

图C2-2-5　竹钉

③下竹钉，凡上下架大木（柱、梁、枋、檩、槛、框等）的新木件 3mm 以上宽度的裂缝应下竹钉。旧木件的竹钉松动或丢失，应重下或补下竹钉（图C2-2-6）。

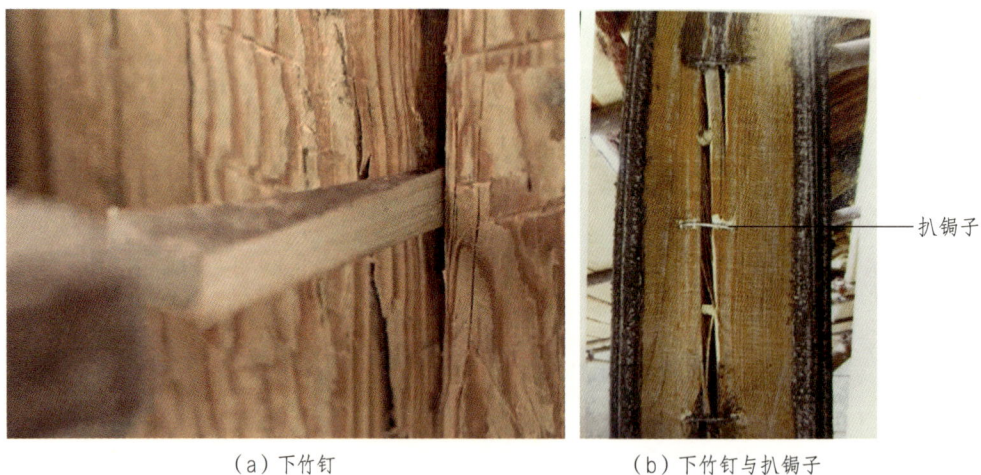

（a）下竹钉　　　　　　　　　　（b）下竹钉与扒锔子

图C2-2-6　下竹钉

（2）楦缝与修整

楦缝主要楦构件的裂缝和连接缝，用锋利的小斧子和锋利的铲刀及备齐的干竹扁或干木条，将竹钉与竹钉之间 10mm 以上宽度的缝隙楦干竹扁或干条。有翘茬者应钉牢固，楦缝应楦实、牢固、平整，不得高于木材表面（图C2-2-7）。

（3）铁件除锈、刷防锈漆

如有松动的高于木材面的预埋加固铁件（如铁箍、扒锔子、铆钉等），对预埋铁件加固落实恢复原位，达到箍紧钉牢，顶帽应低于木材面5mm为宜。铁件恢复原位后，应将铁件打磨除锈、涂刷防锈漆。

C2.2.1.4　地仗灰施操前的准备工作

（1）先将砍挠下来的旧灰皮及污垢、木屑等杂物及时清理干净。

（2）操油、支油浆前，凡与地仗施工面相邻处的土建成品部位进行保护。

（3）木材面凡有水锈、糟朽处和木质风化（糟朽）松散现象的部位及薄板材（如走马板）需操油一道。

图C2-2-7　楦缝

C2.2.1.5　支油浆

支油浆前应将木件表面的浮尘杂物清扫干净。支油浆用糊刷或刷子顺木件纹理满刷一遍，缝内要刷到，表面涂刷要均匀，要支严刷到，不得有遗漏、起亮、翘皮缺陷；除异型构件外，不得使用机器喷涂支油浆。

C2.2.2　捉缝灰

C2.2.2.1　捉缝灰

（1）捉缝隙时，遇缝捉灰应注意"横掖竖划"（图C2-2-8）。

（2）捉缝灰时除捉缝隙外还要补缺、衬平、借圆、找直、裹灰线口、缺棱掉角找规矩。

C2.2.2.2　衬垫灰

捉缝灰干燥后，凡需衬垫灰处用缸瓦片金刚石或打磨平整、光洁，有野灰、余灰、残存灰及飞翅用铲刀铲掉，并扫净浮灰粉尘后，湿布掸净（图C2-2-9）。

（a）横掖　　　　　　　　　（b）竖划

图C2-2-8　"横掖竖划"油灰

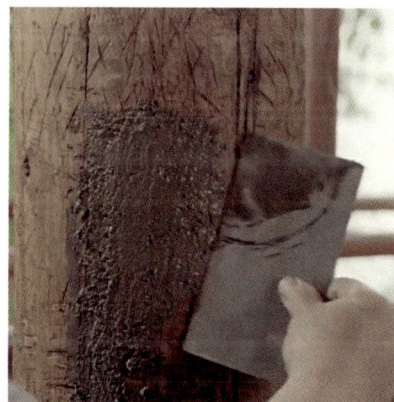

图C2-2-9　衬灰

C2.2.3　通灰（扫荡灰）

C2.2.3.1　磨粗灰（划拉灰），捉缝灰、衬垫灰干燥后，用缸瓦片或金刚石通磨一遍，将飞翅、浮子等打磨掉。

C2.2.3.2　为防止通灰后铁箍处（博缝板、挂檐板等对接缝）拉麻不能准确辨认位置，在衬垫灰干燥后，提前将铁箍处使麻，麻丝长度为铁箍宽度约两倍，将粘麻浆按麻丝长度刷于铁箍处的灰层表面，将麻丝顺木纹围绕铁箍与垂直粘麻，再顺麻丝挤浆轧实，干后磨麻出绒再通灰。

C2.2.3.3 通灰前木件表面的浮尘要事先清扫干净。通灰顺序是先上架后下架，由上而下，由右至左横排步架进行，通完一步架再通另一步架（图C2-2-10）。

| （a）磨粗灰 | （b）搽灰 | （c）过板 | （d）拣灰 |

图C2-2-10 通灰

C2.2.4 使麻

C2.2.4.1 磨粗灰（划拉灰）：通灰干燥后，在使麻、糊布工序之前，通灰表面有龟裂时，用铁板刮通灰将龟裂刮平。干燥后，磨通灰用缸瓦片或金刚石通磨一遍，将飞翅、浮子打磨掉。打磨后，用小笤帚将表面浮灰、粉尘清扫干净，再用湿布掸子逐步掸净灰尘，打磨、清扫、掸活不得遗漏（图C2-2-11）。

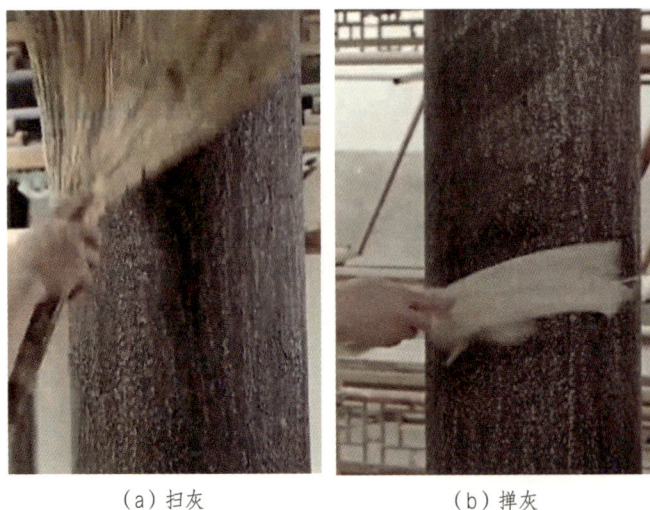

| （a）扫灰 | （b）掸灰 |

图C2-2-11 使麻

C2.2.4.2 使麻分六个步骤进行，即开头浆、粘麻、砸干轧、潲生、水翻轧、整理活。

（1）开浆：依据粘麻速度开浆，以防多余的浆封皮干结，气候干燥和刮风时不能多开，以防浆面封皮不粘麻（图C2-2-12）。

（2）粘麻：粘麻要按木件的木纹横粘麻丝，其麻丝应与木件的木丝纹理交叉垂直，麻丝与构件的节点缝（如连接缝、拼接缝、交接缝、肩角对接缝）交叉垂直，粘麻的麻丝不得顺木纹和顺缝粘，角梁头、檩头、枮头等断面均宜交叉粘或粘乱麻（图C2-2-13）。

图C2-2-12 开头浆

图C2-2-13 粘麻

（3）砸干轧：麻轧子砸横木件的麻时，横着麻丝由右向左先顺秧砸（图C2-2-14）。

（4）潲生：潲生配比为油满∶清水=1∶1.2。用糊刷或刷子蘸生顺干麻丝刷在砸干轧未浸透麻层的干麻上，并戳实以不露干麻为宜，使之洇湿闷软浸透干麻与底浆结合，便于水翻轧整理活（图C2-2-15）。

（5）水翻轧：水翻轧时用麻轧子尖或麻针横着麻丝拨动将麻翻虚，检查有干麻、干麻包随时补浆浸透，保证麻绺和麻丝的均匀，有麻薄、漏子处要补浆补麻再轧实、轧平（图C2-2-16）。

（6）整理活：用麻压子再次逐步复轧（擀轧）过程中，检查、整理麻层中的缺陷，麻层要密实、平整、黏结牢固，麻层厚度不少于1.5mm。凡使麻的麻丝应距离瓦砖石20～30mm，特别是柱根处的线麻要拨离开柱顶石20～30mm，防止下雨线麻吸水造成地仗脱落（图C2-2-17）。

图C2-2-14 砸干轧

图C2-2-15 潲生

图C2-2-16 水翻轧

图C2-2-17 整理活

C2.2.5　磨麻

一般使麻后放置1～2天即可磨麻，阴雨时可放置2～3天麻层干再磨，不得湿磨麻。麻层九成干时磨麻易出麻绒，磨麻先上后下，由左至右横排步架进行（图C2-2-18）。

C2.2.6　糊布

C2.2.6.1　糊布用夏布，开头浆前应将木件通灰或压麻灰表面的浮尘事先清扫干净。糊布顺序是先上架大木后下架大木，由上至下、从左至右横排步架进行，完成一步架再进行另一步架。

C2.2.6.2　磨布：糊布后一般需放置两天即可磨布，布层不干不得磨布，干后不得放置时间过长，布层九成干时磨布易磨破浆皮（图C2-2-19）。

图C2-2-18　磨麻

磨麻前
磨麻后

糊布前
糊布后

图C2-2-19　门扇边抹节点糊布条大小樘子满糊布
资料来源：路化林《中国古建筑油作技术》

C2.2.7　压麻灰

压麻灰前，木件表面的浮绒、浮尘要事先清扫干净。操作手法与通灰相似，灰层厚度略有差别（图C2-2-20）。

C2.2.8　中灰

C2.2.8.1　磨粗灰（划拉灰），压麻灰或压布灰干燥后，表面如有龟裂缺陷处，应处理掉不留隐患，再以同性质的油灰用铁板来回补刮平圆。干燥后用金刚石或缸瓦片通磨一遍，将飞翅、浮子打磨掉，有野灰、余灰、残存灰用铲刀铲修整齐（图C2-2-21）。

图C2-2-20　压麻灰

C2.2.8.2　在中灰前，木件表面的浮尘要事先清扫干净。中灰的顺序是先上架后下架，由上而下，由左至右横排步架进行。

（1）上架大木中灰分两步骤岔开同时进行操作：中圆木件用硬中灰皮子由上至下、从左至右进行；平面木件横着使用铁板直刮，要一去一回克骨刮平，拣净野灰、飞翅。

（2）下架大木中灰（起线）分三个步骤岔开进行操作：

①轧鱼子中灰线的部位要提前制作轧子，轧混线的鱼子中灰线（粗灰）轧子的线口宽度要小于细灰线轧子1～2mm，混线、平口线正、反轧子对口要一致。轧线时以搽灰者、轧线者、拣灰者三人操作完成。轧混线（鱼子中灰线）的操作方法见轧细灰线，要求中灰线与压麻灰（压布灰）黏结牢固。

②槛框、支条、梅花柱子经轧线胎干燥后（不得有横裂纹，如有应挠掉重轧），磨去飞翅。轧线胎的中间不平者需进行填槽灰和刮口。

③中灰前要将表面浮尘扫净，用湿布掸净。

图C2-2-21　磨粗灰

C2.2.9　细灰

C2.2.9.1　磨中灰

中灰干燥后，用缸瓦片或金刚石块由上至下、从左至右透磨一遍，接头处穿磨平整、秧角和棱角穿磨直顺、整齐，无野灰、余灰、残存灰，表面不得有龟裂纹缺陷（图C2-2-22、图C2-2-23）。

图C2-2-22　磨中灰

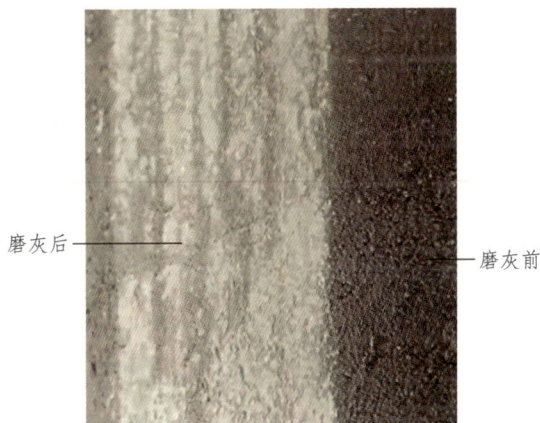

磨灰后————　————磨灰前

图C2-2-23　磨中灰前后对比

C2.2.9.2　细灰

细灰既有独立操作又有配合操作的工序，在细灰前，木件表面有浮尘要由上而下、从左至右清扫干净，再按顺序用湿布掸子掸净灰尘，不得遗漏。

C2.2.9.3　上架大木细灰分四步骤岔开进行操作：

（1）找细灰：用铁板进行找细灰，由上而下、从左至右裹贴檩背子和裹细檩头边棱及贴檩秧，裹细柱头边棱和柱窝及裹细枋子、梁、额枋抱肩，贴细博缝、角梁、压斗枋、坐斗枋等边棱。

（2）轧合楞（滚楞）、棱角：搽灰用皮子抹合楞灰、抹严抹实、复灰饱满均匀（图C2-2-24）。

（3）溜细灰：用细灰皮子溜上桁条细灰。不能有蜂窝麻面、砂眼、扫道（划痕）。不得有空鼓、脱层、裂纹、龟裂纹等缺陷（图C2-2-25）。

（4）填刮细灰：凡平面木件大于大铁板时用灰板细灰。抹灰由上至下、由左至右，用皮子通长一去一回抹灰，抹严抹实，覆灰均匀，不许拽灰、代响。

图C2-2-24　上架大木找细灰、合楞轧细灰
资料来源：路化林《中国古建筑油作技术》

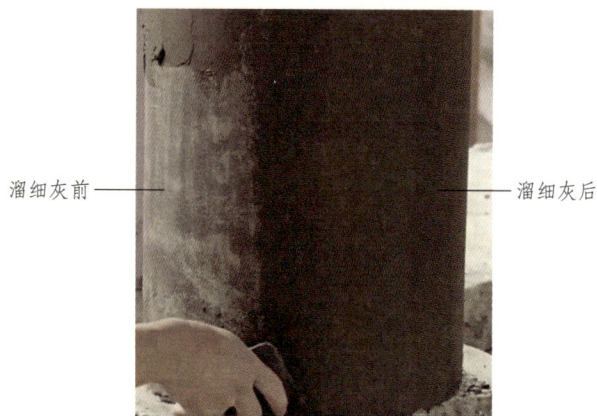

溜细灰前　　　　　　　　　　溜细灰后

图C2-2-25　溜细灰

C2.2.9.4　下架大木细灰分四步骤岔开进行操作（图C2-2-26）：

（1）轧细灰线要提前制作轧子、再轧线（混线、平口线、井口线、梅花线）干后，填槽。

（2）找细灰：由上而下，从左至右用铁板进行贴柱秧、角柱边、八字墙柱边、裹柱根、细坐凳面和踏板棱等，找细灰薄厚要均匀控制在1～2mm，不能有龟裂纹。

（3）溜细灰：两人配合分段操作，一人抹灰，一人收灰。

（4）细灰填槽：平面踏板、上槛、腰槛、风槛等宽度窄于大铁板长度时用铁板细灰，由左插手，由右向左来回将细灰抹严刮实，再填灰让滋润均匀后，由左向右细刮平整将野灰、飞翅拣净。

（a）槛框、踏板、门扇轧线、找细灰　　（b）柱框、踏板轧线、找细灰　　（c）下架槛框轧细灰线干燥后待细槛框面

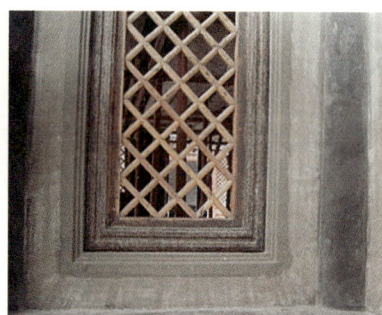

图C2-2-26　下架大木找细灰
资料来源：路化林《中国古建筑油作技术》

C2.2.9.5　隔扇细灰分三步骤岔开进行操作（图C2-2-27）：

（1）隔扇槛窗边、抹需轧皮条线、两炷香、泥鳅背时，应提前制作轧子。

（2）用毛竹挖修成云盘线和绦环线轧子轧细灰线，直线要直顺，曲线要流畅，线路饱满宽窄一致，肩角和风路要均称，拣净野灰、飞翅。

（3）用铁板细樘子心（裙板）云盘线地和海棠盒（绦环板）绦环线地将心地和五分及边口细好刮平，拣净野灰、飞翅，棱、秧角整齐。

图C2-2-27　隔扇的边抹皮条线轧细灰
资料来源：路化林《中国古建筑油作技术》

C2.2.10　磨细灰

细灰干后应及时磨细灰，磨细灰用新砖块（平面无砂粒）或用细金刚石块大面平整不少于两个侧面棱角直顺、整齐，依据木件面积选用大小（图C2-2-28）。

C2.2.11　钻生桐油（图C2-2-29）

C2.2.11.1　钻生桐油，传统以丝头蘸生桐油搓涂，后改用刷子刷涂。不得出现风裂纹（激炸纹）。

C2.2.11.2　磨细灰的部位钻完生桐油渗足后，在当日内用麻头将表面的浮油和流痕通擦干净，不得漏擦防止挂甲等缺陷。

C2.2.11.3　修整线角与线形，地仗全部钻生后，用斜刻刀对所轧线形的肩角、拐角、线角、线脚等处进行修整。

C2.2.11.4　地仗全部钻生桐油干燥后，做油活前，将柱顶石清理干净，凡将墙腿子槛墙、柱门子等糊纸处，进行闷水起纸、清理干净。

图C2-2-28　磨细灰

图C2-2-29　钻生桐油

C3　单披灰地仗

C3.1　木材面四道灰地仗

（1）新旧木基层处理的施工要点详见C2.2.1木基层处理的相应操作工艺的要求。

（2）凡与地仗灰施操构件相邻的成品部位进行保护。

（3）木材面四道灰地仗的施工要点详见C2.2.2～C2.2.3、C2.2.7～C2.2.11。

（4）木材面麻布地仗的施工要点详见C2麻布地仗施工工艺的相应操作要求。

C3.2　连檐瓦口、椽头四道灰地仗与椽望三道灰地仗工艺工法

C3.2.1　檐头部位的连檐瓦口、椽头做四道灰地仗与椽望做三道灰地仗

主要工序：基层处理→楦翼角→支油浆→椽望捉缝灰→连檐瓦口椽头捉缝灰→连檐瓦口椽头通灰→连檐

瓦口椽头中灰→椽望中灰→连檐瓦口椽头细灰→椽望细灰→磨细灰→钻生桐油。

C3.2.2 檐头部位旧地仗清除和新旧活清理除铲

C3.2.2.1 旧地仗清除

用铲刀或挠子分别将连檐瓦口、椽头和椽望的旧油灰及灰指挠干净见新木茬。

C3.2.2.2 新旧活清理除铲

（1）新活清理铲除，用铲刀或挠子、钢丝刷、角磨机将表面树脂、沥青、灰浆点泥点、泥浆痕迹和雨淋痕迹除铲挠干净，见新木茬，或用钢丝刷子或挠子刷挠干净见新木茬。遇缝隙应撕成V形，不得遗漏。

（2）旧活清理铲除（满过刀），用铲刀或挠子将油皮表面的油斑、蛤蟆斑、油痱子铲挠干净，可用砂纸通磨油皮成粗糙面，并将椽秧、缝隙内的灰垢剔挠干净，有翘皮、空鼓、脱皮、松散的旧地仗铲挠干净，边缘铲出坡口。遇缝隙应撕成V形，连檐瓦口、椽头有水锈处挠之见新木茬。

（3）基层处理后，有松动、短缺的燕窝、闸挡板及糟朽的椽头、望板等现象应通知有关工程负责人修整补好。

C3.2.3 楦攒角（翼角）

传统通过楦上架檐头的攒角，既便于做地仗和搓刷油漆及椽肚分色，又具备整体一致、整齐美观的效果，还能防止鸟类筑巢。攒角部位楦活，主要楦老檐椽的斜椽档，呈规律的梯形错台，而每步错台凹面位置应高于绿椽帮上线，楦时先计算尺寸（图C3-2-1、图C3-2-2）。

图C3-2-1 楦攒角（翼角图示）
资料来源：路化林《中国古建筑油作技术》

图C3-2-2 楦攒角的老檐斜椽当
资料来源：路化林《中国古建筑油作技术》

C3.2.4 支油浆

C3.2.4.1 水锈操油

凡有水锈、木质糟朽（风化）处和旧地仗边缘铲出坡口处及仿古建硅酸岩水泥望板应进行操油，操油配比为生桐油：汽油=1：（1～3），搅拌均匀，用刷子涂刷均匀，不得遗漏。操油的浓度以干燥后表面既不要结膜起亮，又要起到增加木质强度为宜。

C3.2.4.2 支油浆

表面应清扫干净。连檐瓦口、椽头汁浆配比为油满：血料：清水=1：1：（8～12）；椽望汁浆配比为油满：血料：清水=1：1：20，搅拌均匀，支油浆时用刷子满刷一遍，椽秧、缝隙内要刷严，表面涂刷要均匀，不漏刷、不污染，不结膜起亮，不宜使用机器喷涂支油浆。

C3.2.5 椽望捉缝灰

捉椽秧根据椽径调整子灰粒径。捉椽望用铁板先贴椽秧，后捉望板柳叶缝，再捉椽子缝隙带捉燕窝、闸挡板（里口木）、盘椽根。

C3.2.6 连檐瓦口、椽头捉缝灰

连檐瓦口、椽头捉缝灰，子灰粒径根据连檐瓦口椽头具体情况调整。用大小适宜的铁板先捉瓦口和水缝，捉水缝由左至右掭灰捉实，稍斜铁板刮直、坡度约35°，水溜坡度一致，不能脏底瓦。

C3.2.7 连檐瓦口、椽头通灰

C3.2.7.1 磨连檐瓦口、椽头缝灰（划拉灰）

捉缝灰干燥后，用缸瓦片或金刚石由左至右进行通磨，铲刀铲修整齐，打磨后将表面浮灰、灰尘清扫干净，不得遗漏。

C3.2.7.2 连檐瓦口、椽头通灰（图C3-2-3）

瓦口刮直水缝、坡度一致，拣净野灰、飞翅。连檐通灰少留接头并刮平，下棱切齐，拣净水缝处野灰、飞翅，不能脏底瓦。连檐瓦口、飞檐椽头、老檐椽头的灰不得有粗糙麻面、龟裂纹、脱层、污染。

图C3-2-3 老檐椽头、檐檩、压斗枋通灰
资料来源：路化林《中国古建筑油作技术》

C3.2.8 连檐瓦口、椽头中灰

C3.2.8.1 磨连檐瓦口、椽头通灰（划拉灰）

通灰干燥后，接头处穿磨平整，将飞翅、浮子等打磨掉，铲刀铲修整齐，打磨后将表面浮灰、灰尘清扫干净，随后再用湿布掸子掸净浮尘，不得遗漏。

C3.2.8.2 连檐瓦口、椽头中灰正面横刮找方，切齐拣净野灰，不得污染底瓦，不得有脱层、龟裂纹。

C3.2.9 椽望中灰

C3.2.9.1 磨椽望缝灰（划拉灰）

椽望缝灰干燥后，望板、椽子有缺陷处，应用捉缝灰的材料配比进行衬垫规矩。干燥后磨灰者带铲刀，

用缸瓦片或金刚石由左至右进行通磨一遍。

C3.2.9.2　椽望中灰

（1）老檐椽望用微硬的皮子中灰，先中椽子后中望板，每根椽子中灰，由椽根至椽头一去抹灰、一气贯通收净。

（2）飞檐椽望用铁板中灰，先中椽帮后中望板代椽肚，刮完椽帮晾干后再刮望板及椽肚，并将接头和两秧野灰收净，中椽肚横铁板上抹灰下刮灰。最后，刮闸挡板及小连檐，拣净野灰、飞翅，不得有龟裂纹、脱层。

C3.2.10　连檐瓦口、椽头细灰

C3.2.10.1　磨檐头（连檐瓦口、椽头、椽望）中灰

中灰干燥后，用缸瓦片或金刚石通磨连檐瓦口椽头和椽望中灰，接头处穿磨平整，磨掉飞翅、浮子等。将表面浮灰、灰尘清扫干净，湿布掸子将连檐、椽头掸净浮尘，不得遗漏。

C3.2.10.2　连檐瓦口、椽头细灰，由左至右分三次返头（利于晾干、避免磕碰、便于成活）操作，细灰薄厚应一致，细灰厚度不少于1mm，不能脏底瓦。

C3.2.11　椽望细灰

细灰厚度约1mm，薄厚应均匀。

C3.2.11.1　细老檐椽望用细灰皮子细灰，每根椽子细灰由椽根至椽头一去抹灰、一气贯通收净，椽子晾干。不能放竖接头或横接头，不得放厚灰，并将椽秧野灰收净。

C3.2.11.2　细飞檐椽望用铁板细灰，先细椽帮后细望板代椽肚，不得放接头、厚灰，直切底棱，拣净望板野灰，细完椽帮晾干，再细望板及椽肚，最后，将闸挡板及小连檐应细严实，拣净野灰，表面干净利落。

C3.2.12　磨细灰

檐头细灰干后应及时进行磨细灰，磨细灰使用新砖块（平面无砂粒）或用细金刚石块棱直、面平、大小适宜，进行磨细灰需带铲刀和$1^{1/2}$号砂布。

C3.2.13　檐头钻生桐油

C3.2.13.1　檐头钻生桐油，用丝头或刷子蘸生桐油搓刷，先钻好连檐瓦口、椽头后再钻椽望。

C3.2.13.2　钻生桐油完成后，将浮油和流痕擦净，表面应光洁，不得漏擦、挂甲等缺陷。

C4　混凝土面四道灰地仗

C4.1　混凝土构件旧地仗清除和新混凝土构件基层处理

混凝土构件砍挠旧地仗清除，在砍活时用专用锋利的小斧子或用角磨机将旧油灰皮全部砍掉，深度均匀且以不伤斧刃为宜。挠活时用专用锋利的挠子将所遗留的旧油灰皮挠净，不易挠掉的灰垢灰迹用角磨机清除干净。

新混凝土基层清理除铲，构件表面的缺陷部位应用水泥砂浆补规矩，并应符合《建筑装饰装修工程质量验收标准》GB 50210—2018第4.2.11条规定。凸出部位不符合古建构件形状应剔凿或用角磨机找规矩。

C4.2　操油

（1）凡新混凝土基层含水率大于8%时，应通过防潮湿处理后进行施工。

（2）旧混凝土面做传统油灰地仗前应操油一道，操油配比为光油：汽油=1：（2~3），凡混凝土面微有起砂的部位操油配比为生桐油：汽油=1：（1~3），混合搅拌均匀。

C4.3　混凝土面四道灰地仗

混凝土面四道灰地仗详见C2节麻布地仗施工工艺的相应操作要求。其混凝土面柱子与木质槛框的交接处，要求通灰工序进行槛框，使麻的麻丝拉接宽度不少于50mm。

附录D 油漆

油漆涂料是由多种物质组成的混合液体，主要是由胶粘剂（如光油）、颜料、溶剂（传统不掺溶剂）和辅助材料（如催干剂、增韧剂）等组成。

D1 常用油漆的种类及用途

D1.1 光油

以桐油为主和苏子油熬炼制成，为古建油饰的特制光油（表D1-1-1）。

熬光油材料配比（重量比）　　　　　　　　　　表D1-1-1

季节	材料					
	生桐油	土籽	黄丹粉	密陀僧	研细定粉	老松香粉
春、秋季	100	4	2.5	已不下	0.5	0.5 ~ 0.8
夏季	100	3	2.5	已不下	0.5	0.5 ~ 0.8
冬季	100	5	2.5	已不下	0.5	0.5 ~ 0.8

D1.2 颜料光油

用光油和颜料以传统方法配制而成，是传统古建自制的油漆，以丝头搓油、油栓顺为主。

（1）章丹油：油饰牌楼的霸王杠（挺钩）时，涂饰两遍章丹油后，既起底油作用还可用于铁箍防锈。

（2）朱红油（银朱油）：用于配制二朱油和古建筑的连檐瓦口、斗栱眼、垫栱板、花活地、匾托、霸王杠及御用建筑的盖斗板等油饰部位。

（3）二朱油：根据前者做法及颜材料略比后者做法鲜艳，朱红油饰（二朱油）做法在御用建筑中有严格的等级制度。

（4）广红土油（红土子油）：广红土油耐晒、遮盖力强、不易褪色，色彩稳重，适用于古建、仿古建的油饰。

（5）柿红油：适用于仿古建筑的下架油饰。

（6）洋绿油：适用于古建、仿古建的飞头、椽肚、窗屉、屏门、梅花柱子、坐凳油饰，绿圆柱子油饰少（如皇家戏楼）。

（7）黑烟子油：适用于小式建筑的筒子门和做黑红镜油饰，黑色面积大时略加少许广红土油。

（8）墨绿油：以绿油为主加少许黑烟子油调配而成，适用于小式建筑及铺面房的下架油饰。

（9）定粉油：适用于古建筑、仿古建筑的内檐油饰和配色，如瓦灰色，用于黑烟子油的头道油。

（10）米黄油：适用于小式建筑的室内。仿古建筑室内适用的米黄油以白漆为主，加少许中黄油漆调配而成。

（11）紫朱油：适用于小式建筑室内。

（12）香色油：适用于小式建筑。

（13）羊肝色油：适用于小式建筑。

（14）荔（栗）色油：适用于小式建筑。

（15）瓦灰油：适用于小式建筑及铺面房。

D1.3　清漆的性能及用途

（1）虫胶清漆：古建筑传统工艺曾经用虫胶清漆做银箔罩漆，呈现金箔表面（图D1-3-1）。

（2）腰果清漆：北京地区用于佛像、佛龛金箔罩漆，腰果清漆的棕色透明色度应有深浅之分，应由浅逐步涂到需要的深度。

（3）丙烯酸木器清漆：可用于仿古建贴铜箔罩漆，防氧化变黑，使其光泽耐久。

图D1-3-1　虫胶清漆

D1.4　硝基磁漆

古建牌匾常用黑硝基漆做磨退，仿大漆效果。

D1.5　防锈漆

防锈漆主要有油性防锈漆和树脂防锈漆两类。

（1）油性防锈漆：红丹与铝粉会产生电化学作用，故不能用在铝板和镀锌板上，否则会降低附着力，出现卷皮现象。

（2）树脂防锈漆：有红丹酚醛防锈漆、红丹醇酸防锈漆、锌黄醇酸防锈漆等。其防锈性能好，干燥快，附着力好机械强度较高，耐水性较好。树脂防锈漆适于古建地仗以下（铁箍、扒铜子或镀锌箍）使用的防锈底漆。

（3）铁红醇酸底漆：适用于一般条件下的使用，不适于古建地仗以下铁箍防锈（图D1-5-1）。

图D1-5-1　铁红醇酸底漆

D1.6　地板漆

木地板涂饰，要求漆膜坚硬、耐磨、不易脱落。古建常用的地板漆，有铁红酚醛地板漆，铁红醇酸地板漆，清色活地板用耐磨清漆，另外还可选用甲板漆等（图D1-6-1）。

（a）地板漆使用前　　　　　　　　　（b）地板漆使用后

图D1-6-1　地板漆使用前后效果对比图

D2　油漆的颜色

常用的无机颜料是有色固体粉末状物质，品种有章丹、朱红、上海银朱、洋绿（鸡牌绿、巴黎绿）、铅粉、钛白粉、群青、铁红、炭黑（黑烟子）、石黄、哈巴粉等（图D2-1-1）。

（a）章丹	（b）朱红	（c）上海银朱	（d）洋绿
（e）铅白粉	（f）钛白粉	（g）群青	（h）铁红
（i）炭黑	（j）石黄（雄黄）	（k）石黄（雌黄）	（l）哈巴粉

图D2-1-1　无机颜料示意图

D3 建筑各部位的常用色彩与做法

D3.1 大式建筑油皮（油漆）色彩及常规做法

（1）下架大木（柱子、槛框、踏板）装修：清代做朱红油饰即深浅二朱红油三道，或翠油一道。一般建筑常做三道广红土油，均可罩油一道或不做罩油（图D3-1-1）。

（a）不做罩油的柱子、槛框、踏板　　　　　　　　　　　　广红土油　　（b）做罩油的柱子、槛框

图D3-1-1　柱子、槛框、踏板油饰

（2）隔扇、帘架、菱花屉（园林式建筑的棂条心屉均可饰绿色）、山花、博缝、围脊板等部位，一般随下架大木油漆色彩及做法。

（3）椽望：红帮绿底做法一般为三道油，罩油一道。视为两道红油，刷绿椽肚一道，罩油一道。其红油色彩可随下架大木。如下架饰二朱红时，椽望的头道油可不饰樟丹油而直接饰二朱红。

（4）连檐、瓦口和雀台一般做三道红油，章丹油打底一道、二道朱红油；做四道红油时增罩油一道。

（5）彩画部位的油漆色彩及做法：斗栱部位的盖斗板或趄斗板随下架大木油漆色彩及做法；斗栱部位的烂眼边（指透空栱眼的下部，即各栱件的上坡楞处）、荷包（栱眼）、灶火门（垫栱板）做三道朱红油；垫板除苏式彩画和旋子彩画等级低者不做油漆外，一般做三道朱红油；花活地一般做三道朱红油；飞檐椽头做三道绿油，拍二道绿油扣一道绿油；牌楼上架大木彩画部位做罩油一道（图D3-1-2）。

（6）面叶：随下架大木油漆色彩为两道油做法，面油表面多做贴金。

（7）实榻大门、棋盘门、挂檐板、罗汉墙常规做三道二朱红油，均可罩油一道，或做三道红土油（图D3-1-3）。

（8）霸王杠：做三道朱红油（做章丹油打底、二道朱红油）。

（9）巡杖扶手栏杆：随下架大木油皮（油漆）色彩，常规做三道二朱红或红土子油。

（10）山花、博缝部位：随下架大木油皮（油漆）色彩，常规三道油做法、均可罩油一道（图D3-1-4）。

（11）额：俗称斗子匾，如斗边云龙雕刻使油贴金（龙、宝珠火焰、斗边贴金，做彩云）斗边侧面及雕刻地常规做三道朱红油（贴金处一道章丹油，一道朱红油，打金胶油贴金，地扣一道朱红油），匾心（字堂）筛扫大青，铜字贴金或镏金（图D3-1-5）。

荷包——
灶火门——

图D3-1-2　斗栱油饰

——红土油

图D3-1-3　实榻大门油饰

图D3-1-4　山花、博缝部位油饰

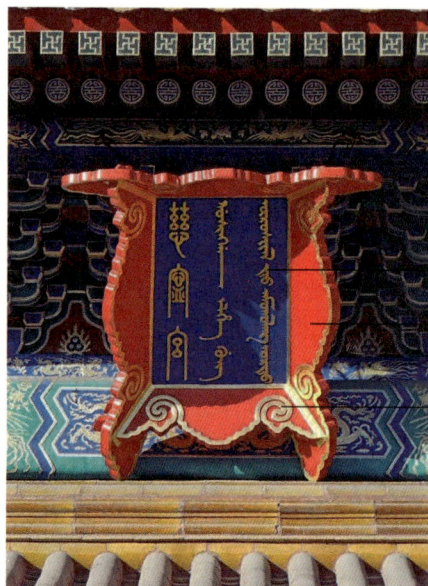

——镏金
——朱红油
——贴金

图D3-1-5　斗子匾油饰

D3.2　小式建筑油皮（油漆）色彩及常规做法

（1）下架大木（柱子、槛框、踏板）：常规做三道红土子油，均可罩油一道或不做罩油。

①黑红镜做法：a. 柱子、檩垫枋及门窗心（仔）屉做三道黑烟子油，槛框做三道红土子油；b. 柱子檩垫枋、门窗边抹及槛框做三道黑烟子油，心（仔）屉做三道红土子油或做黑烟子油时其凹面（如垫板、余塞板、迎风板）可做红土油点缀；c. 院门的檩、枋、柱子、槛框、门扇做三道黑烟子油，垫板、迎风板、余塞板、门簪等凹面做三道红土子油点缀；d. 黑红镜做法的连檐、瓦口和椽望均可做三道红土子油（图D3-2-1）。

②柱子与坐凳楣子色彩及常规做法：圆柱子与坐凳面做三道红土子油，楣子大边做三道朱红油，棂条做三道绿油；梅花柱子与坐凳面做三道绿油，仿古建可做三道墨绿油，楣子大边做三道朱红油，棂条做三道红土油；美人靠色彩多随柱子，有靠背的棂条与柱子红绿岔色之分；垂花门大面全绿也有余塞板凹面做红点缀，后面屏门红绿岔色（图D3-2-2）。

黑烟子油　　　　　　墨绿油

图D3-2-1　黑红镜做法

红土子油　　　　　墨绿油

图D3-2-2　小式大作垂花门的屏门油饰
资料来源：路化林《中国古建筑油作技术》

③各部位或窗屉做油地斑竹纹彩画时，绿斑竹部位做二道浅绿油，老斑竹部位做二道米色油（图D3-2-3）。

（2）隔扇、菱花窗屉：随下架大木油皮（油漆）色彩及做法，仔屉棂条随园林做三道绿油，而横披窗大边有做三道朱红油的（传统为提高廊步亮度）（图D3-2-4）。

（3）椽望：红帮绿底做法和油皮（油漆）色彩、绿椽帮高度及绿椽肚长度要求同大式建筑，廊子的红椽根一般檐檩"外有内无"，皇家园林（如颐和园）的长廊只限于飞檐椽有红椽根。红帮绿底做法涂刷成品（树脂）油漆多做三道铁红油漆，刷绿椽肚一道，视为做四道油漆（图D3-2-5）。

（4）连檐、瓦口和雀台做樟丹油（仿古建涂娃娃油）打底、二道朱红油、均可罩油一道。仿古建屋面为合瓦时，可做三道铁红油漆或三道二朱红油漆。

（5）彩画部位的油漆色彩及做法（图D3-2-6）。

①檩、垫、枋做掐箍头搭包袱彩画时，找头的聚锦部位做三道红土（铁红）油。

②檩、垫、枋做掐箍头彩画时，搭包袱和找头的聚锦部位做三道红土子油。

③花活地一般做三道朱红油，飞檐椽头做三道绿油。

④吊挂楣子的檩条做彩画时，大边和白菜头底面常做三道朱红油。

（6）屏门、月亮门：常规做三道绿油，仿古建可做三道墨绿油。

——浅绿油

——米色油

图D3-2-3　斑竹座彩画
资料来源：路化林《中国古建筑油作技术》

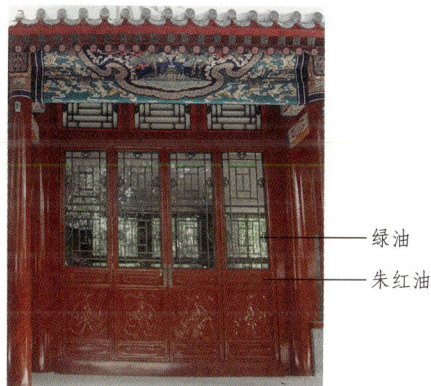

——绿油

——朱红油

图D3-2-4　廊步下架油饰的横披窗边抹饰朱红油
资料来源：路化林《中国古建筑油作技术》

铁红油漆

红帮绿底：绿油

图D3-2-5　长廊椽望红帮绿底、白菜头油饰
资料来源：路化林《中国古建筑油作技术》

红土子油　　　　　绿油

（a）金线掐箍头搭包袱彩画及油饰

（b）黄线掐箍头彩画及油饰

（c）椽头油饰

图D3-2-6　彩画部位的油饰
资料来源：路化林《中国古建筑油作技术》

（7）巡杖扶手栏杆、花栏杆：做三道二朱红或红土子油。裙板、荷叶净瓶一般做彩画或饰绿油（图D3-2-7）。

（8）牖窗、什锦窗：贴脸常规做三道红土子油，边框做三道朱红油，仔屉及棂条做三道绿油；做黑红镜（官式）做法时，贴脸常规做三道黑烟子油，边框做三道朱红油（不是官式做法做三道红土油），仔屉或棂条做三道绿油（图D3-2-8）。

（9）门簪：大小式建筑的门簪油饰色彩同下架大木（图D3-2-9）。

（a）油饰彩画及金饰

红土子油

（b）挂落板边和如意头贴库金及荷叶净瓶彩画

图D3-2-7　扶手栏杆、花栏杆油饰
资料来源：路化林《中国古建筑油作技术》

红土子油　　绿油　　黑烟子油

图D3-2-8　什锦窗黑红镜油饰
资料来源：路化林《中国古建筑油作技术》

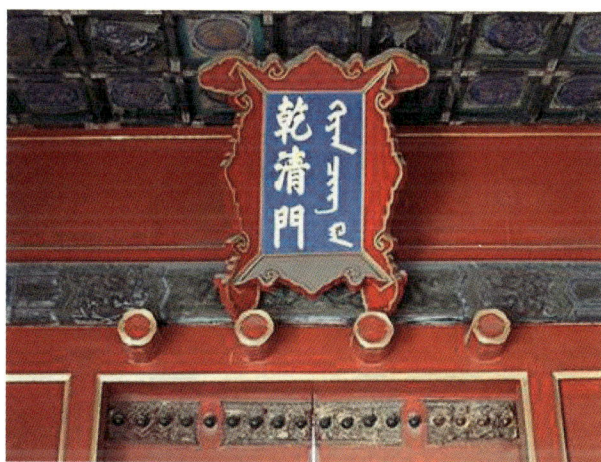

图D3-2-9　金边门簪

（10）椽头：飞檐椽头做三道绿油，做无金彩画时拍三道破色绿油；老檐椽头无彩画时，刷群青色（图D3-2-10）。

（11）筒子门：也叫门筒子，小式建筑的门筒子多做麻布地仗，再做三道红土子油或做三道黑烟子油。

（12）藻井：常做彩画贴金，也有龙井内贴浑金的（图D3-2-11）。

龙井内贴浑金

图D3-2-11 藻井油饰

————— 绿油

图D3-2-10 椽头油饰

E1 彩画工艺的材料简介

传统建筑彩画所运用的颜色青、黄、赤、白、黑五色俱全,鲜艳色彩的对比调和形成民族特点。在建筑上施色彩,最初是为适应木结构上防腐防蠹的实际需要,后来逐渐和美术要求统一,成为中国建筑装饰艺术特有的一种方法。

清代晚期以前,彩画用的是以天然矿物颜料为主的国产颜材料。到了清代晚期,由于国外产品进入中国等原因,在继续沿用部分传统颜料的同时,还采用了一些进口的化工颜料。清代彩画,大体可以分为:矿物颜料、植物颜料、近代化工颜料、虫胶类颜料及金属颜料,还涉及某些矿产干粉、动物质粘结胶,某些树脂油等。

传统建筑彩画材料主要指绘制彩画所用的颜料。包括两个部分,一是图案部分大量使用的颜料,二是绘画部分用量较少的颜料,对于用量大的色,彩画行业界称为大色,用量少的称小色,大色全是矿物颜料,小色有矿物质颜料也有植物质颜料和其他化学颜料,但主要也用矿物质颜料,现代成品国画颜料,集中地代表了小色的种类和特征。另外,在彩画中某些图案花纹体量很小,用的颜料也不多,虽然也使用大色调配也称小色。

除颜料之外,由于装饰和工艺的需要,彩画还包括一些其他材料,如纸张、大白粉、滑石粉、胶、光油等,这些统称彩画的颜料材料,只用颜料或材料一词均不能确切表达彩画的全部用料。

E1.1 颜料

颜料按用途分类,有按化学属性分类的,也有按色系分类的。

传统彩画根据工艺的特点,常分为制彩矿物质颜料与植物质颜料两大类。植物颜料在彩画中用量极少,品种有限,构不成类,主要还是应用矿物质颜料。

按色系分类是现在颜料分类常用的方式(图E1-1-1)。对于各色的颜料,传统每一种色只选用一种颜料,鉴于历史和地区的原因,同一种图案所选用的同一种色其品种是不一样的,故按色系的分类中尽可能地包括各种常用及实用颜料,彩画颜料分类详见表E1-1-1。

（a）银朱　　　　　（b）章丹　　　　　（c）氧化铁红　　　　　（d）丹砂

（e）紫铆　　　　　（f）赭石　　　　　（g）胭脂

（h）石黄　　　　　（i）铬黄　　　　　（j）藤黄

（k）群青　　　　　（l）石青　　　　　（m）普蓝　　　　　（n）花青

（o）巴黎绿　　　　　（p）砂绿　　　　　（q）石绿

图E1-1-1　颜料色系分类色卡参考图

色系	颜色	说明
白色系	钛白粉	学名二氧化钛，传统彩画很少运用，现在彩画中常作为主要白色运用
	铅白	俗称铅白粉，学名碱式碳酸铅，传统彩画以这种白用量最大
	立德粉	学名锌钡白，对于一些临时性的彩画装饰可以运用
	轻粉	古代多用作白色颜料，现在基本不用
红色系	银朱	俗称贡朱，学名硫化汞，是彩画主要的红色涂料
	章丹	又名红丹、铅丹，彩画中多有运用，可单独使用也可与其他颜料调和使用或打底使用
	氧化铁红	俗称铁红、铁丹、铁朱、锈红、西红、西粉红、印度红、红土、广红土等，学名三氧化二铁，在彩画中常用，一般用量较少，偶尔也有大量使用的情况，是必备的色彩
	丹砂	又名朱砂，彩画中作小色用，使用时研细
	紫铆	又名紫矿、西洋红、卡密红，彩画中可作小色用
	赭石	又名土朱，系天然赤铁矿，传统彩画作小色用，随用随研，现多用已加工好的成品颜料
	胭脂	又名燕脂，彩画作小色用
黄色系	石黄	又名雄黄或雌黄，均为三硫化砷，现在彩画中称一些色彩纯正、细腻、遮盖力强且价廉的矿质黄颜料为石黄
	铬黄	俗称铅铬黄、黄粉、巴黎黄、可龙黄、不褪黄、莱比锡黄等，学名铬酸铅，传统彩画不用此种涂料，近年逐渐运用，品质尚佳
	藤黄	依加水浓淡而产生深浅不同色彩，耐光性差，彩画作小色用
蓝色系	群青	俗称佛青、云青、石头青、深蓝、洋蓝、优蓝，彩画中对这种颜料用量很大，以纯度高、色彩鲜艳为彩画所选用，市场出售的广告色群青，色彩多灰暗，且使用不方便，在彩画中很少使用
	石青	为天然产的铜的化合物，是古代彩画的主要蓝色颜料，现彩画中作小色用，国画颜料中的头青、二青等均可运用
	普蓝	又称华蓝、铁蓝，是一种深重而艳丽的蓝色，彩画中作小色用
	花青	为植物性颜料，由靛蓝加工而成，颜色深艳、沉稳凝重，花青是彩画和中国画不可缺少的重要颜料，现多用已加工好的成品颜料
绿色系	巴黎绿	为商品名，又名洋绿，产于德国，现多用巴黎绿，其色彩较鸡牌绿深暗，色泽发蓝，远不及鸡牌绿鲜艳。巴黎绿是目前彩画大量涂刷绿色的主要品种。
	砂绿	比巴黎绿色彩发黑，但耐日晒，经久不褪色，而且价格便宜，国内多有出产，彩画一般不用原品种砂绿，或在其中加其他颜料或以洋绿加佛青调和而成来代替砂绿
	石绿	又名绿青、孔雀石，石绿系铜的一种化合物，颜色鲜艳、美丽，彩画作萧瑟用
黑色系	炭黑	炭黑又名乌烟、黑烟子，炭黑遮盖力、耐候性、耐晒性均很强，在彩画中的运用有悠久的历史

E1.2 其他材料

彩画的其他材料包括调配彩画颜料所用的各种性能的胶以及矾、大白粉、光油、纸张等。彩画中所使用的胶料，有动物胶、植物胶和化学胶，传统以动物胶为主，目前动物胶与化学胶均用于彩画颜料调配之中。彩画颜料及其他材料需加胶后方可使用，胶使用前需熬化，然后按一定比例与彩画颜料热水蒸料调和。熬胶的方法较简单，以彩画常用的骨胶粒为例，将其杂质去掉，之后按比例加入清水，用水煮沸，使其化解，即可使用。熬胶的胶粒量与水量的比因用途和气候不同而不同，见表E1-2-1。

对沥粉用胶、水比（质量比）　　　　　　表E1-2-1

季节	胶	水
春季	1	4 ~ 6
夏季	1	3 ~ 5
冬季	1	5 ~ 7

E1.2.1 皮胶

用动物皮制成，一般为黄色或褐色块状半透明或不透明体。粉状的称烘胶粉。彩画需用品质较好的，半透明体皮胶（图E1-2-1）。

E1.2.2 骨胶

用动物骨骼制成，属于蛋白质类含氮的有机物质，一般为金黄半透明体，有片状、粒状、粉末状等多种。骨胶黏性较皮胶次，目前彩画采用粒状骨胶（图E1-2-2）。

E1.2.3 桃胶

又名阿拉伯胶，桃胶并非定指桃树胶，桃胶属于树胶。呈微黄色透明珠状，溶于水，可粘木材、纸张，热水沸化会变质。彩画在特殊情况下运用（图E1-2-3）。

图E1-2-1 皮胶实物图

图E1-2-2 骨胶实物图

图E1-2-3 桃胶实物图

E1.2.4 聚乙酸乙烯乳液

为白色黏稠体，未干呈半透明状，干后透明度增加，可用于调和彩画颜料。黏性大于骨胶，近年彩画调配某些主要大色多用这种胶，此胶调色在彩画干后不怕雨淋，使用时可克服较冷天气对胶液的影响，如骨胶液，气温低时会凝聚。但乳胶怕冻，受冻变质后不能使用，使用时应按产品说明要求进行（图E1-2-4）。

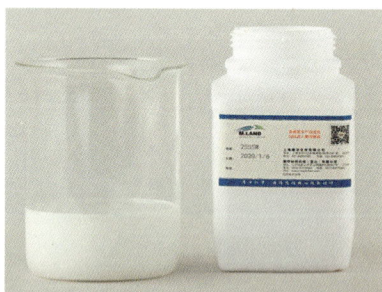

图E1-2-4 聚乙酸乙烯乳液实物图

E1.2.5 矾

普通食用白矾，透明、发涩、溶于水，在彩画中用于浆矾纸张，使其变"熟"不渗水，也用于绘画中的固定底色用，以便于以后的渲染（图E1-2-5）。

E1.2.6 高丽纸

分手制、机制两种，彩画用其性能绵软、洁白无杂质、有韧性、拉力强者（图E1-2-6）。

图E1-2-5 白矾实物图

图E1-2-6　高丽纸实物图

E2　彩画的种类与用途

依据清代官式建筑彩画画法的主要特征，大体分为和玺彩画、旋子彩画、苏式彩画、宝珠吉祥草彩画和海墁彩画五个种类。在清代官式建筑中，前三类彩画比较多见，后两类彩画比较少见。

E2.1　和玺彩画

和玺彩画的主体轮廓框架大线呈"⌇"形为显著特征，纹饰基本构成形式在清早期基本定型。由于和玺彩画所营造的是皇家独有的浑厚凝重、庄严豪华和壮丽恢宏的装饰艺术效果，故和玺彩画的用金量及贴金技法与其他类彩画相比达到了顶点和最高水平（图E2-1-1）。

和玺彩画的"⌇"形特征

图E2-1-1　故宫太和门和玺彩画

E2.1.1　檩枋梁大木和玺彩画

E2.1.1.1　和玺彩画的构图格局及部位名称

方心：造型呈狭长形，位于檩、枋或梁彩画的中段中心部位。方心形的外轮廓线称为"方心线"，轮廓线以内的地子称"方心心"，彩画的各种细部主题纹在这里面表现。方心两端的内扣式曲线形称为"方心头"；方心以外的四周圈部位称为"楞线"。檩、枋、梁大木和玺彩画的构图格局基本分为三个段落，构件的正中段设方心，方心的左右两段对称地设找头、箍头（图E2-1-2、图E2-1-3）。

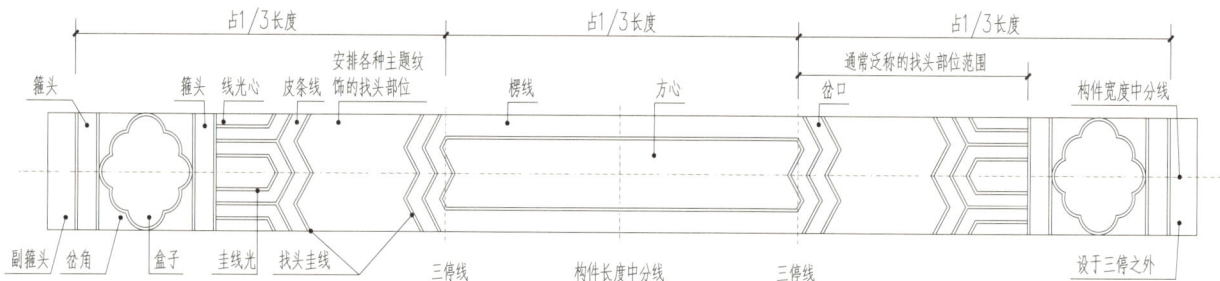

图E2-1-2　和玺彩画框架构图格局部位名称图（一）

图E2-1-3　和玺彩画框架构图格局部位名称图（二）

E2.1.1.2　和玺彩画主体框架纹饰在不同长度构件上的构图方法

（1）对称轴线成规的运用

和玺彩画的主体框架纹饰在大木构件上的构图都是按清代彩画法式、按构件的具体尺寸绘制的。主体框架纹饰都是以两条轴线成对称形式，其中一条是构件长度的中分线；另一条是构件宽度的中分线。

（2）分三停规则的运用

清代各类彩画的方心式构图，都严格按分三停的规则，和玺彩画主体框架纹饰的构图相同。无论构件长或短，凡设方心都按分三停的规矩按三段式格局进行构图，即在构件两端设副箍头，副箍头在构件上所占的宽度均不计在三停之内。

因构件长短不同，形成主体框架的纹饰及部位也不同，凡较长构件，一般都要加画盒子；凡较短构件，如梢间、廊步的抱头梁、穿插枋及内檐的某些较短构件则不画盒子（图E2-1-4）。

（3）圭线光长短画法的变化

圭线光及线光心都属于找头的范围，具体内容的绘制根据找头地内主题纹饰表现的需要所决定的。圭线光及线光心的长度画法是可变的，有的彩画要画得长些，有的画得短些，特殊短部件甚至可以不设。

（4）斜大线画法

构成和玺彩画主体框架的大线为"ξ"形斜大线，这些"ξ"形斜大线在檩、枋、梁大木构件上都是横

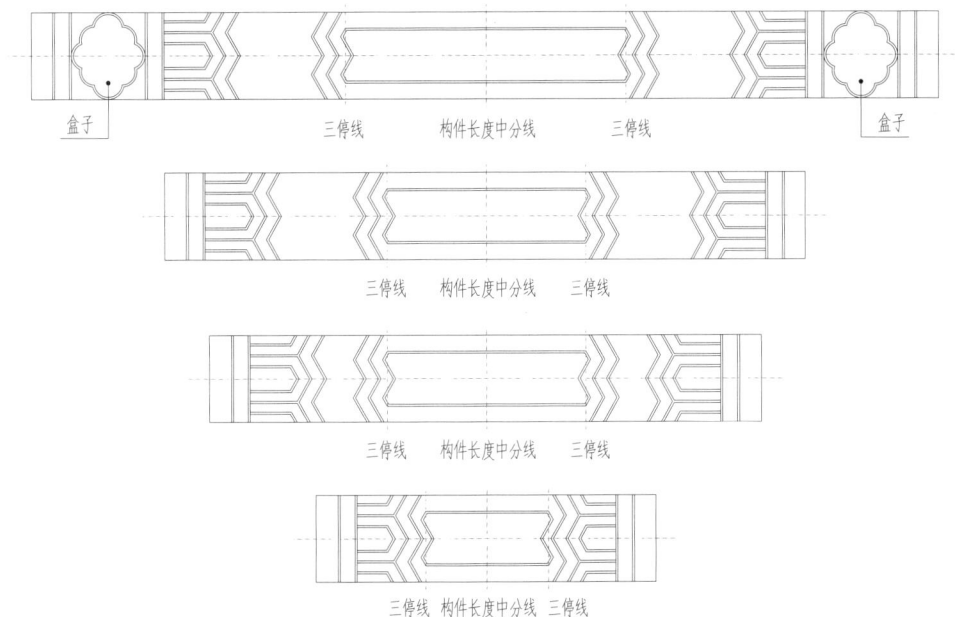

图E2-1-4 不同长度构件和玺彩画框架大线构图画法对照示意图

向放置的。绘制"彡"形斜线的方法一般是先将构件的宽均分为4等份（特指绘制岔口线、找头轮廓圭线、圭线光轮廓线），然后确定彩画部位节点，再后做节点间的斜连线。大多和玺斜线的斜度，与横向构件之上下边呈60°角。在同一构件中，方心头、线光心、找头的所有斜线斜度都必须与其相统一。

（5）大线的做法

和玺彩画主体框架大线纹饰，包括箍头线、盒子轮廓线、圭线光及线光心轮廓线、找头轮廓圭线、岔口线、方心轮廓线、无论早期的曲线画法或中晚期的直线画法，都是通过双线沥粉并贴金来表现的。

E2.1.1.3 各种和玺彩画主题纹饰的运用及其组合

按清代彩画制度，和玺彩画是最高品级的彩画。根据和玺彩画细部主题纹饰运用的不同大体被分为：龙和玺、龙凤和玺、龙凤方心西番莲灵芝找头和玺、龙草和玺、凤和玺、梵纹龙和玺等6种不同的和玺彩画做法。6种纹饰做法的等级分类见表E2-1-1。

和玺彩画细部纹饰等级分类表　　　　　　　　　　　　表E2-1-1

等级	纹饰	应用范围
第一等	龙和玺	装饰于皇帝登基、理政、居住的殿宇及重要坛庙建筑
第二等	龙凤和玺	着重装饰帝后寝宫及祭天等重要祭祀性坛庙建筑
	龙凤方心西番莲灵芝找头和玺	
	凤和玺	装饰皇后寝宫及祭祀后土神坛的主要殿宇
第三等	龙草和玺	主要用于装饰皇宫的重要宫门、皇官主轴线上的配殿及重要的寺庙殿堂
	梵纹龙和玺	装饰敕建藏传佛教寺院的主要建筑

（1）龙和玺

龙和玺亦称金龙和玺，它是在彩画的方心、找头、盒子以及其他重要部位运用龙纹作为主题纹饰的一种和玺。各个部位的龙纹，包括宝珠火焰为沥粉贴片金做法。龙纹周围的散云纹轮廓都沥粉，大多数彩画采用金琢墨五彩攒退做法；少量的彩画运用片金做法（图E2-1-5）。

方心：龙纹

找头：龙纹

盒子：龙纹

图E2-1-5　太和殿龙和玺彩画

（2）龙凤和玺

和玺的方心、找头、盒子以及其他重要部位，以运用龙纹与凤纹作为彩画主题纹饰的一种和玺。其各部位的龙纹、凤纹及其周围散云的绘制工艺与上述龙和玺的龙纹、珠宝、散云基本相同（图E2-1-6）。

（3）龙凤方心西番莲灵芝找头和玺

和玺的方心、找头、盒子运用龙纹、西番莲纹或龙纹、凤纹、西番莲纹、灵芝纹为和玺的一种。从清代的彩画遗存实物看，如果再加以细分，还可分为龙凤方心西番莲灵芝找头和玺，以及龙方心西番莲找头和玺。此类和玺各部位主题纹饰的绘制工艺与上述龙和玺的龙纹、宝珠、散云基本相同（图E2-1-7）。

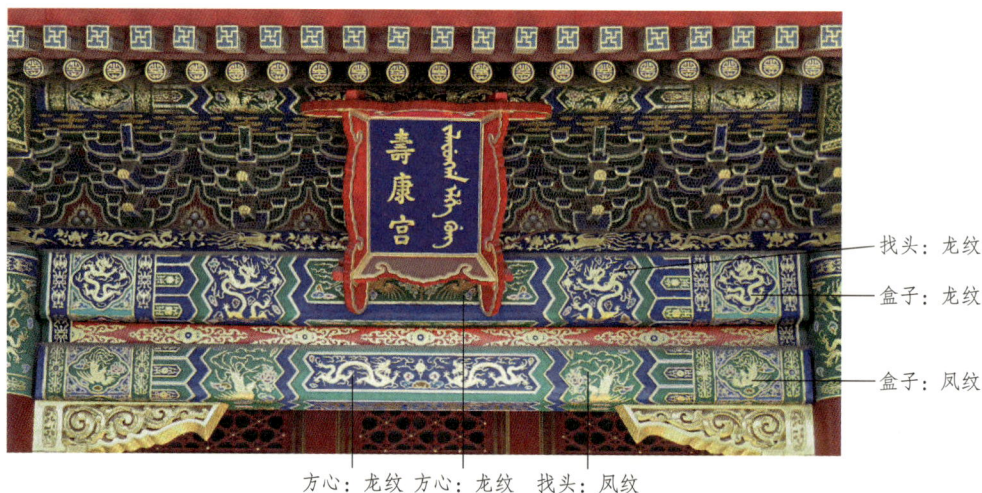

找头：龙纹

盒子：龙纹

盒子：凤纹

方心：龙纹　方心：龙纹　找头：凤纹

图E2-1-6　寿康宫龙凤和玺彩画

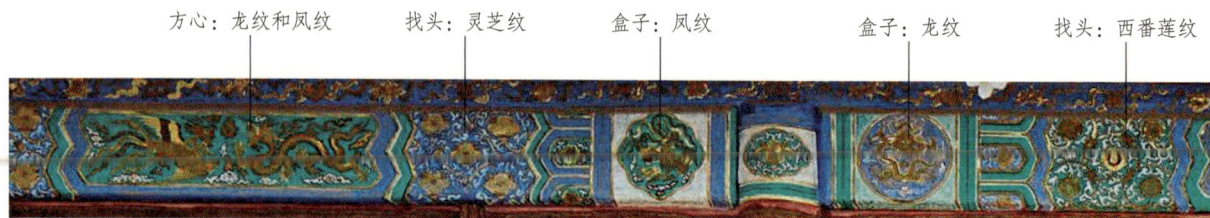

方心：龙纹和凤纹　　找头：灵芝纹　　盒子：凤纹　　盒子：龙纹　　找头：西番莲纹

图E2-1-7　承乾宫龙凤方心西番莲灵芝找头和玺彩画

（4）龙草和玺

龙草和玺亦俗称楞草和玺。即方心、找头、盒子以及其他重要部位以运用龙纹、大形卷草纹作为主题。和玺中的大形卷草，亦称为吉祥草、关东楞草，画法特点粗壮硕大具有力度感，装饰的适应性非常强，这种大形卷草，在我国元、明官式彩画中极少见到，其原本见于我国内蒙古及东北地区。明末清初作为一种独立的官式彩画——吉祥草彩画曾被官式建筑运用。和玺类彩画吸取了龙纹与吉祥草纹为主题纹饰，从而创造龙草和玺彩画的形式（图E2-1-8）。

（5）凤和玺

方心、找头、盒子以及其他重要部位只用凤纹作为主题纹饰的一种和玺。凤纹设置简单，其方心无论青色或绿色，一律设对称的凤纹；凡绿色找头地设升凤，凡青色找头地设降凤；凡青色地盒子设升凤，凡绿色地盒子设降夔凤。所有纹饰，都一律沥粉贴片金（图E2-1-9）。

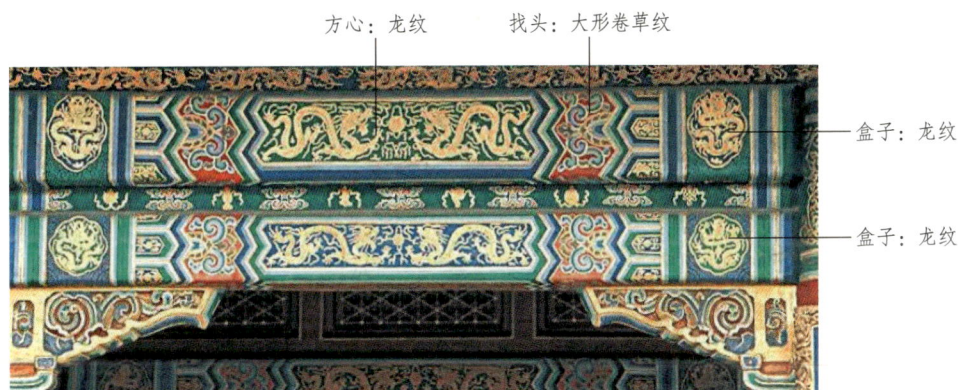

方心：龙纹　　找头：大形卷草纹　　盒子：龙纹　　盒子：龙纹

图E2-1-8　雍和宫永佑殿龙草和玺彩画

盒子：降凤纹　　找头：升凤纹　　盒子：升凤纹

图E2-1-9　北京月坛具服殿凤和玺彩画

（6）梵纹龙和玺

方心、找头、盒子等重要部位运用梵纹（包括梵字、宝塔、莲座卷草）、龙纹为彩画主题纹饰的一种和玺。梵纹龙和玺彩画，仅见于我国北方地区藏传佛教寺庙的彩画。

彩画的梵纹、宝塔均沥粉贴片金。与梵字、宝塔周围相配的莲花座及卷草纹为玉做，故这类做法可称为片金加玉做。梵纹、龙纹内容在大木部位的设置方法为：凡青色地的方心都设龙纹；凡绿色地的方心都设梵文；凡找头无论青色地或绿色地都统一设龙纹，其中青色地找头画升龙，绿色地找头画降龙；凡绿色地盒子画梵文，凡青色地盒子画宝塔（图E2-1-10）。

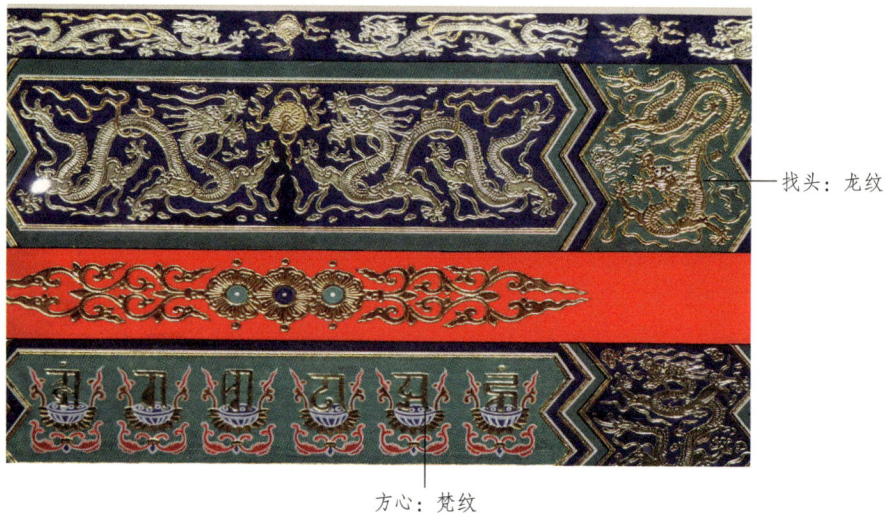

找头：龙纹

方心：梵纹

图E2-1-10　承德普宁寺大雄宝殿梵纹龙和玺彩画

E2.1.2　柱头彩画

和玺彩画的柱头纹饰，其主体框架大线、细部及其主题纹饰的做法，与同建筑的大木和玺彩画相互间应是基本一致的。按柱头长短的实际情况，在柱头的上端箍头（此处有时只为副箍头）与下端箍头间的地子内，大体有六种构图形式（图E2-1-11）：

E2.1.2.1　用于较高大的柱头

（1）上端设盒子及岔角纹，主题纹在盒内心表现，下端设圭线光。

（2）上端设大面积的地子，主题纹在地子内表现，下端设圭线光。

（3）上端设盒子及岔角纹，盒子块数无限，主题纹在盒心内表现，下端设如意云立卧水。

（4）上端设大面积地子，主题纹在地子内表现，下端设立卧水或立卧水及海水江牙。

E2.1.2.2　用于较矮短的柱头

（1）在柱头的上下箍头之间的地内设单块盒子及岔角纹，主题纹在盒心内表现，这种构图形式一般用于较短矮的柱头，如单额枋与柱相交的柱头（也有用于较高大柱头，但其表现盒子的块数不限）。

（2）在柱头的上下箍头之间的地子内直接设主题纹，这种构图形式，既用于较长大的柱头，亦用于较短矮的柱头。

特定主题纹

圭线光

箍头

油饰

图E2-1-11　柱头和玺彩画纹样示意图

E2.1.3 平板枋彩画

平板枋彩画纹饰内容常见的有跑龙纹、龙凤纹、卷草卡饰梵纹、杂宝纹等纹。凡平板枋基底的设色都一律为大青色，其细部主体纹饰的基本工艺一般为沥粉贴片金做法，只是龙凤纹中的牡丹花及杂宝纹中的飘带有的为金琢墨攒退，有的为玉做。

E2.1.4 垫板彩画

垫板彩画包括大式建筑的由额垫板、小式建筑的垫板。纹饰内容常见的有跑龙纹（形态近似于行龙）、龙（跑龙）凤纹、吉祥草纹、佛八宝纹等。这几种纹饰的等级性，跑龙纹的等级最高，多用于龙和玺的垫板；其次是龙凤纹，用于与龙凤和玺相配的垫板；再次是吉祥草纹，可用于各种和玺彩画的垫板。至于佛八宝纹等为特殊功用的纹饰，只用于与藏传佛教建筑的梵纹龙和玺及龙草和玺的垫板（图E2-1-12）。

图E2-1-12　平板枋、垫板和玺彩画示意图

E2.2 旋子彩画

旋子彩画，是以构成其主体图案团花外层花瓣采用旋涡状"⊙"花纹为突出特征。是清代官式建筑彩画的主要类别之一，在各种建筑中运用广泛，有多种由高至低严格的做法等级。清代建筑彩画，先以旋子彩画为主，自和玺类彩画后，旋子彩画下降为次要地位。1934年，梁思成先生在《清式营造则例》一书中，根据这种彩画纹饰的特征，首称这类彩画为"旋子彩画"（图E2-2-1）。

E2.2.1 旋子彩画的应用范围

（1）皇宫中的次要建筑；

（2）皇家园囿中的次要建筑；

（3）皇宫内外祭祀祖先的宗庙；

（4）帝后陵寝建筑；

（5）重要祭坛庙的次要建筑；

（6）敕建寺院的次要建筑（指藏传佛教建筑）；

（7）一般寺、观的主要和次要建筑；

找头：团花外层花瓣采用旋涡状

图E2-2-1　北京西黄寺内大雄宝殿明间旋子彩画

（8）王府的主要建筑；

（9）官府、官邸主次要建筑；

（10）京城门楼及通衢牌楼。

E2.2.2　旋子彩画等级分类

清式旋子彩画，是一类做法等级分明的制度彩画，其做法品种较多，从纹饰画法、设色、工艺三个主要方面分析，可归纳为以下8个主要品种，也可以称为8种等级做法，分别为：混金旋子彩画、金琢墨石碾玉旋子彩画、烟琢墨石碾玉旋子彩画、金线大点金旋子彩画、墨线大点金旋子彩画、墨线小点金旋子彩画、雅五墨旋子彩画、雄黄玉旋子彩画（图E2-2-2）。

（a）混金旋子

（b）金琢墨石碾玉

（c）烟琢墨石碾玉

图E2-2-2　旋子彩画等级做法的比较图

（d）金线大点金

（e）墨线大点金（一）

（f）墨线大点金（二）

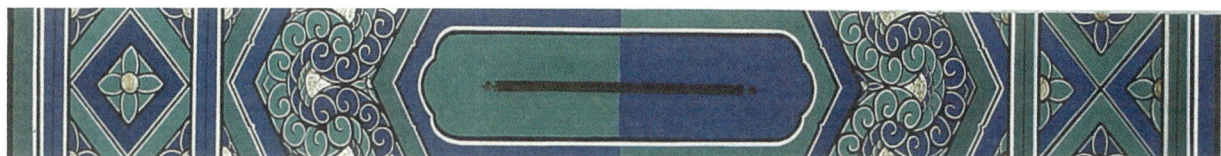

（g）墨线小点金

（h）雄黄玉（左）雅伍墨（右）

图E2-2-2　旋子彩画等级做法的比较图（续）

资料来源：边精一《中国古建筑油漆彩画》

E2.2.3　檩枋梁大木方心式旋子彩画

清式方心式旋子彩画，在构件的一个平面即可自成纹饰系统，就是说它可以独立地装饰构件的一个面。这种彩画也可以同时装饰构件的三个看面（图E2-2-3）。其构图按如下两个主要规则进行：

E2.2.3.1　预留出副箍头宽度前提下的等长三段式构图

构件一个单面的方心式旋子彩画构图。首先要从构件的两端预留出适宜的宽度作为副箍头，然后将其余的长度均分为三等份，中段的1/3长作为方心；方心两侧各1/3长的分配，要分别不同情况，若为小开间的短构件，从方心头外侧起，依次为找头（找头是自方心头外侧至箍头的外线之间的总称）、箍头，箍头以外为副箍头。副箍头不在上述的三等份长度以内（以下均同）。若为大开间的长构件，从方心头外侧起，依次为找头、箍头、盒子、箍头、副箍头。无论大、小开间构件的找头，从方心头外侧至箍头间还依次细分为：楞线、岔口（包括岔口线）、找头花纹（即找头旋花）、皮条线、栀花。

E2.2.3.2　主体纹饰按纵、横轴线构成对称式排列

方心式旋子彩画主体纹饰是依纵、横两条轴线成对称式展开的。纵轴线，即构件长向的中分线，主体纹饰都要依该轴线成左右的对称式排列；横轴线，即构件宽度的中分线，主体纹饰都要依该轴线成上方与下方对称式排列。

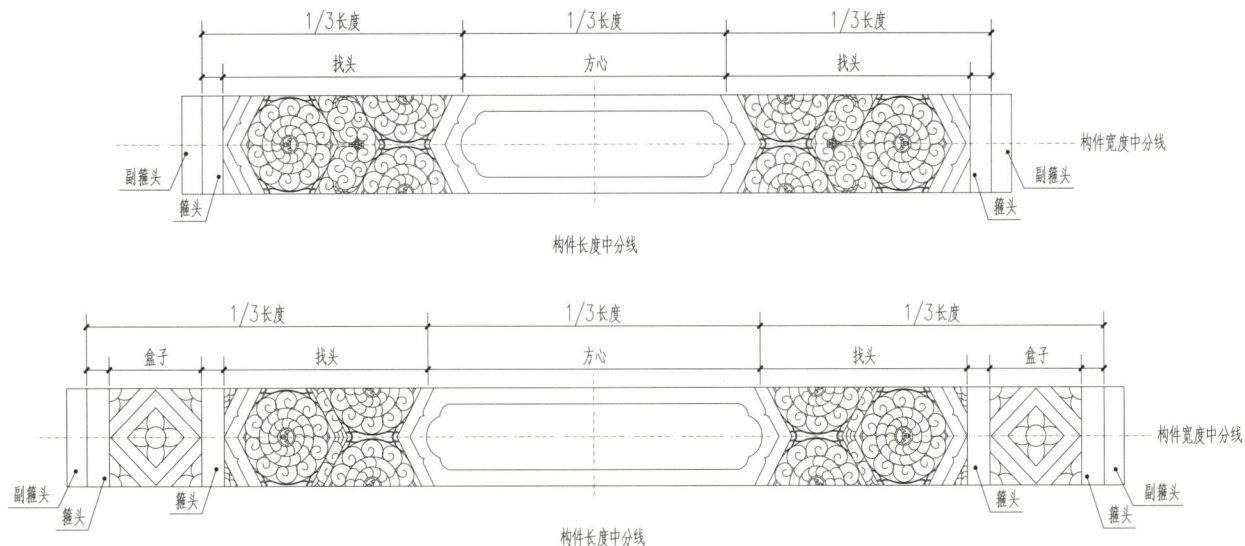

图E2-2-3　大、小开间构件方心式旋子彩画纹饰构成形式对照图

E2.2.4　檩枋梁大木搭袱子式旋子彩画

搭袱子式旋子彩画构图，也是在构件的两端预留出适当宽度作为副箍头，副箍头以里设箍头。其中较长的构件，要在每端的两条箍头之间加画盒子。较短构件，两端只设单条箍头。在构件的中段设袱子，袱子一般画得非常硕大，以袱子的上开口宽度计，通常要占到构件全长（减去两端的副箍头）的1/2。在袱子的两侧，凡小开间者，自袱子的外侧起，依次为找头旋花、皮条线、栀花、箍头、副箍头。大开间者，在上述小开间纹饰画法基础上，从箍头以外还要再加一条箍头并在两箍头线间加盒子，最外侧为副箍头。这种构图形式所突出的主体是袱子，由于袱子占据了构件的绝大面积，所以它是一长（袱子宽）两短（找头箍头等纹饰所占的长度）的三段式构图形式（图E2-2-4）。

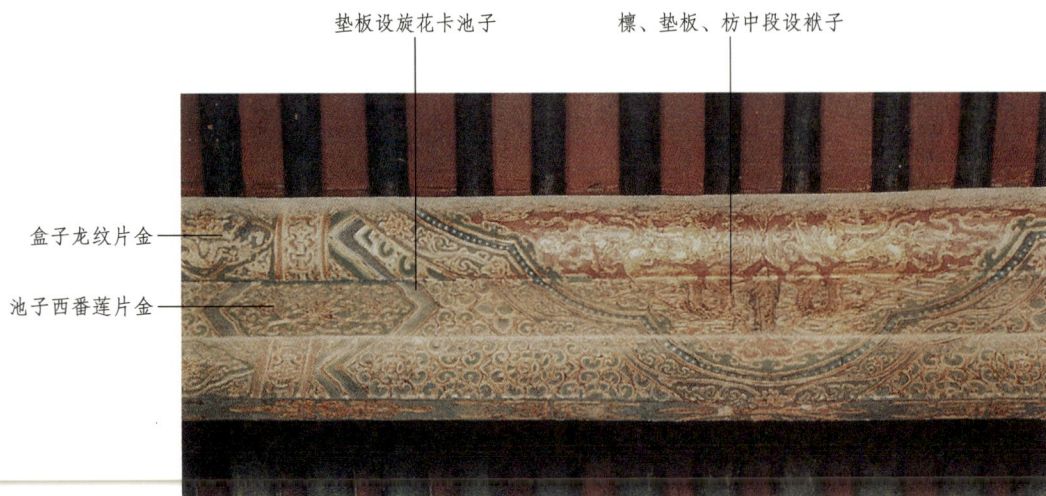

图E2-2-4　清中期搭袱子式金琢墨旋子彩画纹饰示意图
资料来源：蒋广全《中国清代官式建筑彩画技术》

E2.2.5　柱头、瓜柱彩画

柱头的彩画范围一般由与柱头相交的最下端构件的底平画起至柱顶。柱头的下端都必须画一条横向整箍头，箍头以下做油饰，箍头以上的柱头中段，画柱头细部纹饰内容（栀花纹及圆团形旋花纹）。柱头最上端，根据其中段细部纹饰高矮度的具体需要，较窄者可只画一条横线或画横向副箍头，较宽者或画横向箍头、副箍头。柱头中段的细部纹饰内容，按清晚期形成的较统一的做法，较矮的柱头一般画栀花。较高的柱头，当高度够画一圆团形旋花时，则画成圆团形旋花柱头。再高的柱头，可画成两团乃至多团旋花的形式。圆团形旋花的方向，定旋花的前部位于上方，尾部位于下方（图E2-2-5）。

瓜柱彩画范围，凡外露部位都做彩画。瓜柱纹饰的内容形式、纹饰的构成分面、纹饰的青绿设色方法等，都与上述柱头彩画相同。瓜柱纹饰的画法与柱头纹饰画法不同的，只是瓜柱上下两端的箍头、副箍头的设置，一般都要画成对称的形式（图E2-2-6）。

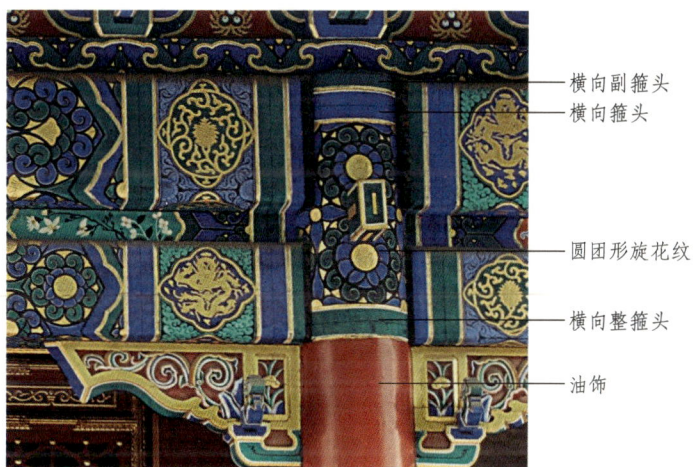

图E2-2-5　檐部柱头旋子彩画

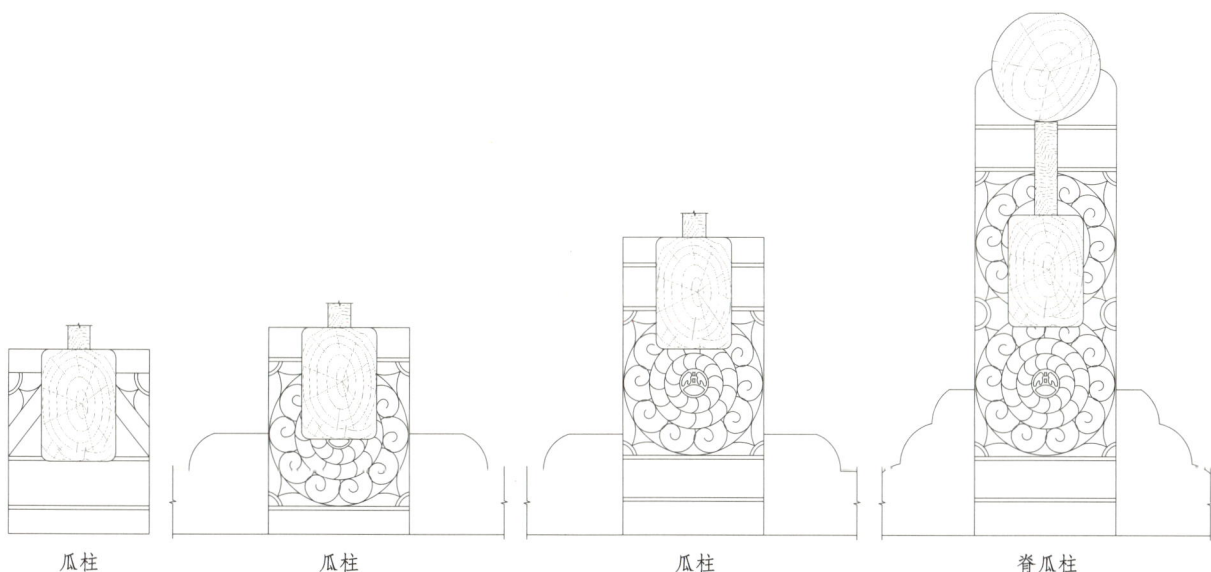

图E2-2-6　瓜柱旋子彩画纹饰画法示意图

E2.2.6 平板枋彩画

与方心式旋子彩画相匹配的平板枋彩画，有如下几种常见纹饰：降魔云纹、半旋花卡池子纹、半拉瓢卡池子纹、跑龙纹、栀花纹、上部外轮廓画边框线，下部设老纹及色彩刷饰。

E2.2.7 垫板彩画

垫板，指小式建筑的垫板及大式建筑的由额垫板。垫板彩画大抵有如下几种纹饰形式："半旋花及半拉瓢卡池子纹""吉祥草纹""长流水纹""佛八宝纹"及"空垫板色彩刷饰腰断红"（图E2-2-7）。

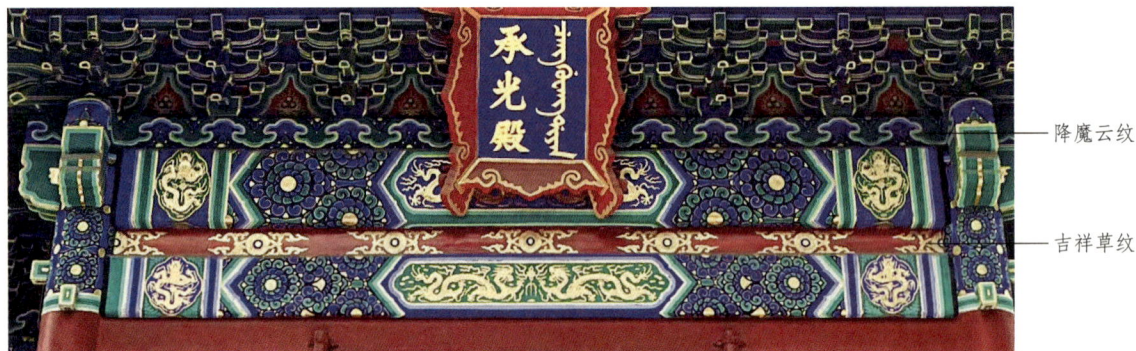

图E2-2-7　平板枋、垫板旋子彩画纹样示意图

E2.2.8 檩头、枋头彩画

在檩头正面，画圆形整团旋花。在檩头侧面，要视檩头探出的长短而定，其探出长度够设两条立向箍头者，则设两条箍头，否则设一条立向箍头。檩头彩画做法的等级、纹饰贴金与否，均与同幢建筑大木彩画做法相统一。

枋头正面纹饰无论枋头成正方形或长方形，均在枋头形内成适应式的画圆形整团旋花。旋花按立向放置，旋花头端置于枋头的上方。枋头的三个侧面，亦按枋头正面画法画整团旋花，但要做横向放置、旋花头端置于枋头的外端方向。圆团旋花以外的两个抱角部位画栀花，角栀花瓣设青色。枋头彩画的做法等级，沥粉贴金与否，有无晕色等，均与同幢建筑大木彩画做法相统一。

凡檩头、枋头旋花的头路瓣都必须设成绿色，二路瓣设青色，三路瓣又绿色，做成青绿相间式的设色（图E2-2-8）。

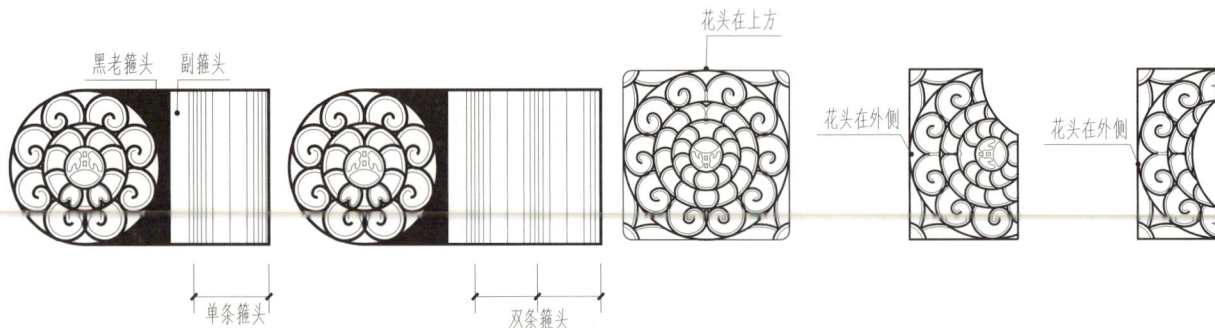

图E2-2-8　檩头、枋头旋子彩画纹饰做法

E2.3 苏式彩画

苏式彩画源于明永乐年间营修北京宫殿，大量征用江南工匠将苏式彩画传入北方，成为与和玺彩画、旋子彩画风格各异的一种彩画形式，它常用在园林建筑上，风格活泼、优雅、情趣与无限遐想。历经几百年变化，苏式彩画的图案、布局、题材以及设色均已与原江南彩画不同，尤其乾隆时期的苏式彩画色彩艳丽，装饰华贵，又称"官式苏画"。苏式彩画可分为方心式、海墁式、包袱式三种（图E2-3-1）。

图E2-3-1 包袱式苏式彩画示意图

E2.3.1 苏式彩画的应用范围

苏式彩画作为官式彩画，主要应用于装饰皇家园林建筑。清代皇家园林中，除亭台、轩、榭等园林小品建筑之外，还有专门用作朝政活动的建筑，这些建筑一般为高大的宫殿式建筑，其彩画通常装饰带有龙凤纹的和玺彩画及旋子彩画，用以象征皇权至上，达到庄严肃穆的装饰效果。除这些殿宇以外的其他大量建筑，则多饰较贴近生活内容轻松活泼的苏式彩画。清代晚期，皇宫后宫的殿宇式建筑，也较广泛地施用苏式彩画。这说明，到了清晚期，形式活泼的苏式彩画施用的范围已有所扩大。如皇家敕建的某些寺院的生活区，也用些苏式彩画形式，无论在皇家园林或宅第寺院中，苏式彩画一般多应用于亭、阁、轩、榭、花门、游廊等小式建筑。

E2.3.2 方心式苏式彩画纹饰

E2.3.2.1 方心式苏式彩画的构图特征及各部位纹饰名称

方心式苏式彩画的表现形式是以单一横向构件（如檩、枋、梁等）为单位构成。所谓方心指构件中段的横向狭长型部位。方心式苏式彩画主要的构图规则为，构件通长，减去两端应预留的副箍头宽度，把构件两端箍头外线间的长度分成三等份，居于中间的一份画成方心，方心两侧的各 1/3 长为找头、箍头。在方心与找头之间，设岔口。一般一个构件设两条箍头，每端各设一条箍头。遇有较狭长的构件和某些特殊做法时，一个构件设四条箍头，每端各设两条，每两条箍头中间的地子内，还要加画一个盒子。方心式苏画细部纹饰分别置于方心、找头、盒子内（图E2-3-2）。

E2.3.2.2 方心内心纹饰内容及运用手法

清代苏式彩画方心内心纹饰内容有龙纹、凤纹、夔龙纹、各种吉祥图案纹、多种画法的卷草纹、造型各异的博古纹、具有图案画法特点的花卉纹和内容丰富的各种写实绘画纹。方心内心纹饰的组合内容排列均衡、相间排列，有三种基本手法：

（1）苏式彩画全部方心仅用同一内容纹饰，做重复式排列。如清早、中期只用龙纹的方心苏画。

（2）苏式彩画的方心，每两个方心为一单元，每个方心各采用一种纹饰，横向、竖向分别做相间式排列。如龙与凤、夔龙与卷草、夔龙与锦纹、锦纹与写实花卉、卷草图案与图案性花卉、博古与写实花卉、吉祥图案与卷草图案等。

（3）苏式彩画的方心，每三个方心为一单元，每个方心各采用一种纹饰，横向竖向分别做相间式排列。如方心苏画，把写实绘画内容分为花卉、山水、人物等，按方心做相间式排列（图E2-3-3）。

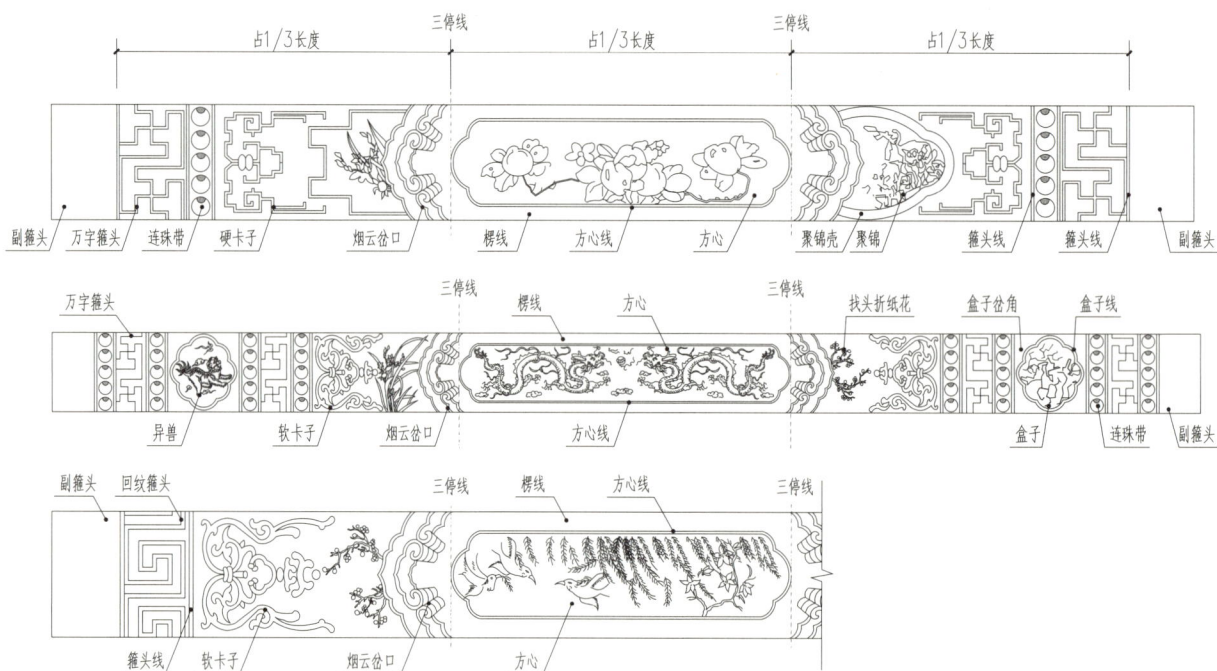

图E2-3-2　方心式苏画部位名称图

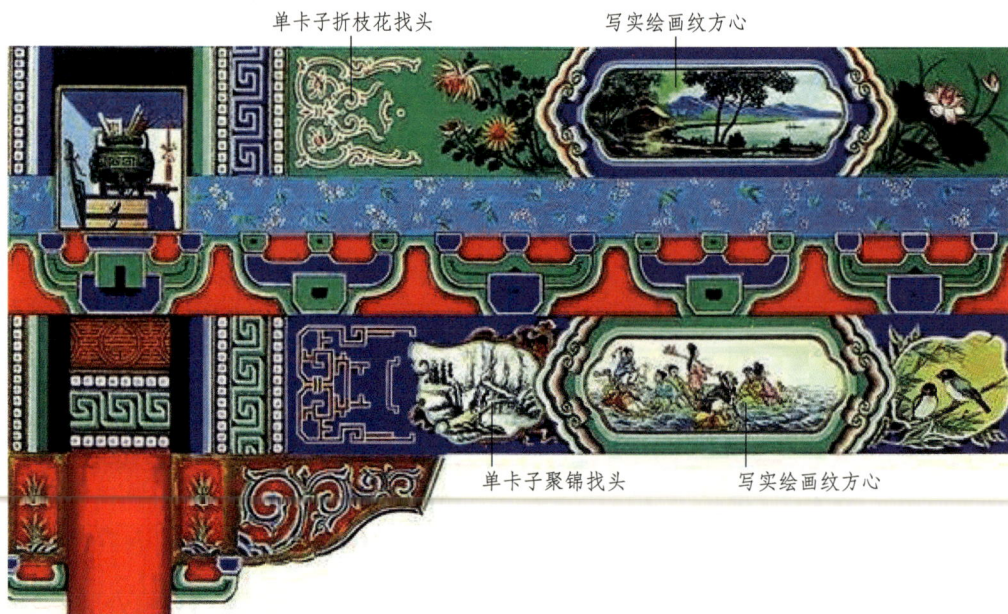

图E2-3-3　方心式苏式彩画

E2.3.3 包袱式苏式彩画纹饰

包袱苏式彩画是通过绘画艺术，画于建筑构件上的，类似包袱形的一类装饰形式。清代官式彩画放置包袱，有"上搭包袱"及"下搭包袱"之分，包袱的开口位于上方画法，称为上搭包袱。反之称为下搭包袱。唯室内跨度较长的构件（如架海梁构件），少量的用反搭包袱。彩画包袱并非独立地画于建筑，包袱周围还要伴绘其他大量的苏画纹饰，而无论这些伴绘纹的差别如何，包袱都显著地占有这类苏式彩画的主要地位（图E2-3-4）。

上搭包袱

图E2-3-4 包袱式苏式彩画纹饰

E2.3.4 海墁式苏画纹饰

清代早期，海墁苏画作为一种独立的苏画形式，已广泛用于装饰建筑。海墁苏画主题纹饰构图很少线框约束，对各种形式构件装饰有很强的适应性。虽然苏画形式有方心式、包袱式两种成熟的装饰形式，但由于它们自身画法特点所致，在装饰各种纷繁复杂的建筑构件时，仍有局限性，不可能适用于所有的构件装饰，而海墁苏画这种形式恰恰弥补了这些不足，所以通常情况下，即便是以方心式、包袱式装饰为主的苏画中，也往往要配有不少海墁式苏画装饰的构件（图E2-3-5）。

海墁流云　　　　　海墁花卉

图E2-3-5 海墁式苏式彩画纹饰

E2.4　宝珠吉祥草彩画

宝珠吉祥草彩画，简称吉祥草彩画，是以宝珠与吉祥草作为主题纹饰的一类彩画。这类彩画用于清代早期的宫禁城门及帝后陵墓建筑。彩画构图设色含有浓重的满、蒙民族的艺术特征，主色用朱红色或丹色。将两种极暖的颜色，用作彩画的基底色，而青绿等冷色只用于占少量面积的细部花纹，设色特点与满、蒙民族地区彩画的设色风格一致。宝珠吉祥草彩画运用的主色是暖色，有别于清代其他各种以青绿为主色的彩画。

宝珠吉祥草彩画细部主题纹饰的构成仍沿袭着唐宋时期彩画的整团科纹及半团科纹图案（即团花图案）的形式，但细部画法和构图有明显的变化。唐宋时期的团花个头较小，整团花基本呈圆形，花纹纤细繁缛，图案呈连续式的相间排列。宝珠吉祥草的团花造型硕大，整团花一般呈椭圆形，卷草粗壮，构图采用了传统构图，特意地放大了团花及其周围的空地，使画面地子开阔，花纹表现从容，主题更加突出。

宝珠吉祥草彩画在横向构件的两端也设箍头副箍头，但都运用素箍头形式。彩画的主题纹饰在构件的两端箍头以里，依据具体构件的长广尺寸，或运用一整两破团花，或只运用一整团花（图E2-4-1）。

| 副箍头 | 宝珠吉祥草 | 地子 | 箍头 |

图E2-4-1　故宫午门宝珠吉祥草彩画

宝珠吉祥草彩画分为两个等级，高等级做法为"金琢墨吉祥草彩画"，低等级做法为"烟琢墨吉祥草彩画"。做法特点详见表E2-4-1。

宝珠吉祥草彩画纹饰等级分类表　　　　　　　　表E2-4-1

等级	做法	做法特点
高等级	金琢墨吉祥草彩画	在彩画箍头及细部主题花纹的某些部位有沥粉贴金，大草宝珠做攒退晕
低等级	烟琢墨吉祥草彩画	彩画无金，一律由颜料做成，彩画的箍头等花纹的外轮廓线用墨色勾勒，大草宝珠做攒退晕

E2.5 海墁彩画

海墁彩画不是苏式彩画中的"海墁式苏画"，海墁彩画在装饰木构件的范围以及表现形式与清代其他彩画有明显不同。海墁彩画产生于清代晚期，应用范围非常有限，一般只用于皇宫、皇家园林及王公大臣府第花园中部分建筑的装饰。清代一般的彩画局限在上架的檩枋梁、椽飞、斗拱、天花等部位，下架的柱框等部位做油饰。海墁彩画的特点是，无论建筑的上、下架，凡可看到的构造部位几乎都要做彩画。海墁彩画大致可分为海墁斑竹纹彩画及海墁彩画两个主要品种。

（1）海墁斑竹纹彩画，俗称斑竹座彩画，主要以斑竹纹做题材装饰建筑。有两种表现形式，一是彩画大部分做暖色老斑竹纹；二是彩画同时用冷、暖色相间搭配的老、嫩斑竹纹（图E2-5-1）。

（2）海墁彩画，一般指在建筑内檐柱子、墙面、天花等部位，运用写实手法遍绘藤萝等花卉、山石、建筑及树木等景物的一种彩画做法。海墁彩画做法没有什么固定法式规则的限制，纹饰内容运用及构图自由多样（图E2-5-2）。

图E2-5-1　海墁斑竹纹彩画

资料来源：边精一《中国古建筑油漆彩画》

图E2-5-2　海墁彩画

E3 其他部位彩画

其他部位，主要指与檩枋梁大木之外的椽头椽望、斗拱、角梁、梁枋头、宝瓶、雀替及楣子、花板、柱子、墙边、天花等建筑构造部位。这些部位的彩画，无论其纹饰内容以及做法等级等，也都是严格按照清代官式建筑彩画统一的法式规矩完成，都是与同建筑的大木彩画相协调统一。

E3.1 椽头椽望彩画

E3.1.1 椽头彩画

椽头彩画包括飞檐椽头（简称飞头）和檐椽头两个构造部位。飞椽头一般为方形。檐椽头的形状分为两种，大式建筑多为圆形；小式建筑有圆形也有方形，以方形为多见，建筑的规模不同，椽头的大小也不相同（图E3-1-1）。

飞头彩画形式主要有：万字、金井玉栏杆、十字别、栀花、菱杵等。

檐椽头彩画形式主要有：寿字、龙眼宝珠、栀花、柿子花、福字、福寿、福庆、福在眼前、百花图、六字正言等纹饰。

图E3-1-1　椽头彩画纹饰

E3.1.2 椽望彩画

椽望彩画，指做在椽子和望板上面的彩画。清代官式建筑的椽望，绝大部分为"红帮绿底"油彩刷饰做法。只在非常重要的殿堂建筑，与高等级和玺彩画相配，才做椽望彩画。

飞椽外端设两条素箍头，内侧箍头以里至椽根按飞椽的不同长度，画一朵或多朵卷草式叶梗灵芝花纹。檐椽外端设两条素箍头，按檐椽长度，画两朵乃多朵卷草式叶梗宝祥花（亦称宝相花、西番莲）花纹。望板上画适应其长度的流云纹（图E3-1-2）。

图E3-1-2　椽望彩画纹饰

资料来源：蒋广全《中国清代官式建筑彩画技术》

E3.2 斗栱彩画

斗栱彩画的范围包括斗栱、挑檐枋及垫栱板彩画。

E3.2.1 斗栱彩画

斗栱彩画分为浑金斗栱、金琢墨斗栱和烟琢墨斗栱三种不同等级。

E3.2.1.1 浑金斗栱彩画

浑金斗栱彩画是斗栱彩画中等级最高而且做法较为特殊的一种。该做法在斗栱上满贴金箔，不施其他任何颜料色。浑金斗栱彩画仅适用于浑金和玺、浑金旋子彩画的斗栱以及藻井和某些特定部位的斗栱。

E3.2.1.2 金琢墨斗栱彩画

金琢墨斗栱彩画，以斗栱构件轮廓边框全部贴片金为特点。

金琢墨斗栱彩画，是清代斗栱彩画的一种常见的高等级做法，可与各种和玺彩画墨线大点金以上等级的旋子彩画（含部分墨线大点金等级）、中等级以上苏画（含中等级苏画）以及其他中高等级彩画相匹配运用（图E3-2-1）。

E3.2.1.3 烟琢墨斗栱彩画

烟琢墨斗栱彩画，以斗栱构件造型边框全部做成墨色为特点。

烟琢墨斗栱彩画，是清代斗栱彩画的一种常见的低等级做法，适用于自墨线大点金等级以下（含部分墨线大点金等级做法）及低等级苏画的斗栱和其他类别低等级彩画的斗栱（图E3-2-2）。

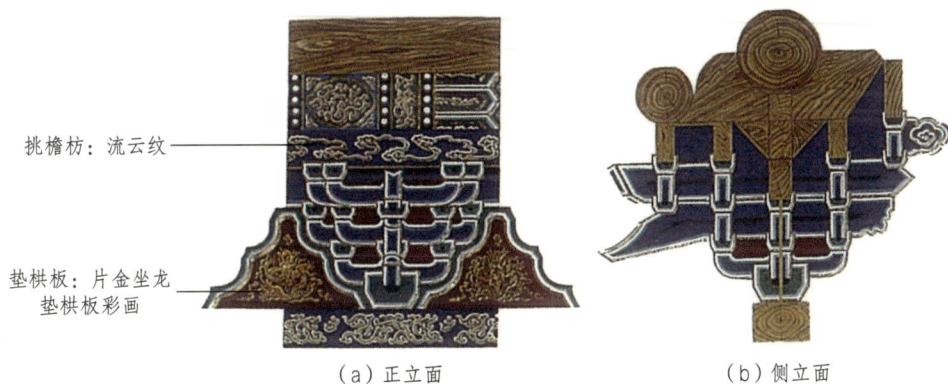

挑檐枋：流云纹

垫栱板：片金坐龙
垫栱板彩画

（a）正立面　　　　　　　（b）侧立面

图E3-2-1　金琢墨斗栱彩画
资料来源：边精一《中国古建筑油漆彩画》

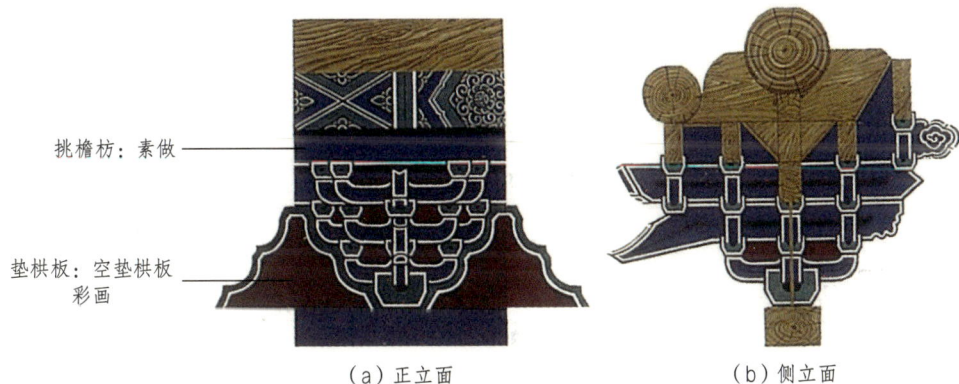

挑檐枋：素做

垫栱板：空垫栱板
彩画

（a）正立面　　　　　　　（b）侧立面

图E3-2-2　烟琢墨斗栱彩画
资料来源：边精一《中国古建筑油漆彩画》

E3.2.2　挑檐枋及其他枋彩画

斗栱构造不同，做在其上的枋构件纵向层数亦各不相同。如一斗三升斗栱的上方只有正心枋一层，而五踩斗栱外拽的上方则有挑檐枋、拽枋、正心枋三层。

挑檐枋等各种枋彩画纹饰的运用有两类，一是全部枋构件彩画素做，只在立面的下方做边框，于上方做黑老；另一类是只在最外层挑檐枋或井口枋（不出踩斗栱者于正心枋）做工王云、流云等纹饰，其余的拽枋等全部素做。各种枋具体做法如下见表E3-2-1。

挑檐枋及其他枋纹饰的做法及应用范围表　　　　表E3-2-1

做法	应用范围
挑檐枋等的下方边缘全部做片金边，金边框以里拉饰大粉，于枋的上部边缘全部拉较宽的黑老	高等级彩画
挑檐枋等下方边缘全部做墨边，墨边框以里拉饰大粉，枋上部边缘全部拉较宽的黑老	低等级彩画
仅在最外层挑檐枋或井口枋的下方边缘做片金边，金边以里做细齐金白粉线，在枋地内做片金工王云。其余拽枋等枋则全按在枋的下方边缘做片金边，金边以里拉大粉，在枋的上部边缘拉较宽的黑老	和玺彩画
仅在最外层挑檐枋下方边缘做片金边，金边以里做细齐金白粉线，于枋地内做片金流云。其余则全按在枋的下方边缘做片金边，金边以里拉饰大粉，在枋的上部边缘拉较宽的黑老	草龙和玺彩画
在正心枋的下方边缘做片金边，金边以里做细齐金白粉线，在枋的朱红地上做作染五彩流云飞蝠	高等级苏画
仅在最外层挑檐枋的下方边缘做片金边，金边以里做细齐金白线，在枋地内或做片金佛八宝或片金寿字及玉做飘带，其余拽枋做金边压黑	藏传佛教建筑的和玺彩画、旋子彩画

E3.2.3　垫栱板彩画

垫栱板，画匠俗称灶火门。垫栱板彩画做法，在垫栱板的左、上、右靠斗栱的三面做绿色大边，大边以里做朱红色心，在朱红心与绿大边之间做灶火门大线。该大线，高等级彩画做片金线，金线以外靠大线有的拉饰大粉，有的不仅拉饰大粉还要拉饰晕色，低等彩画做墨线，墨线外靠大线拉饰大粉。垫栱板心各种主题纹饰、内容及应用范围见表E3-2-2。

垫栱板心主题纹饰、内容及应用范围表　　　　表E3-2-2

名称	主题纹饰与内容	应用范围
坐龙垫栱板彩画	主题纹为片金坐龙，灶火门大线做片金	龙和玺彩画
夔龙垫栱板彩画	主题纹做片金夔龙，其中有的用坐夔龙；有的用升夔龙，灶火门大线做片金	龙和玺、龙凤和玺彩画
坐龙与升凤同用垫栱板彩画	设置方法为，一块垫栱板做片金坐龙，另一块垫栱板做片金升凤，凡灶火门大线都做片金，两种主题纹按垫栱板做连续排别	龙凤和玺彩画
三宝珠火焰垫栱板彩画	主题纹做三宝珠火焰（特殊小的垫栱板，亦有做成单宝珠火焰者），其中火焰做片金、三宝珠做成青、绿相间退晕、灶火门大线做片金	中高级彩画
片金西番莲垫栱板彩画	主题纹做片金西番莲、灶火门大线做片金	中、高等级苏画和清早期龙和玺彩画
玉做西番莲垫栱板彩画	主题纹西番莲玉做、灶火门大线墨线	清中期墨线苏画
片金灵芝垫栱板彩画	主题纹做片金灵芝、灶火门大线做片金	清早期某龙和玺彩画的某些特定部位

名称	主题纹饰与内容	应用范围
空垫栱板彩画	高等级做法，灶火门大线做片金，朱红地内不做任何纹饰；低等级做法，灶火门大线做墨色，朱红地内不做任何纹饰	除和玺彩画外的其他各类高（特指清代陵寝高等级旋子彩画）、中、低彩画
梵纹垫栱板彩画	主题纹做片金梵纹，灶火门大线做片金	藏传佛教建筑 金线大点金旋子彩画
菱花眼钱垫栱板彩画	主题纹菱花眼钱，纹饰的轮廓做片金，灶火门大线做片金	有菱花眼钱的 高等级彩画

E3.3 角梁、梁枋头及宝瓶彩画

E3.3.1 角梁彩画

建筑角梁分为大式（仔角梁头做套兽）和小式（角梁头做三岔头）两种形式，因角梁构造形式不同，角梁彩画的做法不同（图E3-3-1）。

（a）金边框龙纹角梁　　　　　（b）金边框、西番莲纹角梁

（c）金边框、金老角梁　　　　（d）墨边框、墨老角梁

图E3-3-1 大式角梁彩画示意图
（b）、（c）、（d）资料来源：蒋广全《中国清代官式建筑彩画技术》

E3.3.1.1　大式角梁彩画的五种基本做法

大式角梁彩画分为金边框龙纹角梁；金边框、西番莲纹角梁；金边框、金老角梁；金边框、墨老角梁；墨边框、墨老角梁五种基本做法，做法与应用范围见表E3-3-1。

大式角梁彩画做法及应用范围表　　　　表E3-3-1

名称	做法	应用范围
金边框龙纹角梁	为特高等级做法。在老角梁全部、仔角梁两侧面基底色设大绿；角梁的边框轮廓做片金；老角梁底面做把式龙，两侧面做片金流云；仔角梁底面做金琢墨退晕肚弦	特殊讲究的龙和玺彩画
金边框、西番莲纹角梁	为较特殊高等级做法。老角梁全部、仔角梁两侧面的基底设大绿；角梁的边框轮廓做片金；老角梁底面及正立面的地内做片金西番莲；老角梁及仔角梁两侧面金边框以里有的仅拉饰大粉，有的不仅要拉饰大粉，还要拉饰晕色；仔角梁底面做金琢墨退晕肚弦	特殊讲究的龙凤和玺彩画
金边框、金老角梁	为高等级做法。老角梁全部、仔角梁两侧面的基底设大绿；角梁的边框轮廓做片金；老角梁底面及正面的居中部位做片金老，金老外做齐金黑绦；在老角梁及仔角梁两侧面金边框以里有的仅拉饰大粉，有的不仅要拉饰大粉，还要拉饰晕色；仔角梁底面做金琢墨退晕肚弦	和玺彩画、金线大点金以上等级的旋子彩画、金线苏画以上等级苏式彩画
金边框、墨老角梁	为高等级做法。老角梁全部、仔角梁两侧面的基底设大绿；角梁的边框做片金；老角梁底面及正面的居中部位做墨老；老角梁及仔角梁两侧面金边框以里有的仅拉饰大粉，有的不仅要拉饰大粉，还要拉饰晕色；仔角梁底面的地内做金琢墨退晕肚弦	龙和玺彩画、烟琢墨石碾玉旋子彩画
墨边框、墨老角梁	为低等级做法。老角梁全部、仔角梁两侧面的基底设大绿；角梁的边框轮廓做墨色；老角梁底面及正立面的居中部位做墨老；老角梁及仔角梁两侧面墨边框仅拉饰大粉；仔角梁底面的地内做烟琢墨退晕肚弦	墨线大点金以下各等级旋子彩画、墨线苏画、吉祥草彩画

E3.3.1.2　小式角梁的三种基本做法

小式角梁彩画分为金边框、金老角梁；金边框、墨老角梁；墨边框、墨老角梁三种基本做法，做法与应用范围见表E3-3-2。

小式角梁彩画做法及应用范围表　　　　表E3-3-2

名称	做法	应用范围
金边框、金老角梁	为高等级做法。角梁全部基底色设大绿；角梁的边框轮廓做片金，金边框以里靠边框有的仅拉饰大粉，有的不但拉饰大粉，还拉饰晕色；角梁底面、正面的各居中部位做片金老，金老外做齐金黑绦	高等级苏画、高等级旋子彩画
金边框、墨老角梁	为高等级做法。角梁全部基底色设大绿；角梁的边框轮廓做片金，金边框以里靠边框有的仅拉饰大粉，有的不但拉饰大粉，还拉饰晕色；角深底面、正面的各居中的部位做墨老	高等级苏画、高等级旋子彩画
墨边框、墨老角梁	为低等级做法。角梁全部基底设大绿；角梁的边框轮廓做墨色，墨边框以里靠边框拉饰大粉；角梁底面、正面的各居中的部位做墨老	墨线（或黄线）苏画、低等级旋子彩画

E3.3.2　梁枋头彩画

建筑构造不同，梁枋头的造型亦不相同。梁头包括桃尖梁头、丁头栱梁头、方形梁头、云栱梁头；枋头包括霸王拳枋头、三岔头枋头及穿插枋枋头。桃尖梁等梁头，霸王拳头等枋头的基底一律都为大绿色（图E3-3-2、图E3-3-3）。

（a）霸王拳金边框片金西番莲　　　　　　　　（b）桃尖梁金边框金老

图E3-3-2　梁枋头彩画示意图（一）
资料来源：蒋广全《中国清代官式建筑彩画技术》

（a）霸王拳金边框黑老　　　　　　　　　　（b）丁头栱梁头墨边框墨老

图E3-3-3　梁枋头彩画示意图（二）
资料来源：蒋广全《中国清代官式建筑彩画技术》

E3.3.2.1　桃尖梁头、丁头栱梁头、霸王拳枋头彩画

桃尖梁头、丁头栱梁头、霸王拳枋头彩画从高级至低级的做法及应用范围见表E3-3-3。

桃尖梁头、丁头栱梁头、霸王拳枋头彩画做法及应用范围表　　　　　表E3-3-3

等级	做法	应用范围
第一等	边框轮廓做片金，各个造型地内做片金西番莲草	和玺彩画 （桃尖梁头正面地内做片金梵字的，仅用某些藏传佛教建筑的梵纹龙和玺彩画）
第二等	边框轮廓做片金，金边框以里有的只拉大粉，有的不仅拉大粉还拉晕色；各个造型地的中央部位做片金老，金老外做黑绿线	高等级彩画
第三等	边框轮廓做片金，金边框以里有的只拉大粉，有的不但拉大粉还拉晕色；各个造型地的中央部位做墨老	较高等级彩画
第四等	边框轮廓做墨色，墨边框以里拉大粉；各个造型地的中央部位做墨老	和玺彩画以外的其他各类低等级彩画

E3.3.2.2　云栱梁头、三岔头枋头、穿插枋头彩画

云栱梁头、三岔头枋头、穿插枋头彩画从高级至低级的做法及应用范围见表E3-3-4。

云栱梁头、三岔头枋头、穿插枋头彩画做法及应用范围表 　　　表E3-3-4

等级	做法	应用范围
第一等	边框轮廓做片金，金边框以里有的只拉大粉，有的不仅拉大粉还拉晕色；各个造型地的中央部位做片金老，金老外做黑绦线	高等级彩画
第二等	边框轮廓做片金，金边框以里有的只拉大粉，有的不但拉大粉还拉晕色；于各个造型地的中央部位做墨老	较高等级彩画
第三等	边框轮廓做墨色，墨边框以里拉大粉；各个造型地的中央部位做墨老	和玺彩画以外的其他各类低等级彩画

E3.3.3　宝瓶彩画

宝瓶彩画有浑金宝瓶彩画、丹地切活宝瓶彩画两种等级做法，做法及应用范围见表E3-3-5（图E3-3-4）。

宝瓶彩画做法及应用范围表 　　　表E3-3-5

名称	做法	应用范围
浑金宝瓶彩画	为高等级做法。在宝瓶上做西番莲卷草、八达码、宝珠纹沥粉，宝瓶满贴金	中、高等级彩画
丹地切活宝瓶彩画	为低等级做法。宝瓶满刷章丹做基底色，在丹地用黑烟子切出西番莲卷草、八达码、宝珠等纹	中、低等级彩画

———浑金宝瓶彩画

图E3-3-4　宝瓶彩画示意图

E3.4 雀替及花板彩画

雀替与花板为木雕刻构件，雀替为浮雕，花板大多为镂空透雕，其彩画是按花纹的造型进行绘制的。

E3.4.1 雀替彩画

雀替彩画分为浑金龙做法，金琢墨攒退卷草做法，玉做卷草做法，老金边贴金、烟琢墨攒退卷草做法，烟琢墨攒退或纠粉卷草雀替五种做法（图E3-4-1），具体做法及应用范围见表E3-4-1。

雀替彩画做法及应用范围表　　　　　表E3-4-1

名称	做法	应用范围
浑金龙做法	雀替两立面的老金边贴红金（简称贴金以下均同），池心内的龙及云纹贴金，龙云纹之外的空地做朱红色的油饰；雀替底面按建筑开间做成青、绿相间设色；两侧的老金边做齐金白粉线；正中的两柱香线贴金线外做齐金黑缘线	特殊高级的龙和玺彩画
金琢墨攒退卷草做法	雀替两立面的老金边贴金。池心内的卷草在花纹的外弧阳面轮廓线边沥粉贴金，卷草瓣分别由青、香、绿、紫色构成并做攒退。山石都一律为青色，细部做法随该雀替大草做法。卷草花纹之外的空地做朱红色的油饰；雀替的翘一律设为绿色，升斗一律为青色。雀替底面的曲面，靠升的第一段设绿、第二段设青、第三段又绿，分段多者均按此法成青、绿相间式设色。翘、升轮廓线及雀替底面各分段线均沥粉贴金，在金大线以里做大粉、晕色，在各部位的中部做墨老	高等级彩画
玉做卷草做法	除池心内卷草外弧阳面的轮廓线由沥粉贴金改为勾勒白粉线外，其余同"金琢墨攒退卷草雀替做法"	中等偏上彩画
老金边贴金、烟琢墨攒退卷草做法	雀替只老金边贴金。雀替的翘、升斗及其底曲面各段的轮廓线为墨线，免去其中的晕色做法。其余各部位的设色等，与"玉做卷草雀替做法"相同	中等级偏下彩画
烟琢墨攒退或纠粉卷草雀替	雀替老金边的做法或做墨色或做黄色。池心卷草设色一般仅以青、绿二色做相间式设色，卷草细部大多为纠粉，少量讲究做法或为玉做或为烟琢墨攒退。其余各部位的设色等，与"玉做卷草雀替做法"相同	低等级彩画

（a）玉做卷草做法　　　　　　　　　　（b）烟琢墨攒退

图E3-4-1　雀替彩画示意图
资料来源：蒋广全《中国清代官式建筑彩画技术》

E3.4.2 花板彩画

花板多用于牌楼、垂花门等建筑。大型花板用于牌楼，花板的上下左右有枋及高栱柱等构件；小型花板见于各种建筑，花板的上下左右有折柱等构件。花板由大边、花板大线、花板心（镂空花纹）构成。花板雕刻的主题纹样有龙纹、龙凤纹、卷草纹、云纹、如意云纹等，其中以龙纹、龙凤纹、卷草纹为多见（图E3-4-2）。

（a）浑金花板做法　　　　　　　　　　　　（b）烟琢墨攒退花板做法

图E3-4-2　花板彩画示意图

资料来源：蒋广全《中国清代官式建筑彩画技术》

花板彩画分为浑金花板做法、金琢墨攒退花板做法、烟琢墨攒退或玉做花板、纠粉间局部贴金花板、纠粉花板做法五种做法，具体做法及应用范围见表E3-4-2。

花板彩画做法及应用范围表　　　　　　　　　　　　表E3-4-2

名称	做法	应用范围
浑金花板做法	花板大线及其主题纹饰龙、龙凤或其他花纹的迎面贴浑金，花纹的侧面掏刷丹色；花板大边有两种做法：一是大型花板大边，一般做朱红色油饰；二是小型花板大边，按花板块做成一青一绿的相间式设色。靠花板金大线，有的只做齐金黑绦；有的只做齐金大粉；有的做法不但拉大粉，同时还要拉晕色；花板外的折柱，其基底一般为朱红色，迎面纹饰一般为片金做法	和玺彩画
金琢墨攒退花板做法	以小型卷草花板为例：池心卷草迎面做金琢墨攒退，卷草侧面掏刷丹色；花板大线贴金；大边按块做成一青一绿的相间式设色。靠花板金大线，有的只做齐金黑绦线，有的只做齐金大粉；有的不但拉大粉同时还要拉晕色；花板以外折柱的做法，因各种需要不同，做法有多种，或只做朱红色油饰，或做锦纹等纹饰	除浑金花板以外的高级彩画
烟琢墨攒退或玉做花板	以小型卷草花板为例：池心卷草迎面或做烟琢墨攒退或玉做。依据实际需要，在花纹的某些特定部位，还往往间做局部贴金。卷草的侧面、花板大线、花板大边做法，与上述"金琢墨攒退花板做法"相同	中等级彩画
纠粉间局部贴金花板	大型龙凤花板彩画做法：池心的龙身设青色，龙头纠粉，龙鳞片烟琢墨攒退，龙发毛设绿色纠粉，龙角、脊刺贴金；池心的凤身设绿色，羽毛烟琢墨攒退，凤头纠粉，凤嘴及翅上部的外轮廓贴金，凤腿爪设香色开墨，凤尾设多色开墨；池心宝珠贴金；火焰设浅香色纠粉；池心云纹设青、绿二色纠粉；花板大线贴金；花板大边做朱红色油饰。 小型龙凤花板彩画做法：龙纹花板，龙身设青色纠粉，龙角、宝珠贴金，云纹青、绿色纠粉；凤纹花板，凤身绿色纠粉，凤嘴及宝珠贴金，凤腿爪浅香色开墨，云纹青、绿色纠粉；花板大线贴金；花板大边按花板块做成一青一绿相间式设色，靠花板金大线拉饰晕色、大粉	中等级偏下彩画
纠粉花板做法	以小型卷草花板为例：池心卷草迎面多以青、绿二色相间式设色，卷草的外弧阳面做渲染纠粉，卷草的侧面里掏刷丹色；花板大线墨；花板大边，按花板块做成一青一绿的相间式设色。靠花板墨大线，有的做法拉饰大粉，有的不做	低等级彩画

E3.5　倒挂楣子彩画

倒挂楣子由楣子边框、棂条及花牙子构成（图E3-5-1）。

图E3-5-1 倒挂眉子彩画示意图

右侧标注：
楣子边框
楣子棂条
花牙子

E3.5.1 楣子边框彩画做法

楣子边框按建筑开间刷饰成一间青一间绿的青、绿相间式颜色，颜色由光油调制。这做法见于清中、早期彩画。

楣子的边框都刷成朱红色的做法见于清代各个时期。

E3.5.2 楣子棂条彩画做法

在棂条迎面，按棂条的具体部位，做有规律的青、绿相间式设色并玉做，棂条的侧面（里儿）通常掏刷丹色，亦有掏刷粉紫色者，但仅见于清中、早期彩画。

在棂条迎面，按棂条的部位，成有规律的青、绿相间设色，只在棂条迎面的正中拉饰细白色线，棂条侧面大多掏刷丹色，少量做法掏刷粉紫色。

E3.5.3 花牙子彩画做法

花牙子纹饰的内容，常见的有夔龙、松竹梅、卷草、牡丹花等。花牙子彩画的设色因纹饰内容的不同而异，如夔龙牙子设色就比较单一，而松竹梅牙子则比较复杂。

花牙子彩画在涂刷基底色基础上，有两种做法。其一，玉做，仅见于硬夔龙花牙子；其二，纠粉。大多花牙子彩画为素做。某些中高等级彩画，在花牙子有大边时，要在大边等部位做局部贴金。

E3.6 浑金柱、片金柱彩画及墙边彩画

E3.6.1 浑金柱彩画及片金柱彩画

一般建筑内外檐柱子的装饰普遍为油饰做法，而非常重要的殿堂其内檐中央区域的四根柱子（名龙井柱），往往通过运用豪华凝重的浑金彩画，或运用华贵亮丽的朱红油地片金彩画进行特殊装饰，不但体现出该建筑特殊的重要性，还可以鲜明地标示出建筑内檐中心位置的作用。这种装饰手段，对帝王宝座、神龛等重要设施起到有效的烘托渲染作用。在这两种柱子彩画中，浑金柱彩画高于朱红油地片金柱彩画。

E3.6.1.1 浑金柱彩画

浑金柱彩画主题纹常见有两种：

（1）浑金龙抱柱：柱子主题纹饰为龙，在每棵柱上画一条巨大的龙，龙头置于柱子的上方，龙呈升势，缠绕着柱子的绝大部分。龙头上方置宝珠火焰于柱与梁坊的搭接处；柱根部位画海水江牙纹；柱子的所有纹饰都用较粗壮的沥粉体现；柱子的贴金，龙身、云纹、海水江牙贴红金，所有空地贴黄金。

（2）浑金西番莲柱彩画：柱子主题纹为西番莲，柱根部绘海水江牙纹。西番莲纹自寿山石出，围绕柱身向上做连续式的排列到与梁坊的搭接处。柱子的全部纹饰沥粗壮的大粉。柱子的贴金，海水江牙、西番莲贴红金；所有空地贴黄金（图E3-6-1）。

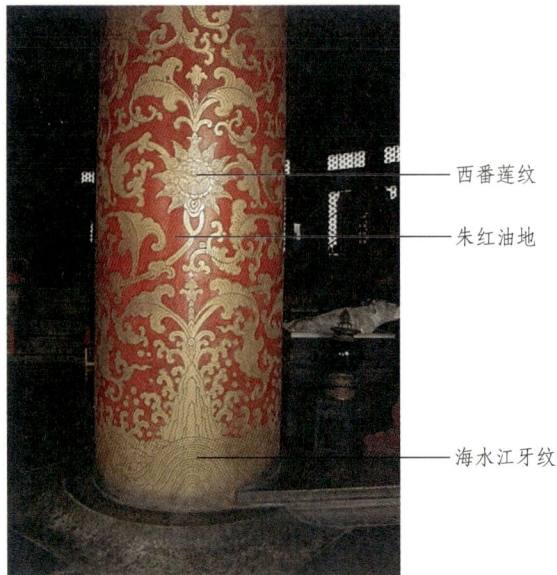

图E3-6-1　浑金西番莲柱示意图
资料来源：边精一《中国古建筑油漆彩画》

西番莲纹
朱红油地
海水江牙纹

E3.6.1.2 朱红油地片金柱彩画

主题纹用西番莲，柱子下端一般画海水江牙，西番莲纹由海水江牙出，围绕柱身向上做成连续式排列到与梁坊柱搭接的部位。全部纹饰皆沥粗粉，凡纹饰贴一色红金，纹饰以外的空地做朱红油地。

E3.6.2　墙边彩画

墙边彩画，指在建筑内檐墙面做包金土色（近似于浅黄褐色），墙面边做有纹饰的彩画（图E3-6-2）。

E3.6.2.1 画描墙边衬二绿做法

墙边涂刷二绿，绿边宽度一般在120mm左右，内画卷草或卷草西番莲等纹饰。花纹二绿色，全部开细

（a）衬二绿　　　　　　（b）刷大绿界拉黑、白线

图E3-6-2　墙边彩画示意图
资料来源：蒋广全《中国清代官式建筑彩画技术》

墨线。花纹以外之地儿有的做广靛花色、有的做石青色作为托衬色。绿色花饰大边以里大边界拉约8mm宽的朱红色大线一圈，向里相隔约一线宽，再拉饰约8mm宽的白色线一圈。

E3.6.2.2　刷大绿界拉红、白线做法

墙边涂刷大绿，绿边宽度一般120mm左右。在绿大边以里，靠边界拉约8mm宽的朱红大线一圈，向里相隔一线宽左右，再拉约8mm宽的白色线一圈。

E3.6.2.3　刷大绿界拉黑、白线做法

做法基本同上述"刷大绿界拉红、白线墙边做法"，所不同的只是改朱红线为黑线而已。

E3.7　天花彩画

清代官式建筑的天花彩画做法品种繁多，因具体建筑功能不同，至少不下40种。根据天花彩画主题纹饰的不同，大体分为龙天花、龙凤天花、凤天花、夔龙天花、西番莲天花、金莲水草天花、红莲水草天花、宝仙天花、六字正言（亦名六字真言）天花、鲜花天花（亦名百花图天花、四季花天花）、云鹤（双鹤）天花、团鹤（单鹤）天花、五福棒寿天花、四合云宝珠吉祥草天花、阿拉伯文西番莲天花等不同类别（图E3-7-1）。

（a）升降龙天花彩画　　　　　　（b）双凤天花彩画　　　　　（c）玉做正面夔龙天花彩画

（d）六字正言天花彩画　　　　　（e）鲜花天花彩画　　　　　　（f）团鹤天花彩画

图E3-7-1　天花彩画示意图
资料来源：蒋广全《中国清代官式建筑彩画技术》

E4 贴金工艺简介

E4.1 贴金

贴金是一种传统、特殊的工艺，是将很薄的金箔包贴在器物外表，起保护、装饰作用。贴金之前要先试金胶油（把金箔粘到物面上的黏合剂）的干燥程度，即黏性（图E4-1-1）。

（1）准备

金夹子、大白（粉、块均可，滑石粉亦可）、棉花。其中金夹子用来夹金箔用，是贴金的工具，用竹子制成，形同普通竹夹子，长17～23cm不等，视不同部位运用，可备两个不同长短的规格，要求夹口平滑、严密，合并后不漏缝。大白在金夹子吸金时使用，因贴金时金夹子易碰到金胶油，使金箔粘到上面，而损坏金箔。可用大白擦拭，使之变滑。棉花在贴金后走金用。

（2）过程

①先叠金箔，将10张一帖，联边朝一侧，然后不等分对叠，用量多，可事先叠出数帖备用。

②按图案及线条的大小、宽窄，将金撕成不同宽度的"条"，实际是10张一起上下通撕，每条宽度略宽于图案。图案体量大时可以不撕，整张使用。之后用夹子将对叠处展平，并前后划金，使金箔连同护金纸打卷，这时只是一张纸卷露出金。

（3）连同护金纸将金夹出，迅速准确地贴到图案上，同时用手指按实，手脱离后，护金纸自动飘离，金箔牢固地粘上。

图E4-1-1 贴金示意图
资料来源：边精一《中国古建筑油漆彩画》

E4.2 走金

护金纸脱落后，各张金箔相互衔接之处，名为接口，有重叠也有不严之处，飘挂很多金箔。解决不规则飞边、附着不实等问题需"走"金，即用棉花轻柔成团，沿贴过金的地方轻拢，柔擦。第一，可将飞金拢下，使图案整齐；第二可将部分飞金拢至棉花内，走金时，这部分金又被粘在漏贴处。走金时如遇过嫩的金胶油已贴上金，可暂时不"走"，用棉花轻按待干，干后再"走"。干燥适当的金胶油可随贴，随时走金，不要间隔。

贴完金后，将粘到图线外的金箔用油漆压掉的工作，称为扣油，扣油是辅助贴金工艺的一项必不可少的程序。扣油都是用在油皮贴金部位，而不是用在彩画颜料上面，彩画上面的齐金工作由彩画工艺完成。

E4.3　金箔罩油

金箔罩油是为保证金箔光泽的持久，主要依金箔的成色而定，贴库金，由于成色高，不罩油也能保持光泽的持久，即使在山花等易受日晒雨淋的部位，也不必罩油。金箔罩油主要针对赤金和铜箔，尤其是铜箔，必须罩油，为工艺中不可缺少的项目。对于某些已贴库金的彩画部位，为防止彩画色彩遭雨淋损坏，在对彩画罩油时，同时对金箔一并罩过。

对于贴铜箔，不论用于何处均需单独罩油，现多用清漆，只描铜箔本身部位，所以称描清漆，材料以丙烯清漆最好，施工严格，可保铜箔数年不变黑。如果贴铜箔的彩画罩油，因油质稀，起不到保护铜箔的作用，仍需先描丙烯清漆。赤金罩油视具体情况而定，如用于室外，亦应单独罩油（描清漆），用于室内时可不罩。

附录F 铜铁件

F1 门窗铜铁件

铜铁饰件，是古建筑的重要附属构件，它们对加固装饰大门，开启门扉等，起着重要作用。现分别简述各种铜铁饰件的尺度作用与安装部位。

F1.1 用于实榻门的饰件

门钉：按等级规定或九路，或七路，或五路，钉于实榻门正面，有加固门板与穿带的结构作用、表现建筑等级的作用和装饰作用。

铺首：安装于宫门正面，为铜质面叶贴金造，形如雄狮，凶猛而威武，大门上安装铺首，象征天子的尊贵和威严。兽面直径为门钉直径的2倍，每个兽面带仰月千年锅一份。

大门包叶：铜制，表面贴金，正面大鳞龙，背面流云，每扇门用4块，用小泡头铜钉钉在大门上下边，包叶宽约为门钉径的4倍。大门包叶有防止门板散落及装饰功能（图F1-1-1）。

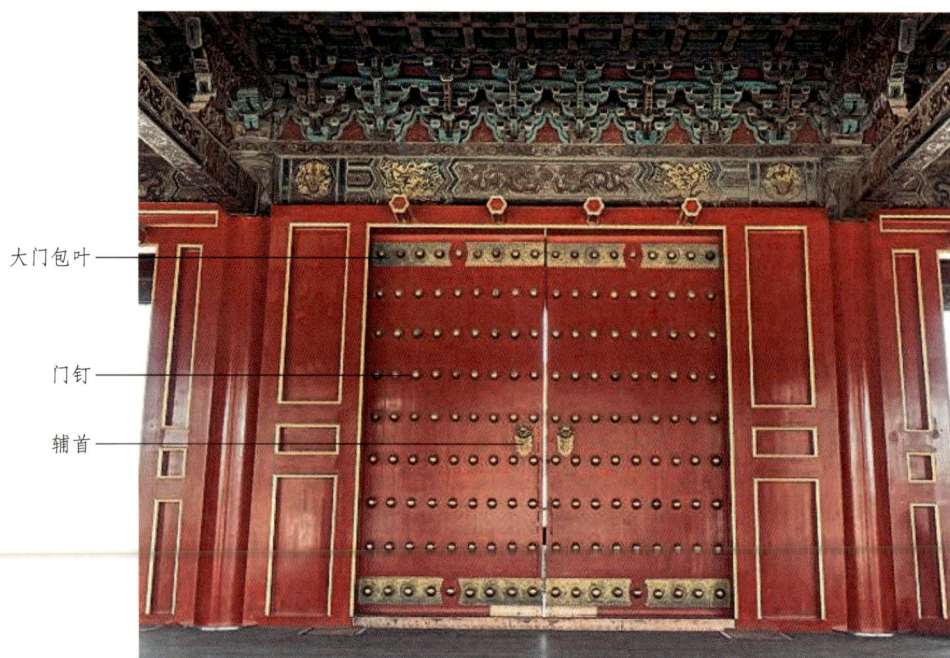

图F1-1-1 实榻门

寿山福海：安装于实榻门上下门轴的旋转枢纽构件。是套筒、护口及踩钉、海窝的总称，通常为铁质（图F1-1-2）。

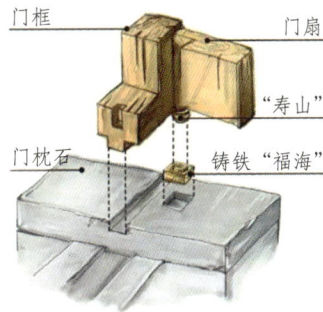

图F1-1-2　寿山福海

F1.2　用于攒边门的饰件

门钹：安装于攒边门正面，为扣门和开启门的拉手，一般为铜制，六角形。门钹对面直径尺寸同门边宽，上带纽头圈子（图F1-2-1）。

图F1-2-1　门钹

F1.3　用于屏门上的饰件

鹅项、碰铁、屈戌、海窝（图F1-3-1）：都是用于开启门扇的枢纽构件，鹅项安装于屏门门轴一侧。因屏门无门轴，鹅项即门轴，上下各一件，碰铁安装于门的另一边，上下各一件，作为门关闭时与门槛的碰头。屈戌为固定鹅项的构件，海窝相当于大门门轴下的海窝，安装在连二槛上。

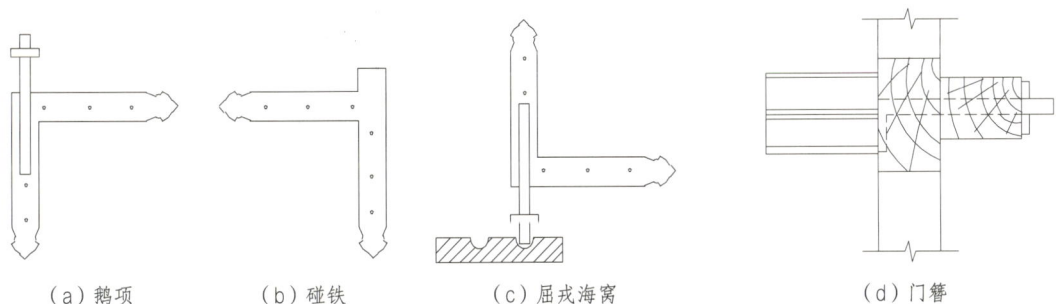

（a）鹅项　　　　（b）碰铁　　　　（c）屈戌海窝　　　　（d）门簪

图F1-3-1　屏门铜铁饰件

F2 铜铁结构件

我国的古建筑主要以木材为原料建造而成，千百年来，它们能历经各种自然灾害而完整保存下来，与木材良好的抗弯，抗压及抗震性能密切相关。然而，由于木材又有徐变大、弹性模量低、易老化变形等缺点，这使得外力作用下的古建筑易产生各种破坏。铁件材料由于具有体积小、强度高等优点，因而自古以来便成为古建筑木结构加固的重要手段。

F2.1 铁箍

主要用于梁、柱加固，柱子长期受上部荷载，将产生过大裂缝，对此采取的加固技术为：对于开裂的柱子直接用扁铁包裹，然后用铆钉固定（图F2-1-1）。对于梁而言，梁开裂时，也用铁箍对梁身进行包裹（图F2-1-2），然后用铆钉固定，用铁箍的核心约束作用来提高构件的强度和刚度。

铁箍包裹柱子

图F2-1-1 铁箍包柱

铁箍包裹梁身

图F2-1-2 铁箍包梁

F2.2 铁片

主要用于榫卯节点加固。对于用于梁柱连接的燕尾榫节点，通常采用厚5~15mm的铁片连接，然后用铆钉固定。对于半榫节点，由于柱的卯口完全被贯穿，且插入的榫头为可以容易拔榫的直榫形式，因而用5~20mm厚的铁片从卯口上下端分别拉结榫头，然后用铆钉固定（图F2-2-1）。

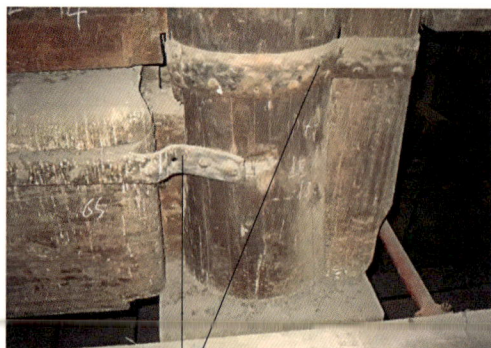

铁片拉结榫头

图F2-2-1 铁片

F2.3 铁钩

主要用于顶棚及藻井爬梁加固，古建筑顶棚一般由帽儿梁、小龙骨和天花板组成，帽儿梁为顶棚主要重构件，一般帽儿梁的两端采用铁钩加固，铁钩的一端固定在帽儿梁上；另一端固定在与帽儿梁连接的承重梁上，方式为：铁钩端头削尖直接钉入构件，或端头打卯孔再用铆钉固定在构件上，通过铁钩端头或铆钉约束力来提供部分抗剪承载力（图F2-3-1）。

铁钩加固顶棚

图F2-3-1　铁钩

F2.4 铁钉

铁钉主要包括固定角梁的穿钉，固定连檐，椽子的镊头钉，固定屋面瓦的瓦钉，用于外墙与木梁架连接的壁虎钉等，主要用于小型构件的拉结，铁钉承担部分拉、压、弯和剪力（图F2-4-1）。

穿钉

（a）穿钉

镊头钉

（b）镊头钉

瓦钉

（c）瓦钉

壁虎钉

（d）壁虎钉

图F2-4-1　铁钉

附录G 门窗

中国传统建筑门窗是中国古代建筑文化中不可或缺的一部分，它们不仅承载着建筑的基本功能，如采光、通风、保温等，还融入了文化、艺术和哲学的元素。这些门窗以其独特的造型、精湛的工艺和丰富的文化内涵，成为中国传统建筑的重要特征之一。

G1 门窗的种类与作用

传统建筑门窗种类繁多，按功能可分为以下几种：

门：可分为大门（如实榻门、广亮大门、金柱大门、蛮子门、如意门）、攒边门、撒带门、屏门、垂花门、隔扇门、帘架门、风门、碧纱橱等。

窗：可分为隔扇窗、槛窗、支摘窗、牖（yǒu）窗、什锦窗、横披窗、楣子窗等。

G1.1 门

G1.1.1 大门

大门是住宅等级的象征，清代制度规定王府大门设于中央，亲王府五间，郡王府三间，其余住宅及普通四合院大门只有一间。

实榻门（图G1-1-1）是板门中形制最高、体量最大、防卫性最强的一种门，常用于宫门、王府大门、城门。一般都用门钉，门钉是按建筑物等级来定，高级的用纵横九路，其次为七路，最少的为五路。

广亮大门（图G1-1-2）：四合院单间大门属于门屋的样式，本质上是一间硬山房，台基和屋顶均高于倒座。大门等级划分在于门扇的安装位置。门扇安于两根柱之间的为广亮大门，等级最高，门前空间最为宽广、敞亮。

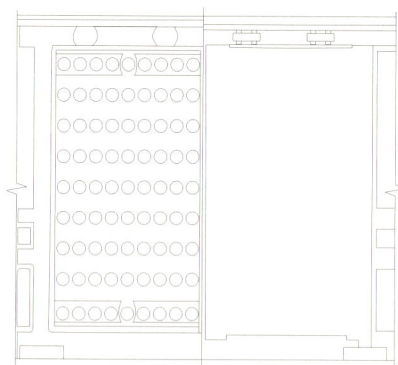

（a）实榻门立面图
资料来源：马炳坚《中国古建筑木作营造技术》

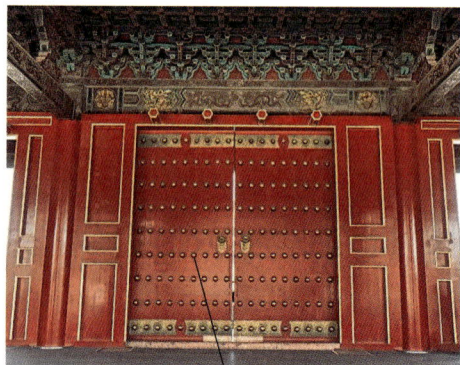

九路门钉
（b）北京故宫太和殿实榻门

图G1-1-1 实榻门

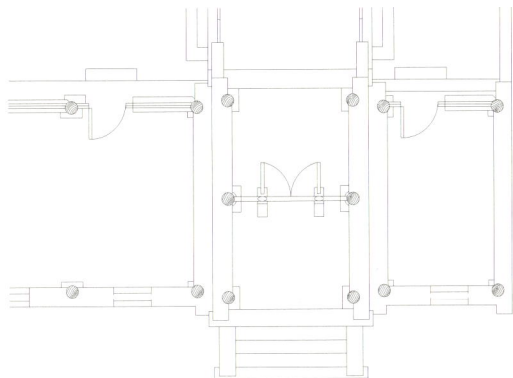

（a）广亮大门平面图
资料来源：贾珺《北京四合院》

（b）广亮大门

图G1-1-2　广亮大门

金柱大门（图G1-1-3）：门扇外移一段距离（1.3m左右）设在金柱位置上，叫金柱大门，比广亮大门低一级。

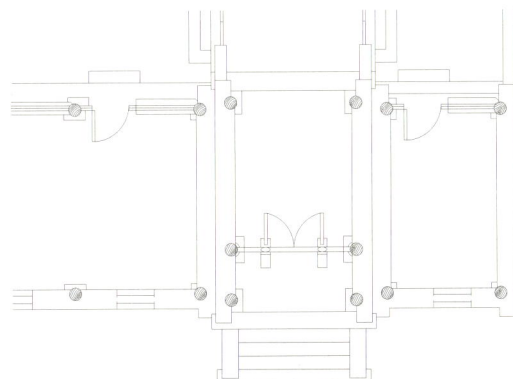

（a）金柱大门平面图
资料来源：贾珺《北京四合院》

（b）金柱大门
资料来源：贾珺《北京四合院》

图G1-1-3　金柱大门

蛮子门（图G1-1-4）：比金柱低一等级的是蛮子门，门扇设在檐柱位置上，门前空间较局促。

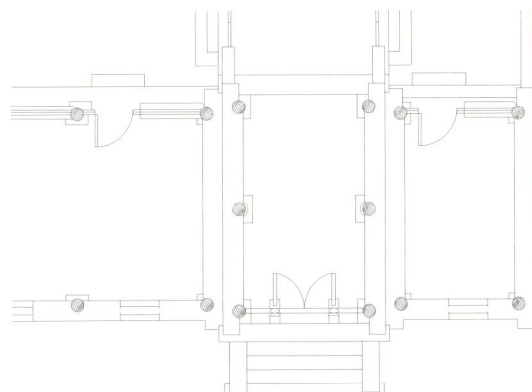

（a）蛮子门平面图
资料来源：贾珺《北京四合院》

（b）蛮子门
资料来源：贾珺《北京四合院》

图G1-1-4　蛮子门

如意门（图G1-1-5）：单间大门等级最低的为如意门，前檐柱之间砌筑砖墙，中间留门洞安装门扇。檐下雕刻精致的花纹，门额上经常雕刻"如意"二字或者如意形的图案，故称"如意门"。

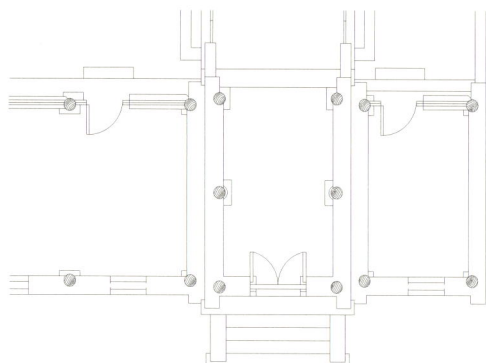

（a）如意门平面图
资料来源：贾珺《北京四合院》

（b）如意门
资料来源：贾珺《北京四合院》

图G1-1-5 如意门

G1.1.2 攒边门

攒边门（图G1-1-6）是两扇对开用于室外或室内的门，其四周边框采用攒边的方式制作，门心装薄板穿带，因此得名"攒边门"。

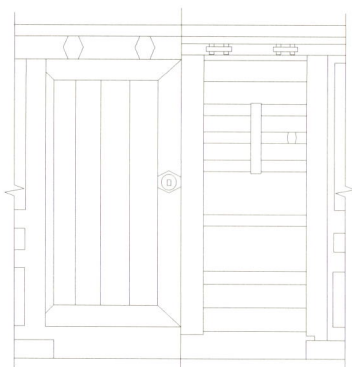

（a）攒边门立面图
资料来源：马炳坚《中国古建筑木作营造技术》

（b）攒边门

图G1-1-6 攒边门

G1.1.3 撒带门

撒带门常用于街门和屋门，通常由木头制成，不需要上下抹头。它的特点是只有一边有门边，另一边没有门边，所有的穿带均撒着头，因此得名撒带门（图G1-1-7）。

G1.1.4 屏门

屏门是中国传统建筑中遮隔内外院或遮隔正院或跨院的门，一般用于垂花门的后檐柱、室内明间后金柱间、大门后檐柱、庭院内的随墙门上，因起屏风作用，故称屏门（图G1-1-8）。

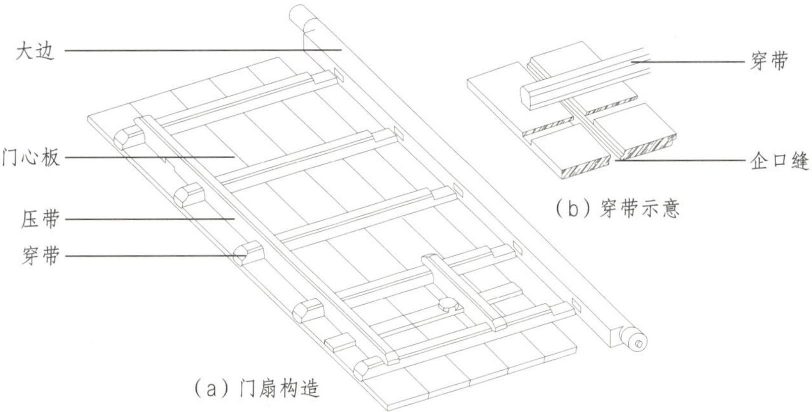

（a）门扇构造

图G1-1-7　撒带门门扇构造
资料来源：马炳坚《中国古建筑木作营造技术》

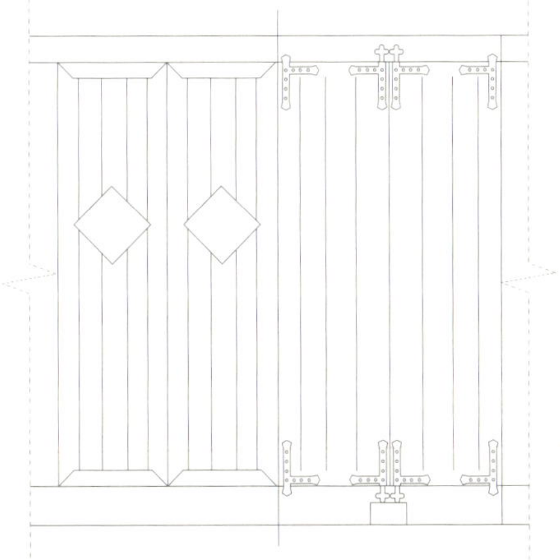

（a）屏门门扇立面图
资料来源：马炳坚《中国古建筑木作营造技术》

（b）故宫翊坤宫屏门

图G1-1-8　屏门

G1.1.5　垂花门

垂花门是古代中国民居建筑院落内部的门，是四合院中一道很讲究的门，它是内宅与外宅（前院）的分界线和唯一通道。因其檐柱不落地，垂吊在屋檐下，称为垂柱，其下有一垂珠，通常彩绘为花瓣的形式，故被称为垂花门（图G1-1-9）。

G1.1.6　隔扇门

隔扇门（图G1-1-10）是中国传统建筑中的装饰构件之一，从民居到皇家宫殿都可以看到，是古代建筑中不可或缺的门。它是一种安装于建筑的金柱或檐柱间带格心的门，也称"格扇门"，一般与隔扇窗一起整排使用，通常为四扇、六扇或八扇。隔扇主要由格心，绦环板，裙板等部分组成。

图G1-1-9　垂花门

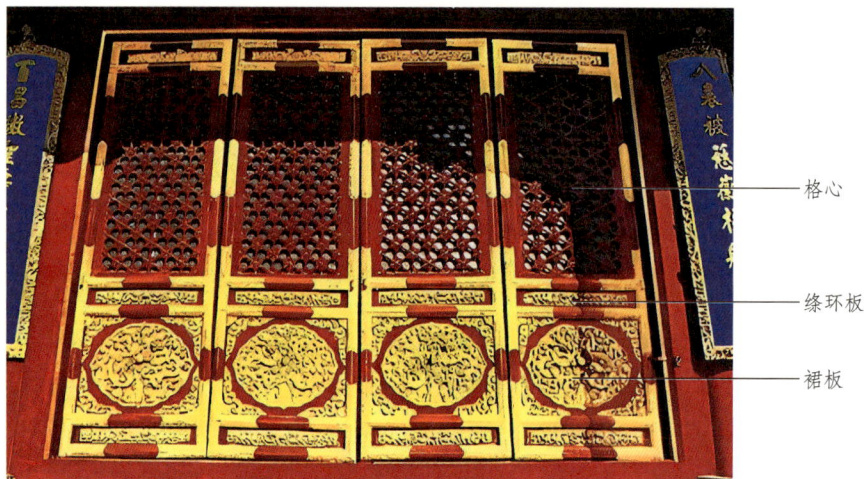

图G1-1-10 隔扇门

G1.1.7 帘架门

帘架门（图G1-1-11）是中国古代内檐装饰常用门之一，在开启的门外安装用于悬挂门帘的帘架，称为帘架门。一般在两扇隔扇门之外供挂帘架门，冬季挂棉门帘，夏季挂竹帘，在北方寒冷地区于架子上做风门，开关方便且能减少开启面积，既防风又防蚊蝇。

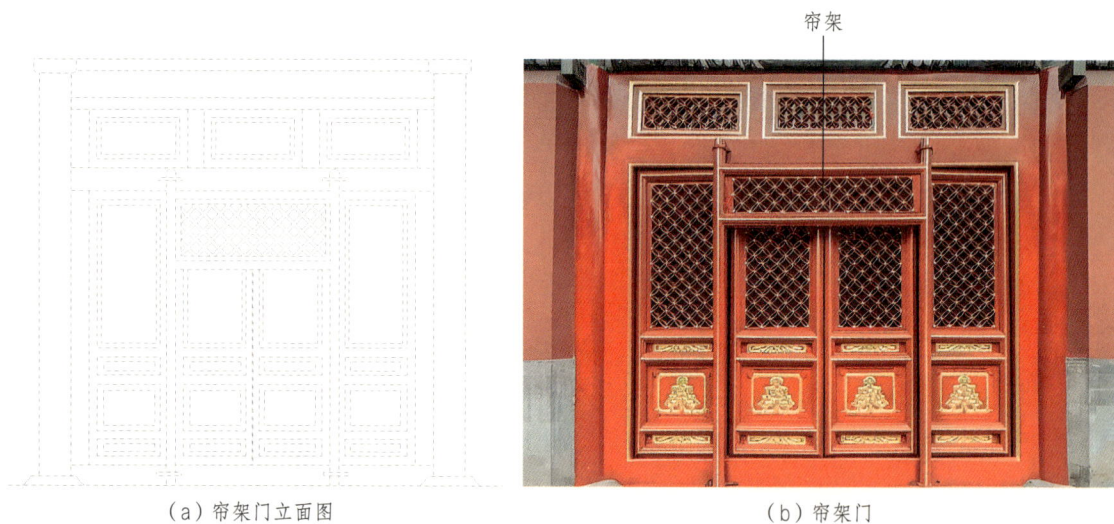

（a）帘架门立面图
资料来源：马炳坚《中国古建筑木作营造技术》

（b）帘架门

图G1-1-11 帘架门

G1.1.8 风门

在中国古建筑中，风门（图G1-1-12）通常指的是一种特定的门扇形式，多用于居住或起居室建筑的外防风的门。这种风门多为双层门中的外层门，高约2m、宽约1m，且不是板门而是用棂条拼成隔心的隔扇门。风门的设计使得门扇多是朝外开，出入更为方便。在带有院落的建筑群中，风门也常作为进出院落的大门使用。

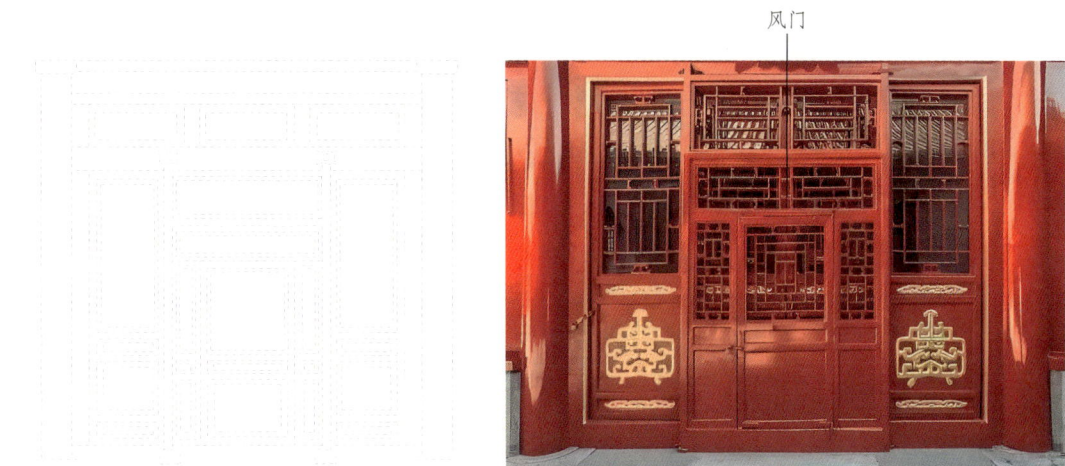

(a) 风门门扇立面图
资料来源：马炳坚《中国古建筑木作营造技术》

(b) 风门

图G1-1-12　风门

G1.1.9　碧纱橱

碧纱橱（图G1-1-13）为安装于室内的隔扇，通常用于进深方向柱间，起分隔空间的作用。碧纱橱主要由槛框（包括抱框和上、中、下槛）、隔扇、横披等部分组成，每樘碧纱橱由6～12扇隔扇组成。除两扇能开启外，其余均为固定扇。在开启的两扇隔扇外侧安帘架，上安帘子钩，可挂门帘。碧纱橱隔扇的裙板、绦环板上做各种精细的雕刻，仔屉为夹樘做法（俗称两面夹纱），上面绘制花鸟草虫、人物故事等精美的绘画，或题写诗词歌赋，装饰性极强。

图G1-1-13　碧纱橱

G1.2　窗

G1.2.1　隔扇窗

隔扇窗（图G1-2-1）同隔扇门一样，由木制框架和中间的格心、绦环板等部分组成，这些部分可以镶嵌各种图案或装饰，通常用于金柱或檐柱间。

图G1-2-1 方格纹隔扇窗

G1.2.2 槛窗

槛窗（图G1-2-2）又叫半窗，是安装在槛框上的窗子，上半部和隔扇一样，有格心和绦环板。下半部去掉裙板，是砖砌的短墙，也有木质的板壁。槛窗是中国传统建筑中等级较高的一种窗，其上的雕琢较为精美。

G1.2.3 支摘窗

支摘窗（图G1-2-3）又称"和合窗"，是一种可以支起、摘下的窗户，由上往下纵向开启，开启后有一定坡度，再用摘钩固定。

图G1-2-2 槛窗

（a）支摘窗效果图

（b）支摘窗

图G1-2-3 支摘窗

G1.2.4　什锦窗

牖窗即开在墙壁上的窗，是窗的一种特定形式。

什锦窗（图G1-2-4）是中国传统建筑中常用的一种装饰单元，尤其在园林建筑及北京四合院住宅中广泛应用。主要由筒子口、边框和仔屉三部分组成。形状多种多样，各种图案均采自造型优美的器皿、花卉、蔬果与几何图形，如玉壶、扇面、寿桃、五方、六方等。

（a）六边形什锦窗　　　　（b）三环什锦窗

（c）扇形什锦窗

资料来源：马炳坚《中国古建筑木作营造技术》

（d）桃形什锦窗

图G1-2-4　什锦窗

G1.2.5　横披窗

横披窗（图G1-2-5）安装在中槛和上槛之间的窗子，又叫"窗披""天头"，为固定的扁长形窗扇，位于门窗的正上端，大多不作开启，其作用是通风透气。

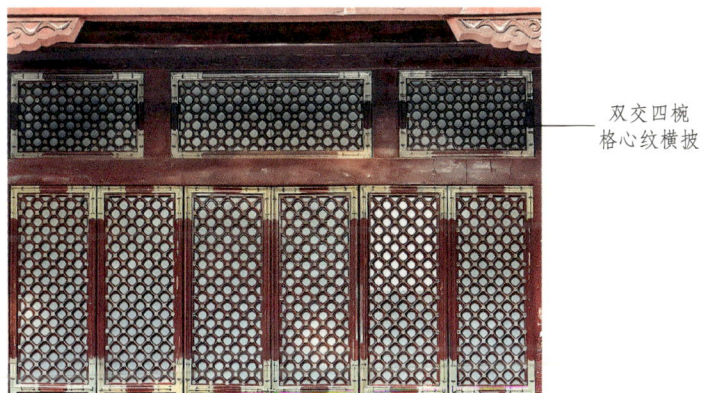

双交四椀
格心纹横披

图G1-2-5　横披窗

G1.2.6　楣子窗

楣子窗（图G1-2-6）是装在门窗上部横档上的窗，通常与横档铰接，又称挂落或窗楣，是用于有廊建筑外侧或游廊柱间上部的一种装修构件，主要起装饰作用。它通常由边框和棂条组成，形成各种透空的花格图案，如步步锦、灯笼框、冰裂纹等。

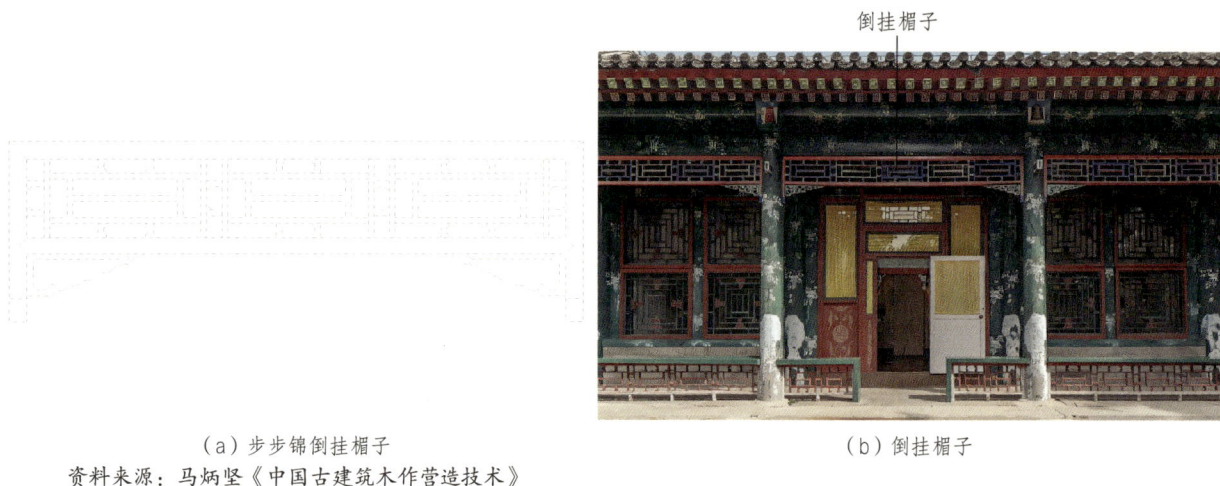

倒挂楣子

（a）步步锦倒挂楣子
资料来源：马炳坚《中国古建筑木作营造技术》

（b）倒挂楣子

图G1-2-6　楣子窗

G2　门窗雕刻样式的选择

在古建筑的设计过程中，门窗雕刻样式的设计往往也是十分重要的一环。隔扇是中国传统建筑门窗中使用频率最高的一种样式，一般用于金柱或檐柱之间，由格心、中心盘、绦环板、裙板等组成。清时期隔扇工艺成熟，式样繁多，故我们选择常见的"隔扇门窗"为例进行说明。

G2.1　格心样式选择

格心是隔扇的主要部位，位于隔扇的上部，是图案装饰的重点，一般由木条拼接成各种网格或横直形的几何图案，它不仅使门窗注入了生气和活力，也起到了通风采光的作用。在玻璃还没有用在门窗上以前，大多用纸张及纱绸之类的纺织品贴糊在格心上以挡风雨。格心图案在民间传统门窗中的应用十分广泛，由于旧时的民居建筑在尺度、开间、装饰等方面受到多种因素的制约，故文人雅士、能工巧匠们便在等级制度允许的范围之内寻求装饰上的丰富，从而形成了民间门窗装饰的质朴精雅的风格，而皇家宫殿门窗装饰则以威严气派著称。

格心图案可分为横竖纹、几何纹、拐子纹和菱花纹四种形式，其中横竖纹、几何纹和拐子纹的纹样适应多种形式的需求，使用范围十分广泛，是传统民居、园林建筑常见的格心构成式样。而菱花纹常见于皇家宫殿和寺庙殿堂的格心装饰。

G2.1.1　横竖纹

横竖纹由早期的直棂窗演变而来，一般由相同粗细的横竖棂条排列而成，常见的有井字纹、方格纹、亚字纹等。从这些基本图形中可以组合演变出多种富有寓意的吉祥图案，常见的有步步锦、灯笼锦、冰裂纹等。步步锦（图G2-1-1）由长短不一的横竖棂条组成格心，寓有"前程步步锦绣"的含义，一般常用在北方四合院的民居隔扇、槛窗及支摘窗中。灯笼锦（图G2-1-2）排列的横竖棂条犹如旧

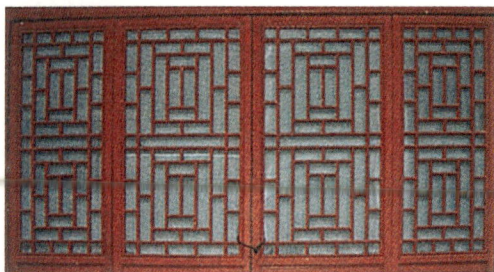

图G2-1-1　步步锦

时照明用的灯笼，寓意"前程光明"。冰裂纹（图G2-1-3）由横竖棂条组合成冰块随意裂开的纹样。有的还在冰裂纹中增添梅花图案，称为冰梅纹（图G2-1-4），有一种迎寒盼春的意趣。

图G2-1-2　灯笼锦　　　　　　　　　图G2-1-3　冰裂纹　　　　　　　　　图G2-1-4　冰梅纹

G2.1.2　几何纹

几何纹（图G2-1-5）由相同规格的棂条拼接成各种几何形的四方连续纹样，规范而有序，常见的有人字纹、龟背纹、万字纹、风车纹、星光纹、蜂窝纹、金钱纹等，以圆弧形组成的柿蒂纹也属几何纹的范畴。这些纹样有的寓意前程如星光灿烂，有的寓意团结和睦，有的寓意财源滚滚。

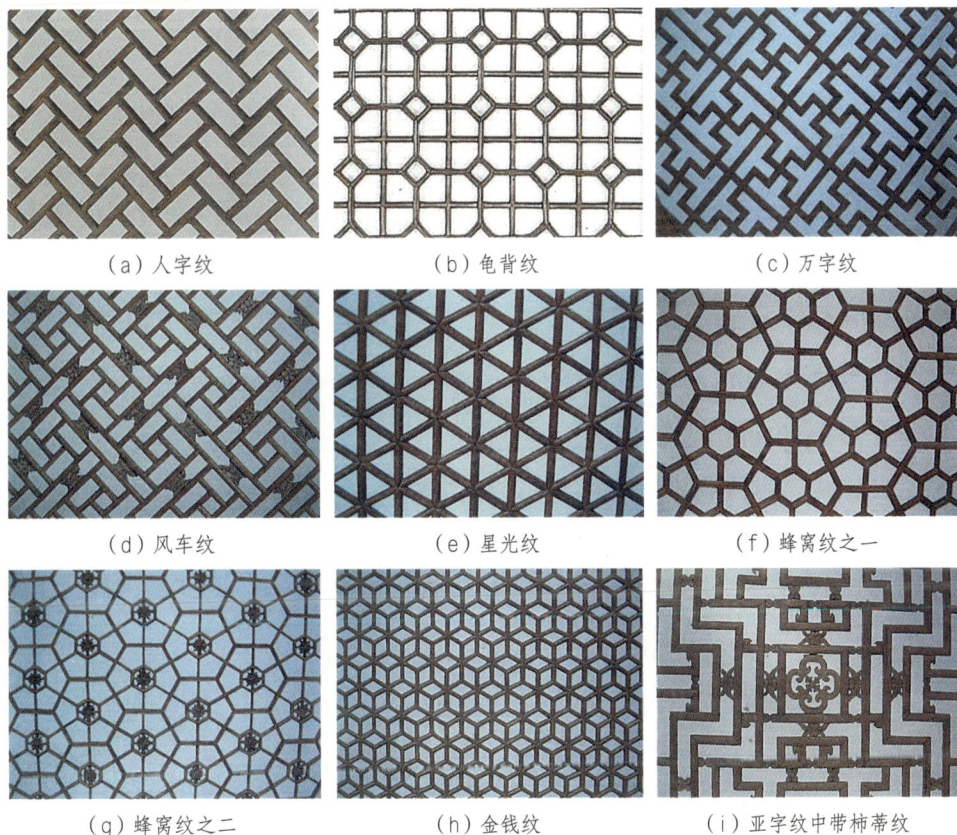

（a）人字纹　　　　　　　　　　　（b）龟背纹　　　　　　　　　　　（c）万字纹

（d）风车纹　　　　　　　　　　　（e）星光纹　　　　　　　　　　　（f）蜂窝纹之一

（g）蜂窝纹之二　　　　　　　　　（h）金钱纹　　　　　　　　（i）亚字纹中带柿蒂纹

图G2-1-5　各类几何纹

G2.1.3 拐子纹

拐子纹由木棂条拼接成各种拐子纹样，线条装饰有的挺拔、硬朗，有的柔和、规范。拐子的转角有直角的，也有圆角的，变化的式样既有规律又很丰富。有的拐子纹与如意纹结合在一起，刚中带柔，柔中现刚，成了"拐子如意"（图G2-1-6）。

从拐子纹可引申出卷草纹，卷草纹的整体往往呈现出S形的旋律，并将S形继续延伸，产生一种连绵不断的艺术效果。有的则成为一根无头无尾的长藤，拐子纹在格心内作柔和缠绕，没有尽头，成了吉祥富贵永不断头的"扯不断"（图G2-1-7、图G2-1-8）。在卷草纹的头部接上龙头，便成了"卷草缠枝龙"（图G2-1-9），接上凤头，便成了"卷草缠枝凤"。

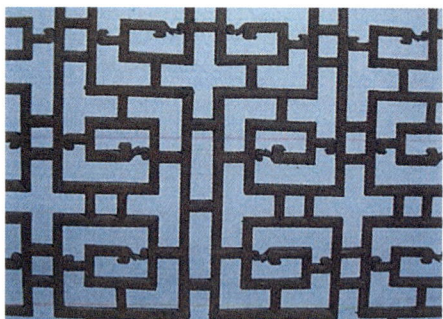

图G2-1-6　拐子如意

图G2-1-7　万字纹"一根藤"

图G2-1-8　拐子纹"一根藤"

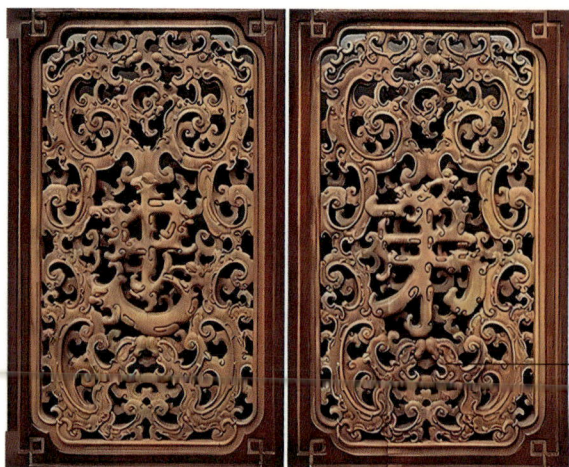

卷草纹接龙头

图G2-1-9　卷草缠枝龙

G2.1.4 菱花纹

菱花纹的图案呈菱花状排列，这是由两根或三根直棂相交形成的图形，有的还在相交处附加花瓣，成为放射状的菱花。三根直棂相交称"三交六椀菱花"，两根直棂相交称"双交四椀菱花"。在北京故宫，在菱花纹的使用上有严格的等级规定，凡用三交六椀菱花的门窗（图G2-1-10、图G2-1-11）属最高等级，如北京故宫三大殿中的太和殿，是明清皇帝举行朝政大典的地方，是最高档次的宫殿，大多运用隔扇和槛窗，其格心装饰的三交六椀菱花也是最规整的，呈正交状，花心图案中部形成一个圆形，排列有序，富有韵律感。菱花的中部，也就是木条交叉点上，各有圆形的菱花帽钉。双交四椀菱花（图G2-1-12），比三交六椀菱花稍逊一点，往下依次为斜方格、正方格、长条形等。菱花纹图案是宫殿、坛庙、寺院建筑中常见的格心构成式样。

正交状，花心成圆

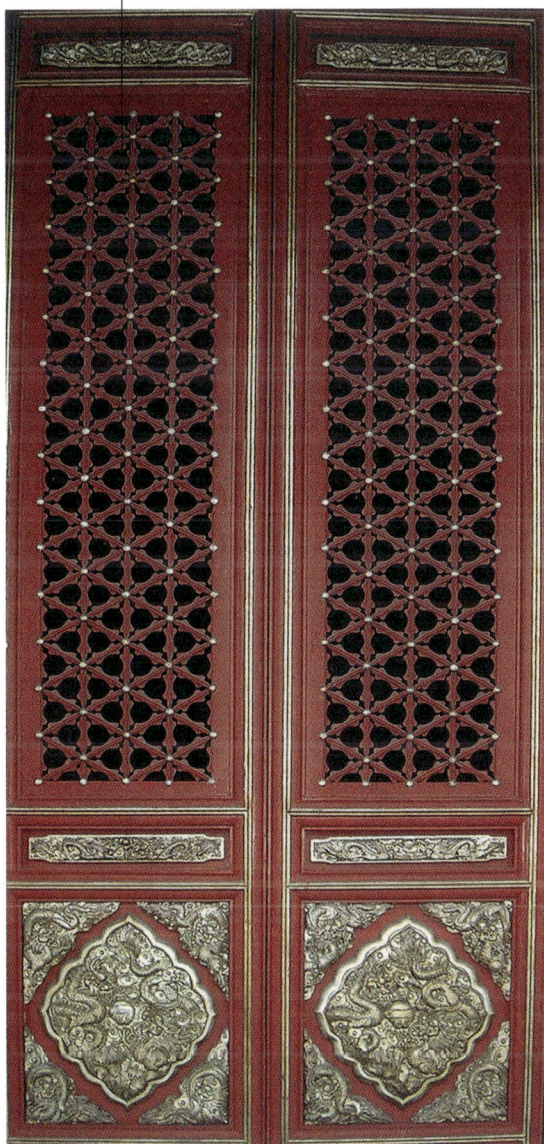

图G2-1-10　北京故宫中的三交六椀菱花隔扇

图G2-1-11　北京故宫中的三交六椀菱花宫门

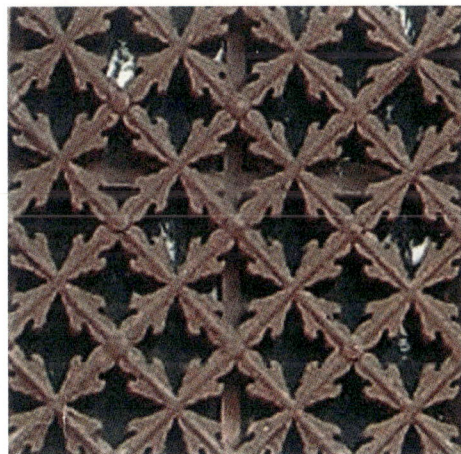

图G2-1-12　双交四椀菱花

G2.2 中心盘样式选择

中心盘（图G2-2-1）是镶嵌在隔扇或槛窗格心中的木雕花板，俗称"格心花板"，一般安置在较精致的古民居门窗中，是格心的构图聚焦点，雕刻形式一般采用镂空透雕或剔地深浮雕。中心盘的形状有圆形、长方形、椭圆形，长20～30cm，宽约15cm。倘若雕刻的花板图形是镂空透雕，它与中心盘的边框联结空隙处往往用网格纹来填补。网格纹不仅增添了中心盘的装饰作用，也加强了花板中心图形的牢固性。由于隔扇要开启，因此格心花板往往两面都得修饰，以便于双面观赏。

在同一组隔扇中，中心盘的内容往往互相联系。如八扇隔窗，便用"八仙过海"的图案（图G2-2-2）。倘若是六扇隔扇，便以麒麟、天马、飞虎、神牛、狻猊、獬豸六种神兽排列（图G2-2-3）。四扇隔扇的，便以福、禄、寿、喜，或琴、棋、书、画，或青龙、白虎、朱雀、玄武"四灵图"来装饰。

图G2-2-1 城隍庙厢房中的槛窗及中心盘

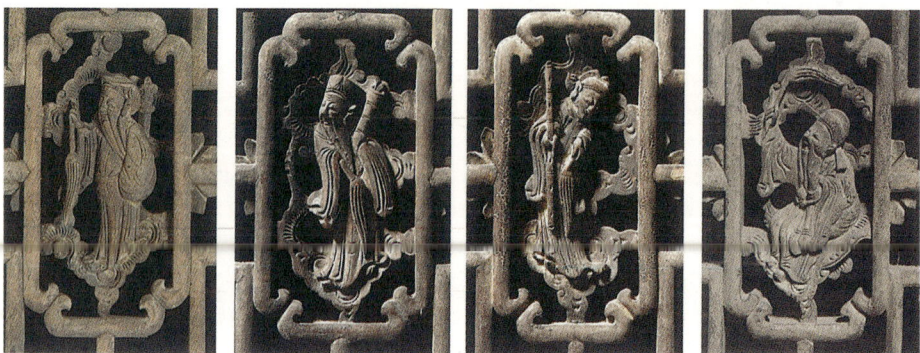

图G2-2-2 八仙中心盘（部分）

图G2-2-3 神兽中心盘（部分）

G2.3 绦环板样式选择

绦环板，宋时称"腰花板"，位于格心和裙板的上下两端。绦环板往往有上、中、下三块，其中中间的一块离人们的视线最近，又处于人们日常生活起居活动频繁的廊檐部位，光照效果相对比较理想，因此匠人们对这块绦环板的雕刻十分讲究，内容多而雕工精。上下两块则相对比较简洁，往往用双草龙（图G2-3-1、图G2-3-2）、卷草纹作装饰。

中间的绦环板所处位置不高，容易受到碰撞，特别在农家，大件家具、农具的进出，顽童的打闹，都会对绦环板的雕刻造成损伤，因此这个部位很少看到镂空的高浮雕，而以剔地薄浮雕为多。表现的内容有动物、四时瓜果（图G2-3-3）、博古杂宝（图G2-3-4）和山水花鸟（图G2-3-5）等。

——对称雕刻的双龙

图G2-3-1 "草龙迎寿"绦环板

图G2-3-2 草龙绦环板与裙板

图G2-3-3 松鼠南瓜图绦环板

图G2-3-4 博古绦环板

图G2-3-5 梅花绦环板

G2.4 裙板

裙板又称"群板"，面积较大，位于隔扇的下部，由于所处位置较低，人们的视线不会过多停留，因此一般的民居不作雕饰。一些上档次的民居及寺庙殿堂的裙板大多用浮雕，内容有人物，动物、博古等。图案大多较为简洁，往往采用吉祥图案，如四季平安、如意纹样等（图G2-4-1、图G2-4-2）；也有反映文人雅士（图G2-4-3）生活的，色泽偏向青灰。

图G2-4-1 拐子纹壶形裙板

图G2-4-2 如意形裙板

图G2-4-3 "文人雅士"裙板与绦环板

　　殿堂庙宇的裙板则显得豪华气派，如故宫太和殿的裙板用金龙装饰，中间雕有坐龙，四个角上分别雕饰降龙和升龙，四边的裙板框也用金色的图案装饰（图G2-4-4）。又如河南洛阳关林寺庙中的裙板的龙纹与凤纹（图G2-4-5），甘肃天水伏羲庙太极殿内的团龙、团凤裙板（图G2-4-6）等。

　　隔扇中的格心、中心盘、绦环板、裙板等须用框架组合，这框架称为"外框"。外框的功能是保持隔扇的坚固耐用，一般不加雕刻，仅以打洼、窝角、起线等简单工艺装饰，以衬托框内的雕饰。

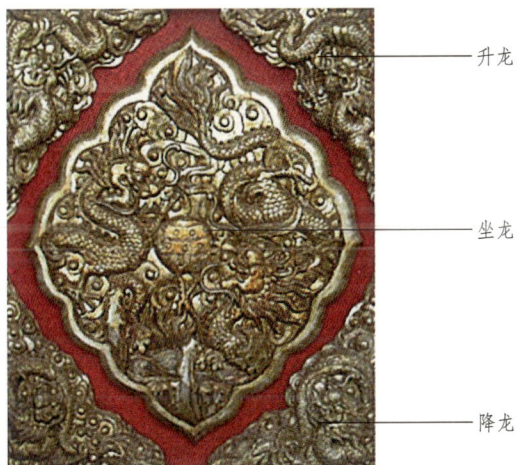

升龙

坐龙

降龙

图G2-4-4 北京故宫龙纹裙板

（a）蛟龙出水裙板　　　　　　（b）凤戏牡丹裙板

图G2-4-5　河南洛阳关林寺庙裙板

（a）团龙裙板　　　　　　　（b）团凤裙板

图G2-4-6　甘肃天水伏羲庙太极殿裙板

传统抬梁式木结构计算 附录H

H1　传统抬梁式木结构计算分析说明

传统抬梁式木结构计算分析旨在以单个案例探究木构架斗口（一般大式建筑）或柱径（一般小式建筑）与木构架各构件应力之间的关系，以此来探究木构架斗口或柱径与各个木构件尺寸关系的合理性。

考虑木构件本身重量较轻，重量集中在屋面部分，为减少干扰项且取得相对合理的验算结果，计算时忽略木构件自身重量，则木构件本身的材料强度设计值不再提高。

清式建筑采用榫卯结构，形成一系列半刚性节点，可以在很大程度上耗散地震能量，外围柱采用侧脚收分，形成三角形稳定结构，能有效抵抗水平力作用，由此对一般木结构可不进行水平作用的验算，仅进行柱榫卯的抗震承载力验算。

硬山、悬山建筑仅山面出檐有所差异，且对结构计算影响很小，故仅进行硬山结构计算分析。

H1.1　荷载取值原则

对古建筑木结构屋面，屋面均布活荷载按不上人屋面活载0.5kN/m^{2}选取，其水平投影上的荷载取值按实际举架情况取均值，举架较大时可取0.7kN/m^2；当施工荷载较大时，应按实际情况确定。

基本雪压的重现期应为100年，基本雪压值按现行国家标准《建筑结构荷载规范》GB 50009—2012中的基本雪压值乘调整系数1.2确定。

H1.2　构件及其验算截面选取原则

结构计算分析仅验算木构架主要承重构件，硬山、悬山、歇山、庑殿建筑又以明间跨度最大，此间木构件受力情况最不利，故选取此间木构件为验算目标，歇山、庑殿建筑山面部分受力复杂且存在特殊构件，故选取两者山面特殊构件为验算目标。

由于榫卯节点对构件端部削弱较大且端部剪力最大，故选取端部薄弱部位作为抗剪危险截面；水平构件抗弯承载力验算截面取效应最大截面（一般为跨中截面）；竖向构件轴心受力危险截面选取端部榫卯削弱部位；稳定承载力验算截面取竖向构件中央截面（直径＝柱径－1/2柱高×收分）。

H1.3　计算原则

（1）作用的组合、作用的分项系数及组合值系数，按现行国家标准《建筑结构荷载规范》GB 50009—2012及《工程结构通用规范》GB 55001—2021的规定从严执行。

（2）构件材料强度、弹性模量等的设计指标按现行国家标准《木结构设计标准》GB 50005—2017的规定确定。

（3）古建筑中斗栱的各部件不做结构验算。

（4）2根或2根以上水平构件重叠承受上部荷载的叠合梁，按每一木梁的惯性矩占总和的比例分配每根木梁的荷载，按分配的荷载验算各水平构件的强度。

（5）水平及竖向构件承载力验算时，不考虑榫卯结构半刚性的有利影响，按铰接考虑。

（6）抗弯抗剪承载力验算以现行国家标准《木结构设计标准》GB 50005—2017中的相关规定为参考进行计算。

（7）抗震验算时，木结构周期及验算公式以现行国家标准《古建筑木结构维护与加固技术标准》GB/T 50165—2020中的相关规定为参考，阻尼比取2%～3%。

（8）由于木结构古建筑梁柱节点的复杂性，刚度、阻尼比等难以界定，需要补充相关实验解决。

（9）木结构古建筑其他的结构计算应以现行的相关国家、行业及地方规范为准。

H2　七檩硬山（悬山）前后廊建筑木结构计算分析

（单层木结构房屋主要重量集中在屋面，为简化计算忽略梁柱自身重量，梁柱材料强度设计值则不再提高）

工程概况：本工程为单檐七檩硬山前后廊建筑，面宽57.75D（D为檐柱柱径），进深26D，屋面为不上人屋面，结构类型为木结构，结构抗震设防烈度为8（0.3g），设计地震分组第三组，场地类别为Ⅱ类，安全等级二级，抗震设防类别丙类。

H2.1　结构布置及荷载计算（图H2-1-1）

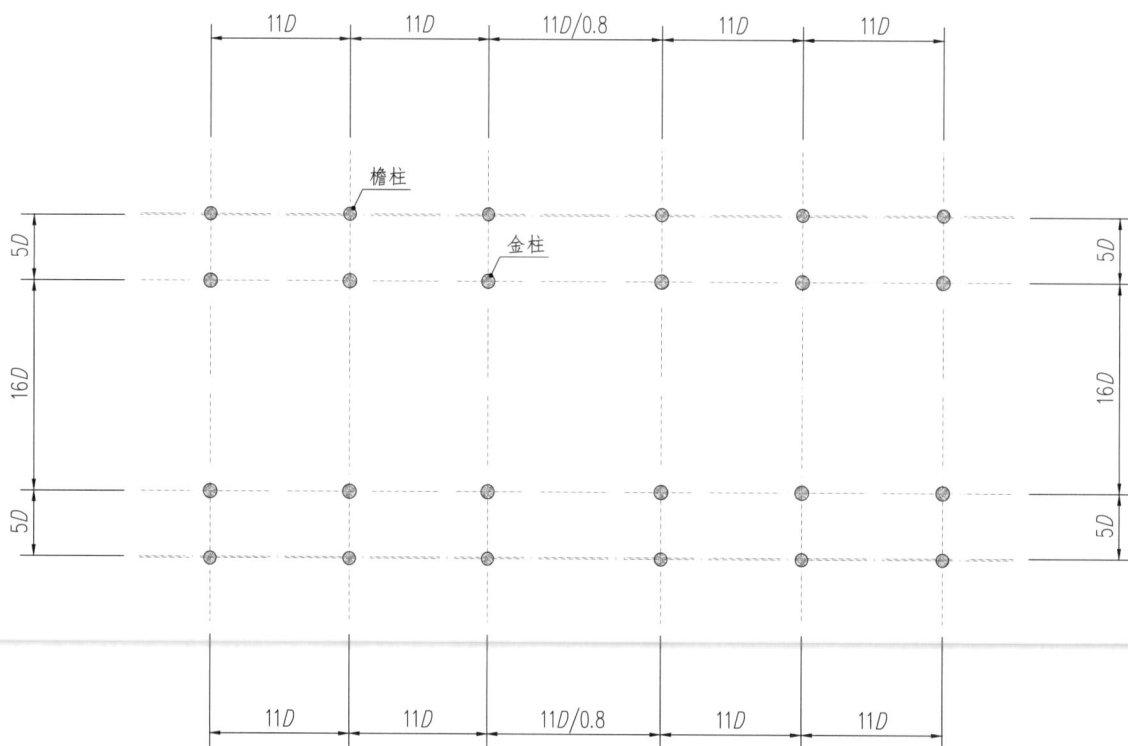

图H2-1-1　柱网平面布置图

H2.1.1　主要计算构件尺寸（图H2-1-2）

（1）檐檩尺寸：$\Phi=D$，榫卯危险截面尺寸：$\Phi=D$

（2）檐垫板尺寸：$0.2D\times0.8D$，榫卯危险截面尺寸：$0.16D\times0.8D$

（3）檐枋尺寸：$0.8D\times D$，榫卯危险截面尺寸：$0.2D\times D$

（4）三架梁尺寸：$D\times1.25D$，榫卯危险截面尺寸：$0.75D\times D$

（5）五架梁截面尺寸：$1.2D\times1.5D$，榫卯危险截面尺寸：$0.75D\times1.2D$

（6）檐柱尺寸D，榫卯危险截面尺寸：$0.3D\times0.3D$

（7）金柱尺寸$D+1$寸，榫卯危险截面尺寸：$0.3（D+0.032）\times0.3（D+0.032）$

檩、梁、柱均用红松，木材强度等级、强度设计值及弹性模量如下：

强度等级为TC13B，$f_{\mathrm{m}}=13\mathrm{N/mm^2}$，$f_{\mathrm{c}}=10\mathrm{N/mm^2}$，$f_{\mathrm{v}}=1.4\mathrm{N/mm^2}$，$f_{\mathrm{t}}=8.0\mathrm{N/mm^2}$，$E=9000\mathrm{N/mm^2}$。

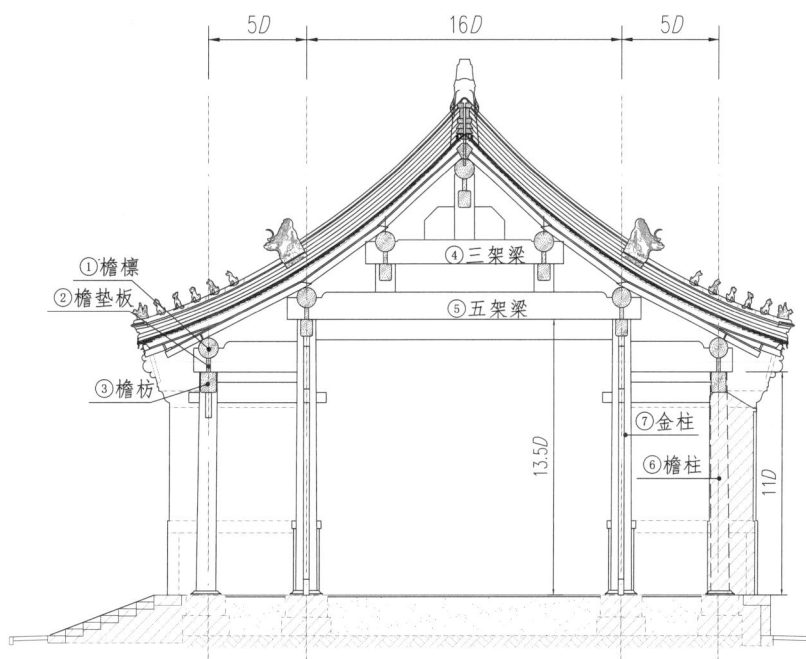

图H2-1-2　横剖面图

H2.1.2　屋面荷载

（1）恒载：

板瓦、筒瓦：$1.1\mathrm{kN/m^2}$；

100（均值）厚苫背：$0.1\times18=1.8\mathrm{kN/m^2}$；

40厚望板：$0.04\times10=0.4\mathrm{kN/m^2}$；

120厚椽子（隔一布一，系数取0.5）：$0.5\times0.12\times10=0.6\mathrm{kN/m^2}$；

合计：$1.1+1.8+0.4+0.6=3.9\mathrm{kN/m^2}$；

屋面倾斜角度按35°（均值）：$3.9/\cos35°=4.8\mathrm{kN/m^2}$取$5.0\mathrm{kN/m^2}$；

屋脊荷载：$4.0\mathrm{kN/m}$。

（2）活载：

不上人屋面活载：0.5kN/m²，

屋面倾斜角度按35°（均值）：0.5/cos35°=0.61kN/m²（由举架而定，十举时可取0.7kN/m²）。

H2.2　檩计算

对屋面各檩受荷面积对比可知檐檩受荷面积最大（图H2-2-1～图H2-2-5）。

$q_{K恒}$=5.0×5.8D=29D

$q_{K活}$=0.61×5.8D=3.538D

q=1.3×29D+1.5×3.538D=43D

简化为承受均布荷载的简支梁。

$M=ql^2/8=43D×（13.75D）^2/8=1016D^3$

$V=ql/2=43D×13.75D/2=296D^2$

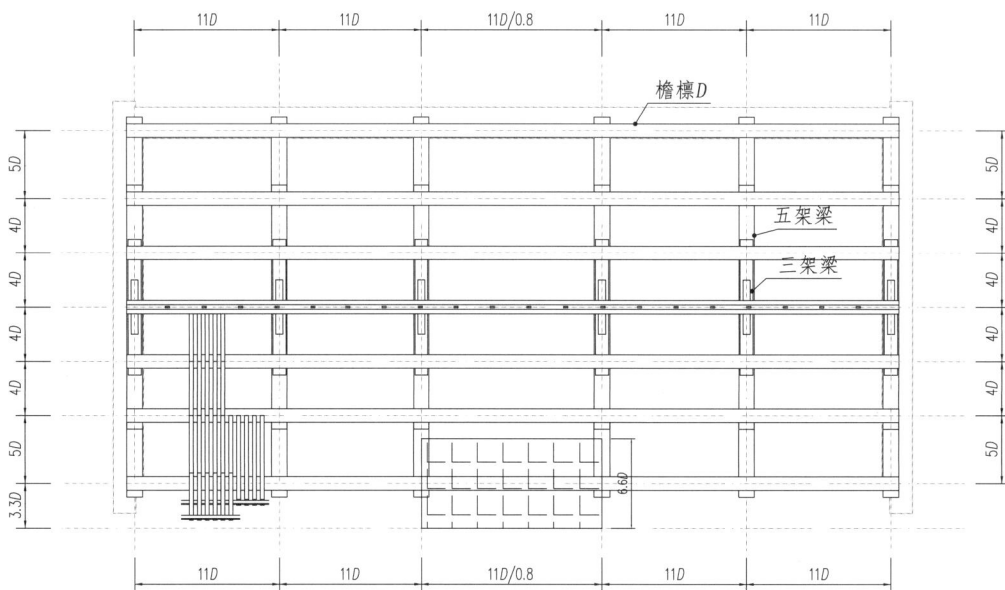

注：阴影部分示意受荷面积

图H2-2-1　檐檩受荷面积示意图

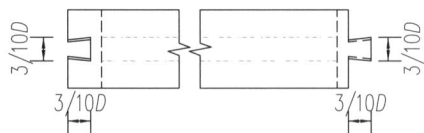

（a）平面图

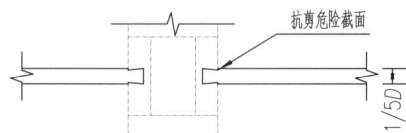

（a）平面图

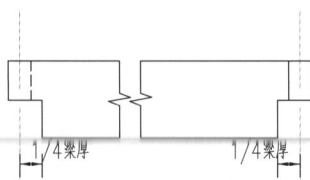

（b）正立面图　　（c）侧立面图

图H2-2-2　檐檩

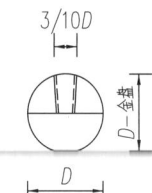

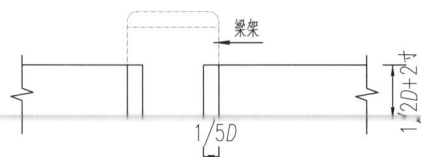

（b）正立面图　　（c）侧立面图

图H2-2-3　檐垫板

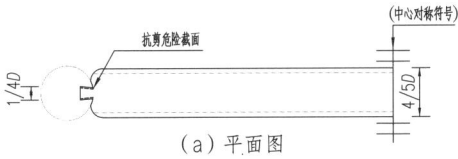

（中心对称符号）

（a）平面图

（b）正立面图

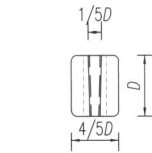

（c）侧立面图

图H2-2-4　檐枋

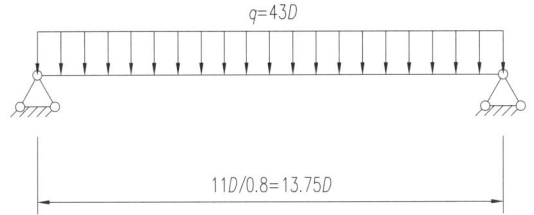

图H2-2-5　檐檩计算简图

$W_n = 3.14D^3/32 = 0.1D^3$

抗弯验算：$\sigma = M/W_n = 1016D^3/(0.1D^3) = 10160 < 13 \times 1000$（$kN/m^2$），满足要求。

考虑檐檩、檐垫板、檐枋组合承受剪力，并按惯性矩分配荷载：

惯性矩：$I_{檐檩} = 3.14D^4/64$、$I_{檐垫板} = 0.2D \times (0.8D)^3/12$、$I_{檐枋} = 0.8D \times D^3/12$

檐檩分配系数：

$I_{檐檩}/(I_{檐檩} + I_{檐垫板} + I_{檐枋}) = (3.14D^4/64)/[3.14D^4/64 + 0.2D \times (0.8D)^3/12 + 0.8D \times D^3/12] = 0.395$

檐檩抗剪验算：$\tau = VS/Ib$，

$\tau_{max} = 0.395 \times 16V/(3\pi D^2) = 6.32 \times 296D^2/(9.42D^2) = 199 < 1.4 \times 1000$（$kN/m^2$）满足要求。

檐垫板分配系数：

$I_{檐垫板}/(I_{檐檩} + I_{檐垫板} + I_{檐枋})$

$= (0.2D \times (0.8D)^3/12)/[3.14D^4/64 + 0.2D \times (0.8D)^3/12 + 0.8D \times D^3/12] = 0.07$

檐垫板抗剪验算：$\tau = VS/Ib$，

$\tau_{max} = 0.07 \times 1.5V/A = 0.105 \times 296D^2/(0.128D^2) = 243 < 1.4 \times 1000$（$kN/m^2$），满足要求。

檐枋分配系数：

$I_{檐枋}/(I_{檐檩} + I_{檐垫板} + I_{檐枋})$

$= (0.8D \times D^3/12)/[3.14D^4/64 + 0.2D \times (0.8D)^3/12 + 0.8D \times D^3/12] = 0.535$

檐枋抗剪验算：$\tau = VS/Ib$，

$\tau_{max} = 0.535 \times 1.5V/A = 0.8025 \times 296D^2/(0.2D^2) = 1188 < 1.4 \times 1000$（$kN/m^2$），满足要求。

仅考虑檐檩承担剪力：

抗剪验算：$\tau = VS/Ib$，

$\tau_{max} = 16V/(3\pi D^2) = 16 \times 296D^2/(9.42D^2) = 502 < 1.4 \times 1000$（$kN/m^2$），满足要求。

综上所述，檐檩承载力验算时，可考虑檐檩单独受力，垫板、枋可作为安全储备。

H2.3　三架梁计算

选择最不利位置的三架梁进行验算，即位于明间两侧的三架梁（图H2-3-1）。

三架梁两端固定在前后金瓜柱上，梁背上承载脊瓜柱（图H2-3-2）；根据其受力特点简化为承受一个集中荷载的简支梁（图H2-3-3）。

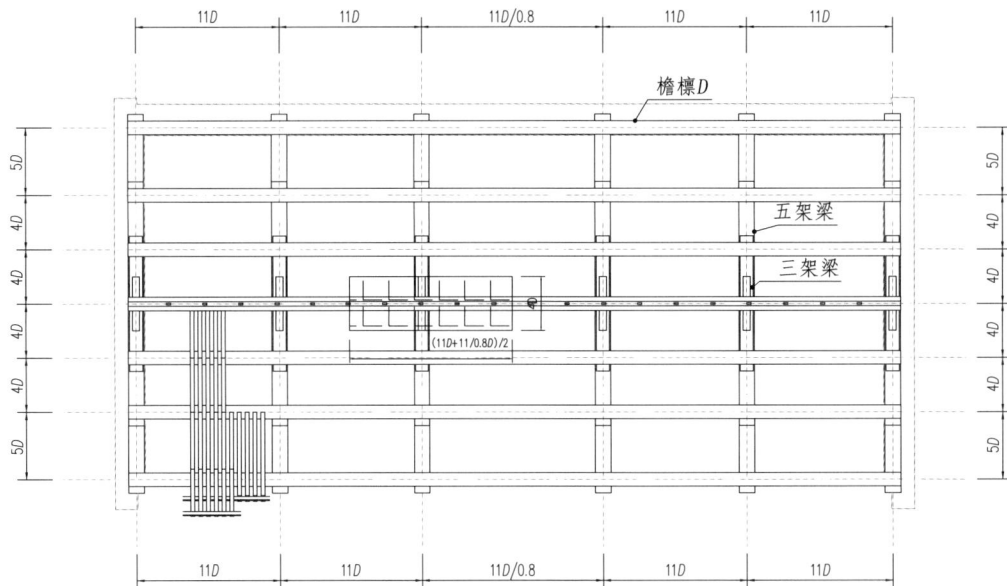

注：阴影部分示意受荷面积

图H2-3-1　三架梁受荷面积示意图

（a）平面图

（b）正立面图

（c）侧立面图

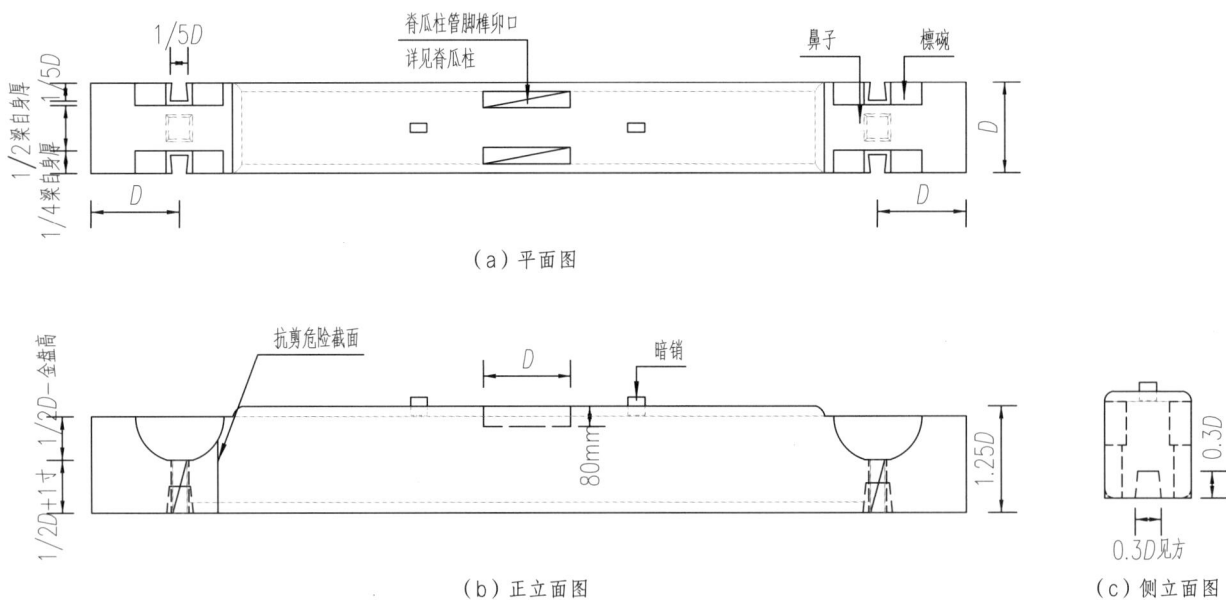

图H2-3-2　三架梁

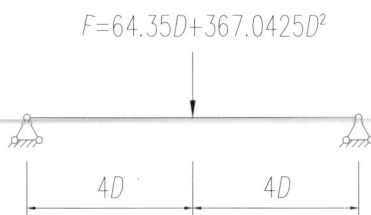

$$F=64.35D+367.0425D^2$$

图H2-3-3　三架梁计算简图

$F_{K恒}=（11D+11/0.8D）×0.5×4.0+（11D+11/0.8D）×0.5×4D×5.0=49.5D+247.5D^2$

$F_{K活}=（11D+11/0.8D）×0.5×4D×0.61=30.195D^2$

$F=1.3×（49.5D+247.5D^2）+1.5×30.195D^2=64.35D+367.0425D^2$

$M=F×8D/4=128.7D^2+734.085D^3$

$V=F/2=32.175D+183.521D^2$

$W_n=bh^2/6=（1.25D）^2×D/6$

抗弯验算：

$\sigma=M/W_n=（128.7D^2+734.085D^3）/[（1.25D）^2×D/6]=494.2/D+2819<13×1000（kN/m^2）$

（D越大越有利，$D=0.3m$时亦满足）。

抗剪验算（截面按$0.75D×D$计算）：

$\tau=VS/Ib$，

$\tau_{max}=1.5V/A=1.5×（32.175D+183.521D^2）/0.75D^2=64.4/D+367<1.4×1000（kN/m^2）$

（D越大越有利，$D=0.3m$时亦满足）。

抗弯稳定性验算1（檐柱柱径0.3m）：

$l_e=8D=2.4m$、$b=D=0.3m$、$h=1.25D=0.375m$

$a_m=0.7$、$b_m=4.9$、$c_m=0.9$、$\beta=1.0$、$E_K/f_{mk}=220$

$\lambda_m=c_m（\beta E_k/f_{mk}）^{0.5}=0.9×220^{0.5}=13.35$

$\lambda_B=（l_eh）^{0.5}/b=（2.4×0.375）^{0.5}/0.3=3.16$

$\lambda_m>\lambda_B$

$\psi_l=1/[1+\lambda_B^2f_{mk}/（b_m\beta E_K）]=1/[1+3.16^2/（4.9×1.0×220）]=0.99$

$M/（W_n\psi_l）=（494.2/0.3+2819）/0.99=4511.5<13×1000（kN/m^2）$，满足要求。

抗弯稳定性验算2（檐柱柱径0.4m）：

$M/（W_n\psi_l）=4095.5<13×1000（kN/m^2）$满足要求。

通过抗弯、抗剪强度计算及抗弯稳定性验算1、2对比可知，柱径越大三架梁承载性能越好。

H2.4 五架梁计算

选择最不利位置的五架梁进行验算，即位于明间两侧的五架梁（图H2-4-1）。

五架梁两端固定在前后金柱上，梁背上承载金瓜柱（图H2-4-2）；根据其受力特点简化为承受两个集中荷载的简支梁（图H2-4-3）。

$F_{K1恒}=（11D+11/0.8D）×0.5×4.0×0.5+（11D+11/0.8D）×0.5×6D×5.0=24.75D+371.25D^2$

$F_{K1活}=（11D+11/0.8D）×0.5×6D×0.61=45.3D^2$

$F_1=1.3×（24.75D+371.25D^2）+1.5×45.3D^2=32.2D+551D^2$

$M=4D×F_1=129D^2+2204D^3$

$V=F_1=32.2D+551D^2$

$W_n=bh^2/6=1.2D×（1.5D）^2/6=0.45D^3$

抗弯验算：

$\sigma=M/W_n=（129D^2+2204D^3）/（0.45D^3）=287/D+4898<13×1000（kN/m^2）$

（D越大越有利，$D=0.3m$时亦满足）。

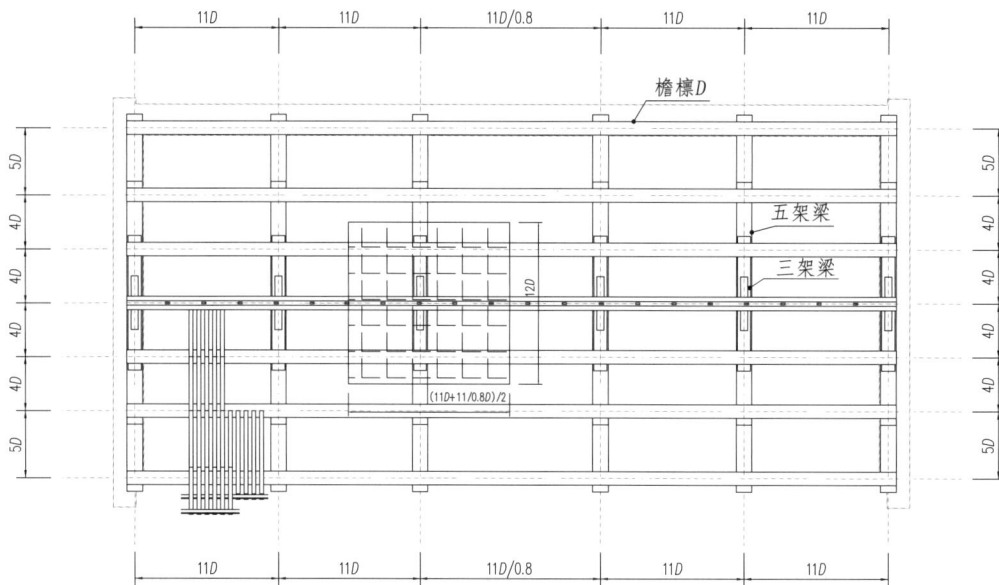

注：阴影部分示意受荷面积

图H2-4-1 五架梁受荷面积示意图

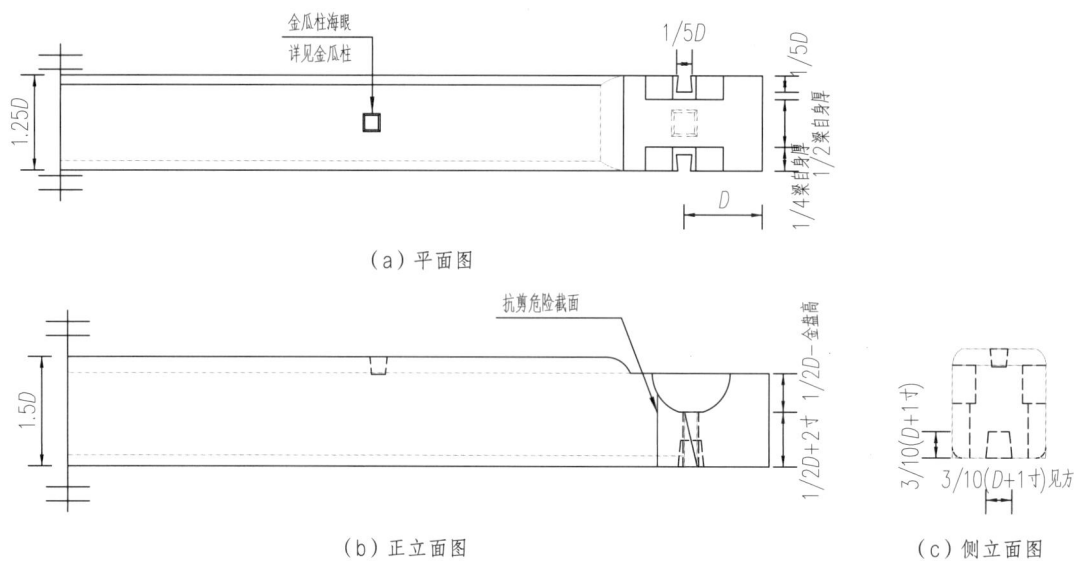

（a）平面图

（b）正立面图

（c）侧立面图

图H2-4-2 五架梁

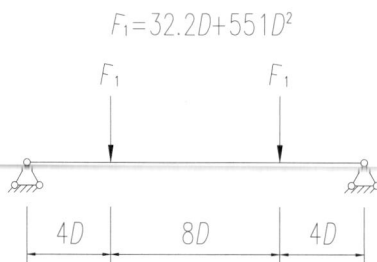

$$F_1 = 32.2D + 551D^2$$

图H2-4-3 五架梁计算简图

抗剪验算（截面按$0.75D \times 1.2D$计算）：$\tau=VS/Ib$，

$\tau_{max}=1.5V/A=1.5 \times (32.2D+551D^2)/0.9D^2=54/D+918.3 < 1.4 \times 1000$（$kN/m^2$）

（D越大越有利，$D=0.3m$时亦满足）。

抗弯稳定性验算1（檐柱柱径0.3m）：

$l_e=16D=4.8m$、$b=1.2D=0.36m$、$h=1.5D=0.45m$

$a_m=0.7$、$b_m=4.9$、$c_m=0.9$、$\beta=1.0$、$E_K/f_{mk}=220$

$\lambda_m=c_m(\beta E_k/f_{mk})^{0.5}=0.9 \times 220^{0.5}=13.35$

$\lambda_B=(l_e h)^{0.5}/b=(4.8 \times 0.45)^{0.5}/0.36=4.1$

$\lambda_m > \lambda_B$

$\psi_1=1/[1+\lambda_B^2 f_{mk}/(b_m \beta E_K)]=1/[1+4.1^2/(4.9 \times 1.0 \times 220)]=0.985$

$M/(W_n\psi_1)=(287/0.3+4898)/0.985=5944 < 13 \times 1000$（$kN/m^2$），满足要求。

抗弯稳定性验算2（檐柱柱径0.4m）：

$M/(W_n\psi_1)=5701 < 13 \times 1000$（$kN/m^2$），满足要求。

通过抗弯、抗剪强度计算及抗弯稳定性验算1、2对比可知，柱径越大五架梁承载性能越好。

H2.5　木柱计算

选择最不利位置的柱进行验算，即明间金柱（图H2-5-1）。

金柱顶与五架梁连接，柱底固定在金柱顶石上（图H2-5-2）；根据其受力特点简化为承受一个集中荷载的受压构件（图H2-5-3）。

柱收分按1/100，即每1m的变化率取10mm。

$N_{K恒}=(11D+11/0.8D) \times 0.5 \times 4.0 \times 0.5+(11D+11/0.8D) \times 0.5 \times 10.5D \times 5.0=24.75D+649.69D^2$

$N_{K活}=(11D+11/0.8D) \times 0.5 \times 10.5D \times 0.61=79.26D^2$

$N=1.3 \times (24.75D+649.69D^2)+1.5 \times 79.26D^2=32.175D+963.49D^2$

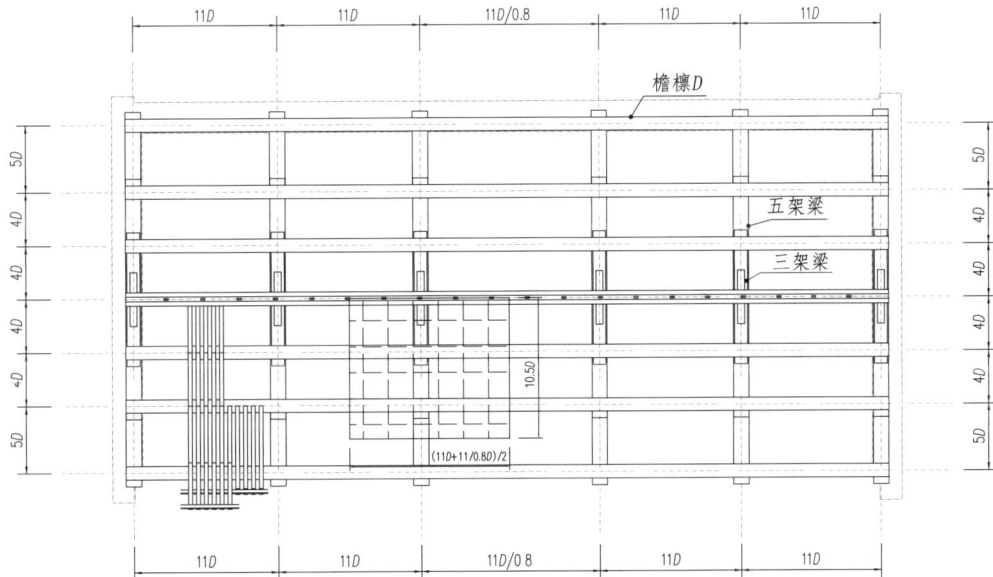

注：阴影部分示意受荷面积

图H2-5-1　金柱受荷面积示意图

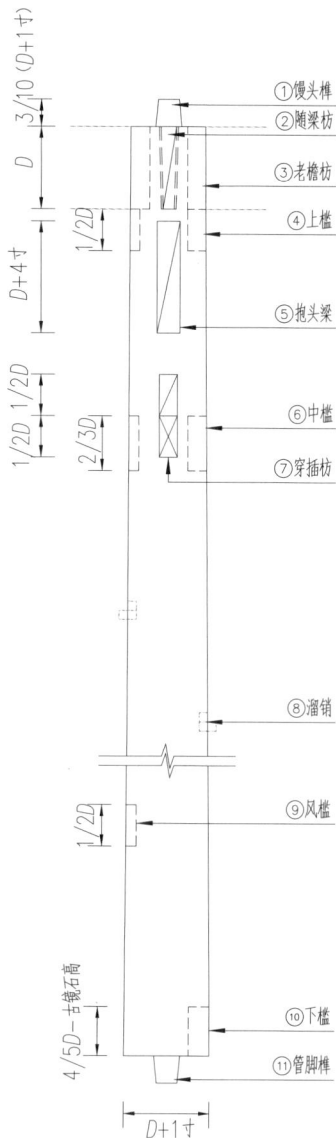

图H2-5-2 金柱立面图

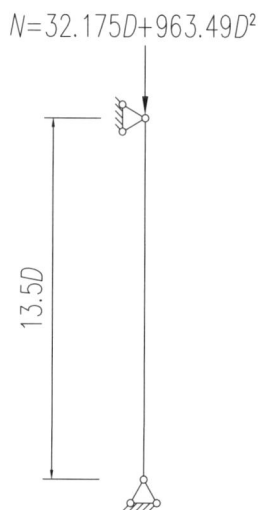

图H2-5-3 金柱计算简图

抗压验算：

$A_n = 3.14 \times [(D+0.032)^2 - 13.5D \times 0.7/100]/4 - 0.3D \times (D+0.032)$

$N/A_n = (32.175D + 917.61D^2)/\{3.14 \times [(D+0.032)^2 - 13.5D \times 0.7/100]/4 - 0.3D \times (D+0.032)\}$

$\approx 78.3/D + 2234 < 10 \times 1000$（kN/m²）（$D$越大越有利，$D=0.3$m时亦满足）。

抗压稳定性验算1（檐柱柱径0.3m）：

$a_c = 0.95$、$b_c = 1.43$、$c_c = 5.28$、$\beta = 1.0$、$E_K/f_{ck} = 300$

$\lambda_c = c_c (\beta E_k/f_{ck})^{0.5} = 5.28 \times 300^{0.5} = 91.45$

$\lambda = l_0/i = (3.3 + 5 \times 0.3 \times 0.5)/(0.3/4) = 54$

$\lambda < \lambda_c$，$\psi = 1/[1 + \lambda^2 f_{ck}/(b_c \times 3.14^2 \beta E_k)] = 1/[1 + 54^2/(300 \times 1.43 \times 3.14^2 \times 1.0)] = 0.592$

$d_0 = 0.332 - 4.05 \times 0.5 \times 1/100 = 0.312$m

$A_0 = 3.14 \times 314^2 \times 0.9/4$（mm²）（稳定验算取柱中间截面）

$N/\psi A_0 = (32.175 \times 0.3 + 963.49 \times 0.3^2) \times 1000/(3.14 \times 312^2 \times 0.9 \times 0.592/4) = 2.37 < 10$（N/mm²），满足要求。

抗压稳定性验算2（檐柱柱径0.4m）：

$N/\psi A_0=2.43<10$（N/mm²），满足要求。

通过抗压验算及抗压稳定性验算1、2对比可知，柱径越大柱承载性能越好。

H2.6 柱抗震受剪承载力验算

本工程仅进行柱榫卯的抗震承载力验算（图H2-6-1、图H2-6-2）。

抗震受剪承载力验算1（檐柱柱径0.3m）：

雪荷载取0.5kN/m²，

屋面倾斜角度按35°（均值）：0.5/cos35°=0.61kN/m²（由举架而定，十举时可取0.7kN/m²），

$H=11D=11\times0.3=3.3$m，

根据《古建筑木结构维护与加固技术标准》GB/T 50165—2020，

横向基本自震周期 $T_1=0.05+0.075\times3.3=0.2975$，

$T_g=0.45s$，$0.1<T_1<T_g$，取$\zeta=2.9\%$，$\eta_2=1+(0.05-0.029)/(0.08+1.6\zeta)=1.17$，推出$\alpha_1=\eta_2\alpha_{max}=0.281$

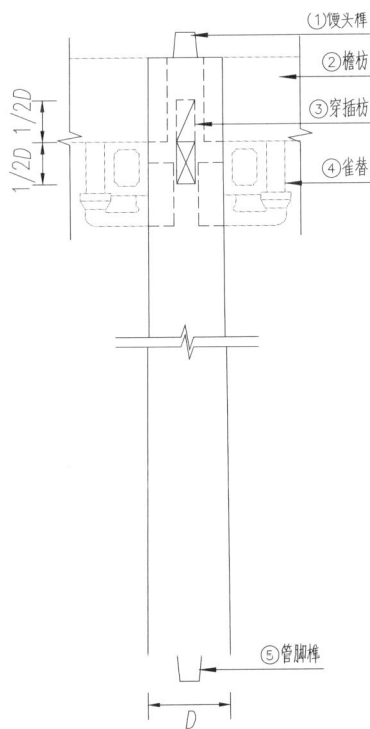

图H2-6-1 檐柱立面图

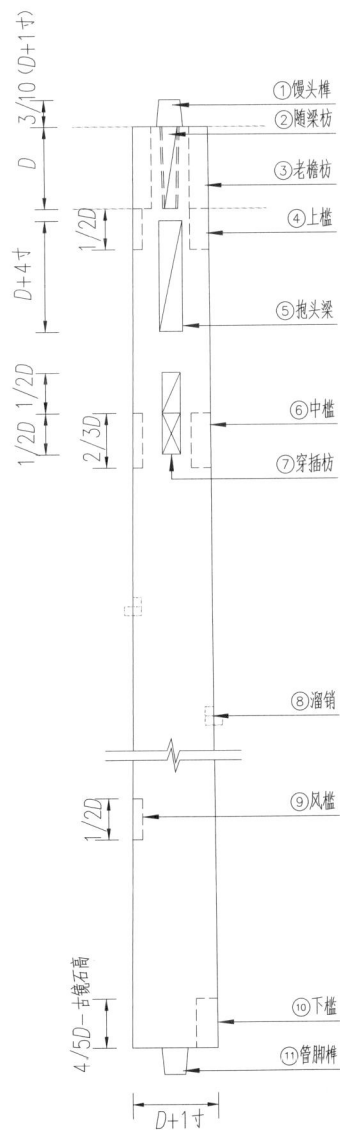

图H2-6-2 金柱立面图

$G_e=$（ $16D+10D+0.3×11D×2$ ）×（ $11×4D+11/0.8D$ ）×（ $5.0+0.5×0.61$ ）+（ $11×4D+11/0.8D$ ）×4.0= $9987.46D^2+231D=968.2$ kN

$G_{eq}=1.15G_e=1113.5$ kN（坡屋面）

$F_{EX}=0.72α_1G_{eq}=0.72×0.281×1113.5=225.3$ kN

按柱截面面积分配：檐柱柱径0.3m，金柱柱径0.332m

金柱： $V_1=0.332×0.332/$ （ $0.332×0.332×12+0.3×0.3×12$ ）×225.3×1.4=14.5kN

$γ_{RE}V/A=0.8×14.5×1000/$ （ $0.3×332$ ） $^2=1.17<1.4$ （N/mm²），满足要求。

檐柱： $V_2=0.3×0.3/$ （ $0.332×0.332×12+0.3×0.3×12$ ）×225.3×1.4=11.8kN，

$γ_{RE}V/A=0.8×11.8×1000/$ （ $0.3×300$ ） $^2=1.17<1.4$ （N/mm²），满足要求。

抗震受剪承载力验算2（檐柱柱径0.4m）：

金柱： $γ_{RE}V/A=1.18<1.4$ （N/mm²），满足要求。

檐柱： $γ_{RE}V/A=1.18<1.4$ （N/mm²），满足要求。

通过柱抗震受剪承载力验算1、2可知，在不改变其他条件下（场地类别、雪荷载等）柱径越大，檐口高度（11D）越大，榫卯剪应力越大，越不利。

综上所述，非抗震设计时，随着柱径的增大（这种增大是有限度的，需要符合古建规制），按照古建木作营造技术房屋规模、梁柱等承重构件的效应及承载能力同时变大，而承载能力增加的速率大于效应增加的速率，即安全系数增加了；抗震设计时，承载能力增加的速率小于效应增加的速率，即安全系数减小了。

非抗震设计时采用较小柱径时梁柱等承重构件仍能满足承载力的要求，且有较大的富余量。

而抗震设计时，效应接近承载能力限值，且由于梁柱节点的复杂性，刚度、阻尼比等难以界定，需要靠补充实验解决。

特别地，悬山建筑的整体结构布置及构件尺寸大小与硬山建筑基本相同，故此处不再对悬山建筑单独进行结构计算分析，其结构计算分析结果与硬山基本相同。

H3　七檩歇山转角周围廊建筑木结构计算分析

（单层木结构房屋主要重量集中在屋面，为简化计算忽略梁柱自身重量，梁柱材料强度设计值则不再提高）

工程概况：本工程为单檐七檩歇山周围廊建筑，面宽363d（d为斗口），进深143d，屋面为不上人屋面，结构类型为木结构，结构抗震设防烈度为8（0.3g），设计地震分组第三组，场地类别为Ⅱ类，安全等级二级，抗震设防类别丙类。

H3.1　结构布置及荷载计算（图H3-1-1）

H3.1.1　主要承重构件尺寸（图H3-1-2）

（1）上金桁尺寸： $Φ=4.5d$ ，榫卯危险截面尺寸： $Φ=4.5d$

（2）上金垫板尺寸： $d×4d$ ，榫卯危险截面尺寸： $0.8d×4d$

（3）上金枋尺寸： $3.25d×4d$ ，榫卯危险截面尺寸： $0.8d×4d$

（4）三架梁尺寸： $4.5d×5.875d$ ，榫卯危险截面尺寸： $4.5d×4.1d$

（5）五架梁截面尺寸： $5.625d×7d$ ，榫卯危险截面尺寸： $5.625d×5.25d$

（6）踩步金截面尺寸：$5.625d \times 7d$，榫卯危险截面尺寸：$\Phi=4.5d$

（7）踩步金枋截面尺寸：$4d \times 4.75d$，榫卯危险截面尺寸：$0.8d \times 4.75d$

（8）檐柱尺寸$6d$，榫卯危险截面尺寸：$1.8d \times 1.8d$

（9）金柱尺寸$6.6d$，榫卯危险截面尺寸：$1.98d \times 1.98d$

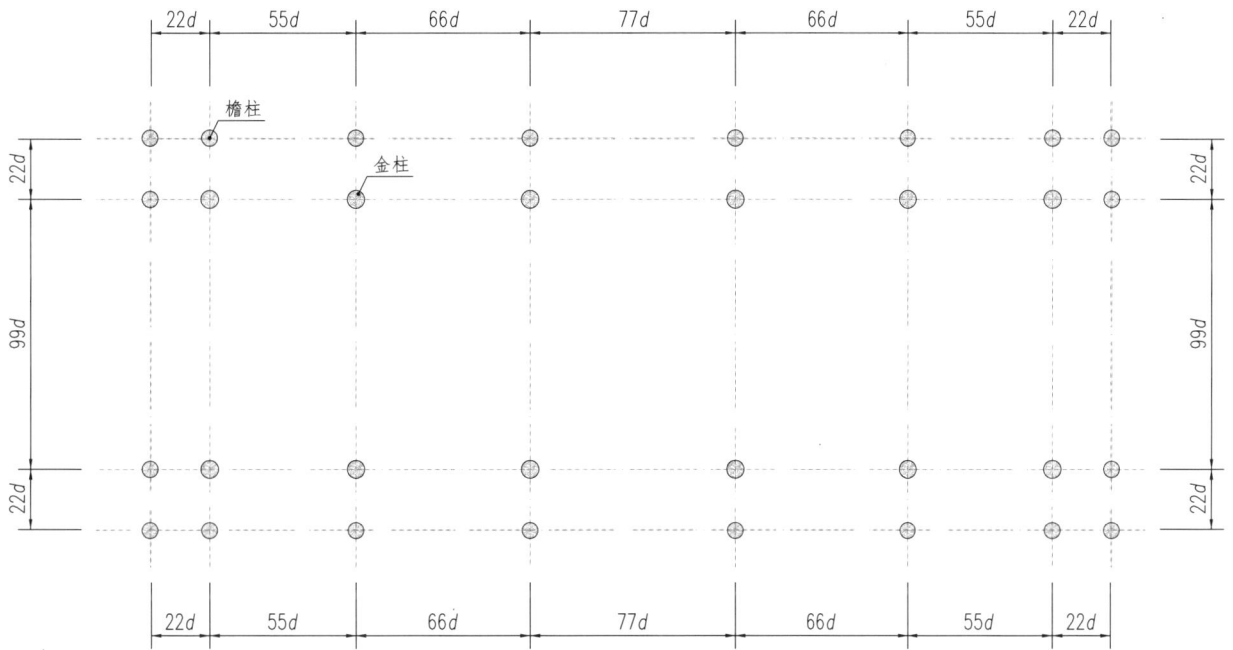

图H3-1-1　柱网平面布置图

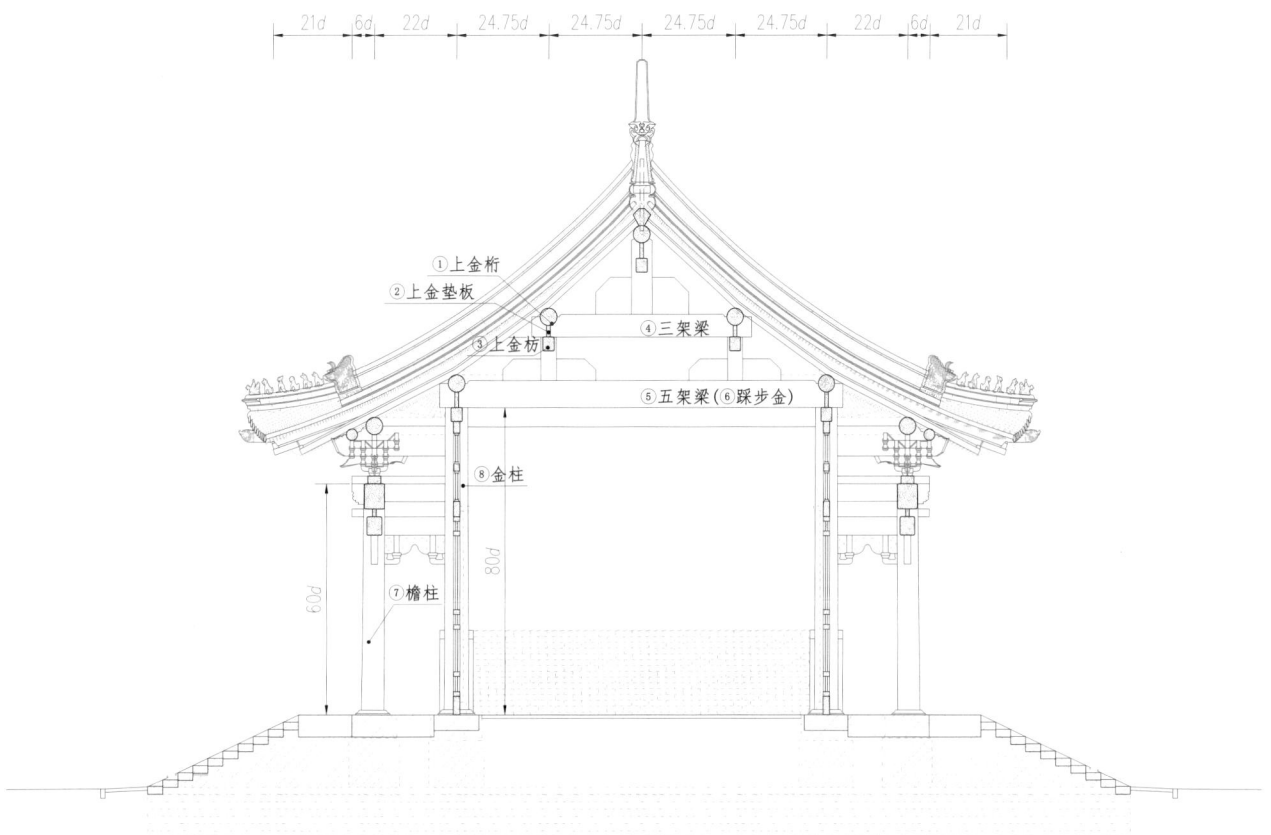

图H3-1-2　横剖面图

桁、梁、柱均用红松，木材强度等级、强度设计值及弹性模量如下：

强度等级为TC13B，f_{m}=13N/mm²，f_{c}=10N/mm²，f_{v}=1.4N/mm²，f_{t}=8.0N/mm²，E=9000N/mm²。

H3.1.2 屋面荷载

（1）恒载：

板瓦、筒瓦：1.1kN/m²；

100（均值）厚苫背：0.1×18=1.8kN/m²；

40厚望板：0.04×10=0.4kN/m²；

120厚椽子（隔一布一，系数取0.5）：0.5×0.12×10=0.6kN/m²；

合计：1.1+1.8+0.4+0.6=3.9kN/m²，

屋面倾斜角度按35°（均值）：3.9/cos35°=4.8kN/m² 取5.0kN/m²，

屋脊荷载：4.0kN/m。

（2）活载：

不上人屋面活载：0.5kN/m²，

屋面倾斜角度按35°（均值）：0.5/cos35°=0.61kN/m²（由举架而定，十举时可取0.7kN/m²）。

H3.2 桁计算

所受荷载大小排序：檐桁＞脊桁＞上金桁＞下金桁，但檐桁下有斗栱，计算长度相对很小，脊桁有扶脊木作为加强，因此选取上金桁作为最不利构件（图H3-2-1～图H3-2-5），计算如下：

$q_{\mathrm{K恒}}$=5.0×24.75d=123.75d，

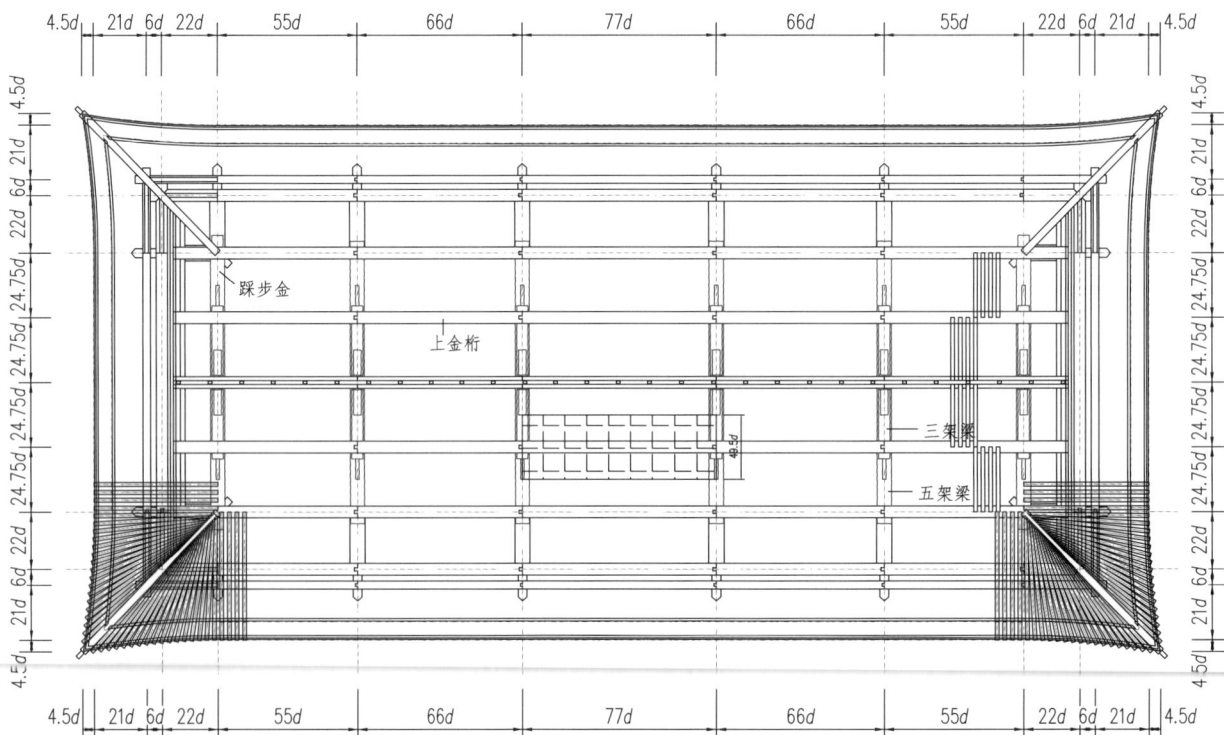

注：阴影部分示意受荷面积

图H3-2-1 上金桁受荷面积示意图

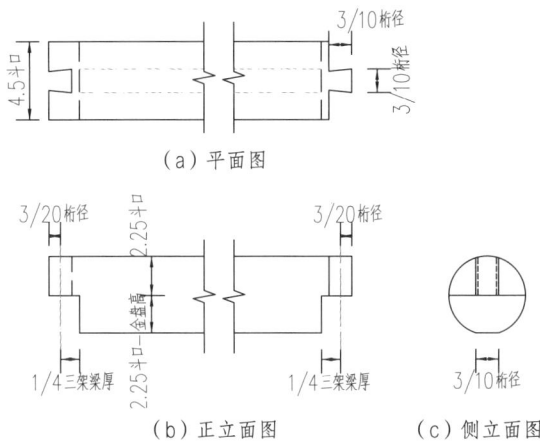

（a）平面图

（b）正立面图　　（c）侧立面图

图H3-2-2　上金桁

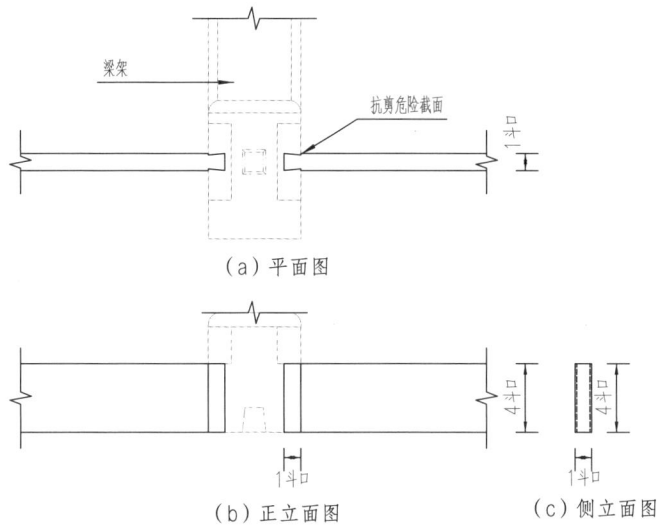

（a）平面图

（b）正立面图　　（c）侧立面图

图H3-2-3　上金垫板

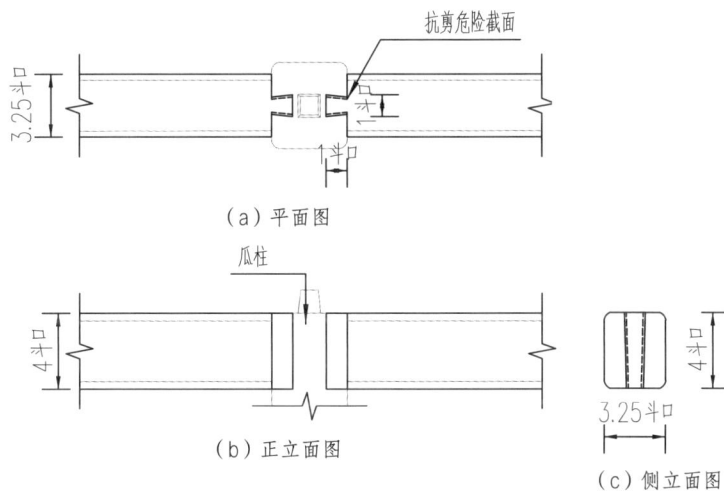

（a）平面图

（b）正立面图　　（c）侧立面图

图H3-2-4　上金枋

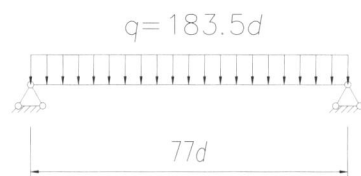

图H3-2-5　上金桁计算简图

$q_{K活}=0.61×24.75d=15.1d$，

$q=1.3×123.75d+1.5×15.1d=183.5d$，

简化为承受均布荷载的简支梁。

$M=ql^2/8=183.5d×（77d）^2/8=135996d^3$，

$V=ql/2=183.5d×77d/2=7065d^2$，

$W_{n上金桁}=3.14×（4.5d）^3/32=8.94d^3$，

考虑上金桁、上金垫板、上金枋组合受力，并按惯性矩分配荷载：

惯性矩：$I_{上金桁}=3.14×（4.5d）^4/64$、$I_{上金垫板}=d×（4d）^3/12$、$I_{上金枋}=3.25d×（4d）^3/12$，

上金桁分配系数：$I_{上金桁}/（I_{上金桁}+I_{上金垫板}+I_{上金枋}）=$

$[3.14×（4.5d）^4/64]/[3.14×（4.5d）^4/64+d×（4d）^3/12+3.25d×（4d）^3/12]=0.47$，

上金桁抗弯验算：$σ=M/W_n=0.47×135996d^3/（8.94d^3）=7150<13×1000（kN/m^2）$，满足要求。

上金桁抗剪验算：$τ=VS/Ib$，

$τ_{max}=0.47×16V/（3π（4.5d）^2）=7.52×7065d^2/（190.755d^2）=279<1.4×1000（kN/m^2）$，满足要求。

上金垫板分配系数：$I_{上金垫板}/（I_{上金桁}+I_{上金垫板}+I_{上金枋}）=$

$[d×（4d）^3/12]/[3.14×（4.5d）^4/64+d×（4d）^3/12+3.25d×（4d）^3/12]=0.125$，

上金垫板抗弯验算：$\sigma=M/W_n=0.125×135996d^3/（2.67d^3）=6367<13×1000（kN/m^2）$，满足要求。

上金垫板抗剪验算：$\tau=VS/Ib$，

$\tau_{max}=0.125×1.5V/A=0.1875×7065d^2/（3.2d^2）=414<1.4×1000（kN/m^2）$，满足要求。

上金枋分配系数：$I_{上金枋}/（I_{上金桁}+I_{上金垫板}+I_{上金枋}）=$

$[3.25d×（4d）^3/12]/[3.14×（4.5d）^4/64+d×（4d）^3/12+3.25d×（4d）^3/12]=0.405$，

上金枋抗弯验算：$\sigma=M/W_n=0.405×135996d^3/（8.67d^3）=6353<13×1000（kN/m^2）$，满足要求。

上金枋抗剪验算：$\tau=VS/Ib$，

$\tau_{max}=0.405×1.5V/A=0.6025×7065d^2/（3.2d^2）=1330.2<1.4×1000（kN/m^2）$，满足要求。

仅考虑上金桁承担弯矩、剪力：

抗弯验算：$\sigma=M/W_n=135996d^3/（8.94d^3）=15212>13×1000（kN/m^2）$，不满足要求。

抗剪验算：$\tau=VS/Ib$，

$\tau_{max}=16V/[3\pi（4.5d）^2]=16×7065d^2/（190.755d^2）=593<1.4×1000（kN/m^2）$，满足要求。

综上所述：歇山上金桁抗弯承载力验算时，由于明间面宽过大，单靠上金桁已无法满足要求，需考虑上金桁、垫板、枋共同受力才能满足承载力要求。

H3.3　三架梁计算

选择最不利位置的三架梁进行验算，即位于明间两侧的三架梁（图H3-3-1）。

三架梁两端固定在前后金瓜柱上，梁背上承载脊瓜柱（图H3-3-2）；根据其受力特点简化为承受一个集中荷载的简支梁（图H3-3-3）。

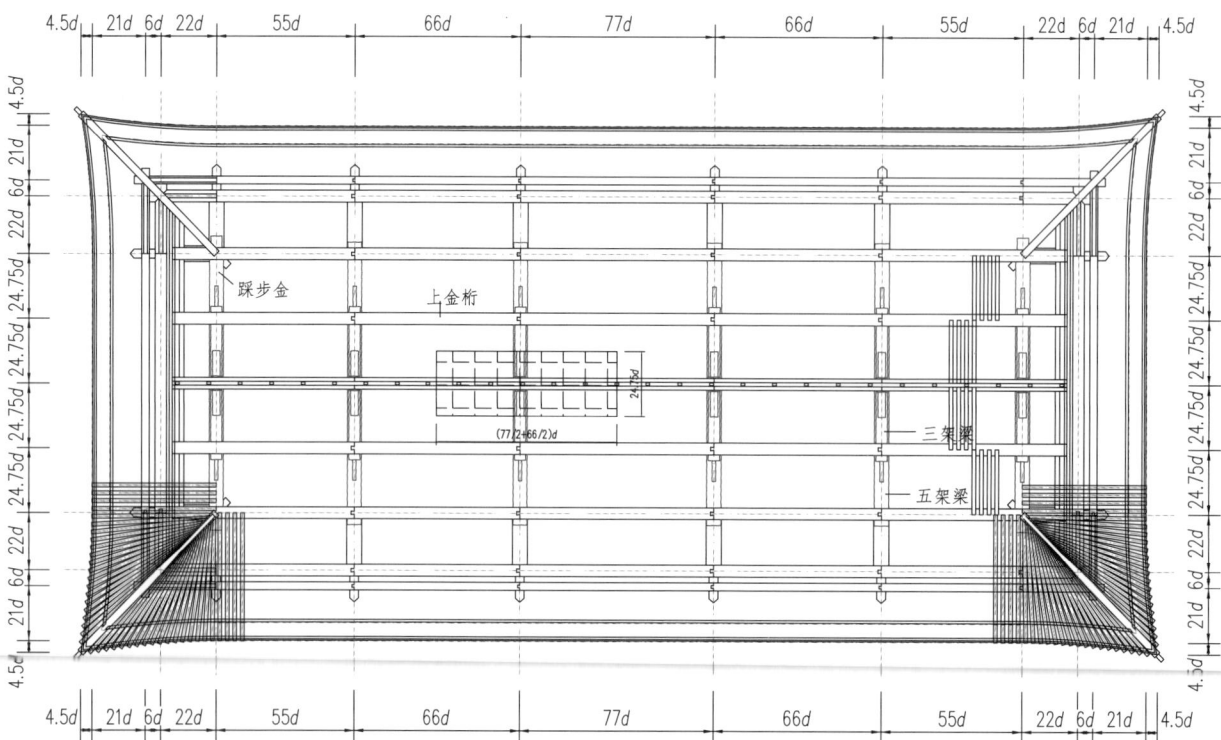

注：阴影部分示意受荷面积
图H3-3-1　三架梁受荷面积示意图

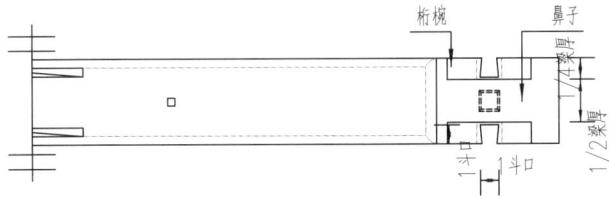

（a）平面图

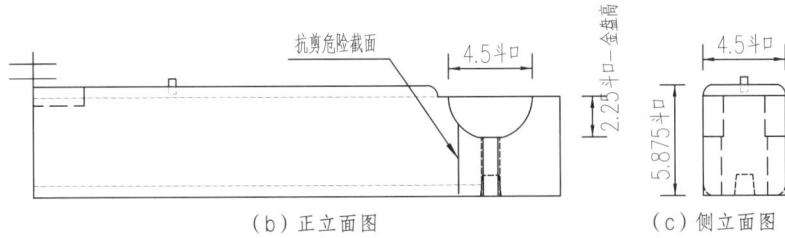

（b）正立面图　　　（c）侧立面图

图H3-3-2　三架梁

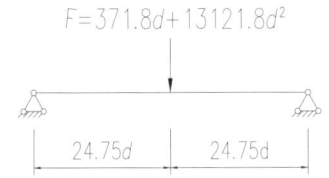

图H3-3-3　三架梁计算简图

$F_{K恒}=$（$77d+66d$）$\times 0.5 \times 4.0+$（$77d+66d$）$\times 0.5 \times 24.75d \times 5.0=286d+8848.125d^2$，

$F_{K活}=$（$77d+66d$）$\times 0.5 \times 24.75d \times 0.61=1079.5d^2$，

$F=1.3 \times$（$286d+8848.125d^2$）$+1.5 \times 1079.5d^2=371.8d+13121.8d^2$，

$M=F \times 49.5d/4=4601d^2+162382.275d^3$，

$V=F/2=185.9d+6560.9d^2$，

$W_n=bh^2/6=$（$5.875d$）$^2 \times 4.5d/6$，

抗弯验算：

$\sigma=M/W_n=$（$4601d^2+162382.275d^3$）$/[$（$5.875d$）$^2 \times 4.5d/6]=178/d+6273<13 \times 1000$（kN/m^2）

（d越大越有利，$d=0.08$m即八等材时亦满足）。

抗剪验算（截面按$4.5d \times 4.1d$计算）：$\tau=VS/Ib$，

$\tau_{max}=1.5V/A=1.5 \times$（$185.9d+6560.9d^2$）$/18.45d^2=15.1/d+533.4<1.4 \times 1000$（kN/m^2）

（d越大越有利，$d=0.08$m即八等材时亦满足）。

抗弯稳定性验算1（八等材$d=0.08$m）：

$l_e=24.75 \times 2d=3.96$m、$b=4.5d=0.36$m、$h=5.875d=0.47$m、

$a_m=0.7$、$b_m=4.9$、$c_m=0.9$、$\beta=1.0$、$E_K/f_{mk}=220$，

$\lambda_m=c_m($$\beta E_k/f_{mk}$）$^{0.5}=0.9 \times 220^{0.5}=13.35$，

$\lambda_B=$（l_eh）$^{0.5}/b=$（3.96×0.47）$^{0.5}/0.36=3.79$，

$\lambda_m>\lambda_B$，

$\psi_l=1/[1+\lambda_B^2f_{mk}/$（$b_m\beta E_K$）$]=1/[1+3.79^2/$（$4.9 \times 1.0 \times 220$）$]=0.987$，

$M/$（$W_n\psi_l$）$=$（$178/d+6273$）$/0.987=8610<13 \times 1000$（kN/m^2），满足要求。

抗弯稳定性验算2（六等材$d=0.112$m）：

$M/$（$W_n\psi_l$）$=7966<13 \times 1000$（kN/m^2），满足要求。

通过抗弯、抗剪强度计算及抗弯稳定性验算1、2对比可知，斗口越大三架梁承载性能越好。

H3.4　五架梁计算

选择最不利位置的五架梁进行验算，即位于明间两侧的五架梁（图H3-4-1）。

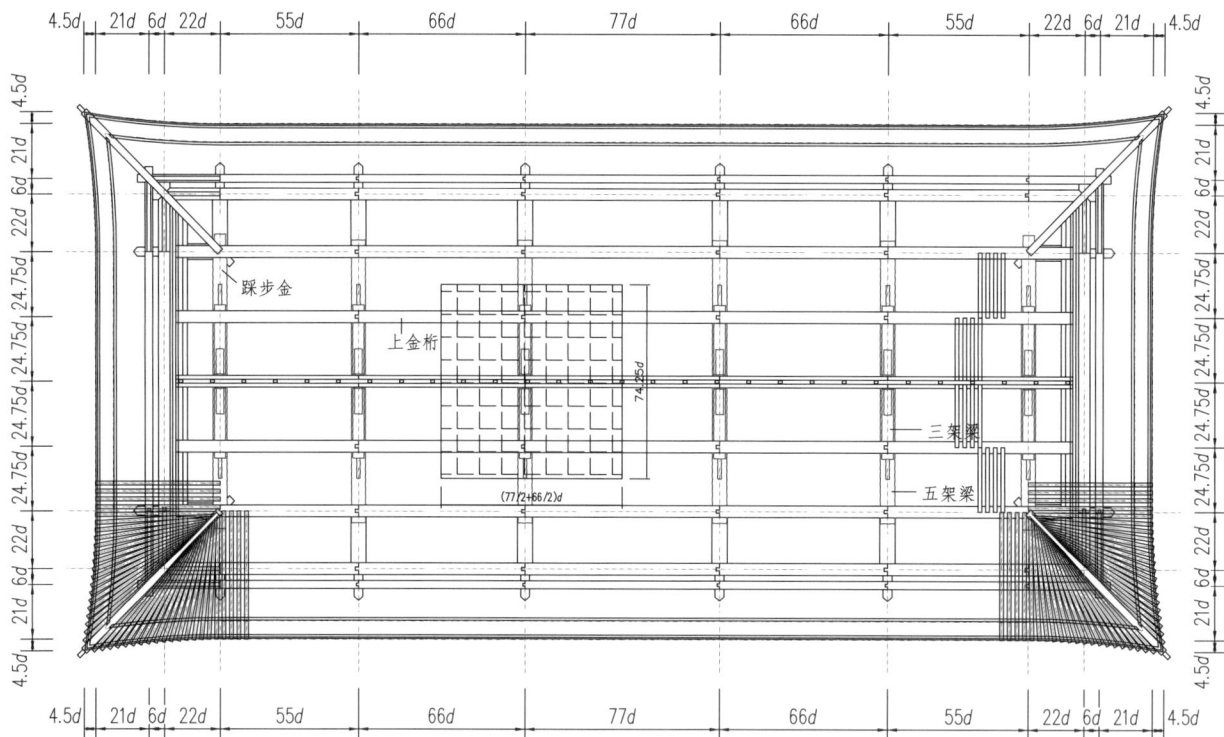

注：阴影部分示意受荷面积

图H3-4-1 五架梁受荷面积示意图

五架梁两端固定在前后金柱上，梁背上承载金瓜柱（图H3-4-2）；根据其受力特点简化为承受两个集中荷载的简支梁（图H3-4-3）。

$F_{K1恒}=$（77d+66d）×0.5×4×0.5+（77d+66d）×0.5×37.125d×5=143d+13272.1875d^2，

$F_{K1活}=$（77d+66d）×0.5×37.125d×0.61=1619.2d^2，

$F_1=1.3×$（143d+13272.1875d^2）+1.5×1619.2d^2=185.9d+19682.6d^2，

$M=24.75d×F_1=4601d^2+487145d^3$，

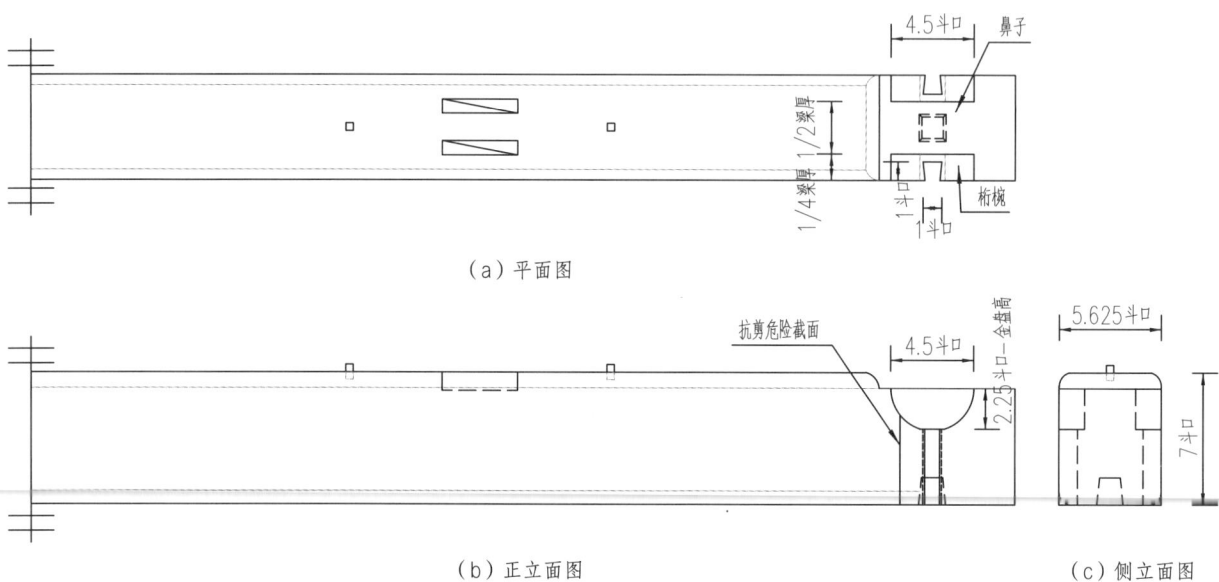

（a）平面图

（b）正立面图

（c）侧立面图

图H3-4-2 五架梁

$$F_1=185.9d+19682.6d^2$$

$$F_1 \qquad F_1$$

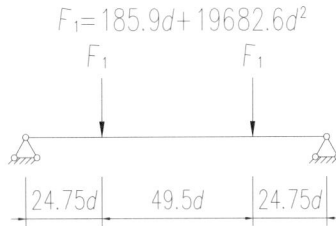

$$|24.75d| \quad 49.5d \quad |24.75d|$$

图H3-4-3　五架梁计算简图

$V=F_1=185.9d+19682.6d^2$，

$W_n=bh^2/6=5.625d\times(7d)^2/6=45.9375d^3$，

抗弯验算：

$\sigma=M/W_n=(4601d^2+487145d^3)/(45.9375d^3)=100.2/d+10604.5<13\times1000$（kN/m²）

（d越大越有利，$d=0.08$m即八等材时亦满足）。

抗剪验算（截面按$5.625d\times5.25d$计算）：$\tau=VS/Ib$，

$\tau_{max}=1.5V/A=1.5\times(185.9d+19682.6d^2)/29.5d^2=9.5/d+1001<1.4\times1000$（kN/m²）

（d越大越有利，$d=0.08$m即八等材时亦满足）。

抗弯稳定性验算1（八等材$d=0.08$m）：

$l_e=99d=7.92$m、$b=5.625d=0.45$m、$h=7d=0.56$m、

$a_m=0.7$、$b_m=4.9$、$c_m=0.9$、$\beta=1.0$、$E_K/f_{mk}=220$，

$\lambda_m=c_m(\beta E_k/f_{mk})^{0.5}=0.9\times220^{0.5}=13.35$，

$\lambda_B=(l_eh)^{0.5}/b=(7.92\times0.56)^{0.5}/0.45=4.68$，

$\lambda_m>\lambda_B$，

$\psi_l=1/[1+\lambda_B^2f_{mk}/(b_m\beta E_K)]=1/[1+4.68^2/(4.9\times1.0\times220)]=0.98$，

$M/(W_n\psi_l)=(100.2/d+10604.5)/0.98=12099<13\times1000$（kN/m²）满足要求。

抗弯稳定性验算2（六等材$d=0.112$m）：

$M/(W_n\psi_l)=11734<13\times1000$（kN/m²）满足要求。

通过抗弯、抗剪强度计算及抗弯稳定性验算1、2对比可知，斗口越大五架梁承载性能越好。

H3.5　特殊构件踩步金计算

选择位于建筑两端的踩步金进行验算（图H3-5-1）。

踩步金承受歇山山面部分结构的荷载，两端做假桁头与下金桁相交（图H3-5-2）；根据其受力特点简化为承受两个集中荷载的简支梁（图H3-5-3）。

$F_{K1恒}=(55\times0.5d+19d)\times4.0\times0.5+(55\times0.5d+19d)\times37.125d\times5.0=93d+8631.6d^2$，

$F_{K1活}=(55\times0.5d+19d)\times37.125d\times0.61=1053d^2$，

$F_1=1.3\times(93d+8631.6d^2)+1.5\times1053d^2=120.9d+12800.6d^2$，

$M=24.75d\times F_1=2292.3d^2+316815d^3$，

$V=F_1=120.9d+12800.6d^2$，

$W_n=bh^2/6=5.625d\times(7d)^2/6=45.9375d^3$，

抗弯验算：

$\sigma=M/W_n=$（$2292.3d^2+316815d^3$）/（$45.9375d^3$）$=49.9/d+6896.7<13\times1000$（kN/m^2）

（d越大越有利，d=0.08m即八等材时亦满足）。

抗剪验算（截面按d=4.5d计算）：

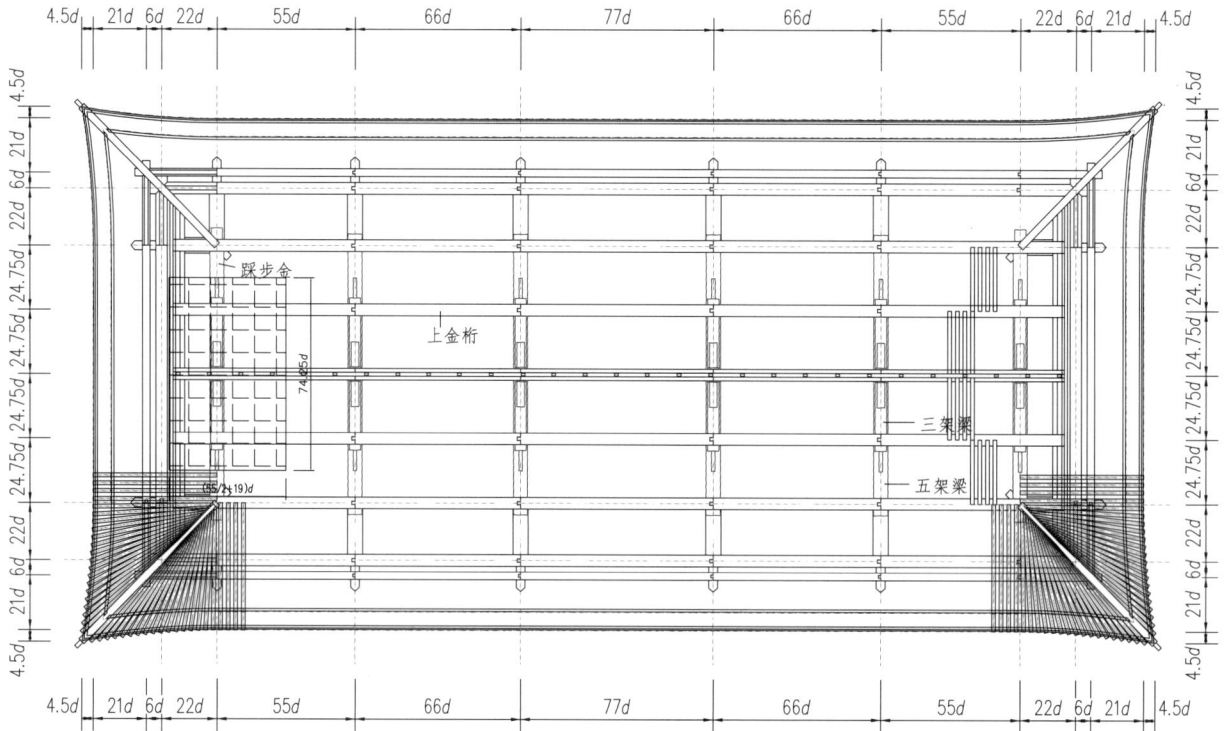

注：阴影部分示意受荷面积

图H3-5-1　踩步金受荷面积示意图

（a）平面图

（b）正立面图

（c）侧立面图

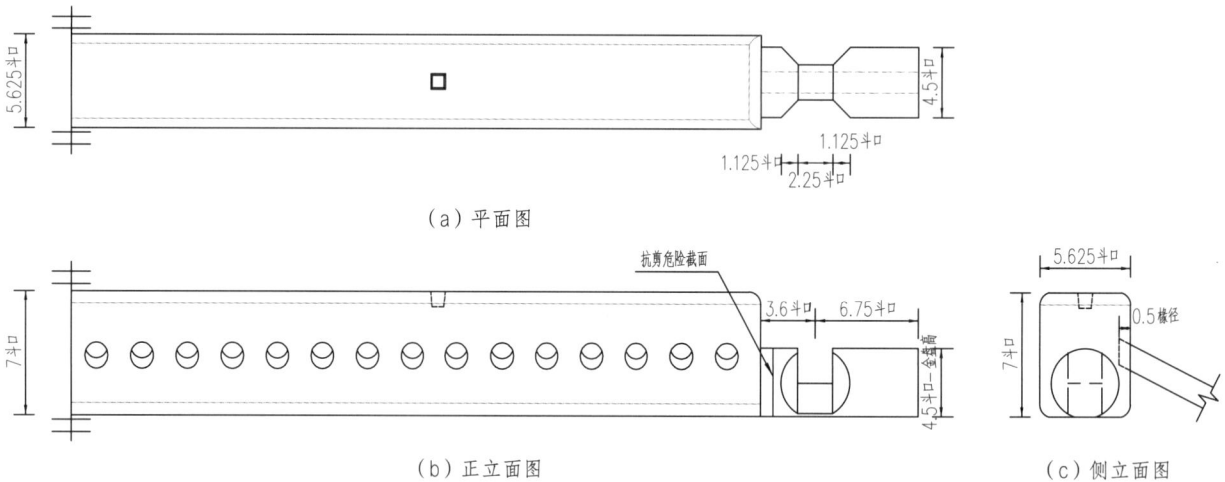

图H3-5-2　踩步金

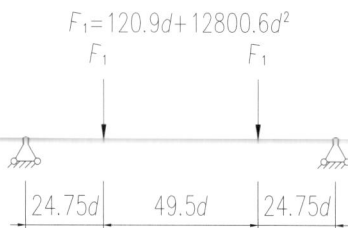

$F_1=120.9d+12800.6d^2$

图H3-5-3　踩步金计算简图

$\tau=VS/Ib$, $A=3.14\times(4.5d)^2/4=15.9$,

$\tau_{\max}=16V/[3\pi(4.5d)^2]=16\times(120.9d+12800.6d^2)/(190.755d^2)$

$=10.14/d+1073.7<1.4\times1000$（$kN/m^2$）

（d越大越有利，d=0.08m即八等材时亦满足）。

抗弯稳定性验算1（八等材d=0.08m）：

L_e=99d=7.92m、b=5.625d=0.45m、h=7d=0.56m、

a_m=0.7、b_m=4.9、c_m=0.9、β=1.0、E_K/f_{mk}=220，

$\lambda_m=c_m(\beta E_k/f_{mk})^{0.5}=0.9\times220^{0.5}=13.35$,

$\lambda_B=(l_eh)^{0.5}/b=(7.92\times0.56)^{0.5}/0.45=4.68$,

$\lambda_m>\lambda_B$,

$\psi_1=1/[1+\lambda_B^2f_{mk}/(b_m\beta E_K)]=1/[1+4.68^2/(4.9\times1.0\times220)]=0.98$,

$M/(W_n\psi_1)=(49.9/d+6896.7)/0.98=7674<13\times1000$（$kN/m^2$），满足要求。

抗弯稳定性验算2（六等材d=0.112m）：

$M/(W_n\psi_1)=7492<13\times1000$（$kN/m^2$），满足要求。

通过抗弯、抗剪强度计算及抗弯稳定性验算1、2对比可知，斗口越大踩步金承载性能越好。

H3.6 木柱计算

选择最不利位置的柱进行验算，即明间金柱（图H3-6-1）。

金柱顶与五架梁连接，柱底固定在金柱顶石上（图H3-6-2）；根据其受力特点简化为承受一个集中荷载的受压构件（图H3-6-3）。

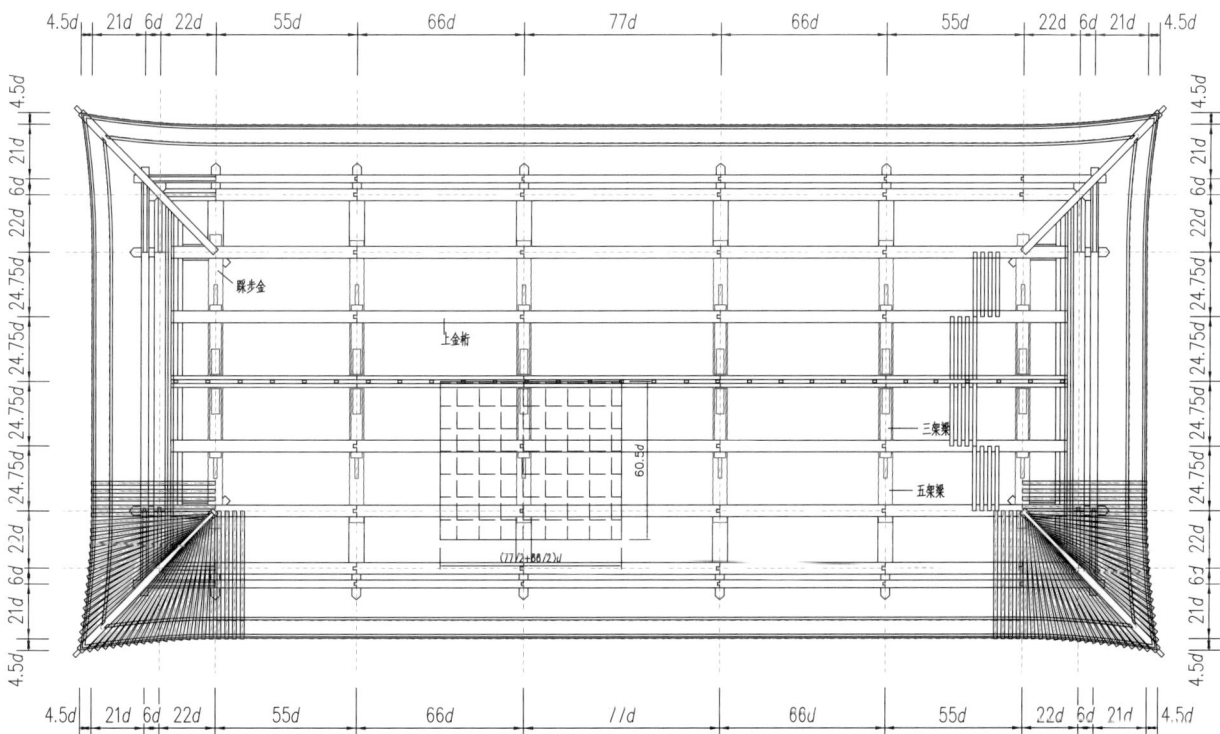

注：阴影部分示意受荷面积

图H3-6-1 金柱受荷面积示意图

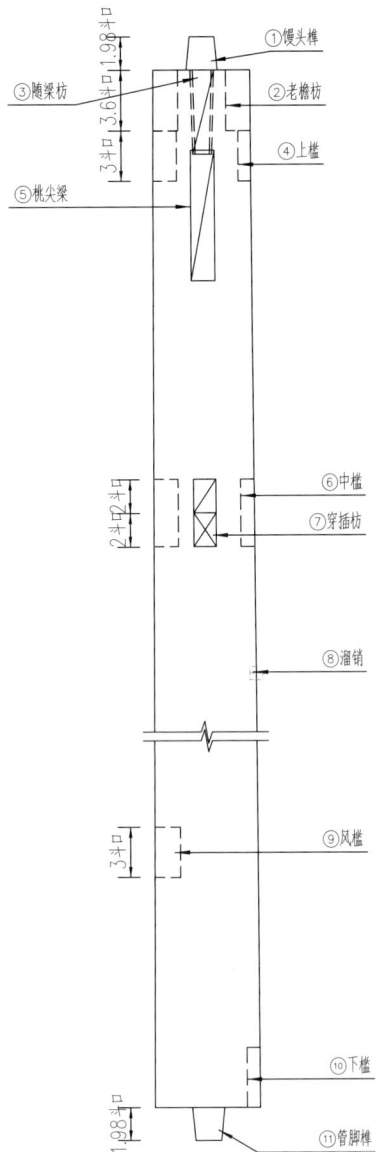

图H3-6-2　金柱立面图

$$N=185.9d+32075.44d^2$$

图H3-6-3　金柱计算简图

柱收分按7/1000，即每1m的变化率取7mm。

$N_{K恒}=(77d+66d)\times0.5\times4.0\times0.5+(77d+66d)\times0.5\times60.5d\times5.0=143d+21628.75d^2$，

$N_{K活}=(77d+66d)\times0.5\times60.5d\times0.61=2638.71d^2$，

$N=1.3\times(143d+21628.75d^2)+1.5\times2638.71d^2=185.9d+32075.44d^2$。

抗压验算：

$A_n=3.14\times(6.04d)^2/4-1.5d\times6.04d$，

$N/A_n=(185.9d+32075.44d^2)/[3.14\times(6.04d)^2/4-1.5d\times6.04d]$

$=9.5/d+1638.3<10\times1000$（$kN/m^2$）

（d越大越有利，d=0.08m时亦满足）。

抗压稳定性验算1（八等材d=0.08m）：

a_c=0.95、b_c=1.43、c_c=5.28、β=1.0、E_K/f_{ck}=300，

$\lambda_c=c_c(\beta E_k/f_{ck})^{0.5}=5.28\times300^{0.5}=91.45$，

$\lambda=l_0/i=$（80×0.08）/（$6.32\times0.08/4$）$=50.6$，

$\lambda<\lambda_c$，

$\psi=1/[\,1+\lambda^2 f_{ck}/（b_c\times3.14^2\beta E_k）\,]=1/[\,1+50.6^2/（300\times1.43\times3.14^2\times1.0）\,]=0.623$，

$d_0=6.6\times0.08-6.4\times0.5\times0.7/100=0.506\mathrm{m}$，

$A_0=3.14\times506^2\times0.9/4$（$\mathrm{mm}^2$）（稳定验算取柱中间截面），

$N/\psi A_0=$（$185.9d+32075.44d^2$）$\times1000/$（$3.14\times506^2\times0.9\times0.623/4$）$=1.95<10$（$\mathrm{N/mm}^2$）满足要求。

抗压稳定性验算2（六等材$d=0.112\mathrm{m}$）：

$N/\psi A_0=1.92<10$（$\mathrm{N/mm}^2$），满足要求。

通过抗压验算及抗压稳定性验算1、2对比可知，斗口越大柱承载性能越好。

H3.7 柱抗震受剪承载力验算

本工程仅进行柱榫卯的抗震承载力验算（图H3-7-1、图H3-7-2）。

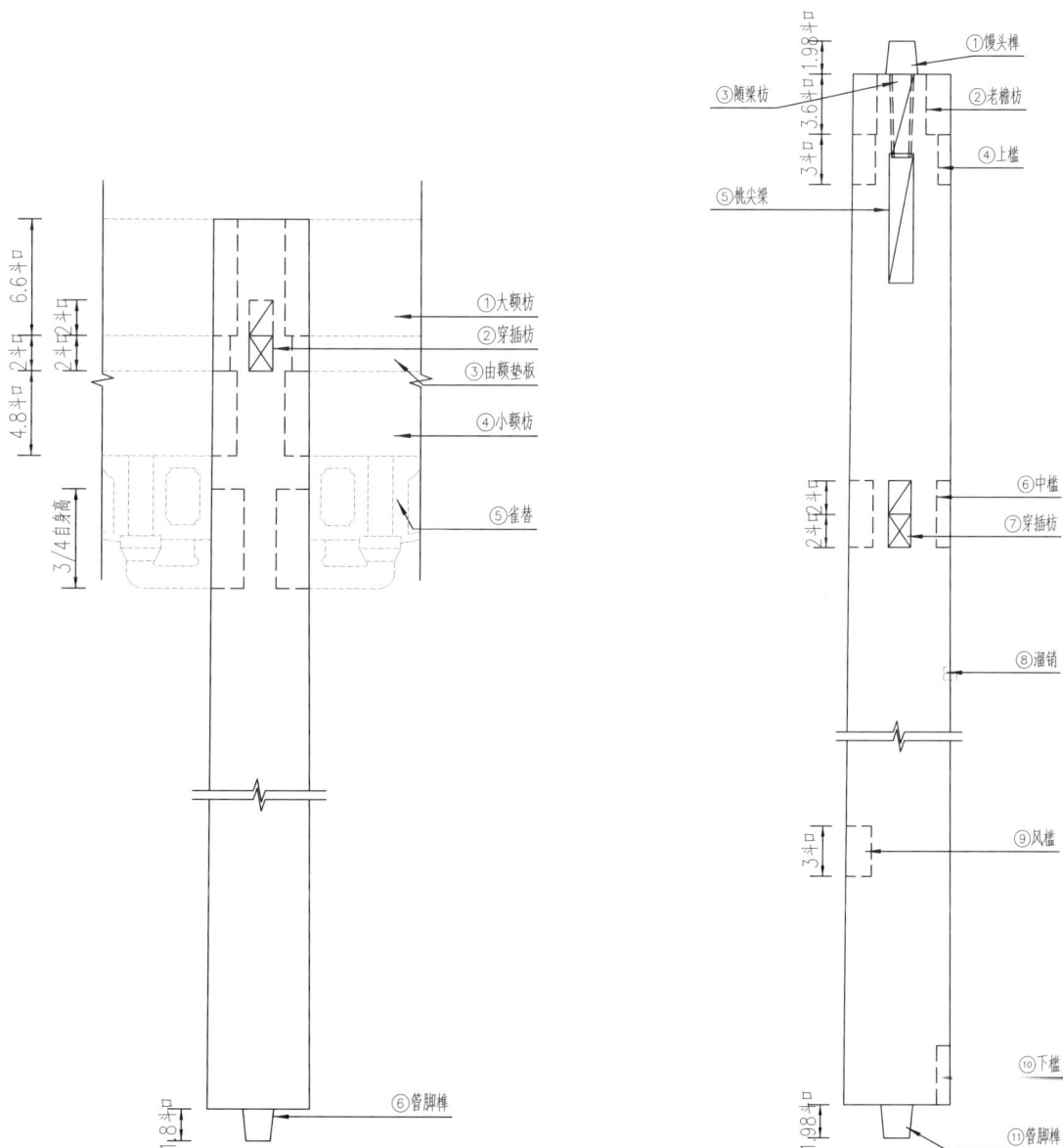

图H3-7-1 檐柱立面图

图H3-7-2 金柱立面图

抗震受剪承载力验算1（九等材d=0.064m）：

雪荷载取0.5kN/m²，

屋面倾斜角度按35°（均值）：0.5/cos35°=0.61kN/m²（由举架而定，十举时可取0.7kN/m²），

H=60d=60×0.064=3.84m，

根据《古建筑木结构维护与加固技术标准》GB/T 50165—2020，横向基本自震周期T_1=0.05+0.075×3.84=0.338，

T_g=0.45s，0.1＜T_1＜T_g，取ζ=2.9%，

η_2=1+（0.05-0.029）/（0.08+1.6ζ）=1.17，推出α_1=$\eta_2\alpha_{max}$=0.281，

G_e=（24.75×4d+22×2d+6×2d+21×2d）×（77d+66×2d+55×2d+22×2d+6×2d+21×2d）×（5+0.5×0.61）+（77d+66×2d+55×2d+22×2d）×4+（77d+66×2d+55×2d+22×2d+24.75×4d+22×2d）×2×8（斗栱）=435800.45d^2+9548d=2396.1kN，

G_{eq}=1.15G_e=2756kN（坡屋面），

F_{EX}=0.72α_1G_{eq}=0.72×0.281×2756=558kN，

按柱截面面积分配：檐柱柱径0.384m，金柱柱径0.423m，

金柱：

V_1=0.423×0.423/（0.423×0.423×12+0.384×0.384×20）×558×1.4=27.44kN，

$\gamma_{RE}V/A$=0.8×27.44×1000/（1.8×64）²=1.65＞1.4（N/mm²），不满足要求。

檐柱：

V_2=0.384×0.384/（0.423×0.423×12+0.384×0.384×20）×558×1.4=22.6kN，

$\gamma_{RE}V/A$=0.8×22.6×1000/（1.8×64）²=1.36＜1.4（N/mm²），满足要求。

抗震受剪承载力验算2（八等材d=0.08m）：

金柱：

$\gamma_{RE}V/A$=1.57＞1.4（N/mm²），不满足要求。

檐柱：

$r_{RE}V/A$=1.30＜1.4（N/mm²），满足要求。

抗震受剪承载力验算3（七等材d=0.096m）：

金柱：

$\gamma_{RE}V/A$=1.4≤1.4（N/mm²），满足要求。

檐柱：

$\gamma_{RE}V/A$=1.15＜1.4（N/mm²），满足要求。

抗震受剪承载力验算4（六等材d=0.112m）：

金柱：

$\gamma_{RE}V/A$=1.19＜1.4（N/mm²），满足要求。

檐柱：

$\gamma_{RE}V/A$=0.98＜1.4（N/mm²），满足要求。

通过柱抗震受剪承载力验算1、2、3、4可知，在不改变其他条件下（场地类别、雪荷载等）斗口越大，榫卯剪应力越小，越有利。

综上所述，非抗震设计时，随着斗口的增大（这种增大是有限度的，需要符合古建规制），按照古建木

作营造技术房屋规模、梁柱等承重构件的效应及承载能力同时变大，而承载能力增加的速率大于效应增加的速率，即安全系数增加了；抗震设计时，随着斗口的增加，结构基本周期变大，斗口增大到一定程度后由加速度控制阶段进入速度控制段，加速度控制阶段随着斗口的增大，效应增加的速率接近承载能力增加的速率，即安全系数基本不变；进入速度控制阶段后随着斗口的增大，效应增加的速率小于承载能力增加的速率，即安全系数增加了。

非抗震设计时采用较小柱径时梁柱等承重构件仍能满足承载力的要求，且有部分的富余量。

而抗震设计时，就本工程而言，十一等材至八等材金柱榫卯危险截面效应超过承载能力限值，此种情况下柱根榫卯可能剪断，整体通过位移运动耗能；七等材至一等材金柱榫卯危险截面效应小于承载能力限值，此种情况下柱根未剪断，整体通过位移摩擦耗能，且由于梁柱节点的复杂性，刚度、阻尼比等难以界定，需要靠补充实验解决。

H4　九檩单檐庑殿周围廊建筑木结构计算分析

（单层木结构房屋主要重量集中在屋面，为简化计算忽略梁柱自身重量，梁柱材料强度设计值则不再提高）

工程概况：本工程为九檩单檐庑殿周围廊建筑，面宽363d（d为斗口），进深176d，屋面为不上人屋面，结构类型为木结构，结构抗震设防烈度为8（0.3g），设计地震分组第三组，场地类别为Ⅱ类，安全等级二级，抗震设防类别丙类。

H4.1　结构布置及荷载计算（图H4-1-1）

H4.1.1　主要承重构件尺寸（图H4-1-2、图H4-1-3）

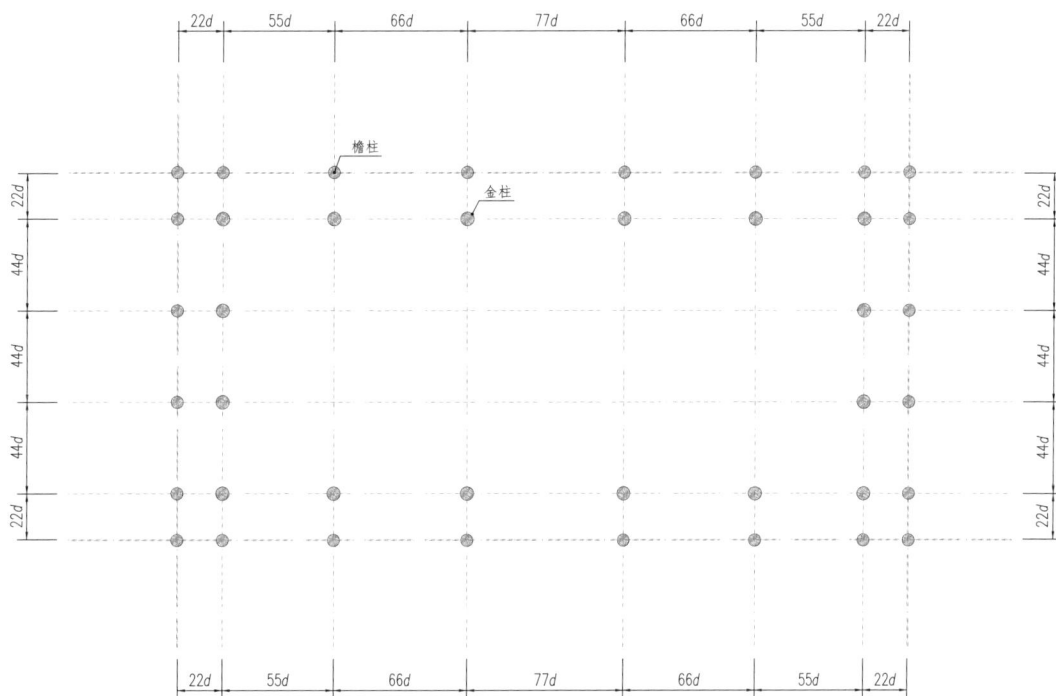

图H4-1-1　柱网平面布置图

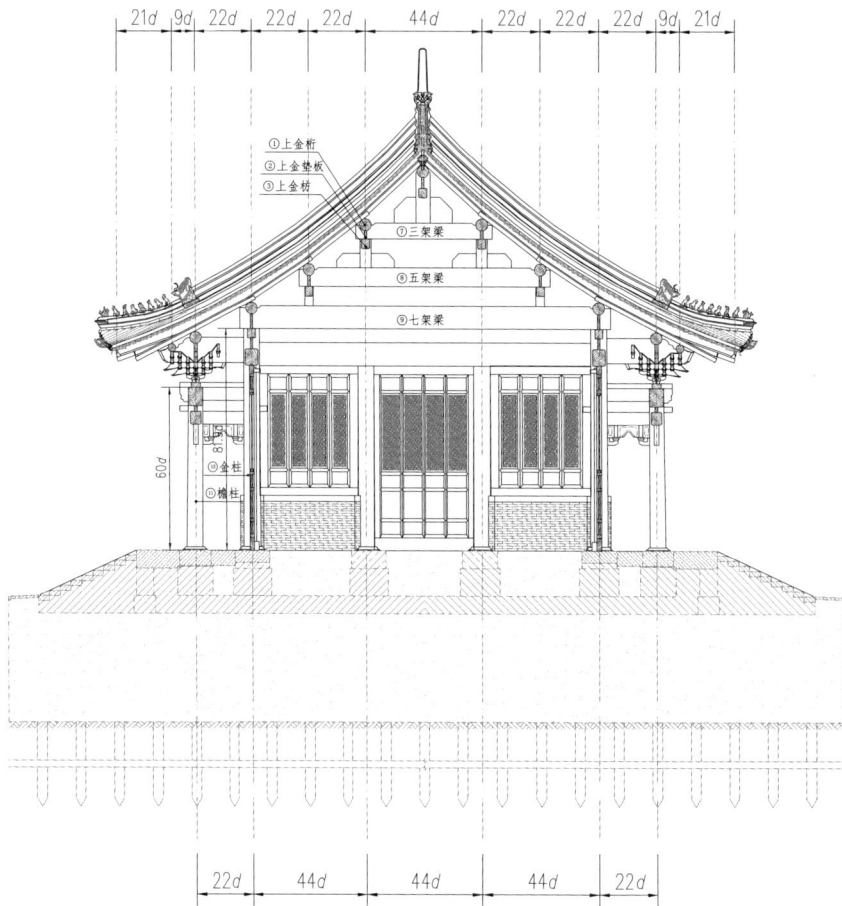

图H4-1-2　横剖面图

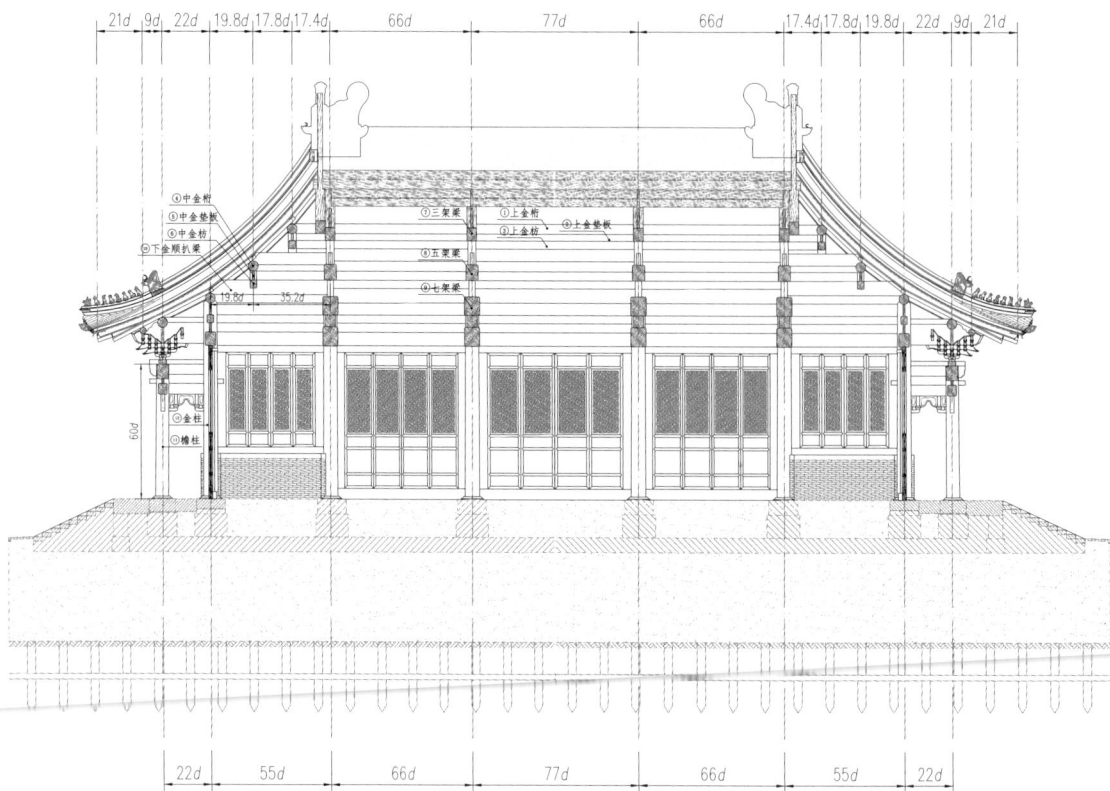

图H4-1-3　纵剖面图

（1）檐面上金桁尺寸：$\Phi=4.5d$，榫卯危险截面尺寸：$\Phi=4.5d$；

（2）檐面上金垫板尺寸：$d\times3.05d$，榫卯危险截面尺寸：$0.8d\times3.05d$；

（3）檐面上金枋尺寸：$3d\times3.6d$，榫卯危险截面尺寸：$d\times3.6d$；

（4）山面中金桁尺寸：$\Phi=4.5d$，榫卯危险截面尺寸：$2.25d\times2.25d$；

（5）山面中金垫板尺寸：$d\times4.12d$，榫卯危险截面尺寸：$0.8d\times4.12d$；

（6）山面中金枋尺寸：$3d\times3.6d$，榫卯危险截面尺寸：$d\times3.6d$；

（7）三架梁尺寸：$4.5d\times5.825d$，榫卯危险截面尺寸：$4.5d\times4.1d$；

（8）五架梁尺寸：$5.6d\times7d$，榫卯危险截面尺寸：$5.6d\times5.25d$；

（9）七架梁尺寸：$7d\times8.4d$，榫卯危险截面尺寸：$7d\times6.43d$；

（10）下金顺扒梁尺寸：$5.2d\times6.5d$，榫卯危险截面尺寸：V_1（$5.2d\times3d$）、V_2（$0.825d\times6.5d$）；

（11）檐柱尺寸$6d$，榫卯危险截面尺寸：$1.8d\times1.8d$；

（12）金柱尺寸$6.6d$，榫卯危险截面尺寸：$1.98d\times1.98d$。

桁、梁、柱均用红松，木材强度等级、强度设计值及弹性模量如下：

强度等级为TC13B，$f_m=13\mathrm{N/mm}^2$，$f_c=10\mathrm{N/mm}^2$，$f_v=1.4\mathrm{N/mm}^2$，$f_t=8.0\mathrm{N/mm}^2$，$E=9000\mathrm{N/mm}^2$。

H4.1.2 屋面荷载

（1）恒载：

板瓦、筒瓦：$1.1\mathrm{kN/m}^2$；

100（均值）厚苫背：$0.1\times18=1.8\mathrm{kN/m}^2$；

40厚望板：$0.04\times10=0.4\mathrm{kN/m}^2$；

120厚椽子（隔一布一，系数取0.5）：$0.5\times0.12\times10=0.6\mathrm{kN/m}^2$；

合计：$1.1+1.8+0.4+0.6=3.9\mathrm{kN/m}^2$，

屋面倾斜角度按35°（均值）：$3.9/\cos35°=4.8\mathrm{kN/m}^2$取$5.0\mathrm{kN/m}^2$，

屋脊荷载：$4.0\mathrm{kN/m}$。

（2）活载：

不上人屋面活载：$0.5\mathrm{kN/m}^2$，

屋面倾斜角度按35°（均值）：$0.5/\cos35°=0.61\mathrm{kN/m}^2$（由举架而定，十举时可取$0.7\mathrm{kN/m}^2$）。

H4.2 檐面上金桁计算

檐面桁所受荷载大小排序：檐桁＞脊桁＞上、中、下金桁，但檐桁下有斗栱，计算长度相对很小，脊桁有扶脊木作为加强，因此选取上金桁作为最不利构件（图H4-2-1～图H4-2-5），计算如下：

$q_{K恒}=5.0\times22d=110d$，

$q_{K活}=0.61\times22d=13.42d$，

$q=1.3\times110d+1.5\times13.42d=163.1d$，

简化为承受均布荷载的简支梁。

$M=ql^2/8=163.1d\times（77d）^2/8=120877.5d^3$，

$V=ql/2=163.1d\times77d/2=6279.4d^2$，

$W_{n上金桁}=3.14\times（4.5d）^3/32=8.94d^3$，

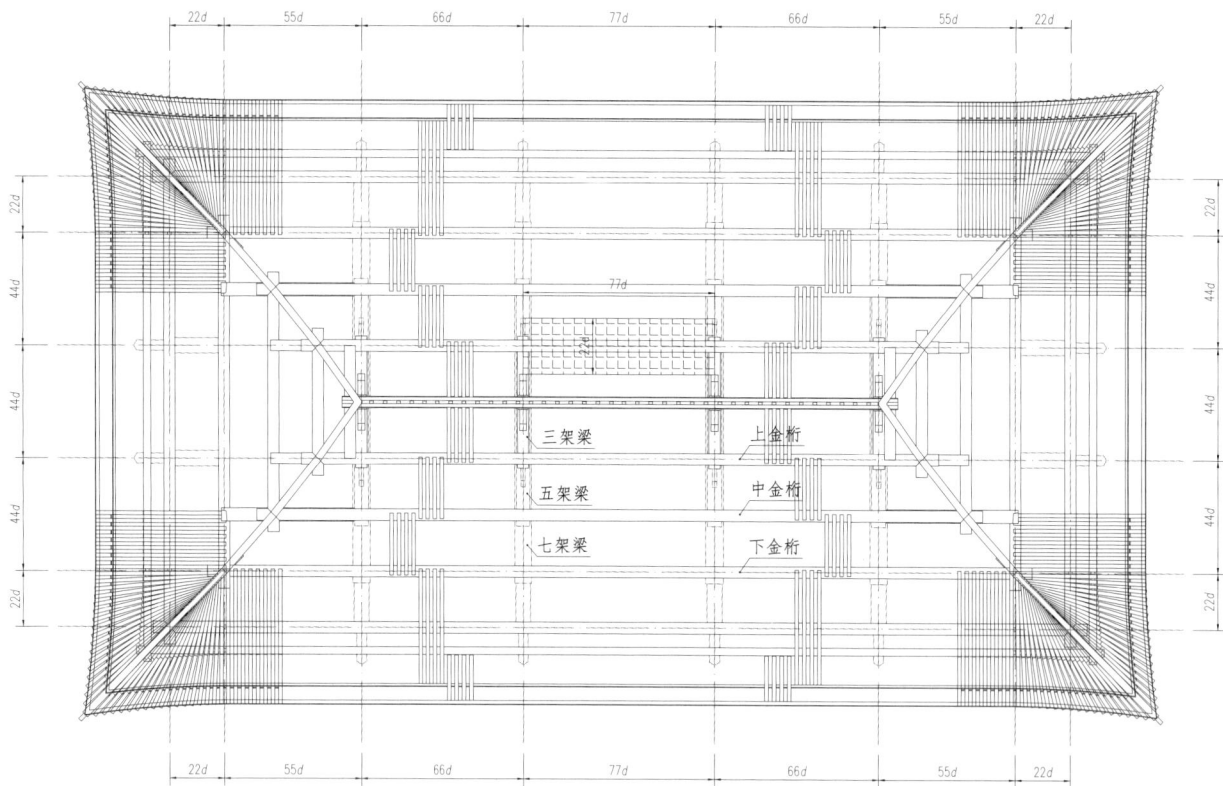

注：阴影部分示意受荷面积

图H4-2-1　檐面上金桁受荷面积示意图

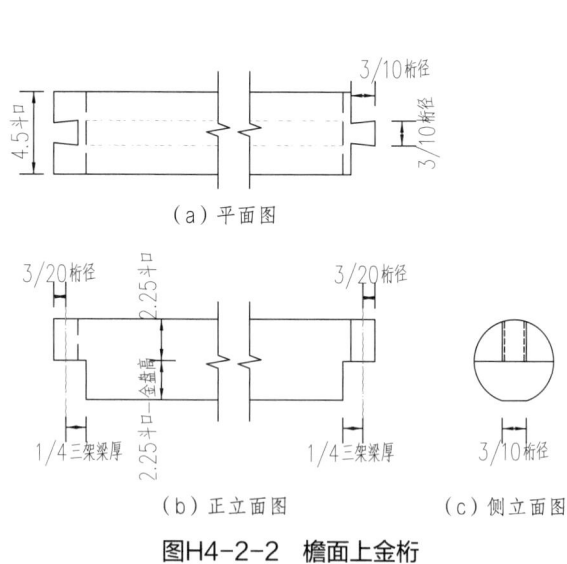

（a）平面图

（b）正立面图　　（c）侧立面图

图H4-2-2　檐面上金桁

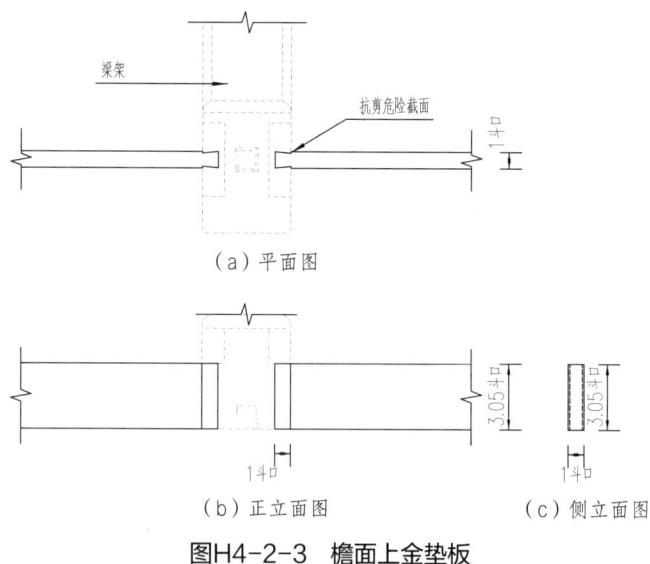

（a）平面图

（b）正立面图　　（c）侧立面图

图H4-2-3　檐面上金垫板

考虑上金桁、上金垫板、上金枋组合受力，并按惯性矩分配荷载：

惯性矩：$I_{上金桁}=3.14\times(4.5d)^4/64$、$I_{上金垫板}=d\times(3.05d)^3/12$、$I_{上金枋}=3d\times(3.6d)^3/12$，

上金桁分配系数：$I_{上金桁}/(I_{上金桁}+I_{上金垫板}+I_{上金枋})=$

$[3.14\times(4.5d)^4/64]/[3.14\times(4.5d)^4/64+d\times(3.05d)^3/12+3d\times(3.6d)^3/12]=0.59$，

上金桁抗弯验算：$\sigma=M/W_n=0.59\times120877.5d^3/(8.94d^3)=7977<13\times1000$（$kN/m^2$），满足要求。

上金桁抗剪验算：$\tau=VS/Ib$，

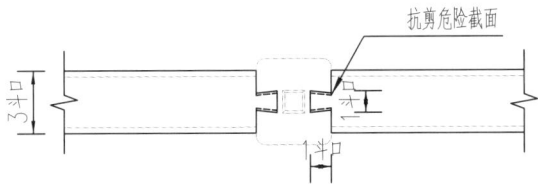

(a)平面图

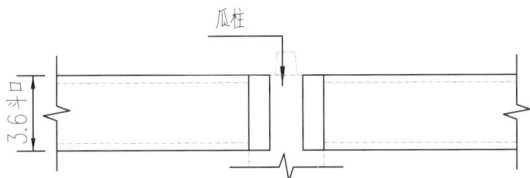

(b)正立面图

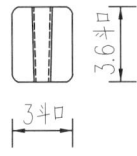

(c)侧立面图

图H4-2-4 檐面上金桁

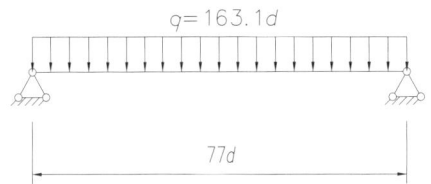

图H4-2-5 檐面上金桁计算简图

$\tau_{max}=0.59\times16V/[3\pi(4.5d)^2]=9.44\times6279.4d^2/(190.755d^2)=311<1.4\times1000$（kN/m²），满足要求。

上金垫板分配系数：$I_{上金垫板}/(I_{上金桁}+I_{上金垫板}+I_{上金枋})=$

$[d\times(3.05d)^3/12]/[3.14\times(4.5d)^4/64+d\times(3.05d)^3/12+3d\times(3.6d)^3/12]=0.07$，

上金垫板抗弯验算：$\sigma=M/W_n=0.07\times120877.5d^3/(1.55d^3)=5459<13\times1000$（kN/m²），满足要求。

上金垫板抗剪验算：$\tau=VS/Ib$，

$\tau_{max}=0.07\times1.5V/A=0.105\times6279.4d^2/(2.44d^2)=270<1.4\times1000$（kN/m²），满足要求。

上金枋分配系数：$I_{上金枋}/(I_{上金桁}+I_{上金垫板}+I_{上金枋})=$

$[3d\times(3.6d)^3/12]/[3.14\times(4.5d)^4/64+d\times(3.05d)^3/12+3d\times(3.6d)^3/12]=0.34$，

上金枋抗弯验算：$\sigma=M/W_n=0.34\times120877.5d^3/(6.48d^3)=6342<13\times1000$（kN/m²），满足要求。

上金枋抗剪验算：$\tau=VS/Ib$，

$\tau_{max}=0.34\times1.5V/A=0.51\times6279.4d^2/(3.6d^2)=890<1.4\times1000$（kN/m²），满足要求。

仅考虑上金桁承担弯矩、剪力：

抗弯验算：$\sigma=M/W_n=120877.5d^3/(8.94d^3)=13520>13\times1000$（kN/m²），不满足要求。

抗剪验算：$\tau=VS/Ib$，

$\tau_{max}=16V/[3\pi(4.5d)^2]=16\times6279.4d^2/(190.755d^2)=527<1.4\times1000$（kN/m²），满足要求。

综上所述，庑殿檐面明间上金桁抗弯承载力验算时，由于明间面宽过大，单靠上金桁已无法满足要求，需考虑上金桁、垫板、枋共同受力才能满足承载力要求。

H4.3 山面中金桁计算

山面中金桁承受椽子传递过来的均布荷载以及上金顺扒梁传递过来的集中荷载；简化为承受均布荷载和两个集中荷载的简支梁（图H4-3-1~图H4-3-5）。

$q_{K恒}=5.0\times18.8d=94d$，$q_{K活}=0.61\times18.8d=11.5d$，

$q=1.3\times94d+1.5\times11.5d=139.5d$，

$F_{K1恒}=66d\times17.6d\times5\times0.5\times17.4d/(17.4d+17.8d)=1435.5d^2$，

$F_{K1活}=66d\times17.6d\times0.61\times0.5\times17.4d/(17.4d+17.8d)=175.1d^2$，

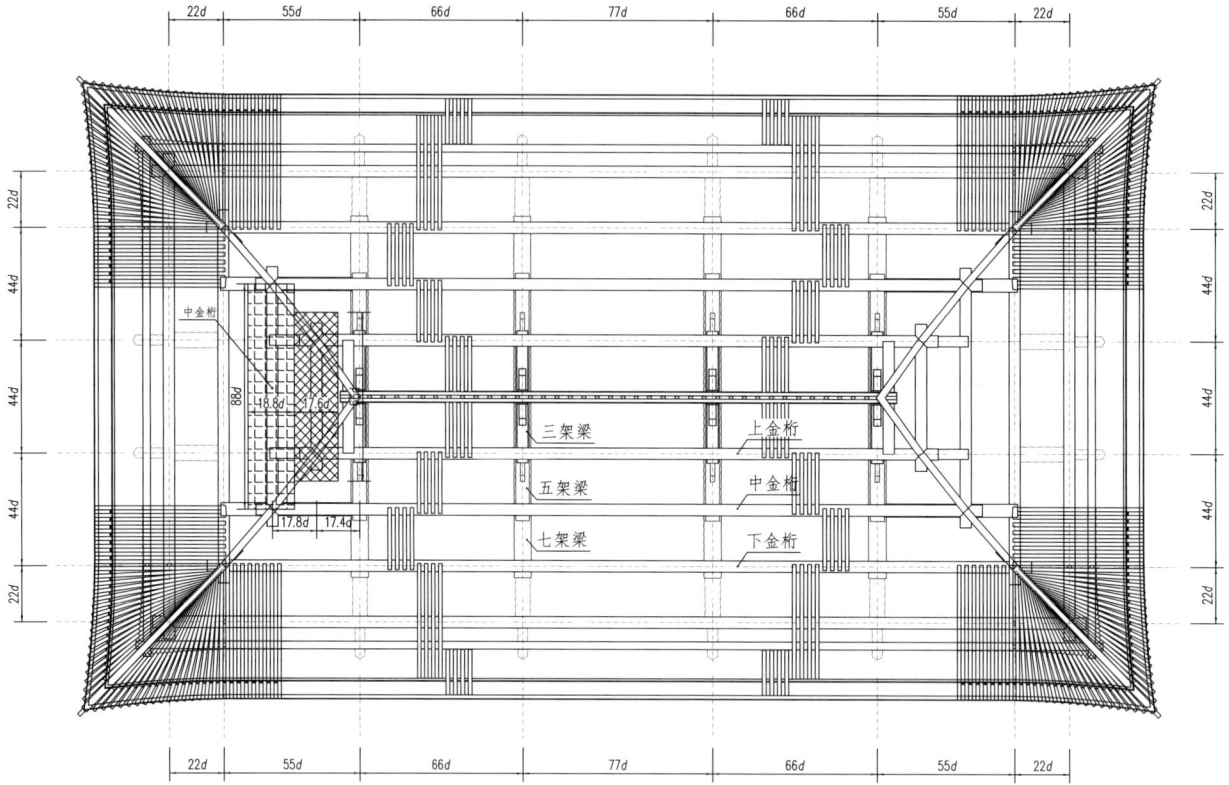

注：阴影部分示意受荷面积

图H4-3-1 山面中金桁受荷面积示意图

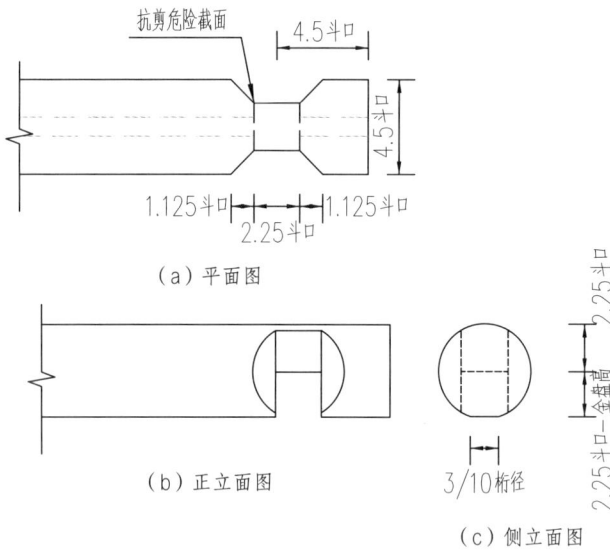

图H4-3-2 山面中金桁

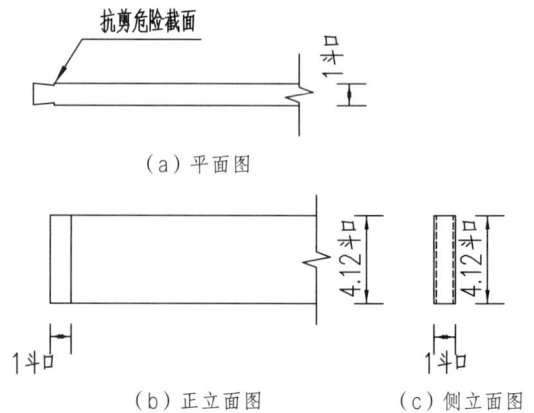

图H4-3-3 山面中金垫板

$F_1 = 1.3 \times 1435.5d^2 + 1.5 \times 175.1d^2 = 2129d^2$,

$M = V \times 44d - F_1 \times 22d - 44qd \times 22d = 181874d^3$,

$V = F_1 + ql/2 = 2129d^2 + 139.5d \times 88d/2 = 8267d^2$,

$W_{n中金桁} = 3.14 \times (4.5d)^3/32 = 8.94d^3$

考虑中金桁、中金垫板、中金枋组合受力，并按惯性矩分配荷载：

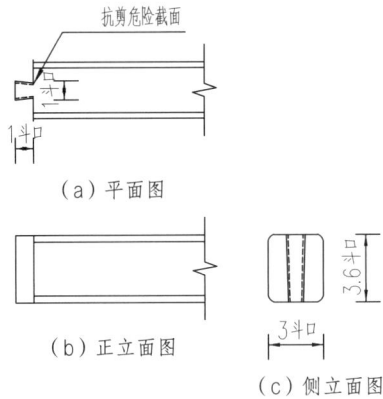

（a）平面图

（b）正立面图

（c）侧立面图

图H4-3-4　山面中金枋

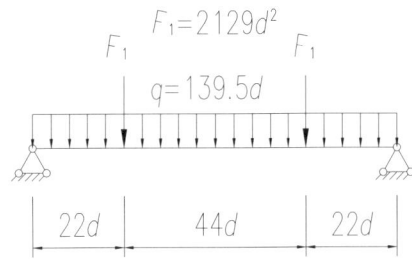

图H4-3-5　山面中金桁计算简图

惯性矩：

$I_{中金桁}=3.14\times(4.5d)^4/64$、$I_{中金垫板}=d\times(4.12d)^3/12$、$I_{中金枋}=3d\times(3.6d)^3/12$，

中金桁分配系数：

$I_{中金桁}/(I_{中金桁}+I_{中金垫板}+I_{中金枋})=$

$[3.14\times(4.5d)^4/64]/[3.14\times(4.5d)^4/64+d\times(4.12d)^3/12+3d\times(3.6d)^3/12]=0.535$，

中金桁抗弯验算：$\sigma=M/W_n=0.535\times181874d^3/(8.94d^3)=10884<13\times1000$（kN/m²），满足要求。

中金桁抗剪验算：$\tau=VS/Ib$，

$\tau_{max}=0.535\times1.5V/A=0.8025\times8267d^2/(5.06d^2)=1311.1<1.4\times1000$（kN/m²），满足要求。

上金垫板分配系数：

$I_{中金垫板}/(I_{中金桁}+I_{中金垫板}+I_{中金枋})=$

$[d\times(4.12d)^3/12]/[3.14\times(4.5d)^4/64+d\times(4.12d)^3/12+3d\times(3.6d)^3/12]=0.155$，

中金垫板抗弯验算：$\sigma=M/W_n=0.155\times181874d^3/(2.83d^3)=9961<13\times1000$（kN/m²），满足要求。

中金垫板抗剪验算：$\tau=VS/Ib$，

$\tau_{max}=0.155\times1.5V/A=0.2325\times8267d^2/(3.296d^2)=583<1.4\times1000$（kN/m²），满足要求。

上金枋分配系数：

$I_{中金枋}/(I_{中金桁}+I_{中金垫板}+I_{中金枋})=$

$[3d\times(3.6d)^3/12]/[3.14\times(4.5d)^4/64+d\times(4.12d)^3/12+3d\times(3.6d)^3/12]=0.31$，

中金枋抗弯验算：$\sigma=M/W_n=0.31\times181874d^3/(6.48d^3)=8701<13\times1000$（kN/m²），满足要求。

中金枋抗剪验算：$\tau=VS/Ib$，

$\tau_{max}=0.31\times1.5V/A=0.465\times8267d^2/(3.6d^2)=1068<1.4\times1000$（kN/m²），满足要求。

仅考虑中金桁承担弯矩、剪力：

抗弯验算：$\sigma=M/W_n=181874d^3/(8.94d^3)=20344>13\times1000$（kN/m²），不满足要求。

抗剪验算：$\tau=VS/Ib$，

$\tau_{max}=16V/(3\pi(4.5d)^2)=16\times8267d^2/(190.755d^2)=693<1.4\times1000$（kN/m²），满足要求。

综上所述，庑殿山面中金桁抗弯承载力验算时，由于进深过大，单靠中金桁已无法满足要求，需考虑中金桁、垫板、枋共同受力才能满足承载力要求。

H4.4 三架梁计算

选择最不利位置的三架梁进行验算，即位于明间两侧的三架梁（图H4-4-1）。

三架梁两端固定在前后上金瓜柱上，梁背上承载脊瓜柱（图H4-4-2）；根据其受力特点简化为承受一个集中荷载的简支梁（图H4-4-3）。

$F_{K恒}=(77d+66d)\times0.5\times4.0+(77d+66d)\times0.5\times22d\times5.0=286d+7865d^2$,

$F_{K活}=(77d+66d)\times0.5\times22d\times0.61=959.5d^2$,

$F=1.3\times(286d+7865d^2)+1.5\times959.5d^2=371.8d+11663.8d^2$,

$M=F\times44d/4=4090d^2+128301.8d^3$,

$V=F/2=185.9d+5831.9d^2$,

$W_n=bh^2/6=4.5d\times(5.825d)^2/6$,

抗弯验算：$\sigma=M/W_n=(4090d^2+128301.8d^3)/[4.5d\times(5.825d)^2/6]=$

$160.7/d+5041.7<13\times1000$（kN/m²）

（d越大越有利，d=0.08m即八等材时亦满足）。

抗剪验算（截面按4.5d×4.1d计算）：

$\tau=VS/Ib$,

$\tau_{max}=1.5V/A=1.5\times(185.9d+5831.9d^2)/18.45d^2=15.1/d+474.1<1.4\times1000$（kN/m²）

（d越大越有利，d=0.08m即八等材时亦满足）。

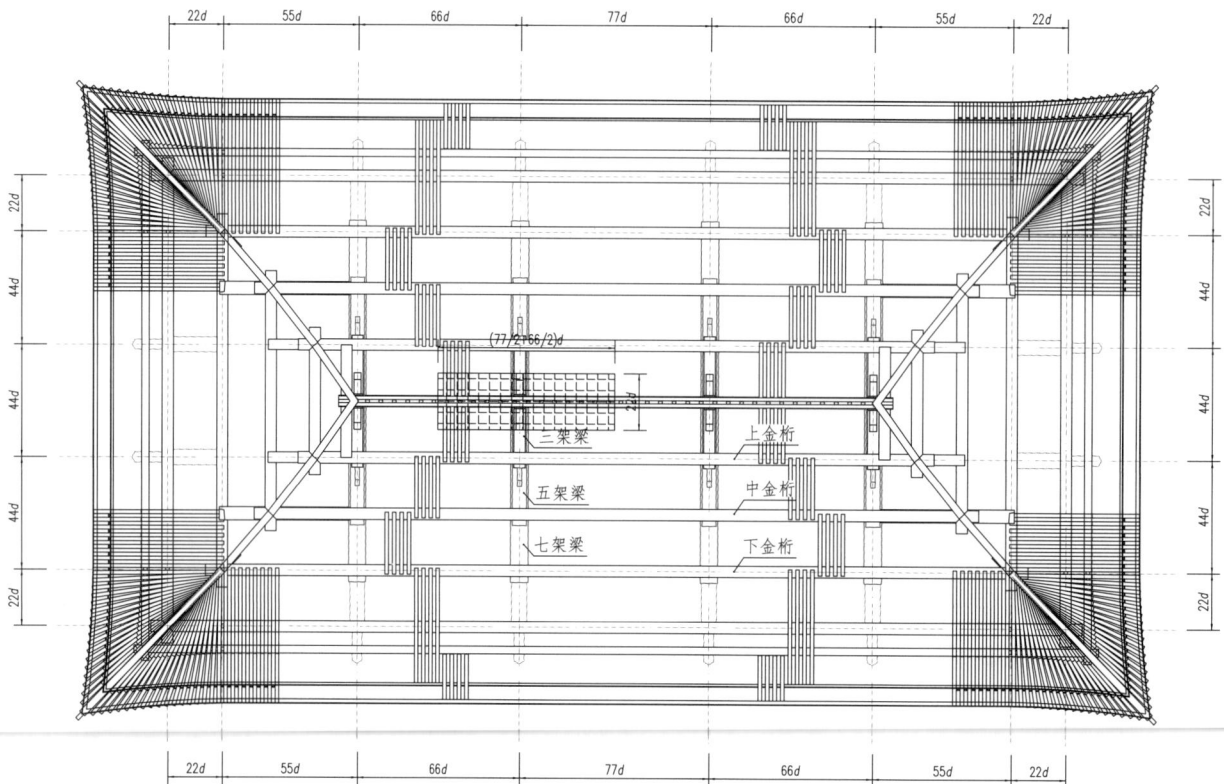

注：阴影部分示意受荷面积

图H4-4-1　三架梁受荷面积示意图

（a）平面图

（b）正立面图

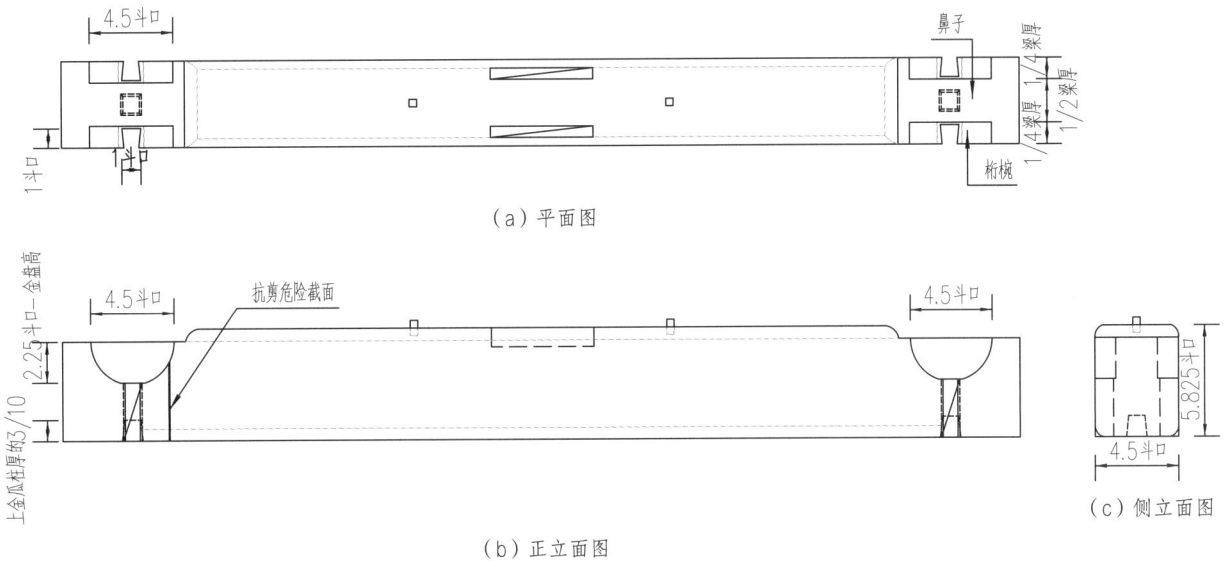

图H4-4-2　三架梁

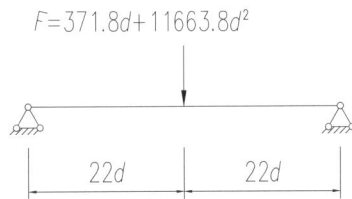

（c）侧立面图

$$F=371.8d+11663.8d^2$$

图H4-4-3　三架梁计算简图

抗弯稳定性验算1（八等材d=0.08m）：

L_e=22×2d=3.52m、b=4.5d=0.36m、h=5.825d=0.466m、

a_m=0.7、b_m=4.9、c_m=0.9、β=1.0、E_K/f_{mk}=220，

$\lambda_m=c_m(\beta E_k/f_{mk})^{0.5}$=0.9×$220^{0.5}$=13.35，

$\lambda_B=(l_e h)^{0.5}/b=(3.52×0.466)^{0.5}/0.36$=3.56，

$\lambda_m>\lambda_B$，

$\psi_l=1/[1+\lambda_B^2 f_{mk}/(b_m\beta E_K)]=1/[1+3.56^2/(4.9×1.0×220)]$=0.988，

$M/(W_n\psi_l)=(160.7/d+5041.7)/0.988$=7136＜13×1000（kN/m²），满足要求。

抗弯稳定性验算2（六等材d=0.112m）：

$M/(W_n\psi_l)$=6555＜13×1000（kN/m²），满足要求。

通过抗弯、抗剪强度计算及抗弯稳定性验算1、2对比可知，斗口越大三架梁承载性能越好。

H4.5　五架梁计算

选择最不利位置的五架梁进行验算，即位于明间两侧的五架梁（图H4-5-1）。

五架梁两端固定在前后下金瓜柱上，梁背上承载上金瓜柱（图H4-5-2）；根据其受力特点简化为承受两个集中荷载的简支梁（图H4-5-3）。

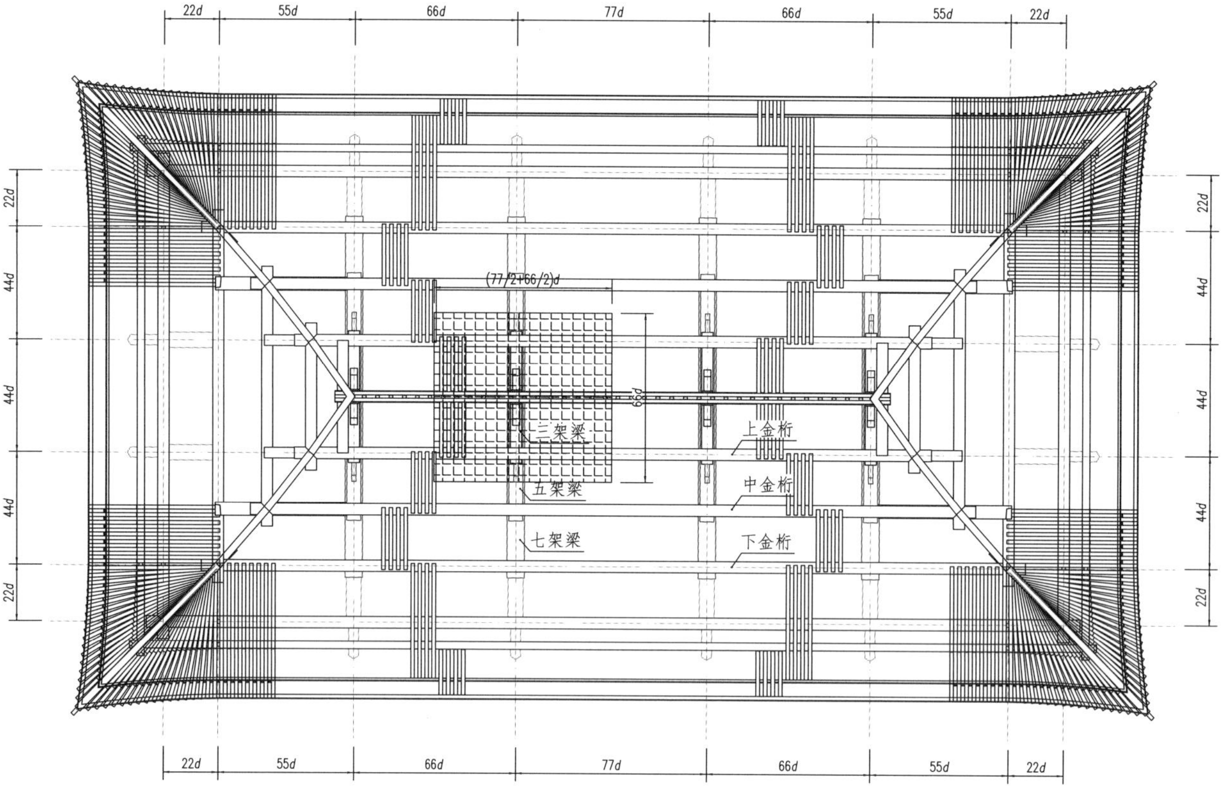
22d
55d
66d
77d
66d
55d
22d
44d
(77/2+66/2)d
66d
三架梁
五架梁
七架梁
上金桁
中金桁
下金桁

注：阴影部分示意受荷面积

图H4-5-1　五架梁受荷面积示意图

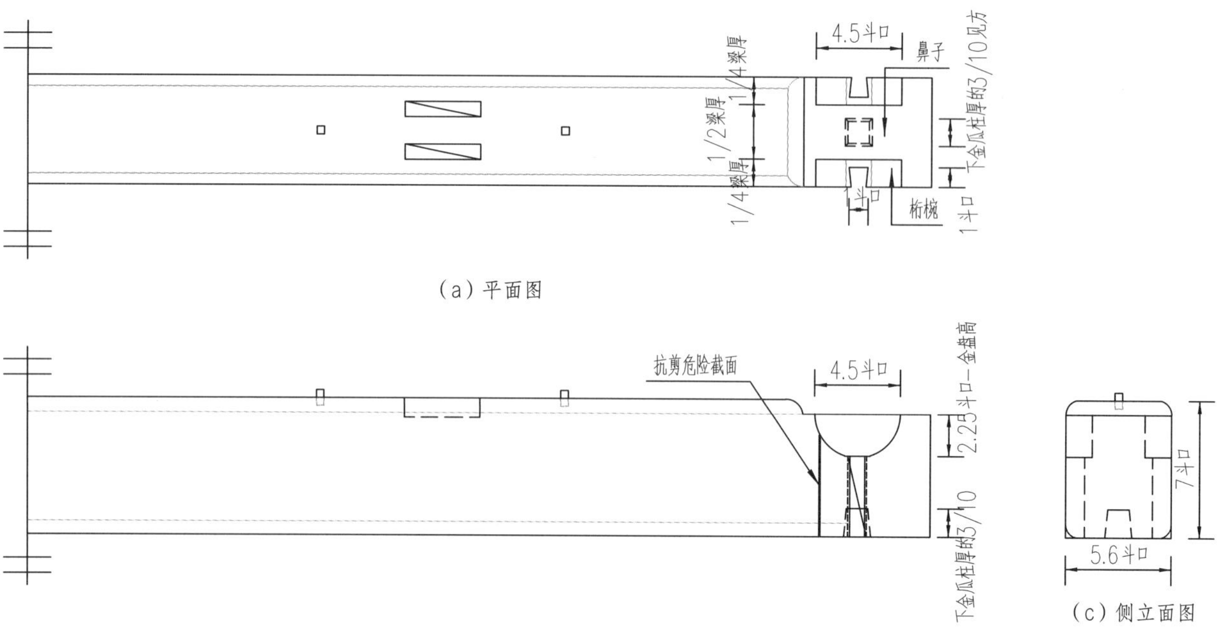
4.5斗口
鼻子
1/4梁厚
1/2梁厚
下金瓜柱厚的3/10见方
1斗口
桁椀
抗剪危险截面
2.25斗口－金盘高
下金瓜柱厚的3/10
7斗口
5.6斗口

（a）平面图

（b）正立面图

（c）侧立面图

图H4-5-2　五架梁

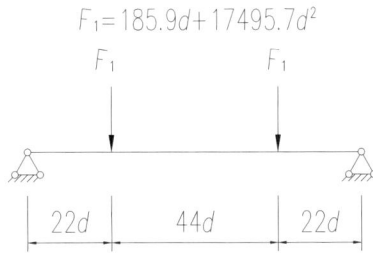

$$F_1=185.9d+17495.7d^2$$

图H4-5-3　五架梁计算简图

$F_{K1恒}=（77d+66d）×0.5×4×0.5+（77d+66d）×0.5×33d×5.0=143d+11797.5d^2$，

$F_{K1活}=（77d+66d）×0.5×33d×0.61=1439.3d^2$，

$F_1=1.3×（143d+11797.5d^2）+1.5×1439.3d^2=185.9d+17495.7d^2$，

$M=22d×F_1=4090d^2+384905.4d^3$，

$V=F_1=185.9d+17495.7d^2$

$W_n=bh^2/6=5.6d×（7d）^2/6=45.73d^3$，

抗弯验算：

$σ=M/W_n=（4090d^2+384905.4d^3）/（45.73d^3）=89.4/d+8417<13×1000（kN/m^2）$

（d越大越有利，$d=0.08m$即八等材时亦满足）。

抗剪验算（截面按$5.6d×5.25d$计算）：

$τ=VS/Ib$，

$τ_{max}=1.5V/A=1.5×（185.9d+17495.7d^2）/29.4d^2=9.5/d+893<1.4×1000（kN/m^2）$

（d越大越有利，$d=0.08m$即八等材时亦满足）。

抗弯稳定性验算1（八等材$d=0.08m$）：

$L_e=88d=7.04m$、$b=5.6d=0.448m$、$h=7d=0.56m$、

$a_m=0.7$、$b_m=4.9$、$c_m=0.9$、$β=1.0$、$E_K/f_{mk}=220$，

$λ_m=c_m（βE_k/f_{mk}）^{0.5}=0.9×220^{0.5}=13.35$，

$λ_B=（l_eh）^{0.5}/b=（7.04×0.56）^{0.5}/0.448=4.43$，

$λ_m>λ_B$，

$ψ_l=1/[1+λ_B^2f_{mk}/（b_mβE_K）]=1/[1+4.43^2/（4.9×1.0×220）]=0.98$，

$M/（W_nψ_l）=（89.4/d+8417）/0.98=9729<13×1000（kN/m^2）$，满足要求。

抗弯稳定性验算2（六等材$d=0.112m$）：

$M/（W_nψ_l）=9403<13×1000（kN/m^2）$，满足要求。

通过抗弯、抗剪强度计算及抗弯稳定性验算1、2对比可知，斗口越大五架梁承载性能越好。

H4.6　七架梁计算

选择最不利位置的七架梁进行验算，即位于明间两侧的七架梁（图H4-6-1）。

七架梁两端固定在前后金柱上，梁背上承载下金瓜柱（图H4-6-2）；根据其受力特点简化为承受两个集中荷载的简支梁（图H4-6-3）。

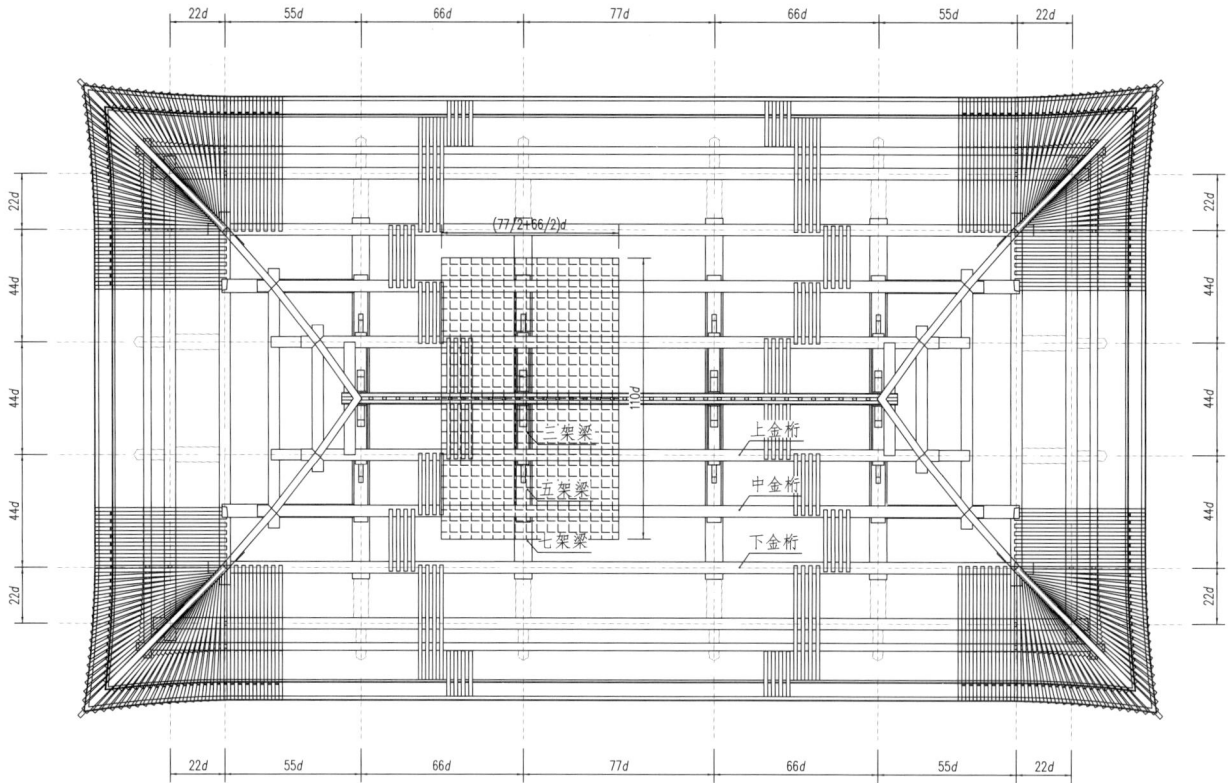

注：阴影部分示意受荷面积

图H4-6-1　七架梁受荷面积示意图

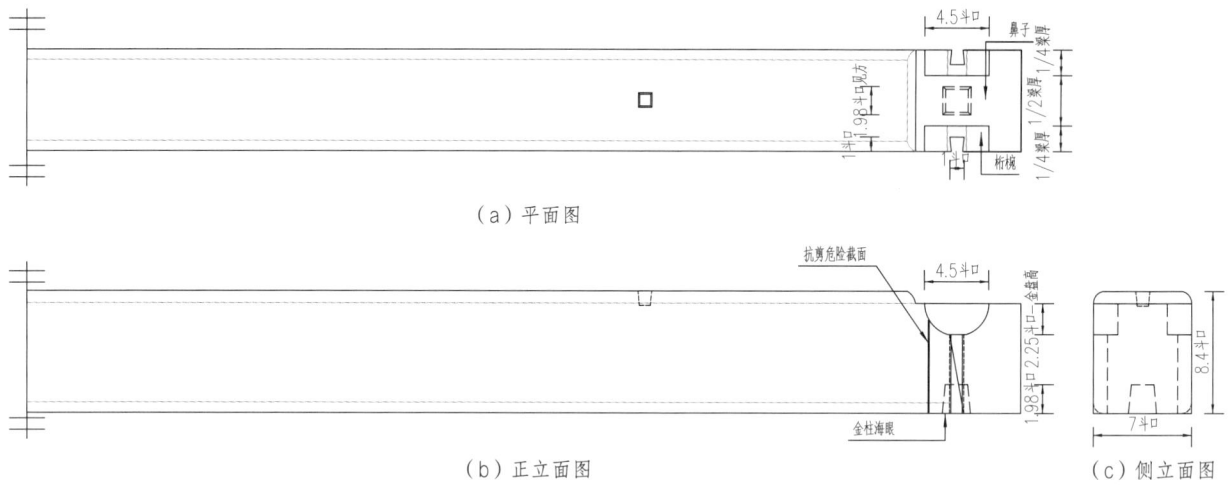

（a）平面图

（b）正立面图　　　　（c）侧立面图

图H4-6-2　七架梁

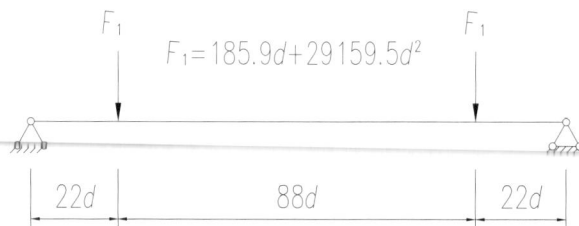

$$F_1=185.9d+29159.5d^2$$

图H4-6-3　七架梁计算简图

$F_{K1恒}$=（77d+66d）×0.5×4.0×0.5+（77d+66d）×0.5×55d×5.0=143d+19662.5d^2，

$F_{K1活}$=（77d+66d）×0.5×55d×0.61=2398.8d^2，

F_1=1.3×（143d+19662.5d^2）+1.5×2398.8d^2=185.9d+29159.5d^2，

M=22d×F_1=4090d^2+641509d^3，

V=F_1=185.9d+29159.5d^2，

W_n=bh^2/6=7d×（8.4d）^{2}/6=82.32d^3，

抗弯验算：

$σ$=M/W_n=（4090d^2+641509d^3）/（82.32d^3）=49.7/d+7793＜13×1000（kN/m^2）

（d越大越有利d=0.08m即八等材时亦满足）。

抗剪验算（截面按7d×6.43d计算）：

$τ$=VS/Ib，

$τ_{max}$=1.5V/A=1.5×（185.9d+29159.5d^2）/45.01d^2=6.2/d+972＜1.4×1000（kN/m^2）

（d越大越有利，d=0.08m即八等材时亦满足）。

抗弯稳定性验算1（八等材d=0.08m）：

L_e=132d=10.56m、b=7d=0.56m、h=8.4d=0.672m、

a_m=0.7、b_m=4.9、c_m=0.9、$β$=1.0、E_K/f_{mk}=220，

$λ_m$=c_m（$βE_k$/f_{mk}）$^{0.5}$=0.9×220$^{0.5}$=13.35，

$λ_B$=（l_eh）$^{0.5}$/b=（10.56×0.672）$^{0.5}$/0.56=4.76，

$λ_m$＞$λ_B$，

$ψ_1$=1/[1+$λ_B^2f_{mk}$/（$b_mβE_K$）]=1/[1+4.76^2/（4.9×1.0×220）]=0.98，

M/（$W_nψ_1$）=（49.7/d+7793）/0.98=8586＜13×1000（kN/m^2），满足要求。

抗弯稳定性验算2（六等材d=0.112m）：

M/（$W_nψ_1$）=8405＜13×1000（kN/m^2），满足要求。

通过抗弯、抗剪强度计算及抗弯稳定性验算1、2对比可知，斗口越大七架梁承载性能越好。

H4.7 特殊构件下金顺扒梁计算

选择位于建筑两端的下金顺扒梁进行验算（图H4-7-1）。

下金顺扒梁两端搭置在山面下金桁与下金瓜柱上，梁背上承载交金墩（图H4-7-2）；根据其受力特点简化为承受一个集中荷载的简支梁（图H4-7-3）。

$F_{K恒}$=110d×36.4d×5.0×0.5=10010d^2，

$F_{K活}$=110d×36.4d×0.61×0.5=1221.2d^2，

F=1.3×10010d^2+1.5×1221.2d^2=14845d^2，

M=19.8d×V_1=188115.84d^3，

V_1=F×35.2d/55d=9500.8d^2，

V_2=F×19.8d/55d=5344.2d^2，

W_n=bh^2/6=5.2d×（6.5d）^{2}/6=36.6d^3，

抗弯验算：

$σ$=M/W_n=188115.84d^3/（36.6d^3）=5140＜13×1000（kN/m^2），满足要求。

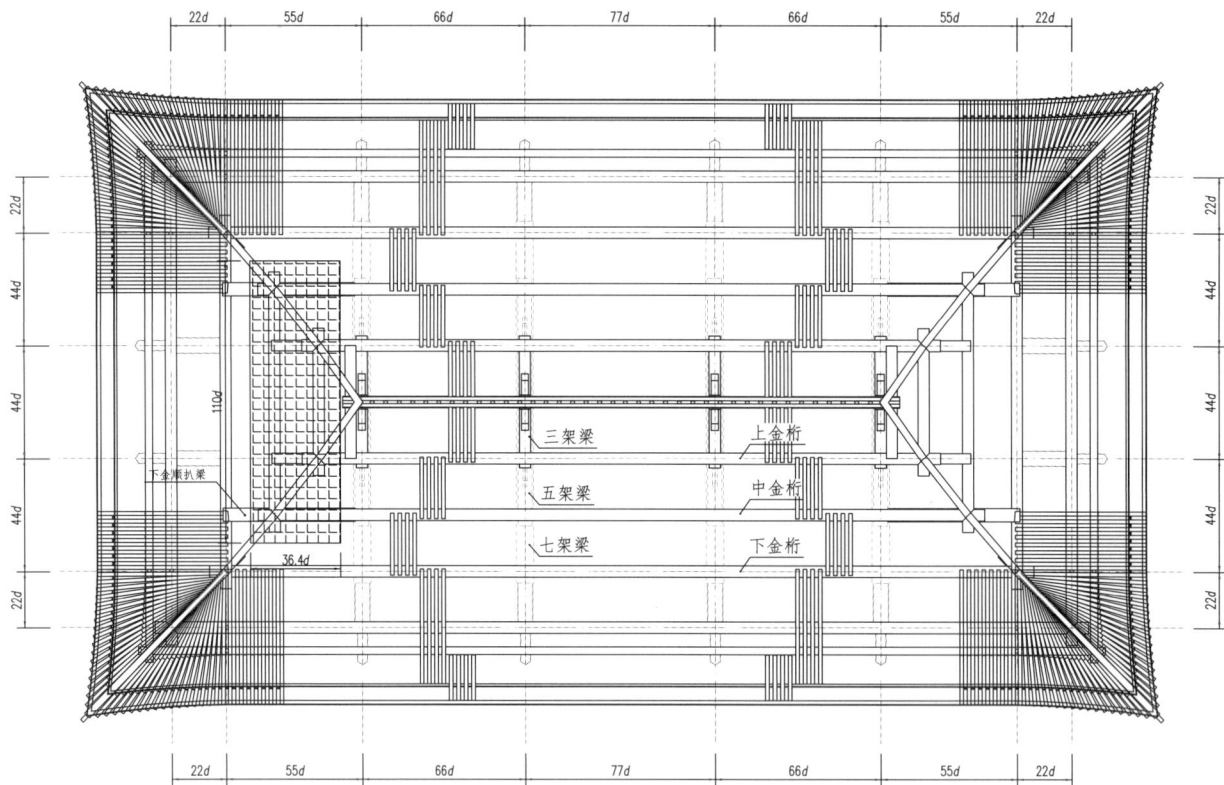

注：阴影部分示意受荷面积

图H4-7-1 下金顺扒梁受荷面积示意图

（a）平面图

（b）正立面图

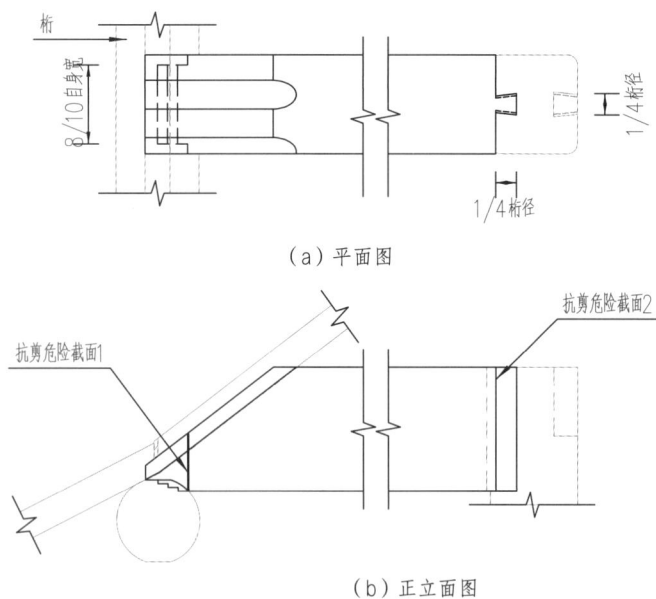

图H4-7-2 下金顺扒梁

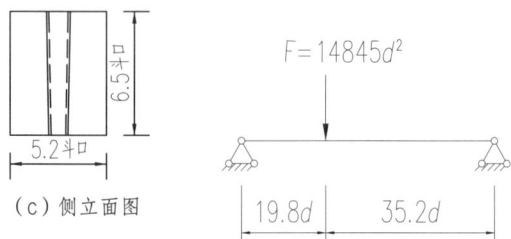

（c）侧立面图

图H4-7-3 下金顺扒梁计算简图

抗剪验算1（桁支座截面按$5.2d \times 3d$计算）：

$\tau = VS/Ib$

$\tau_{\max} = 1.5V_1/A_1 = 1.5 \times 9500.8d^2/15.6d^2 = 914 < 1.4 \times 1000$（$kN/m^2$），满足要求。

抗剪验算2（瓜柱支座截面按$0.825d \times 6.5d$计算）：

$\tau = VS/Ib$

$\tau_{max} = 1.5V_2/A_2 = 1.5 \times 5344.2d^2/5.36d^2 = 1496 > 1.4 \times 1000$（kN/m²），不满足要求，建议榫卯厚度改为$d$。

抗弯稳定性验算1（八等材$d=0.08$m）：

$L_e = 55d = 4.4$m、$b = 5.2d = 0.416$m、$h = 6.5d = 0.52$m，

$a_m = 0.7$、$b_m = 4.9$、$c_m = 0.9$、$\beta = 1.0$、$E_K/f_{mk} = 220$，

$\lambda_m = c_m(\beta E_k/f_{mk})^{0.5} = 0.9 \times 220^{0.5} = 13.35$，

$\lambda_B = (l_e h)^{0.5}/b = (4.4 \times 0.52)^{0.5}/0.416 = 3.64$，

$\lambda_m > \lambda_B$，

$\psi_l = 1/[1 + \lambda_B^2 f_{mk}/(b_m \beta E_K)] = 1/[1 + 3.64^2/(4.9 \times 1.0 \times 220)] = 0.988$，

$M/(W_n \psi_l) = 5140/0.988 = 5202 < 13 \times 1000$（kN/m²），满足要求。

抗弯稳定性验算2（六等材$d=0.112$m）：

$M/(W_n \psi_l) = 5202 < 13 \times 1000$（kN/m²），满足要求。

通过抗弯、抗剪强度计算及抗弯稳定性验算可知，瓜柱支座榫卯截面偏于不安全，建议截面尺寸改为$d \times 6.5d$。

H4.8　木柱计算

选择最不利位置的柱进行验算，即明间金柱（图H4-8-1）。

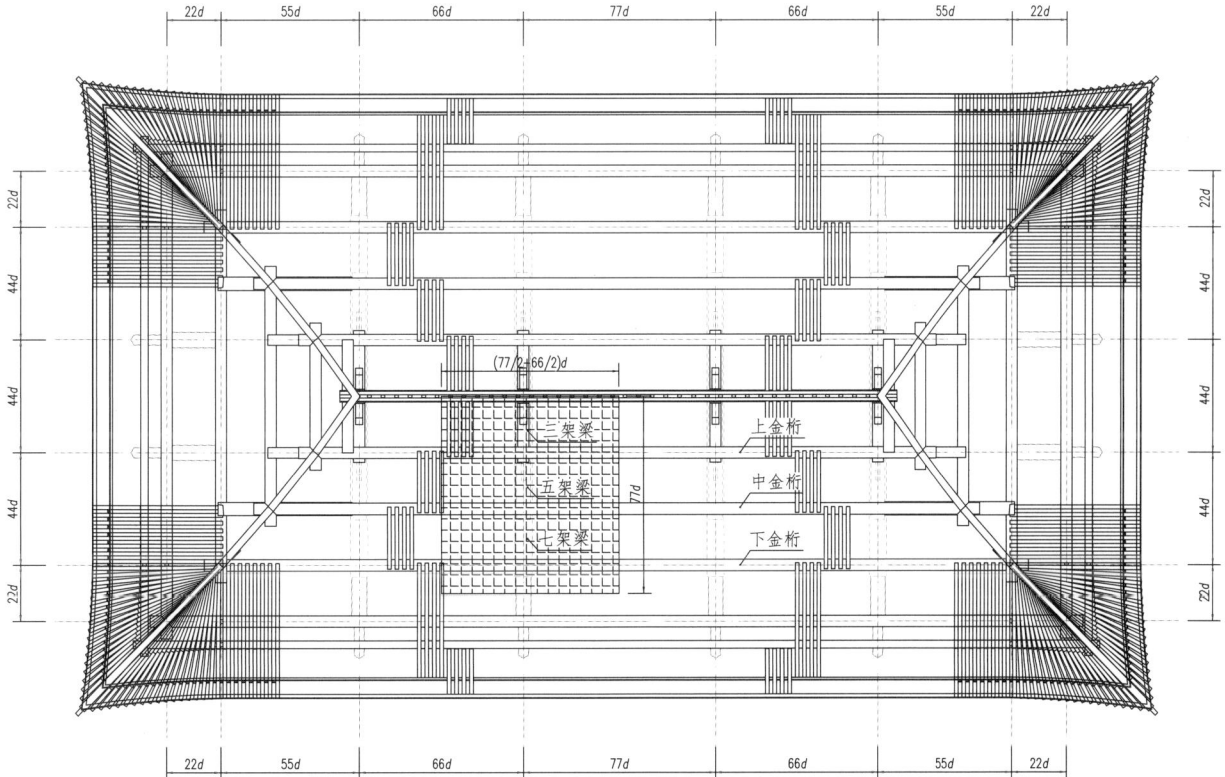

注：阴影部分示意受荷面积

图H4-8-1　金柱受荷面积示意图

金柱顶与七架梁连接，柱底固定在金柱顶石上（图H4-8-2）；根据其受力特点简化为承受一个集中荷载的受压构件（图H4-8-3）。

柱收分按7/1000，即每米的变化率取7mm。

$N_{K恒}$=（77d+66d）×0.5×4.0×0.5+（77d+66d）×0.5×77d×5.0=143d+27527.5d^2，

$N_{K活}$=（77d+66d）×0.5×77d×0.61=3358.36d^2，

N=1.3×（143d+27527.5d^2）+1.5×3358.36d^2=185.9d+40823.3d^2。

抗压验算：

A_n=3.14×（6.03d）^{2}/4−1.5d×6.03d，

N/A_n=（185.9d+40823.3d^2）/[3.14×（6.03d）^{2}/4−1.5d×6.03d]=9.5/d+2094＜10×1000（kN/m^2）

（d越大越有利，d=0.08m时亦满足）。

抗压稳定性验算1（八等材d=0.08m）：

a_c=0.95、b_c=1.43、c_c=5.28、β=1.0、E_K/f_{ck}=300，

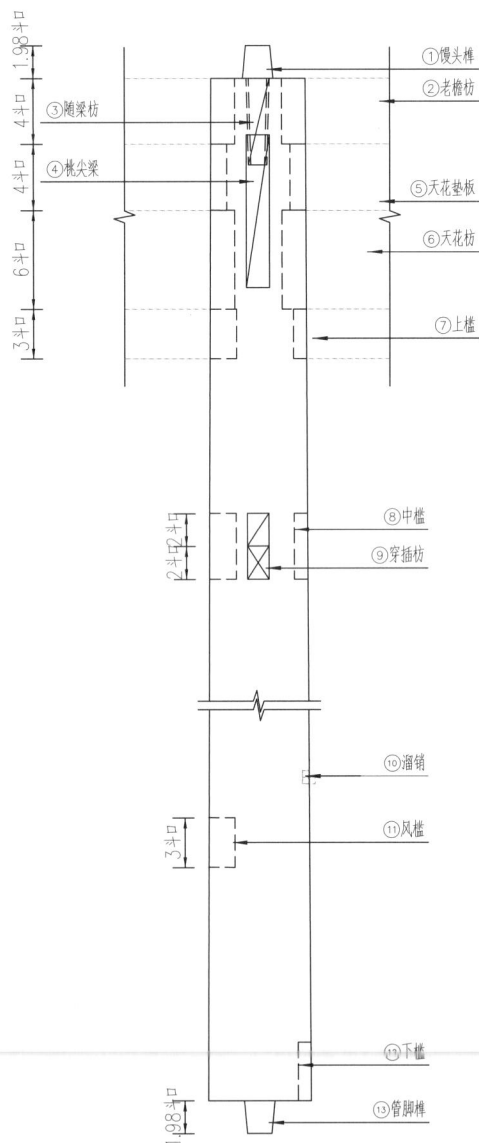

$$N=185.9d+40823.3d^2$$

图H4-8-2　金柱立面图　　　图H4-8-3　金柱计算简图

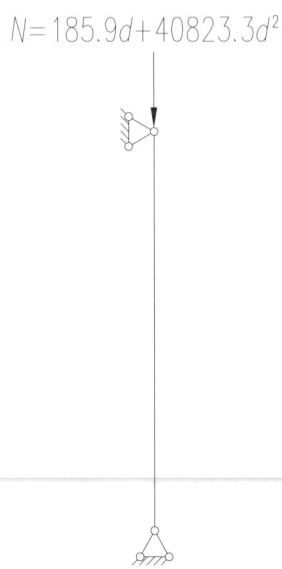

$\lambda_c=c_c\ (\beta E_k/f_{ck})^{0.5}=5.28\times300^{0.5}=91.45$,

$\lambda=l_0/i=(81.9\times0.08)/(6.31\times0.08/4)=51.9$,

$\lambda<\lambda_c$,

$\psi=1/[1+\lambda^2 f_{ck}/(b_c\times3.14^2\beta E_k)]=1/[1+51.9^2/(300\times1.43\times3.14^2\times1.0)]=0.611$,

$d_0=6.6\times0.08-81.9\times0.08\times0.5\times0.7/100=0.505m$,

$A_0=3.14\times505^2\times0.9/4$（mm）（稳定验算取柱中间截面），

$N/\psi A_0=(185.9d+40823.3d^2)\times1000/(3.14\times505^2\times0.9\times0.611/4)=2.51<10$（N/mm²），满足要求。

抗压稳定性验算2（六等材$d=0.112m$）：

$N/\psi A_0=2.47<10$（N/mm²），满足要求。

通过抗压验算及抗压稳定性验算1、2对比可知，斗口越大柱承载性能越好。

H4.9　柱抗震受剪承载力验算

本工程仅进行柱榫卯的抗震承载力验算（图H4-9-1、图H4-9-2）。

抗震受剪承载力验算1（九等材$d=0.064m$）：

雪荷载取0.5kN/m²，

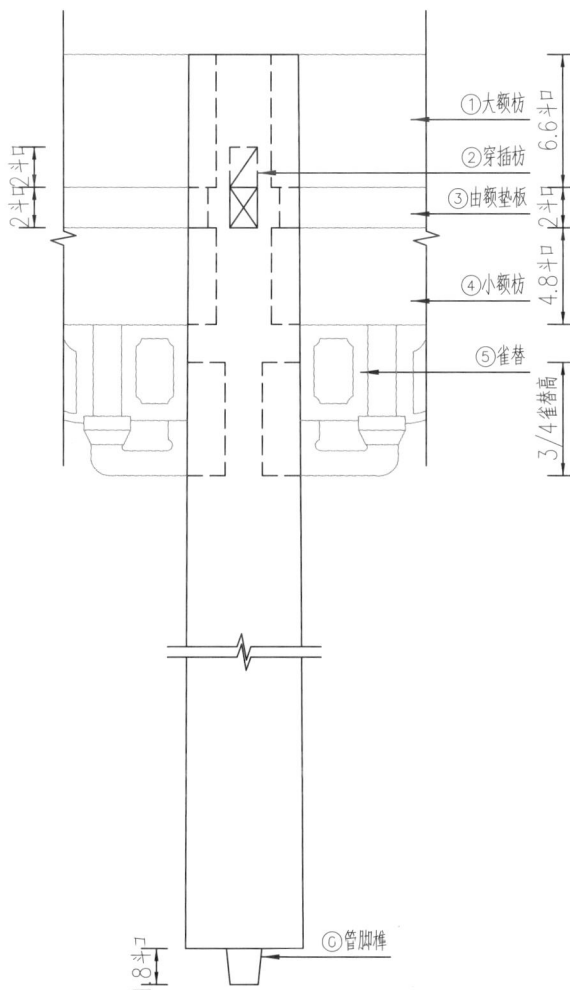

图H4-9-1　檐柱立面图

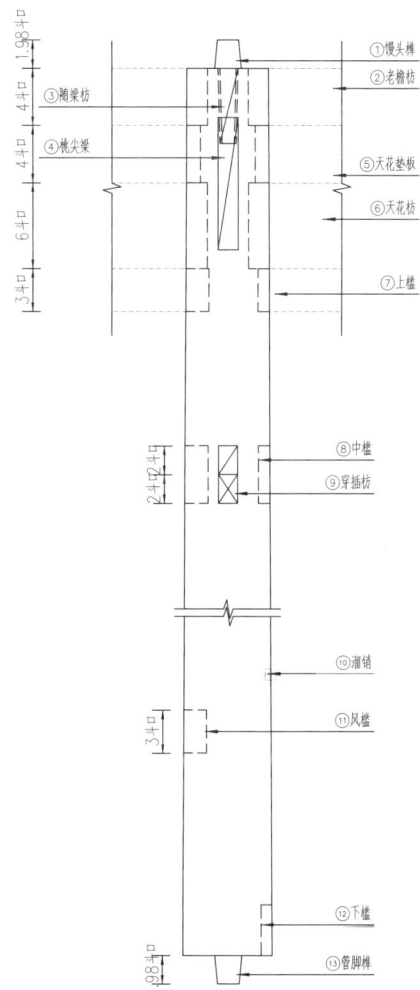

图H4-9-2　金柱立面图

屋面倾斜角度按35°（均值）：0.5/cos35°=0.61kN/m²（由举架而定，十举时可取0.7kN/m²），

$H=60d=60×0.064=3.84m$，

根据《古建筑木结构维护与加固技术标准》GB/T 50165—2020，横向基本自震周期$T_1=0.05+0.075×3.84=0.338$，

$T_g=0.45s$，$0.1<T_1<T_g$，取$\zeta=2.9\%$，$\eta_2=1+（0.05-0.029）/（0.08+1.6\zeta）=1.17$，推出$\alpha_1=\eta_2\alpha_{max}=0.281$，

$G_e=（44×3d+22×2d+30×2d）×（77d+66×2d+55×2d+22×2d+30×2d）×（5+0.5×0.61）+（77d+66×2d+107×4×1.414d）×4+（77d+66×2d+55×2d+22×2d+44×3d+22×2d）×2×8（斗栱）$

$=529588d^2+11881d=2929.6kN$，

$G_{eq}=1.15G_e=3369kN$（坡屋面），

$F_{EX}=0.72\alpha_1G_{eq}=0.72×0.281×3369=682kN$，

按柱截面面积分配：檐柱柱径0.384m，金柱柱径0.423m，

金柱：

$V_1=0.423×0.423/（0.423×0.423×16+0.384×0.384×24）×682×1.4=26.7kN$，

$\gamma_{RE}V/A=0.8×26.7×1000/（1.98×64）^2=1.33<1.4$（N/mm²），满足要求。

檐柱：

$V_2=0.384×0.384/（0.423×0.423×16+0.384×0.384×24）×682×1.4=22kN$，

$\gamma_{RE}V/A=0.8×22×1000/（1.8×64）^2=1.33<1.4$（N/mm²），满足要求。

抗震受剪承载力验算2（八等材$d=0.08m$）：

金柱：

$\gamma_{RE}V/A=1.26<1.4$（N/mm²），满足要求。

檐柱：

$\gamma_{RE}V/A=1.26<1.4$（N/mm²），满足要求。

抗震受剪承载力验算3（七等材$d=0.096m$）：

金柱：

$\gamma_{RE}V/A=1.12<1.4$（N/mm²），满足要求。

檐柱：

$\gamma_{RE}V/A=1.12<1.4$（N/mm²），满足要求。

抗震受剪承载力验算4（六等材$d=0.112m$）：

金柱：

$\gamma_{RE}V/A=0.96<1.4$（N/mm²），满足要求。

檐柱：

$\gamma_{RE}V/A=0.96<1.4$（N/mm²），满足要求。

通过柱抗震受剪承载力验算1、2、3、4可知，在不改变其他条件下（场地类别、雪荷载等），斗口越大，榫卯剪应力越小，越有利。

综上所述，非抗震设计时，随着斗口的增大（这种增大是有限度的，需要符合古建规制），按照古建木作营造技术房屋规模、梁柱等承重构件的效应及承载能力同时变大，而承载能力增加的速率大于效应增加的速率，即安全系数增加了；抗震设计时，随着斗口的增加，结构基本周期变大，斗口增大到一定程度后由加速度控制阶段进入速度控制段，加速度控制阶段随着斗口的增大，效应增加的速率接近承载能力增加的速

率，即安全系数基本不变；进入速度控制阶段后随着斗口的增大，效应增加的速率小于承载能力增加的速率，即安全系数增加了。

非抗震设计时采用较小柱径时梁柱等承重构件仍能满足承载力的要求，且有部分的富余量。

而抗震设计时，就本工程而言，十一等材至十等材金柱榫卯危险截面效应超过承载能力限值，此种情况下柱根榫卯可能剪断，整体通过位移运动耗能；九等材至一等材金柱榫卯危险截面效应小于承载能力限值，此种情况下柱根未剪断，整体通过位移摩擦耗能，且由于梁柱节点的复杂性，刚度、阻尼比等难以界定，需要靠补充实验解决。

参考资料：

《工程结构通用规范》GB 55001—2021

《建筑结构可靠性设计统一标准》GB 50068—2018

《建筑结构荷载规范》GB 50009—2012

《建筑工程抗震设防分类标准》GB 50223—2008

《建筑抗震设计标准》GB/T 50011—2010（2024年版）

《木结构设计标准》GB 50005—2017

《古建筑木结构维护与加固技术标准》GB/T 50165—2020

《木结构通用规范》GB 55005—2021

《中国古建筑木作营造技术》马炳坚著

《中国古建筑瓦石营法》刘大可著

附录J 传统建筑给水排水设计

给水排水设计是建筑设计中重要的一环。随着时代的发展，传统建筑的给水排水技术已不能满足现代社会的需求，故而对于新建、改建、修缮传统建筑的给水排水设计工作主要以现代相关标准规范为依据，下文主要针对传统建筑的给水排水设计常规内容作简单介绍。传统建筑的给水排水设计也具有其独特性，如传统建筑屋面为坡屋面，建筑屋面雨水的设计不同于现代建筑等，其他不同做法在下文中具体阐述。

J1 基础资料收集

室外给水条件：管网压力、流量、管道参数等；

室外排水条件：管网预留接口位置、管径、标高等；

室外消防条件：管网为环状还是支状，管径、压力、流量，室外消火栓位置等。

J2 设计依据

（1）甲方提供地形图以及用地红线范围；

（2）甲方提供设计任务书；

（3）地方规范、标准；

（4）其他相关工种提供的作业图和资料；

（5）主要国家规范、标准（如有更新替代则以最新版本为准）：

《室外给水设计标准》GB 50013—2018

《室外排水设计标准》GB 50014—2021

《建筑给水排水设计标准》GB 50015—2019

《建筑中水设计标准》GB 50336—2018

《建筑与小区雨水控制及利用工程技术规范》GB 50400—2016

《建筑设计防火规范》GB 50016—2014（2018年版）

《消防给水及消火栓系统技术规范》GB 50974—2014

《自动喷水灭火系统设计规范》GB 50084—2017

《气体灭火系统设计规范》GB 50370—20005

《固定消防炮灭火系统设计规范》GB 50338—2003

《建筑灭火器配置设计规范》GB 50140—2005

《民用建筑节水设计标准》GB 50555—2010

《建筑给水排水与节水通用规范》GB 55020—2021

《消防设施通用规范》GB 55036—2022

《建筑机电工程抗震设计规范》GB 50981—2014

《建筑与市政工程抗震通用规范》GB 55002—2021

J3 设计内容

J3.1 给水系统

古人在考虑城市选址的时候，第一步便是选择临近水源的地方（如古长安，图J3-1-1），并结合人工开凿沟渠引导水的流向，来保证水源能尽量覆盖到更多的城市区域，以便居民就近挑水饮用。除了水渠外，还会在各个坊市修建水井和水库，以保证每个坊市周边的居民都能就近取水。而对于偏远的村镇居民，则大多是通过水井供给。即使是科技发达的今天，部分地区依然将地下水作为水源。

古代医疗卫生条件远远不如现代完善发达，因为饮食问题导致瘟疫几乎历朝历代都有。所以保护饮用水源可以说是古代人民的基本道德守则，而从法律上，其规定也十分严苛。虽然有一定的水量、水质保证措施，但古时的给水方式已不能满足现代社会的用水需要，包括供水保证率、水质、水量等。

传统建筑大多为单多层建筑，用水点相对位置不高，市政给水管网压力能满足使用要求，若压力、流量不满足要求则需按照现行《建筑给水排水设计标准》等标准规范进行二次供水设计，水池（箱）及水泵等设备应集中布置于专用设备间内，并做好保温防冻、隔噪措施。

若无市政给水管网可利用时，则需考虑自备水源的建设，按照《室外给水设计标准》GB 50013—2018等现行标准规范设计取水、输水、水质处理和配水等各关联设施，以保证所需水质、水量、水压。

建筑内部给水系统按照现行《建筑给水排水设计标准》GB 50015—2019及《建筑给水排水与节水通用规范》GB 55020—2021等标准规范设计，根据条件选择明设或暗设，埋地敷设的管道不应布置在可能受重物压坏处，明设管道应布置在不易受撞击且隐蔽处，应尽量考虑后期维护的可能性，管道应做防结露隔热层，有可能冻结处应设有保温防冻措施。

图J3-1-1　八水绕长安示意

J3.2　排水系统

传统建筑的屋顶都是坡屋顶，这使得雨水降落到屋顶后，均会顺着屋顶坡度由上向下排向地面。为达到良好的排水效果，并避免建筑屋檐下部的木构件遭受雨淋，传统建筑屋顶的坡面非平面，而是坡顶到坡底由陡峭变缓和的一种曲面形式（图J3-2-1）。这使得雨水降落到屋顶后，能够迅速往下排，且到坡底位置时，又能够向前方排出，即"上尊而宇卑，则吐水疾而远"（《周礼考工记》），其结果一方面使得屋顶的雨水能够迅速排走，另一方面屋檐下的立柱、门窗位置受到了防水保护。

屋顶瓦件的设计与安装亦有一定的科学性。屋脊与屋顶相交的位置称为"正当沟"，为防止该位置渗水，古代工匠采用立瓦封住正当沟，并用"压当条"盖住正当沟的顶部，"压当条"往前伸出一定尺寸，犹如一个小出檐（图J3-2-2）。为了使屋顶雨水有序往下排，瓦面做成一道道小沟状，称为"瓦垄"。瓦垄由板瓦与筒瓦（竹筒状的瓦）组成，板瓦为底瓦，筒瓦为盖瓦。筒瓦扣在两个相邻的板瓦上，上下筒瓦之间一节一节搭扣，上下板瓦之间一块块扣压（上瓦压下瓦），各个瓦件之间用灰泥抹实，以上做法既有利于排水，同时也利于防止瓦面的雨水渗入基层。瓦顶的最下端即屋檐上的第一块瓦，板瓦前伸做成三角尖状，称为"滴子"，其主要目的是让瓦垄的雨水汇集成一条直线下落且不会勾水；筒瓦端部做成大圆饼状，称为"猫头"，其主要目的是充分扣压在滴子端部，防止雨水渗入屋檐内（图J3-2-3）。上述屋顶的坡度、瓦件的使用均有利于屋顶排水。

传统建筑台基处均有3%~5%的坡度坡向建筑外侧，广场、庭院地面坡度稍小，向一侧或两侧找坡，总平面一般为北高南低。传统建筑的地面排水大多利用地面坡度收集汇水至雨水口进入明沟或暗沟

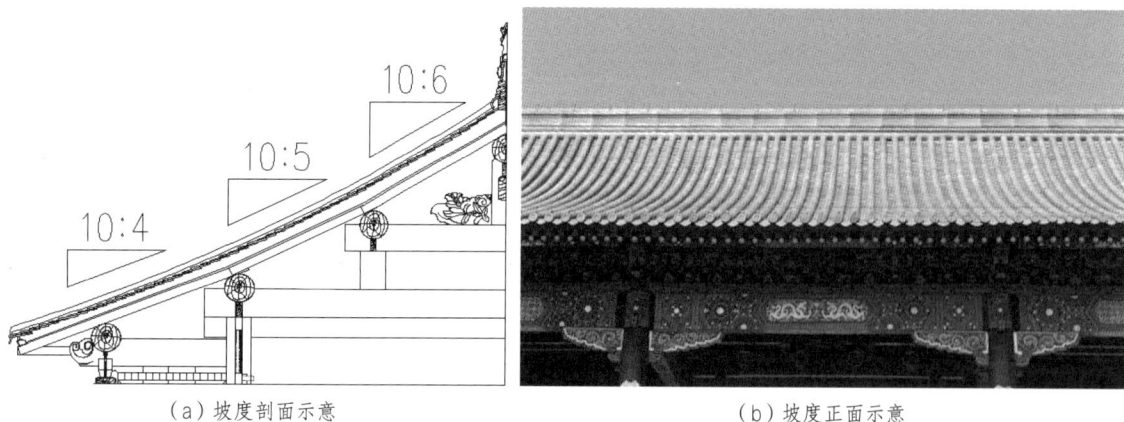

（a）坡度剖面示意　　　　　　　　　　　　（b）坡度正面示意

图J3-2-1　屋面坡度示意

图J3-2-2　屋脊排水瓦

图J3-2-3　檐口排水瓦

（图J3-2-4），沟需穿越建筑区时也会采用涵洞（图J3-2-5）等形式通过，最终排入附近水系。

对于新建传统建筑的雨水排水系统可继续采用以上传统形式，依据现行标准《室外排水设计标准》GB 50014—2021进行设计，确定雨水口数量及沟断面、坡度等参数，材质应与地面铺装相匹配。对于四合院形式的封闭庭院宜在外墙设置一定数量的溢流口（图J3-2-6），以应对极端情况的发生；有落差位置溢流口或排水口可采用螭首（图J3-2-7）装饰。

古代建筑内的污水一般是存在马桶里，早晨起来，有农民赶着大车到城市里来收集，带回农村肥田。废水则就地消纳（浇花、庭院浇洒等）或者排入雨水系统。此种排水方式已不适用于现代环境、卫生安全等要求。

图J3-2-4 钱眼（雨水口）与暗沟

图J3-2-5 涵洞

图J3-2-6　院墙底部溢流口

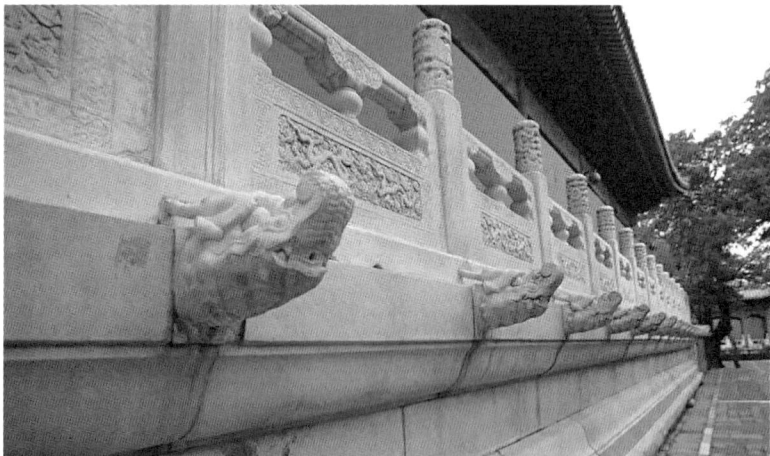

图J3-2-7　"螭首"排水口

新建传统建筑内污废水与其他排水应按照现行《建筑给水排水设计标准》GB 50015—2019及《建筑给水排水与节水通用规范》GB 55020—2021等标准规范设计，一般采用污废合流制，特殊情况时则需根据规范要求单独处理排放，如餐饮建筑的厨房排水应单独设置排水系统，并需经隔油处理后排放。设计中应特别注意通气管口的设置位置，不应设置于檐口易积气位置，宜设置于山墙合适位置。

J3.3　建筑热水系统

热源应可靠，并应根据当地可再生能源、热资源条件，结合用户使用要求确定，根据传统建筑功能要求、群落规模、用水点多少等选择采用集中热水供应系统或局部热水供应系统，热水供应系统不应对传统建筑风貌有过多影响。

对于有饮水供应要求的传统建筑，依据现行《建筑给水排水设计标准》GB 50015—2019及《建筑与小区管道直饮水系统技术规程》CJJ/T 110—2017进行设计。饮水点不得设在易污染的地点，应便于取用、检修和清扫，并应保证良好的通风和照明。管道直饮水系统管道应选用耐腐蚀，内表面光滑，符合食品级卫生、温度要求的薄壁不锈钢管、薄壁铜管、优质塑料管；开水管道金属管材的许用工作温度应大于100℃。开水器、开水炉排污、排水管道应采用金属排水管或耐热塑料排水管。

J3.4　建筑水消防系统

传统建筑大多为砖木、木结构，木材使用量大，火灾荷载高，且通风条件较好，木材经长期使用，自然老化、虫蛀后开裂，干燥、疏松且多孔，可燃性大大提高。因此，消防工作要贯彻从严管理、防患未然的原则，对传统建筑进行科学的防火保护也是全民的责任。

中国古代最先进的消防设施为太平缸及水龙车（图J3-4-1），其灭火原理同现代水基灭火剂，太平缸为一缸型储水容器，大小不一，具有很多装饰及景观元素，寒冷、严寒地区冬季维护不易，水龙车为人力驱动型带压力灭火设施，移动方便灵活，但需多人驱动，对于现代新建传统建筑可采用太平缸及手抬机动消防泵的形式灭火，既保留传统元素又利用了现代技术的灵活方便性，可提高灭火效率。

对于新建传统建筑（群）的水消防设计，应按照现行《建筑设计防火规范》GB 50016—2014（2018年版）《消防给水及消火栓系统技术规范》GB 50974—2014等标准规范进行设计。室内消防给水应根据建筑的总高度、体积或层数和用途按照现行《建筑设计防火规范》GB 50016—2014（2018年版）《消防给水及消火栓系统技术规范》GB 50974—2014等有关标准的规定确定，室外消防给水应按以上标准规范有关四级耐火等级建筑的规定确定，对于成组布置的建筑物，应按室外消火栓设计流量较大的相邻两座建筑物的体积之和确定。当附近有天然水源可利用时，宜将其作为备用消防水源，天然水源应满足现行标准规范中关于消防水源的相关要求。

水消防设施的选用可参照表J3-4-1、表J3-4-2，在设计阶段应同其他专业协调消防设施的安装位置，可采用室内消防设施外置的形式，如将室内消火栓设置于单体山墙外侧或院墙上（图J3-4-2），注意做好保温隔热措施，做到既便于取用又对建筑风貌影响较小。如墙面确实无法设置室内消火栓时可采用地下式室内消火栓（图J3-4-3），不可遮挡、覆盖箱体，基坑需设置排水措施，此种做法需征得当地消防主管部门的同意。

（a）太平缸　　　　　　　　　　　　　　　（b）水龙车

图J3-4-1　太平缸、水龙车

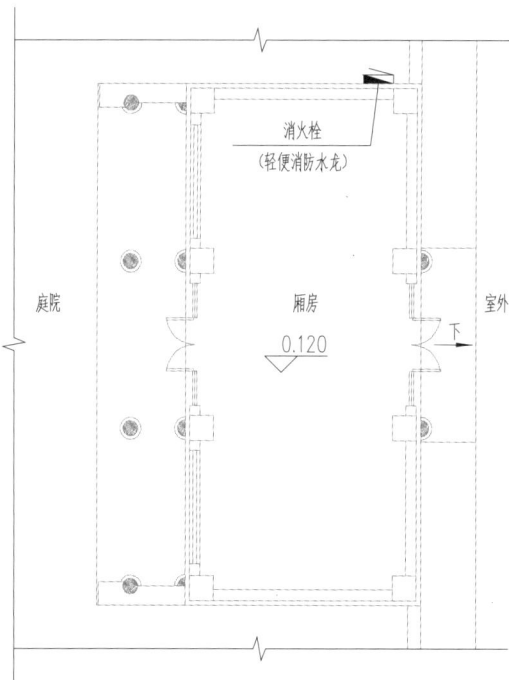

图J3-4-2　室内消火栓外置

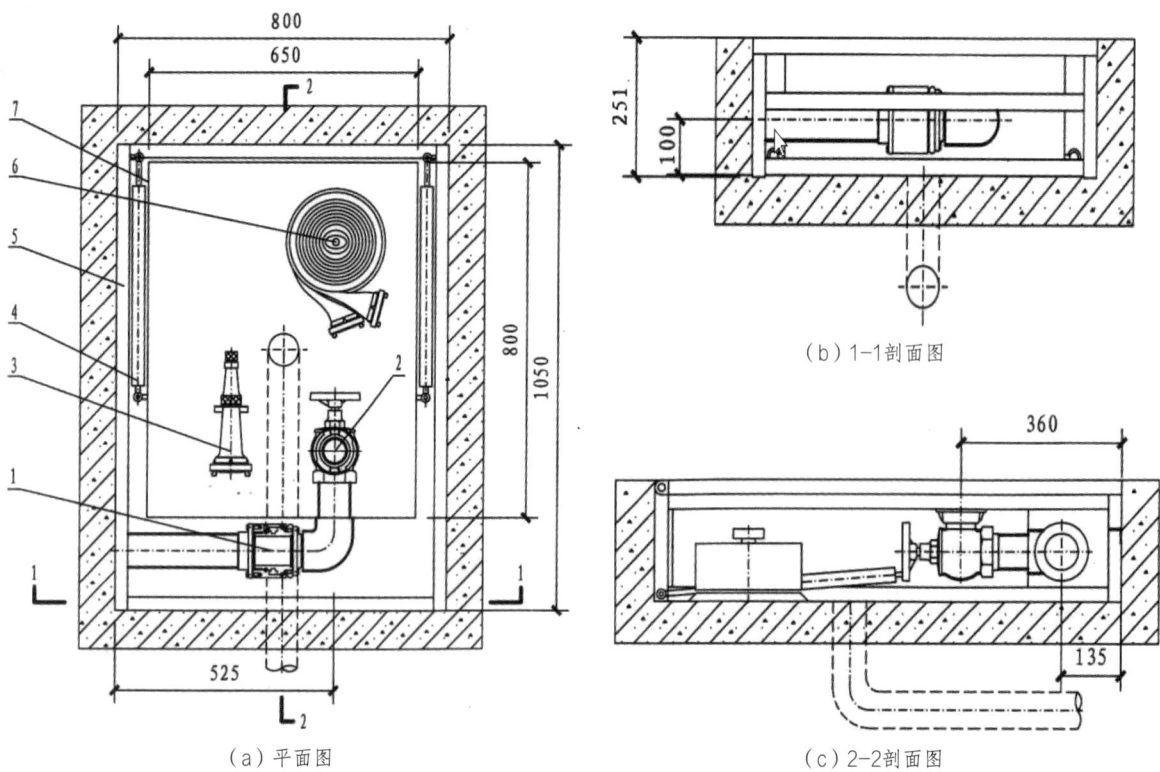

（a）平面图

（b）1-1剖面图

（c）2-2剖面图

图J3-4-3　地下式室内消火栓

主要器材表

表J3-4-1

编号	名称	材质	规格	单位	数量
1	旋转接头	—	成品 DN65	个	1
2	消火栓	—	DN65	个	1
3	水枪	全铜、铝合金	设计定	支	1
4	气弹簧	—	成品	个	2
5	外框架	钢、钢喷塑	SG26A65-T-02	个	1
6	水带	内衬里	DN65 L=25m	条	1
7	消火栓箱	钢—不锈钢 钢、钢喷塑 钢—铝合金	800×650×240	个	1

消防灭火设施参考选用表

表J3-4-2

消防灭火设施	适用场所	限制场所
静水水源（如太平池、水缸等储水设施、容器）	无结冻地区，且未设室内消火栓的建筑	—
固定消防水炮灭火系统	室外，且室外具备作用空间，火灾危险性较高的建筑，且建筑能满足固定消防水炮的适用范围和使用要求，水炮对保护对象危害小	室内空间
自动喷淋灭火系统	有较大火灾危险性的建筑和用于住宿、餐饮等经营性活动的民居类建筑	有传统彩画、壁画、泥塑、藻井、天花等的文物建筑
气体灭火系统	空间密闭、用作文物库房，且库藏文物适宜使用气体灭火系统的建筑	其他场所
灭火器、移动式高压水雾灭火装置	所有建筑	—

附录K 传统建筑暖通设计

我国作为具有几千年历史的文化古国，传统建筑的数量非常庞大，且种类多样。随着传统建筑保护与再利用工作的不断推进以及旅游业的快速发展，人们对传统建筑也更加重视，建筑室内的舒适度需求也随之提高。与现代建筑不同，在传统建筑中加入现代化建筑机电元素，具有很大的局限性和约束性，而不同的调控手段对于建筑的影响也不同，因此在设计过程中需要综合考虑诸多要素。

本部分内容主要对新建传统建筑供暖空调及通风排烟系统设计内容，及项目设计过程中需要注意的点分别进行说明。

供暖部分，按照一般的设计流程：方案阶段（包括供暖方式、热源及供暖系统的确定）、供暖热负荷计算及图纸绘制。对于一些体量较大的单体建筑，按照常规设计即可；但对于大部分由小体量单体组成的院落来说，是无法按常规设计要求进行，需要有特殊的处理和做法，如热计量装置设置及分室控温等，因此该部分内容主要针对新建传统院落供暖进行说明，供暖方式为散热器和地板辐射供暖两种方式。

空调部分，由于此类建筑对于建筑外观风貌要求比较高，因此该部分主要针对空调室外机放置位置进行说明，室内部分则按常规设计进行。

通风排烟部分，涉及的场所主要是一些常用的功能房间，如：公共厨房、卫生间、设备用房及地下车库等。由于建筑的特殊性，因此在进行设计过程中需要重点考虑井道设置及系统的优化性，其他严格按照相关标准规范进行工程设计。此外对于防烟部分，按照相关标准规范的要求设计即可，不作过多赘述。以上设计内容均针对传统建筑而言，其他建筑根据现行相关标准规范进行设计。

K1 设计依据

（1）《民用建筑供暖通风与空气调节设计规范》GB 50736—2012

（2）《汽车库、修车库、停车场设计防火规范》GB 50067—2014

（3）《建筑设计防火规范》GB 50016—2014（2018年版）

（4）《建筑防火通用规范》GB 55037—2022

（5）《建筑防烟排烟系统技术标准》GB 51251—2017

（6）《建筑节能与可再生能源利用通用规范》GB 55015—2021

（7）《民用建筑暖通空调设计统一技术措施2022》中国建筑设计研究院有限公司 编著

（8）《供热计量技术规程》JGJ 173—2009

（9）《辐射供暖供冷技术规程》JGJ 142—2012

（10）《通风与空调工程施工质量验收规范》GB 50243—2016

（11）《建筑与市政工程抗震通用规范》GB 55002—2021

（12）《木结构设计标准》GB 50005—2017

K2　传统建筑中供暖与空调系统

传统建筑中采用的供暖方式主要有散热器、地板辐射供暖及空调。供暖设计过程中需要注意的有热源情况、热计量装置设置位置、供暖系统方案的确定、建筑热负荷计算等。

首要考虑的是热源，对于有市政供热条件的建筑，可根据室外供热管网情况及建筑功能布局，确定入户管方向及热计量装置位置，同时确定供暖系统方案。若无市政供热，则需根据实际情况选择锅炉房等。

上述过程中热计量装置位置对建筑有一定的影响，因此在设置热计量装置时，对于有地下室的工程，将热计量装置放置在热计量间内即可；对于无地下室的工程，需要将热计量装置尽量放置在对建筑使用及美观影响较小的场所，如厨房、卫生间等一些公共区域，热计量装置及分集水器均需进行装修外包。

由于此类建筑大多是由体量较小的单体组成的院落（图K2-1-1），无法给每个单体均设置热计量装置，且为了不影响建筑美观性，通常热计量装置至单体内分集水器之间的供暖管道是不能架空明装的。因此，对于供暖方案的确定尤为重要。对于一些带廊的建筑可根据实际情况，若条件允许可采用管道穿廊架空加外装饰的方式进行敷设。

在确定供暖系统时应注意，尽量避免热计量装置至分集水器的供暖管道穿室外院落，以减少热量损失；对于一些进深较长的二进院院落，可以适当增加供暖系统，来达到更好的供暖效果。此外，对于一些特殊的建筑结构，如二层地板结构为木楼板，无法采用地暖时（图K2-1-2），可采用散热器或分体式空调，来满足冬天供暖及夏季制冷要求。另外，对于一些体量比较小的单体建筑，设置供暖热计量时可采用分集水器与热计量相结合的方式。

图K2-1-1　传统建筑院落

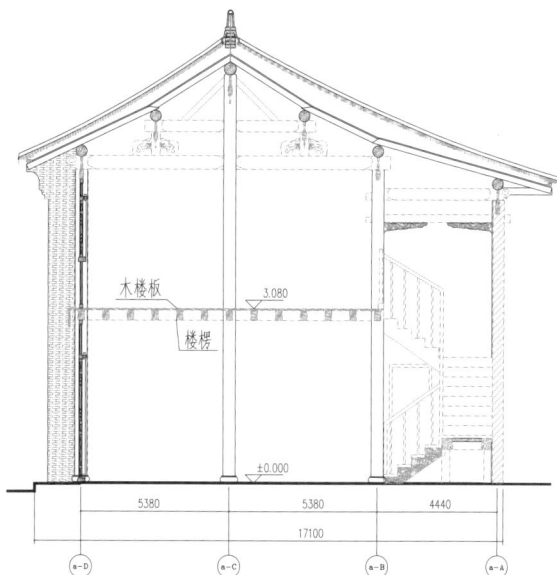

图K2-1-2　某建筑剖面图

图K2-1-3　空调室外机外遮挡

采用分体式空调时，为了减少对建筑外立面的影响，可将室外机放置在通风良好的阁楼层内或是室外机加外遮挡。对于体积和重量较大的室外机，确定其位置时需要与其他专业沟通，可设置在平屋顶或其他隐蔽的位置（K2-1-3）。

此外，在计算热负荷时，对于没有节能报告的建筑，根据《民用建筑供暖通风与空气调节设计规范》GB 50736—2012，各外围护结构传热系数应按所用材料进行详细计算。

（1）围护结构的传热系数应按下式计算：

$$K = \cfrac{1}{\cfrac{1}{\alpha_n} + \sum \cfrac{\delta}{\alpha_\lambda \cdot \lambda} + R_K + \cfrac{1}{\alpha_w}}$$

式中：K——围护结构的传热系数 [W/（m²·K）]；

　　　α_n——围护结构内表面换热系数 [W/（m²·K）]；

　　　α_w——围护结构外表面换热系数 [W/（m²·K）]；

　　　δ——围护结构各层材料厚度（m）；

　　　λ——围护结构各层材料导热系数 [W/（m·K）]；

　　　α_λ——材料导热系数修正系数；

　　　R_k——封闭空气间层的热阻（m²·k/W）。

（2）对于有顶棚的坡屋面，当用顶棚面积计算其传热量时，屋面和顶棚的综合传热系数，可按下式计算：

$$K = \cfrac{K_1 \times K_2}{K_1 \times \cos \alpha + K_2}$$

式中：K——屋面和顶棚的综合传热系数 [W/（m²·K）]；

　　　K_1——顶棚的传热系数 [W/（m²·K）]；

　　　K_2——屋面的传热系数 [W/（m²·K）]；

　　　α——屋面和顶棚的夹角。

K3　传统建筑中的通风排烟系统

《民用建筑暖通空调设计统一技术措施2022》中规定，建筑物进行通风排烟设计时，应优先采用自然通风排烟方式，对在何种情况下设置机械通风系统进行了具体说明，同时对排烟方式的选择进行了明确规定。排烟设计主要依据有：现行国家标准《建筑设计防火规范》GB 50016—2014（2018年版）、《建筑防火通用规范》GB 55037—2022、《建筑防烟排烟系统技术标准》GB 51251—2017以及行业规范和地方标准的特定规定。

需要设置通风设施的场所主要有卫生间、厨房、设备用房及地下车库通风，设计过程中需要注意以下几点：

（1）厨房排油烟竖井须伸出建筑屋面且不应采用土建风道。在满足功能需求同时，还须保证建筑外观风貌不受破坏，可采用传统建筑元素进行装饰（图K3-1-1）。

（2）对于排风和排烟能合用的系统，在满足规范的情况下尽量使用一套系统，保证使用效果的同时，减少井道设置，减小对建筑外立面及建筑空间的影响；其次对于能使用自然通风和排烟的场所，尽量使用自然通风排烟，减少风机的使用，在满足规范和达到通风排烟的要求下，提高经济性。

（3）井道设置需要考虑多方面因素。对于地下，设置送排风井时，既需要考虑系统的最优化，同时又需要使建筑面积得到最大化利用；对应出地面以后，既要满足规范中距离及高度要求，又要避免占用地上建筑空间且不能设置在防火墙上。总的来说，在设置井道时，需要考虑的因素有：建筑空间利用、建筑外立面及规范要求。

图K3-1-2为某商业综合体局部平面图，该商业综合体由地下两层车库，地上两层商业组成，排烟及送风井如图所示。其排烟及送风井道均设置于商铺内，占用了商铺大部分面积，严重影响建筑使用，在设计过程中应尽量避免出现此种做法。

一般情况下，对于带有地下室建筑在进行通风井道设置时，需作如下考虑，以某地下一层仓储和地上两层民宿组成的二进院院落为例（图K3-1-3），该院落北侧、西侧为街道，东侧、南侧为敞开空间。在设置通风井时，考虑到北侧、西侧和南侧对建筑外立面影响较大，因此在满足规范要求的情况下，在用地边界线内，将地下室外边线向外延伸增加井道所需面积，可将通风井设置在图中①（送风井）、②（送、排风井）位置，院内送风井可加外装饰，院外井道外观与建筑风貌保持一致（图K3-1-4）。

图K3-1-1　厨房排气道出屋面做法示意图

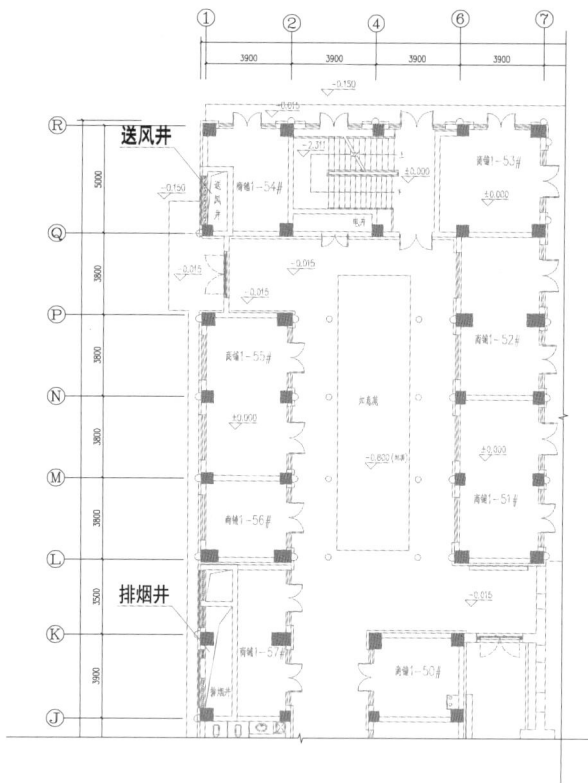

图K3-1-2　某商业综合体一层平面图

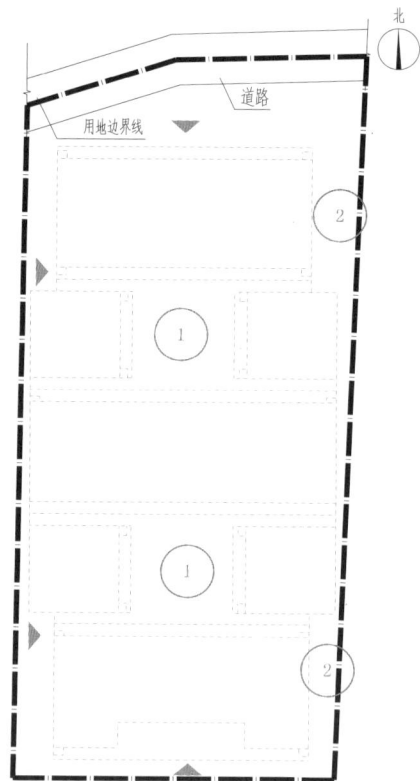

图K3-1-3　某二进院院落平面图

（a）

（b）

（c）

图K3-1-4　通风井美化装饰

资料来源：朱庆征《关于明清皇宫冬季取暖的几个问题》

　　此外，还可使用采光排烟天窗，以及风井风口采用传统建筑元素的方式来满足通风排烟要求。具体选用何种方式需根据建筑自身特点而定（图K3-1-5）。

（a）天窗通风排烟窗

（b）瓦花通风排烟口

（c）天窗通风排烟窗

（d）天窗通风排烟窗

图K3-1-5　传统建筑用通风排烟窗（口）

附录L 传统建筑电气设计

在传统建筑的设计过程中，既要遵循古代传承下来的工艺工法与制式，又要满足适应当前社会的现代化使用需求。我国作为拥有丰富传统文化底蕴的国家，在建筑领域自然也是历史悠久。然而，不论是传统建筑遗迹，还是按照传统建筑的标准和要求所重新设计出的传统建筑，都应当与如今的时代相结合，使建筑的功能更加丰富。

随着科学技术的不断发展和人们生活水平的不断提高，大量的电气设备已经被广泛应用于传统建筑中，但由于缺乏相关的设计、安装及施工的规范标准，并且在设计和施工过程中仍然参考一些新建民用建筑的标准和做法，而忽视了传统建筑的特殊之处，这会对建筑本身产生不利影响，甚至造成不必要的损失。

由于传统建筑与普通新建的建筑材料不同，且形式、结构的差异性较大，因此，在相关建筑电气设计过程中，如果从业人员缺乏对于传统建筑的基本知识，没有结合实际情况来进行具体分析，就容易出现建筑电气设计与实际施工相去甚远的情况，从而影响项目进度。此外，传统建筑的耐火等级低，通常为砖、瓦、木结构，防火分隔较差；易燃的装饰装修材料如油漆、木材、布、纸等也被广泛应用于建筑中，造成了较大火灾隐患。为了保障人员的生命安全和避免财产损失，应当对于电气防火的内容进行充分的研究和设计，从而指导施工。同时，也需要因地制宜，设计合理的主动防火设施，做到防患于未然。

消防设施缺乏、消防通道狭窄、火灾荷载大、消防水源传输线路过长是传统建筑群所具备的消防薄弱特点。而电气火灾对于消防安全又具有较大的威胁，例如电气线路火灾、电弧、电火花、高温等因素。所以，在传统建筑的建设过程中，也需要相关部门积极加强电气防火与消防管理工作，在后续的建筑使用过程中，确保消防安全。

本文通过对传统建筑设计过程中常见问题的探讨，针对初入该行业的电气设计人员，提出一些专业性的方法和需要注意的因素，为传统建筑电气设计的过程提供参考。主要从传统建筑电气设计内容中的供配电系统、低压配电系统、照明系统、火灾自动报警系统、接地及安全措施及防雷系统等六个方面进行展开。

（1）供配电系统，由于传统建筑形式的特殊性，存在大量电缆出现的情况，对此给出了电缆敷设方式建议；针对传统建筑耐火性能低的问题，需要对线缆材质的选择及线路安装加以重视。

（2）低压配电系统，主要对建筑内配电箱安装位置及内部线路敷设，所需注意点进行说明，并给出了供设计人员参考的建议。

（3）照明系统，从普通照明、应急照明及景观照明三个方面，对传统建筑照明系统设计进行说明，应该对电气安全和环保问题加以重视。

（4）火灾自动报警系统，在设计过程中保证建筑外观不被破坏的基础上，按照现行相关规范设计即可。

（5）接地及安全措施，按照现行规范进行接地系统设计即可。

（6）防雷系统，不同于现代平屋顶建筑，传统建筑屋顶及构件更为复杂，对于传统建筑防雷系统设计尤为重要。因此该部分对防雷计算方法及防雷设施敷设方式进行重点说明。

以上设计内容均针对传统建筑而言，其他建筑可执行现行规范。

L1 设计依据

（1）《民用建筑设计统一标准》GB 50352—2019

（2）《民用建筑电气设计标准》GB 51348—2019

（3）《商店建筑电气设计规范》JGJ 392—2016

（4）《建筑设计防火规范》GB 50016—2014（2018年版）

（5）《建筑防火通用规范》GB 55037—2022

（6）《建筑防烟排烟系统技术标准》GB 51251—2017

（7）《建筑节能与可再生能源利用通用规范》GB 55015—2021

（8）《20kV及以下变电所设计规范》GB 50053—2013

（9）《供配电系统设计规范》GB 50052—2009

（10）《低压配电设计规范》GB 50054—2011

（11）《建筑照明设计标准》GB 50034—2013

（12）《建筑物防雷设计规范》GB 50057—2010

（13）《古建筑防雷工程技术规范》GB 51017—2014

（14）《火灾自动报警系统设计规范》GB 50116—2013

（15）《智能建筑设计标准》GB 50314—2015

（16）《综合布线系统工程设计规范》GB 50311—2016

（17）《有线电视网络工程设计标准》GB/T 50200—2018

（18）《安全防范工程技术标准》GB 50348—2018

（19）《建筑物电子信息系统防雷技术规范》GB 50343—2012

（20）《建筑与市政工程抗震通用规范》GB 55002—2021

（21）《消防应急照明和疏散指示系统技术标准》GB 51309—2018

（22）《车库建筑设计规范》JGJ 100—2015

（23）《木结构设计标准》GB 50005—2017

（24）《无障碍设计规范》GB 50763—2012

（25）《消防给水及消火栓系统技术规范》GB 50974—2014

L2 供配电系统

传统建筑往往以建筑群的形式出现，较少出现体量大、设备房间配备齐全的单体建筑，因此建筑配电系统的电源大多引自单体以外的片区公用变配电室，用电负荷较为分散，且以三级负荷为主，电缆数量较多，因此在条件允许的情况下往往采用室外综合管廊的设计，来敷设线缆；也可以采用YJV$_{22}$型电力电缆或YJV型电力电缆进行直埋地或穿管埋地敷设（图L2-1-1）。

传统建筑的耐火性能较低，如果在电气设计阶段的选材不进行深入考虑，就会增加电气火灾事故发生的概率。例如，若在设计阶段不选择具有阻燃性能的铜芯聚氯乙烯绝缘材质，或交联聚氯乙烯材质的电缆和电线（图L2-1-2），那么一旦电气回路发生短路，短路电流会使得线路产生大量的热，致使局部升温、失火，并且火势会沿着线蔓延和扩散，在接触到建筑本身的木质或其他易燃材料时，就极易引发火灾，造成严重的后果。要根据需求选择配电线路和装置，严格按照校验电气线路的动、热稳定性的方法，不可以对装置容量和导线截面进行随意减少；此外，还应当做好整定值的配合计算。对于可能存在过负荷供电的线路，进行充分的负荷保护设计。

关于线路安装、敷设的方法，受条件所限，电缆入户常采用在建筑物的墙体或结构钻孔打洞等方式。这种方式如不进行特殊处理，除了会影响建筑本身的美观，还会增加线路在后期发生故障的可能性。

因此，在进行供配电系统设计时，宜采用钢带铠装电缆，增加电缆的机械强度和电气性能，提高防腐蚀能力和使用寿命，在建造时便考虑到后期维护的频率，减少后期维修对传统建筑产生的破坏。若采用地下管线工程的方案进行设计，则应在方案阶段便合理规划电气路径，并对敷设路径周边的设施做好相应的防护措施，并且地下电缆敷设应尽可能选择穿套管的方式，避免因不同传统建筑单体的沉降不一而损伤电缆（图L2-1-3、图L2-1-4）。

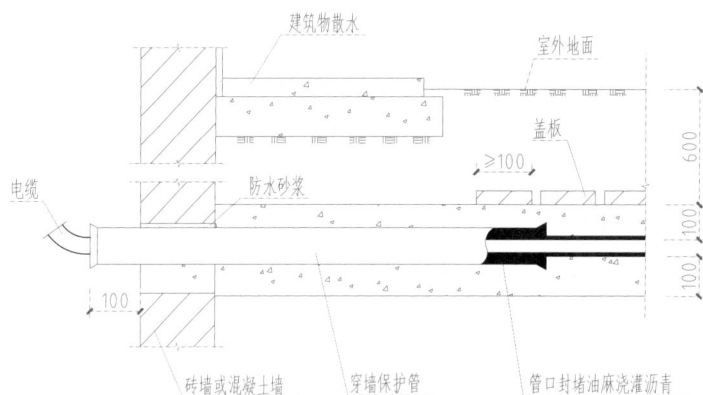

图L2-1-1　直埋电缆穿墙引入做法

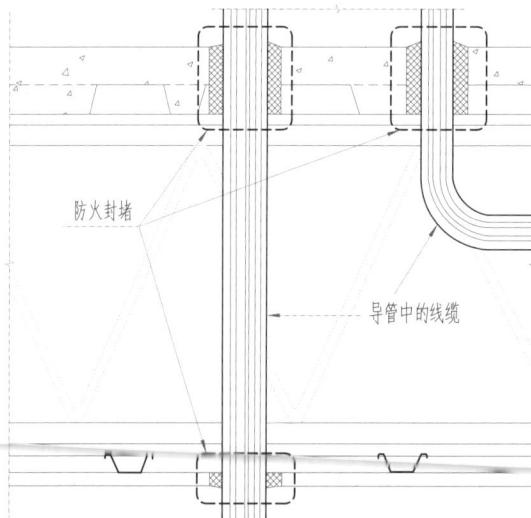

图L2-1-2　套管在楼板穿透处的防火封堵做法

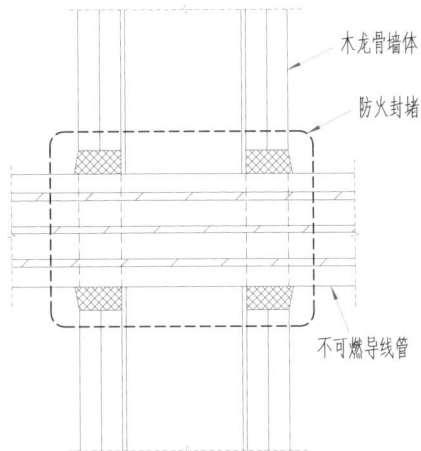

图L2-1-3 电气线路套管在木框架穿透处的防火封堵做法

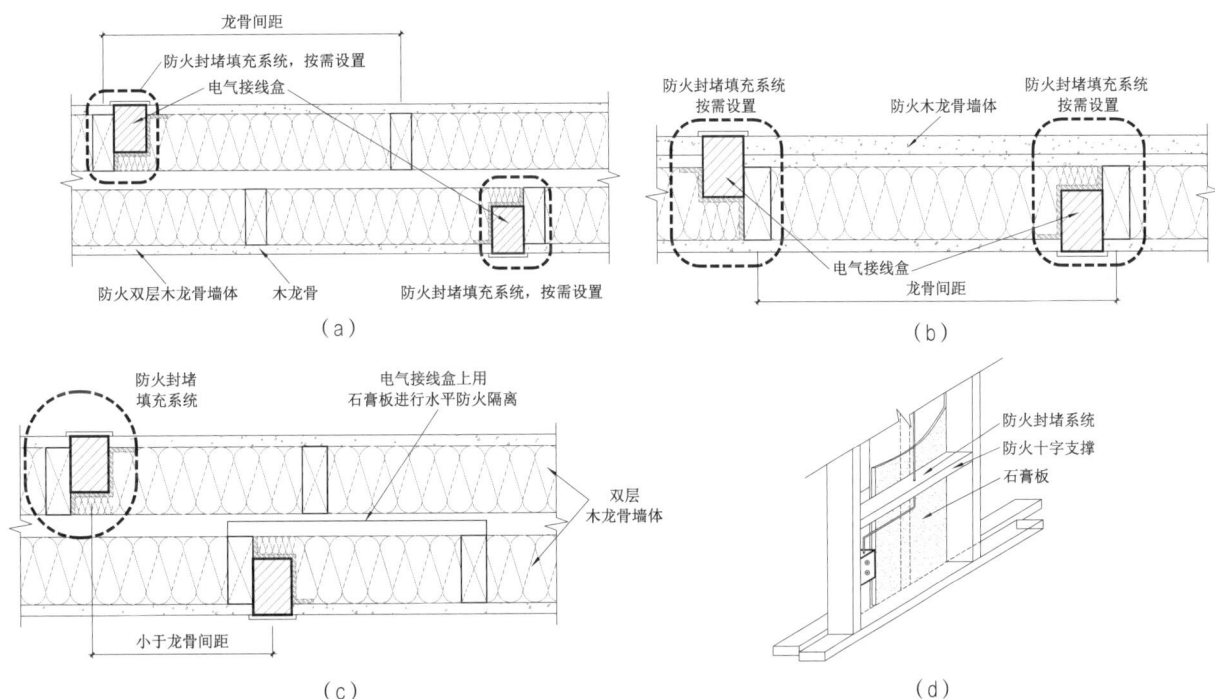

图L2-1-4 木质墙上电气盒的防火封堵做法

L3 低压配电系统

低压配电系统主要考虑到建筑内配电箱的安装及建筑内部线路敷设这两方面。

由于传统建筑本身存在着防潮性能较差的特点，所以配电箱的安装位置应当经过充分考虑再确定。配电箱应当尽量避免安装在可燃物上或靠近可燃物的位置。若受条件所限需要将配电箱安装在室外位置，除了考虑到防水设计外，对于向公共开放的传统建筑（如商业、旅馆、餐厅等公共建筑）也需要尽可能选择安装在隐蔽区域，避免安装在人员经常活动的区域。同时，考虑到我国传统建筑多为院落式，在配电箱进出线口进行封堵也可以避免老鼠等小型动物进入箱体内部，影响电力系统的正常运行。

关于配电箱的安装问题有以下几点建议供设计人员在设计阶段综合考量：

避免在木结构上安装配电箱。确需安装时，建议设置专用支架，减少对建筑本身的影响；若安装在B1级装修材料上时，可以采用石棉、玻璃棉等材料进行隔热处理，同时也可以在装修材料表面刷防火阻燃涂料，减小电气火灾隐患；箱体、内板等均应采用金属材质。室外配电箱应有防水防潮功能，如箱门安装密封条、箱顶安装遮雨挡板等措施。

传统建筑常常呈庭院式群体布局，由各个主体建筑和围墙、装饰构筑物等组合成院落结构。而散水、地下暗渠等结构的存在，使得在院落内部敷设管线的地下空间较为有限，应当在设计之初合理规划敷设路径。另外院落内部路面的承载力要求较低，所以电缆电线可以采用直埋的方式进行设计。

在建筑内部的低压配电系统中，电线应穿耐高温的金属线管、线槽或桥架，尽量避免在闷顶内或不易直观检查的位置安装线路，若需要在闷顶内敷设线路时，应当同时增加火灾探测的设备。对于灯具、开关、插座等设备，在安装处应该设置接线盒，导线的接头应在盒内镀锡压接（图L3-1-1～图L3-1-3）。

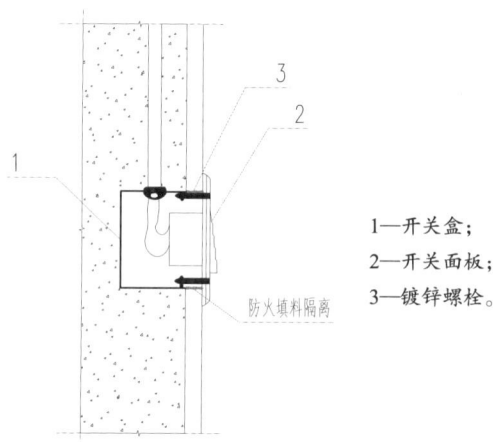

1—开关盒；
2—开关面板；
3—镀锌螺栓。

防火填料隔离

图L3-1-1　接线盒嵌入有软包装、木饰面的墙

图L3-1-2　上开式配电箱装饰盒

图L3-1-3　平开式配电箱装饰盒

L4　照明系统

传统建筑的照明系统一般包括普通照明、应急照明和景观照明。

对于应急照明系统，应当严格按照现行规范标准进行设计，不能一味地追求传统建筑的美观性而忽视标准要求。应急照明灯具及疏散指示灯应当采用自带的蓄电池灯具。

普通照明则应当充分考虑甲方的需求以及建筑功能。若需要进行深化设计，则灯具选型和安装前应核算房屋结构的承载能力，避免由于灯具自身重量问题而对结构件产生影响。同时，在进行相关计算时也应当严格遵守《建筑照明设计标准》GB/T 50034—2024中对于不同功能房间的照度和功率密度值的要求。

下面以具体案例来介绍传统建筑内部灯具安装的几种方法（图L4-1-1～图L4-1-3）。

（1）七檩悬山前后廊建筑内的链吊式灯具布置。

（2）带有吊顶的建筑内灯具布置示意图。

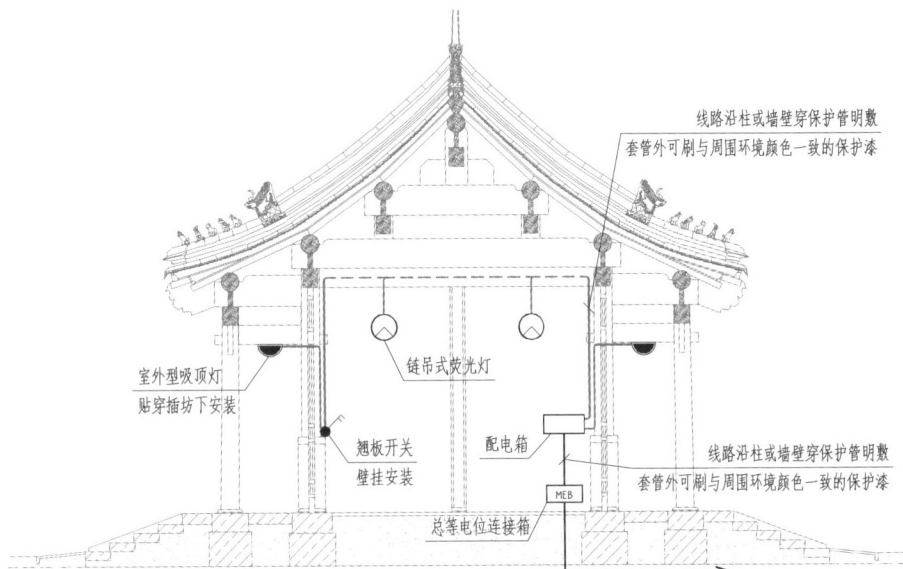

图L4-1-1　七檩悬山前后廊建筑横剖面灯具布置图

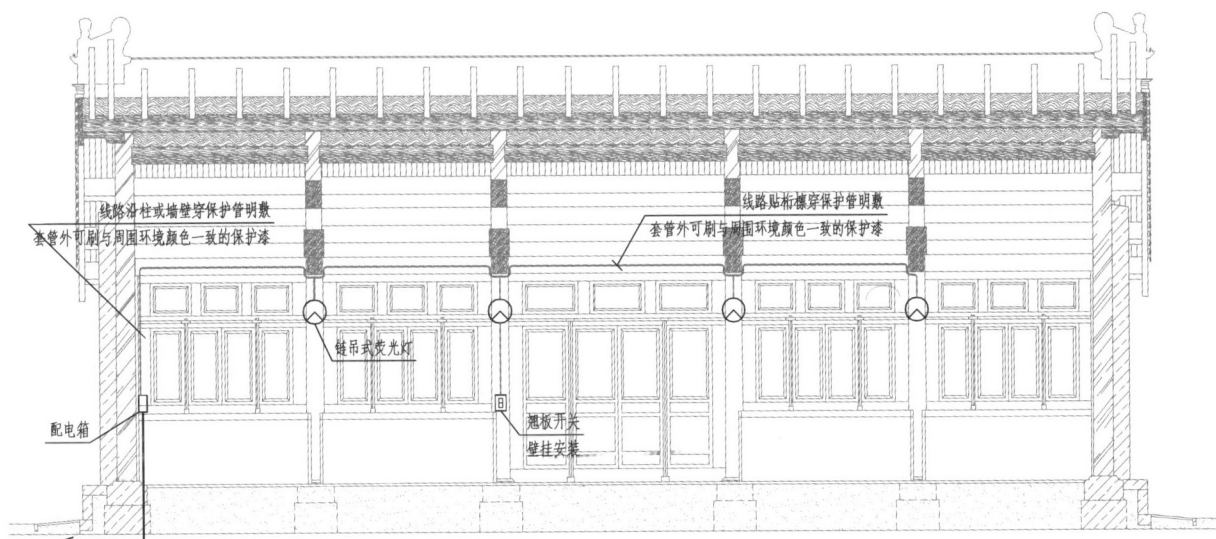

图L4-1-2　七檩悬山前后廊建筑纵剖面灯具布置图

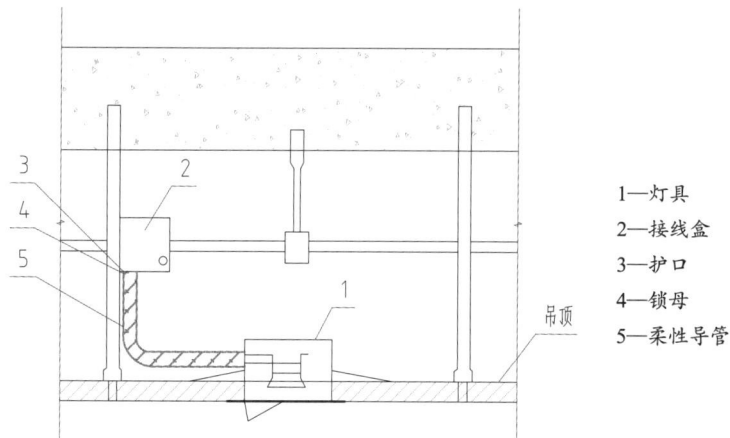

图L4-1-3 筒灯吊顶内安装接线示意图

1—灯具
2—接线盒
3—护口
4—锁母
5—柔性导管

吊顶

　　景观照明由于个性化程度较大，总体上应当采用与建筑风貌相结合的设计方案，并且注意电气安全和环保的问题。传统建筑有着独特优美的建筑外轮廓，通过景观照明设计可以用灯具更好地勾勒出建筑的轮廓，呈现出良好的视觉感受。对于庭院式建筑的内部景观照明，不仅要求其设计能够形成精致且结构纹理细腻的墙面纹饰类光影效果，还应当能够满足建筑夜间使用时的照明需求。此外，室外照明配电回路应当采用带剩余电流动作保护的断路器来保障安全性（图L4-1-4、图L4-1-5）。

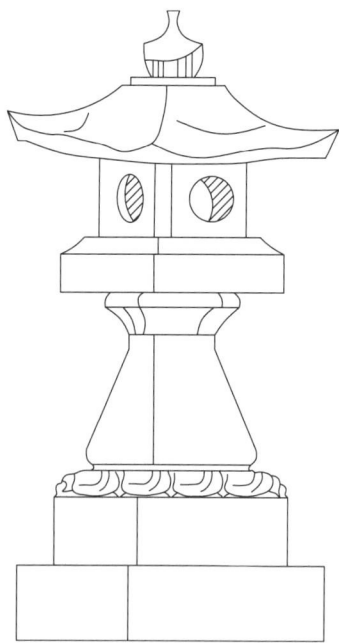

注：1—灯具　2—接线孔　6—砂砾300mm
埋地灯的防护等级应达到 IP67 以上，灯具的金属外壳应可靠接地；当埋地灯光源采用金属卤化物灯、钠灯等气体放电灯光源时，应采用双层玻璃或网状防护罩作隔热防护。

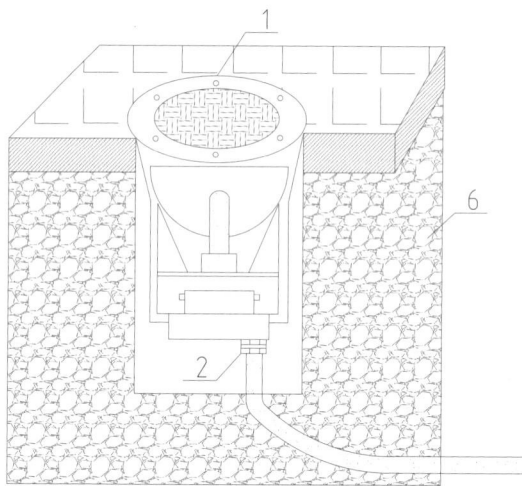

图L4-1-4 传统建筑庭院景观灯具

图L4-1-5 庭院埋地灯安装示意图

L5　火灾自动报警系统

　　对于达到规范要求的传统建筑同样应当设置火灾自动报警系统。

传统建筑由于其本身木质材料的易燃特性，以及建筑结构设计的特殊性，因此在进行传统建筑电气设计时要重视火灾自动报警系统的设计与安装。同时，传统建筑具备了相应的开敞性、整体温差较大、粉尘类物质较多的特点，因此需要确保火灾自动报警避免误报的情况，以此避免由误报带来的后续相关损失。总体来说，应在不违反相关规范要求和不破坏建筑物外观的前提下，选择合适的部位进行设备安装，系统线路的敷设可以参照前文提到的相关内容及以下示例（图L5-1-1、图L5-1-2）。

以烟感式火灾探测器为例，需要保证设备具有较高的灵敏度。在火灾初期阶段，探测设备应能够准确探测火灾位置并且及时发出相应的警报信息。此外，还应当能够在燃烧阶段对产生的烟雾浓度进行探测与反馈，帮助专业人员分析火灾的具体情况，尽可能降低损失。

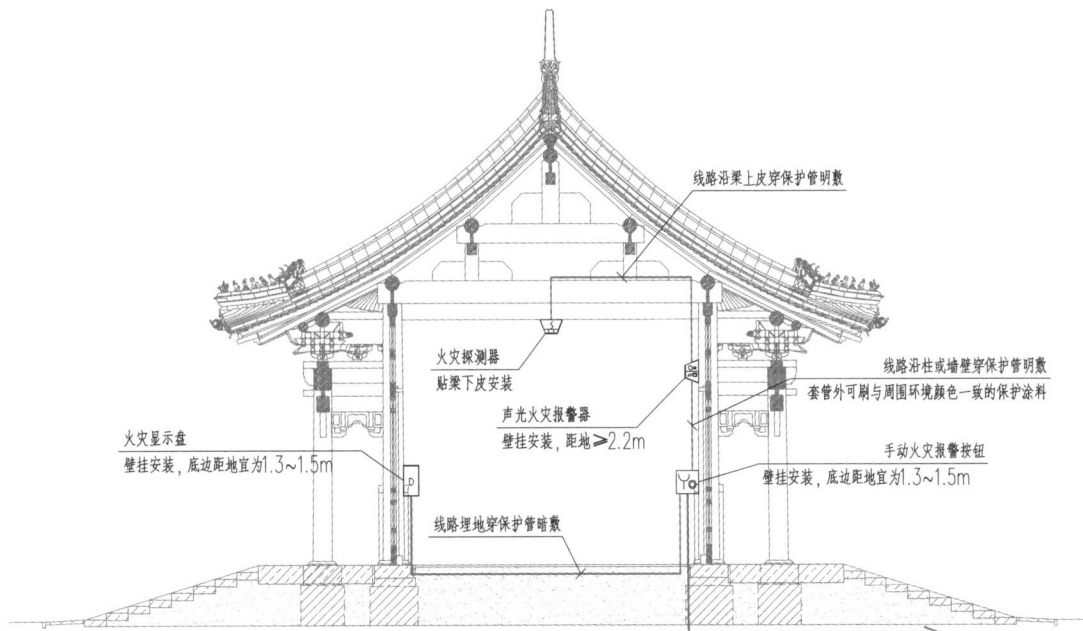

图L5-1-1　七檩歇山周围廊建筑内的火灾自动报警系统设备布置及接线一

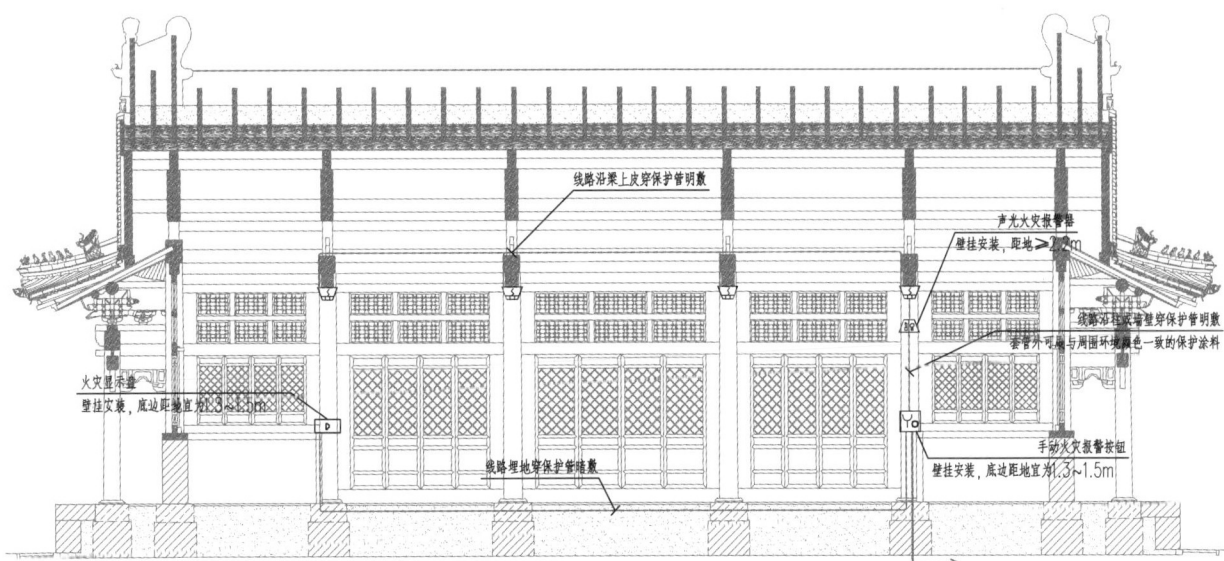

图L5-1-2　七檩歇山周围廊建筑内的火灾自动报警系统设备布布置及接线二

目前，新建传统建筑普遍采用与一般建筑类似的有线网络进行数据信息的传输，采用传统的线路敷设方式。但是目前的传统建筑项目一般都是由许多小单体组成大片区的形式进行规划，若采用传统的信号传输与线路敷设方式，难免会造成系统庞大、敷设距离过长。对此，在设计之初也可以考虑采用基于无线传感器网络技术的新型火灾自动报警系统。该技术将传统的RS-485总线和Jet Net无线通信相结合，在有布线的情况下，使用主站和中央控制器之间的电缆通信来弥足不足之处，以达到解决多个单体传统建筑的火灾自动报警系统敷设线路的局限性问题，避免因为过多的线路敷设造成的施工困难和对建筑本身造成破坏的问题，非常适合当前主流的传统建筑群项目的设计（图L5-1-3）。

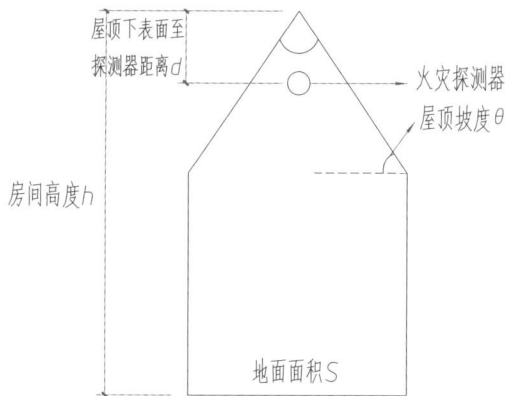

图L5-1-3　坡屋顶建筑内火灾探测安装示意图

L6　接地及安全措施

传统建筑单体工程低压配电系统的接地形式一般采用TN-S系统。采用联合接地系统，功能接地、保护接地共用接地装置。不同系统的接地装置相互连接时，接地装置之间应有不少于两根导体做可靠连接。配电线路的保护导体或保护接地中性导体在进入古建筑时接地，进入古建筑后的配电线路N线与PE线应严格分开。

建筑物设总等电位联结。将保护干线、接地干线、各种公用设施的金属管道（如总水管、总暖管、空调金属管等管道）等可靠连接。用电设备的外露金属外壳与线路的PE线做可靠的电气连接，穿线金属导管相互可靠连接，且在用电设备、接线盒及配电箱处与PE线接线端子连接。强电总进线处设置总等电位接线端子箱，由人工接地网引接，底边距完成面0.5m，采用BVR-1x16-SC25沿地面下敷设与人工接地网可靠连接。等电位联结做法和设有洗浴设备的卫生间设辅助等电位端子箱，做法见《等电位联结安装》（15D502）。

接地网由水平接地体、垂直接地体、建筑物主钢筋等部分组成。水平接地体采用40×4mm的镀锌扁钢，垂直接地体采用长度为2.5m的$\phi12$的镀锌圆钢接地棒；当接地电阻达不到设计要求时应在室外增设垂直接地体。人工接地网的水平接地体及垂直接地体距建筑物外墙为1m，敷设深度为地坪下不小于1m。桩基、基础梁、柱内主筋必须采用焊接连接，以保证电气连通，形成自然接地网。

L7　防雷系统

与普通建筑不同，传统建筑有着精美的外形与丰富的装饰构件、林立的飞檐翘角。但正是因为这些特点，大大增加了古建筑遭受雷击的风险，因此，对于传统建筑的防雷设计同样不容忽视。关于具体建筑是否需要进行防雷系统的设计，应当通过严谨的计算来得出年预计雷击次数。考虑到有别于平屋顶建筑，传统建筑的屋顶结构复杂，各部位的高度不同，所以应沿建筑物周边逐点计算出最大扩大宽度，其等效面积应按每点的最大扩大宽度外端的连接线所包围的面积计算。

计算方法如下：

扩大宽度（建筑高度小于100m）：

$$D=\sqrt{H(200-H)}$$

式中：D——建筑物每边的扩大宽度（m）；

　　　H——计算点位的高度（m）。

等效面积：

在经过计算得出各点的最大扩大宽度后，就可以在屋顶平面图上以各点位置为圆心，扩大宽度D为半径作圆。

示例如图L7-1-1、图L7-1-2（仅做示范，不代表具体建筑）：

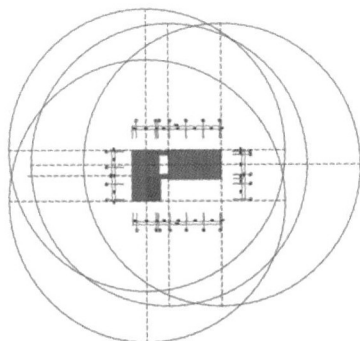

图L7-1-1　扩大宽度的绘制　　　　　　图L7-1-2　等效区域

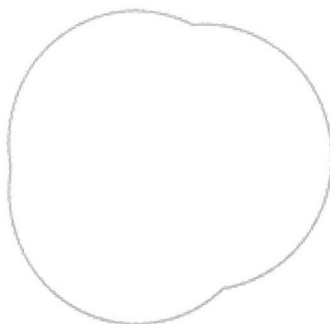

经过计算后可以得到等效区域的面积A_d；

计算年预计雷击次数：

$$N=N_g \times A_d \times C_d \times 10^{-6}$$

式中：N——古建筑预计年均雷击次数（次／a）；

　　　N_g——平均地闪密度（次／km²·a），每年每平方公里雷击大地的次数可从N_g的分布图（或从地区的N_g记录，或当地有关部门地闪定位网络系统数据里）查取；当无N_g数值时，可按N_g约等于$0.1T_d$获得，T_d为当地的年均雷暴日；

　　　A_d——建筑的等效雷击截受面积（m²）；

　　　C_d——古建筑位置因子，可按表L7-1-1选取。

古建筑的位置因子（C_d）　　　　　　　　　　表L7-1-1

古建筑暴露及周围物体状况	位置因子 C_d
一般情况	1.0
位于河边、湖边、山坡下或山地中土壤电阻率较小处，地下水露头处、特别潮湿处	1.5
金属屋面的砖木结构	1.7
小山顶或山丘上孤立的古建筑	2.0

通过年预计累计次数的数值，结合具体的建筑功能，从而确定建筑物的防雷分类。

在传统建筑的防雷系统设计中，常以防护直击雷与侧击雷为主。对于直击雷的防护，主要采用在屋顶屋面设置接闪带或接闪杆来进行防护。传统建筑高耸挺拔的屋脊以及突出的吻兽等部件，作为屋顶的突出部，在雷电发生时最容易接闪造成破坏。因此这些部位应当进行重点分析，可利用滚球类校验法来确定需要设置的部位。

示例如图L7-1-3、图L7-1-4所示，第三类防雷。

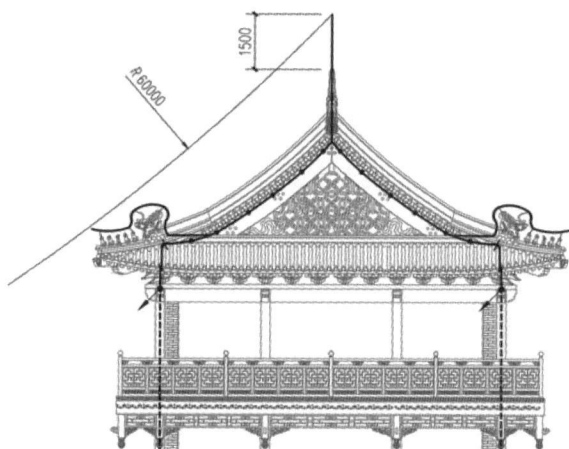

图L7-1-3　侧立面防雷校核

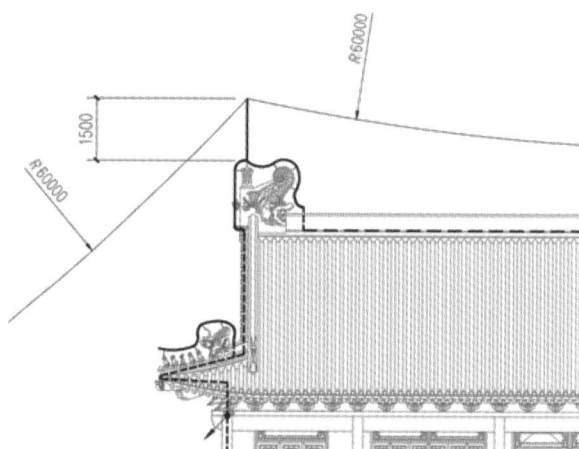

图L7-1-4　正立面防雷校核

对于传统建筑的防雷设计，应避免传统建筑的木结构遭受雷击，并且考虑到美观性，满足保护要求的接闪带可以采用瓦面下暗敷设的方式。对于防雷引下线，若传统建筑内部存在钢筋，则可以利用钢筋作为引下线；若为木结构建筑，可以借助沿着建筑物外墙内卡子明敷的方法，采用圆铜材质的引下线，穿不可燃保护套管进行保护。在敷设引下线时。应该尽可能地避开建筑正面，做到隐蔽性敷设。当对外立面要求较高时可以采用暗敷设的引下线，但应采用$\varphi \geqslant 10mm$的圆钢或横截面积$\geqslant 80mm^2$的扁钢。在敷设接地装置时，还应当确保接地体和周边管线道路的安全距离，避免对行人造成伤害。对于侧击雷，可以考虑按5m的间隔在建筑四周设置环状防雷均压带，并且使其与周边建筑的接地网实现可靠连接（图L7-1-5～图L7-1-7）。

为了使传统建筑及其周边相协调，所以在设计时应当尽可能做到不影响传统建筑原有风貌。除了前文中所提到的在建筑物本身上架设防雷装置外，目前也有在传统建筑场所附近安装仿真树形避雷针的方法，能够在起到接闪保护的同时可以不影响传统建筑原有风貌。此外，还有可升降式避雷针也可以达到以上效果，但成本较高。以上几种方案可以在具体设计中综合考量、因地制宜，目的都在于提高传统建筑防雷安全性。

图L7-1-5　脊瓦避雷支架

图L7-1-6　平瓦避雷支架

蝴蝶瓦干挂

钢板满铺兼做避雷带（接闪器）

倒T形木顺水条（兼挂瓦条），做出屋面举折弧线

1.5mm厚自闭和高分子防水卷材

20mm厚木望板

∅120椽子@280mm（椽间距随单体变化）

盖瓦钉子挂瓦条12号钢丝绑扎固定
两侧翘边大麻刀灰扎缝

仰瓦两侧凳子倒T形挂瓦条上

120

85

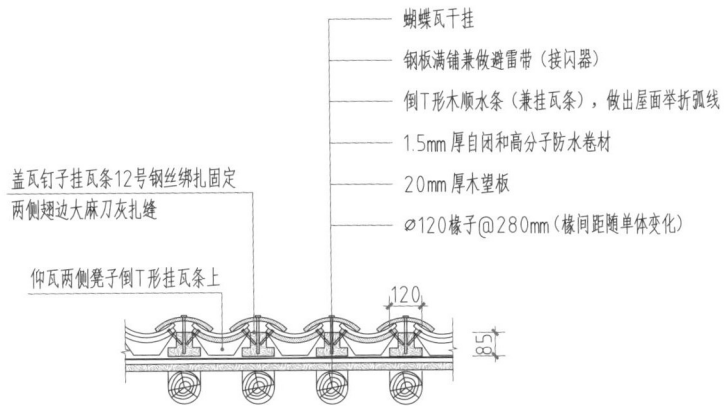

图L7-1-7　利用满铺屋面钢板作为暗敷设接闪器

参考资料

［1］中华人民共和国住房和城乡建设部. 工程结构通用规范：GB 55001—2021［S］. 北京：中国建筑工业出版社，2021.

［2］中华人民共和国住房和城乡建设部. 木结构通用规范：GB 55005—2021［S］. 北京：中国建筑工业出版社，2021.

［3］中华人民共和国住房和城乡建设部. 建筑结构可靠性设计统一标准：GB 50068—2018［S］. 北京：中国建筑工业出版社，2018.

［4］中华人民共和国住房和城乡建设部. 建筑结构荷载规范：GB 50009—2012［S］. 北京：中国建筑工业出版社，2012.

［5］中华人民共和国住房和城乡建设部. 建筑工程抗震设防分类标准：GB 50223—2008［S］. 北京：中国建筑工业出版社，2008.

［6］中华人民共和国住房和城乡建设部. 建筑抗震设计标准：GB/T 50011—2010（2024年版）［S］. 北京：中国建筑工业出版社，2016.

［7］中华人民共和国住房和城乡建设部. 木结构设计标准：GB 50005—2017［S］. 北京：中国建筑工业出版社，2017.

［8］中华人民共和国住房和城乡建设部. 房屋建筑制图统一标准：GB/T 50001—2017［S］. 北京：中国建筑工业出版社，2017.

［9］中华人民共和国住房和城乡建设部. 古建筑木结构维护与加固技术标准：GB/T 50165—2020［S］. 北京：中国建筑工业出版社，2020.

［10］本书编委会. 木结构设计手册［M］. 3版. 北京：中国建筑工业出版社，2005.

［11］梁思成. 清式营造则例［M］. 北京：清华大学出版社，2006.

［12］马炳坚. 中国古建筑木作营造技术［M］. 2版. 北京：科学出版社，2003.

［13］刘大可. 中国古建筑瓦石营法［M］. 2版. 北京：中国建筑工业出版社，2015.

［14］边精一. 中国古建筑油漆彩画［M］. 2版. 北京：中国建材工业出版社，2013.

［15］路化林. 中国古建筑油作技术［M］. 2版. 北京：中国建筑工业出版社，2020.

［16］李浈. 中国传统建筑形制与工艺［M］. 3版. 上海：同济大学出版社，2015.

后记

　　作为一名深耕传统建筑行业的研究者，经过对清工部《工程做法则例》、梁思成先生《清工部〈工程做法则例〉图解》和《清式营造则例》著作多年的解读研究和总结积累，结合我近30年传统建筑的设计实践和技术经验，在完成大量资料的撰写及绘制工作后，《清官式建筑营造设计法则》终于得以出版，希望此书的出版，能为传统建筑行业的从业人员提供有效的技术指导和帮助。文稿虽已成书，但我自知能力水平有限，书中难免存在些许错误、疏漏之处，恳请业内同仁和广大读者不吝赐教，我将不胜感激。

　　本书的出版，要特别感谢王军先生、单德启先生、李先逵先生、王贵祥先生、刘畅先生、贾华勇先生、马炳坚先生、刘大可先生、潘德华先生、李剑平先生、边精一先生、蒋广全先生、李永革先生、郑晓阳先生（排名不分先后）对本书编写工作的支持，各位专家学者所著成果为本书的编写提供了必要的研究支撑，同时也特别感谢陕西省建筑设计研究院（集团）有限公司刘小平董事长、吕建平总裁、俞惟涛书记等公司领导及杨东明、刘卫辉、王振堂、宋超时、刘晓晖等公司技术专家对本书的悉心指导和大力支持。

李建民

2024年10月